JENS PRIEWE

WEIN

DIE GROSSE SCHULE

INHALT

VORWORT ... 7

20 FRAGEN ZUM WEIN ... 10

WEIN GENIESSEN ... 14

Die Aromen des Weins ... 16
Die Farbe des Weins ... 18
Die Physiologie des Riechens und Schmeckens ... 20

WEIN VERSTEHEN ... 22

Die Gläser ... 24
Die Korkenzieher ... 26
Das Weinzubehör ... 28
Wie Wein serviert wird ... 30
Richtig einschenken ... 32
Die Trinktemperatur ... 34
Die Weinfehler ... 36
Der Korken ... 38
Alternative Flaschenverschlüsse ... 40
Die Lagerung des Weins ... 42
Weine, die Geschichte schrieben ... 44
Stilikonen ... 46
Speisen und Wein ... 48
Käse und Wein ... 50
Die Weingesetze ... 52
Wein und Gesundheit ... 54

DIE WEINREBE ... 58

Die Geschichte der Rebe ... 60
Die Geschichte des Weins ... 62
Der Weltrebengürtel ... 64
Die Morphologie der Rebe ... 66
Traube und Beere ... 68
Das Makroklima ... 70
Das Mesoklima ... 72
Der Boden ... 74

DIE ARBEIT IM WEINBERG ... 76

Die Bestockung ... 78
Die Rebenerziehungssysteme ... 80
Bodenbearbeitung und Düngung ... 82
Das Menge-Güte-Gesetz ... 84
Der Vegetationszyklus und die Rebkrankheiten ... 86
Die Vegetationsphase ... 88
Reifephase und Rebschnitt ... 90
Biologischer Weinbau ... 92
Das Mostgewicht ... 94
Die Säure ... 96
Der Lesezeitpunkt ... 98
Die Weinlese ... 100
Edelfaule Trauben ... 102

VIELFALT DER REBSORTEN ... 104

Die roten Sorten ... 106
Die weißen Sorten ... 116

WEINBEREITUNG ... 126

Die Vinifikation ... 128
Die Weinhefen ... 130
Die Maischegärung ... 132
Die Tannine ... 134
Die malolaktische Gärung ... 136
Histamin im Wein ... 137
Roséweine ... 138
Die Kelterung des Weißweins ... 140
Natural Wines ... 142
Die Vorklärung ... 144
Die Vergärung des Weißweins ... 146
Die Vergärung im Holzfass ... 148
Der Reifeprozess ... 150
Schönen und Filtrieren ... 152
Die Schwefelung ... 154
Der Fassbau ... 156
Das Eichenholz ... 158
Neue Ausbauformen ... 159

SCHAUMWEINE, PORT, SHERRY UND ANDERE SPEZIALITÄTEN 160

Der Champagner 162
Schaumweine 166
Portwein 168
Madeira 170
Sherry 172

DIE WEINLÄNDER DER WELT 174

FRANKREICH 176

Champagne 180
Loire 181
Elsass, Jura, Beaujolais 182
Chablis, Côte Chalonnaise, Mâconnais 183
Burgund 184
Nördliche Rhône 188
Südliche Rhône 189
Bordeaux 190
Südwesten, Languedoc, Roussillon 196
Provence 197

ITALIEN 198

Piemont 202
Franciacorta, Südtirol, Trentino, Valpolicella 204
Prosecco, Friaul 205
Toskana 206
Umbrien 211
Süditalien 212

SPANIEN 214

Somontano, Costers del Segre, Priorato 217
Navarra, Rioja, Bierzo, Rías Baixas 218
Ribera del Duero, Rueda, Toro, La Mancha 220

PORTUGAL 222

Douro, Bairrada, Dão, Estremadura, Alentejo, Algarve 223

DEUTSCHLAND 226

Pfalz, Nahe, Rheinhessen 230
Rheingau, Mittelrhein, Ahr 232
Mosel 234
Baden, Hessische Bergstraße 236
Württemberg 238
Franken, Saale-Unstrut, Sachsen 240

ÖSTERREICH 242

Raisental, Wachau, Kremstal, Kamptal, Wagram 244
Neusiedlersee, Burgenland 246
Wien, Weinviertel, Thermenregion, Carnuntum, Steiermark 248

SCHWEIZ 250

LUXEMBURG 252

ENGLAND 253

TSCHECHIEN 254

SLOWAKEI 255

BULGARIEN 256

RUMÄNIEN 258

UNGARN 260

SLOWENIEN 262

KROATIEN 263

SÜDOSTEUROPA 264

Serbien, Kosovo, Montenegro, Bosnien, Mazedonien, Albanien 264

MOLDAU 266

ZYPERN 267

GRIECHENLAND 268

GEORGIEN/ ARMENIEN 272

LIBANON/ISRAEL 274

NORDAMERIKA 276
Kalifornien 278
Oregon 286
Washington State 287
Kanada 288

SÜDAMERIKA 290
Chile 292
Argentinien 296
Brasilien 298
Uruguay 299

SÜDAFRIKA 300
Coastal Region 303
Breede River Valley 303
Cape South Coast 303

AUSTRALIEN 304
Westaustralien 305
Südaustralien 306
New South Wales 308
Victoria 309
Tasmanien 309

NEUSEELAND 310
Die Südinsel 312
Die Nordinsel 313

CHINA 314

JAPAN 315

GLOSSAR 316
REGISTER 318
BILDNACHWEIS 324

IMPRESSUM 326

Liebe Leserin, lieber Leser,

niemand würde verdursten, wenn es keinen Wein gäbe. Aber viele Menschen wären traurig, wenn er aus unserer Welt verschwände. Sie genießen ihn, sammeln ihn, trinken ihn mit Freunden zu festlichen oder auch unfestlichen Anlässen: einfach wenn es sie danach dürstet. Sie reisen in die Gebiete, aus denen der Wein kommt, besuchen die Winzer, die ihn erzeugen. Wein beschert uns, wenn er gut ist, einen Moment des Glücks. Er berührt die Seele. Und Wein ist Ausdruck der Natur. Kein anderes Getränk spiegelt Böden, Klima, Landschaft so deutlich wider wie guter Wein. Wer will, kann die Natur förmlich schmecken.

Für solche Menschen habe ich „Wein – Die große Schule“ geschrieben. 1997 kam das Buch zum ersten Mal heraus. Damals ging es mir darum, die neue, faszinierende Welt des Weins transparent zu machen. Heute, knapp 30 Jahre später, hat sich diese Welt geändert. Sie ist vielfältiger, bunter, kommerzieller geworden – und komplizierter. Deshalb war es nötig, das Buch von Grund auf neu zu schreiben und auf den Stand des Jahres 2024 zu bringen. Neue Weinanbaugebiete sind aufgetaucht. Alte Rebsorten wurden neu entdeckt. Traditionelle Hierarchien sind ins Wanken geraten. Bordeaux hat in Kalifornien einen ebenbürtigen und ähnlich hochfliegenden Herausforderer gefunden. Die Weine aus dem Burgund haben einen sagenhaften Aufstieg erlebt. In Italien dreht sich längst nicht mehr alles um die Toskana oder ums Piemont. Die Weine aus dem Süden des Landes haben die Herzen vieler Weintrinker erobert. In Spanien, einem traditionellen Massenwein-Land, ist die Zahl der Premiumweine spektakulär gestiegen. Deutschland, das Mauerblümchen, ist zum bejubelten Riesling-Star geworden. Österreich hat sich von der Heurigen-Republik in den Club der Spitzenwein-Erzeuger hochgearbeitet. Portugal und Griechenland erzeugen aus wenig bekannten Rebsorten bessere Weine als andere Länder aus bekannten. Nischenländer wie Slowenien, Kroatien oder Georgien sind zu Pionieren der Natural-Wine-Bewegung geworden. All das hat zu großen Umschichtungen, ja Verwerfungen in der Welt des Weins geführt – ganz zu schweigen von den Entwicklungen in Übersee.

Auch in Weinberg und Keller wird heute anders gearbeitet, als in den Lehrbüchern steht. Der ökologische Gedanke hat Eingang in die Köpfe von Winzern gefunden, die früher selten Rücksicht auf die Belange der Natur genommen haben. Alte Weinbereitungstechniken sind plötzlich wieder modern. Dazu kommt der Klimawandel. Nicht nur, dass er den Geschmack unserer Weine nachhaltig verändert. Er stellt im ungünstigsten Fall auch die Anbauwürdigkeit ganzer Weinbaugebiete infrage.

Und ja, die Weintrinker sind auch nicht mehr die gleichen wie vor 30 Jahren. Die neue Konsumenten-Generation schert sich weniger um große Namen als ihre Vorgänger. Die Zahl der Etikettentrinker nimmt ab, die Zahl der Genusstrinker nimmt zu. Jüngere Weintrinker konsumieren weniger und setzen die Schwerpunkte anders: Trinkspaß und Trinkfreundlichkeit sind in ihrem Wertesystem wichtiger als Schwere, Komplexität, Langlebigkeit. Das eigene Geschmacksempfinden zählt mehr als die Kritiker-Urteile.

Festzuhalten bleibt, dass noch nie so viel Aufwand getrieben wurde, um qualitativ hochstehende, spannungsreiche Weine zu erzeugen. Welcher Aufwand, das wird in „Wein – Die große Schule“ beantwortet. Zwar muss ein glücklicher Weintrinker nicht unbedingt wissen, was eine malolaktische Gärung ist. Aber es kann hilfreich sein. Und über spontan vergorene Rotweine und Weißweine mit Maischestandzeit informiert zu sein, schadet auch denjenigen nicht, die sich ihres guten Geschmacks längst sicher sind. „Wir müssen den Wein neu denken“, hat mir ein junger Winzer kürzlich gesagt. Der Satz hat mir gefallen. Er bedeutet, dass die, die Wein verstehen, ihn besser genießen können.

20 Fragen zum Wein

Alle mögen Wein. Aber für viele Menschen ist er ein fremdes Wesen. Sie verstehen nicht, warum er Alkohol enthalten muss. Sie begreifen nicht, weshalb er so unheimlich teuer sein kann. Einige der häufigsten Fragen werden hier und auf der nächsten Seite beantwortet.

1

Woran erkennt man, dass ein Wein korkt?

Der Wein riecht muffig und dumpf. Die Unterseite des Korks hat den gleichen unangenehmen Geruch. Wenn man unsicher ist, hier ein Trick: Man gießt ein wenig Wein ins Glas und verdünnt diesen mit lauwarmem Wasser. Im Falle eines Korkschmeckers bleibt der muffige Geruch/Geschmack. Verschwindet er durch die Verdünnung, ist der Wein okay.

2

Kann man einen Wein, der korkt, noch zum Kochen verwenden?

Nein. Man riskiert, das Essen zu verderben. Für korkigen Wein gibt es nur eine Bestimmung: den Ausguss.

4

Was soll man mit angebrochenen Weinflaschen tun?

Korken drauf (oder Schrauber) und am nächsten Tag weitertrinken. Die meisten Weine halten sich auch offen mindestens zwei bis drei Tage.

3

Sind Schraubverschlüsse eine gute Alternative zu Kork?

Ja, sie haben sich durchaus bewährt. Allerdings reift der Wein in Flaschen mit Schraubverschluss langsamer als in Flaschen mit Kork.

5

Wie lange muss eine Weinflasche vor dem Einschenken geöffnet werden?

Normalerweise wird gleich eingeschenkt. Ein vorheriges Öffnen der Flasche bringt nicht viel. Wenn der Wein atmen muss, sollte man ihn dekantieren.

6

Was macht man mit einer angebrochenen Sektflasche?

Es gibt spezielle Sektverschlüsse. Man setzt sie auf den Flaschenmund und befestigt sie mit einem Bügel. So kann die verbleibende Kohlensäure nicht entweichen. Dass ein Silberlöffel im Flaschenhals die Kohlensäure im Wein hält, ist ein Märchen.

7

Darf man Wein, der zu warm ist, im Eisfach seines Kühlschranks herunterkühlen?

Eine Notlösung. Und wenn man es tut, nur fünf oder zehn Minuten lang ins Eisfach legen. Schockfrieren schadet dem Wein.

8

Gibt es gute Weine beim Discounter?

Gibt es. „Gut“ im Sinne von solide. Selten mehr. Und manch „guter“ Wein trägt nur einen berühmten Namen, ist aber von bescheidener Qualität.

Vol. %

Braucht Wein unbedingt Alkohol?

Ja, Alkohol ist ein Geschmacksträger und intensiviert das Aroma.

9

Woran erkennt man einen guten Wein?

10

Objektive Kriterien sind Sauberkeit, Klarheit, Vielschichtigkeit, Länge. Je mehr diese Kriterien erfüllt sind, desto anspruchsvoller ist der Wein. Ein subjektives Kriterium für gut ist, dass man gern ein zweites Glas von dem Wein trinkt.

11 Wie muss ein guter Wein schmecken?

Wein muss nicht schmecken. Wein muss handwerklich sauber gemacht und sollte authentisch sein. Man muss die Rebsorte, den Boden, das Klima, den Jahrgang schmecken. Den einen gefällt er, den anderen nicht. Aber weil er einigen Menschen oder auch vielen nicht schmeckt, ist er nicht zwangsläufig ein schlechter Wein.

12 Ist Wein eine reine Geschmackssache?

Letztlich ja. Keiner wird einen Wein kaufen, der ihm nicht schmeckt. Aber wenn er schmeckt, sagt das nicht unbedingt etwas über die Qualität des Weins aus, sondern manchmal mehr über den Geschmack des Weintrinkers.

13 Muss man einen besonderen Gaumen haben, um gute Weine genießen zu können?

Es liegt meist nicht am Gaumen. Nur 20 Prozent der Menschen sind „schmeckblind". Alle anderen können ganz normal riechen und schmecken.

14 Wie lernt man, Weine zu genießen?

Indem man viel ausprobiert, viel vergleicht, viel diskutiert und auch mal Weine trinkt, die nicht beim ersten Schluck schmecken, sondern erst beim zweiten.

15 Ich habe keinen kühlen Keller. Kann ich den Wein in der Wohnung lagern?

Kommt darauf an wie lange. Drei Jahre in einer warmen Wohnung sind möglicherweise zu viel. Bei einem halben Jahr in der Küche (oder einem anderen Raum) kann aber nichts schiefgehen, vielleicht auch länger nicht. Die handelsüblichen Weine sind heute biologisch stabil. Trotzdem ist die Lagerung in der Wohnung immer nur eine Notlösung.

16 Wird ein Wein besser, wenn er altert?

95 Prozent aller Rot- und Weißweine, die auf der Welt erzeugt werden, trinkt man am besten jung. Einige dieser Weine halten sich ein paar Jahre, werden dabei aber nicht unbedingt besser. Nur ganz wenige Weine brauchen, um ihr Potenzial zu entfalten, fünf oder zehn oder 20 Jahre.

17 Was braucht man an Equipment, um Wein zu genießen?

Nicht viel. Einen guten Korkenzieher (siehe S. 26/27), ein dünnwandiges, möglichst zum Weintyp passendes Glas (siehe S. 24/25), für Schaumweine einen Sektkühler (siehe S. 28/29), für warme Sommerabende auf der Terrasse eine Kühlmanschette, um Weißweine kühl zu halten. Vielleicht noch eine Karaffe. Und im Keller ein Weinregal, in dem die Flaschen horizontal liegen.

18 Kann man gute Weine am Preis erkennen?

Es gibt keine eindeutige Beziehung zwischen Wein und Preis. Spitzenweine sind zwar meist teuer, aber teure Weine sind nicht immer Spitzenweine. Auch 5-Euro-Weine können, wenn man sie beim Winzer kauft, gut sein. Bleibende Erlebnisse bieten sie nicht. Alles, was weniger kostet, kommt von der Resterampe. Glas, Kapsel, Etikett, Korken oder Schrauber kosten mehr als 1 Euro. Dazu kommen Transport, Zwischenhändler, Marge und Mehrwertsteuer. Der Inhalt einer Flasche zu 2,95 Euro kann dann nur 50 Cent wert sein. Weine, die ein Minimum an Qualität aufweisen, kosten wenigstens 7,90 Euro. Spitzenweine sind teurer. Fazit: Schlechte Weine kann man am Preis erkennen, gute nicht unbedingt.

19 Schmeckt ein Wein aus der Magnumflasche besser?

Nein. Er altert in der Magnumflasche langsamer und ist deshalb nach einigen Jahren frischer als der gleiche Wein aus einer Normalflasche. Vorausgesetzt, der Korken ist gleich gut.

20 Wie hält man ein Weinglas?

Weingläser werden immer am Stiel angefasst. Am Kelch hinterlässt die Hand Schwitz- und Fettspuren. Das ist für das Gegenüber am Tisch unästhetisch. Wenn man das Glas auch noch mit der ganzen Hand am Kelch greift, erwärmt sich der Wein womöglich durch die Handtemperatur.

WEIN GENIESSEN

Alles dreht sich ums Aroma

Wein kann Aromen von Beeren, getrockneten Früchten, Gewürznelken, aber auch von Teer, abgehangenem Fleisch, Penicillin annehmen. Nicht alles, was schlecht klingt, schmeckt auch schlecht. Manchmal sind es gerade die bizarren Aromen, die dem Wein das gewisse Etwas geben.

Wissenschaftler haben rund 800 verschiedene Aromastoffe im Wein nachweisen können. Wenn ihre Messgeräte, die Gaschromatographie und die Massenspektralanalyse, feiner wären, würden es vermutlich wesentlich mehr sein. Der größte Teil dieser Aromen ist chemisch noch nicht entschlüsselt. Erst bei relativ wenigen Aromen ist es möglich, ihnen die entsprechende chemische Formel zuzuordnen. Aber Formeln kann man nicht trinken. Deshalb versuchen Weintrinker, die Aromen sprachlich zu beschreiben. Dabei entstehen Beschreibungen wie grüner Apfel, Pfirsich, Brombeeren, Ananas – Aromen, die bekannt und nachvollziehbar sind. Bei den würzigen Aromen ist die Identifizierung schon schwieriger: Nelken, schwarzer Pfeffer, Vanille, Karamell, Lakritze. Sollen komplexe Aromenkonstellationen beschrieben werden, hilft nur, frei zu assoziieren mit dem Risiko, dass nicht jeder die Weinbeschreibungen nachvollziehen kann: abgehangenes Fleisch, Bienenwachs, Zigarrenkistenholz, gegerbtes Hirschleder, Eukalyptusbonbon, Earl Grey. Anfang der 80er-Jahre haben Wissenschaftler der kalifornischen Weinuniversität Davis den Versuch unternommen, die verschiedenen Weinaromen zu systematisieren. Herausgekommen ist der Aromenkreis. Zu einer verbindlichen Weinsprache hat aber auch er nicht geführt.

Die Primäraromen

Als Primäraromen werden die natürlichen Aromen der jeweiligen Rebsorten bezeichnet. Sie entstehen im Rahmen des normalen Stoffwechsels der Beere und sind teilweise auch schon im Most sensorisch wahrnehmbar. Die Primäraromen unterscheiden sich von Rebsorte zu Rebsorte, von Standort zu Standort. Meist handelt es sich um traubig-fruchtige und florale Aromen, wie sie für frisches Obst typisch sind. An ihnen kann eine geschulte Nase schon feststellen, ob sie einen Chardonnay oder Gewürztraminer vor sich hat, einen Pinot Noir oder Cabernet Sauvignon. Chemisch betrachtet, handelt es sich bei den Primäraromen überwiegend um Terpene, die als Kohlenwasserstoff-, Alkohol-, Aldehyd- oder Esterverbindungen in der Beere beziehungsweise im Most vorliegen. Da es sich um stark flüchtige Verbindungen handelt, übersteht nur ein kleiner Teil der Primäraromen den Verarbeitungsprozess bis zur Flaschenfüllung. Man spricht von etwa 20 Prozent Primäraromen, die ein junger Wein enthält. Sie sorgen dafür, dass der Wein delikat schmeckt. Im weiteren Verlauf seiner Entwicklung werden die Primäraromen allerdings langsam abgebaut, bis sie ganz verschwinden und von den Reifearomen überlagert werden.

Die Sekundäraromen

Der größte Teil der Weinaromen entwickelt sich während der Gärung beziehungsweise während der enzymatischen Behandlung des Mostes vor der Gärung. Diese Aromen bezeichnet man als Sekundäraromen. Sie entstehen durch die Aktivität der Hefen und der Bakterien (im Falle einer malolaktischen Gärung). Entgegen weit verbreiteter Meinung handelt es sich bei den Sekundäraromen nicht um die typischen Aromen von Brotkruste, Brioche, Biskuit, Toast, die bei längerer Lagerung eines frisch vergorenen Weins auf der Feinhefe entstehen, sondern um eine Vielzahl besonderer Frucht-, Würz- und mineralischer Aromen. Sie reichen von Zitrus über Mango, Papaya, Litschi, Ananas bis zu Schokolade, Mokka, Graphit, Kieselstein, Schiefer, Feuerstein, Eukalyptus, Nelken, Lakritz, Teer, Zedernholz, Butter, Walnuss, Fleisch, Wachs – allesamt Aromen, die in der Traube selbst nicht vorkommen. Sie sind im Most lediglich als Aromavorstufen vorhanden. Das heißt: als geruchs- und geschmacklose Zuckermoleküle (Glykoside) beziehungsweise Terpenoide, Carotinoide und Phenole. Erst durch die Aktivität der Hefen, Enzyme und Bakterien werden sie gespalten und in „aromaaktive“ Bestandteile zerlegt. Diese Sekundäraromen machen den größten Teil der Weinaromen aus.

Die Tertiäraromen

Die bei der Alterung des Weins entstehenden Aromen heißen Tertiäraromen. Es handelt sich um feinoxidierte Primär- und Sekundär-

Aromarad

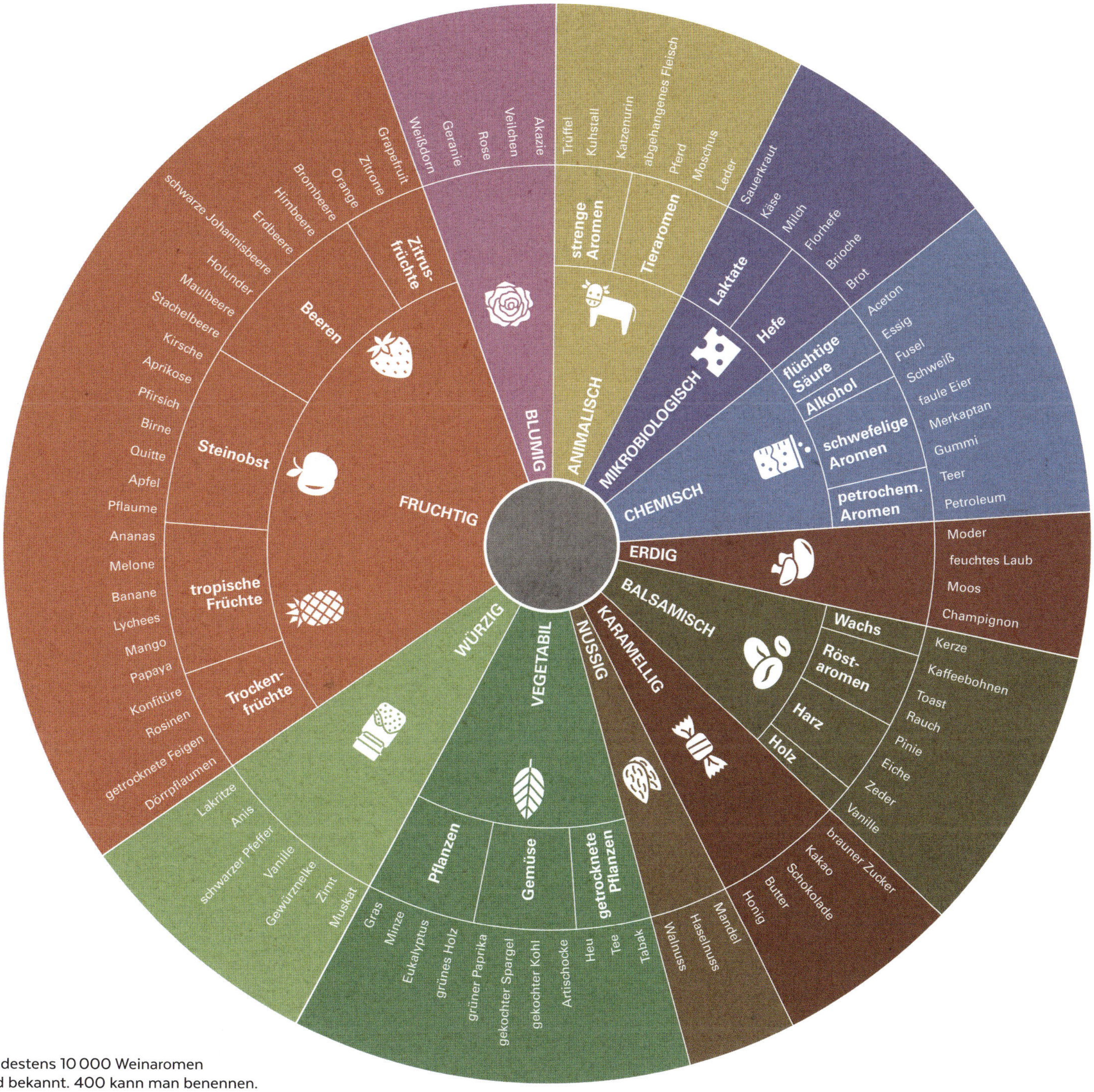

Mindestens 10 000 Weinaromen sind bekannt. 400 kann man benennen. 92 sind im Aromarad enthalten.

aromen während der Reifephase des Weins. Die Bildung der Tertiäraromen beginnt bereits während des Ausbaus im Fass und setzt sich nach der Flaschenfüllung fort. Fast immer ist dabei Sauerstoff im Spiel, der über die Poren des Fasses oder über den Korken Kontakt mit dem Wein bekommt. Typische Tertiäraromen beim Weißwein sind Petrol und Karamell, bei Rotwein Pilze, Moos, Herbstlaub, Geleefrucht. Wie schnell oder wie langsam sich Tertiäraromen bilden, hängt von mehreren Faktoren ab. Schwefel hemmt den Prozess, ein gasdichter Schraubverschluss ebenfalls. Ein schlechter, luftdurchlässiger Korken fördert dagegen die Bildung von Tertiäraromen genauso wie eine warme Lagertemperatur.

Auch die Farbe kann man trinken

Wein ist Augenlust. Ob leuchtendes Purpurrot oder sattes Bernsteingelb, die Farbe des Weins ist eine Botschaft für die Sinne. Mehr noch: Sie kann durchaus etwas über das Alter, die Rebsorte und im Einzelfall über die Qualität des Weins verraten. Weißweine dunkeln mit zunehmendem Alter nach. Besonders gehaltvolle Weißweine, die womöglich kurz auf der Maische gestanden haben (Cryo-Mazeration), sind jedoch nie glanzhell, sondern zeigen sich schon jung in einem kräftigen Zitronengelb. Bei Rotweinen ist die Farbentwicklung umgekehrt. Sie hellen sich mit zunehmendem Alter auf und weisen einen orangefarbenen Schimmer am Rand auf. Bordeaux-Weine, besonders aber Burgunder, tendieren nach 20 Jahren oft ins Bräunliche und werden beinahe unansehnlich. Die Farbe steht dann in krassem Gegensatz zum Geschmack: Dieser nähert sich seinem Höhepunkt und entwickelt eine feine, malzige Süße.

Glanzhell: Pinot Grigio

Strohgelb: junger Riesling

Zitronengelb: Chardonnay

Schwarzrot: Ribera del Duero

Rubinrot: junger Médoc

Kirschrot: junger Chianti Classico

Für junge Bordeaux-Weine wird gern die Gleichung aufgestellt: Je dunkler die Farbe, desto besser ist der Wein. Tatsächlich korrespondiert die Anzahl der Farbpigmente in den Beeren mit der Reife der Trauben und damit mit der Qualität eines Jahrgangs: Je besser der Jahrgang, desto dunkler der Wein. Vom Bordeaux-Wein lässt sich jedoch nicht auf andere Weine schließen. Die meisten roten Traubensorten haben von Natur aus weniger Farbe als die Cabernet Sauvignon, aus der Bordeaux-Weine überwiegend gekeltert werden. Sie sind – auch in großen Jahren – heller, ohne deswegen schlechter zu sein. Burgunder und Barolo sind typische Beispiele dafür: Sie erreichen nie die Farbtiefe eines Bordeaux oder eines Ribera del Duero. Ein Qualitätsurteil lässt sich aus der Farbtiefe nicht ableiten. Außerdem kommen dunkle Weine häufiger in heißen als in kühlen Anbaugebieten vor. Südspanische, süditalienische und algerische Rotweine sind häufig nur zum Verschneiden gut.

Goldgelb: reifer Sauternes

Altgolden: reife Trockenbeerenauslese

Bernsteingelb: Amontillado Sherry

Purpurrot: St-Émilion, 10 Jahre alt

Ziegelrot: Barolo, 15 Jahre alt

Granatrot: Burgunder, 30 Jahre alt

Wie es riecht, so schmeckt es

Ein großer Teil dessen, was der Mensch zu schmecken glaubt, riecht er in Wirklichkeit. Das gilt auch für den Wein. Um ihn voll zu schmecken, ist daher ein guter Geruchssinn nötig. Höchster Genuss aber stellt sich erst ein, wenn man den Wein körperhaft auf der Zunge spürt.

Frauen riechen besser: Die Nase ist das sensiblere Wahrnehmungsorgan im Vergleich zur Zunge.

Die Nase ist das sensiblere Organ im Vergleich zur Zunge. Wissenschaftliche Untersuchungen haben ergeben, dass das Riechhirn des Menschen bis zu 10000 Gerüche unterscheiden kann. Ganz anders die Zunge. Ihre Wahrnehmungsfähigkeit ist auf die wenigen nichtflüchtigen Geschmacksträger des Weins begrenzt: Zucker, Säuren und die Phenole. Um zu verstehen, warum der Mensch mehr riecht als er schmeckt, ist ein kurzer Blick auf Nase und die Zunge nötig.

Das Riechorgan

Die Riechzone des Menschen liegt in einer kleinen Seitenkammer der oberen Nasenhöhle. Beim Einatmen berührt der Luftstrom die Riechzone nicht direkt. Allerdings werden Luftwirbel in diese Seitenkammer getragen, die dann die Duftempfindungen auslösen. Die Geruchsrezeptoren selbst befinden sich auf einer Fläche, die nicht größer als fünf Quadratzentimeter ist: der Riechschleimhaut. Sie ist mit einem feuchten Film überzogen, sodass die Duftmoleküle, die sie berühren, auf ihr gelöst werden. Nur in flüssigem Zustand können Gerüche wahrgenommen werden. Die Nasenlöcher mit der ebenfalls feuchten Nasenscheidewand haben dagegen keine Riechfunktion. Sie dienen lediglich dazu, die inhalierte Luft zu filtern, zu erwärmen und zu befeuchten. Da sich die Seitenkammer mit der Riechschleimhaut zum Rachenraum hin öffnet, werden die Geruchsrezeptoren beim Ausatmen stärker gereizt als beim Einatmen. Das ist der Grund, weshalb ein Wein nach dem Schlucken oft so lange nachklingt.

Die Geruchsneuronen

Auf der menschlichen Riechschleimhaut enden etwa 20 Millionen Neuronen in Form von kleinen Härchen, die in der Schleimhaut schwimmen (bei Frauen sind es 30 Millionen). Neuronen sind Nervenleitungen, die direkt mit dem Gehirn verbunden sind. Über die Riechhärchen geben sie die empfangenen Reize an das Riechhirn weiter. Dieses liegt gleich oberhalb der Nasenhöhle. Die Wege sind also kurz – Indiz dafür, wie eng das zentrale Nervensystem des Menschen an Geruchsempfindungen gekoppelt ist. Das Riechhirn entziffert die Reize und ordnet sie zu einem homogenen Geruchseindruck, was notwendig ist, weil Millionen von Riechfäden gleichzeitig stimuliert werden, wenn Geruchsmoleküle auf sie treffen. Die einzelnen Sinneseindrücke werden dann vom Riechhirn integriert und zu einem komplexen Geruchsbild geformt. Dieser Vorgang ist – ebenso wie die Erinnerung von Geruchseindrücken – ein wichtiger Faktor beim Weintesten und eine geistige Leistung des Weintrinkers. Sie unterliegt der Erfahrung und damit dem Willen des Menschen.

Die Riechschwellen

Es ist eher unwahrscheinlich, dass es ein angeborenes Talent zum Weinverkosten gibt. Zwar ist die Größe der Riechschleimhaut nicht bei jedem Menschen gleich. Doch kommt es gar nicht auf die Größe, sondern auf die Empfindlichkeit der Rezeptoren an. Einige Menschen reagieren erst, wenn 100 Millionen Geruchsmoleküle auf die Schleimhaut treffen, andere bereits bei 10 Millionen. Allerdings wird vermutet, dass die Wahrnehmung stark vom Großhirn gesteuert wird. Das heißt: Die Fähigkeit, Gerüche zu erkennen, hängt stark von der Kenntnis der Geruchskomponenten und der Fähigkeit ab, diese semantisch zu benennen. Riechschärfe ist also, zumindest beim Wein, trainierbar. Allerdings gibt es Einschränkungen. Menschen, die Dauergerüchen ausgesetzt sind

(Tabakqualm, Autoabgasen), nehmen diese kaum mehr wahr. Sie werden geruchsunempfindlich. Auch scheint die Riechschärfe mit dem zunehmenden Alter nachzulassen. Ob dies mit der Abnutzung der Rezeptoren zu tun hat oder eine Folge nachlassender geistiger Konzentration ist, ist unklar. Sicher ist, dass die Riechschärfe im Tagesverlauf schwankt, und zwar sowohl bei jungen wie bei alten Menschen. Nach Mahlzeiten ist sie besonders niedrig.

Mit der Zunge kann man nicht viel schmecken. Man nimmt den Wein mit ihr aber körperhaft wahr.

Die Zunge

Die Wahrnehmungsfähigkeit der Zunge ist auf die nichtflüchtigen Geschmacksträger des Weins begrenzt: Zucker, Säuren und die Phenole. Sie duften nicht (oder nur geringfügig) und müssen geschmeckt werden. An der Zunge selbst befinden sich über zwei Drittel aller Geschmacksrezeptoren, am Gaumen und im Rachenraum dagegen nur wenige. Gaumen und Rachen sind dennoch am Weingenuss beteiligt. Der physische Berührungsreiz, die Temperatur, das Zu sam-menziehen der Schleimhäute unter dem Einfluss des Tannins – für alle diese Sinneseindrücke ist der Empfindungssinn des Mundes empfänglich, der Trigeminus. Durch die Erwärmung des Weins im Mund werden schließlich auch die flüchtigen Aromen aktiviert, die auf retronasalem Weg die Nasenschleimhaut noch einmal stimulieren.

Die Rezeptoren

Die Zunge ist mit Papillen bedeckt: feinste pilz- oder wallförmige Ausstülpungen, die vor allem dem Tastsinn dienen. Etwa 200 bis 400 dieser Papillen enthalten jedoch auch Geschmacksknospen. Sie häufen sich an der Zungenspitze, an den Zungenrändern und an der Zungenwurzel. In der Zungenmitte hingegen sind kaum Geschmacksknospen zu finden. Dieser Teil der Zunge ist fast geschmacksneutral. Jede Geschmacksknospe enthält zahlreiche Sinneszellen, die an ihrem oberen Ende in kleinen, speichelumhüllten Geschmacksfäden enden (Porus). Sie sind die eigentlichen Empfindungserreger: Sie reagieren auf chemische Substanzen und leiten die entsprechenden Informationen ins Gehirn weiter.

Die Grundgeschmäcker

Lange Zeit ging man davon aus, dass die Zunge eine unendlich große Anzahl von Geschmacksnuancen wahrnehmen kann. Heute weiß man, dass es nur wenige Grundgeschmäcker gibt, auf die die Zunge reagiert. Die bekanntesten sind süß, salzig, sauer, bitter. Allerdings weiß man auch, dass der Weingeschmack stets aus einer Mischung dieser vier Grundrichtungen besteht. Süße hängt am Alkohol,besonders am Glykol. Die Säure ist als Weinsäure, Milchsäure, Essigsäure, gegebenenfalls als Apfelsäure im Wein enthalten. Salze sind Bestandteile der Säuren (da der salzige Geschmack von anderen Geschmackskomponenten dominiert wird, tritt er als solcher kaum in Erscheinung). Den Bittergeschmack steuern bestimmte Phenole bei, etwa die Tannine.

Mehr als nur vier Geschmäcker

Inzwischen haben Wissenschaftler herausgefunden, dass die Rezeptoren der Zunge auch alkalische und metallische Verbindungen schmecken können. Als weiterer Geschmackssinn wurde Umami identifiziert, eine japanische Bezeichnung für „Schmackhaftigkeit“. Wofür Umami genau steht, ist allerdings unklar. Kritiker wenden ein, dass Umami eine Geschmacksbewertung und kein Geschmack ist. Schließlich hat die Zunge auch einen Tastsinn sowie ein Temperatur- und ein Schmerzempfinden. Mit ihnen lassen sich Schärfe einer Speise oder eines Getränks (z.B. Adstringenz), Wärme/Kälte und Textur (z.B. Fettigkeit) eines Weins wahrnehmen. Deshalb ist es wichtig, den Wein auch mit der Zunge zu ertasten.

Superschmecker und Schmeckblinde

Am besten können Kinder schmecken. Bei ihnen stehen die Geschmacksknospen am dichtesten. Vom 20. Lebensjahr an nimmt ihre Zahl jedoch stetig ab. Mit 60 Jahren haben sie sich mehr als halbiert. Zudem gibt es genetische Unterschiede bezüglich der Menge der Rezeptoren. Die Hälfte der Menschen sind „Normalschmecker“. Ihre Zunge weist durchschnittlich 180 Knospen pro Quadratzentimeter auf. 25 Prozent sind „Superschmecker“ (über 400 Knospen), darunter mehr Frauen als Männer. Auch Afrikaner und Asiaten schmecken besser als Europäer und Amerikaner. Die restlichen 25 Prozent der Menschen sind „Nichtschmecker“ oder „Schmeckblinde“ (100 Knospen).

2010
2015
2013
2009
2011
2012
2010

WEIN VERSTEHEN

Dünnwandig und wohlgeformt

Champagner und Schaumweine
Man trinkt sie aus schmalen, hochgezogenen, tulpenförmigen Gläsern, die hoch genug sein müssen, damit sich die Mousse (der Schaum) aufbauen kann. Außerdem sollen die Bläschen (Perlage) gut sichtbar sein. Das Auge trinkt mit. Der Kelch selbst ist dünnwandig. Die temperatursensiblen Lippen spüren die erfrischende Kühle des Weins.

Leichter Weißwein
Dieses Glas mit seinem schmalen Durchmesser und dem kleinen Volumen ist ideal für leichte und mittelschwere Weißweine, die ihre blumig-fruchtigen Primäraromen sofort freigeben. Durch die geringen Dimensionen werden die Düfte noch konzentriert, während die Zunge vor allem den süßen Fruchtschmelz wahrnimmt. Gut für Riesling Kabinett, Grünen Veltliner, Sancerre, Soave, Pinot Grigio u. ä.

Körperreicher Weißwein
Durch sein größeres Volumen eignet sich dieses Glas für gehaltvolle Weißweine, die atmen müssen und von Natur aus eine milde Säure aufweisen beziehungsweise eine malolaktische Gärung durchgemacht haben. Ideal für Chardonnay (Barrique), Sauvignon Blanc (Barrique), Riesling Spätlese, schweizerische Chasselas u. ä.

Tanninarme Rotweine
Durch die relativ große Öffnung fließt der Wein auf breiter Front in die Mundhöhle ein und führt ihn zu allen Stellen, an denen Frucht und Säure zur Geltung kommen. Das heißt: Nicht nur die auf süßen Schmelz spezialisierte Zungenspitze, sondern auch die anderen Zungenpartien werden gereizt. Vor allem geeignet für Burgunderweine, Blaufränkisch, Barbera, Gamay, Pinotage u. ä.

Tanninstarke Rotweine
Der hohe Duftkamin führt das Bouquet konzentriert zur Nase. Durch die nicht zu enge Öffnung wird der Wein auch an der Zungenspitze wahrgenommen, sodass der erste Geschmackseindruck von der fruchtigen Süße geprägt ist. Dadurch wird tanninstarken Weinen die anfängliche Bitterkeit genommen. Durch das dünne Glas teilt sich die Temperatur des Weins sofort den Lippen mit – auch das gehört zum Genuss dazu. Für jungen Bordeaux, Rioja, Chianti u. ä.

Schwere Rotweine
Durch den großen Durchmesser des Glases hat der Wein viel Kontakt mit der Luft. So kann sich der Alkohol, der zugleich auch Geschmacksträger ist, entfalten. Fülle und Komplexität kommen besser zum Ausdruck. Der hohe Stiel verhindert zugleich, dass die Temperatur der Hand die Temperatur der Flüssigkeit beeinflusst (Weingläser werden am Stiel angefasst). Ideal für reife Burgunder, Barolo, Brunello di Montalcino, Syrah u. ä.

Dessertweine
Edelsüße Dessertweine werden nur schluckweise getrunken. Der relativ kleine Kelch ist den geringen Mengen angepasst, in denen man diese Weine genießt. Der Wein fließt über die Zungenspitze hinweg an die Zungenränder, sodass die außerordentliche Geschmacksfülle schärfer wah-r genommen, nicht aber die Restsüße verstärkt wird. Für Auslesen, Sauternes, Grains Nobles u. ä.

Sherry und Portwein
Portwein, Sherry, Madeira, Marsala sind körperreiche Weine, die einen Alkoholgehalt von über 18 Vol. % aufweisen. Der Alkohol darf beim Verkosten aber nie im Vordergrund stehen. Die kleinen, engen Gläser verhindern, dass der Alkohol verfliegt und das Bouquet brandig macht. Die Öffnung des Glases ist außerdem so eng, dass es nahezu unmöglich ist, die Nase tief ins Glas zu senken. Auf diese Weise wird der hohe Alkoholgehalt kaum wahrgenommen.

Der schnellste Weg zum Wein

Korkenzieher gehören zur Grundausstattung eines Weintrinkers. Es gibt sie in vielen Varianten: kitschig, schwergängig, unpraktisch, platzbeanspruchend, überdreht. Nur wenige Korkenzieher sind einfach und funktional zugleich. Der Weintrinker entscheidet, welches Gerät am besten zu ihm passt.

1 Korkenzange

Der „Korkenzieher“ für Sekt- und Champagnerflaschen. Mit der Korkenzange wird der Korken nicht aus der Flasche gezogen, sondern lautlos aus dem Flaschenhals gedreht. Wer vorsichtig mit dem Instrument umgeht, verhindert auf diese Weise, dass der Wein überschäumt. Bevor die Zange angesetzt wird, muss natürlich das Stanniolpapier und das Drahtkörbchen über dem pilzförmigen Korken entfernt werden.

2 Kellnermesser

Unter dieser liebevollen Bezeichnung wird die wohl praktischste Korkenzieher-Konstruktion angeboten, die es derzeit gibt: Mit dem Messer die Kapsel abschneiden, Spindel in den Korken versenken, Stützfuß auf den Flaschenrand setzen und den Korken heraushebeln. Geschicklichkeit und ein bisschen Kraft in den Handgelenken sind freilich nötig.

3 Kapselschneider

Statt mit dem Messer die Kapsel abzuschneiden, wird dieser Kapselschneider auf den Flaschenrand gesetzt und einmal gedreht: Ob Blei-, Stanniol- oder Kunststoffkapsel, das Material wird sauber abgeschnitten, und zwar so tief, dass der Wein beim Einschenken nicht über die Schnittkante läuft.

4 Das T-Modell

Der meistbenutzte Korkenzieher der Welt: einfach, sicher, billig – und umständlich zu handhaben. Mit diesem Standardgerät eine Flasche zu entkorken, erfordert Kraft. Und wenn der Korken dann mit einem lautem „Flopp“ den Flaschenhals verlässt, ist manchmal selbst der Wein „geschockt“.

5 Schenkel-Korkenzieher

Ein ebenso schicker wie intelligenter Korkenzieher aus Amerika: elastische Spindel mit breitem Gewinde, das nahezu jeden Korken sicher packt – auch die festsitzenden. Ohne größere Kraftanstrengung zu bedienen. Nur in eine Richtung drehen, und der Korken wird sicher nach oben bugsiert.

6 Korkenspange

Raffinierte Korkenzieherform, vor allem in Amerika verbreitet. Die beiden Zungen werden zwischen Flaschenhals und Korken geschoben. Durch ihre unterschiedliche Länge liegt der Schwerpunkt der Krafteinwirkung beim Herausziehen an verschiedenen Stellen des Korkens. So wird er sanft umschlossen und gleitet unversehrt aus dem Flaschenhals. Bei alten Flaschen mit mürbem Korken oft die einzige Möglichkeit, an den Wein zu kommen.

7 Hebel-Korkenzieher

Die eleganteste und schnellste Art, die Flasche vom Korken zu befreien, ist die Screwpull-Zange. Eine Hand umklammert den Flaschenhals mit der Zange, die andere legt den Hebel von hinten nach vorne, sodass sich die dünne, elastische Spindel in den Korken bohrt. Danach wird der Hebel einfach zurückgelegt und der Korken fast schwerelos aus der Flasche gehoben. Weder Kraft noch Geschicklichkeit sind nötig, um mit diesem Hightech-Gerät umzugehen. Allerdings ist es auch die teuerste Art, den Korken aus der Weinflasche zu ziehen.

8 The Durand

Neuer, genialer Korkenzieher aus Amerika, speziell für alte Weine mit brüchigen beziehungsweise minderwertigen Korken erdacht, die schon nach zehn oder 20 Jahren geschrumpelt und so hart sind, dass sie beim Ziehen abbrechen. Einen solchen Korken mit einem normalen Spindel-Korkenzieher aus dem Flaschenhals zu bugsieren, ist schwierig. Oft misslingt es. Der Korken bricht ab oder zerbröselt. Andere Korken sind nicht ausgetrocknet, aber im Laufe der Jahre völlig durchnässt. Sie zu ziehen kann ebenso schwierig sein, weil die Korkstruktur an Festigkeit verloren hat und dem Ziehdruck nicht standhält. Oder der durchnässte Korken wird beim Eindrehen der Spindel in die Flasche gedrückt. Besser funktioniert eine Korkspange. Fast immer gelingt es dagegen mit diesem Spezialgerät namens The Durand. Dieser in den USA entwickelte Korkenzieher verbindet Spindel mit Spange und hat sich bei Liebhabern gereifter Weine in der ganzen Welt als unentbehrliches Wein-Accessoire durchgesetzt.

6

7

8

Vom Sektkübel ...

Einen edlen Wein unsachgemäß zu servieren ist unverzeihlich. Ebenso unpassend ist es jedoch, das Weintrinken zu einer Geheimwissenschaft zu machen. Außer einem Korkenzieher und einem Glas braucht man wenig, um zu genießen – von einem guten Wein abgesehen. Das wenige sollte allerdings mit Bedacht gewählt werden.

Das Arsenal der Wein-Accessoires reicht vom Taschengerät, mit dem der Alkoholgehalt des Weins gemessen wird, bis zur Zange, mit der alte Vintage-Ports geöffnet werden. Tatsächlich ist der größte Teil des Weinzubehörs nur Spielzeug: der Dekantierapparat, die silbernen Umhängeetiketten, der Säbel, mit dem Champagnerflaschen geköpft werden. Emile Peynaud, Professor für Önologie an der Universität Bordeaux und Autor eines Buches über die Hohe Schule des Weintrinkens, hat in kurzen Worten beschrieben, wie Wein getrunken wird: „Man nimmt ihn aus dem Regal, bringt ihn auf die gewünschte Temperatur, entkorkt ihn und serviert ihn sofort.“ Nur für alte Flaschen lässt er eine Sonderbehandlung zu.

Kühlmanschette

Nicht schön, aber nützlich ist die Kühlmanschette, die um die Flasche gewickelt oder in die der Wein wie in eine Tasche gesteckt wird. Sie dient weniger der Kühlung des Weins als vielmehr dem Kühlhalten des vorgekühlten Weins auf der Terrasse oder während des Picknicks.

Flaschenständer

Ersetzt das traditionelle Dekantierkörbchen für alte Rotweine mit Depot. Durch die Schrägstellung rutscht das Depot an den Rand des Flaschenbodens. Beim Einschenken bleibt die Flasche im Flaschenständer.

… bis zum Dekanter

Ausschenkhilfe

Das Plättchen aus Aluminium-/PET-Laminat wird einfach zur Tülle geformt und in den Flaschenmund gesteckt. Dient dem sicheren, kleckerfreien Einschenken.

Sektkübel

Bestes Hilfsmittel, um Sekt oder Champagner herunterzukühlen. Aber auch Weißweine lassen sich im Eisbad gut temperieren. Braucht allerdings Eiswürfel, die mit Wasser aufgegossen werden. Vorsicht, dass die Flaschen nicht zu lange im Kübel bleiben und zu kühl werden. Auch Rotweine, die zu warm sind, lassen sich im Kübel schnell auf die gewünschte Temperatur bringen.

Kunststoffkühler

(links)
Im Flaschenkühler aus Acryl bleibt der Wein so kühl, wie er aus dem Keller oder aus dem Klimaschrank gekommen ist.

Dekanter 1

Junge, tanninhaltige Rotweine werden gern in Karaffen umgefüllt, in denen sie „atmen“ können. Eventuelle Nebentöne verschwinden. Schon nach wenigen Minuten ist der Rotwein mit Sauerstoff gesättigt. Er ist fruchtiger, reintöniger und wirkt weniger verschlossen. Je breiter der Durchmesser des Dekanters, desto größer die Kontaktfläche des Weins mit dem Sauerstoff.

Dekanter 2

Die „Ente“ mit den Silberbeschlägen ist nichts anderes als ein dekorativer kleiner Dekanter, wie er gern für Bordeaux-Weine verwendet wird.

Wie viel Luft braucht der Wein?

Das vorsichtige Umfüllen eines Weins in eine Karaffe heißt Dekantieren. Ein notwendiger Vorgang oder eine überflüssige Show? Die Meinungen gehen auseinander. Doch die Antwort ist klar: Manchmal ist Dekantieren notwendig, manchmal überflüssig, ja sogar riskant.

Früher wurden alte Rotweine dekantiert, um sie vom Depot zu trennen. Heute tut manch jungem Wein ein Dekantieren gut.

Sinnvoll ist das Dekantieren bei alten Rotweinen, die viel Depot gebildet haben, das beim Einschenken nicht ins Glas gelangen soll. Depot ist das Sediment, das sich bei alten Rotweinen im Lauf der Jahre auf dem Flaschenboden abgesetzt hat. Meist handelt es sich dabei um Ausfällungen von Gerbstoffen und Anthocyanen. Der Geschmack des Weins wird zwar durch das Depot nicht beeinträchtigt. Aber das Depot selbst kann bitter schmecken (Ausnahme: alte Pinot-Noir-Weine). Der Wein wird vorsichtig aus der Flasche in den Dekanter umgegossen, wobei er durch einen Trichter mit einem feinen Sieb läuft. Das fängt das Depot auf. Geübte Sommeliers dekantieren ohne Sieb über einer Kerze, die den Flaschenhals von unten erleuchtet und so erkennen lässt, wann das Depot ausfließt. In diesem Moment wird der Dekantiervorgang gestoppt. Der Bodensatz bleibt in der Flasche. Eingeschenkt wird dann aus der Karaffe.

Dekantieren von jungen Rotweinen

Da alte Rotweine mit Depot relativ selten getrunken werden, ist die Anschaffung einer Karaffe für den Privatgebrauch eigentlich überflüssig. Doch fast alle modernen Rotweine werden heute reduktiv ausgebaut (und abgefüllt). Sie brauchen nach dem Öffnen der Flasche Luft, um ihren Geschmack zu entfalten. Deshalb kann es sinnvoll sein, kräftige, tanninbetonte Weine zu dekantieren, und zwar auch dann, wenn sie jung sind oder erst ein paar Jahre Flaschenalter aufweisen, ohne dass sich ein Depot gebildet hat. Das gilt für nahezu alle gehobenen Qualitäten, egal aus welchem Land sie stammen. Die heutigen Karaffen sind deshalb nach einem anderen Prinzip designt als die alten: Sie haben einen langen Hals, in dem der Wein verwirbelt wird, sodass er schon während des Umfüllvorgangs mit viel Sauerstoff in Berührung kommt. Außerdem ist der Durchmesser der Karaffen viel größer als früher, um dem Wein mehr Luftoberfläche zu bieten. Allerdings muss nicht jeder bessere Rotwein dekantiert werden. Meist genügt es, ein Glas mit größerem Kelch zu wählen, in dem der Wein auch mehr atmen kann als in den traditionell kleinen Rotweingläsern.

Dekantieren von Weißweinen

Auch bei schweren Weißweinen kann ein Dekantieren sinnvoll sein. Weil oxidationsanfälliger, sind sie meist noch reduktiver abgefüllt worden als Rotweine. Das gilt für die deutschen Großen Gewächse, für österreichische Reserves (bzw. Smaragde) vom Grünen Veltliner und Riesling, von den Premiers Crus und Grands Crus aus dem Burgund, von Spitzenweinen aus Chardonnay und Sauvignon Blanc aus aller Welt. Sie können unter Sauerstoffkontakt geschmacklich regelrecht explodieren. Bei Flaschen mit Schraubverschluss ist der Sauerstoffbedarf der Weine noch größer. Doch auch hier ist Vorsicht geboten. Voreiliges Dekantieren kann dazu führen, dass die Weine durch den Sauerstoffschock Frische verlieren und abflachen. Feste Regeln für das Dekantieren gibt es nicht. Das Motto heißt: mutig, aber mit Vorsicht.

Ohne steife Etikette

Zum Weintrinken braucht es nicht viel: eine gute Flasche und ein passendes Glas. Aber da gehen die Probleme schon los. Wie schenkt man richtig ein? Wie fasst man das Weinglas an? Steife Etikette? Nein. Eher Tipps für ungetrübtes Weinvergnügen.

Soll man die Flasche am Tisch öffnen?
Kann man, muss man aber nicht. Die Flasche vorher zu öffnen hat den Vorteil, dass man überprüfen kann, ob der Wein einen Korkschmecker hat.

Wie stellt man fest, ob der Wein einen Korkschmecker hat?
Indem man eine kleine Menge Wein ins Glas schüttet, ihn riecht und schmeckt. Ist der Wein in Ordnung, wird er den anderen Personen eingeschenkt. Ist der Wein hingegen korkkrank, ersetzt man ihn durch eine zweite Flasche. Ist man sich nicht sicher, ob der Wein korkt, sollte man die Flasche ebenfalls zurückziehen. Man kann den Wein später (oder am nächsten Tag) noch einmal überprüfen.

Wer schenkt ein, wenn mehrere Personen am Tisch sitzen?
Normalerweise der Gastgeber. In informeller Runde kann man aber auch die Flasche auf den Tisch stellen, sodass jeder sich selbst nachschenken kann. Das Risiko ist, dass eine Person sich das Glas so voll schenkt, dass für die anderen zu wenig übrig bleibt.

Worauf ist beim Einschenken zu achten?
Dass kein Tropfen auf den Fuß des Glases, auf den Tisch oder gar auf die Kleidung geht. Das ist das Wichtigste. Beim Öffnen der Flasche sollte man darauf achten, dass die Stanniolkapsel tief abgeschnitten wird. Der Wein sollte beim Einschenken nicht über den Schnittrand fließen. Stanniol ist Zinn, und Zinn ist ein Schwermetall.

Wo wird das Weinglas angefasst?
Immer am Stiel. Nicht am Fuß und schon gar nicht am Kelch.

Wie trinkt man Wein?
Schluckweise oder in zwei Schlucken, dann setzt man das Glas wieder ab.

Darf man während des Essens auch mehrere verschiedene Weine ausschenken?
Natürlich – aber nicht zu viele. Ein Essen ist keine Weinprobe. Normalerweise beginnt man mit einem Weißwein und endet mit einem Rotwein. Es hängt aber von den Speisen ab. Auf jeden Fall sollten schwerere Weine zuletzt getrunken werden.

Benötigt man für Weiß- und Rotweine verschiedene Gläser?
Für Weißweine werden Gläser mit kleinem Kelch, für Rotweine Gläser mit größerem Kelch benötigt. Schwere Weißweine kann man aber auch aus Rotweingläsern trinken.

Braucht man bei einem Wechsel des Weins neue Gläser?
Beim Wechsel von Weißwein zu Rotwein auf jeden Fall. Ansonsten hängt es von der Runde ab. Bei einem lockeren Weinabend kann man das alte Weißweinglas auch für den neuen Weißen benutzen (ebenso bei Rotwein).

Darf man beim Wein rauchen?
Viele Menschen tun es in ihrer häuslichen Umgebung regelmäßig. Andere rauchen eine Zigarette vor der Tür. Sicher ist, dass der Rauch die Papillen auch über die Zigarette hinaus belegt. Da Weintrinken aber keine heilige Messe ist, muss jeder selbst entscheiden, was er tut. Eine Zigarre zu einem Portwein zu rauchen, gilt als hohe Form des Genießens.

Manche Sektkorken sitzen extrem fest in der Flasche. Wie bekommt man sie raus?
Man umklammert den Korken fest mit einer Hand, fasst die Flasche mit der anderen Hand am Boden und dreht sie. So ist die Hebelwirkung größer als umgekehrt. Allerdings wird der Korken auf diese Weise nur gelöst. Um ihn endgültig zu entfernen, wird er anschließend vorsichtig mit der Hand aus dem Flaschenhals gedreht.

Dürfen Weingläser in die Spülmaschine?
Die meisten Weingläser sind laut Händlerangaben spülmaschinenfest. Das gilt jedoch nur für Spülprogramme bis 35 °C. Bei höheren Wassertemperaturen besteht die Gefahr, dass die Gläser nach mehrmaligen Spülungen einen Grauschleier bekommen, der sich nicht mehr entfernen lässt.

Das Weinglas wird immer am Stiel, nicht am Kelch oder am Fuß angefasst.

Voll, aber nicht zu voll

Das Glas bis zum Eichstrich voll zu schenken, ist in Bierkneipen ein Ausdruck der Seriosität des Wirtes. Beim Wein ist es ein Fauxpas. Volle Weingläser sind genussfeindlich und die sicherste Art, sich als Wein-Banause zu offenbaren.

Ein Weinglas sollte höchstens bis zur Hälfte aufgeschenkt werden. Nur bei Schaumwein gilt eine andere Regel. Im vollen Glas kommt die Perlage besser zur Geltung.

Aus einem randvoll eingeschenkten Glas lässt sich schwer trinken. Das Bouquet kann sich nicht sammeln. Es verfliegt sofort. Oftmals gelingt es nicht einmal, ein randvolles Glas zum Mund zu führen, ohne dass der Wein überschwappt. Jedenfalls dann nicht, wenn man es korrekt am Stiel anfasst. Der volle Kelch ist zu schwer, die Grifffläche am Stiel zu klein. Ein Balanceakt für alle, die trinken und dabei nichts verschütten möchten. Wer auf Nummer sicher gehen will, fasst das Weinglas dann notgedrungen am Kelch an und führt es so zum Mund. Zurück bleiben unschöne Fingerabdrücke am Glas, die spätestens, wenn der Wein ausgetrunken ist, deutlich sichtbar werden. Außerdem überträgt sich die Wärme der Hand schnell auf den Wein. Dessen Temperatur steigt, besonders wenn das Glas lange in der Hand gehalten wird. Alle Mühen, ihn richtig temperiert zu servieren, waren dann vergebens. Das gilt besonders für Weißweine, die sich durch Handwärme schneller von 10 °C auf 13 °C erwärmen als ein Rotwein von 18 °C auf 21 °C (siehe S. 34–35).

Die richtige Weinmenge

Weißweingläser sollten bis maximal zur Hälfte aufgeschenkt werden. Dann bleibt der Duft, den der Wein verströmt, im Glas und verfliegt nicht gleich wieder. Ob die Weinmenge, die sich im Glas befindet, einem oder zwei Dezilitern entspricht, ist vom Genuss-Standpunkt aus betrachtet unerheblich. Am besten, man schenkt bis zu dem Punkt ein, an dem der Kelch am breitesten ist. Das gilt auch für die meisten Rotweingläser. Einige Restaurants behelfen sich damit, dass sie offene Weine gleich im Viertelliter-Krug servieren. Der Gast erhält die garantierte Menge Wein, kann sie sich aber selber dosieren. Kleinere Rotweingläser, wie sie in vielen Bistros üblich sind, dürfen auch bis zur Hälfte gefüllt werden. Mehr ist jedoch stillos – auch wenn Weinbistros es als ein Zeichen der Seriosität ansehen, das Glas bis zum Eichstrich zu füllen.

Gößere Gläser verlangen mehr Menge

Für Rotweine werden in der Regel Gläser mit größerem Kelch benutzt. Besonders für Burgunder verwendet man ein bauchiges Volumenglas. Es unterstützt durch die größere Kontaktfläche mit der Luft die Entwicklung des Duftes und des Geschmacks. Ein Deziliter in einem solchen Glas würde kaum mehr als den Boden bedecken. Die Kopfnoten gelangen kaum an den oberen Rand. Der Wein „verschwindet“ im Glas. Je nach Durchmesser des Kelches sind deshalb mindestens zwei Deziliter Wein nötig, um dem Wein gerecht zu werden. Es ist aber auch nicht unschicklich, noch ein Fingerbreit mehr einzuschenken.

Weinstein im Glas: Was wie Glassplitter oder Zuckerkristalle aussieht, ist Kaliumtartrat. Dahinter verbirgt sich die ausgefällte Säure eines Weißweins. Weinstein beeinträchtigt nicht die Qualität des Weins.

Hilfe beim Einschenken

Wein ist kein Sprudelwasser. Er wird nicht ins Glas gegossen. Man schenkt ihn langsam und vorsichtig ein, nicht geräuschvoll und nicht im dichten Schwall. Zu diesem Zweck ist es hilfreich, die Flasche in der Mitte des Bauches zu umfassen und über dem Glas langsam zu neigen. So lässt sich der ausfließende Wein am besten dosieren. Das Etikett sollte nach oben weisen. Keine gute Figur macht man, wenn man die Flasche beim Einschenken am Hals umklammert. Außerdem lässt sich der Fluss des Weins bei dieser Einschenkhaltung nur schwer kontrollieren. Aber auch wer korrekt serviert, hat oft das Problem, dass die letzten Tropfen beim Einschenken danebengehen. Für alle, die noch nicht den richtigen Schwung haben, empfiehlt sich daher eine Einschenkhilfe: ein zu einer Tülle zusammengerolltes Plättchen Silberfolie, das in den Flaschenhals gesteckt wird. Diese Einschenkhilfe wird in Weinfachgeschäften unter der Bezeichnung Drop-Stop angeboten und kostet nur ein paar Cents. Mit ihr gibt es weder Weinflecken noch ungewolltes Schwallschenken.

Einschenkhilfe Drop-Stop: Das zu einer Tülle zusammengerollte Blatt aus mehrschichtigem Aluminium-/PET-Laminat hilft, den Wein tropfenfrei und genau dosiert auszuschenken.

Sonderfall Schaumwein

Nur bei Sekten und anderen Schaumweinen ist es statthaft, die Gläser voller als üblich einzuschenken. Je nach Glastyp können sie sogar zu drei Viertel gefüllt werden – etwa bei sehr schlanken Sektgläsern. Der Grund dafür ist optischer Natur: Die Perlage ist besser sichtbar, wenn mehr Wein im Glas ist. Je hochklassiger der Wein, desto feiner sind die Perlen. Die superschlanken Sektflöten sind jedoch für Genießer ein No Go. Die hochgezogene Form mag für die Optik gut sein. Aber die Flöte transportiert nur die Kopfnoten des Weins. Flaschenvergorene Schaumweine, etwa Winzersekte, Crémants oder Champagner, werden deshalb in breiteren Kelchen serviert, damit sie sich auch in die Horizontale ausdehnen können. Ganz große Jahrgangschampagner werden sogar in Burgundergläsern serviert, auch wenn die Mousse darin etwas schneller zusammenfällt als in der Flöte. In diesem Fall reicht es, die Gläser zu einem Drittel aufzuschenken.

Weder eiskalt noch lauwarm

Einen guten Wein mit der falschen Temperatur zu trinken, ist schade, passiert aber häufig. Viele Weißweine werden zu kalt, viele Rotweine zu warm getrunken. Beides schmälert den Genuss erheblich.

Jeder Wein hat seine eigene ideale Trinktemperatur. Bei Weißweinen liegt sie um 10 °C, bei Rotweinen um 18 °C. Allerdings gibt es nach oben und unten Abweichungen – je nach Weintyp. Einfache, leichte Weißweine können ruhig ein paar Grad kühler getrunken werden. Schaumweine sollten sogar mit 8 °C serviert werden. Je kühler die Temperatur, desto schöner perlt der Sekt. Kräftige, körperreiche Weißweine würden bei dieser Temperatur dagegen verlieren. Ihre Fülle, ihre Komplexität käme nicht richtig zum Ausdruck. Sie müssen wärmer, etwa mit 12 °C getrunken werden. Ein beharrlicher Irrtum ist die Meinung, Rotweine müssten mit „Zimmertemperatur" getrunken werden. „Zimmertemperatur" bedeutet heute 21 °C, häufig sogar noch wärmer. Bei dieser Temperatur schmeckt man vor allem den Alkohol im Wein, weniger die Frucht. Damit geht eine wichtige Geschmacksfacette unter. Ideal ist hingegen eine Trinktemperatur von 18 °C. Für leichte, fruchtige Rotweine gilt sogar, dass sie mit 16 °C auf den Tisch kommen können. Für viele traditionelle Rotweintrinker sind diese Temperaturen gewöhnungsbedürftig. Deshalb ist ein Weinthermometer keine schlechte Sache. Wer es häufiger benutzt, bekommt schnell ein Gefühl dafür, ob ein Wein zu kühl oder zu warm ist.

Frappieren des Weißweins

Was macht man, wenn der Keller zu warm und der Weißwein nicht kühl genug ist? Ganz einfach: Der Wein wird rechtzeitig aus dem Keller geholt und in

Trinktemperatur von Weiß- und Rotweinen

Herkunftsland	6 °C	8 °C	10 °C
Frankreich	Vins Pétillants (Perlweine)	Champagner, Crémant, Saumur, Anjou, Chablis, Mâcon Blanc, Sancerre, Muscadet, Aligoté, Bourgogne Blanc, Bordeaux sec, Pic de Loup, alle Rosés und einfachen Weißweine	Pouilly Fumé, Chassagne-Montrachet, Mâcon Villages, Pouilly-Fuissé, Condrieu, Jurançon, Elsass, Grand Cru
Italien	Prosecco	Prosecco Superiore, Franciacorta, Trentodoc, Rebsorten-Weißweine von Südtirol bis Sizilien, Soave, Gavi, Lugana, Custoza, Arneis, Vermentino, Pecorino, Greco di Tufo, Pinot Grigio, Rosé aus Apulien	Gehobene Weißweine aus Friaul und aus Südtirol, Chiaretto, Verdicchio, Pecorino, Fiano di Avellino, Grillo, Carricante, Vin Santo und andere Süßweine, Jahrgangs-Schaumweine
Deutschland	Secco, Bacchus, Müller-Thurgau-Cuvées	Alle Rebsorten-Weißweine von QbA bis Kabinett, Weißherbst	Winzersekt, Spätlesen, Auslesen
Österreich	G'spritzter, Schilcher Rosé Perlwein	„Junker", Welschriesling, Rotgipfler, Zierfandler, Grüner Veltliner, Riesling, Sauvignon Blanc, Federspiel Wachau, Weinviertel DAC	Roter Veltliner, Morillon, Lagen-Sauvignon Blanc, gehobene Grüner Veltliner Reserve und Riesling Reserve, Prädikatsweine und Ruster Ausbruch, Österreichischer Sekt
Schweiz		Fendant, Aigle, und andere einfache Chasselas-Weine, Müller-Thurgau, Sylvaner	Epesses, Dézaley, Petite Arvine, Œil de Perdrix
Spanien		Albariño, Rueda sowie alle Weine auf der Basis von Verdejo, Garnacha Blanca, Godello und Viura, Cava	Chardonnay aus Tarragona, Somontano und Aragón, alle Rosado, Premium Cava
Portugal	Vinho Verde	Vinho Verde Loureiro, Alvarinho, Bacalhoa, Verdelho und alle im Stahltank vergorenen Weißweine	Douro Branco und andere gehobene Weißweine, White Port
Übersee	White Zinfandel	Torrontés (Argentinien), Colombard (Südafrika), Pinot Gris (Oregon) und andere einfache Rebsortenweine, Sparkling Wines	Premium Sauvignon Blanc, Riesling, Viognier, Ice Wine

den Kühlschrank gestellt. Wenn er jedoch schnell gekühlt werden muss, hilft nur der Eiskübel. In ihm wird er innerhalb von zehn Minuten um mindestens fünf Grad gekühlt. Frappieren nennen die Franzosen das schnelle Herunterkühlen des Weins (oder Champagners) im Eisbad. Die Eiswürfel – besser das Crush-Eis – müssen allerdings mit Wasser aufgegossen werden. Wasser ist ein guter Kälteleiter. Wer eine Prise Salz ins Wasser gibt, kann den Kühlprozess sogar noch beschleunigen. Salz lässt die Eiswürfel schneller schmelzen und fördert die Kälteabgabe. Sind keine Eiswürfel zur Hand, hilft nur das Eisfach des Kühlschranks. Darin sollte der Wein jedoch nur um wenige Grad gekühlt werden. Bleibt er länger als 10 oder 15 Minuten im Eisfach, ist er zwar kalt, hat sich aber völlig verschlossen. Übrigens: Im Notfall können auch (zu warme) Rotweine in den Eiskübel gestellt oder ins Eisfach gelegt werden.

Chambrieren des Rotweins

Wenn Rotwein aus dem Keller kommt, ist er für den sofortigen Genuss oft zu kühl. Ihn rasch auf Trinktemperatur zu bringen, heißt in der Fachsprache „Chambrieren". Wer den Wein also nicht rechtzeitig aus dem Keller geholt hat, damit er sich langsam erwärmen kann, muss sich etwas einfallen lassen. Früher wurde der Wein einfach auf die Heizung gestellt: ein katastrophaler Fehler. Ein Heizkörper ist 35 °C warm. Eine bessere Methode ist es, die Flasche kurz in ein Gefäß mit lauwarmem Wasser zu legen. Innerhalb weniger Minuten kommt der Wein darin auf die erwünschte Temperatur. Doch Vorsicht: Rotwein wird immer um ein bis zwei Grad kühler serviert, als er getrunken werden soll, weil er sich im Glas schnell erwärmt. Mit 16 °C serviert, kann er dann mit 18 °C getrunken werden. Und noch etwas: Erwärmen in der Mikrowelle ist tabu. Die Flasche würde sofort platzen.

Wein im Eiskübel: kühl, aber nicht kalt trinken

12 °C	14 °C	16 °C	18 °C
Jahrgangs-Champagner,reife Weißweine, Pinot Gris, Gewürztraminer, Corton-Charlemagne, Meursault 1er Cru, Crozes-Hermitage, Sauternes, alle Vendanges Tardives,	Beaujolais Primeur	Beaujolais Villages und Cru, Bourgogne Pinot Noir, Bordeaux AC und Bordeaux Supérieur, Burgund Villages, Listrac, die meisten Vin de Pays aus dem Midi	Bordeaux, Burgund 1er und Grand Cru, Côte Rôtie, Hermitage, Côtes du Rhône Villages, Gigondas, Vacqueras, Châteauneuf-du-Pape, Cornas, St.-Joseph, Côteaux du Languedoc, Corbières, Fitou, Hérault, Faugères, Roussillon
Verdicchio Riserva, Vernaccia di San Gimignano Riserva, im Holzfass ausgebaute Chardonnays, Spitzen-Weißburgunder aus Südtirol, Marsala	Südtiroler Vernatsch, Kalterersee, Lambrusco, Groppello	St. Magdalener, Refosco, Valpolicella, Bardolino, Valtellina, Pinot Nero aus Südtirol und dem Oltrepò Pavese, Dolcetto, Langhe Nebbiolo, Merlot del Piave, Frappato, einfache Chianti	Lagrein, Teroldego, Sfursat, Barolo, Barbaresco, Barbera d'Alba und Barbera d'Asti, Amarone, alle Sangiovese-Weine aus Emilia-Romagna und Toskana, Bolgheri, Montepulciano aus Marken und Abruzzen, Taurasi. Aglianco del Vulture, Primitivo, Negroamaro, Nero d'Avola, Nerello Mascalese
Große Gewächse, Erste Lagen, Beeren- und Trockenbeerenauslesen, Eisweine	Trollinger	Schwarzriesling, Portugieser, einfache Spätburgunder	Dornfelder, Syrah, Merlot, im Holzfass ausgebaute Spätburgunder
Alle im Holzfass ausgebauten Weißweine, Beeren- und Trockenbeerenauslesen		Pinot Noir und einfache Blaufränkisch-Weine	Zweigelt, gehobene Blaufränkisch, St. Laurent, Merlot, Rotwein-Cuvées
Alle im Holzfass ausgebauten Weißweine, Flétri		Dôle, Gamay, einfache Pinot Noirs	Merlot, Syrah, hochwertige Pinot Noirs
Alle im Hozfass ausgebauten Weißweine (z.B. Rioja Blanca)		Alle Joven-Weine sowie einfache Crianzas	Alle Rotweine aus Tempranillo, Garnacha, Cariñano, Mencia, Monastrell, Bobal, Syrah und dunklen Rebsorten
Alvarinho Reserva Douro Branco Reserva und alle im Holzfass ausgebauten Weißweine	Junge Madeiras	Reife Madeiras	Alle dunklen Tintos, Portwein
Fumé Blanc und alle im Holzfass ausgebauten Chardonnays, Chenin Blancs, Sauvignon Blancs		Pinot Noir (Australien, Neuseeland)	Alle dunklen Rotweine

Wenn der Wein nicht schmeckt

Es gibt drei Arten von Weinfehlern: echte, vorübergehende und eingebildete. Der häufigste Weinfehler ist der eingebildete. Er tritt meistens dann auf, wenn der Wein dem, der ihn trinkt, nicht schmeckt. Die echten Weinfehler sind dagegen immer die Folge von Fehlern im Keller.

Fast alle Weinfehler sind schon mit der Nase wahrnehmbar. Auf der Zunge setzt sich der Fehlton fort.

Hinter eingebildeten Weinfehlern verbergen sich oft ungewohnte Weinaromen, die der Konsument als fremdartig empfindet und intuitiv ablehnt. Medizinische Noten, Bittertöne, Aromen von Kuhstall oder abgehangenem Fleisch – all das wird oft als Weinfehler betrachtet. Tatsächlich handelt es sich um typische Gär- oder normale Altersaromen, die einen Wein phasenweise beeinträchtigen können oder aber im Zusammenspiel mit anderen Aromen seinen Charakter ausmachen. Bordeaux-Weine verströmen, wenn man die Flasche öffnet, manchmal einen korkähnlichen Duft. Sie sind aber keineswegs korkkrank. Nach einigen Minuten im Glas integriert sich dieser Duft in das Gesamtbouquet. Ein ebenfalls vorübergehender Weinfehler ist das Reduktionsbouquet: Der Wein „stinkt" nach dem Öffnen der Flasche. Sein Geruch erinnert an Schwefel und faulenden Schlamm – Gase, die durch chemische Reaktionen des Weins in der Flasche entstanden sind und die nicht entweichen konnten, solange diese verschlossen war. Die Gerüche verfliegen aber schnell, wenn der Wein eingeschenkt wird. Notfalls muss er dekantiert werden. Flaschen mit Schraubverschluss haben häufig ein Reduktionsbouquet.

Der Korkschmecker

Der häufigste echte Weinfehler ist der Korkschmecker. Er gehört zu den bleibenden und für den Weintrinker ärgerlichsten Weinfehlern überhaupt. Denn korkiger Wein riecht und schmeckt muffig und dominiert die anderen Aromen des Weins. Ein korkkranker Wein ist nicht mehr zum Genuss geeignet. Er gehört in den Ausguss. Man riecht den Defekt schon am Kork selbst, wenn man dessen Unterseite zur Nase führt. Leider kann man einer Flasche von außen nicht ansehen, ob der Inhalt korkkrank ist. Schimmel oder Schmand unter der Kapsel sind kein Indiz für einen Korkschmecker. Die Flasche muss also geöffnet werden, damit man den Fehler erkennt. Dem Korken selbst sieht man den Fehler nicht an. Er kann makellos sein. In den meisten Fällen wird der Korkschmecker durch Trichloranisol hervorgerufen (siehe S. 39). Ist ein Korken mit dieser Substanz kontaminiert, verdirbt sie den Wein innerhalb weniger Stunden.

Schleichender Kork

Der Korkgeschmack kann auch weniger intensiv oder diffus sein. Dann spricht man von „schleichendem" oder „maskiertem" Kork. In diesem Fall liegt nicht unbedingt eine Trichloranisol-Kontamination vor. Ähnliche Fehltöne werden durch Bromphenol und Octenol verursacht, die teilweise als Stoffwechselprodukte in der Natur vorkommen. Auch manche Gäraromen verursachen im Wein einen dumpfen, unfrischen Geschmack, den man oft erst als solchen identifiziert, wenn man eine zweite Flasche öffnet und mit der ersten vergleicht. Manchmal verfliegt der schleichende Kork, meistens bleibt er. Wie stark er den Genuss beeinträchtigt, hängt von seiner Intensität und der Empfindlichkeit des Weintrinkers ab.

Flüchtige Säure

Ein häufig bei schweren, alkoholreichen Rotweinen vorkommender Geruchsfehler ist die flüchtige Säure. Sie ist auf ungesundes Lesegut oder Unachtsamkeit im Keller zurückzuführen. Der Wein hat einen Essigstich. Auch Weißweine können diesen Fehler aufweisen, insbesondere edelsüße Weine. Entgegen weit verbreiteter Meinung entsteht die flüchtige Säure nicht durch Essigsäurebakterien, sondern während der Gärung durch wilde Milchsäurebakterien, die ungewollt einen biologischen Säureabbau herbeiführen. Sauerstoffkontakt des Weins und ein zu warmer, vor allem ein mit diesen wilden Milchsäurebakterien kontaminierter Keller fördern diesen Fehler. Prinzipiell enthält jeder Wein flüchtige Säuren. Neben der Essigsäure sind hier die Bernsteinsäure, die Buttersäure und die Milchsäure zu nennen. Der Gesetzgeber erlaubt maximal 1,08 Gramm/Liter bei Weißwein und 1,2 Gramm/Liter bei Rotwein. Doch nicht jeder Weintrinker nimmt sie als Fehler wahr. Bei den überseeischen Nationen wird flüchtige Säure bis zu einem bestimmten Grad sogar als positiv empfunden. Bei Beerenauslesen und Eisweinen hat der Gesetzgeber sogar 1,8 Gramm/Liter flüchtige Säuren, bei Trockenbeerenauslesen 2,1 Gramm/Liter erlaubt.

Der Uhu-Ton

Im Bouquet des Weins lässt sich Nagellack- oder Lösungsmittelgeruch ausmachen, der an den Klebstoff Uhu erinnert. Er tritt oft bei edelsüßen, aber auch bei trockenen Weinen auf. Je nach Intensität kann er sehr störend sein. Die Ursache liegt im Weinberg. Wenn reife Trauben durch Insektenstich, Vogelfraß oder Fäulnispilze aufplatzen und sich so eine spontane Gärung entwickelt, wandeln Essigsäurebakterien den entstehenden Alkohol sofort in Ethylacetat um. Die befallenen Trauben müssen danach penibel aussortiert werden. Sonst bleibt der Essigstich im Wein.

Brettanomyces

Der Name steht für einen Hefestamm, der ein unangenehmes, an Pferdeschweiß, Kuhstall und andere animalisch-strenge Noten erinnerndes Aroma erzeugt und den Wein damit ungenießbar macht. Dieser Fehler ist praktisch nur in Rotweinen zu finden, und zwar in solchen, die im Holzfass ausgebaut werden. Die Hefen besiedeln das Holzfass und haben die Fähigkeit, den Alkohol des durchgegorenen Weins zu verstoffwechseln – mit den beschriebenen Folgen. „Brett", wie dieser Weinfehler kurz genannt wird, verschwindet nicht. Im Gegenteil: Er kann sich sogar noch auf der Flasche weiterentwickeln. Besonders häufig wird er bei Weinen aus dickschaligen Sorten wie Syrah, Cabernet Sauvignon und Tannat beobachtet, und zwar in Jahrgängen, in denen der Schwefel wegen hoher pH-Werte die Hefen nicht voll abgetötet hat. Letztlich ist jedoch mangelnde Fasshygiene die Ursache.

Die verschiedenen Böckser

Im deutschen Sprachraum wird ein Weinfehler mit dem Wort Böckser bezeichnet. Dieser Ausdruck umfasst eine Vielzahl von Geruchsfehlern, die sich im Geschmack des Weins fortsetzen und ihn ungenießbar machen können. Besonders unangenehm ist der Mercaptanböckser. Er stinkt nach faulen Eiern und entsteht während oder nach der Gärung durch Reaktion von Alkohol mit Schwefelwasserstoff. Schwerer eingrenzen lässt sich der Hefeböckser, der oft bei spontan vergorenen Weinen auftritt. Diese schmecken nach altem Brot, verbranntem Gummi, „Schießpulver". Klingt nicht gut und ist gewöhnungsbedürftig, kann aber wunderbar schmecken. Viele Weintrinker lieben solche Sponti-Noten. Auch ein zu langes Hefelager kann zum Böckser führen. In diesem Fall herrschen schlammige, oxidative Noten vor, die einen Wein unfrisch erscheinen lassen, etwa einen Schaumwein. Viele Hefeböckser klingen ab, wenn der Wein eine Zeitlang Luftkontakt gehabt hat. Außerdem gibt es noch den Ammoniak-Böckser („Mäuse Urin") und den Milchsäure-Böckser („Joghurtnote").

Untypischer Alterston (UTA)

Dieser gravierende Aromadefekt tritt praktisch nur bei Weißweinen auf und führt dazu, dass diese frühzeitig Altersnoten entwickeln. Die Alterung ist aber nicht oxidativer Natur. Für sie ist ein Phytohormon namens AAP verantwortlich (siehe S. 151, Die Kunst der Feinoxidation). Es bewirkt, dass der Wein schon in jungem Stadium stumpf, müde, gezehrt schmeckt.

Flaschengrößen

Großflaschen sind bei Weinsammlern und Weininvestoren sehr beliebt. Erstens sind sie Schmuckstücke in jeder Sammlung. Zweitens reift der Wein in großen Flaschen besser. Der Sauerstoff, der in die Flasche eindringt, verteilt sich – je nach Größe der Flasche – auf die doppelte, dreifache oder mehrfache Flüssigkeitsmenge als in einer Normalflasche. Allerdings vollziehen sich bestimmte Reifeprozesse im Wein auch ohne Sauerstoffkontakt, etwa durch Esterbildung. Diese Reifeprozesse sind von der Flaschengröße unabhängig. Wäre das nicht so, würde ein Wein in Flaschen, die mit Siegellack verschlossen sind, ewig jung bleiben.

1) beim Champagner Jeroboam genannt
2) in Bordeaux gebräuchlich (bis 1978 4,5 l)
3) in der Champagne Methusalem

Kork: ökologisch wertvoll

Kork galt jahrelang als idealer Weinverschluss – bis die Quote der Korkschmecker steil anstieg. Inzwischen ist sie wieder gesunken. Ökologisch ist Kork alternativlos. Als nachwachsender Rohstoff ist sein CO_2-Footprint um ein Vielfaches niedriger als der von Schraubverschlüssen.

Korken mit wenig Lentizellen

Verbundkorken:
üblich für Schaumweine

Diam Korken:
garantiert TCA-geschützt

Heute steckt in 70 Prozent aller Weinflaschen weltweit ein Korken im Flaschenhals. Schon die Römer verwendeten Kork zum Verschließen ihrer Weingefäße neben Harz und Pech. Durchgesetzt hat sich der Korken allerdings erst im 17. Jahrhundert, nachdem die Flasche erfunden worden war. Seitdem ist er der gebräuchlichste Verschluss für Weinflaschen. Er ist geschmacksneutral und weitgehend lecksicher, lässt aber gleichzeitig einen geringen Sauerstoffaustausch zu. Kork ist – wie der Wein – ein Naturprodukt und recycelbar. Seine Ökobilanz ist besser als die jedes anderen Weinverschlusses. So sind CO_2-Emissionen, die bei seiner Herstellung anfallen, 24-mal niedriger als bei Schraubverschlüssen aus Aluminium. Außerdem ist er ein nachwachsender Rohstoff. Um ihn zu gewinnen, muss die Korkeiche nicht gefällt werden. Sie wird geschält. Doch der Korken hat auch Nachteile. Er ist teuer. Je nach Größe und Qualität kostet er zwischen 25 Cent und 1,20 Euro. Seine Haltbarkeit ist begrenzt. Und er kann den Wein korkkrank machen, wenn er mit Trichloranisol (TCA) kontaminiert ist. In diesem Falle macht Kork den Wein ungenießbar.

Die Korken werden quer zu den verholzten Kanälen, den Lentizellen, aus der Rinde gestanzt.

Alle zehn Jahre geschält

Kork wird aus der Rinde der Korkeiche *(Quercus suber)* gewonnen. Diese wächst vor allem im Mittelmeerraum. Der größte Korklieferant der Welt ist Portugal. Aber auch in Südwestspanien befinden sich ausgedehnte Kulturen von *Quercus suber.* Sardinien und Korsika verfügen ebenfalls über große Korkeichenbestände und eine eigene Korkindustrie. In Südfrankreich und Nordafrika werden die Korkeichen dagegen relativ wenig genutzt. Ein großer Teil der Korkeichenwälder Südeuropas sind angepflanzte Kulturen. In der Regel werden die Bäume nach 25 bis 30 Jahren zum ersten Mal geschält. Rund zehn Jahre dauert es, bis die Rinde wieder nachgewachsen ist. Bei einem durchschnittlichen Alter von 150 Jahren wird die Korkeiche also mindestens elfmal geschält. Korkeichenwälder erfüllen eine wichtige ökologische Funktion. Sie mindern die Gefahr von Waldbränden in den mediterranen Forsten. Denn Kork brennt nicht. Selbst wenn es zu Feuern kommt, ist der Stamm der Korkeichen geschützt. Die Bäume können sich hinterher schnell erholen.

Woraus Kork besteht

Kork besteht aus abgestorbenen Zellen des Holzgewebes. Sie sind mit Stickstoff gefüllt und absolut luft- und wasserundurchlässig. 30 000 bis 40 000 solcher Zellen befinden sich in einem Kubikzentimeter Kork. Der Sauerstoffaustausch findet nur zwischen Korken und Glas statt. Er ist umso geringer, je besser die Qualität des Korkens ist. Erstens ist das Suberin – jener Stoff, aus dem die Zellwände bestehen – sehr elastisch und schmiegt sich eng an das Glas an. Zweitens werden die Korken gegen die Laufrichtung der Lentizellen (dunkle, verholzte Rinnen im Kork) aus der Rinde geschnitten, sodass keine Kanäle entstehen, durch die größere Mengen Sauerstoff in die Flasche eindringen könnten. An den Lentizellen bricht der Korken übrigens am leichtesten ab. Die hochwertigsten Korken sind solche, die nur wenig Lentizellen aufweisen.

Schälen der Korkeiche: ökologisch wertvoll

Wie Kork behandelt wird

Nach dem Schälen wird die Rinde mindestens ein halbes Jahr lang unter freiem Himmel getrocknet, danach gekocht und desinfiziert. Dann beginnt das schwierigste Geschäft: die Selektion der Rindenplatten, die zur Herstellung von Weinkorken geeignet sind. Nur rund die Hälfte findet Gnade vor den Augen der Prüfer, die andere Hälfte wird zu Korktapeten und ähnlichem Dekor verarbeitet. Die geeigneten Platten werden quer zur Wuchsrichtung des Baumes in Streifen geschnitten, die genau so breit sind, wie der Korken hoch sein soll. Die Streifen werden gebleicht (heute meist mit Wasserstoffperoxid) und der Korken aus ihnen gestanzt. Damit er später besser in den Flaschenhals rutscht, wird er dann noch mit einem Paraffin- oder Silikonwachs überzogen.

Woher der Korkgeschmack kommt

Ein Wein, der nach Kork riecht oder schmeckt, ist fehlerhaft. Verantwortlich ist meist eine Substanz namens 2,4,6 Trichloranisol (TCA). Sie bildet sich, wenn die chlorhaltigen Lösungen, in denen die Korken gebleicht werden, mit dem Phenol, das in jedem Naturkork enthalten ist, reagiert, und das Produkt dieser Reaktion von Schimmelpilzen umgesetzt wird, die unsichtbar auf dem Korken wachsen (mit dem Schimmel, der manchmal auf der Oberseite des Korkens alter Flaschen zu finden ist, hat dieser Schimmelpilz nichts zu tun). Äußerlich sieht ein TCA-infizierter Korken also makellos aus. Seit Mitte der 1980er- Jahre werden Korken deshalb ohne Chlor gebleicht – ohne dass allerdings der Korkgeschmack verschwunden wäre. Der Grund: Chlor befindet sich überall in der Umwelt (Leitungswasser, Holzschutzmittel usw.) und kontaminiert den Kork selbst in kleinsten Mengen. Selbst in der Luft kann Chlor sein, sodass sich die Kontamination schon in der Natur vollzieht. Aber auch ungebleichte Korken können von solchen Schimmelpilzen (Aspergillus, Penicillium) infiziert werden. Sie befinden sich ebenso in den Lagerhallen der Korkhersteller wie in den Kellern vieler Winzer. Dann ist nicht TCA, sondern eine andere Substanz für den Korkgeschmack verantwortlich.

Die Presskorken

Besonders anfällig für Fehltöne sind Agglomeratkorken. Das sind Korken, die aus Korkgranulat bestehen. Im Falle dieser Presskorken ist das TCA-Risiko und Risiko eines Leimtons naturgemäß größer, weil Tausende von Korkabfällen verarbeitet wurden. Da Presskorken billig sind, werden sie vor allem für Weine der unteren Preisklassen benutzt. Aber auch teure Schaumweine benutzen fast immer Material aus Korkgranulat. Allerdings ist bei Champagnern und hochwertigen Sekten das Granulat an der Unterseite mit einer Scheibe Naturkork verklebt. Seit einigen Jahren erleben Presskorken eine Renaissance. Ein französischer Hersteller (Diam) presst sie aus dem edelsten Teil der Korkrinde, der Korkblüte. Das Granulat wird in einem bestimmten chemischen Prozess von allen Bestandteilen befreit, die später TCA hervorrufen könnten. Diese Korken sind teuer und werden heute von vielen Spitzenerzeugern benutzt.

Keine Luft zum Atmen

Die Probleme mit dem Korken haben dazu geführt, dass sich Weingüter in aller Welt nach Alternativen umsehen. Heute haben sie die Wahl zwischen Schraubverschlüssen, Glasstöpseln und Kunststoff-Stopfen. Alle drei haben sich bewährt – mit unterschiedlichen Folgen für den Wein.

Die Fehlerquote bei Kork lag in den 1990er-Jahren zwischen fünf und 15 Prozent – so hoch wie nie zuvor. Wissenschaftler und Weingüter begannen deshalb intensiv nach Alternativen für das Naturprodukt Kork zu suchen. Und sie sind fündig geworden. Heute können sie unter drei verschiedenen Verschlüssen wählen: dem Schraubverschluss, dem Glasverschluss, dem Polymer-Stopfen. Die ersten Erfahrungen zeigen, dass die neuen Verschluss-Alternativen die Erwartungen erfüllen können, die in sie gesetzt wurden. Aber jede dieser Alternativen hat ihre Vor- und Nachteile. Nicht alle eignen sich gleichermaßen für jeden Wein. Und auch die Korkindustrie hat große Anstrengungen gemacht, um die Ausfallrate ihrer Korkprodukte zu senken – mit Erfolg übrigens.

Die drei Alternativen zum Naturkork: Schraubschluss, Glasstöpsel, Kunststoff-Stopfen. Jeder hat seine Vor- und Nachteile.

Der Kunststoffverschluss

Flaschenstopfen aus Kunststoff besaßen 2010 den größten Marktanteil in Deutschland – deutlich mehr als Kork. Inzwischen ist ihr Anteil deutlich zurückgegangen zugunsten des Schraubverschlusses. Ihnen geht der Ruf einer erhöhten Sauerstoffdurchlässigkeit voraus. Das mag für einzelne Fabrikate zutreffen, aber nicht für Produkte, die nach dem Co-Extrusionsverfahren hergestellt werden. Zudem werden bestimmte Fremdtöne, die in einzelnen Weinen aufgetaucht sind, Weichmachern zugeschrieben, die in die Polymer-Mischung eingearbeitet sind und die sich durch den Kontakt mit Alkohol, Säuren oder Phenolen aus dem Stopfen gelöst haben könnten. Bewiesen ist das nicht. Manche Fabrikate enthalten gar keine Weichmacher. Der Anteil der Kunststoff-Stopfen ist freilich immer noch hoch. Sie sind relativ preiswert, lecksicher und sehen aus wie Korken. Sie bestehen aus elastischen Polymeren, die sich zusammenpressen lassen und sich im Flaschenhals eng an das Innere der Glaswand drücken. Wie beim Naturkork, findet ein Luftaustausch zwischen Stopfen und Glas statt. Der größte Teil der Weintrinker hat den Stopfen aus Kunststoff akzeptiert – allerdings nur für einfache Weine, die innerhalb von einem Jahr oder zwei Jahren getrunken werden. Weine für eine längere Lagerung werden nur selten mit Kunststoff verschlossen. Dazu fehlt es offenbar noch an der letzten Sicherheit, ob sie unbedenklich sind. Außerdem hat jeder Hersteller eine eigene Kunststoffmischung. Die einen verwenden Polymere auf Kohlenstoffbasis, also Polyethylen. Andere Kunststoff-Stopfen sind aus Silikon, also Polymere auf Siliziumbasis. In den letzten Jahren sind Kunststoff-Stopfen technisch stark verbessert worden. Es gibt zum Beispiel Varianten mit unterschiedlicher Luftdurchlässigkeit, so dass mit ihnen ähnliche Effekte erzielt werden können wie mit dem Naturkork. Trotzdem liegt ihr Haupteinsatzgebiet bis heute bei Weinen im unteren Preissegment. Für höherwertige Weine werden sie selten verwendet. Da mangelt es dem Stopfen aus Kunststoff an Wertigkeit.

Der Glasverschluss

Der Glasverschluss gleicht den gläsernen Stöpseln, die für Whisky- und Cognac-Karaffen üblich sind. Einziger Unterschied: Der Stöpsel schließt mit einem Plastikring ab, sodass kein (oder kaum) Sauerstoff in die Flasche dringen kann. Damit der Glasstöpsel festsitzt, wird eine Aluminium-Kapsel (oder auch eine Kunststoff-Kapsel) über ihn gestülpt. Wird sie entfernt, reicht ein leichter Daumendruck, um ihn zu lösen. Ein Korkenzieher wird nicht mehr benötigt. Der Verschluss ist hygienisch, Korkschmecker gibt es nicht mehr. Und er ist ästhetisch. Weintrinkern fällt es leicht, ihn zu akzeptieren, auch wenn es das charakteristische „Plopp"-Geräusch beim Öffnen nicht mehr gibt. Der größte Nachteil dieses Verschlusses besteht darin, dass noch unklar ist, ob er auch für eine lange Flaschenlagerung geeignet ist. Die Kontaktfläche des Plastikrings mit der Flüssigkeit ist zwar minimal. Aber ob dieser auf Dauer den Inhaltsstoffen des Weins, vor allem des Rotweins, standhält, bleibt abzuwarten. Die Vorteile des Glasverschlusses sind seine Wertigkeit, sein ästhetisches Aussehen und die Recycelbarkeit. Außerdem lässt sich eine angebrochene Flasche mit ihm wieder verschließen.

Der Schraubverschluss

Die Stelvin Cap, wie der Schraubverschluss fachmännisch genannt wird, hat seinen Siegeszug um die ganze Welt angetreten – und allem Anschein nach ist er noch lange nicht zu Ende. In Australien und Neuseeland werden inzwischen 90 Prozent aller Weine mit Stelvin Caps verschlossen, in der Schweiz 70 Prozent. Weltweit wird ihr Anteil auf 30 Prozent geschätzt. Der Erfolg hat mehrere Ursachen. Seine technische Funktionalität ist nach anfänglichen Schwächen besser geworden. Und im Praxistest hat sich bewiesen, dass der Wein in Schrauber-Flaschen nahezu perfekt aufbewahrt ist. Bei Spirituosen und Fruchtsäften hat sich dieser Verschluss schon seit Jahrzehnten bewährt. Allerdings sind die Anforderungen an einen Weinverschluss höher. Die Luftdurchlässigkeit hochwertiger Schraubverschlüsse ist im Durchschnitt geringer als die eines Korkens. Auch nach mehreren Jahren zeigt sich, dass der freie Schwefel nur ganz geringfügig abgenommen hat gegenüber dem Zeitpunkt der Füllung. Dies ermöglicht es den Weingütern wiederum, die Schwefeldosis zu reduzieren. Außerdem ist der Schrauber nach bisherigen Erfahrungen vollkommen geschmacksneutral. Die Schraubkappe ist innen zwar mit einer PVC-Einlage versehen. Doch gibt es keine Hinweise darauf, dass diese sich im Laufe der Jahre auflöst.

Der Wein entwickelt sich anders

Viele Winzer sehen die Stelvin Cap heute als beste und sicherste Alternative für den Naturkork an, besonders für Weißweine. Doch auch sie hat ihre Tücken. Denn die Aufbewahrung unter weitgehendem Sauerstoffabschluss hat zur Folge, dass die Weine sich langsamer oder anders entwickeln. Sie sind zwar nach ein paar Jahren viel frischer als Weine, die unter einem Korken gereift sind. Aber bestimmte Reifeprozesse, die Sauerstoff benötigen, haben nicht stattgefunden. Manche sehen das positiv. Aber mitunter hatten Verkoster den Eindruck, dass Stelvin-Weine zum Kontrollzeitpunkt nicht dieselbe komplexe Reife aufwiesen wie Weine mit Korken. Das galt besonders für Rotweine. Da Verfeinerung auf der Flasche ein wichtiges Qualitätsmerkmal ist, tun sich viele Erzeuger großer, reifebedürftiger Rotweine schwer, zum Schraubverschluss zu wechseln. Hinzu kommt, dass wegen des weitgehenden Luftabschlusses auch keine Gase austreten können, etwa Kohlendioxid. Die Weine haben, wenn die Flasche geöffnet wird, oft ein Reduktionsbouquet und müssen gelüftet, im Zweifelsfall auch dekantiert werden.

Auf den Pegelstand kommt es an

Bei Weinflaschen, die mit einem Korken verschlossen sind, sinkt mit zunehmendem Alter der Flüssigkeitspegel. Ursache des Schwunds: Verdunstung. Wer alte Weine kauft, sollte deshalb den Pegel in der Flasche unbedingt überprüfen.
In den Katalogen seriöser Auktionshäuser wird der Pegelstand von Flaschen, die 20 Jahre und älter sind, deshalb immer genau angegeben. Dabei haben die Weinexperten eine eigene Fachterminologie entwickelt:

hf	Original Füllstand (high fill)
in	Halsuntergrenze (into neck)
ts	obere Schulter (top shoulder)
hs	hohe Schulter (high shoulder)
ms	mittlere Schulter (middle shoulder)
lms	untere Schulter (low middle shoulder)
ls	tiefe Schulter (low shoulder)

Für 20-jährige Weine ist das Füllniveau „hohe Schulter“ normal.
Bis „obere Schulter“ besteht für die Trinkbarkeit alterungsfähiger Weine kein großes Risiko. Kritisch wird es erst, wenn der Pegel auf das Niveau „mittlere Schulter“ gesunken ist. Die immer größer werdende Luftblase in der Flasche beschleunigt dann die Oxidation des Weins.
Er muss getrunken werden. Auf Auktionen gibt es für Flaschen dieses Füllstands Abschläge – es sei denn, der Wein ist schon 50 Jahre alt. In diesem Fall ist „mittlere Schulter“ normal.
Wenn der Pegel gar auf das Niveau „untere Schulter“ oder „tiefe Schulter“ gesunken ist, besteht die akute Gefahr, dass der Wein bereits verdorben ist. Nur wenige Weine sind bei diesem Pegelstand noch genießbar. Wie schnell der Flüssigkeitspegel sinkt,hängt stark von der Qualität des Korkens ab, aber auch vom Kellerklima.
In trockenen Kellern ist der Schwund größer als in feuchten. Außerdem fördert Trockenheit den Zerfall des Korkens, sodass der Wein immer schneller verdunstet. Bei Flaschen mit Schraubverschluss und Glasstopfen ist der Schwund wesentlich geringer.

Flüssigkeitspegel in alten Flaschen

Ab in den Keller

Schätzungsweise 95 Prozent aller Weine, die auf der Erde produziert werden, sind zum kurzfristigen Genuss konzipiert. Sie kommen trinkfertig auf den Markt. Nur fünf Prozent eignen sich für eine längere Reifung. Sie sollten im kühlsten Ort des Hauses gelagert werden – dem Keller.

Der Keller ist normalerweise der kühlste Ort eines Hauses. Deshalb ist er für die Lagerung des Weins prädestiniert. Außerdem ist er dunkel. Wein, der lange reift, sollte lichtgeschützt liegen. Licht führt, ebenso wie Wärme, auf lange Sicht zu oxidativen Zersetzungserscheinungen: Weißweine werden goldgelb, Rotweine erblassen. Die farbgebenden Anthocyane werden ausgefällt und sinken als Flocken auf den Boden der Flasche. Besonderes sensibel reagiert Champagner. Licht ruft auch chemische Reaktionen im Wein hervor, indem es schwefelhaltige Säure zu Sulfit reduziert. Es kann zu Trübungen kommen. All das passiert jedoch nur, wenn die Flasche monatelang im Regal in der Weinhandlung oder im Restaurant steht.

Den Keller weintauglich machen

Ein weintauglicher Keller hat eine konstante Temperatur. 12 °C ist gut, 10 °C sehr gut, 8 °C ideal. Je kühler, desto langsamer reift der Wein. Ist der Keller 16 °C warm, ist das auch kein Problem. Vermieden werden sollten nur große Temperatursprünge. In einem Keller, in dem es im Winter 8 °C kalt, im Sommer 18 °C warm ist, kommt der Wein nicht zur Ruhe. Mal dehnt er sich aus, dann zieht er sich wieder zusammen. Erschütterungen durch eine in Intervallen anspringende Heizungs- oder Wärmepumpe stören ebenfalls den Reifeprozess. Sie wirbeln das Depot immer wieder auf. Generell gilt, dass Flaschen, die mit Korken verschlossen sind, liegend aufbewahrt werden sollten. Der Korken muss benetzt sein. Dann behält er seine Spannkraft und schrumpelt nicht. Eine Luftfeuchtigkeit zwischen 70 und 80 Prozent ist ideal. Wer seine Flaschen in Kartons aufbewahrt und mehrere Kartons übereinander stapelt, muss jedoch aufpassen: Bei dieser Luftfeuchtigkeit wird die Pappe schnell weich. Der Stapel knickt ein. Die Flaschen brechen. Ein Hygrometer ist deshalb ebenso nützlich wie ein Minimum-/Maximum-Thermometer. Flaschen mit Schraubverschluss oder Glasstöpseln können stehend gelagert werden.

Wie man Wein richtig stapelt

Die notwendige Größe des Kellers hängt davon ab, wie viele Flaschen vorgehalten werden sollen. Wer nur samstags oder sonntags eine Flasche aufmacht, konsumiert 50 bis 100 Flaschen im Jahr. Dafür braucht er keinen großen Keller. Es genügt eine Nische, in der man ein Regal aufstellen kann. Mit ein bisschen Geschick kann man auf wenig Platz viel Wein unterbringen. Schlegelflaschen kann man beispielsweise gegeneinander legen. Damit bringt man die doppelte Menge auf gleichem Regalraum unter. Um den Zugriff zu erleichtern, kann man die Flaschen pyramidenförmig übereinanderstapeln. Noch praktischer ist es, jede Flasche einzeln in eine Tonröhre zu legen. In ihr reift der Wein zwar nicht besser, aber die einzelnen Flaschen sind leichter greifbar. Tonröhren benötigen allerdings viel Platz.

Ein findiger Weinliebhaber hat Schubladen in die Treppenstufen eingebaut: Das Treppenhaus ist oft der kühlste Ort der Wohnung.

Lagern lohnt sich

Wer mehr Wein vorhalten will, braucht auch mehr Raum. Aber schon in einer zwei-mal-zwei Meter großen Abseite können, wenn die Wände für Regale frei sind, 500 Flaschen lagern. Liebhaber gereifter Rotweine werden so viel Kellerkapazität brauchen. Sie müssen vier, fünf oder mehr Jahrgänge vorhalten, um immer „liquide“ zu sein. Reifebedürftige Rotweine, egal ob aus Bordeaux, Burgund, Spanien, Italien, Kalifornien oder einem anderen Land, brauchen fünf, zehn oder 20 Jahre, um sich zu verfeinern und ihren Höhepunkt zu erreichen. Große Weißweine aus Deutschland, Österreich, dem Elsass und von der Loire eher als nach zehn Jahren zu trinken, ist „Babymord“. Auch Jahrgangs-Champagner zeigen erst nach ein paar Jahren, dass sie ihr Geld wert waren. Sauternes und andere edelsüße Weine haben, wenn sie gut sind, das „ewige Leben“. Schade, sie zu früh zu köpfen. Vintage Port sollte man zu Beginn des Erwachsenseins kaufen, um ihn am Ende des Lebens zu trinken.

Ein Kellerbuch anlegen

Wer Wein sammelt, muss in größeren Dimensionen denken. Er sollte sich nicht scheuen, seinen Keller umzurüsten. Fenster müssen mit Styropor oder Silberfolie verkleidet, Heizungsrohre, die durch den Raum laufen, isoliert werden. Um eine gleichbleibende Luftfeuchtigkeit zu gewährleisten, muss ein Luftbefeuchter aufgestellt werden. Wer gar keine Kosten scheut, kann einen Teil des Fundaments herausschneiden und mit Kies auffüllen. Der Keller nimmt dann die natürliche Bodenfeuchtigkeit auf. Andere lassen einen Springbrunnen plätschern oder Sprühnebel aus Rohren austreten. Um nicht den Überblick über den Weinbestand zu verlieren, ist spätestens ab 500 Weinen die Anlage eines Kellerbuches ratsam – auch eines digitalen. Es gibt inzwischen ausgefeilte Weinsoftware und exzellente Apps, in denen nicht einfach nur Eingänge und Ausgänge vermerkt werden, sondern der eigene Keller samt Inhalt virtuell nachgebildet werden kann. Dabei wird die Wertentwicklung der Weine wie bei einem Aktiendepot automatisch berechnet. Man muss nur aufpassen, dass man über dem Verwalten seines Kellers nicht das Trinken vergisst.

Weinklimaschränke

Ein Weinklimaschrank bietet ideale Bedingungen zur Weinlagerung. Er unterscheidet sich von einem normalen Kühlschrank dadurch, dass die Temperatur von 6 °C bis 18 °C eingestellt werden kann: In den Fächern für Schaumwein liegt sie an der unteren, in den Fächern für Rotwein an der oberen Grenze. Außerdem betragen die Temperaturschwankungen nur 0,5 °C. Bei einem normalen Kühlschrank pendelt die Temperatur dagegen ständig um 2 °C nach oben und unten – zu viel, um einen Wein länger darin aufzubewahren. Die Luftfeuchtigkeit wird automatisch reguliert, und vibrationsfrei sind die Klimaschränke auch. Nachteile: Sie fassen maximal 200 Flaschen, kosten viel Geld und sind Stromschlucker.

Weinklimazellen

Wer mehr als 120 Flaschen lagern möchte, muss sich eine Klimazelle im Keller (oder in der Wohnung) einrichten: wärmeisolierte Räume, die mit einer Klimatür verschlossen werden. Die Klimatüren arbeiten nach dem Muster der Klimaschränke. Sie schaffen in der Zelle ein für den Wein geeignetes Raumklima und regeln die Luftfeuchtigkeit. Die kleinsten handelsüblichen Zellen sind gerade zwei Quadratmeter groß und fassen etwa 500 Flaschen. Bei einem Umzug werden die Klimazellen einfach abgebaut und können bei Wohnungswechsel mitgenommen werden.

Klimatür

Wer über einen geschlossenen Kellerraum verfügt, kann auf eine Klimazelle verzichten. Er benötigt nur eine Klimatür, die die Temperatur in dem Kellerraum konstant niedrig hält. Allerdings müssen vorher alle Wärmequellen isoliert werden.

Historisch, wichtig, fabelhaft

Es gibt Weine, die sind Zeugnisse für die einzelnen Stufen, die der Wein auf seinem Weg vom Lebensmittel zum Genussmittel genommen hat. Sie haben Geschichte geschrieben. Ohne sie gäbe es heute keine Weinkultur.

Pétrus

Bis 1960 war dieser reinsortige Merlot völlig unbekannt und schwer verkäuflich. Berühmt wurde er erst, nachdem er im New Yorker Restaurant „Pavillon" regelmäßig ausgeschenkt wurde. Dort speisten die Herzoge von Windsor, die Niarchos, Onassis, Kennedys. In kürzester Zeit wurde er weltberühmt und mit ihm das Anbaugebiet Pomerol, das bis dahin als drittrangiges Terroir galt. Das „rechte Ufer" war geboren.

Unico, Bodegas Vega Sicilia

Um 1840 gegründetes, aber erst um 1920 zu Weltruhm gekommenes Weingut aus der Ribera del Duero, das mit seinem Unico bis heute ein historisches Zeugnis für den traditionellen Rotweinstil Spaniens ist. Er wird aus Tinto Fino (Tempranillo) plus ein wenig Cabernet Sauvignon gewonnen. Die Unico Reserva Especial ist immer eine Cuvée von drei Jahrgängen.

Vin de Constance

Galt im 18. Jahrhundert als bester süßer Wein der Welt und war der erste, der Südafrika als Weinland bekannt gemacht hat. Sein größter Liebhaber war Napoléon Bonaparte, der ihn sich regelmäßig nach St. Helena in die Verbannung schicken ließ. Er kommt aus dem Weingut Klein Constantia bei Kapstadt und wird aus spät gelesenen, botrytisfreien Trauben der Sorte Gelber Muskateller erzeugt. Heute ist sein Ruhm etwas verblasst.

Château d'Yquem

Der aus Botrytis-Trauben erzeugte Sauternes ist der berühmteste edelsüße Wein der Welt. Ein legendärer Tropfen, den Ludwig XIV. in Versailles servierte, den Thomas Jefferson sich nach Amerika schicken ließ, in dem die Zaren badeten und mit dem Genießer heute ihre Stopfleber verzehren.

Romanée-Conti

Die Lage, nach der dieser Wein heißt, wurde schon 1651 erwähnt, weil sie einen fabelhaften Wein ergab. 1760 erwarb sie der Bourbonenprinz Louis-François de Conti, Gegenspieler von Ludwig XV. und seiner Mätresse Madame Pompadour, die ebenfalls ein Auge auf die Lage geworfen hatte. Nach der Französischen Revolution ging sie durch viele Hände, die Größe des Weins blieb unbestritten. Heute steht Romanée-Conti für die Perfektion des Pinot Noir schlechthin.

Viñedo Chadwick

Dieser chilenische Ultra Premium-Wein hat 2004 in einer Blindprobe alle Premiers Crus aus Bordeaux wie Margaux, Latour, Lafite-Rothschild und viele andere große Rotweine hinter sich gelassen („Berlin Tasting"). Seitdem weiß die Welt, dass Cabernet Sauvignon aus Chile so gut sein kann wie große Bordeaux.

Riesling Smaragd „Kellerberg", F.X. Pichler

Mit dem 1990er-Riesling aus einer kühlen Lage in der warmen Wachau hat nicht nur das Weingut, sondern der österreichische Weißwein insgesamt den Durchbruch auf den internationalen Märkten geschafft.

Dom Pérignon

Der erste Prestige-Champagner, der in der Champagne produziert wurde. Er wurde 1937 zum ersten Mal erzeugt. Er trägt den Namen des Benediktinermönchs Dom Pérignon, hat aber nichts mit ihm zu tun. Die Marke gehört zu Moët & Chandon.

Opus One

Dieser hochfeine Rote aus dem Napa Valley ist der Grund dafür, dass kalifornischem Wein in Europa höchster Respekt entgegengebracht wird: ein Gemeinschaftsprojekt der (inzwischen verstorbenen) Pioniere Robert Mondavi und Philippe de Rothschild.

OPUS ONE

Sassicaia

Berühmter Cabernet-Sauvignon-/Cabernet-Franc-Wein von der toskanischen Mittelmeerküste, der seit 1968, als er das erste Mal abgefüllt wurde, eine Revolution in Italien ausgelöst hat. Er war der Beweis dafür, dass das Land international in der Spitze mitspielen kann.

Château Musar

Libanesischer Rotwein von der hoch gelegenen Bekaa-Ebene, der in vielen Blindproben in die Phalanx großer Bordeaux-Weine eingebrochen ist und bis heute das Aushängeschild des libanesischen Weinbaus ist.

Chateau Musar

Château Lafite-Rothschild

Er ist weder der älteste noch immer der beste, wohl aber der teuerste unter den Premiers Crus des Médoc. Doch seit 1855 gilt er als Primus inter Pares – als erster unter Ersten. Sein Name stand in der von Napoleon III. verfügten Liste für die Klassifikation aller Bordeaux-Châteaux nämlich ganz oben. Zufall? Vielleicht. Doch der Mythos ist geblieben.

Penfolds Grange

Mit diesem Shiraz, der 1951 zum ersten Mal abgefüllt wurde, hat Australien erstmals der Weinwelt bewiesen, dass aus Down Under bedeutende Rotweine kommen können.

Riesling Schloss Johannisberg

Von dem ehemaligen Kloster und heutigem Weingut über dem Rhein ging jahrhundertelang der größte Glanz für den deutschen Weinbau aus. Ende des 19. Jahrhunderts war sein Riesling teurer als die Weine der berühmten Bordeaux-Châteaux.

Tignanello

Der Wein, mit dem das Florentiner Weinhaus Antinori erstmals 1971 gezeigt hat, dass im Chianti Classico nicht nur magere, saure Rotweine wachsen können, sondern dass die Sangiovese-Traube auch substanzielle Weine hervorbringen kann – mithilfe von 20 Prozent Cabernet Sauvignon und Cabernet Franc.

Stilikonen, Mythen, Benchmark-Weine

Es gibt heute viele große Weine auf der Welt. Doch nicht alle sind bedeutend. Nur wenige haben Benchmarks gesetzt, haben Schule gemacht oder sind Vorbild für ein ganzes Anbaugebiet geworden. Dafür ist nicht immer eine hundertjährige Tradition nötig. Es reichen Intelligenz, Mut und Weitblick.

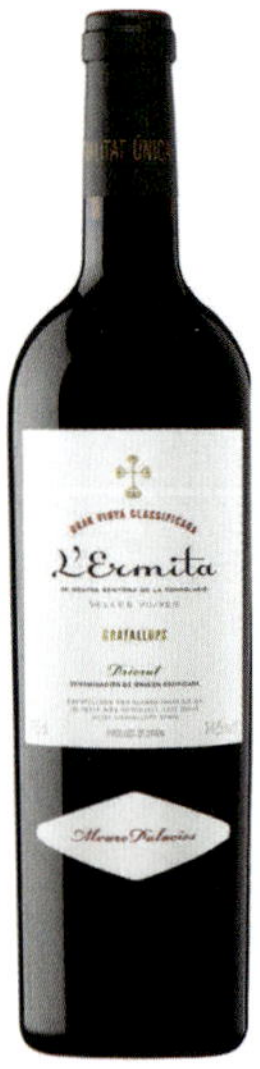

L'Ermita, Àlvaro Palacios

Der 1993 zum ersten Mal produzierte L'Ermita hat sich innerhalb weniger Jahre zum Kultwein entwickelt und das Priorat, seine katalanische Heimat,schlagartig berühmt gemacht. Garnacha und Cariñena ergeben einen der elegantesten spanischen Rotweine, der auf Schiefer und Granitböden in (bis zu) 1000 Metern Höhe wächst. Der Winzer Àlvaro Palacios genießt seitdem einen Ruf wie Donnerhall.

Barolo Riserva-Monfortino, Giovanni Conterno

Einer der grössten Barolo, wenn nicht der größte. Sein Geheimnis ist die Lage: ein steiler, 16 Hektar großer Südwesthang in der Gemeinde Serralunga. Der Wein reift sieben Jahre im großen Holzfass und wird nur in großen Jahren abgefüllt, um dann zwischen 900 und 5000 Flaschen zu bringen.

L'Hermitage, Jean-Louis Chave

Die berühmteste Lage an der Rhone hat diesem Wein den Namen gegeben: Hermitage. Sie befindet sich nördlich von Valence, wo die Rhône einen Schlenker von West nach Ost macht und so einen warmen Südhang schafft, der schon zu Römer-Zeiten mit Reben bestanden war. Der Rotwein, immer zu 100 % aus Syrah, wurde im 18. Jahrhundert auf eine Stufe mit den Premiers Crus von Bordeaux gestellt. Neben Chave sind Chapoutier, Delas Frères, Paul Jaboulet Ainé erstklassige Erzeuger. Der weiße Hermitage besteht aus Marsanne- und Roussane-Trauben.

Castillo Ygay, Bodegas Marqués de Murrieta

Marqués de Murrieta ist das zweitälteste Weingut der Rioja. Seine Geschichte beginnt 1852, als der Wein erstmals nach Kuba verschifft wurde. Das Schiff sank mitsamt des Weins, erst die zweite Fuhre kam in Havanna an. Damit begann der Weltruhm des Castillo Ygay. Er ist das Flagschiff der Bodegas: eine Reserva Especial, die früher durchschnittlich 20 Jahre im Holzfass reifte, heute nur noch knapp drei Jahre darin bleibt, um weitere drei bis 12 Jahre im Keller nachzureifen und dann in den Verkauf zu gehen.

Chateau Rayas

Der vielleicht grösste, auf jeden Fall teuerste Rotwein von der Rhône kommt aus dem Anbaugebiet Châteauneuf-du-Pape. Die 12,5 Hektar Weinberge werden seit 1880 von der Familie Reynaud bewirtschaftet. Die Besonderheit des Chateau Rayas ist, dass er reinsortig aus Grenache gewonnen wird: ein grandioser, leicht hellroter, äußerst langlebiger Wein mit burgundischem Flair.

Riesling G-Max, Weingut Keller

Dieser geniale Riesling ist fabelhaft, aber nicht historisch. Er wurde 2002 zum ersten Mal erzeugt. Seitdem ist er allerdings legendär. Ihn zeichnen extreme Feinheit und Rasse aus. Befeuert wird der Ruf durch seine Rarität und die hohen Preise, die er erzielt. Die Trauben für ihn kommen aus dem rheinhessischen Westhofen, und zwar aus einer kleinen Parzelle mit alten Rebstöcken, deren genaue Lage Klaus-Peter Keller nicht preisgibt.

Brunello di Montalcino, Biondi Santi

1888 hat die Familie Biondi Santi erstmals aus Sangiovese-Trauben einen feinen, langlebigen Rotwein gekeltert, wie es ihn bis dahin in der südlichen Toskana nicht gab. Dieser Wein hat den Mythos des Brunello begründet. Auch wenn das Weingut nach einer wechselvollen Geschichte heute in französischer Hand ist, ist der Wein immer noch (oder wieder) einer der großen von Montalcino.

Scharzhofberger, Egon Müller Scharzhof

Die Familie Egon Müller führt das Saar-Weingut, das 1797 im Zuge der Französischen Revolution säkularisiert wurde, heute in der 4. Generation. Im 7 Hektar großen Herzstück des Scharzhofbergs, einer legendären, von blauem Devonschiefer geprägten Steillage in Südausrichtung, werden süße Rieslinge vom Kabinett bis zur Trockenbeerenauslese erzeugt, die allesamt Weltruhm geniessen.

Barbaresco, Gaja

Der Aufstieg des Piemont als Weinanbaugebiet ist eng mit dem Namen Gaja verbunden. Die Barbaresco und Barolo der Familie, die seit 1859 Wein erzeugt, sind Ikonen des Nebbiolo. Heute wird das Weingut in der fünften Generation geführt. Gaja ist zugleich Erneuerer und Bewahrer der großen Traditionen seiner Region.

Côte Rôtie „La Landonne", E. Guigal

Die Guigals sind die Könige des Syrah, und ihre Lagenweine „La Landonne", „La Turque" und „La Mouline" die herausragenden Gewächse an der Côte Rôtie, dem nördlichsten Anbaugebiet der Rhône. Der Ruf, den die Appellation in aller Welt genießt, verdankt sie maßgeblich dieser Familie.

Cloudy Bay

Dieses einstige Boutique-Weingut hat Neuseeland als Anbaugebiet hochklassiger Weine 1983 auf die Landkarte gebracht. Sein pikanter, fruchtbetonter Sauvignon Blanc war ein Welterfolg und wurde schnell eine Stilikone. Daran hat sich bis heute nichts geändert, auch wenn das Weingut inzwischen zum Luxusgüterkonzern LVHM gehört und ebenso guten Chardonnay und Pinot Noir erzeugt.

Chardonnay, Bodega Catena Zapata

Nicolas Catena und seine Tochter Laura haben Argentiniens Weine auf die Weltbühne gebracht. Sie waren die ersten, die es wagten, auf 1000 Meter Höhe am Fuße des erloschenen Vulkans Tupungato Reben zu pflanzen. Aus den verschiedenen Parzellen ihres Adrianna Vineyard kommen seitdem großartige cool climate-Chardonnays und Malbecs.

Screaming Eagle

Erst 1986 gegründet, umweht dieses kleine kalifornische Weingut der Hauch des Superexklusiven. Sein Wein aus Cabernet Sauvignon, Merlot und Cabernet Franc war der erste aus dem Napa Valley, der vom Weinkritiker Robert Parker mit 99 Punkten bewertet wurde (1993) und einen Hype auslöste, der ganz Kalifornien erfasste. Heute ist Screaming Eagle der rarste, gesuchteste und teuerste Wein der USA.

Corton-Charlemagne, Domaine Coche-Dury

Die Weißweine dieser kleinen Domaine in Meursault gehören zu den teuersten und am höchsten gelobten im Burgund, obwohl nur wenige Menschen sie kennen. Zu rar sind sie. Aber wer das Glück hatte, einmal den Corton-Charlemagne von Monsieur Coche oder einen seiner Meursaults zu trinken, ist von ihrer Purheit und Finesse beeindruckt.

... und es passt eben doch nicht alles!

Es gibt keine Geschmackspolizei. Wer zu einem Heringssalat einen Rioja trinkt oder zu einer Bratwurst einen lieblichen Dornfelder, kommt deswegen nicht ins Gefängnis. Aber es schmeckt nicht. Ein paar Regeln zur Kombination von Speisen und Wein sind darum ganz nützlich.

Welches sind die wichtigsten Regeln für die Kombination Speisen und Wein?

Dass Fisch und Weißwein sich ergänzen, ist unstrittig – aber eben nicht nur. Auch Rotwein passt gut zu Fisch. Und Weißwein kann durchaus auch zu dunklem Fleisch gereicht werden: Rindertafelspitz und Grüner Veltliner gelten als ideale Partner. Die alten Regeln sind also nicht falsch. Sie haben nur ihre Ausschließlichkeit verloren.

Das heißt: Zu dunklem Fleisch wird immer noch vorzugsweise Rotwein gereicht?

Lamm und Bordeaux, Wild und Syrah, Rinderfilet und Cabernet Sauvignon – alles Paarungen, die auch heute perfekt funktionieren. Aber genauso gut passen zu einem Lamm ein Ribera del Duero, ein Brunello di Montalcino, ein georgischer Saperavi und andere tanninreiche Rotweine. Ähnlich die Wildgerichte: Sie schmecken mit piemontesischem Barolo, griechischem Xinomavro, portugiesischem Dåo, südfranzösischem Carignan genauso lecker wie mit einem Syrah. Ein raffiniert angemachtes Tatar vom Ochsen mit Kapern und Sardinen kann sogar von einem Weißwein gut begleitet werden: etwa von einem stoffigen Pinot Gris aus dem Elsass oder einem Riesling Smaragd aus der Wachau.

Wie sehr kommt es auf die Zubereitung des Gerichts an?

Die Zubereitung ist das entscheidende Kriterium für die Wahl des Weins. Wenn eine gebundene, mit Butter montierte Sauce zum Rinderfilet serviert wird, ist ein weicher Merlot oder ein Grenache möglicherweise die bessere Wahl. Kommt das Steak rare oder medium vom Grill, womöglich noch mit Barbecue-Dressing, empfiehlt sich dagegen eher ein wuchtiger Malbec aus Argentinien oder ein toastiger Shiraz aus Australien. Tannin und nicht-koaguliertes Eiweiß (Blut) gehören zur gleichen Stoffklasse.

Welchen Rotwein trinkt man zu Fisch? Oder kann man alle trinken?

Ein Pinot Noir (Spätburgunder, Blauburgunder) ist ideal zu fast allen Fischgerichten. Aber kein schwerer, gereifter Pinot, sondern ein leichter, junger. Und gut gekühlt sollte er auch sein (14 °C bis 16 °C). Alle tanninarmen Rotweine eignen sich gut zu Fisch: Südtiroler Vernatsch, junger Blaufränkisch, ein einfacher Beaujolais Villages, ein Saumur Champigny von der Loire, ein Dôle aus dem Wallis zum Beispiel.

Wie sehr hängt die Wahl des Weißweins von der Zubereitung des Fischs ab?

Zu Fisch-Antipasti schmecken alle leichten, primärfruchtigen Weine aus den Mittelmeerländern gut – vom portugiesischen Alvarinho über spanischen Rueda, italienischen Vermentino, ungarischem Welschriesling bis zu griechischem Malagousia. Zu paniertem Fisch dürfen es auch geschmacksintensivere und fettere Weine sein wie steirischer Sauvignon Blanc, fränkischer Silvaner, Weißburgunder aus der Pfalz, Grillo aus Sizilien, kroatischer Malvazija. Zu Austern ist ein trockener Chablis der Klassiker. Gegrillter Fisch verträgt sogar einen im Barrique ausgebauten Weißwein, eine geräucherte Forelle oder ein geräucherter Lachs einen rauchig-mineralischen Assyrtiko aus Santorini oder einen Pouilly Fumé von der Loire.

Muss man italienische Antipasti immer mit italienischen Weinen kombinieren?

Bietet sich an, ist aber kein Zwang. Schinken, Speck, Roastbeef mit Mayonnaise, Salami, frittiertes Gemüse, Lachs mit Crème fraîche oder andere fetthaltige Antipasti/Hors d'Oeuvres werden auch in anderen Ländern der Welt gegessen. Dazu passt alles, was prickelt und perlt: von Prosecco bis Champagner. Die Kohlensäure puffert das Fett auf der Zunge wunderbar ab.

Kann man einen süßen Wein als Aperitif reichen?

Der Wechsel vom süßen Wein vorweg zum trockenen Wein hinterher ist schwierig. Als Aperitif wird deshalb aus gutem Grund ein trockener Muskateller, irgendein Brut oder Extra Brut oder – ganz traditionell – ein Fino Sherry gereicht.

Welche Weine eignen sich für die asiatische Küche?

Die Asiaten selbst präferieren drei Weine: Pinot Noir, Grenache, Riesling. Riesling mit Restsüße nimmt Gerichten mit Chili die Schärfe. Pinot Noir und Grenache (Côtes du Rhône, Châteauneuf-du-Pape u.a.) werden wegen ihrer weichen Texturen geliebt. Chinesen und Japaner mögen kein hartes Tannin. Europäer schmecken anders und haben dadurch mehr Möglichkeiten. Stark gewürzte Gerichte mit Gewürzpasten, Koriander, Kreuzkümmel oder Austernsauce verlangen nach kräftigen, würzigen Rotweinen. Das kann ein Pinotage aus Südafrika, ein Merlot aus Südfrankreich, ein Zweigelt aus Österreich, ein Toro aus Spanien, ein Kotsifali aus Kreta sein. Zu einer Peking-Ente mit krosser Haut passt ein leichter australischer Shiraz. Zu delikateren Speisen wie Curry-Hühnchen oder thailändischer Garnelen-Pfanne mit Kokosmilch bieten sich Gewürztraminer und ein Barrique-Chardonnay an. Sushi, Sashimi und Dim Sum vertragen dagegen trockene Weißweine sehr gut, egal woher sie kommen.

Müssen es immer trockene Weine sein, die zum Essen gereicht werden?

Normalerweise ja. Aber es gibt Ausnahmen. Die bekannteste ist die Stopfleber zu einem edelsüßen Sauternes. Ansonsten kommt es auf das Gericht und seine Zubereitung an. Zu einem Schmorbraten mit Sauce auf Sahnebasis schmeckt ein leicht restsüßer Weißwein hervorragend (wenn der Braten nicht gerade mit Rotwein angegossen wurde), etwa eine halbtrockene oder fruchtige Auslese vom Riesling (oder aus einer anderen Sorte) beziehungsweise ein Elsässer oder Südtiroler Gewürztraminer. Noch besser ist es, wenn der Wein gereift ist. Liebliche Rotweine sind dagegen tabu.

Gibt es Gerichte, die sich nicht mit Wein kombinieren lassen?

Salat mit Essigdressing ist schwer mit Wein in Verbindung zu bringen. Rotwein geht gar nicht, Weißwein schmeckt metallisch. Artischocken gelten ebenfalls als schwer vermittelbar: höchstens mit einem milden Weißwein wie dem Fendant aus dem Wallis oder dem Roero Arneis aus dem Piemont. Auch Spaghetti mit Tomatensauce sind ein schwieriger Weinpartner. Die Italiener trinken Frascati, Lugana, Friulano oder einen ihrer anderen einfachen Weißweine dazu. Zu Mozzarella und Tomaten trinkt man am besten Wasser. Auch bei Eis und Obst verzichtet man am besten auf eine Weinbegleitung.

Vom Glück, ein Käse zu sein

Käse und Wein sind beste Freunde. Die Chemie zwischen beiden stimmt. Der Käse adelt den Wein, und der Wein schlüsselt den Käse auf. Besonders geeignet sind Weißweine. Rotweine, besonders die tanninhaltigen, passen nur zu wenigen Käsen.

Der Feind des Käses ist Säure. Sie verbindet sich nicht mit den Eiweißen des Käses. Der Käse lässt den Wein nicht zur Entfaltung kommen. Deshalb muss man mit säurebetonten Weinen sehr vorsichtig sein. Streng genommen, passen sie nur zu Frischkäsen. Wenn sie allerdings halbtrocken oder restsüß sind, lassen sie sich mit einer Vielzahl von Käsesorten kombinieren. Trockene Weine mit milder Säure passen dagegen vorzüglich zum Käse, vor allem zu cremigen Käsesorten. Je aromatischer die Weine sind, desto eher sind sie in der Lage, der Würze des Käses Paroli zu bieten. Am besten passt Weißwein zum Käse. Aber zu Käsesorten mit gewaschener Rinde, etwa den Rotschmierkäsen, schmecken auch würzige Rotweine. Wenn der Käse länger gereift ist, vollfett ist und einen hohen Salzanteil aufweist, lässt er sich auch gut mit schweren, tanninhaltigen Rotweinen kombinieren. Auf dieser Seite sind die verschiedenen Käse zu Gruppen zusammengefasst und ihnen exemplarisch passende Weine zugeordnet worden. Besonders gelungene oder regional erprobte Kombinationen sind extra aufgeführt.

Leitzachtaler

Frischkäse

Allgemein: junge säurebetonte Weißweine (Riesling, Gavi), fruchtig-aromatische Weißweine (Muskateller) oder Prosecco. Ziegenkäse, Kräuterfrischkäse: Sauvignon Blanc (Sancerre, Steiermark, Südafrika). Schafskäse: sizilianischer Inzolia, griechischer Malagousia. Mozzarella: fruchtig-mineralische Weißweine (Süditalien)
Weitere Frischkäse: Roccaverano, Ricotta, Doppelrahmfrischkäse

Mozzarella di Bufala

Brillat Savarin

Bouton de Culotte

Weißschimmelkäse

Allgemein: cremige Weißweine (Grauburgunder, Chardonnay, Arneis) oder junge, kräftige Rotweine mit Tannin (Bordeaux, Châteauneuf-du-Pape, Priorat, Rioja, Chianti Classico u. a.). Gaperon: auch kräftige Rosés. Chaource: Champagner, Sekt
Weitere Weißschimmelkäse: Coulommiers, Gratte Paille

Camembert

Brie

Chaource

Gaperon

Fourme d'Ambert

Roquefort

Blauschimmelkäse

Allgemein: süße Weine aus edelfaulen Trauben (Auslesen, Beeren-/Trockenbeerenauslesen aller Rebsorten), Eisweine, Malmsey, Moscato di Pantelleria, Tokaji. Stilton: Portwein. Fourme d'Ambert: Quarts de Chaume. Roquefort: Sauternes
Weitere Blauschimmelkäse: Bavaria Blue, Valdéon

Stilton

Gorgonzola picante

Romadur

Reblochon

Rotschmierkäse

Allgemein: fruchtig-würzige Weißweine mit moderater Säure (Weißburgunder, Friulano, Chasselas) und alle Rotweine aus Pinot Noir (Burgund, Deutschland, Kalifornien), Portugieser, St. Laurent. Munster: Gewürztraminer. Romadur: Lemberger
Weitere Rotschmierkäse: Pont l'Évêque, Limburger, Livarot, Taleggio

Munster

Epoisses

Hart- und Schnittkäse

Allgemein: für salzige, vollfette und gereifte Hartkäse wie Comté, Sbrinz, Greyerzer, Pecorino, Cheddar, Manchego, gereifter Gouda tanninreiche Rotweine (Cabernet Sauvignon, Merlot, Syrah, Tempranillo), für mittelfeste Schnittkäse wie Emmentaler, Appenzeller, Edamer eher cremige Weißweine (Chardonnay, Pinot Gris, Pouilly Fuissé, Condrieu). Pecorino: Brunello di Montalcino, Chianti Classico. Parmegiano: Barolo. Cheddar: Cabernet Sauvignon. Manchego: Ribeira del Duero, Toro
Weitere Hart- und Schnittkäse: Vacherin, Tilsiter, Castelmagno, Fontina, Montasio

Cheddar

Parmigiano

Appenzeller

Emmentaler

Greyerzer

Allgäuer Bergkäse

Die Etikettensprache: wenig präzise

Etiketten sind eigentlich zur Information des Verbrauchers da. Tatsächlich ist das „Bezeichnungsrecht" für den Konsumenten ein Irrgarten – zumindest in Europa. Wer glaubt, über das Etikett präzise Informationen über den Wein zu bekommen, der täuscht sich.

Weine mit geschützter Ursprungsbezeichnung (g. U.)

Jahrgang: Nur 85 % müssen aus dem angegebenen Jahrgang stammen.

Herkunft: angegebenes Anbaugebiet muss zu 100% stimmen

Rebsorte: Nur 85 % müssen aus der angegebenen Rebsorte bestehen.

Alkoholgehalt 13,5 Vol. % (Etikett-Rückseite): Toleranz um 0,5 Vol. % nach oben und unten möglich.

Wer sich in die Grundlagen des europäischen Wein-Bezeichnungsrechts vertieft, wird schnell erkennen, dass die Bestimmungen einer klaren Logik folgen. Doch die Logik erschließt sich nur Verwaltungsbeamten und Juristen. Viele Begriffe und Bezeichnungen, die sich auf dem Etikett eines Weins finden, erschließen sich dem Weintrinker schwer. So entsprechen die Etiketten-Angaben zu Jahrgang, Rebsorte und Alkoholgehalt keineswegs immer der Realität des Flascheninhalts.

Neuordnung des Bezeichnungsrechts

Seit 2009 ist das Wein-Bezeichnungsrecht dem für Lebensmittel angepasst. Das bedeutet: Was die Herkunft angeht, wird nur noch zwischen Weinen mit Herkunftsangabe und solchen ohne Herkunftsangabe unterschieden. Die Weine ohne Herkunft bilden die unterste Stufe der Qualitätspyramide und entsprechen den früheren Tafelweinen. Die Weine mit Herkunftsangabe werden in zwei Kategorien unterteilt: die Weine mit geschützter geografischer Angabe (g.g.A.) und die Weine mit geschützter Ursprungsbezeichnung (g. U.). Letztere sind die Qualitätsweine bestimmter Anbaugebiete (QbA in Deutschland und Österreich, AOP in Frankreich, DOP bzw. DOPG in Italien, DO in Spanien und Portugal), erstere die sogenannten Landweine (Indication Géografique Protégée in Frankreich, früher Vin de Pays; Indicazione Geografica Protetta in Italien, Indicación Geográfica Protegida in Spanien, abgekürzt: IGP).

Geschützte Ursprungsbezeichnung

Behördlich bilden die g. U.-Weine (früher Qualitätsweine) die Spitze der europäischen Weinhierarchie. So müssen sie zu 100 Prozent aus dem angegebenen Ursprungsgebiet stammen (aber nur zu mindestens 85 Prozent aus der angegebenen Rebsorte und aus dem angegebenen Jahrgang, sofern nichts anderes bestimmt ist). Das heißt: Es darf den Weinen ein kleiner Anteil „Fremdwein" aus einer anderen Rebsorte und aus einem anderen Jahrgang hinzugefügt werden. Die Bestimmung soll dazu dienen, etwaige Jahrgangsschwankungen auszugleichen. Außerdem sind Höchstmengen für die Traubenproduktion pro Hektar Rebland festgelegt. Sie unterscheiden sich von Anbaugebiet zu Anbaugebiet, teilweise auch von Rebsorte zu Rebsorte. Schließlich ist ein natürlicher Alkoholgehalt von mindestens 7 Vol. % und eine Säure von mindestens 3,5 Gramm/Liter vorgeschrieben. Eine Chaptalisierung ist in kühlen Anbaugebieten bis zu 3 Vol. % erlaubt. In den warmen Anbaugebieten darf den Weinen Säure hinzugefügt werden (Azidifikation). Jedes europäische Land beziehungsweise Anbaugebiet kann zusätzliche Bestimmungen erlassen: etwa über die Länge des Ausbaus im Holzfass oder den frühesten Zeitpunkt der Freigabe. Deutschland und Österreich heben innerhalb der Qualitätswein-Kategorie noch die Prädikatsweine heraus: Weine mit höherem Ausgangs-Mostgewicht, meist restsüß, heißen dann Kabinett, Spätlese, Auslese, Beerenauslese, Trockenbeerenauslese, Eiswein. Sie dürfen zum Beispiel nicht chaptalisiert werden. Tatsächlich kann der Konsument keineswegs sicher sein, bei Qualitätsweinen immer Premium-Weine zu bekommen. Eine Qualitätsweinprüfung ist zwar vorgeschrieben. Doch die Erfahrung zeigt, dass die Meßlatte sehr niedrig liegt.

Geschützte geografische Angabe

Landweine heißen jetzt „Weine mit geschützter geografischer Angabe" (g. g. A. bzw. in anderen Ländern IGP). Für sie gelten weniger strenge Bestimmungen als für Qualitätsweine. Die Hektarerträge sind höher, die Grenzen des Anbaugebiets meist weiter gefasst. Und die Liste der für das Anbaugebiet erlaubten Rebsorten ist länger als für Qualitätsweine. Die bekanntesten europäischen IGP-Landweine sind die südfranzösischen Vin de Pays d'Oc. Sie können aus bis zu 58 verschiedenen Rebsorten erzeugt sein. Für die Herkunft gilt allerdings die 100-Prozent-Regel. Anders ist es für Landweine aus Spanien, Italien und anderen EU-Ländern. Sie brauchen nur zu 85 Prozent aus dem angegebenen Anbaugebiet stammen (sofern nicht regionale Bestim-

Weine mit geschützter geografischer Angabe (g.g.A.)

mungen eine hundertprozentige Herkunft vorschreiben). Die restlichen 15 Prozent können aus anderen Landwein-Anbaugebieten kommen. Das zeigt: Nichts ist wirklich so, wie es auf dem Etikett steht. In Deutschland und Österreich mit ihrer hohen Qualitätswein-Quote spielen Landweine nur eine geringe Rolle.

Die Weine ohne Herkunftsangabe

Die früheren Tafelweine dürfen auf dem Etikett nur den Namen des Landes nennen, aus dem sie kommen. Sie heißen einfach „Deutscher Wein“ oder „Vin de France“ oder „Vino de España“. Es gibt sie mit oder ohne Jahrgangs- bzw. Rebsortenangabe. Sie dürfen nicht mehr als 14 Vol. % Alkohol aufweisen, und die Trauben müssen zu hundert Prozent aus dem angegebenen Land/Region stammen. Länderübergreifende Verschnitte sind allerdings möglich. Sie sind erkennbar an der Bezeichnung „Europäischer Gemeinschaftswein“ auf dem Etikett. An sie werden die geringsten Anforderungen gestellt.

Weitere Bestimmungen

Generell gilt in der EU, dass Weine „so natürlich wie möglich hergestellt“ sein sollen. Das schließt nicht aus, dass umstrittene önologische Verfahren angewendet werden können. Zum Beispiel die Konzentration des Weins durch künstlichen Wasserentzug (Vakuumverdampfer, Umkehrosmose) oder die Aromatisierung mit Hilfe von Eichenholzchips oder Staves (siehe S. 159). Die Säuerung mit Zitronensäure beziehungsweise eine chemische Entsäuerung ist ebenfalls möglich. Die Herstellung von „Kunstwein“ ist dagegen verboten: Weine, die mit Wasser verdünnt und künstlich aromatisiert werden. Und was die Angabe des Alkoholgehalts angeht: Erlaubt sind nur ganze und halbe Vol. %-Angaben, wobei die Weingüter meist auf- oder abrunden. Eine Toleranz von 0,5 Vol. % wird eingeräumt. Im Klartext bedeutet das: Ein Wein mit 13,5 Vol. % kann tatsächlich 14 Vol. % aufweisen.

Das Weinrecht in Übersee

In den Ländern außerhalb Europas war der Weinbau jahrzehntelang gesetzlich kaum geregelt. Inzwischen hat sich das geändert. Chile hat zum Beispiel sehr strenge Bestimmungen, was die Produktion und die Herkunft angeht. Australien ist dagegen sehr liberal. Südafrika hat großzügige Produktionsvorschriften, aber ein streng geregeltes Herkunftssystem. Gleiches gilt für die USA. So hat Kalifornien inzwischen knapp 150 Ursprungsgebiete für seine Weine definiert (American Viticultural Areas, AVA), aber keine Mengenbeschränkungen für die Traubenproduktion. Eine Chaptalisation ist in allen diesen Ländern verboten, wegen der allgemein hohen Alkoholgehalte allerdings auch nicht nötig. Ausnahme: Neuseeland. Die Zugabe von Säure (Azidifikation) ist dagegen erlaubt. Eine Besonderheit der überseeischen Weinbauländer besteht darin, dass alle Rebsortenweine ohne nähere Herkunftsangabe nur zu 75 Prozent aus der angegebenen Rebsorte bestehen müssen, mit Ursprungsgebiet dagegen zu 85 Prozent.

Labyrinth des Weins: Über den Inhalt der Flaschen sagt das Etikett wenig aus.

Wein ohne Herkunft

Rebsorte: Darf, muss aber nicht angegeben sein. Wenn angegeben, muss sie zu 85% enthalten sein.

Jahrgang darf, muss aber nicht angegeben werden.

Wie viel Wein verträgt der Mensch?

Unter allen Genussmitteln ist Wein das gesündeste – trotz des Alkohols. Seine positiven Eigenschaften werden in Debatten gern unterschlagen. Seine kulturelle Bedeutung wird nur von militanten Alkoholverweigerern und eitlen Selbstoptimierern geleugnet.

Wein ist jahrhundertelang ein Lebensmittel gewesen – und ist es in einigen Teilen der Welt auch heute noch. Sein Wert für die Ernährung des Menschen und sein Beitrag zu dessen Gesundheit geraten angesichts der Diskussion über die Gefahren des Alkoholkonsums leicht in Vergessenheit. Wein fördert den Stoffwechsel und stärkt das Immunsystem. Wein enthält Vitamine und Mineralien. Wein hat eine Vorbeugewirkung gegen Rheuma und Osteoporose. Vor allem kulturell gehört Wein zu den am höchsten geschätzten Genussmitteln der Welt. Er bringt Menschen zusammen, fördert die Gesprächskultur und das individuelle Wohlbehagen. Das Convivium, wie die römische Aristokratie einst ihre Zusammenkünfte nannte, auf denen wichtige Themen diskutiert und die öffentliche Meinung gebildet wurde, war immer ein Bankett, bestehend aus Speisen und Wein. Das Argument, Wein (und andere Alkoholika) sei ein Rauschmittel und gehöre deshalb verboten, ist einseitig und blendet alle positiven Effekte aus. Die wichtigste Erkenntnis der letzten Jahre ist der Zusammenhang zwischen Weinkonsum und sinkendem Herzinfarktrisiko gewesen.

Das französische Paradoxon

Am 17. November 1991 widmete die amerikanische Fernsehgesellschaft CBS ihren regelmäßigen News-Report „60 Minuten" einem ungewöhnlichen Thema: dem Rotwein. Der Moderator Morley Safer hob ein Glas Rotwein in die Höhe und erklärte, möglicherweise liege der Grund für die niedrige Herzinfarktrate in Frankreich in dem Inhalt dieses Glases. Dann erläuterte er das, was er das „französische Paradoxon" nannte: dass die Franzosen zwar viel Butter, fette Käse, Gänsestopfleber und Sahnesaucen äßen, trotzdem aber statistisch eine viel niedrigere Herzinfarktrate aufwiesen als die Amerikaner oder andere westliche Nationen. Seine Erklärung: das tägliche Glas Rotwein, das die Franzosen zu sich nähmen. Die einstündige Sendung erschütterte das Weltbild der Amerikaner zutiefst, für die Alkohol bis dahin als schlimmste Geißel der Nation galt. Zeitungen, Zeitschriften und Fernsehsender stürzten sich auf das Thema. 1992 stieg der Rotweinkonsum der Amerikaner um 39 Prozent, nachdem er vorher jährlich um knapp fünf Prozent gefallen war.

Rotwein gegen Cholesterin

Inzwischen haben wissenschaftliche Studien in England, Amerika, Frankreich und Dänemark nachweisen können, dass ein Zusammenhang zwischen Rotweinkonsum und abnehmenden Koronarkrankheiten des Herzes besteht. Verantwortlich dafür ist die vor allem in Rotweinen vorkommende Gruppe der Phenole. Sie umfasst rund 100 verschiedene Substanzen. Die wichtigsten im Wein zutreffenden sind Quercetin, Catechin und vor allem Resveratol. Sie lassen die Produktion des wichtigen HDL (High Density Lipoprotein) im Blut ansteigen und verhindern die Oxidation des „bösartigen" LDL-Lipoproteins, auch Cholesterin genannt. Ein hoher Cholesteringehalt kann zur langsamen Verengung der Arterien im Bereich der Herzkranzgefäße und des Gehirns führen. Am Ende stünden Herzinfarkt und Schlaganfall. Allerdings würde die Menge des Rotweins, die konsumiert werden müsste, um eine schützende Wirkung für die Arterien zu erzielen, den „moderaten Konsum" deutlich übersteigen.

Schwefelallergie: ein Märchen

Wein erzeugt bei manchen Menschen Kopfschmerzen. Da Wein mit Schwefel haltbar gemacht wird, kommt schnell der Verdacht auf, es könne sich um eine Schwefelallergie handeln. Tatsächlich sind Schwefelallergien laut klinischen Studien extrem selten. Eher haben Kopfschmerz und Kater damit zu tun, dass ein Wein zu wenig geschwefelt wurde. Das während der Gärung und des Ausbaus entstehende Acetaldehyd wurde nicht gebunden, was die Aufgabe des Schwefels gewesen wäre. Acetaldehyd verursacht unter anderem Kopfschmerzen. Im Übrigen hat die Verbreitung moderner Kellertechniken dazu geführt, dass die Schwefelgaben bei Wein in den letzten Jahrzehnten generell stark heruntergefahren wurden, vor allem bei Rotweinen, aber auch bei Weißweinen. Erhöhte Gehalte an freiem Schwefel findet man nur in restsüßen Weinen, speziell in zuckerreichen Dessertweinen. In diesen Weinen wird der Schwefel dazu gebraucht, eine Nachgärung auszuschließen. Allerdings werden Dessertweine nur in Kleinstmengen getrunken. Fazit: Kopfschmerz und Kater sind in den meisten Fällen ein Indiz dafür, dass jemand mehr Alkohol zu sich genommen hat, als er verträgt.

Wein und Kalorien

Wein ist kein Schlankmacher. Der Alkohol einer Flasche Wein (12 Vol. %) beträgt knapp 500 Kilokalorien. Bei alkoholreicheren Weinen steigt die Kalorienzahl bis auf 700. Mit jedem Gramm Restzucker, den der Wein aufweist, kommen noch zwölf Kalorien hinzu. Vor allem Fructose ist ein „Dickmacher" (bei durchgegorenen Weinen liegt ihr Anteil allerdings bei Null). Wein besitzt mithin einen hohen Kalorienwert. In Anbetracht seiner appetitanregenden Wirkung und der dadurch erhöhten Nahrungsaufnahme kann es schnell zu einer unerwünschten Kalorienzufuhr kommen. Deshalb ist moderat zu essen genauso wichtig wie moderat zu trinken.

Wein und Diabetes-Prophylaxe

Maßvoller Alkoholkonsum soll eine vorbeugende Wirkung für die Entstehung von Diabetes Typ 2 (Diabetes Mellitus) haben. Zu diesem Schluss kommt eine aktuelle, 2023 veröffentlichte wissenschaftliche Studie: Durch den maßvollen, regelmäßigen Genuss sanken die Werte für den Langzeitzucker (HbA1c) sowie der Entzündungsmarker CRP (C-reaktives Protein), die Risikomarker für eine diabetische Erkrankung sind. Dabei scheint Wein wegen seiner antioxidativen Wirkungen eine besondere Rolle im Vergleich zu Bier und Schnaps zu spielen. Eine aktuelle Übersichtsarbeit eines internationalen Forschungsteams weist außerdem darauf hin, dass besonders Diabetes-gefährdete Frauen vom moderaten Weinkonsum profitieren. Während bei den Männern kein signifikanter Zusammenhang zum Diabetesrisiko zu beobachten war, korrelierte bei Frauen der Genuss von bis zu knapp 50 Gramm Alkohol täglich im Vergleich zu Abstinenz mit einem signifikant verringerten Risiko. Am deutlichsten fiel die prophylaktische Wirkung bei Frauen mit einem Body Mass Index von über 25 aus.

Weingenuss bei bestehender Diabetes

Bei bestehender Diabetes Typ 2 scheint sich moderater Alkoholkonsum ebenfalls positiv auszuwirken. Das Risiko für Spät- und Folgeschäden (Herzinfarkte, Schlaganfälle, Blindheit, dialysepflichtige Nierenleiden und Gefäßverschlüsse in den Beinen) ist statistisch geringer, die Langzeitprognose verbessert sich. Möglicherweise kommt es durch maßvollen Weingenuss sogar zu einem Rückgang arteriosklerotischer Ablagerungen (Plaques), wie es im Rahmen einer internationalen Studie bei Typ-2-Diabetikern nach einem Glas Wein pro Tag zu beobachten war.
Erfolgt der Alkoholkonsum während einer Mahlzeit (und nicht mehr als 30 Gramm bei Frauen und 45 Gramm bei Männern beträgt), ist auch die Blutzuckerkontrolle nicht gefährdet. Das Risiko einer Unterzuckerung wird minimiert. In einem Papier der amerikanischen Diabetesgesellschaft wird ein moderater Weingenuss inzwischen in die Ernährungstherapie von Diabetikern eingebaut.

„Diabetikerwein" – gibt es nicht mehr

Früher galt ein Wein mit bis zu 20 Gramm Restzucker als „für Diabetiker geeignet". Allerdings durften davon nur 4 Gramm Glucose (Traubenzucker) sein. Glucose ist zwar ein wichtiger Energieträger für den Körper, kann aber von Typ 2-Diabetikern nur schwer metabolisiert werden. Er überfordert die das Insulin produzierende Bauchspeicheldrüse und erhöht somit den Blutzuckerwert des Patienten.

Die zweite Zuckerart im Wein, die Fructose (Fruchtzucker), braucht dagegen kein Insulin zum Abbau und kann somit leichter verstoffwechselt werden. Deshalb wurde Fructose früher im Diabetikerwein toleriert. Nachdem Fructose allerdings als „Dickmacher" und Cholesterintreiber identifiziert wurde („metabolisches Syndrom"), ist es mit der Toleranz zu Ende. Heißt: Es gibt offiziell keinen Diabetikerwein mehr. Das bedeutet wiederum nicht, dass Diabetiker auf Wein verzichten müssen – weder auf Weiß- noch auf Rotwein. Nur muss es ein durchgegorener Wein sein mit möglichst nicht mehr als 1 Gramm Restzucker (bestehend aus kleinen Mengen von Pentosen: unvergärbarem Zucker). Durchgegoren bedeutet nämlich, dass die gesamte Fructose zu Alkohol umgewandelt wurde und im Wein nicht mehr enthalten ist. Glucose ist in den meisten Weinen sowieso nicht mehr vorhanden. Sie wird von den Hefen während der Gärung als erste in Alkohol umgewandelt.

Weingenuss – das richtige Maß

Wein besteht zu etwa 85 Prozent aus Wasser und zu 13 Prozent aus Alkohol. Aber diese 13 Prozent sind es, die Wein immer wieder ins Gerede bringen. Denn Alkohol gilt als „Droge". Er kann abhängig machen, Nervenzellen und Organe schädigen, Krebs verursachen – wie vieles Andere auch, wenn es missbräuchlich verwendet wird.

Wein ist eines der besten Genussmittel, die es gibt – wenn man ihn mäßig trinkt.

Wie so vieles Andere auch, ist Alkohol Gift, wenn er übermäßig konsumiert wird. Er schädigt Nervenzellen und Organe. Er kann zu Bluthochdruck und Schlaganfall führen. Und er kann abhängig machen. Doch die Mehrzahl der wissenschaftlichen Studien zeigt, dass ein moderater, verantwortungsvoller Weinkonsum bei Menschen über 40 mehr gesundheitliche Vorteile als Nachteile hat.

Viele Fragen offen

Dass Trinkakohol – wissenschaftlich Ethanol – Nervenzellen und Organe schädigen kann, ist unstrittig und in vielen wissenschaftlichen Studien erwiesen. So ist zum Beispiel der Zusammenhang von Alkoholkonsum und Krebs für alle Gesellschaften und Kulturen erwiesen. Allerdings sind die Zusammenhänge rein statistischer Natur. Den positiven Korrelationen steht eine unbekannt hohe Zahl von Fällen gegenüber, in denen Alkohol keine kanzerogenen Wirkungen zeitigt. Fachleute aller Länder geben zu: Wo die Risikoschwelle liegt, ist individuell verschieden und wissenschaftlich nicht erforscht. Dass das Risiko einer Erkrankung mit der Höhe des Alkoholkonsums steigt, ist jedoch sicher.

Die tolerierbaren Mengen

Die Weltgesundheitsorganisation WHO berichtet, dass ein Großteil dieser Krebserkrankungen auch schon bei „moderatem" Alkoholkonsum auftrete. „Moderat" soll heißen: 1,5 Liter Wein oder 3,5 Liter Bier pro Woche oder weniger. Eine gesundheitlich unbedenkliche Menge Alkohol gibt es laut WHO daher nicht. Sie macht auch keinen Unterschied zwischen Wein und anderen alkoholischen Getränken. Diese Ansicht ist durch zahlreiche wissenschaftliche Studien widerlegt worden, die je nach Getränk zu unterschiedlichen Risikoeinschätzungen kommen. Aspekte wie Lebensstil, Trinkmuster und genetische Veranlagung der jeweiligen Konsumenten dürfen nicht ausgeklammert werden. In den wissenschaftlichen Empfehlungen, die heute von diversen Gesundheitorganisationen herausgegeben werden, werden zum Beispiel 10 Gramm Alkohol bei Frauen und 20 Gramm bei Männern als tolerierbare Tagesmenge angegeben. Das entspricht etwa einem beziehungsweise zwei 0,1-l-Glas Wein pro Tag. Bei einer Ernährung nach dem Vorbild mediterraner Diät gelten 15 Gramm (Frauen) und 30 Gramm (Männer) als Richtwerte. In Spanien, Portugal und in den USA gelten noch höhere Richtwerte, wobei empfohlen wird, mindestens zwei Tage pro Woche alkoholfrei zu leben. Für Schwangere und Stillende gilt ein absolutes Alkoholverbot.

Wie Alkohol im Gehirn wirkt

Alkohol wird über die Schleimhäute in Mund, Rachen, Magen, vor allem im Dünndarm aufgenommen und in die Blutbahnen weitergeleitet. Besonders hoch ist die Alkoholkonzentration in den stark durchbluteten Organen. Dazu gehört in erster Linie das Gehirn. Dort beeinflusst der Alkohol die Botenstoffe, die Informationen zwischen den Nervenzellen übermitteln. Allerdings regeneriert das Gehirn und auch der Botenstoffwechsel normalisiert sich wieder. Zum Abstreben der Gehirnzellen führt nur ein dauerhafter, exzessiver Alkoholkonsum.

Was die Leber mit dem Alkohol macht

Das zweite stark durchblutete Organ im menschlichen Körper ist die Leber. Sie ist die „Entgiftungszentrale" des Organismus. Sie spaltet das Ethanol über Enzyme, die sie produziert, in Kohlenstoffdioxyd und Essigsäure, zwei ungefährliche Substanzen, die leicht verstoffwechselt werden können. Zwar bauen auch Schleimhäute und Nieren Alkohol ab. Doch für mindestens 90 Prozent des Alkohols, den der Mensch zu sich nimmt, ist die Leber zuständig. Mit kleinen Mengen Alkohol kann die Leber gut umgehen: Bei 60 Kilogramm Körpergewicht werden durchschnittlich 6 Gramm Alkohol/Stunde abgebaut (pro 10 Kilo mehr Körpergewicht jeweils 1 Gramm/Stunde mehr). Nimmt der Mensch aber zu viel Alkohol in zu kurzer Zeit auf, reichen die Enzyme, die die Leber produziert, nicht aus, um den gesamten Alkohol abzubauen. Bis wieder Kapazitäten frei sind, flutet der Alkohol mit dem Blut durch den Körper – mit allen oben beschriebenen Konsequenzen. Außerdem kann sich die Leber durch dauerhaft hohen Alkoholkonsum krankhaft vergrößern (Leberzirrhose).

Auf den sozialen Kontext kommt es an, nicht nur auf den Alkohol

Die zentrale Botschaft der WHO lautet: Nicht auf das Getränk kommt es an, sondern allein auf den Alkohol. Heisst: Die biochemischen Wirkungen des Ethanols auf den menschlichen Organismus sind gleich, egal ob Bier, Wein, Schnaps. Diese Auffassung ist nicht wissenschafts-basiert. Tatsächlich hängt die Wirkung des Alkohols auf den Organismus stark von Trinkmustern, Ernährungsgewohnheiten, von der individuellen Konstitution des Konsumenten und seiner Genetik ab, etwa wie schnell seine Leber Enzyme produziert, die den Alkohol im Körper abbauen. Außerdem ist der soziale Kontext meist ein anderer, je nach dem, welches alkoholische Getränk konsumiert wird.

Warum Weintrinker weniger risikogefährdet sind

Weintrinker sind in der Regel Genusstrinker. Sie wollen die Besonderheiten eines Weins schmecken. Wein wird deshalb meist langsam, in kleinen Schlucken getrunken. Außerdem wird er nach mediterranem Vorbild zum Essen zu sich genommen – in den südeuropäischen Ländern ausschließlich, in Mittel- und Nordeuropa immer häufiger. Der Alkoholkonsum ist dadurch zeitlich auf die Spanne des Essens begrenzt. Hinzu kommt, dass die Resorption des Alkohols bei vollem Magen langsamer vonstatten geht als bei leerem Magen. Die Wirkung wird verzögert. Schließlich wird Wein sehr selten bis zum Rausch getrunken, auch weil er teurer ist als die meisten anderen alkoholischen Getränke. All das zusammen führt zu dem Schluss, dass das Gefahrenrisiko beim Wein niedriger anzusetzen ist als bei anderen alkoholischen Getränken.

Die krebsauslösende Substanz: Acetaldehyd

Die Zusammenhänge zwischen Alkoholkonsum und Krebs basieren ausschließlich auf Statistiken. Über den Wirkungszusammenhang, also die Entstehung von Krebs, herrscht dagegen Unklarheit. Nur soviel ist gesichert, dass nicht der Alkohol selbst, sondern ein Abbau-Zwischenprodukt krebserzeugend ist: das Acetaldehyd. Diese leicht stechende, nach Sherry riechende Substanz entsteht in der Leber bei der Zerlegung des Ethanols. Aufgrund seiner Reaktionsfreudigkeit geht das Acetaldehyd-Molekül, bevor es weiter zu harmlosem Acetat verstoffwechselt wird, schnell Bindungen mit anderen Molekülen ein, auch mit Bausteinen der DNA. Dadurch kann es zu mutagenen Reaktionen kommen, die ein ungeplantes Zellwachstum auslösen können, also kanzerogen sind.

Alkoholfreie Weine

Seit einigen Jahren gibt es alkoholfreie Weine. Ursprünglich waren sie für Schwangere und Menschen gedacht, die Medikamente einnehmen müssen. Inzwischen erfreuen sie sich auch bei Sportlern, Veganern, Fastenden, Lifestylern und ganz allgemein bei Antialkoholikern großer Beliebtheit. Immer mehr Weingüter und Kellereien erweitern ihr Sortiment um ZeroAlcs. Es sind Weine, denen durch aufwendige technische Verfahren der Alkohol entzogen wurde (gesetzliche Vorschrift: maximal 0,5 Vol.%). Was übrig bleibt, hat mit dem ursprünglichen Wein geschmacklich allerdings nur noch wenig zu tun. Deshalb müssen ZeroAlcs aromatisiert werden: durch Zugabe von Traubensaft, Kräutern, Tees – und vor allem durch Zucker. Alle ZeroAlcs haben eine mehr oder minder hohe Restsüße. Sie liegt in der Regel zwischen 30 und 65 Gramm/Liter. Das macht ein Food Pairing schwierig. Außerdem holt sich der ernährungsbewusste ZeroAlc-Konsument die Kalorien, die er durch den Verzicht auf Alkohol einspart, durch den Zucker wieder zurück. Das heißt: Statt des (theoretischen) Alkoholrisikos entsteht ein Diabetesrisiko. Übrigens: ZeroAlcs sind keine Weine. Sie waren einmal Weine. Nach der Entalkoholisierung sind sie nur noch Süßgetränke.

DIE WEINREBE

Vom Traubensaft zum Wein

Trauben wurden von den Menschen erst angebaut, als sie sesshaft wurden. Das war in der Jungsteinzeit. Es vergingen aber nochmals mehrere tausend Jahre, bis sie begriffen, dass sich aus dem Saft der Trauben Wein machen lässt: eine zufällige, aber unvermeidbare Entdeckung.

Altes Fresko aus Ägypten: Die Menschen wussten schon früh, wie man aus Trauben Wein erzeugt.

Wann der Mensch begann, Reben zu kultivieren, und wo es war, dass aus den Trauben erstmals Wein erzeugt wurde, kann nur vermutet werden. Irgendwo im wilden Kaukasus wurden jedenfalls konservierte Traubenkerne gefunden, die nicht von Wildreben stammten, sondern eindeutig von Reben, die von Menschenhand angebaut worden waren. Das war in der Jungsteinzeit, also 7000 bis 5000 Jahre vor Christus. Es war die Zeit, in der die Menschen dieser Region das Nomadendasein aufgaben, sich Hütten bauten und sesshaft wurden. Trauben waren für sie ein wichtiges Nahrungsmittel. Man konnte sie essen und Saft aus ihnen pressen, den man in Ziegen- oder Kamellederschläuche füllte, um bei der Feldarbeit oder beim Fischfang seinen Durst zu stillen. Wahrscheinlich haben die Menschen gemerkt, dass der Saft in der Hitze zu gären begann, danach an Süße verlor und an Stärke zunahm. Kurz: dass Wein aus ihm geworden war.

Carl von Linné und die Vitis vinifera

Die Faszination für Trauben und den Traubensaft muss in seinem hohen Zuckergehalt begründet gewesen sein. Denn süß waren auch andere Früchte: Datteln, Feigen, Waldbeeren. Vielleicht wurden auch sie damals vergoren. Aber keine Frucht bildete so viel Alkohol wie der Wein aus Trauben. Trauben gab es nicht nur in Vorderasien, sondern auch im Fernen Osten, in Amerika und in Europa. Sollte es auch dort schon früh Wein gegeben haben, so hatte er nicht die kultische Bedeutung wie im Nahen Osten. Der wahrscheinliche Grund: Er war ungenießbar oder zumindest nicht so schmackhaft wie der Wein aus den kaukasischen Trauben. Es dauerte allerdings bis zum Jahr 1753, bis die Menschheit begriff, warum das so war. In dem Jahr veröffentlichte der schwedische Naturforscher Carl von Linné sein monumentales Werk „Species Plantarum“, in dem er darlegte, dass es in der Gattung der Reben zwar viele Unterarten gäbe, aber nur eine, aus der ein genießbarer Wein entstehen kann – eben die vorderasiatisch-europäische Rebe. Sie nannte er *Vitis vinifera* – die Weinrebe. Fast alle Traubensorten, aus denen heute Wein erzeugt wird, sind der *Vitis vinifera* entsprungen.

Zufallswein aus Persien

Natürlich wurden Traubenkerne, die aus der Jungsteinzeit stammen, auch in anderen Ländern gefunden: in Syrien, in Jordanien, im Libanon, in der Türkei. Vielleicht wurden dort sogar noch früher Reben kultiviert als im Kaukasus. Nicht auszuschließen ist, dass dort vereinzelt auch schon gezielt Wein aus den Trauben erzeugt wurde. Einen Beweis dafür gibt es aber nicht. Am häufigsten wird heute die Geschichte des legendären persischen Königs Dschamschid erzählt, der die unangenehme Entdeckung machte, dass die Trauben, die er in seinem riesigen Keller aufbewahrte, vergoren waren. Er hielt sie für giftig, bis eine seiner Haremsdamen, die wegen andauernder Migräne zu sterben wünschte, davon aß. Ihre Kopfschmerzen verschwanden, ihr Lebensmut kehrte zurück. Der König befahl daraufhin, mehr von dem „Gift“ zu erzeugen. Das war 2500 Jahre vor Christus. Nach der Legende wäre also Persien das Land, in dem der Wein erfunden wurde. Wahrscheinlich aber wurde auch an anderen Orten der frühzeitlichen Welt vergorener Traubensaft als Glücksbringer und Rauschmittel entdeckt. Zwischen Euphrat und Tigris, in der südlichen Kaukasusregion, am Nil und später in Palästina gibt es Anzeichen dafür, dass die Menschen schon sehr früh wussten, wie man aus Trauben Wein erzeugt.

Die Entstehung der Rebsorten

Die ursprünglichen Reben waren Wildreben. Sie wuchsen in Wäldern, rankten sich an Bäumen in die Höhe – teilweise bis zu acht Meter hoch. Die heutigen Rebsorten existierten damals noch nicht. Sie sind das Resultat eines Jahrtausende dauernden Ausleseprozesses, der bis in die Gegenwart reicht. Klimakatastrophen, Schädlingsbefall, Vogelfraß und andere Kalamitäten haben im Laufe dieser Jahrtausende leider den größten Teil der Wildreben ausgelöscht. Durch spontane Kreuzungen sind aber neue Rebsorten entstanden (Wildreben sind zweigeschlechtlich), sodass ein Teil der Erbinformationen erhalten wurde. Ab der Antike war es dann der Mensch, der den Selektionsprozess steuerte. Er baute nur die ertragreichen, robusten Rebsorten an. Die schwächeren ignorierte er. Mit der Besiedelung des Mittelmeerraums gelangten die damals gängigen Rebsorten nach Osteuropa, Italien, Frankreich, Spanien, wo sie sich an die dortigen Boden- und Klimaverhältnisse neu anpassen mussten. So entstanden Mutationen und neue Kreuzungen – die Vorläufer der heutigen Rebsorten. Dasselbe passierte 2000 Jahre später, als europäische Kolonisatoren *Vitis-vinifera*-Reben nach Afrika, Australien und Amerika brachten, um auch dort Wein anzubauen. Oft mutierten die europäischen Reben innerhalb weniger Jahrzehnte: aus der Syrah wurde die Shiraz, aus der dalmatinischen Crljenak die kalifornische Zinfandel.

Der Stammbaum der Rebsorten

Seit es möglich ist, die genetischen Codes von Pflanzen mittels DNA-Analyse zu entschlüsseln, lässt sich der Stammbaum der europäischen *Vitis-vinifera*-Reben nachverfolgen. Dabei haben sich zwei Rebsorten als Urahnen der heutigen Sorten herausgeschält: der Weiße Heunisch und der Traminer. Der Traminer ist die Leitsorte des „fränkischen Genpools", aus dem Weißburgunder, Grauburgunder und Pinot Noir hervorgegangen sind sowie Silvaner, Sauvignon Blanc und Grüner Veltliner. Das Erbgut des Weißen Heunisch, einer im Mittelalter weit verbreiteten Massenträger-Sorte, die heute fast ausgestorben ist, findet sich dagegen in Riesling, Elbling, Furmint wieder sowie in Chardonnay, Aligoté und Auxerrois. Letztere sind allerdings aus den Sämlingen (Kernen) der Burgundersorten hervorgegangen, tragen also auch Traminer-Gene in sich.

Carl von Linné (1707–1778)

Das Rätsel Amerika

In Nordamerika, wo Pflanzen der Gattung Vitis ebenfalls eine weite Verbreitung hatten, ist von der Existenz eines Weins in vorchristlicher Zeit nichts bekannt. Die Erklärung für diesen merkwürdigen Unterschied: Die amerikanischen Reben eigneten sich nur bedingt zur Erzeugung von Wein. Viele Trauben bildeten nicht genug Zucker, wiesen zu wenig oder zu viel Säure auf. Oder es fehlten die Hefen, um die Transformation des Zuckers in Alkohol zu bewerkstelligen. Möglich ist auch, dass Wein zwar existierte, aber ungenießbar war. In der Geschichte des amerikanischen Kontinents taucht Wein jedenfalls erst relativ spät auf. Noch heute zeichnen sich Weine, die aus Trauben der amerikanischen Unterart *Vitis labrusca* gewonnen sind, durch einen sehr strengen Geschmack aus. Fox-Ton wird er genannt: Fuchs-Geschmack.

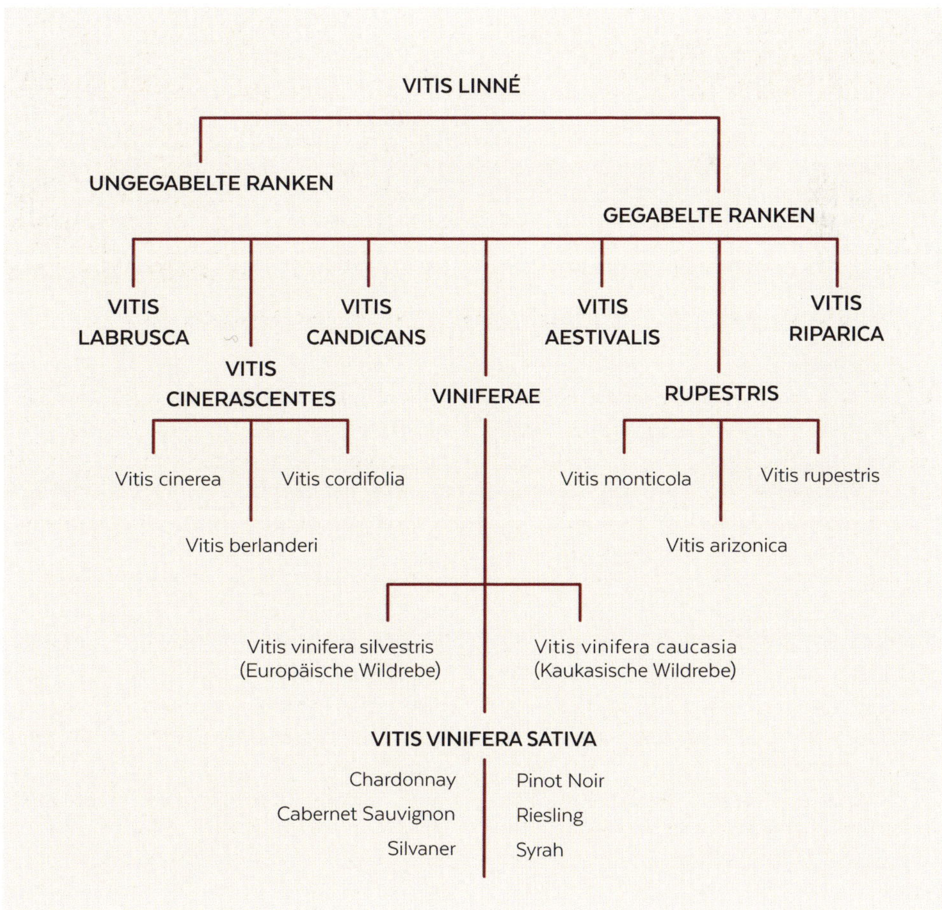

Im botanischen System sind die europäischen Weinreben nur eine von speziellen Unterspezies.

Wie der Wein zur Flasche kam

Wein war immer ein Produkt von Hochkulturen. Ob Antike, Mittelalter oder Neuzeit – ohne sie hätte er seinen Siegeszug durch Europa nicht antreten können. Ohne ein geeignetes Gefäß allerdings auch nicht: Die verschließbare Weinflasche wurde erst im 17. Jahrhundert erfunden.

Von Trauben behangen, mit Wein gesegnet: So stellte sich der Renaissance-Maler Caravaggio den Weingott Bacchus vor.

Wein bei den Griechen

Mit dem Aufstieg der griechischen Zivilisation wurde die Rebe ab 1600 v. Chr. im Mittelmeerraum systematisch kultiviert. Mykene und Sparta waren die Zentren der Weinproduktion. Darauf deuten zahlreiche Darstellungen auf Vasen hin, die dort gefunden wurden. Wein war ein Kultgetränk, mit dem Siege gefeiert, Götter geehrt und Feste begangen wurden. Die Methoden der Weinbereitung waren damals schon erstaunlich weit entwickelt, obwohl es auch immer wieder vorkam, dass dem Wein während der Gärung salziges Meerwasser beigemischt wurde – angeblich, um ihn geschmeidiger zu machen. Die griechischen Kolonisatoren brachten Wein und Reben nach Syrien, Ägypten, Cádiz und Marseille (etwa 600 v. Chr.), später auch nach Sizilien (etwa 500 v. Chr.). Trotzdem sahen die Griechen ihren Weingott Dionysos nicht nur als Wohltäter an, der ihre Bauern die Kunst der Weinbereitung lehrte, sondern auch als Bedroher, der die Menschen in einen Rausch versetzt oder sogar mit Wahnsinn schlägt.

Die Römer und der Weinanbau

Nach dem Niedergang Griechenlands breitete sich der Weinkult rasch im Römischen Reich aus. Wein war Statussymbol, Währung, Medizin und mythisches Getränk zugleich, das zum Beispiel zur Besiegelung von Verträgen getrunken wurde. Der weiße Falerner war der berühmteste Wein der Antike. Seine Reben wuchsen nördlich von Neapel an Ulmen oder Maulbeerbäumen. Plinius berichtete, dass er mal süß, mal trocken, immer jedoch alkoholreich war. Zu jener Zeit experimentierte man bereits mit verschiedenen Erziehungsformen, verschiedenen Vinifikationsformen, verschiedenen Methoden der Lagerung und Konservierung. Außerdem begann man, Rebsorten voneinander zu unterscheiden. Vergil berichtete, dass es so viele Sorten gäbe wie Sandkörner am Strand. Vor allem der Kaiser Marc Aurelius Probus förderte den Weinbau in allen römischen Provinzen bis nach Bordeaux, an die Mosel, an die Donau (Wachau).

Weinkultur im Mittelalter

Nach der Spaltung des Römischen Reiches im 5. Jahrhundert stagnierte die Entwicklung. Doch das Rad ließ sich nicht mehr zurückdrehen. Wein war ein fester Bestandteil der abendländischen Kultur geworden. Im Mittelalter waren es dann die Mönche, die Pionierarbeit leisteten. Vor allem unter den lebensfrohen Benediktinern erreichte das Wissen um den Anbau der Rebe und die richtige Erzeugung des Weins ein hohes Niveau, später unter den sich abspaltenden, asketischen Zisterziensern. Von ihren Klöstern in Cluny und Cîteaux wurde die Kunde vom Wein in alle Winkel Europas getragen. Im Hochmittelalter waren es dann aufgeklärte Monarchen und wohlhabende Bürger, die entdeckten, dass sich mit Wein gut Geld verdienen ließ. Londoner Kaufleute trieben einen schwunghaften Handel mit den Rebensäften aus Bordeaux, niederländische Händler mit Spanien und Nordfrankreich. In Italien begann der Aufstieg der Frescobaldi und Antinori.

Weinbau in der Neuzeit

Bis zum 16. Jahrhundert hatte sich der Weinbau wie ein Flächenbrand ausgebreitet. Damals erreichte die europäische Rebfläche ihre größte Ausdehnung. Sie war knapp viermal so groß wie heute, und der Weinkonsum muss bis zu 200 Liter pro Mensch und Jahr betragen haben. Allerdings war Wein zu Beginn der Neuzeit in erster Linie Nahrungsmittel für die arbeitende Landbevölkerung. Genussmittel war Wein nur für den Adel, den Klerus und die sich langsam herausschälende Bourgeoisie. Danach war es allerdings vorbei mit der goldenen Weinära. Kriege und Krankheiten, auch die Abkühlung des Klimas (Kleine Eiszeit) sorgten dafür, dass sich der Weinbau auf jene wenigen Kerngebiete zurückzog, die mit den heutigen Weinanbaugebieten weitgehend identisch sind.

Die Erfindung der Weinflasche

In diesen Gebieten erreichte der Weinkult allerdings immer neue Höhen. Die zu Wohlstand gekommenen Kaufleute investierten im 17. Jahrhundert ihr Geld gern in Latifundien und bauten Reben an – besonders ausgiebig in Bordeaux. In Burgund führten Adelige und reiche Kaufleute bereits gelehrte Dispute darüber, welche Lagen den besten Wein ergeben. Auch in Italien, Spanien, am Rhein und an der Donau wurden in den geeigneten Gegenden Hänge terrassiert und Rebstöcke gesetzt. Nur Flaschen gab es noch nicht. Die Italiener hatten zwar das Glas schon perfektioniert und machten wunderbare Gefäße, aus denen Wein stilvoll eingeschenkt wurde. Aber das Glas war dünn und zerbrach leicht (weshalb es oft mit Bast oder Leder ummantelt wurde). Erst um 1650 wurde eine Weinflasche erfunden, die robust und wesentlich preiswerter war. England hatte Kohle und im Kohlefeuer ließ sich ein Glas erzeugen, das zwar nicht so transparent wie das Glas aus den holzbefeuerten italienischen Öfen war, aber dicker. Die Flaschen waren sogar so stabil, dass man begann, den Wein in ihnen zu transportieren, zumal Kork als Verschlussmaterial schon bekannt war.

Noah mit einem Kelch Wein: Mosaik aus der Markus-Basilika in Venedig

Mehltau- und Reblauskatastrophe

Der größte Einschnitt in der jüngeren Geschichte des Weinbaus ist das Auftreten des Echten Mehltaus und der Reblaus gewesen. Der Mehltau trat erstmals 1847 in Frankreich auf und vernichtete ganze Ernten. Unvergessen ist der Jahrgang 1854, in dem in Frankreich nur ein Zehntel der normalen Menge geerntet wurde. Noch verheerender war das Werk der Reblaus. Sie fraß sich ab 1863 von Frankreich kommend durch die Weinberge Europas und vernichtete auf Jahrzehnte ganze Rebenbestände. Sie war von amerikanischen Händlern eingeschleppt worden, die nach Europa kamen und ahnungslos Rebreiser aus Übersee mitbrachten. Als um 1910 endlich ein Mittel gegen die Reblaus gefunden worden war, waren unzählige Rebsorten, wahrscheinlich auch hochwertige, für immer verschwunden. Das heutige Rebensortiment ist nur noch ein schwaches Abbild der damaligen Vielfalt.

So wurde Wein haltbar gemacht

Es gibt vage Hinweise, dass schon die Griechen und die Römer Schwefel benutzten, um ihre Weine zu konservieren. Doch Historiker gehen davon aus, dass die Weine in der Antike unfrisch und oxidiert genossen wurden, nicht selten auch bakteriell verseucht waren – oder überschwefelt. Ein hoher Alkoholgehalt war zwar der Haltbarkeit förderlich, aber nur zeitlich begrenzt. Erst Kaiser Maximilian I. erließ ein Dekret, das es erlaubte, Wein zu schwefeln. Das war 1487. Er legte sogar genau die Menge fest: umgerechnet 18,8 Milligramm pro Liter – für heutige Verhältnisse sehr wenig. Das heißt aber nicht, dass alle Winzer und Händler den Erlass umsetzten. Erst 200 Jahre später begannen die Holländer und Engländer, ihre Weine systematisch haltbar zu machen: durch Zugabe von Branntwein oder mit Schwefeldochten.

Wein wurde schon in vorchristlicher Zeit in Tonamphoren vergoren und aufbewahrt.

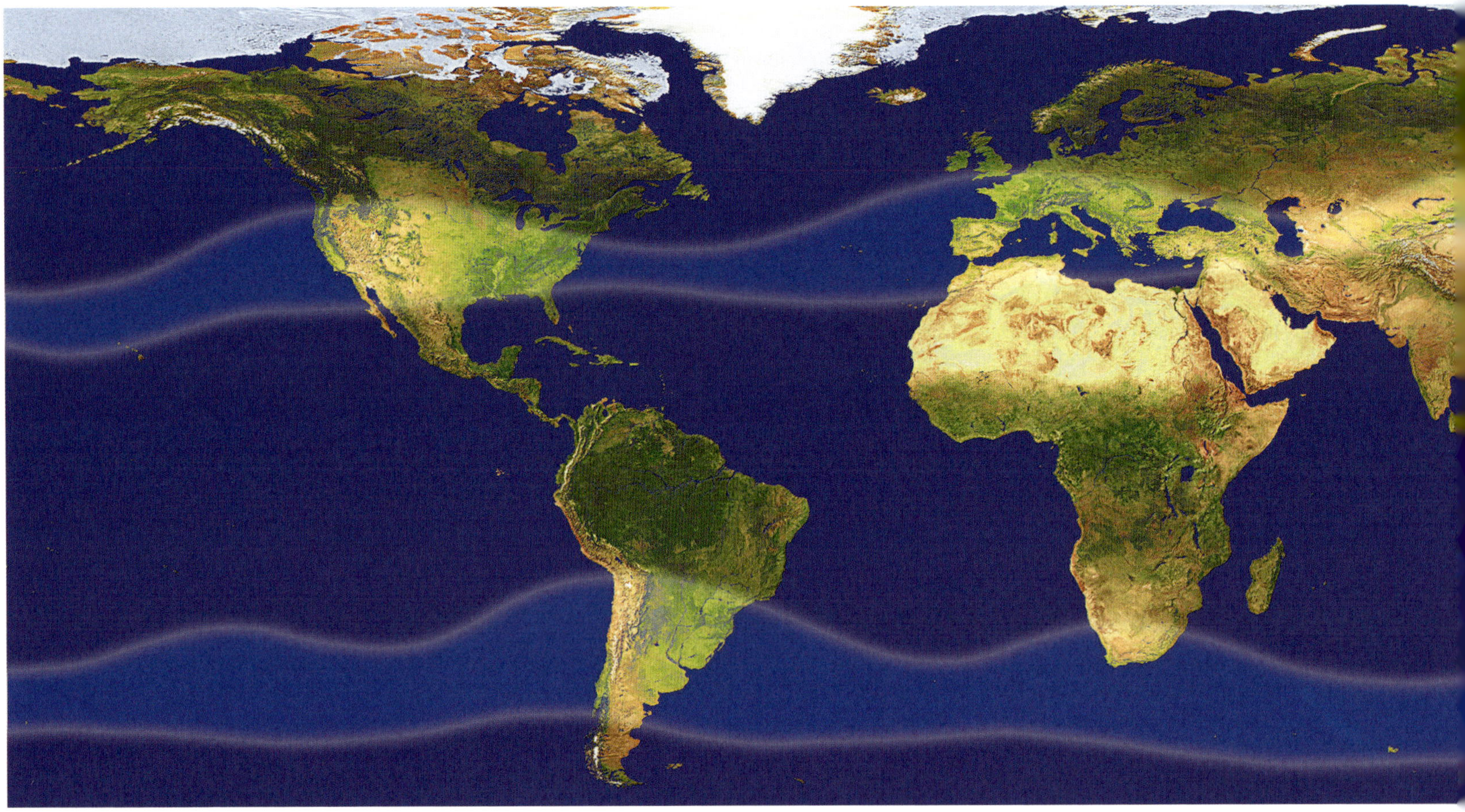

Kühle gesucht, Hitze unerwünscht

Die Rebe gedeiht dort am besten, wo es nicht zu heiß und nicht zu kühl ist. Deshalb ist der Weinbau in den gemäßigten Klimazonen der Erde zu Hause. Die aber verschieben sich. Die beiden Weltrebengürtel bewegen sich deutlich in Richtung der Pole.

Trauben brauchen, um reif zu werden, viel Wärme und Licht. Nur so können sie genügend Zucker bilden. Zucker ist der Stoff, der später in Alkohol umgewandelt wird und dem Wein seinen besonderen Duft und Geschmack verleiht. Ohne ausreichend Wärme werden die Trauben nicht reif. Die Weine wären sauer, im Zweifelsfall ungenießbar. Wärme allein macht aber auch keinen guten Wein. Sonst würden die besten Weine am Äquator wachsen. Hohe Temperaturen stellen den Weinbau eher vor Probleme, besonders dann, wenn die Hitze mit Trockenheit gepaart ist. Deshalb tendiert der Qualitätsweinbau in Bereiche, in denen moderate Temperaturen herrschen. Diese liegen in Europa zwischen dem 40. und 50. Breitengrad, auf der südlichen Erdhalbkugel zwischen dem 30. und 40. Breitengrad.

Suche nach den kühlen Plätzen

Deutsche Wissenschaftler gehen davon aus, dass ein Gebiet mindestens 1600 Sonnenstunden im Jahr aufweisen muss, damit Weinbau möglich beziehungsweise sinnvoll ist. Amerikanische Wissenschaftler sprechen von wenigstens 2500 Stunden im Jahr, an denen es mindestens 10 °C warm sein muss. Unabdingbare Voraussetzungen sind das freilich nicht. So können steile Weinberge beispielsweise die Kraft der Sonne erheblich verstärken. Wichtiger als ausreichend Wärme ist die Suche nach kühlen Plätzen innerhalb des Weltrebengürtels – zumindest für feine Weine. Kühle sorgt dafür, dass in der Reifephase nicht zu viel Säure in den Trauben abgebaut wird. Säure ist eines der Elemente, das Weißweinen Frische und Rotweinen einen ausdrucksvollen Fruchtgeschmack gibt.

Kühle und heiße Randlagen

Wein wurde und wird auch heute schon außerhalb des Rebengürtels angebaut. Teile der Mosel und des Rheins liegen am 51. Breitengrad, ebenso die Weinanbaugebiete in Südengland. Für leichte, frische Weißweine sind diese kühlen Zonen

Der Weinbau konzentriert sich auf zwei schmale Gürtel auf der nördlichen und südlichen Erdhalbkugel.

ideal. Umgekehrt befinden sich viele südeuropäische und auch die nordafrikanischen Anbaugebiete deutlich außerhalb des Rebengürtels: nämlich um den 36. Breitengrad. Von dort kommen vor allem schwere, alkoholreiche Spezialweine (Sherry, Marsala, süßer Samos, „Zypern-Sherry“) sowie Rotweine, die praktisch nur zum Industrieverschnitt brauchbar sind.

Verlagerung in kühle Zonen

Die Verlagerung des Weinbaus in kühlere Zonen wird weitergehen. Durch die globale Erderwärmung verschieben sich die Isothermen nämlich immer weiter in Richtung der Pole, insbesondere auf der nördlichen Erdhalbkugel. Klimaaufzeichnungen belegen, dass die durchschnittliche Jahrestemperatur in den 27 wichtigsten Weinregionen der Erde zwischen 1959 und 2000 um knapp 1,4 °C gestiegen ist. Und seit 2000 geht die Temperaturkurve noch steiler nach oben. Bis zum Jahr 2050 könnte die Jahresdurchschnittstemperatur um weitere 3 °C steigen, befürchten Wissenschaftler des National Research Council der National Academies der USA. Dann wird es in der Champagne so warm sein wie heute im südfranzösischen Montpellier, in British Columbia (Kanada) würden ähnliche Temperaturen herrschen wie jetzt im kalifornischen Napa Valley. In einigen Anbaugebieten müsste der Weinbau eingestellt werden, in anderen müssten die Winzer auf neue, hitzebeständige Sorten umstellen.

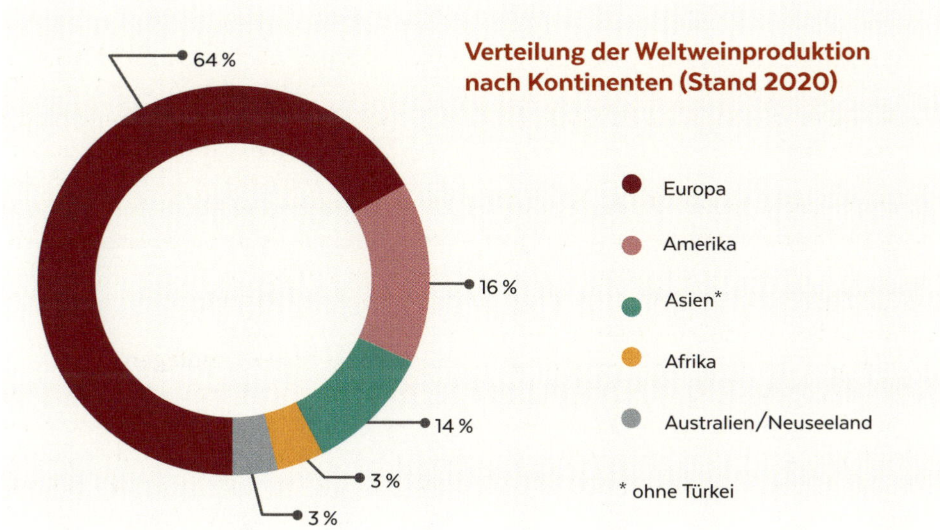

Die am häufigsten angebauten Rebsorten der Welt (Stand 2016)*

Rebsorte	Farbe	Hektar
Cabernet Sauvignon	● (rot)	310 671
Merlot	● (rot)	266440
Tempranillo	● (rot)	219 379
Airén	● (grün)	203 801
Chardonnay	● (grün)	201649
Syrah	● (rot)	181185
Garnacha Tinta/Grenache	● (rot)	150 096
Sauvignon Blanc	● (grün)	124 700
Pinot Noir	● (rot)	105 480
Sangiovese	● (rot)	73 464
Riesling	● (grün)	59 805
Bobal	● (rot)	59 189
Cabernet Franc	● (rot)	56 052
Cot/Tannat	● (rot)	52 233
Monastrell	● (rot)	51 930
Rkatsiteli	● (rot)	51 374
Pinot Gris	● (grün)	48 570
Mazuelo/Cariñena/Carignano	● (rot)	47 312
Macabeo	● (grün)	38 625
Cayetana Blanca	● (grün)	36 401
Alicante Henri Bouschet	● (rot)	36 031
Catarratto Bianco	● (grün)	34 863
Alexandermuskat	● (grün)	34 805
Muscat Blanc à Petit Grains	● (grün)	33 739
Tribidrag	● (rot)	33 649
Montepulciano	● (rot)	32 935
Chenin Blanc	● (grün)	32 221
Colombard	● (grün)	29 996
Cereza	● (grün)	28 887
Catarratto Bianco	● (grün)	28 613
Aligoté	● (grün)	26 929
Gamay Noir	● (rot)	26 221
Grasevina/Welschriesling	● (grün)	24 386
Palomino Fino	● (grün)	23 190
Cinsault	● (rot)	22 926
Carmenere	● (rot)	22 449
Glera (Prosecco)	● (grün)	20 109
Douce Noir	● (rot)	19 733
Müller-Thurgau	● (grün)	19 501
Grüner Veltliner	● (grün)	19 118
Trebbiano Romagnolo	● (grün)	19 059
Sémillon	● (grün)	18 693
Verdejo	● (grün)	17 931
Barbera	● (rot)	17 824
Isabella**	● (rot)	17 813
Blaufränkisch/Lemberger	● (rot)	17 180
Viognier	● (grün)	16 063
Pedro Ximenez	● (grün)	15 596
Criolla Grande	● (rot)	15 596
Pinot Meunier/Schwarzriesling	● (rot)	14 695
Nero d’Avola	● (rot)	14 281
Touriga Franca	● (rot)	14 224
Pinot Blanc/Weissburgunder	● (grün)	13 779
Feteasca Alba	● (grün)	13 382
Feteasca Regala	● (grün)	12 991
Gewürztraminer	● (grün)	12 823
Castelåo	● (rot)	12 580
Muscat Ottonel	● (grün)	12464
Moldaova	● (rot)	12 375
Fernao Pires	● (grün)	12 211
Touriga Nacional	● (rot)	11 722
Vermentino	● (grün)	11 483
Mencia	● (rot)	11 052
Negroamaro	● (rot)	11 460
Concord**	● (rot)	10 544
Trincadeira	● (rot)	10 510
Savatiano	● (grün)	10 268
Listán Prieto	● (rot)	10 267

* Quelle: Kym Anderson, Signe Nelgen: Which Winegrape Varieties are Grown Where? University of Adelaide Press, Revised Edition 2020

** *vitis rupestris* (Amerikanerrebe)

Die Zuckerfabrik

Die Weinrebe ist die am stärksten zuckersammelnde Obstpflanze der Welt. Zwischen 15 und 25 Prozent des Traubensafts besteht aus vergärbarem Zucker. Dadurch eignet sie sich mehr als andere Obstpflanzen zur Weinerzeugung.

Die Rebe ist eine genügsame Pflanze, die viel Licht und wenig Wasser braucht.

Die Rebe ist eine der zähesten, genügsamsten und anpassungsfähigsten Pflanzen. Sie wächst ebenso auf kargen, nährstoffarmen Böden wie unter extremen Temperaturbedingungen. In kühlen, nördlichen Anbaugebieten wie der Champagne oder Teilen der Mosel und des Rheins haben die Reben Frosthärte entwickelt. Ihr Holz hält sogar winterlichen Temperaturen von unter –20 °C stand. In den heißen Anbaugebieten Zentralspaniens überstehen die Reben dafür Trockenzeiten von 90 Tagen und mehr.

Ursachen der Anpassungsfähigkeit

Die Rebe ist ein starker Wurzelbildner. Die Wurzel verankert die Pflanze nicht nur fest im Boden, sondern ist auch ein Nahrungsspeicher. In trockenen Gegenden wie der spanischen Ribera del Duero dringen die Pfahlwurzeln sechs Meter tief in den Boden, um an Feuchtigkeit zu kommen. Dank dieser Fähigkeit trägt die Rebe auch in Regionen Früchte, wo andere Kulturpflanzen infolge Trockenheit längst eingehen.

Laubwand und Licht

Die Rebe trägt viel Laub. Über ihre Blätter kann sie so einen großen Teil der Energie beziehen, die sie zum Wachsen benötigt. Fotosynthese heißt dieser Vorgang. Das Blattgrün (Chlorophyll) wandelt Kohlendioxid aus der Luft (zusammen mit Wasser) in Zucker um. Voraussetzung für diese Fotosynthese ist Licht. Um an Licht zu kommen, klettert die Rebe mit Hilfe ihrer Ranken dem Licht entgegen in die Höhe. Die wilde Waldrebe *(Vitis silvestris)* kann sich an Bäumen bis zu zwölf Meter hoch ranken. Die Edelrebe *(Vitis vinifera)* klettert dagegen an Drähten gerade so weit, wie der Draht gespannt ist. Die Größe der Laubwand wird genau berechnet und auf die Anzahl der Trauben abgestimmt, die die Rebe tragen soll. Zu viele Blätter sind ebenso nachteilig wie zu wenige. Laubwand und Ertrag (Trauben) müssen aufeinander abgestimmt sein. Die idealen Temperaturen für die Fotosynthese liegen bei 25 bis 28 °C. Dann wird am meisten Zucker gebildet. Beeinträchtigt werden kann die Fotosynthese jedoch durch starken Wasserstress. Bei zu großer Trockenheit verschließen die Blätter ihre Poren, sodass Wasser zwar nicht verdunsten, die Pflanze aber auch nicht atmen und keinen neuen Zucker (Energie) bilden kann. Einen leichten Wasserstress hält die Weinrebe jedoch problemlos aus.

Schwächen der Rebe

Die größte Schwäche der Rebe ist ihre Anfälligkeit gegen Krankheiten und Schädlinge. Zumindest gilt das für die europäischen *Vitis-vinifera*-Edelreben. Echter und Falscher Mehltau, Schwarzfleckenkrankheit, Milben und Nematoden setzen ihr kräftig zu. Die ursprünglichen amerikanischen *vitis*-Reben waren sehr viel robuster. Die Anfälligkeit nimmt mit starken Düngergaben und steigenden Erträgen deutlich zu. Synthetische Pflanzenschutzmittel schwächen die Rebe ebenfalls. Den Kampf gegen die Schädlinge überlässt sie der Chemie.

1 Knospe, auch Auge genannt: Aus ihr entwickelt sich ein blatt- oder ein fruchttragender Trieb.

1a Schlafendes Auge: kaum sichtbare, in der Blattachsel sitzende Knospe, die nur aufgeht, wenn Traube oder Trieb durch äußere Umstände verletzt oder zerstört werden (z.B. Spätfrost oder Hagel).

2 Blütenstand, auch Geschein genannt: Die Rebe ist eine zwitterblütige Pflanze. Jedes Geschein enthält männliche und weibliche Blüten zugleich. Aus ihnen sollen sich später die Trauben entwickeln.

3 Fruchtansatz: erstes Stadium der Beerenbildung nach der Blüte.

4 Grüne Traube, noch vom Chlorophyll geprägt: ein Zwischenstadium bei der Fruchtentwicklung.

5 Färbung, auch Véraison genannt: Übergang von der grünen zur blauen Färbung. Erfolgt meist im Juli, wenn ein bestimmter Zuckergehalt in der Beere überschritten ist.

6 Reife Traube: Endstadium des Reifeprozesses der Rebe.

7 Geiztriebe: verspätete „Reserve"-Triebe, die keine oder kleine Trauben tragen. Sie werden normalerweise im Sommer von Hand herausgebrochen.

8 Ranken: Kletterorgan der Rebe, genealogisch früher entwickelt als die Gescheine. Umklammern jeden Widerstand.

9 Blatt: Atmungsorgan der Rebe, das auch als Energiespeicher dient. Ist von Rebsorte zu Rebsorte unterschiedlich eingebuchtet und gezackt. Am Blatt erkennt der Fachmann die Rebsorte.

10 Rebstamm, auch altes Holz genannt: stabilisiert den Rebstock und dient zur Durchleitung (auch Speicherung) von Nährstoffen.

11 Rebschenkel, auch zweijähriges Holz genannt: Dort entwickeln sich die Fruchtruten.

12 Fruchtruten, auch einjähriges Holz genannt: An ihnen entwickeln sich die Augen, aus denen Blätter und Trauben wachsen.

13 Tag- oder Tauwurzeln: dienen der Aufnahme von Oberflächen-Niederschlag.

14 Unterirdischer Stamm: verankert den Rebstock fest im Boden und dient als Nahrungsspeicher für die Rebe.

15 Fußwurzeln: dienen der Nährstoff- und Feuchtigkeitssuche. Speichern vor der Winterruhe noch große Mengen von Kohlenhydraten zur Ernährung.

Die Schale macht den Geschmack

Eine Weinbeere besteht zu rund 80 Prozent aus Wasser. Die restlichen 20 Prozent sind Zucker, Säuren, Mineralstoffe, Farbstoffe und Gerbstoff. Alles zusammen macht, dass aus dem Saft der Beeren ein edles Getränk wird.

Die Traube ist die Frucht der Weinrebe. An ihrem Stielgerüst (auch Kamm oder Rappen genannt) sitzen im Herbst zwischen 50 und 150 Beeren, entsprechend der Größe der Traube. Diese variiert von Sorte zu Sorte. Pinot Noir, Chardonnay und Riesling haben beispielsweise kleine, kompakte Trauben mit relativ wenig Beeren. Bei Merlot, Syrah, Carignan, Sangiovese hängen dagegen bis zu 150 Beeren an einer Traube. Allerdings sind sie in den letzten Jahrzehnten züchterisch stark bearbeitet worden. Moderne Klone dieser Sorten haben ebenfalls relativ kleine Trauben mit entsprechend wenig Beeren.

Kelterung mit oder ohne Stiele

Der Winzer erntet Trauben, vinifiziert aber nur deren Beeren. Deshalb werden die Trauben, kaum dass sie im Weingut angekommen sind, sofort entrappt. Das heißt: Die Beeren werden von den Stielen getrennt. Dazu gibt es spezielle Entrapper (auch Abbeermaschinen genannt). Das Stielgerüst selbst wird – von wenigen Ausnahmen einmal abgesehen – zur Weinerzeugung nicht benötigt. Es ist teilweise verholzt, teilweise noch grün und enthält harte Tannine, die unerwünscht sind. Vergoren wird bei Weißweinen lediglich der ablaufende Most, bei Rotweinen die Maische. Die wichtigste Ausnahme von der Regel sind weiße Trauben, die für hochwertige Weine bestimmt sind. In diesem Fall werden die Trauben mit Stiel gepresst. Der Vorteil ist, dass der Stiel im Presskuchen „Kanäle" bildet, durch die der Saft leichter ablaufen kann. Es ist somit weniger Pressdruck nötig. Jahrgangschampagner, aber auch andere Spitzen-Weißweine werden oft mittels derartiger Ganztraubenpressung gekeltert. Der Most enthält mehr Säure und ist klarer. Dafür reduziert sich der Extrakt. Gehaltvollere Weine werden auf jeden Fall durch klassisches Pressen entrappter Trauben erzielt.

Der Saft weißer Trauben ergibt weißen Most, der Saft roter Trauben ebenfalls. Deshalb kann aus roten Trauben Weißwein gekeltert werden. Rotwein entsteht nur, wenn die Schalen der roten Trauben mitvergoren werden.

Weißwein aus roten Beeren

Der Pressvorgang dauert je nach Pressdruck rund anderthalb bis zwei Stunden. Der Saft, der abläuft, auch Most genannt, hat eine graugrüne Farbe – egal, ob es sich um weiße oder rote Beeren handelt. Rot wird der Most nur, wenn er lange Kontakt mit den Schalen hat: etwa wenn die Schalen mitvergoren werden (was bei Rotweinen immer der Fall ist). Die Farbpigmente (wissenschaftlich: Anthocyane) sitzen in den Schalen und werden durch den bei der Gärung entstehenden Alkohol langsam extrahiert. Der werdende Wein färbt sich. Wer dagegen den Most roter Beeren ohne deren Schalen vergärt, erhält Weißwein. Das geschieht zum Beispiel regelmäßig in der Champagnerproduktion: Zwei der Traubensorten, aus denen dieser Schaumwein hergestellt wird, sind rot: Pinot Meunier und Pinot Noir. Blanc de Noirs nennen die Franzosen einen Weißwein, der aus roten Trauben hergestellt wird. Auch in anderen Gegenden der Welt gibt es Weißweine, die aus roten Trauben gekeltert sind. Manchmal hat der Most auch nur ein paar Stunden Schalenkontakt. Dann färbt er sich rosa. Auf diese Weise entstehen Rosé-Weine.

Qualität steckt in der Schale

Trauben, die zur Weinerzeugung genutzt werden, haben generell kleinere Beeren als Tafeltrauben. Aber auch bei den Wein-Trauben gibt es Unterschiede. Kleine Beeren wiegen nur 1 bis 2 Gramm, größere 3 bis 5 Gramm. Je kleiner und leichter sie sind, desto höher ist normalerweise die Qualität des Weins. Denn kleinere Beeren bedeuten: Die Schalen sind vergleichsweise dick, die Mostausbeute ist gering. Die Inhaltsstoffe sind entsprechend konzentriert. Im Saft der Beere sind vor allem Zucker, Säuren und Salze gelöst. Die Schale enthält Phenole. Sie sind die wichtigsten Inhaltsstoffe eines Weins. In Bordeaux bezeichnen sich die Château-Besitzer deshalb nicht als Trauben-, sondern als Schalenproduzenten.

Auf die Phenole kommt es an

Phenole – das sind vor allem das Tannin und die Anthocyane (Pflanzenfarbstoffe). Weil sie in zahlreichen Formen und Verbindungen vorkommen, heißen sie Polyphenole. Polyphenole sind Sauerstoff-Wasserstoff-Moleküle, die polymerisieren und immer neue Verbindungen miteinander eingehen. Sie prägen den Geruch des Weins, die Farbe, den Geschmack und die Textur (das Mundgefühl). Außerdem haben sie eine antioxidative Wirkung. Sie verhindern die schnelle Oxidation des Weins und schützen die Blutgefäße im menschlichen Körper („Radikalenfänger"). Besonders Rotweinwinzer bemühen sich, Trauben mit möglichst hohem Phenolgehalt zu produzieren, um farb- und geschmacksintensive, gerbstoffreiche Weine zu erhalten. Der größte Anteil an Phenolen befindet sich allerdings in den Kernen der Weinbeere. Deren Phenole heißen Catechine, sind bitter, adstringierend und aus geschmacklichen Gründen im Wein wenig erwünscht. Im Weißweinmost sind sie in wesentlich geringerer Menge vorhanden als im Rotwein, weil die Kerne nur während der kurzen Zeit des Pressvorgangs Kontakt mit dem Saft haben.

Die Anthocyane

Die blauroten Farbpigmente der Beere werden Anthocyane genannt. Sie sitzen fast ausschließlich in der Schale und sind vor allem in Alkohol, aber auch in Wasser löslich. Deshalb genügt es, dass Rotweinmost vor der Gärung, wenn der Zucker noch nicht in Alkohol transformiert worden ist, einige Stunden Kontakt mit den Schalen hat, um die hellrote Tönung für Roséweine hervorzurufen. Die Schale weißer Beeren enthält keine Anthocyane, dafür Flavone, die gelbe Pigmente enthalten. Weißweine, die ein paar Stunden Schalenkontakt gehabt haben, tendieren daher farblich ins Goldgelbe.

Die Tannine

Tannin (oder Gerbstoff) ist eine geruchlose phenolische Verbindung, die leicht bitter schmeckt und die Zunge zusammenzieht (adstringierender Geschmack).

Es sitzt in der Schale, aber auch in den Traubenkernen und in den Stielen. In modernen Weißweinen ist Tannin unerwünscht und nur in sehr geringen Mengen enthalten. In Rotweinen ist Tannin dagegen ein erwünschtes Element, weil es dem Wein Komplexität gibt und ihn altersbeständig macht.
Es bindet den Sauerstoff, der in die Flasche dringt, sodass dieser den Wein nicht so schnell verderben kann.

Die Geschmacksstoffe

Es gibt flüchtige und nichtflüchtige Geschmacksstoffe. Zu den flüchtigen, also duftenden, gehören zum Beispiel Methoxypyrazin, das für den krautig-pfeffrigen Duft des Cabernet Sauvignon verantwortlich ist, Nerol für den blumig-muskatartigen Duft des Riesling, Megastigmatrienon für den Tabak- und Ledergeschmack eines Brunello di Montalcino.
Die nichtflüchtigen Verbindungen geben dem Wein den Geschmack. Einige dieser Geschmacksstoffe sind zum Beispiel an Zuckermoleküle gebunden und entwickeln sich erst mit zunehmender Alterung des Weins.

Maritim oder kontinental?

Wärme allein macht noch keinen guten Wein. Mindestens ebenso wichtig sind Licht und Niederschläge. Diese müssen aber zur rechten Zeit fallen. Sicherheit vor Spätfrost und Hagel wäre auch nicht schlecht. Leider gibt es nur wenige Orte auf der Erde, bei denen alles stimmt.

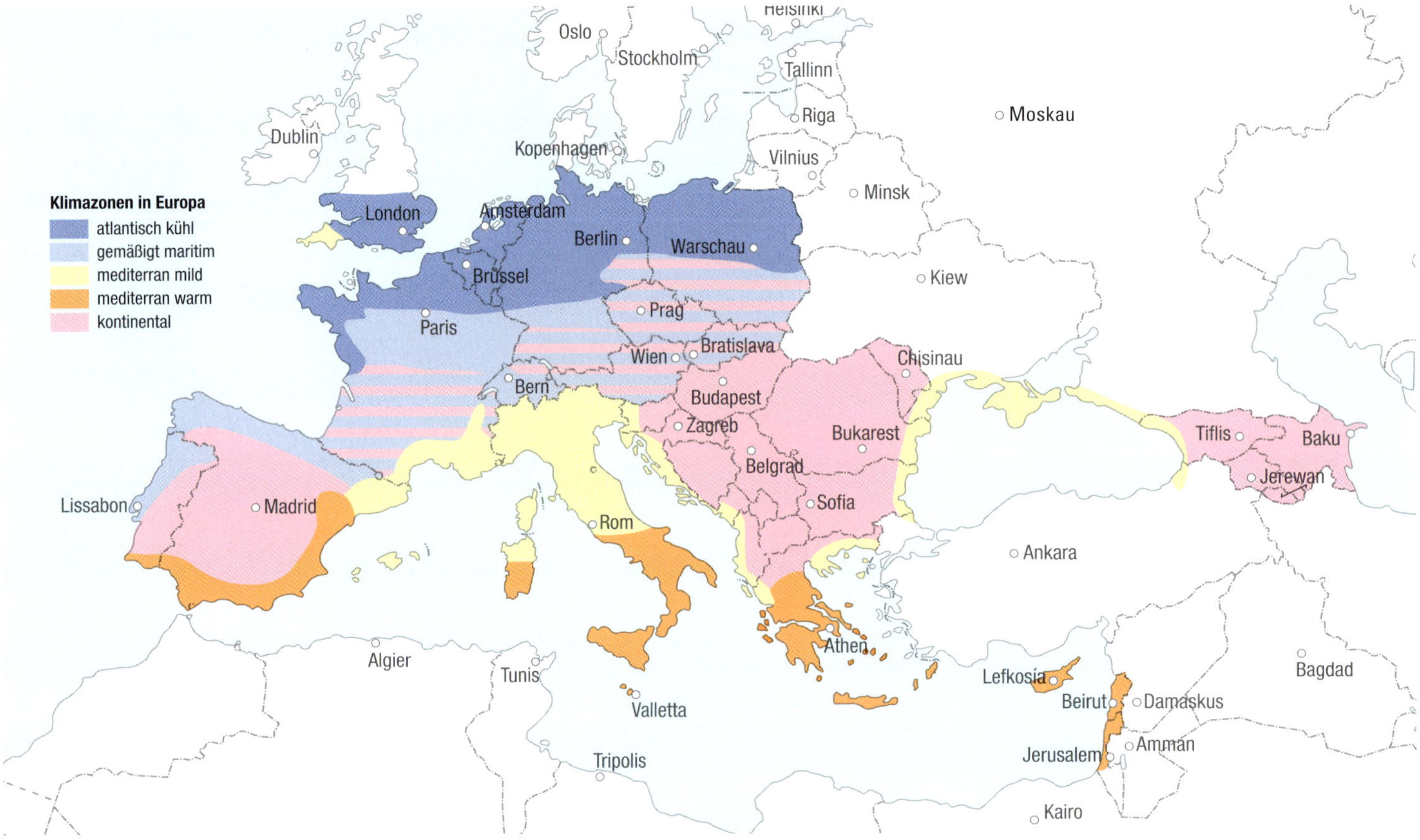

Europa ist in viele Klimazonen unterteilt. Reif werden die Trauben überall. Aber die Weine variieren stark je nach Makroklima.

Grundvoraussetzung für den Rebbau ist Wärme. Unter 10 °C Tagestemperatur fängt die Rebe nicht an auszutreiben. Länder, die innerhalb des Weltrebengürtels liegen, erfüllen in der Regel diese Voraussetzung. Während der Blüte – in Europa meist Anfang Juni – muss die Temperatur mindestens 15 °C betragen. Sonst besteht die Gefahr, dass die Trauben verrieseln: Die Blüte wird nicht befruchtet. Noch hinderlicher für die Befruchtung sind Niederschläge. Während der Blütezeit, die etwa eine Woche dauert, sollte es also nicht dauerhaft regnen. Außerdem sollten die Temperaturen auch nachts nicht zu stark abfallen, um ein gleichmäßiges vegetatives Wachstum der Rebe zu gewährleisten. In der (normalerweise) Ende Juli/Anfang August einsetzenden Reifephase ist 25 °C die ideale Tagestemperatur. Die Rebe bildet dann reichlich Zucker und lagert ihn in den Trauben ein, da er für das Wurzel-, Holz- und Blattwachstum nicht mehr benötigt wird. In der Reifephase sind fallende Nachttemperaturen positiv. Sie sorgen dafür, dass der Zucker in den dunklen Stunden nicht veratmet wird.

Das Makroklima

Innerhalb des Weltrebengürtels gibt es allerdings große Klimaunterschiede. In Europa unterscheidet man grob zwischen mediterranem Klima, wie man es bei den Anrainerstaaten des Mittelmeers vorfindet, und dem Kontinentalklima, wie es im Landesinneren herrscht. Das Kontinentalklima ist durch heiße Sommer und kalte Winter charakterisiert, das mediterrane Klima durch milde Winter und warme Sommer. Um die verschiedenen Weinbaupraktiken in Europa zu verstehen, müssen diese beiden Makroklima-Typen jedoch weiter differenziert werden. Große Teile Frankreichs und Portugals sind wegen der südlichen Lage zwar warm, werden aber auch durch niederschlagsreiche atlantische Luftströmungen gekühlt. Österreich hat zwar ein kontinentales Makroklima, doch sind dort die kontinentalen Einflüsse nur abgeschwächt vorhanden. Sommerliche oder winterliche Extremtemperaturen werden nur selten registriert. Noch mehr gilt das für nördliche Anbaugebiete wie Deutschland und Tschechien. Dort besteht das Klima aus einem Mix von atlantischen und kontinentalen Einflüssen. Auch in den Mittelmeerländern herrscht nicht nur ein einheitlich mildes Grundklima. Es gibt warme, sehr warme und heiße Klimazonen. In Landstrichen, die offen zum Meer liegen, können kühlende Winde einen mäßigenden Temperatureinfluss ausüben. Ähnliche Verhältnisse findet man in den überseeischen Weinanbaugebieten. In Nord- und Südamerika ist es der kalte Humboldtstrom, der das warm-heiße Binnenklima herunterkühlt, in Südafrika und Australien die Nähe zum Atlantischen und Indischen Ozean.

Gut verteilte Niederschläge

Neben ausreichend Wärme müssen auch genügend Licht und Niederschläge vorhanden sein. Licht ist für die Fotosynthese wichtig, also für die Bildung von Zucker. Zucker ist der Energieträger jeder Pflanze. Ebenso unverzichtbar sind Niederschläge. Durch sie werden Zucker und Mineralstoffe transportiert. Den größten Teil ihres Wasserbedarfs bezieht die Rebe aus dem Boden. In steinigen, trockenen Böden müssen die Fußwurzeln manchmal vier bis fünf Meter in die Tiefe vordringen, bis sie auf Feuchtigkeit stoßen – in Extremfällen auch noch tiefer. Als Faustregel gilt, dass die jährliche Niederschlagsmenge mindestens 600 Millimeter pro Quadratmeter (mm/qm) betragen sollte. Doch es kommt auf die Verteilung an. Wenn es nur im Winter und im Frühjahr regnet und danach nicht mehr (oder zu selten), hat die Rebe Wasserstress: Die Blätter schließen ihre Poren. Der Stoffwechsel stoppt. Folge: Es wird kein Zucker gebildet. Der Rebstock kann zwar mit seinen weiter oben liegenden Tagwurzeln Tau aufsaugen, der sich morgens an der Bodenoberfläche bildet. Doch die wenigen Tautropfen reichen nicht aus, um eine mehrmonatige Trockenperiode zu überstehen. Wenn die Niederschläge hingegen übers ganze Jahr verteilt sind, reichen im Zweifelsfall auch 400 mm/qm.

Letztes Hilfsmittel: Bewässerung

In niederschlagsarmen Gebieten muss den Reben daher künstlich Wasser zugeführt werden. Meist geschieht dies durch Tröpfchenbewässerung. Durch kleine Öffnungen in Schläuchen, die fest in jeder Rebzeile installiert sind (und die über Wasserleitungen gespeist werden), treten pro Minute drei oder vier Tröpfchen Wasser aus – gerade so viel, um den Stoffwechsel der Rebe aufrechtzuerhalten. In Südeuropa ist die Tröpfchenbewässerung weit verbreitet, teilweise auch in Mitteleuropa (Wachau). Auf der südlichen Erdhalbkugel wäre Weinbau ohne Tröpfchenbewässerung gar nicht möglich – zumindest in den meisten Jahren nicht. Nur in ganz wenigen Gebieten, in denen man noch Weinberge mit uralten Reben und tiefen Wurzeln findet, kommen die Winzer ohne künstliche Bewässerung aus. Dry farming lautet der Fachausdruck. In Teilen Australiens werden die Rebflächen teilweise großflächig durch Sprinkleranlagen beregnet. Das Wasser muss allerdings oft von weit her gepumpt werden. In Chile werden viele Rebanlagen ein- oder zweimal im Jahr komplett geflutet. Das Wasser dafür kommt aus den Anden und wird über ein kompliziertes Kanalsystem zu den Reben geleitet. Mit zunehmender Wasserknappheit ist diese Form der Bewässerung allerdings höchst problematisch.

Der Klimawandel

Durch die Erderwärmung verschiebt sich der Weltrebengürtel immer weiter nach Norden – mit gravierenden Folgen für den Weinbau: Verfrühung der Vegetation, Trockenheit, im schlimmsten Fall Versteppung ganzer Landschaften. Die Winzer sind gezwungen, sich den neuen Klimaverhältnissen anzupassen. So wandern in vielen Gegenden Südeuropas die Weinberge in höhere, kühlere Lagen ab (Rioja, Ätna, Südtirol). In Mitteleuropa werden plötzlich Rebsorten kultiviert, die früher nur südlich der Alpen zu Hause waren (Syrah, Merlot, Tempranillo). Auf der südlichen Erdhalbkugel wirkt sich die Klimaerwärmung wegen der geringeren Landmasse weniger stark aus. Doch auch dort tendiert der Weinbau in *Cool-Climate*-Gebiete: in Südafrika in Richtung der kühlen Atlantikküste, in Australien (Tasmanien) und in Neuseeland (Central Otago) in die antarktisnahen Zonen. Überall zu beobachten ist eine Häufung von Unwetterphänomenen: Spätfröste in April und Mai, Starkregen mit Bodenerosion und Überschwemmungen, großflächige Hagelschläge. Wissenschaftler sprechen von Klimavariabilität. Die höheren Temperaturen führen zu Plagen, auf die die Winzer noch gar nicht vorbereitet sind: Pilzkrankheiten, die traditionell in Südfrankreich und Italien verbreitet sind, treten auf einmal auch im kühlen Mitteleuropa auf. Gleiches gilt für tierische Schädlinge. Die in Spanien beheimatete Kirschessigfliege (Drosophila suzuki) wird auf einmal in Bordeaux, in Burgund, in der Schweiz und in Deutschland gesichtet. In Kalifornien hat die Blattkrankheit Pierce's Disease, die von Insekten übertragen wird, schon epidemische Ausmaße erreicht. Die Insekten sind aus dem warmen Mittelamerika nach Norden eingewandert.

Spätfrost in Chablis: Mit Feuern im Weinberg vertreiben die Winzer die kalte Luft.

Wärme, Licht und Wind

Wenn es um Charakter und Qualität des Weins geht, ist das Mesoklima wichtiger als das Makroklima: die Summe der auf einen einzelnen Weinberg oder eine Lage einwirkenden Klimafaktoren. Vor allem die Topographie der Landschaft hat für das Mesoklima eine große Bedeutung.

Vergil schrieb vor 2000 Jahren: Bacchus amat collae. Zu Deutsch: Bacchus liebt Hügel). Der römische Dichter wusste schon damals, dass guter Wein immer auf Hügeln wächst. Also müssen Hügellagen besonders wertvoll sein. Drei Vorzüge haben sie: Sie sind trockener als flache Lagen (weil das Wasser an den Hängen leichter abläuft). Ihre Böden sind weniger fruchtbar (wodurch die Traubenerträge herabgesetzt werden). Und sie sind wärmer (weil die Sonne einen günstigeren Einfallswinkel hat). Hügel haben für den Qualitätsweinbau das günstigere Mesoklima.

Das Burgund und die Mosel

Fast alle bedeutenden Weinanbaugebiete der Welt liegen an Hängen, auf Hügeln oder auf Hochebenen. Der Weinbau nutzt die Oberflächengestalt der Landschaft aus, um den Reben die günstigsten Wuchs- und Reifebedingungen zu bieten. Das spezielle Mesoklima von Steillagen ermöglicht es zum Beispiel, in kühlen Gegenden die Rebstöcke mit ausreichend Wärme zu versorgen. An einem Steilhang, auf den die Sonne mehrere Stunden am Tag im 90-Grad-Winkel aufprallt, ist es heißer als in der Ebene vor dem Hang. Ohne Ausnutzen des Steillagenpotenzials ergäbe der Riesling im kühlen Grundklima der Mosel keine Spitzenweine. Im Burgund wächst die Pinot Noir dagegen an kühlen Osthängen. An den Südhängen würde die wärmeempfindliche Sorte Allerweltsweine ergeben, aber keine Weltklasseweine.

Kühleres Klima in hohen Lagen

Das Mesoklima gilt nur für wenige hundert Meter, manchmal auch nur für wenige zehn Meter. Die wichtigsten Faktoren für seine Bestimmung sind Thermik, Wind, Licht und Sonneneinstrahlung. So ist es von großer Bedeutung, wo am Hang die Reben stehen. Pro 100 Meter Höhe nimmt die Jahresdurchschnittstemperatur um 0,6 °C ab. Das klingt nach wenig, ist aber viel. Es bedeutet, dass die Tagestemperaturen in der Reifephase nur 30 statt 40 °C betragen. Die Trauben verbrennen nicht, der Wein bleibt frisch. In der Rioja gehen die Winzer aus diesen Gründen mit ihren neuen Rebpflanzungen bis auf 800 Meter hoch ins Kantabrische Gebirge, in Zentralspanien bis auf 900 Meter, in Griechenland (Olymp), auf Sizilien (Ätna) und selbst in Südtirol inzwischen bis auf 1000 Meter. Im schweizerischen Wallis stehen die höchsten Reben auf 1150 Meter (Visperterminen), auf Zypern auf 1500 Meter Höhe. Im Norden Argentiniens, in Salta, wachsen die weißen Torrontés-Trauben sogar auf 2500 Meter Höhe. Anders im kühlen Kontinentalklima Burgunds. Dort liegen die Grands Crus der Côte de Nuits immer zwischen 230 und 300 Metern. Das dortige Mesoklima bietet auf mittlerer Hanghöhe den besten Temperaturmix für große Weine.

Thermik und Morphologie

Die Topographie beeinflusst auch die Thermik eines Weinbergs oder eines Weinanbaugebiets. Kaltluft, die nachts von oben in die Weinberge eindringt, kühlt die Trauben ab. In heißen Sommern kann das einen positiven Effekt haben. Die Luft sackt auf die Talsohle ab

Nachts strömt kalte Luft von oben in den Weinberg und kühlt die Reben ab. Zucker und Säure in den Trauben bleiben erhalten und werden nicht veratmet.

Wasser kühlt sich langsamer ab als Luft. Der Fluss am Talboden wirkt daher wie eine Wärmflasche. Er macht, dass die Luft tags warm in den Hang zurückströmt.

Steillagen in Flusstälern wie hier am Neckar in Baden-Württemberg sind oft herausragende Weinlagen, aber immer auch frostgefährdet.

und wird, wenn das Tal offen ist, durch dieses wegtransportiert. Verläuft dort ein Fluss, wird sie wieder erwärmt und kann am nächsten Tag als warme Luft in den Weinberg zurückströmen. Wasser hat die Wirkung einer Wärmflasche. Es kühlt sich wesentlich langsamer ab als Luft. Das Mesoklima vieler Weinberge im kalifornischen Napa Valley ist durch kalte pazifische Nebel geprägt, die über die San Francisco Bay eindringen und die brütende Sommerhitze mildern.

Die Rolle des Lichts

Licht ist Voraussetzung für die Fotosynthese der Blätter. Ohne sie bildet die Pflanze keinen Zucker. 20 000 Lux seien ausreichend, behaupten die Wissenschaftler. Das entspricht der Helligkeit an einem bedeckten Sommertag. Um Qualitätsweine hervorbringen zu können, sollte ein Weinanbaugebiet mindestens 1600 Sonnenstunden pro Jahr aufweisen – ein Wert, der selbst in der kühlen Champagne und in den um den 52. Breitengrad gelegenen Anbaugebieten in Deutschland regelmäßig erreicht wird. In den meisten Weinanbaugebieten der Welt wird dieser Wert deutlich überschritten. In der Toskana werden durchschnittlich 2100 Sonnenstunden gemessen, im kalifornischen Napa Valley über 2200, in Moldawien über 3000. Die Nähe zu Gewässern kann die Helligkeit noch steigern, weil die Wasseroberfläche das Licht reflektiert und die Fotosynthese intensiviert. Es ist wahrscheinlich kein Zufall, dass viele bekannte Weinanbaugebiete an Flüssen, in der Nähe von Seen oder nahe des Meers liegen. Bordeaux an der Gironde, Rioja am Ebro, Napa Valley nahe der San Francisco Bay, die Wachau an der Donau, die deutschen Weinanbaugebiete an den Ufern von Rhein und Mosel.

Spätfrost – Gefahr für die Reben

Als Spätfrost werden Kaltluftereignisse im Frühjahr bezeichnet, bei denen die Temperatur unter den Gefrierpunkt sinkt. Sie sind deshalb so gefährlich, weil die Rebe im April oder Mai schon ausgetrieben hat. Je länger die Triebe sind, desto größer ist die Gefahr, dass sie durch die niedrigen Temperaturen erfrieren. Die Triebe knicken ein und verfärben sich braunschwarz.
Sie können weder Blätter noch Blüten, folglich auch keine Trauben. Wenn die schlafenden Augen an den Trieben nicht aktiviert werden und aufknospen, bleibt der Winzer in dem betreffenden Jahr ohne Ertrag. Typische Frostgebiete sind Chablis, die Flusstäler in Deutschland und Österreich sowie das kalifornische Napa Valley.

Strahlungsfrost

Strahlungsfröste sind typisch für Inversionswetterlagen: In höheren Luftschichten liegt Kaltluft, die in klaren, windstillen Nächten nicht abfließen kann. Sie fällt zu Boden, drückt auf die warme Luft in Bodennähe und lässt diese nach oben aufsteigen. Auf diese Weise entstehen vor allem in tiefen Lagen Kaltluftseen. Nach wenigen Stunden bei −2 °C erfrieren die Triebe. Frostgefährdet sind hier die unteren Teile der Hänge. Abhilfe: Luftverwirbelung durch Ventilatoren oder Hubschrauberflüge über die Reben, Rauchvernebelung der Reben durch Feuer im Weinberg, Abdecken der Reben mit Plastikfolien.

Strömungsfrost

Strömungsfröste entstehen durch einen großflächigen, horizontalen Kaltlufteinfall in ein Weinanbaugebiet. Er wird auch Advektionsfrost oder Windfrost genannt, weil die kalte Luft durch den Wind herbeitransportiert wird. Die Folgen für die grünen Teile der Rebe sind genauso gravierend wie beim Strahlungsfrost. Doch treten Strömungsfröste im Frühjahr nicht häufig auf. Typische Strömungsfröste sind die Schafskälte und die Eisheiligen, die aber im Mai/Juni liegen und selten zu lang anhaltenden Minustemperaturen führen. Betroffen sind von Strömungsfrösten vor allem die Hochlagen.

Die Rebe und ihr Terroir

Kiesboden im Médoc
Die feinsteinigen, wasserdurchlässigen Böden des Médoc bestehen aus kalkhaltigem Flusskiesel. Er enthält wenig Nährstoffe, sodass die Rebe tief wurzeln muss, um an Nährstoffe und Feuchtigkeit zu kommen. Unter dem Kies ist eine dünne Mergelschicht, die ihrerseits auf einem dicken Kalkbett liegt. Bis dahin muss die Rebe wachsen, um an Nahrung zu kommen.

Kalkboden in der Champagne
Kalk gilt als idealer Untergrund für Pinot Noir und Chardonnay. Die Kalkschicht beginnt einen halben Meter unter der humushaltigen Deckerde. Sie besteht teils aus lockerer Belemnitkreide, teils aus festem, karbonathaltigem Kalkgestein. Das Kalkbett ist 65 Millionen Jahre alt. Die Wurzeln der Reben dringen tief in den Kalk ein, der stellenweise 20 Meter stark ist.

Der Boden prägt den Charakter und die Größe eines Weins, sagen die Franzosen. Doch welcher Boden ist der beste für den Wein? Das ist schwer zu sagen. Sicher ist, dass es viele Böden auf der Erde gibt, in denen gute, sehr gute oder große Weine wachsen können – wenn der Winzer es will. Der Boden ist der oberste verwitterte Teil der Erdkruste. Diese hat sich in vielen Jahrmillionen gebildet, durch tektonische Verschiebungen der Erdplatten, durch Hebung des Meeresgrunds, durch Vulkanaktivität und durch andere geologische Vorkommnisse. Auf sie hat der Mensch keinen Einfluss gehabt. Die Oberfläche der Erdkruste ist durch klimatische Einflüsse geformt: Hitze, Eiszeiten, Überschwemmungen, Permafrost, aber auch durch die Entwicklung der Vegetation und des einfachen Lebens auf dem Planeten Erde. Auch diese Entwicklungen haben keine anthropogenen Ursachen.

Die Suche nach den besten Lagen

Das Ausgangsgestein war also vorgegeben, als der Mensch den Planeten Erde besiedelte und begann, den Boden zu kultivieren. Damit veränderte sich die Situation. Er entschied, an welchen Stellen Reben gepflanzt werden und an welchen nicht. Die Griechen wussten bereits sehr genau, wo guter Wein wächst. Die Römer, die mittelalterlichen Mönche, später der Adel und die Feudalherren verfeinerten die Suche nach den besten Lagen für den Anbau von Reben. Ausschlaggebend für die Wahl war immer der Untergrund: also der Boden und seine Zusammensetzung, wenn es darum ging, den bestmöglichen Wein zu erzeugen.

Der Boden bestimmt den Charakter

Der Mensch ist für die Qualität des Weins verantwortlich. Aber den Charakter des Weins formt der Boden. Er ist der Schlüsselfaktor für die Größe eines Weins. Was genau die Eignung eines Bodens ausmacht, lässt sich jedoch nur allgemein formulieren: Wasserversorgung, Stickstoffverfügbarkeit, Mineralstoffangebot sind wichtige Kriterien, wobei es von Wasser und Stickstoff nicht zu viel sein darf, von Mineralien nicht genug sein kann. Ob Löss oder Granit, Buntsandstein oder Kalk, Lehm oder Sand, Kies oder Mergel – auf allen diesen Böden können

Schieferboden an der Mosel
Die besten Weinhänge der Mittelmosel bestehen aus Schiefer. Er stammt aus dem Paläozoikum und ist im Laufe von Jahrmillionen verwittert. Schiefer erwärmt sich schnell und strahlt die Wärme in der Nacht wieder ab. Hochklassige Rieslinge, die auf diesen Böden wachsen, zeigen mineralische Nuancen im Bouquet – „Schiefernoten“ sagen die Moselwinzer.

Terra Rossa in Coonawarra
Coonawarra gilt als eines der besten Cabernet-Sauvignon- und Shiraz-Anbaugebiete Australiens. Es besteht aus einem etwa 15 Kilometer langen, schmalen Streifen hennaroter Erde. Unter ihr liegt eine wasserspeichernde Kalkschicht. Coonawarra liefert schwarzrote Weine mit süßem, weichen Tannin und einem Hauch von Minze in der Nase.

theoretisch große Weine wachsen. Es kommt darauf an, ob auch die anderen Faktoren „stimmen“: die Lage, das Klima, die Rebsorte zum Beispiel.

Der Boden und der Weingeschmack

Die besten Pinot Noirs der Welt gedeihen auf Kalk- und Lehmböden der Côte d'Or im Burgund, die besten Champagner auf den Kreideböden um Reims. In Südfrankreich sind Kalkböden dagegen weit weniger geschätzt. Das Klima dort ist zu warm. Einige Grands Crus aus dem Elsass erhalten ihr charakteristisches mineralisches Bouquet nur auf den Gneis-Verwitterungsböden am Fuße der Vogesen. In Südtirol sind die auf Gneis wachsenden Weine zwar ebenfalls sehr gut, aber wesentlich weniger durch ihre Mineralik, viel mehr durch ihre Frucht geprägt – typisch für mediterrane Klimazonen. Ähnlich verhält es sich mit Schiefer. Ihn findet man sowohl im spanischen Priorat als auch an der Mosel. Doch in Spanien wachsen großartige Rotweine auf diesem Boden, in Deutschland geniale Weißweine. Eine direkte Beziehung zwischen dem Geschmack eines Weins und der mineralischen Zusammensetzung des Bodens ist nicht festzustellen. Aber für die Verhältnisse in den Anbaugebieten ist der jeweilige Boden essenziell. Dafür steht der Ausdruck Terroir.

Terroir ist mehr als Boden

Die Qualitätsphilosophie Europas wurde in entscheidenden Teilen von den Franzosen formuliert und mit dem Begriff Terroir beschrieben. Terroir ist mehr als Boden. Bruno Prats, der langjährige Besitzer von Château Cos d'Estournel in St-Estèphe, hat den Begriff so umschrieben: „Eine unendliche Anzahl von Faktoren beeinflusst den Wein: Tag- und Nachttemperaturen, Verteilung der Niederschläge auf das Jahr, Anzahl der Sonnenstunden, Tiefgründigkeit des Bodens, sein pH-Wert, sein Wasserrückhaltevermögen, seine mineralische Zusammensetzung, die Oberflächengestalt der Landschaft, die Sonnenausrichtung – um nur einige dieser Faktoren zu nennen. Das Wirkungsgefüge all dieser Faktoren zusammen nennen wir in Frankreich „terroir“. Dasselbe gilt für andere Länder. Auch dort werden die Weine von ihrem Terroir geprägt – im Guten wie im Schlechten.

DIE ARBEIT
IM WEINBERG

Intensivkultur Weinberg

Im modernen Weinberg sind die Rebzeilen wie mit dem Kamm gezogen, die Größe der Laubwand ist genau bemessen. Doch nicht alles, was modern aussieht, dient nur der Qualität. Ein Weinberg muss kostengünstig zu bearbeiten sein. Sonst wird der Wein unbezahlbar.

Weinberge werden heute überall auf der Welt als Monokulturen angelegt. Rebe steht neben Rebe, andere Kulturpflanzen werden nicht geduldet. Solch ein Intensiv-Weinbau ist nicht unproblematisch. Die Reben sind extrem krankheits- und schädlingsanfällig und verlangen einen umfassenden Pflanzenschutz, der aufwendig, teuer und nicht immer umweltschonend ist. Monokulturen gibt es auch noch nicht sehr lange. Im Médoc standen bis ins 19. Jahrhundert hinein Getreidefelder neben den Rebkulturen. An Rhône, Rhein und Etsch wuchsen Obstbäume zwischen den Rebzeilen. In der Steiermark und im Friaul liefen noch im 20. Jahrhundert Hühner und Ziegen unter den Reben herum. In Mittelitalien, insbesondere in der Toskana, herrschten bis 1960 noch gemischte Rebkulturen vor: Zwischen den Rebzeilen wurde Hafer oder Weizen ausgesät, nach je fünf Rebstöcken ein Olivenbaum gepflanzt. In Süditalien rankten sich die Reben teilweise noch an Maulbeerbäumen oder Ulmen empor.

Der moderne Weinberg

Seit die Arbeit knapp und teuer geworden ist, sind die Mischkulturen aus dem Bild der Weinanbaugebiete verschwunden. Die neuen Rebkulturen wurden maschinengerecht angelegt. Der Abstand der Rebzeilen entspricht der Spurweite des Traktors. Die Rebzeilen selbst verlaufen meist senkrecht zum Hang, damit die Wärme von unten nach oben steigen kann, oder quer zur Hauptwindrichtung, damit der Wind die gestaute Wärme nicht herausbläst. Die Anzahl der Drähte, an denen sich die Rebe hochranken soll, ist auf die gewünschte Größe der Laubwand zugeschnitten. Aus der Größe der Laubwand errechnet sich die maximale Anzahl der Trauben. Wie tief die Trauben schließlich hängen, ist ebenfalls genau vorausberechnet: so tief, dass das Laub keinen Schatten auf sie werfen kann, so hoch, dass die Bodenfeuchtigkeit nicht zu Fäulnis führt. Auch das Erziehungssystem, die Düngergaben, die Auswahl der Klone einer Sorte – alles ist wissenschaftlich genau auf die quantitativen und qualitativen Vorgaben für den Weinberg abgestimmt.

Die Bestockungsdichte

Die vielleicht wichtigste Frage eines qualitätsorientierten Weinbaus ist, wie viel Rebstöcke pro Hektar gepflanzt werden sollen. Wissenschaftler sind sich nämlich einig, dass die Qualität des Weins nicht primär von einem niedrigen Traubenertrag pro Hektar Weinberg,

1100 Reben pro Hektar

Viele spanische Weinberge sind im traditionellen Weitstand angelegt. Der Abstand von Rebe zu Rebe beträgt 2,5 Meter, die Rebzeilen stehen 3,5 Meter auseinander. Das bedeutet: wenige Reben pro Hektar Land, aber jede Rebe trägt viele Trauben. Das mag gut für Tafel- und Landweine sein, Spitzenweine lassen sich so kaum erzeugen.

3500 Reben pro Hektar

Die Weinberge in zahlreichen Qualitätswein-Anbaugebieten (hier: Kalifornien) sind so angelegt, dass sie mit Maschinen effektiv bearbeitbar sind. Die Anzahl der Rebstöcke liegt zwischen 2300 und 3500. Das heißt: Die Reben stehen 1,5 Meter, die Rebzeilen 1,9 Meter auseinander. In solchen Weinbergen werden gute bis sehr gute Weine erzeugt.

sondern von einem niedrigen Ertrag pro Rebstock abhängt. In den Grand-Cru-Lagen Bordeaux, Burgunds und der Champagne tragen die Rebstöcke ein knappes Kilo Fruchtgewicht. Das entspricht fünf oder acht Trauben. Der Minderertrag pro Stock wird durch eine entsprechend große Zahl von Rebstöcken kompensiert. Auf einem Hektar stehen dort bis zu 10 000 Rebstöcke. Die Bearbeitung eines solchen Dichtstand-Weinbergs ist aufwendig. Für herkömmliche Traktoren sind die Rebzeilen zu eng. Um die Zwischenräume zu befahren, sind spezielle Schmalspur-Traktoren notwendig oder hochrädrige Enjambeurs, die über die Rebzeilen fahren. Die höheren Maschinenkosten werden durch bessere Qualität und steigende Preise wettgemacht.

Dichtstand hat Tradition

Im letzten Jahrhundert, als die Weinberge noch mit Pferden oder Maultieren beziehungsweise von Menschenhand mit der Hacke bearbeitet wurden, standen oftmals 12 000 Reben auf einem Hektar. In alten Weinbergen an der Mosel, die noch aus der Zeit vor der Industrialisierung stammen, stehen noch heute 10 000 Rebstöcke auf einem Hektar. Deshalb werden heute nicht nur in Frankreich, sondern auch in hochklassigen Weinanbaugebieten anderer Länder, neue Weinberge wieder dichter bepflanzt als in der Vergangenheit. Im Qualitätsweinbau ist die Zeit der maschinengerecht angelegten Weinberge vorbei. Gleichzeitig werden neue Maschinen für Dichtstand-Weinberge entwickelt.

10 000 Reben pro Hektar

Typischer Dichtstand-Weinberg in der Champagne. Der Abstand von Rebe zu Rebe beträgt nur 1 Meter, die Rebzeilen stehen ebenfalls nur 1 Meter auseinander. Entsprechend groß ist die Nahrungskonkurrenz. Sie zwingt die Reben, tief zu wurzeln und ihre Trauben dicht am Stamm zu bilden.

Vorgeschriebenes Wachstum

Reben sind Kletterpflanzen. Sie brauchen zum Wachsen Kletterhilfen: Stützpfähle, gespannte Drähte, Holzgestelle. Die Art, wie diese Kletterhilfen konstruiert sind, entscheidet darüber, ob die Rebe viele oder wenige Trauben trägt.

Es gibt Dutzende von Rebenerziehungssystemen. Die Art, wie sie konzipiert sind, hängt von den Klimaverhältnissen, von der Bodenbeschaffenheit und davon ab, ob die Reben von Hand oder mechanisch bearbeitet werden sollen. Auch hat fast jedes Weinanbaugebiet seine eigenen Traditionen, was die Rebenerziehung angeht. Genau genommen sind die meisten Erziehungssysteme nur Varianten von drei Grundtypen der Rebenerziehung.

Gobelet-System

Das älteste, noch immer praktizierte System zur Erziehung von Reben wird auch Bäumchen-System genannt. Wahrscheinlich wurde es in der Antike von den Griechen erfunden, später von den Römern übernommen und heute ist es im Mittelmeerraum noch weit verbreitet. Es kommt ohne Drähte aus. Man findet es in ganz Südfrankreich, an der Rhône, bis ins Beaujolais hinein, dazu in Spanien und teilweise in Süditalien (Apulien und Sizilien). Der Rebstamm wird sehr kurz gehalten. Er ist 30 bis 65 Zentimenter hoch. Die Rebe wird so geschnitten, dass nur drei nach oben wachsende Schenkel bleiben. Im Herbst biegen sie sich unter dem Gewicht der Trauben nach unten – wie die Rippen eines aufgespannten Regenschirms.

Andere Bezeichnungen: Goblet, Bäumchen, alberello, en vaso, bush vines

Stützen: einzelstehende Pfähle oder ohne Stützen und ohne Drähte

Anschnitt: kurz, nur wenige Augen werden stehen gelassen

Bewertung: geringe Erträge, daher für den Massenweinbau nicht geeignet, im Qualitätsweinbau der warmen Regionen wieder im Kommen

Alter Rebstock in Gobelet-Form: ältestes noch immer praktiziertes Erziehungssystem

Rebenerziehungssysteme

■ Frühling ■ Herbst

Gobelet-System: ältestes Rebenerziehungssystem und nur im Qualitätsweinbau verbreitet

Cordon-Erziehung: rationelle, auch für maschinelle Rebenpflege geeignete Erziehung

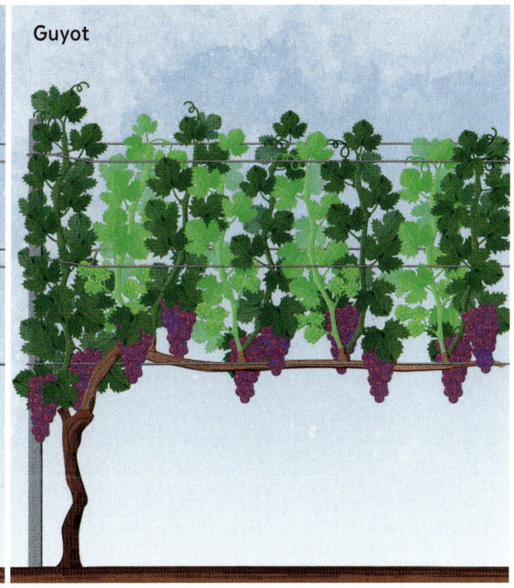

Guyot-System: klassische Drahtrahmenerziehung, die das Wachstum der Rebe begrenzt

Cordon-Erziehung

Die Cordon-Erziehung ist das weltweit verbreitetste Rebenerziehungssystem. Es hat den Vorteil, dass der Rebschnitt und das Aufbinden des Fruchtholzes relativ leicht sind und keine großen handwerklichen Fähigkeiten erfordern – bei zunehmender Verknappung von erfahrenen Weinbergarbeitern ein wichtiger Gesichtspunkt. Zudem können Reben im Cordon-System leicht mechanisch beschnitten und später auch mechanisch geerntet werden. Bei der Cordon-Erziehung werden ein oder zwei Rebschenkel permanent stehen gelassen und an den Draht gebunden. Die Cordon-Erziehung ist in Nord- und Südamerika, in Südafrika, Australien und Neuseeland weit verbreitet. Aber auch in Europa, vor allem im Mittelmeerraum, werden die Reben nach diesem System erzogen.

Stützen: Drahtrahmen

Anschnitt: auf zwei bis fünf Augen, je nach erwünschten Traubenerträgen

Bewertung: Erziehungssystem, das sowohl für die Qualitätswein- als auch für die Massenproduktion geeignet ist.

Guyot-System

Das im europäischen Qualitätsweinbau am häufigsten praktizierte Erziehungssystem wird in Bordeaux sowie in großen Teilen Burgunds, der Côte Rôtie, der Loire, des Elsass, aber auch in den wichtigsten Weinbaugebieten Italiens (Toskana, Piemont), Spaniens und teilweise in Deutschland und Österreich angewendet. Dabei ranken sich die Reben an Drähten empor. Zunächst wird beim winterlichen Rebschnitt eine Fruchtrute stehen gelassen (die dem Stamm am zweitnächsten ist), auf sechs bis 15 Augen angeschnitten, gebogen und am untersten Draht festgebunden. Sie soll die Trauben tragen. Die dem Stamm am nächsten wachsende Fruchtrute wird auf zwei Augen gekürzt. Sie soll im darauffolgenden Jahr die Trauben tragen. Der Stamm kann nur 30, aber auch 80 Zentimeter hoch sein.

Stützen: Drahtrahmen

Anschnitt: auf sechs bis 15 Augen

Bewertung: je nach Anschnitt geringe bis mittlere Erträge möglich. Werden zwei Fruchtruten stehen gelassen, sind auch hohe Erträge möglich.

Andere Rebenerziehungssysteme

Lyra: Dieses junge, in Bordeaux entwickelte Erziehungssystem ist sehr erfolgreich. Es hat die Form eines Y. Vorteile: doppelte Laubwand, die Trauben erhalten mehr Sonne und Licht.

Pergola: Bei diesem alten Erziehungssystem ranken sich die Reben an laubenartigen Holzgestellen. Vor allem in einigen Alpentälern (in Südtirol, Trentino, Valpolicella) und auf Madeira weit verbreitet. Vorteil: hohe Erträge. Nachteil: die Trauben hängen im Halbschatten.

Bogenerziehung: Dieses vor allem in Deutschland weit verbreitete Erziehungssystem gibt es als Flachbogen, Halbbogen und Pendelbogen. Vorteil: leicht zu bearbeiten. Nachteil: Das Holz kann beim Aufbinden leicht brechen.

Ganzbogenerziehung: Diese traditionelle Pfahlerziehung ist an Mosel, Saar und Ruwer weit verbreitet. Vorteile: Die Trauben hängen dicht am Boden, sie bekommen viel Wärme und Sonne.

Das Problem der Monokultur

Der moderne Weinberg ist eine Intensivkultur. Ohne regulierende Eingriffe von außen ist das biologische und ökologische System nicht im Gleichgewicht zu halten. Das wichtigste Eingriffsgebiet ist der Boden.

Die Begrünung des Weinbergs (hier mit Senfgras) lockert den Boden und dient als Bienenweide.

Rindenmulch als organischer Dünger

Der Boden liefert dem Rebstock nicht nur den (physischen) Halt. Aus dem Boden bezieht die Rebe auch ihre Nährstoffe. Daher ist die Pflege des Bodens von hoher Bedeutung für den Weinbau. Einerseits muss sichergestellt sein, dass er genügend Nährstoffe enthält. Andererseits müssen die Nährstoffe in die Pflanze gelangen. Ein Boden, der genügend Sauerstoff und Feuchtigkeit enthält, ist die Garantie für ein reiches Bodenleben und ein gesundes Wachstum der Rebe. Ist das nicht der Fall, muss der Boden gelüftet werden – umgepflügt oder mit der Hacke bearbeitet werden. Besonders wenn die Gassen zwischen den Rebzeilen häufig mit schweren Traktoren befahren werden, verdichtet sich der Boden, sodass Sauerstoff und Regenwasser nicht mehr in ihn eindringen können.

Begrünung

Um das Bodenleben zu fördern, sind viele Winzer dazu übergegangen, ihre Weinberge zu begrünen. In den Rebengassen (oder in jeder zweiten Rebengasse) wird die spontan sich entwickelnde Standortflora geduldet. Man verzichtet auf Herbizideinsatz. Oder es wird eine speziell zusammengestellte Mischung von Kräutern, Gräsern und anderen Begrünungspflanzen ausgesät, die den Boden durchwurzeln, die Erde halten (wichtig in Hanglagen), zur Humusbildung beitragen und nicht zuletzt auch die Artenvielfalt fördern. Diese Grünsaatmischungen sind so zusammengestellt, dass sie nur kurze Wurzeln haben und dem Rebstock kein Wasser wegnehmen. Im Sommer, wenn die Begrünungspflanzen allzu hoch wuchern, werden die Gassen gemäht. Das Schnittgut bleibt als organischer Mulch auf dem Boden liegen oder wird untergepflügt. Dadurch wird Stickstoff im Boden fixiert und Nährhumus geschaffen. Selbst wenn die Begrünung nur aus artenarmem Rasen besteht (mit kurzen Wurzeln, um nicht in Wasserkonkurrenz mit der Rebe zu treten), verhindert dieser die Erosion und macht die Gassen für Maschinen gangbar. Im ökologischen Weinbau werden immer häufiger auch wieder Pferde eingesetzt, die den Pflug ziehen. Sie verdichten den Boden weit weniger als Traktoren.

Ausgleichsdüngung

Die Rebe entnimmt, wie jede andere Pflanze, dem Boden Nährstoffe. Diese Nährstoffe müssen dem Boden wiedergegeben werden, das heißt, in gewissen Abständen ist eine Ersatzdüngung notwendig. Deshalb ist es wichtig, in regelmäßigen Abständen Bodenproben zu ziehen, um festzustellen, ob noch genügend Stickstoff, Kalium und Phosphor im Boden sind. Stickstoff nimmt dabei eine zentrale Stellung ein. Er ist für das Wachstum, den Fruchtansatz und den Ertrag der Rebe von entscheidender Bedeutung. Allerdings produziert ein mit organischer Substanz gut versorgter Boden genügend Stickstoff. Dafür reichen schon zwei Prozent Humusanteil im Boden aus. In humusarmen, skelettreichen Böden sind dagegen Stickstoffgaben notwendig. Sie können in mineralischer und organischer Form eingebracht werden. Biologisch arbeitende Weinbauern bringen – je nach Bodenbeschaffenheit und Bodentemperatur – etwa alle drei Jahre Stallmist, Gründung, gehäckseltes und kompostiertes Rebholz im Weinberg aus, um das Gleichgewicht im Boden wiederherzustellen. Konventionelle Winzer verwenden Mineraldünger.

Probleme bei Überdümgumg

Im Qualitätsweinbau dient die Düngung stets dem gesunden Wachstum der Rebe, nicht der Erhöhung der Traubenerträge. Sie heißt deshalb auch Ausgleichsdüngung. Eine Überdüngung der Böden, wie sie zu Zeiten der Massenweinproduktion in den 1960er- und 1970er-Jahren die Regel war und auch heute noch in einigen Gebieten üblich ist, führt zwar zu einer Steigerung der Traubenerträge, aber auch zu gravierenden Folgeproblemen. Die Mostgewichte verringern sich durch erhöhte Traubenproduktion. Die Trauben reifen verspätet oder ungleichmäßig. Die Rebstöcke werden anfälliger für Krankheiten. Dazu kommt die ökologisch bedenkliche Grundwasserbelastung durch Nitratauswaschung.

Bodenerosion

Da Weinbau häufig in Hanglagen stattfindet, wird die Oberflächenkrume ständig durch Regen und Wind zu Tal getragen. In den Steillagen an Rhône, Donau, Rhein und Mosel haben die Weinbauern früher die Erde in Körben wieder in den Hang zurückgetragen. Nach heftigen Regenfällen wird an vielen Stellen noch heute der erodierte Boden eingesammelt und in den Hang zurückbefördert. Um die Erosion zu stoppen, wird in Weinbergen deshalb eine gezielte Begrünung vorgenommen. Sie befestigt die Oberflächenkrume. Dagegen ist in den niederschlagsarmen Anbaugebieten Südeuropas eine Begrünung aus Gründen der Trockenheit oft nicht möglich – trotz Erosionsgefahr. Senfgras (im kalifornischen Napa Valley als Kulturpflanze zwischen den Reben angebaut) sowie Raps, Ölrettich und Klee sind typische Erosionsstopper. Winterroggen dient dazu, die Winderosion zu bremsen.

Bekämpfung des Insektenbefalls

Reben in Hochleistungs-Monokulturen sind anfällig für Pilzkrankheiten und Insektenbefall. Beide Kalamitäten können zu empfindlichen Einbußen bis hin zum Ertragsausfall führen. Mit Insektiziden und Fungiziden lassen sie sich erfolgreich bekämpfen. Allerdings ist diese Art der Schädlingsbekämpfung teuer und langfristig ineffizient, weil Insekten schnell gegen bestimmte Spritzgifte resistent werden. Auch Fungizide schwächen langfristig die eigenen Abwehrkräfte des Rebstocks. Es kann in den Folgejahren zu einer explosionsartigen Ausbreitung des Schadens kommen. Der integrierte Weinbau versucht deshalb, durch Kontrolle des Insektenflugs (Pheromonfallen im Weinberg, „sexuelle Verwirrung") der Kalamität Herr zu werden.

Bekämpfung des Pilzbefalls

Falscher und Echter Mehltau sind regelmäßige und höchst gefährlich Pilzkrankheiten in den Weinbergen. Beide müssen bekämpft werden, wenn der Winzer keinen Ertragsausfall (oder keine Ertragsminderung) riskieren will. Der Echte Mehltau *(Oidium)* befällt alle grünen Teile der Rebe: Triebe, Jungbeeren, die Oberseite der Blätter. Sie werden von einem mehlig-weißen Pilzrasen überzogen, was am Ende zum Verkümmern der Gescheine beziehungsweise zum Austrocknen der Blätter führt. Den Befall fördern Hitze und Trockenheit. Der Falsche Mehltau *(Peronospora)* tritt vorzugsweise bei feucht-warmer Witterung im Sommer auf. Die Pilzsporen siedeln sich an der Unterseite der Blätter an, entziehen ihnen Nährstoffe, stören die Photosynthese. Die Blätter fallen ab. Im konventionellen Weinbau werden gegen diese beiden Pilzkrankheiten Fungizide gespritzt.

Abhärtung statt Bekämpfung

Der ökologische Weinbau verzichtet auf systemische Mittel. Er setzt auf Stärkung des Immunsystems der Reben durch weitgehenden Verzicht von Düngergaben und durch Ausbringen von Pflanzentees, Kieselmineralien, Schachtelhalmbrühe und anderen natürlichen Präparaten. Im Bedarfsfall wird Schwefel gegen *Oidium* und Kupfer gegen *Peronospora* gespritzt. Die Substanzen bekämpfen die zwei in Weinbergen häufigsten Pilzkrankheiten zwar nicht direkt, härten aber die Oberfläche der Blätter und Gescheine ab, sodass die Pilzsporen nur schwer in das Zellgewebe eindringen können. Beide Substanzen sind naturverträglich. Kupfer kann sich als Schwermetall allerdings im Boden anreichern und das Grundwasser kontaminieren, weshalb die Mengen, die ausgebracht werden dürfen, in den meisten Ländern limitiert sind.

Neue Reben: Piwis

Seit Jahrzehnten arbeiten Züchter an pilzwiderstandsfähigen Rebsorten, die gegen Pilzbefall resistent (oder wenigstens pilztolerant) sind. Dafür haben sie bekannte europäische Kulturreben *(Vitis vinifera)* wie Sauvignon Blanc, Pinot Noir oder Cabernet Sauvignon mit amerikanischen Rebenspezies gekreuzt, in deren genetischem Code sich noch die Eigenschaften alter Wildreben befinden. Diese sind robuster gegen Schädlingsbefall als die europäischen Reben, die diese Eigenschaften im Laufe der Evolution (und der genetischen Selektion) verloren haben. Das Kreuzungsresultat sind mehr als drei Dutzend neuer Sorten, in denen sich die Krankheitsresistenz amerikanischer Reben mit den geschmacklichen Vorzügen europäischer Sorten verbindet. In Deutschland sind bereits drei Prozent der Weinberge mit „Piwis" bestockt. Bekannte weiße Piwis heißen Souvignier Gris, Sauvignac, Cabernet Blanc, Solaris, Muscaris, Johanniter. Rote Piwis sind zum Beispiel Regent, Cabernet Jura, Cabernet Cantor, Pinotin, Satin Noir, Reberger, Baron. Der genetische Anteil der Europäer-Reben in ihnen beträgt ungefähr 90 Prozent, der ihrer Resistenzpartner rund zehn Prozent. Das reicht, damit sie mit dem Pilzbefall selbst fertigwerden und der Winzer auf Fungizidspritzungen weitgehend verzichten kann. Der Öko-Weinbau setzt stark auf Piwis. Durch den zehnprozentigen Anteil an Amerikanerreben haben Piwi-Weine jedoch einen weniger edlen Geschmack als reine *Vitis-vinifera*-Weine.

Piwi-Rebe Souvignier Gris

Runter mit den Erträgen

Nur wenige Grundsätze gelten im Weinbau so uneingeschränkt wie das Menge-Güte-Gesetz. Es besagt, dass die Qualität des Weins umgekehrt proportional zur Menge der Trauben steigt, die am Rebstock hängen. Ertragsbegrenzung ist für den Qualitätsweinbau deshalb ein hohes Gut.

Der Höchstertrag

Die gesetzlichen Höchstgrenzen für Qualitätsweine schwanken erheblich, abhängig von Boden, Rebsorte und Typ des Weins.
In den Rotweinanbaugebieten Spaniens, Frankreichs und Italiens liegen sie bei 50 bis 70 Hektoliter pro Hektar. In den Grands Crus des Burgunds dürfen sogar nur 35 bis 37 Hektoliter von der Sorte Pinot Noir geerntet werden, in den Premiers Crus 40 bis 45 Hektoliter. Bei den Weißweinen liegen die Grenzen etwas höher.

Die Witterung

Ist der Witterungsverlauf günstig, können die Behörden einen um 20 Prozent höheren Maximalertrag genehmigen. In der Champagne, wo der Höchstertrag nach Gewicht berechnet wird, sind maximal 10 400 Kilogramm Trauben pro Hektar erlaubt. Dieser Basisertrag kann je nach Gesundheits- und Reifezustand der Trauben gesenkt oder (bis auf 15 500 Kilogramm) erhöht werden.

Von der Weinart abhängig

Bei Schaumweinen gelten weltweit höhere Ertragsgrenzen (Prosecco D.O.C.: 180 Kilogramm, Prosecco Superiore D.O.C.G.: 135 Kilogramm).
In Italien liegen die Höchsterträge für Rotweine wie Barolo und Brunello di Montalcino bei 56 Hektolitern, für Chianti Classico bei nur 52,5 Hektolitern. Für einfachere Weine gelten höhere Mengen: Im Lugana dürfen 87,5 Hektoliter pro Hektar produziert werden, im Anbaugebiet für den Soave sogar 105 Hektoliter.
In Spaniens La Mancha liegen die Maximalerträge bei 10 000 Kilogramm, werden aber selbst in bewässerten Weinbergen nie erreicht.
In der Rioja sind nur 6500 Kilogramm (45,5 Hektoliter) erlaubt.
In Deutschland liegt der Höchstertrag bei 88 bis 130 Hektoliter.
In Österreich ist er mit 76,5 Hektolitern viel niedriger. In Kalifornien, Chile, Südafrika gibt es keine Höchstmengen.

Sommerschnitt: Im August wurden die Trauben ausgedünnt. Die Quaiität des Weins steigt.

Die Menge der Trauben, die ein Rebstock hervorbringt, hängt zunächst einmal von verschiedenen natürlichen Faktoren ab: von der Nährstoffverfügbarkeit im Boden, von einer regulär verlaufenden Blüte im Frühjahr, von den zur Verfügung stehenden Rankhilfen, vom Alter des Rebstocks, von der Rebsorte. Manche Rebsorten sind „Massenträger", die viele Triebe mit vielen Augen hervorbringen und im Herbst eine entsprechend große Anzahl von Trauben produzieren. Wenn der Mensch nicht eingreift, versucht der Rebstock stets, so viele Trauben wie möglich hervorzubringen – zum Nachteil der Weinqualität. Der Qualitätsweinbau basiert deshalb überall auf der Welt auf mehr oder minder strengen Ertragsbegrenzungen. Das heißt: Der Winzer muss Maßnahmen ergreifen, um eine bestimmte Menge an Trauben pro Hektar Weinberg nicht zu überschreiten. Sonst läuft er Gefahr, dass sein Wein die Anerkennung als Qualitätswein verliert und er ihn zum Land- oder gar zum Tafelwein deklassieren muss.

Sehr unterschiedliche Höchsterträge

In manchen Weinbauländern werden die Hektarhöchsterträge in Gewicht (Kilogramm oder Tonnen Trauben) angegeben, in anderen in Mostmenge (Hektolitern). Die Festlegung der Höchsterträge erfolgt durch die nationalen Weinbaubehörden. Die Höhe ist von Anbaugebiet zu Anbaugebiet verschieden. Sie reicht von 35 Hektolitern in den Grand-Cru-Appellationen des Burgunds bis zu umgerechnet 200 Hektolitern in den Beregnungsgebieten Australiens, Chiles, Argentiniens und Kaliforniens. Allerdings handelt es sich bei den Weinen, die in letztgenannten Gegenden erzeugt werden, nicht um Qualitätsweine im europäischen Sinn.
Selbstverständlich dürfen die Höchsterträge unterschritten werden – und werden es in den meisten Weinanbaugebieten von vielen Winzern auch. Wie stark die Erträge gedrosselt werden, liegt in der Entscheidung des Winzers selbst. Durch die Wahl des Rebenerziehungssystems, durch den Anschnitt der Fruchtruten im Winter, gegebenenfalls durch das Ausdünnen des Behangs im Sommer kann er den Traubenertrag aktiv steuern und damit die Qualität seines Weins erhöhen.

Spitzenweine sind immer extraktreich

Das Menge-Güte-Gesetz beruht auf einem biologischen Faktum: Eine Pflanze kann nur eine begrenzte Menge an Früchten zur Reife bringen. Je mehr Trauben am Rebstock hängen, desto geringer ist deren Zuckergehalt im Herbst. Das gilt vor allem für die kühleren Anbaugebiete der Erde – auch wenn das

Massenträger: Carignan-Rebe in Südfrankreich

Risiko durch die zunehmende Erderwärmung geringer geworden ist. Größere Bedeutung hat die Tatsache, dass mit der Menge der Trauben, die am Rebstock hängen, auch die Wahrscheinlichkeit sinkt, dass alle Beeren einer Traube physiologisch reif werden. Die physiologische Reife ist aber eine Grundvoraussetzung für die Qualität jedes Weiß- und Rotweins. Sie äußert sich unter anderem in hohen Extraktwerten und sorgt dafür, dass die Menge und die Art der Inhaltsstoffe des Mostes einen körperreichen, kräftigen und geschmacksintensiven Wein ergeben. Niedrige Erträge sind daher meist mit hohen Extraktwerten verbunden und umgekehrt

Alltagsweine haben wenig Extrakt

Doch nicht jeder Wein will mit hohen Extraktwerten prunken. Viele Weintrinker wünschen sich süffige Weine, die weder übermäßig körperreich sind noch mit hohen Alkoholgehalten aufwarten. Für die Erzeugung solcher Weine ist eine starke Ertragsbegrenzung nicht sinnvoll. Höhere Erträge begünstigen die Produktion einfacher Trinkweine, die häufig auch niedrigere Alkoholgehalte und entsprechend geringe Extrakte aufweisen. Ganz ohne Ertragsbegrenzung kommt freilich auch der Erzeuger von Alltagsweinen nicht aus. Aber er kann die Rebe im Winter viel großzügiger anschneiden als der Spitzenwinzer, im Sommer verzichtet er auf die Ausdünnung der Trauben. In diesem Zusammenhang ist es wichtig zu betonen, dass der Winzer wegen der größeren Menge an Trauben, die er pro Rebstock erntet, auch mehr Trauben pro Hektar erntet und deshalb seinen Wein später zu einem günstigeren Preis anbieten kann.

Das richtige Erziehungssystem

Das Erziehungssystem hat einen großen Einfluß auf die Produktivität der Rebe. So begrenzt die Ein-Bogen-Erziehung den Fruchtansatz stärker als die Zwei-Bogen-Erziehung, und die Pergola-Erziehung eröffnet dem Rebstock ein üppigeres Wachstum als eine Drahtrahmenerziehung.

Die Wahl des richtigen Rebklons

Von jeder Rebsorte existieren zahlreiche Klone. Sie unterscheiden sich in genau festgelegten Merkmalen voneinander. So gibt es von derselben Sorte zum Beispiel Klone mit großen und mit kleinen Trauben, mit großen und mit kleinen Beeren, lockerbeerige Klone und solche mit dicht sitzenden, kompakten Trauben. Mit der Wahl des Rebsortenklons, den er pflanzt, fällt der Winzer auch die Entscheidung über den Traubenertrag, den er später bekommt. Natürlich ist die genetische Vielfalt einer Rebsorte nicht immer so groß. So gibt es Rebsorten, die generell sehr wüchsig und fruchtbar sind und entsprechend viele Trauben hervorbringen. Über die Klonwahl kann der Winzer die Erträge dann nicht reduzieren.

Der Winterschnitt

Während der Winterruhe werden die Reben beschnitten. Dabei wird der größte Teil des alten Fruchtholzes entfernt. Je kürzer die neuen Fruchtruten angeschnitten werden, desto weniger Triebe wird die Rebe bilden, desto geringer später der Fruchtansatz. 20 bis 25 Trauben pro Rebstock sind relativ viel, sechs bis zehn relativ wenig. Zu starker Beschnitt kann eine wüchsige Rebe aber auch aus dem Gleichgewicht bringen.

Ausdünnen im Sommer

Um Ertragseinbußen durch Spätfröste oder durch Verrieselung bei der Blüte ausgleichen zu können, lassen viele Winzer aus Vorsichtsgründen im Winter oft ein paar Augen mehr stehen. Entsprechend groß ist dann der Behang im Frühsommer. Im Juni oder Juli (bei Weißweinen nach der Blüte, bei Rotweinen vor der Verfärbung) brechen sie dann jedes zweite oder dritte Geschein heraus, um die Menge der späteren Trauben zu reduzieren. Die Rebe kann ihre ganze Kraft in die verbleibenden Trauben stecken. Dieser Vorgang wird auch Grünschnitt, Ausdünnung oder Teilentfruchtung genannt.

Zwei berühmte Weine aus alten Reben: Didier Dagueneaus Pouilly Fumé „Silex" von der Loire und Willi Bründlmayers Riesling „Alte Reben" aus dem österreichischen Kamptal

Das Alter der Reben

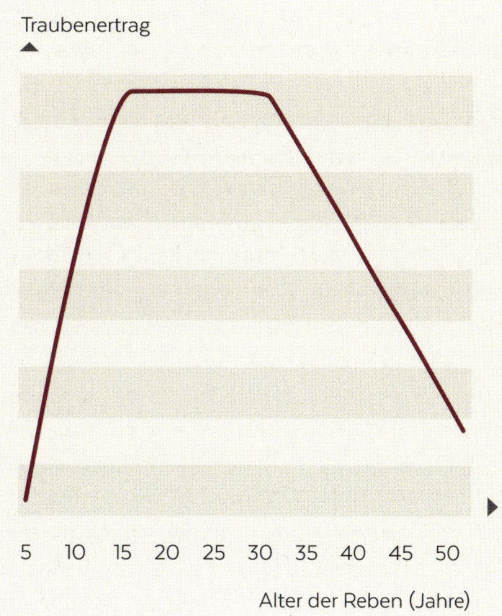

Das Alter der Reben beeinflusst die Produktivität stark. Ihre besten Erträge haben Reben zwischen dem zwölften und 25. Lebensjahr. Danach nimmt ihre Leistung kontinuierlich ab. Die meisten Winzer hacken ihre Reben deshalb nach 25 Jahren aus und ersetzen sie durch neue. Château Margaux dagegen verwendet für seinen Grand Vin nur Reben mit einem Alter von mindestens 40 Jahren, für seinen Zweitwein Pavillon Rouge solche von mindestens 25 Jahren: Je geringer die altersbedingte Eigenproduktivität, desto besser die Qualität der Trauben. Andere berühmte Weine Frankreichs oder anderer Länder tragen auf dem Etikett gelegentlich die Bezeichnung *vieilles vignes* – alte Reben. Die Bezeichnung ist allerdings nicht geschützt.

Vom Auge bis zur Traube

Wenn der Winter vorbei ist und der Saft in den Reben wieder fließt, beginnt die Vegetationsperiode der Rebe. Sie startet mit dem Austrieb und endet mit der Färbung der Trauben. Für den Winzer ist es die arbeitsreichste Zeit des Jahres.

Nach Winterende: der Austrieb

Als Austrieb wird das Aufbrechen der Knospen (Augen) bezeichnet, die beim winterlichen Rebschnitt stehen geblieben sind. Sie öffnen sich und lassen kleine, grüne Blättchen austreten, die rasch wachsen und sich entfalten. Das geschieht, wenn die Durchschnittstemperatur auf 8 bis 10 °C klettert. Einige Sorten treiben etwas eher (z.B. Chardonnay), andere etwas später aus (z.B. Cabernet Sauvignon). Bis zu diesem Stadium ernährt sich die Rebe von den Kohlenhydratvorräten, die sie im Herbst angelegt hat. Wenn die Blätter entwickelt sind, nimmt sie die Ernährung über Photosynthese auf. Den bevorstehenden Austrieb, das Aufbrechen der Knospen, kann der Winzer schon einige Tage vorher erkennen. Erst treten an den Schnittstellen der Reben Wassertröpfchen auf – ein Zeichen dafür, dass die Winterruhe beendet ist und die Säfte zu schießen beginnen. Danach schwellen die Knospen sichtbar an.

Im Frühjahr: die Blüte

Die Blüte findet 45 bis 90 Tage nach dem Austrieb statt – also Mitte Mai bis Ende Juni (auf der südlichen Erdhalbkugel von November bis Mitte Dezember). In dieser Zeit sind die neuen Triebe gewachsen und haben Rispen entwickelt, an denen die Blüten sitzen. Sie sind mit einem braunen Käppchen (Kalyptra) verschlossen, das aufspringt und Stempel und Staubgefäße freigibt (fast alle *Vitis-vinifera*-Reben sind zweigeschlechtlich, befruchten sich also selbst). Die Blüte der Weinrebe ist für das Auge ein kaum wahrnehmbarer Vorgang. Die Bestäubung erfolgt, indem der männliche Pollen an dem feuchten, weiblichen Fruchtknoten haften bleibt. Regen oder heftige Winde zum Zeitpunkt der Blüte können verhindern, dass alle Fruchtknoten bestäubt werden. In diesem Fall kommt es zu mehr oder minder großen Ertragseinbrüchen im Herbst. Der Winzer spricht vom „Durchrieseln" der Blüte.

Im Frühsommer: der Fruchtansatz

Aus den bestäubten Fruchtknoten entwickeln sich sofort nach der Blüte die Beeren, während die unbefruchteten Blüten verkümmern und abfallen. Die Rispe weist dann größere oder kleinere Lücken auf. Die Beeren, die an der Rispe hängen, sind am Anfang sehr klein, grün und hart. Sie vergrößern sich aber ziemlich rasch. In dieser Zeit sind die Reben am stärksten durch tierische (Heuwurm) oder pflanzliche Schädlinge (Echter und Falscher Mehltau) gefährdet. Bei feuchtwarmem Klima breiten sich Pilzkrankheiten im Weinberg rasch aus und müssen bekämpft werden. Auch der Traubenwickler, die Vorform des Heuwurms, legt bei bestimmten klimatischen Bedingungen seine Eier in der Rebpflanze ab. Anfang August (in sehr warmen Anbaugebieten auch schon früher) ist die Vegetationsphase beendet. Es beginnt dann die Reifephase (auf der südlichen Erdhalbkugel im Januar).

Im Sommer: die Färbung

Die Reifephase beginnt mit der Färbung der Beeren. Die Weißweintrauben nehmen eine grüngelbe Färbung an, bei den Rotweintrauben färben sich die Beeren dunkel. Ausgelöst wird dieser Vorgang wahrscheinlich dadurch, dass ein bestimmtes Maß an Zucker in den Beeren überschritten ist. Allerdings färben sich nicht alle Trauben zur gleichen Zeit, sondern zunächst nur diejenigen, die am meisten Sonne und Wärme erhalten haben. Trauben, die auf der Schattenseite des Rebstocks wachsen, bleiben grün. Als Fachbegriff für die Färbung hat sich weltweit der französische Ausdruck *véraison* eingebürgert. In warmen Jahren setzt die Reifephase der Trauben früher ein als in kühlen, und bei stark tragenden Rebstöcken später als bei wenig tragenden. Mit der Färbung der Beeren beginnt die letzte und die für die Qualität des Jahrgangs entscheidende Phase im Vegetationszyklus der Rebe.

Rebkrankheiten

Echter Mehltau *(Oidium)*: Ein weißgrauer Pilzbelag legt sich über Blätter und Beeren und zerstört die Beerenhaut. Gefährliche, im 19. Jahrhundert aus Nordamerika eingeschleppte Rebkrankheit, die zum totalen Ertragsausfall führen kann, wenn sie nicht bekämpft wird. Befallene Beeren verhärten und platzen auf, sodass die Kerne freiliegen. Abhilfe: Fungizide oder Schwefelspritzungen.

Falscher Mehltau *(Peronospora)*: Die gefährlichste aller Rebkrankheiten bildet einen weißen Pilzrasen auf der Unterseite der Blätter, sodass diese abfallen. Auch die Gescheine und später die Trauben können befallen werden. Die jungen Beeren schrumpeln, werden braun und ledrig. Abhilfe: Fungizide oder Kupferspritzungen.

Goldgelbe Vergilbung *(Flavescence dorée)*: bakterielle Blattkrankheit, bei der sich die Blätter einrollen oder rot verfärben und absterben (siehe Bild Mitte oben). Das infizierende Phytoplasma wird von einem Insekt, der Rebzikade, übertragen. Die Krankheit breitet sich in Europa epidemisch aus. Abhilfe: Bekämpfung der Rebzikade.

Traubenwickler: Motte, die ihre Eier im Mai in den Blütenkäppchen ablegt. Aus ihnen schlüpft im Juni der Heuwurm, der die Gescheine verspinnt und zerfrisst (siehe unten). Ihm folgt Ende Juli der Sauerwurm, der die Beeren von innen aushöhlt. Gefährliche Insektenplage, besonders bei feuchtwarmer Witterung. Bekämpfung: Pheromonfallen im Weinberg, um die Intensität des Mottenflugs zu kontrollieren. Bei hoher Flugintensität biologisches Insektizid spritzen, *(Bacillus thuringiensis)*, das die Larven fressen und tötet.

Esca: Befall der Rebe durch holzzersetzende pathogene Pilze, was zum plötzlichen Absterben der ganzen Rebe führt, teilweise mitten im Sommer. Es ist eine sich in der ganzen Welt dramatisch ausbreitende Rebkrankheit, gegen die es kein Mittel gibt. Abhilfe: sofortiges Herausreißen und Verbrennen des befallenen Rebstocks (unten).

Schwarzfäule: Die gefährliche, durch den Schlauchpilz *Guignardia bidwellii* hervorgerufene Rebkrankheit tritt vor allem bei feuchter Witterung auf und verwandelt die Beeren in „Mumien". Abhilfe: Entfernen der befallenen Pflanzenteile, Spritzen von Strobilurien und anderen natürlichen Fungiziden, im biologischen Weinbau von Kupfer und Schwefel (unten).

Schwarzfleckenkrankheit *(Phomopsis viticola)*: Die durch den Phomopsis-Pilz ausgelöste Rebkrankheit kann zu einer deutlichen Reduzierung des Ertrages führen. Erstes Anzeichen sind schwarze Flecken an den jungen Trieben (siehe Bild oben rechts), später Nekrosen an den Blättern. Abhilfe: Fungizide. Im Bio-Weinbau gibt es keine zugelassenen Mittel. Es hilft nur ein rechtzeitiges Ausschneiden der befallenen Triebe noch vor der Blüte, auch prophylaktisch.

Eutypiose: schleichende, durch den Pilz *Eutypa lata* verursachte Holzkrankheit, die neben Bäumen und Sträuchern auch Reben befällt und zur langsamen Zerstörung ihres Leitungssystems führt. Sichtbare Merkmale: verkümmerte, kurze Triebe, kleine Blätter, oft mit chlorotischen Flecken, verrieselnde Blüte, vertrocknende Gescheine. Abhilfe: Die befallenen Holzteile nach Möglichkeit herausschneiden und sofort vernichten.

Pierce's Disease *(Xylella fastidiosa)*: Durch die sich weltweit rasant verbreitende Zwergzikade ist diese gefährliche Krankheit, die in Deutschland Feuerbrand heißt, auch in Europa angekommen. Dieses Insekt überträgt beim Aussaugen der Blätter mit ihren Kauwerkzeugen ein hochinfektiöses Bakterium namens *Xylella fastidiosa*, das die Leitungsbahnen in den Blättern blockiert. Die Blätter verfärben sich und fallen ab. Der Rebstock stirbt. Die Krankheit hat in Kalifornien und in Teilen Süditaliens inzwischen epidemische Ausmaße erreicht. Abhilfe: Insektizide spritzen und unverzügliches Roden der Weinberge (unten).

Alles zum Wohle der Rebe

Winzer zu sein, ist ein Ganzjahresjob. Er verlangt nicht Routine, sondern eine genaue Beobachtung der Natur und ein tiefes Verständnis für die Rebe. Denn sie ist es, die den Grundstoff für den Wein liefert.

„Gipfeln" der Reben: Die Triebspitzen werden gekappt, um ein besseres Laub-/Fruchtverhältnis zu bekommen.

Frühling und Frühsommer sind der arbeitsreichste Teil im Jahr eines Winzers. Die Rebe erwacht aus der Winterruhe, im Boden regt sich Leben. Die Vegetationsphase beginnt mit dem Ausbruch. Das heißt: Die Knospen der Rebe (Fachausdruck: Augen) werden grün und brechen auf. Oft tritt ein Wassertropfen aus der Knospe – sichtbares Zeichen dafür, dass die Rebe wieder im Saft steht. Die Triebe wachsen, die Blätter entwickeln sich. Die Vegetationsperiode endet im Juli mit dem „Traubenschluss".

Bodenbearbeitung

Als erstes muss die Bodenoberfläche umgepflügt werden, um die kapillaren Niederschlagskanäle zu zerstören und so die Winterfeuchtigkeit im Boden zu halten. Allerdings darf der Winzer nur etwa zehn Zentimeter tief grubbern, um die Wurzeln nicht zu beschädigen. Wenn die Rebgassen künstlich begrünt werden, wird im gleichen Zug die Aussaat vorgenommen. Falls nötig, wird auch gleich gedüngt. Mit dem Ausbruch beginnt nämlich die Stickstoffaufnahme des Rebstocks. Allerdings ist eine Düngergabe – gleich ob mineralisch oder organisch – höchstens alle drei Jahre angezeigt. Viele qualitätsorientierte Winzer düngen gar nicht. Sie mulchen das Grün in den Rebgassen regelmäßig ab oder pflügen es unter. Das reicht, um die Stickstoffproduktion im Boden anzukurbeln und den Humusanteil nachhaltig bei (idealen) drei Prozent zu halten.

Aufbinden und „Stöckeputzen"

Schon vier bis acht Wochen nach dem Ausbruch haben die Triebe eine Länge von 30 bis 50 Zentimeter erreicht. Sie drohen dann aufgrund ihres Eigengewichts seitlich abzukippen, die Durchfahrt durch die Rebgasse zu blockieren und (bei starkem Wind) abzubrechen. Außerdem erhöhen sie das Risiko des Mehltaubefalls. Deshalb werden die Triebe per Hand zwischen die Spanndrähte gesteckt und dort angeheftet. Sie wachsen dann senkrecht nach oben und können nicht mehr seitlich ausbrechen. Aufbinden heißt dieser Arbeitsschritt. Eine weitere wichtige Arbeit ist das Entfernen von Wasserschossen. So heißen die sich am Rebstamm aus schlafenden (nicht sichtbaren) Augen entwickelnden wilden Triebe. Sie nehmen den Haupttrieben Nährstoff weg. „Stöckeputzen" sagt der Winzer. Aber auch die anderen Triebe müssen beobachtet werden. Denn aus jedem Auge entwickeln sich normalerweise zwei Triebe. Der stärkste wird Haupttrieb genannt. Er soll später die Trauben tragen. Der Nebentrieb, auch Geiztrieb genannt, ist weniger fruchtbar, bringt oft gar keine oder deutlich später reifende, meist kleinere Trauben hervor. Sollte der Haupttrieb durch Spätfröste verloren gehen, kann der Geiztrieb zum Haupttrieb werden. Deshalb lassen ihn die Winzer meist stehen. Wenn er dagegen verkümmert, muss er herausgebrochen werden.

Laubarbeit

Ein wichtiger Bestandteil im Jahreszyklus des Winzers ist die Laubarbeit. Ziel ist es, die Größe der Laubwand auf den angestrebten Ertrag des Rebstocks abzustimmen. Das heißt: auf die Zahl der Trauben, die die Rebe

Kupfer gegen den Mehltau

Handarbeit: Die Fruchtrute wird am Draht befestigt.

tragen soll. Man spricht von einem ausgewogenen Laub-/Fruchtverhältnis. Dabei kappt der Winzer die Triebspitzen etwa 30 Zentimeter über dem obersten Draht. Diese Arbeit wird Gipfeln genannt und erfolgt gegen Ende der Vegetationsperiode im Juli. Sie wird mit Laubschneidemaschinen durchgeführt. Bei wuchsstarken Reben beziehungsweise in vegetationsstarken Jahren kann zusätzlich eine Laubauslichtung notwendig sein. Dabei werden Blätter (meist) von Hand aus der Laubwand herausgebrochen. Dies geschieht vor allem im unteren Teil, um die Traubenzone freizustellen. Wenn sie gut belüftet ist, ist die Gefahr von Pilzerkrankungen (Mehltau) geringer. Der freie Zutritt des Sonnenlichts fördert zudem die Entwicklung der Phenole und die Bildung von Traubenzucker. Eine Auslichtung kann aber auch nötig sein, um insgesamt ein besseres Laubdachklima zu erzeugen. Sie verhindert, dass die Blätter sich gegenseitig beschatten und dadurch die Assimilationsleistung der Rebe herabgesetzt wird. Dadurch würde die Zuckerbildung vermindert oder verzögert.

Pheromonfalle im Weinberg gegen den Traubenwickler

Pflanzenschutz

Das Frühjahr ist eine niederschlagsreiche Jahreszeit, und feucht-warmes Klima fördert die Ausbreitung von Pilzkrankheiten, speziell von Oidium und Peronospora. Die Schädlingsbekämpfung ist daher eine wichtige Aufgabe im Frühjahr. Im Mai, wenn die Blätter voll entwickelt sind, kann es zu ersten Peronospora-Infektionen kommen. Im Juni können auch die Gescheine befallen werden. Im Sommer steigt das Oidium-Risiko. Gefährdet sind dabei vor allem die Triebspitzen, aber auch die jungen Trauben. In beiden Fällen muss gespritzt werden, entweder mit systemischen Mitteln (Fungiziden) oder mit Kupfer und Netzschwefel. Je nach Schadensdruck müssen die Spritzungen mehrfach wiederholt werden. Die Behandlung erfolgt immer prophylaktisch in der (zehntägigen) Inkubationszeit. Der Winzer muss also den Klimaverlauf genau beobachten und stets über das Infektionsrisiko informiert sein. Kommt es zum Ausbruch des Mehltaus, ist es für Schutzmaßnahmen zu spät.

Ähnlich verhält es sich mit tierischen Schädlingen. Gegen den häufigsten Schädling in Europa, den Traubenwickler, wird das *Bacillus thuringiensis* gespritzt – aber nur, wenn Gefahr im Verzug ist. Der Winzer hängt zunächst Pheromonfallen im Weinberg auf, die aus dem weiblichen Sexualduftstoff und einer Leimplatte bestehen, auf der die angezogenen Männchen kleben bleiben. Die Pheromonfallen werden wöchentlich überprüft. Überschreitet die Zahl der angelockten Traubenwickler-Männchen eine bestimmt Schwelle, muss gespritzt werden. Die Pheromonfallen dienen also dem Monitoring. Eine Weiterentwicklung sind die Pheromonverwirrfallen. Die dabei benutzten Duftstoffe irritieren die Männchen derart, dass diese die Weibchen erst gar nicht finden.

Wie viele Blätter braucht es?

Die Größe der Laubwand eines Rebstocks muss abgestimmt sein auf die Zahl bzw. das Gewicht der Trauben, die produziert werden sollen. Der Winzer muss also darauf achten, dass die Laubwand nicht zu klein, aber auch nicht zu groß ist. Durch eine zu geringe Blattoberfläche wird die Assimilationsleistung herabgesetzt. Folge: Es wird zu wenig Zucker produziert. Das Mostgewicht steigt nur langsam. Die Traubenreife verzögert sich. Da gleichzeitig der pH-Wert steigt (durch den Abbau der Apfelsäure in den Beeren), droht der Wein unharmonisch zu werden. Wissenschaftler veranschlagen deshalb pro 10 Trauben eine Laubwand von 1,5 Quadratmeter, damit der Rebstock im Gleichgewicht ist. In Ländern mit geringerer Lichtintensität, ist für 10 Trauben eine Blattoberfläche von 1,8 bis 2 Quadratmeter nötig. Das entspricht 7 bis 10 Blättern pro Traube. Sind es mehr, muss der Winzer auslichten oder gipfeln. Eine zu große Laubwand ist jedoch ebenso nachteilig. Sie würde wegen der stärkeren Transpiration zu einem erhöhten Wasserbedarf der Rebe führen.

Endspurt vor dem Ziel

Ab Sommer wird es ernst. Die Trauben treten in die Reifephase ein. Jetzt kommt es darauf an, den Rebstock noch einmal zu Höchstleistungen anzutreiben, ohne ihm Stress zu bereiten. Nach der Lese beginnt die Winterruhe – aber nicht für den Winzer.

Die Traube tritt in die Reifephase ein: Die Beeren färben sich rot.

Die letzte Etappe vor dem großen Ziel kann der Winzer zunächst entspannt angehen – aber nur wenn er vorher die nötigen Pflegemaßnahmen im Weinberg sorgfältig erledigt hat. Die Trauben reifen von selbst, und am Wetter kann er sowieso nichts ändern. Manche Winzer genehmigen sich nach „Traubenschluss" sogar ein paar Tage Urlaub. Er kann also Kräfte sammeln. Ab Ende August, in südlichen Ländern schon ab Ende Juli, beginnen die konkreten Lesevorbereitungen. Dann wird es für ihn stressig. Und manchmal auch dramatisch.

Die Reifephase

Wenn die Trauben sich färben, beginnt die eigentliche Reifephase: die Weißweintrauben nehmen eine gelbliche Farbe an (das Chlorophyll wird abgebaut, es bilden sich Carotinoide), die Rotweintrauben eine violettrote (es bilden sich Anthocyane). Véraison lautet der Fachausdruck für diesen Vorgang. Auf der nördlichen Erdhalbkugel findet die Véraison – je nach Vegetationsverlauf – von Mitte Juli bis Mitte August statt, auf der südlichen Erdhalbkugel im Januar. Die Beeren nehmen an Größe zu, und die Rebe lagert den produzierten Zucker nicht mehr im Stammholz, sondern in den Trauben ein. Die Mostgewichte steigen, während die Apfelsäure abnimmt.

Grünlese und Traubenteilung

Damit sie nicht von Blättern beschattet wird, entlaubt der Winzer die Traubenzone. Außerdem bricht er überzählige Trauben heraus, damit der Rebstock seine ganze Energie auf wenige Trauben konzentriert. Diese „Grünlese" führt auch dazu, dass die Beeren klein bleiben. Das Schale-/Saftverhältnis wird verbessert, was besonders für die Rotweinbereitung wichtig ist. Eine andere qualitätssteigernde Maßnahme ist die Traubenteilung. Dabei werden die Trauben mit der Schere halbiert. So wird der Ertrag im letzten Reifestadium nochmals reduziert.

Bewässerung

Bei lang anhaltenden sommerlichen Trockenperioden kann die Rebe Wasserstress bekommen. Die Spaltöffnungen des Blattes werden geschlossen, die Verdunstung der in den Blattzellen befindlichen Feuchtigkeit wird gestoppt – ein Überlebensreflex der Rebe. Für die Traubenreife ist die Verlangsamung des Stoffwechsels nachteilig. Sie verzögert sich. Bei länger anhaltender Trockenheit kommt es sogar zur Vergilbung der Blätter und zur Welke der Triebe. Der Winzer, der eine Anlage zur Tröpfchenbewässerung im Weinberg installiert hat, öffnet, bevor es so weit kommt, die Ventile und lässt seinen Reben eine lebenserhaltende Menge Wasser zukommen (pro Rebstock 1–1,5 Liter/Woche). Die Rebe erholt sich wieder. Ein moderater Wasserstress ist jedoch positiv. Er zwingt den Rebstock, in die Tiefe zu wachsen und sich selbst Feuchtigkeit zu suchen. Vor der Tröpfchenbewässerung sollen jedoch alle Möglichkeiten genutzt werden, um Wasserstress zu vermeiden. Dazu gehört es zum Beispiel, vor Beginn der Reifephase den Boden zwischen den Rebzeilen noch einmal umzupflügen, damit die Kapillaren an der Oberfläche zerstört werden. Sie fördern die Verdunstung der Bodenfeuchtigkeit.

Grauschimmel und Essigfliege

Je näher der Lesezeitpunkt rückt, desto dünner wird die Schale der Beeren – und damit anfälliger für Grauschimmel. Grauschimmel, auch Nassfäule genannt *(Botrytis cinerea)*, breitet sich nach anhaltenden Regenfällen im warmen spätsommerlichen Grundklima schnell aus. Befallene Trauben müssen sofort entfernt werden, damit der Schimmel nicht übergreift. Anti-Botrytizide zur Schimmelprävention dürfen zu diesem Zeitpunkt nicht mehr ausgebracht werden. Durch starke Niederschläge können die Beeren in der letzten Reifephase sogar aufplatzen und dadurch die Essigfliege anziehen. Sie überträgt das *Acetobacter*-Bakterium auf die beschädigten Beeren. Es kommt zur Essigfäule. Die betroffenen Trauben sind unbrauchbar und müssen ebenfalls entfernt werden. Der letzte große Arbeitsgang – und der Höhepunkt des Winzerjahres – ist dann die Lese.

Die Winterruhe

Nach Beendigung der Lese färben sich die Triebe der Rebe braun und verholzen. Die Blätter fallen ab. Winterruhe kehrt ein – allerdings nicht für den Winzer. Im Weinberg steht eine der wichtigsten Maßnahmen an: der Rebschnitt. Wenn der Wein im Keller seine Gärung beendet hat und im Fass ruht und draußen der erste Frost den Stoffwechsel der Reben auf ein Minimum abgesenkt hat, geht er in Wattejacke mit der Rebschere hinaus in den Weinberg, um die Reben von den abgeernteten Trieben zu befreien. Manche Winzer beginnen schon im November, andere erst im Februar. Wie viel sie schneiden und wo genau die Schnitte angesetzt werden, ist dabei von großer Bedeutung. Der Rebschnitt ist nämlich der erste Schritt zur Ertragsregulierung für die neue Saison. Ohne Rebschnitt würden aus jedem Auge des alten Triebes neue Triebe entstehen mit der Folge, dass die Rebe viel zu viele Trauben produziert.

Im Qualitätsweinbau wird die künftige Fruchtrute ja nach Rebsorte auf acht bis 15 Augen angeschnitten. Wenn jedes Auge zwei Trauben hervorbringt, bedeutet das 16 bis 30 Trauben. Bei einem durchschnittlichen Traubengewicht von 100 Gramm entspricht das einem Ertrag von 1,6 bis 3 Kilogramm pro Rebstock. Hochgerechnet auf den Hektar bedeutet das bei Rebanlagen, die mit 3000 Stöcken pro Hektar angelegt sind, 9000 Kilogramm Trauben. Bessere Traubenqualitäten – bei gleichem Hektarertrag – erzielt der Winzer allerdings bei niedrigerem Behang und höherer Stockdichte.

Bodenbearbeitung im Winter

Der Boden zwischen den Rebzeilen ist durch die Lese, aber auch durch das häufige Befahren mit Traktoren stark verdichtet und bedarf im Winter möglicherweise einer Auflockerung. Um die Winterfeuchtigkeit aufzunehmen, wird die Oberfläche 10 bis 20 Zentimeter tief aufgebrochen. Angesichts der immer milderen Winter warnen Wissenschaftler vor einer winterlichen Bodenbearbeitung. Es gibt keine Pflanzen, die zu diesem Zeitpunkt noch Stickstoff einlagern. Das im Boden befindliche Nitrat wird ausgewaschen und kontaminiere die Gewässer, argumentieren sie. Außerdem steigt durch offene Böden die Erosionsgefahr bei winterlichem Starkregen. Dieser Gefahr beugen betroffene Winzer vor, indem sie Stroh oder Rindenmulch in den Rebgassen ausbringen.

Der Zapfenschnitt

Bei der Cordon-Erziehung (mit feststehendem Fruchtholz) werden die beiden alten Triebe entfernt, die aus jedem Zapfen herauswachsen (siehe Illustration). Genauer gesagt: Bei einem der beiden Triebe wird das (dort schon angelegte) erste Auge stehen gelassen. Es befindet sich ganz unten am Trieb direkt beim Zapfen. Auf der gegenüberliegenden Seite desselben Triebes befindet sich ein weiteres, kleineres Auge, das ebenfalls stehen bleibt. Aus diesen beiden Augen sollen sich im nächsten Jahr die neuen fruchttragenden Triebe entwickeln. Übrigens kommen bei großen Flächen heute Rebschneidemaschinen zum Einsatz. Gerade der Cordon bietet sich dafür an. Für den manuellen Beschnitt werden meist akkubetriebene Rebscheren benutzt.

Der Fruchtrutenschnitt

Bei der Guyot-Erziehung werden die Triebe mitsamt der Fruchtrute entfernt. In der Regel bleibt nur ein Trieb stehen: der, der dem Zapfen am nächsten ist. Er bildet die Fruchtrute des nächsten Jahres. Aus deren Augen werden sich die neuen Triebe entwickeln. Diese Schnittmethode wird Fruchtrutenschnitt genannt (siehe Illustration). Allerdings muss der senkrecht nach oben stehende Trieb noch gebogen und horizontal am untersten Draht angeheftet werden (beziehungsweise im Halbbogen an den beiden unteren Drähten). Heute geschieht dies meist mit halbautomatischen Heftzangen, früher von Hand mit biegsamen Weidengerten. In der Winzersprache heißt diese Arbeit deshalb immer noch „Gerten". Wenn der alte Trieb – die künftige Fruchtrute – mehr Augen aufweist, als dem Winzer lieb ist, muss er den Trieb einkürzen. So reduziert er die Zahl der Triebe im nächsten Jahr und damit auch die Zahl der Trauben.

Rebenschnittsysteme

Zeit für den Rebschnitt: Im Winter, wenn die Rebe ihren Stoffwechsel einstellt, werden die alten Triebe gekappt. Beim Fruchtrutenschnitt wird ein Trieb stehen gelassen, der später heruntergebogen wird.

Wein im Einklang mit der Natur

Der biologisch-ökologische Weinbau ist keine Erfindung von Idealisten. Er ist auch kein Marketinggag. Er ist die Voraussetzung dafür, dass der Winzer auch in zehn oder 20 Jahren noch seinen Beruf ausüben kann und seine Rebstöcke Trauben tragen.

Ökologischer Weinbau: Nützling im Rebstock

Die weltweite Ausdehnung der Rebflächen bis Ende der 1970er-Jahre war nur durch die Industrialisierung des Weinbaus möglich. Ausweitung der Monokulturen, maschinengerechte Anlage der Weinberge, kompromisslose Flurbereinigungen, exzessiver Kunstdüngereinsatz, chemischer Pflanzenschutz statt mühevoller Handarbeit – Weinbau industrieller Ausprägung gehört zu den umweltschädlichsten Formen der Landwirtschaft. Rund 10 Prozent der chemischen Pflanzenschutzmittel werden im Weinbau eingesetzt, obwohl der Anteil des Weinbaus an der Landwirtschaft insgesamt bei unter einem Prozent liegt.

Inbegriff eines ethischen Produkts

Im Laufe der letzten Jahrzehnte haben die Winzer allerdings ihr Bewusstsein für die negativen Folgen ihres Tuns geschärft. Sie haben das gesamte Ökosystem im Blick, in dem nicht nur der Wein, sondern auch der Mensch, die Atmosphäre, der Wasserhaushalt, die Schadstoffemissionen, die Biodiversität im Mittelpunkt stehen. Wein ist auf dem Weg, zum Inbegriff eines ethischen Produkts zu werden. Nachhaltigen Weinbau gibt es in vielen Schattierungen. Er reicht vom intuitiv empfindenden, naturnah arbeitenden Winzer bis zum inspirierten Biodynamiker mit ausgeklügelten Bearbeitungssystemen. Die Grenzen zwischen den verschiedenen Richtungen sind fließend.

Naturnaher Weinbau

Ziel jedes nachhaltigen Weinbaus ist es, die Rebstöcke so zu stärken, dass sie Krankheiten und Schädlinge so weit wie möglich selbst abwehren können und Stresssituationen gewachsen sind – mit unterstützenden Interventionen des Winzers. Dazu muss das Ökosystem ins Gleichgewicht gebracht werden. Da die Ursachen für das Ungleichgewicht, die Reben-Monokulturen, nicht abgeschafft werden können, gehen die Bemühungen der Winzer dahin, Bäume, Hecken, Feldgehölze am Rande der Weinberge zu erhalten, Nistkästen aufzuhängen, die Versiegelung der Wirtschaftswege gering zu halten, alte Terrassen wieder herzustellen und die Rebzeilen nach Möglichkeit zu begrünen. Diese unterste Stufe der Ökologisierung heißt „naturnaher Weinbau".

Integrierter Weinbau

Die nächsthöhere Stufe ist der integrierte Weinbau. Dabei werden konventionelle und biologische Verfahren des Pflanzenschutzes miteinander kombiniert. So wird versucht, Mineraldünger durch organischen Kompost zu ersetzen beziehungsweise auf Düngergaben ganz zu verzichten. Beim Pflanzenschutz existiert der Anspruch, durch intelligente Prognoseverfahren den Einsatz toxischer Pflanzenschutzmittel zu reduzieren. Ein Totalverzicht auf die „chemische Keule" ist auf dieser Stufe nur schwer möglich, weil die Reben ohne weitergehende Maßnahmen dem Infektionsdruck im Zweifelsfall nicht standhalten.

Biologischer Weinbau

Der biologische Weinbau beginnt mit dem Totalverzicht auf synthetisch hergestellte Pflanzenschutzmittel. Das heißt: Es dürfen weder Herbizide (Unkrautvertilgungsmittel) noch chemisch-synthetische Funigizide (Pilzbekämpfungsmittel) oder Insektizide (ausgenommen nützlingsschonende Mittel) ausgebracht werden. Erlaubt sind neben Stärkungsspritzungen für die Rebe nur natürlicher Pflanzenschutz wie Kupfer, Schwefel, Backpulver. Damit sind die meisten toxischen Mittel aus den Weinbergen verbannt. Auf Kunstdünger muss vollständig verzichtet werden. Das bedeutet: Bei starkem Schadensdruck müssen die Winzer im Zweifelsfall bereit sein, Ertragseinbusen hinzunehmen. Das gilt besonders für die kontinentalen Klimazonen der Erde, in denen Pilzinfektionen häufiger auftreten als in den trocken-heißen Anbaugebieten Südeuropas und in Übersee. In Europa wird der biologische Weinbau durch das EU-Bio Siegel zertifiziert.

Organisch-biologischer Weinbau

Der organisch-biologische Weinbau ist bei der Ausbringung von synthetischem Mineraldüngern noch restriktiver. Ohne Bodenanalyse dürfen handelsübliche Mineraldünger überhaupt nicht verwendet werden. Mit Bodenanalyse und schriftlicher Genehmigung durch die zertifizierenden Verbände (Ecovin, Bioland, Naturland, Biopark, GÄA, Ecocert) dürfen nur schadstoffarme Dünger in streng limitierter Menge in den Boden eingetragen werden. Zu hohe Stickstoff-Gaben belasten das Ökosystem. Empfohlen werden vielmehr organische Dünger, zum Beispiel kompostierte Traubenschalen und -stängel, Rindenmulch, geschnittenes Gras, tierischer Dung. Um auf Insektizide zu verzichten, wird der Kampf gegen tierische Schädlinge mit Nützlingen geführt (etwa Schlupfwespen, Raubmilben, *Bacillus thuringiensis*). Um die Rebe gegen Pilzinfektionen zu schützen, werden Gesteinsmehle, pflanzliche Tees, Schwefel und Kupfer gespritzt. Einige Winzer greifen bei der Neuanlage von Weinbergen auf pilzwiderstandsfähige Sorten („Piwis", siehe Seite 83) zurück.

Biologisch-dynamischer Weinbau

Am weitesten geht der biologisch-dynamische Weinbau. Bei der Düngung und beim Pflanzenschutz ist er ähnlich restriktiv wie der biologische-organische Weinbau. Der große Unterschied ist der ganzheitlich-anthroposophische Ansatz, in dem urbäuerliches Erfahrungswissen mit esoterischen Elementen kombiniert wird. Die Grundlage lieferte Rudolf Steiner, der sich in einer Vortragsreihe „Geisteswissenschaftliche Grundlagen zum Gedeihen der Landwirtschaft" 1924 radikal von der industriellen Landwirtschaft abgrenzte.

Der Boden ist die Basis

Der Fokus der Biodynamie liegt auf der Bodenpflege. Der Boden bildet die Basis für Robustheit und Gesundheit des Rebstocks. Deshalb muss er jedes Jahr mit speziellen biodynamischen Präparaten vitalisiert werden, sodass das Bodenleben gefördert und die Bodenfruchtbarkeit erhalten wird. Dies geschieht mit Kompostpräparaten, die aus Schafgarbe, Brennnessel, Kamille, Eichenrinde und Löwenzahn bestehen, mit Wasser verrührt und im Weinberg ausgebracht werden, um die Verrottungsprozesse im Boden zu fördern. Ebenso wichtig sind Hornkieselpräparate, die aus gemahlenem Quarz bestehen und auf die Grünteile der Rebe gespritzt werden. Das Ziel: den Stoffwechsel der Reben zu verstetigen und ihre Widerstandskraft gegenüber Schädlingen zu erhöhen. Dabei orientieren sich die Biodynamiker an den Rhythmen der Natur: den Mondzyklen und Planetenkonstellationen. Die ganzheitliche Denkweise schließt ein, dass zunehmend auch wieder Tierhaltung integriert wird: Pferde im Weinberg statt Traktoren, Schafe als Mistproduzenten und Rasenmäher. Allerdings gibt es zahlreiche biodynamische Winzer, bei denen das esoterische Gedankengut nicht im Vordergrund steht. Demeter und Biodyvin sind die bedeutendsten Zertifizierungsverbände.

Vergleich der Öko-Zertifizierungen

	Biologischer Weinbau	Biologisch-organischer Weinbau	Biologisch-dynamischer Weinbau
systemische Pflanzenschutzmittel	verboten	verboten	verboten
Herbizide	verboten	verboten	verboten
Gentechnologie	verboten	verboten	verboten
Wachstumsregulatoren (für Lockerbeerigkeit u.a.)	teilweise erlaubt	verboten	verboten
Leicht löslicher Mineraldünger, chemisch-synthetischer Stickstoffdünger	erlaubt, allerdings nur in begrenzter Menge (entsprechend der nationalen Gesetze)	verboten; erlaubt sind nur mineralische Ergänzungsdünger wie Rohphosphat, Kaliumsulfat, Magnesiumsulfat, Kalium, Magnesiumsulfat sind anzeigepflichtig und dürfen nur nach einer Bodenanalyse erfolgen)	verboten; erlaubt sind nur mineralische Ergänzungsdünger wie Rohphosphate, Kalirohsalz, Kaliumsulfat, Magnesiumsulfat
Begrünung der Weinberge	nicht vorgeschrieben	vorgeschrieben (9 Monate/Jahr)	vorgeschrieben (10 Monate/Jahr)
Einsatz pilzwiderstandsfähiger Rebsorten (Piwis)	erwünscht	erwünscht	erwünscht
Bekämpfung von Echtem Mehltau (Oidium)	Schwefelspritzung erlaubt; Kieselsäure und Fenchelöl, Kräuterauszüge aus Schachtelhalm, Knoblauch, Brennnessel, Knöterich und Zwiebel empfohlen	Schwefelspritzung erlaubt; Kieselsäure und Fenchelöl, Kräuterauszüge aus Schachtelhalm, Knoblauch, Brennnessel, Knöterich und Zwiebel empfohlen	Schwefelspritzung erlaubt; Kieselsäure und Fenchelöl, Kräuterauszüge aus Schachtelhalm, Knoblauch, Brennnessel, Knöterich und Zwiebel empfohlen
Bekämpfung von Falschem Mehltau (Peronospora)	Kupferspritzung erlaubt	Kupferspritzung erlaubt (max. 3 kg pro Hektar/Jahr)	Kupferspritzung erlaubt (max. 3 kg pro Hektar/Jahr)
Einbeziehung kosmischer Rhythmen (Mondphasen), Beachtung der anthroposophischen Lehre Rudolf Steiners	nicht vorgeschrieben	nicht vorgeschrieben	vorgeschrieben
Ausbringung von mehrjährig präpariertem Kom post (mit Schafgarbe, Baldrian, Kamille, Eichenrinde)	nicht vorgeschrieben	nicht vorgeschrieben	vorgeschrieben
Hornkiesel	nicht vorgeschrieben	nicht vorgeschrieben	vorgeschrieben
Hornmist	nicht vorgeschrieben	nicht vorgeschrieben	vorgeschrieben
Bewirtschaftungsregel	Nur 50 % des Betriebs muss umgestellt werden, der Rest darf konventionell bewirtschaftet werden.	Der gesamte Betrieb muss umgestellt werden.	Der gesamte Betrieb muss umgestellt werden.

Wann die Traube reif ist

Die Reifephase der Traube beginnt mit der Färbung der Beeren im Augst und endet mit der Lese im Herbst. Diese Zeit ist die wichtigste im kurzen Leben einer Weintraube – und auch für die Winzer. In ihr entscheidet sich, ob seine Arbeit gute oder keine Früchte trägt.

Vollreife Verdicchio-Traube: Zuckerreife ist nicht physiologische Reife

Der Zucker, der sich über die Fotosynthese der Blätter bildet, wird nun nicht mehr für das Wurzel-, Holz- oder Triebwachstum benötigt. Er wird stattdessen in den Beeren gespeichert und sammelt sich dort an.

Die Zuckerreife

Je mehr Licht und Wärme die Rebe bekommt, desto schneller verläuft der Prozess der Zuckerbildung. Zucker wird später in der Gärung zu Alkohol umgewandelt. Aus 16 Gramm Zucker (pro Liter Most) entsteht während der Gärung 1 Vol. % Alkohol. Das bedeutet: Es braucht einen Most von etwa 200 Gramm Zucker, um einen Wein mit knapp 13 Vol. % Alkohol zu bekommen. Der Lesezeitpunkt entscheidet also, wie alkoholstark ein Wein ist. In der Reifephase verdoppeln die Beeren ihre Größe. Die Färbung geht bei roten Trauben ins Violette, bei weißen Trauben ins Goldgelbe. Die Beerenhaut wird dünner, die Beere weicher. Wie schnell oder langsam das geht, hängt vor allem vom Witterungsverlauf ab. Je wärmer es ist, desto schneller erreichen die Trauben die Zuckerreife, je kühler, desto langsamer.

Die Rolle der Säure

Mit der Zunahme des Zuckers sinken zugleich die Säurewerte in den Beeren. Wenn mehr Säure abgebaut als neuer Zucker gebildet wird, ist der Lesezeitpunkt nah. Das heißt aber nicht unbedingt, dass sofort gelesen werden muss. Reife- und Lesezeitpunkt sind nicht identisch. Manche Trauben werden frühreif gelesen, am frühesten solche, die für die Sekt- oder Champagnerherstellung benötigt werden. Schaumweine brauchen eine hohe Säure. Auch die Trauben für einfache Tischweine werden gleich zu Beginn des Lese-Zeitfensters geerntet. In warmen Ländern wird generell früh gelesen. Das gilt insbesondere für die Weißweine. Die globale Erwärmung, die überall auf der Erde registriert wird, führt dazu, dass die Lese immer früher stattfindet. Auf Zypern beginnt sie oft schon Ende Juli. In Sizilien rücken die ersten Lesemaschinen bereits Anfang August aus. In diesen Gebieten ist es so warm, dass der gewünschte Zuckergehalt meist problemlos erreicht wird. Die Winzer wollen mit der frühen Lese verhindern, dass die Säure zu schnell abgebaut wird.

Die Vollreife

Für höhere Qualitäten werden allerdings vollreife Trauben benötigt. Sie werden, je nach Gebiet und nach Wein, eine Woche, zwei Wochen oder noch später als die frühen Trauben gelesen. Vollreife liegt vor, wenn der Zuckergehalt nicht mehr steigt, die Säure aber zunehmend abgebaut wird. Bleiben die Trauben dann noch länger hängen, besteht die Gefahr der Überreife. Die Säure wird durch die immer dünner werdende, teilweise schon schrumpelnde Beerenhaut veratmet, die Zuckerkonzentration steigt durch Evaporation des Wassers in den Beeren. Für Süßweine wird Überreife angestrebt, aber nicht für trockene Weine.

Der Zuckergehalt wird gemessen

Die meisten Weine haben einen Alkoholgehalt zwischen 12 und 14 Vol. %. Der Winzer kann also umrechnen, wie hoch der Zuckergehalt in seinen Beeren sein muss, um diesen Wert nach der Gärung zu erreichen. Der Zuckergehalt spiegelt sich im Mostgewicht wider. Es wird mit Hilfe eines Refraktometers gemessen. Franzosen und Australier messen ihn in Baumé, Amerikaner in Brix beziehungsweise Balling, Italiener in Babo. Österreich benutzt die Skala der Klosterneuburger Mostwaage, Deutschland die Oechsle-Skala. Bei allen diesen Verfahren wird gemessen, um wie viel schwerer

Refraktometer: Instrument zur Messung des Mostgewichts. Dabei wird ein Tropfen Saft auf das Messprisma gegeben und das Instrument gegen das Licht gehalten. Je konzentrierter die Zuckerlösung, desto stärker wird das Licht gebrochen.

(genau dichter) eine Einheit Most im Vergleich zu einer Einheit Wasser ist. Der Gewichtsunterschied beruht überwiegend auf dem Zuckeranteil des Mostes. Wenn Wasser ein spezifisches Gewicht von 1,0 hat, so entspricht Traubensaft mit dem spezifischen Gewicht von 1,08 einem Mostgewicht von 80 °Oechsle. Traubensaft mit einem spezifischen Gewicht von 1,1 weist 100 °Oechsle auf. Entwickelt wurde das Verfahren von dem Pforzheimer Goldschmied Christian Ferdinand Oechsle um 1830. Das einfachste Messverfahren ist zweifellos das der Baumé-Skala. Sie gibt den potenziellen Alkoholgehalt eines Mosts an, wenn der gesamte in ihm gelöste Zucker vergoren würde. Ein Most mit 12 Grad Baumé ergäbe folglich einen Wein mit 12 Vol. %.

Die physiologische Reife

Zucker und Säure sind wichtige Parameter zur Bestimmung des Lesezeitpunkts. Der wichtigste ist aber die physiologische Reife. Der Begriff beschreibt den Zustand, in dem die Beeren ihr volles Aromenspektrum erreicht haben und keine unreifen Noten mehr aufweisen. Deshalb wird sie manchmal auch „Aromareife" genannt. Im Gegensatz zum Zucker und zur Säure ist die physiologische Reife schwer messbar, weil sie aus dem Zusammenspiel einer Vielzahl von Indikatoren besteht. Der Winzer probiert im Drei- bis Fünf-Tages-Rhythmus rund 200 Beeren aus verschiedenen Teilen seines Weinbergs und entscheidet aufgrund ihres Aussehens (Farbe), ihrer physischen Beschaffenheit (Weichheit) und ihres Geschmacks, ob sie lesereif sind. Das Problem ist, dass bei vielen Rebsorten und in vielen Anbaugebieten physiologische Reife und Zuckerreife zeitlich nicht parallel verlaufen. Die physiologische Reife tritt oft spät ein. Das führt dazu, dass der Winzer seine Trauben hängen lassen muss, obwohl sie ihre Zuckerreife bereits erreicht haben. Folge: Das Mostgewicht steigt weiter – und mit ihm ungewollt der potenzielle Alkoholgehalt des Weins. Die in den letzten Jahren gestiegenen Alkoholgehalte vieler Weine sind auch der höheren physiologischen Reife der Trauben geschuldet – und damit dem Wohlgeschmack der Weine. Das Ziel, oder besser: die Kunst, ist es, die Produktion des Zuckers zu verlangsamen und die Aromareife zu beschleunigen.

Die Mostgewichte

Grad Oechsle	Klosterneuburger Mostwaage (KMW)	Grad Baumé	Grad Brix/ Balling	potenzieller Alkoholgehalt in Vol. %
60	12	8,1	14,7	8,1
65	13	8,8	15,9	8,8
70	14	9,4	17,1	9,4
75	15	10,1	18,2	10,1
80	16	10,7	19,2	10,7
85	17	11,3	20,3	11,3
90	18	11,9	21,4	11,9
95	19	12,5	22,4	12,5
100	20	13,1	23,6	13,1
105	21	13,7	24,7	13,7
110	22	14,3	25,7	14,3
115	23	14,9	26,8	14,9
120	24	15,5	27,8	15,5
125	25	16,9	28,9	16,9

Physiologische Reife

Der Begriff „physiologische Reife" kommt aus Kalifornien und steht im Gegensatz zu den traditionellen, zumindest in Mitteleuropa jahrzehntelang geltenden Reifekriterien wie Zuckerkonzentration und Säuregehalt als Indikatoren für den Lesezeitpunkt. Heute legen alle Winzer den Lesezeitpunkt nach der physiologischen Reife fest, egal ob Rotwein oder Weißwein. Festgestellt wird die physiologische Reife durch eine Augen- und Schmeckprobe der Beeren. Äußere Indikatoren sind zum Beispiel die Färbung (goldgelb beziehungsweise dunkelviolettrot), die dünne Beerenhaut, die Elastizität des Fruchtfleisches und die leichte Lösbarkeit der Kerne aus dem Beerenmark. Bei der Schmeckprobe kommt es darauf an, dass das Tannin nicht mehr bitter und eine maximale Aromenintensität gegeben ist. Die Kerne müssen beim Kauen unter dem Druck der Zähne krachen – ein Zeichen dafür, dass sie verholzt sind. Erst dann wird gelesen.

Bei Rotweinen ist die Reife der Polyphenole (also die Tiefe der Farbe und die Weichheit des Schalentannins) von ausschlaggebender Bedeutung, weshalb die Winzer auch von phenolischer Reife sprechen. In Bordeaux, im Burgund und in anderen bekannten Weinanbaugebieten ist die Schmeckprobe schon seit 100 und mehr Jahren üblich.

Die Menge der Anthocyane in der Rotweinbeere steigt mit zunehmender Reife an.

Rettet die Säure!

Mit den steigenden Mostgewichten im Herbst droht die Säure immer weiter zu sinken. In Zeiten globaler Klimaerwärmung kämpfen Winzer in vielen Weinanbaugebieten deshalb um die Erhaltung der Säure. Sie ist es, die den Weiß- und Rotweinen Frische gibt.

Steiniger Boden reflektiert die Hitze und Hitze bedroht die Säure.

In der Reifephase produziert die Rebe nicht nur Zucker. Sie baut auch Säure ab. Täte sie es nicht, wären alle Weine ungenießbar. Zu Beginn der Reifephase, wenn die Beeren noch grün sind, ist der Säuregehalt nämlich fünfmal höher als zum Lesezeitpunkt. Das Tempo, in dem die Säure abgebaut wird, bestimmt das Klima. Je wärmer es ist, desto rascher vollzieht sich der Säureabbau. Der Winzer muss den Lesezeitpunkt also so wählen, dass die Säure in einem ausgewogenen Verhältnis zum Zucker und den anderen Reifeparametern steht. Denn Säure ist ein wichtiger Bestandteil. Sie sorgt für Frische und Spannung im Wein. Sie macht ihn mikrobiologisch stabil. Das gilt vor allem für Weißweine. Aber auch Rotweine brauchen Säure, wenn sie nicht flach und plump werden sollen.

Die Weinsäure

In Weintrauben sind vor allem zwei Säuren anzutreffen: die Weinsäure und die Apfelsäure. Beide zusammen machen rund 99 Prozent der Gesamtsäure aus. Entgegen weit verbreiteter Meinung unterscheiden sie sich geschmacklich nicht. Ihr Verhältnis zueinander variiert stark je nach Reifestadium der Trauben. Die Besonderheit der Weinsäure (Weintrauben sind übrigens die einzigen Früchte, in denen diese Säure vorkommt) besteht darin, dass sie von Anfang bis Ende der Reifephase gleichbleibend hoch ist und nicht abgebaut wird. Sie ist temperaturresistent. Bezogen auf die gesamte Saftausbeute einer Beere sinkt ihr Anteil, weil die Beeren größer werden und die Konzentration dadurch automatisch abnimmt. Im Verhältnis zur Apfelsäure steigt ihr Anteil während des Reifeprozesses. Die Höhe der Weinsäure ist übrigens von Rebsorte zu Rebsorte verschieden. Die Sherrytraube Palomino bildet viel Weinsäure, die Pinot Noir relativ wenig.

Die Apfelsäure

Während der Reifephase zersetzt wird nur die Apfelsäure. Würde man die Trauben hängen lassen, würde sie bis auf Null abgebaut. Da sie für die Qualität vieler Weine wichtig ist, warten die Winzer mit der Lese nicht bis zum letzten Moment. Wie der Name nahelegt, erinnert sie geschmacklich an grünen Apfel und macht, dass die Weine frisch schmecken, „knackig“ sind, Biss haben. Kenner sprechen davon, dass der Wein „rassig“ ist. Ist die Apfelsäure im Übermaß vorhanden, schmeckt der Wein allerdings kantig und roh. In kühlen Jahren ist das oft der Fall, weil die Apfelsäure nicht schnell genug abgebaut wird. Der Abbau erfolgt übrigens durch Zellveratmung nur bei warm-heißen Temperaturen. Dabei löst sich das Malat, das Salz der Apfelsäure, in Gas auf. In Zeiten der globalen Klimaerwärmung viel problematischer ist jedoch der zu rasche Abbau der Apfelsäure, mit dem die warmen Anbauzonen der Erde konfrontiert sind. Oft ist, wenn die Trauben physiologisch reif sind und damit gelesen werden müssten, kaum noch Apfelsäure vorhanden. Wenn die Temperaturen auch nachts nicht fallen, ist der Veratmungseffekt groß. Die betroffenen Winzer stellt diese Entwicklung vor große Probleme. Einige lesen bereits vor

Was bedeutet der pH-Wert?

Chemisch betrachtet, spalten Säuren in wässriger Lösung – also auch im Wein – Wasserstoff-Ionen ab: umso mehr, je saurer der Wein ist, umso weniger, je schwächer die Säuren sind. Wenn man die Anzahl der Wasserstoff-Ionen zählt, erfährt man etwas über die Höhe der Säure im Wein. Da der pH-Wert nach einem negativen Logarithmus berechnet wird, steht ein hoher pH-Wert für eine niedrige Säure und ein niedriger pH-Wert für eine hohe Säure – salopp gesprochen. Tatsächlich gibt es noch andere Faktoren, die den pH-Wert beeinflussen. Wein enthält zum Beispiel auch Kalium, und Kalium hat eine gegenläufige Wirkung auf den pH-Wert. Wenn der Wein viel Kalium enthält, kann der pH-Wert steigen, auch wenn er, allein von der Säure betrachtet,eigentlich niedrig sein müsste. Ein irritierender Umstand. Umgekehrt gilt das Gleiche. So wiesen nach dem heißen Sommer 2003 viele Weine erstaunlich niedrige pH-Werte auf, obwohl sie äußerst säurearm waren. Der Grund: Sie enthielten wenig Kalium. Kalium ist von der Niederschlagsmenge abhängig, und 2003 war ein trockenes Jahr. Auch die Genetik der Rebsorte beeinflusst den Kaliumgehalt. Riesling ist die kaliumärmste Rebsorte. Bei Merlot sind die Kaliumgehalte überdurchschnittlich hoch. Auf schweren Böden enthalten die Weine mehr Kalium als auf skelettreichem Untergrund. Die Vinifikation spielt ebenfalls eine Rolle. Maischevergorene Weine sind kaliumreicher als mostvergorene.

dem Eintritt der physiologischen Reife. Andere säuern ihre Weine künstlich auf (durch Zugabe von Zitronensäure). Wer gar nicht reagiert, muss hinnehmen, dass seine Weine immer mächtiger werden und dabei an Frische verlieren. Das gilt vor allem für den Süden Europas. In Übersee ist diese Entwicklung durch die Abwanderung großer Teile des Weinbaus in *Cool-climate*-Gebiete, in denen die Temperaturen nachts teilweise scharf abfallen, gemildert worden. Aber auch dort ist die Säuerung (Fachausdruck: Azidifikation) notwendig und eine häufige Gegenmaßnahme.

Gesamtsäure oder pH-Wert?

Die Höhe und die genaue Zusammensetzung der Säuren in den Trauben beziehungsweise im Most werden selten gemessen. In den deutschsprachigen Ländern wird die titrierbare Gesamtsäure im vergorenen Wein gemessen. Das heißt: vor allem der Weinsäure und der Apfelsäure. Dazu kommen weitere Säuren, die bei der Gärung entstanden sind: Milchsäure, Bernsteinsäure, Schwefelsäure, Kohlensäure, während die Apfelsäure in Rotweinen zum Beispiel gar nicht mehr vorhanden ist. Der Gesamtsäuregehalt schwankt je nach Weintyp zwischen vier und zehn Gramm pro Liter. Nordafrikanische Rotweine haben eine niedrige, Trockenbeerenauslesen vom Riesling eine hohe titrierbare Gesamtsäure. Allerdings sind die Säureangaben in den Ländern unterschiedlich. In Frankreich wird unter Gesamtsäure nur die Schwefelsäure verstanden, in Amerika nur die Weinsäure. Aussagekräftiger für den Säurestatus eines Weins ist der pH-Wert. Er wird mittels einer Glaselektrode gemessen. Dabei schwankt der pH-Wert eines Weins in der Regel zwischen 2,9 (stark säurebetont) und 4,0 (säuremild). Für den Konsumenten ist der pH-Wert ziemlich nichtssagend. Jedenfalls sagt er wenig über den Geschmack des Weins aus. Für den Kellermeister ist er dagegen wichtig. Denn ab 3,7 muss ein Wein, um stabil und gegen Oxidation geschützt zu sein, stärker geschwefelt werden. Unter 3,7 ist er mikrobiologisch weitgehend stabil.

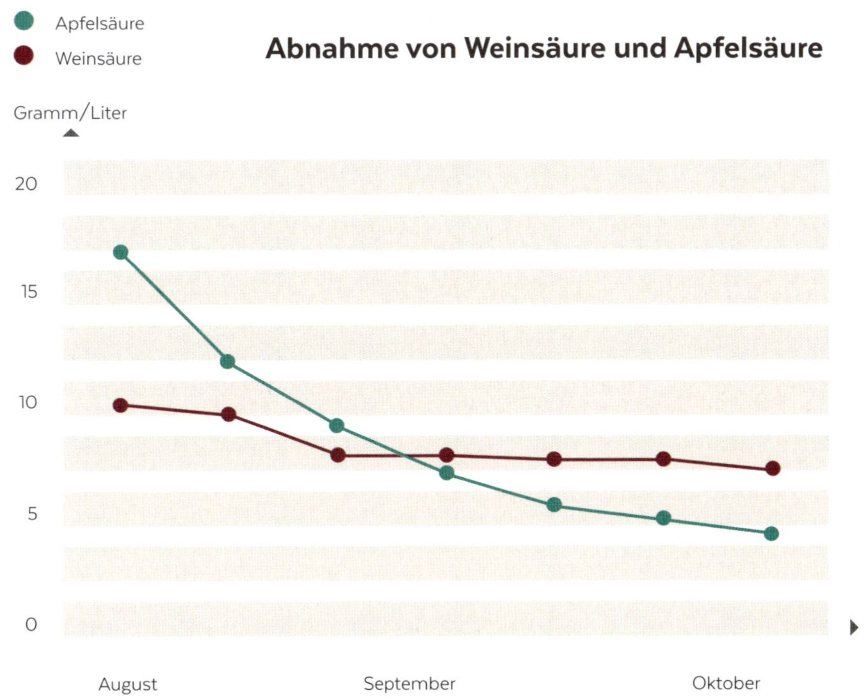

Apfelsäure und Weinsäure sind die wichtigsten Säuren im Saft der Beeren. Die Apfelsäure sinkt in der Reifephase schneller als die Weinsäure.

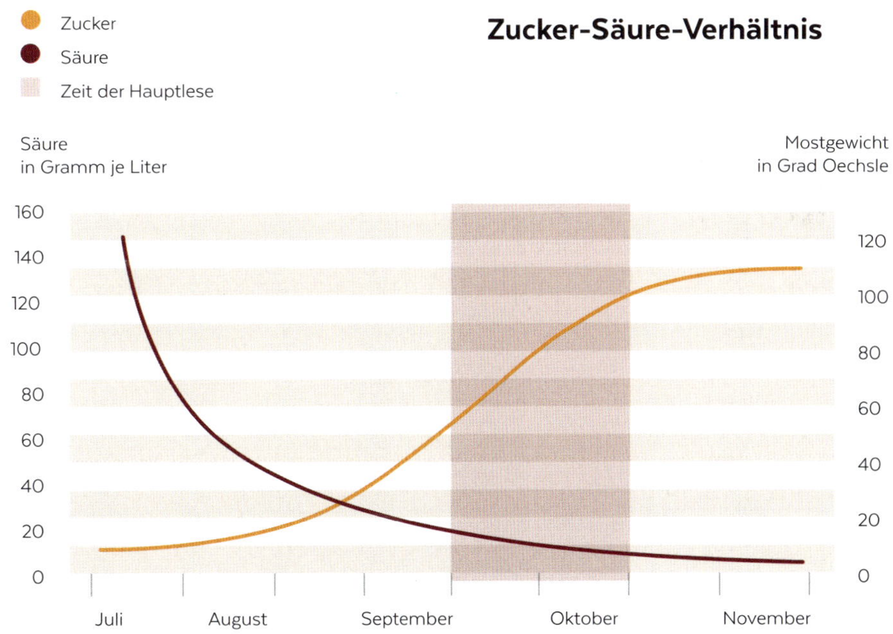

In der Reifephase steigt der Zucker (gelb) in den Beeren stark an, während die Säure (rot) sinkt. Bevor sie zu stark abgebaut wird, muss gelesen werden.

Tiere als Bio-Indikator

Ein hoher Anteil an Apfelsäure ist ein Indikator dafür, dass die Trauben noch nicht reif sind. Die Pflanze schützt sich mit der grünen, grasigen Säure dagegen, dass ihre Früchte von Tieren gefressen werden, bevor die Kerne reif sind. Die Fortpflanzung sicherzustellen, ist auch für die Rebe das oberste Ziel und Prinzip des Lebens. Vogelfraß und der Einfall ganzer Rotten von Wildschweinen in die Weinberge ist deshalb ein sicheres Zeichen dafür, dass die Trauben süß genug sind und gelesen werden müssen – wenn es nicht schon zu spät ist.

Die verschiedenen Reifestufen

Gelesen wird, wenn die Trauben reif sind. Aber was Reife ist, bestimmt der Winzer. Es gibt nämlich nicht nur eine Reifestufe, sondern verschiedene Stufen der Reife. Je nachdem, für welchen Weintyp die Trauben gedacht sind, entscheidet der Winzer, wann gelesen wird.

Dass der Winzer selbst bestimmt, wann die Lese beginnt, ist ein relativ junges Phänomen. Noch vor wenigen Jahren gab es in den meisten europäischen Weinanbaugebieten eine „Herbstordung“, die Beamte der Ministerien und Funktionäre der Weinbauverbände aufstellten. In ihr wurde festgelegt, wann die ersten Trauben eingebracht werden dürfen. Die Zeit der Bevormundung ist inzwischen vorbei. Heute entscheiden die Winzer selbst, wann die Lese beginnt. Das Zeitfenster öffnet sich, wenn – optisch betrachtet – die weißen Trauben immer mehr braune Sprenkel bekommen und die Schalen der roten Trauben immer dunkler werden. Der Winzer weiß dann, dass die Säure schneller sinkt als der Zucker zunimmt. Das Zeitfenster schließt sich, wenn die Trauben zu schrumpeln beginnen, die Stiele braun werden und verholzen. Oder wenn die ersten herbstlichen Regenfälle drohen. Dazwischen können zwei oder gar drei Wochen liegen, manchmal aber auch nur wenige Tage.

Reife Trauben

Traubenlese erfordert Geduld, Energie, Erfahrung, Organisationstalent und Glück. Denn meist gibt es nicht nur einen Lesezeitpunkt, sondern mehrere, je nach Typ des Weins, den der Winzer anstrebt. Die einfachen Weine werden früh gelesen. Die Trauben für sie müssen also reif, aber nicht unbedingt vollreif sein. Der größte Teil des Weins, der weltweit erzeugt wird, fällt wahrscheinlich in diese Kategorie. Es kommen bei dieser Reifestufe immer auch grüne beziehungsweise nicht ganz reife rote Beeren mit in die Bütten.

Vollreife Trauben

Vollreife Trauben brauchen eine etwas längere Hängezeit. Aus ihnen werden die gehobenen und die Spitzenqualitäten erzeugt. Die teilweise noch hohe Tageswärme im Hebst führt dazu, dass die Rebe weiter assimiliert und Zucker bildet. Da die Nächte meist schon recht kühl sind, bleibt gleichzeitig die Säure erhalten. Folge: Das Aroma ist voller, der Ge-

Erste Reifestufe: reife Traube
Die Beeren sind noch grüngelb und nur wenig gesprenkelt. Die Schale ist fest, die Kerne noch nicht voll verholzt.

Zweite Reifestufe: vollreife Traube
Die Beeren sind jetzt tiefgelb mit immer mehr braunen Sprenkeln. Die Haut ist dünn, der Fruchtkörper elastisch. Die Kerne lassen sich leicht aus dem Traubenmark lösen.

schmack komplexer. Allerdings steigt auch der potenzielle Alkoholgehalt. Sollten vollreife Trauben auch unreife (oder faule) Beeren enthalten, werden diese spätestens auf dem Sortiertisch ausgelesen. Manchmal werden unreife Traubenteile auch mit der Schere entfernt.

Überreife Trauben

Überreife Trauben streben nur wenige Winzer an – etwa für Sondercuvées oder sonstige Raritäten. Diese Weine zeichnen sich durch eine hohe Konzentration, hohe Extrakte, hohe pH-Werte und relativ hohe Alkoholgradationen aus. Damit kompensieren sie die mangelnde Frische. Überreife Trauben sind goldgelb (weiß) oder tiefdunkel (rot). Die Beerenhaut ist so dünn, dass die Beere schon bei leichtem Druck aufplatzt. Das Interesse an Weinen aus überreifem Lesegut war jahrzehntelang hoch. Viele Konsumenten sahen die entsprechenden Weine als äußerste Spitze der Qualitätspyramide an. Zahlreichen Weingütern war es wichtig, sich mit derartigen „Weintrophäen" zu schmücken. Inzwischen ist das Interesse an Blockbuster-Weinen zurückgegangen. Man erkennt, dass Balance wichtiger ist als Konzentration und Schwere. Das Ziel ist Eleganz.

Edelfaule Trauben

Die Überreife geht irgendwann in Fäulnis über. Wenn alles gut läuft, ist es die (trockene) Edelfäule, die die Trauben befällt. Sie zerstört die Beeren nicht, sie lässt sie zu Rosinen schrumpeln. Allerdings können aus edelfaulen Trauben nur süße Weine erzeugt werden. Genauer: edelsüße. Also Beerenauslesen und Trockenbeerenauslesen, wie man sie aus Deutschland, Österreich und Ungarn (Tokaj) kennt, aber auch aus Sauternes, dem Elsass und anderen französischen Weingebieten. Wenn es dagegen schlecht läuft und regnet, breitet sich statt der Edelfäule die Nassfäule aus. Die Beeren platzen, das Fruchtfleisch wird ausgewaschen. Die Trauben sind verloren.

Was ist Extrakt?

Je später die Lese, desto höher ist der Extrakt im Wein. Als Extrakt wird die Summe aller nicht-flüchtigen Substanzen eines Weins bezeichnet. Dazu zählen Zucker, Säuren, Ester, Glycerin sowie die nur in kleinen Mengen vorhandenen Phenole, Pektine, Proteine und Mineralien. Kurz: alles was übrig bliebe, wenn der Wein erhitzt und der Wasseranteil verdampfen würde. Der „Trockenextrakt", wie er genau heißt, ist ein Qualitätsfaktor. Je weniger Trauben eine Rebe trägt und je weniger Wasserbestandteile sie enthält, desto höher ist der Extraktwert. Spät gelesene Rotweine aus vollreifen Trauben haben manchmal einen Extrakt von 27 Gramm/Liter und mehr. Früh gelesene Weine kommen gerade mal auf 17 Gramm. Qualität ist also messbar. Das heißt natürlich nicht, dass extraktreiche Weine jedem Menschen besser schmecken. Auch extraktarme Weine haben ihre Qualitäten.

Dritte Reifestufe: überreife Traube
Die Beeren sind goldgelb und tendieren farblich ins Braune. Teilweise sind sie schon faltig und platzen leicht auf. Die Stängel sind ebenso wie die Kerne im Inneren voll verholzt.

Vierte Reifestufe: edelfaule Traube
Die Beeren sind teilweise schon vom Edelschimmelpilz *Botrytis cinerea* befallen und färben sich dunkel. Die Beerenhaut ist porös und das Wasser verdunstet. Die Beeren beginnen zu schrumpeln.

Historischer Zufall: Wie es zur Spätlese kam

Die Entdeckung der späten Lese geht auf das Jahr 1775 zurück. Der Fürstabt von Fulda, damals Eigentümer von Schloss Johannisberg im Rheingau, musste jedes Jahr schriftlich die Erlaubnis für den Beginn der Lese geben. Das entsprechende Dokument überbrachte ein Reiter. Aufgrund verschiedener Umstände verspätete sich der Herbstbote in jenem Jahr. Bei seiner Ankunft war ein Teil der Trauben schon faul. Die Mönche kelterten die faulen Trauben separat. Über den Wein, der aus ihnen gewonnen wurde, berichtete einer von ihnen später dem Abt: „Solche Weine habe ich noch nicht in den Mund gebracht." Eine Statue des Reiters steht heute im Hof des Schlosses.

Vorreiter Ungarn

Allerdings wurde im ungarischen Tokaj schon 1650 aus edelfaulen Trauben Wein erzeugt. Damals verschob der Verwalter auf der Burg von Tokaj die Lese wegen eines bevorstehenden Angriffs der Türken. Nachdem die Gefahr vorüber war, hatte sich die Edelfäule ausgebreitet. Der Legende zufolge entstand so der erste süße Wein aus edelfaulen Trauben. In Frankreich wurde die Edelfäule erstmals 1847 auf Château d'Yquem erwähnt. Marquis Bertrand de Lur-Saluces, der Besitzer, kam verspätet von einer Reise aus Russland zurück, sodass die Trauben in seinen Weinbergen schon Fäule angesetzt hatten. Dennoch wurde gelesen, und der 1847er erwies sich als der größte Jahrgang des 19. Jahrhunderts. Sicher ist allerdings, dass Château d'Yquem und das Sauternais bereits zuvor bedeutende Süßweine hervorgebracht hatten. Die Weine der Jahre 1811 und 1825 sind legendär.

Selektive Handlese: Die Erntehelfer schneiden nur die vollreifen Trauben, die anderen reifen bis zum nächsten Lesedurchgang nach.

Komplizierte Lese

Die Lese ist der Höhepunkt eines jeden Weinjahres, aber auch der kritischste Punkt. Nur durch sorgfältige Leseplanung gelingt es, die Trauben in der Qualität, die der Weinberg hervorgebracht hat, auf die Kelter zu bringen.

Vordergründig ist die Lese ein einfacher Vorgang. Die Trauben werden mit einer Schere von den Stielen geschnitten, in Körben, Wannen oder Bütten gesammelt und zur Kelter gebracht. In groben Zügen spielt sich dieser Vorgang überall auf der Welt so ab, wo Wein per Handlese erzeugt wird. Ob aus exzellenten Trauben auch ein ebensolcher Wein wird, hängt allerdings von vielen Details ab. Es beginnt mit sauberem Lesegeschirr und endet mit präzis getakteter Just-in-time-Anlieferung im Weingut. Untersuchungen haben ergeben, dass auf dem Weg vom Rebstock zur Kelter durchschnittlich 20 Prozent des Qualitätspotenzials verloren geht – durch schlechte Organisation, falsche Sparsamkeit, Bequemlichkeit, Unkenntnis.

Oxidation und „wilde Gärung"

Oberstes Ziel ist es, die Trauben unverletzt zum Keller zu bringen, um sie möglich rasch zu verarbeiten. Austretender Traubensaft oxidiert sofort und fängt angesichts der hohen Temperaturen, die oftmals während der Lese herrschen, schnell an zu gären. Es entstehen unerwünschte Ester, Aldehyde und Essigbakterien, die den Wein selbst in kleinen Mengen verderben können. Eine „wilde Gärung", wie es in der Fachsprache heißt, muss unbedingt vermieden werden. Sie führt zu großen Qualitätsverlusten. Viele Winzer streuen deshalb Schwefel über die frisch gelesenen Trauben. Er soll Oxidation und Angärung verhindern: Chemie gegen schlechte Ernteorganisation. Im Qualitätsweinbau ist die Traubenschwefelung ein Tabu.

Vollernter und Maischewagen

Bei der Lese mit Traubenvollerntern ist die Gefahr des Platzens der Beeren besonders groß, weil diese durch die harten Rüttel- und Schüttelbewegungen der Maschine vom Stiel geholt und dadurch verletzt werden. Eine Schwefelung der Trauben (etwa mit Kaliumdisulfit) verhindert zwar Schlimmeres. Aber sie führt zum nächsten Qualitätsverlust. Abgesehen davon ist eine Traubenschwefelung gefährlich, weil der Schwefel das spätere Angären des Mosts oder der Maische erschwert. Noch schlimmer sind die Maischewagen, die besonders in Deutschland weit verbreitet sind, um Transportraum zu sparen und die Pendelfahrten zwischen Weinberg und Keller zu reduzieren. In ihnen werden die Trauben noch im Weinberg entrappt und gequetscht. Wenn der Traubenbrei dann mehrere Stunden in der Sonne steht, ist er braun, stichig, phenolig. Um das zu verhindern, ist eine Schwefelung der Maische unerlässlich – mit allen Folgeproblemen. Maischewagen dienen allein der Rationalisierung der Abläufe während der Lese, nicht der Qualitätssicherung.

Organisation des Leseablaufs

Wo guter Wein entstehen soll, gibt es keine Maischewagen und keine Traubenschwefelung. Stattdessen ist die Lese generalstabsmässig organisiert. Ein Vorlesekommando hat bereits im Weinberg alle angefaulten oder unreifen Trauben zu Boden geschnitten. Die gesunden Trauben werden in kleinen Kunststoffkisten oder Edelstahlwannen gesammelt, sodass sie nicht durch ihr Eigengewicht aufplatzen können. Die Behälter stehen auch nicht stundenlang in der Sonne, sondern werden auf Anhängern gestapelt und schnell zum Weingut gebracht. Dort werden sie nach dem Entleeren mit Druckreinigern gesäubert, bevor sie wieder zurück in den Weinberg gehen. Hygiene ist wichtig. Je dichter Weinberg und Keller beieinander liegen, desto weniger Probleme gibt es. Spitzenweingüter in Bordeaux sorgen dafür, dass die Trauben spätestens zwei Stunden nach der Lese im Keller sind und verarbeitet werden.

Risikofaktor Traubentransport

Nicht sonderlich qualitätsfördernd ist es, wenn die Kisten in Anhänger, die mit Plastikplanen ausgeschlagen sind, entleert werden, sodass Fuhren von mehreren Tonnen Traubengewicht zusammenkommen. Auslaufender Saft in den unteren Traubenschichten ist unvermeidlich, vor allem, wenn die Traktoren über unebenes Gelände fahren. Der Einsatz von Traubenvollerntern erfordert eine noch perfektere Organisation des Leseablaufs. Wegen der großen Menge an Beeren, die innerhalb kurzer Zeit angeliefert werden, müssen die Weingüter genügend Kapazitäten vorhalten. Die Trauben dürfen nicht stundenlang in der warmen Kelterhalle, schon gar nicht in der Sonne stehen, bis eine Presse frei wird.

Hohe Traubentemperaturen

Im Weingut angekommen, werden die Trauben in der Regel sofort entrappt. Die weißen Beeren werden gepresst, die roten gemahlen und direkt ins Gärgefäß gepumpt. Sorgfältig arbeitende Weingüter geben die Trauben vor dem Entrappen auf ein Sortierband, wo noch einmal angefaulte oder nicht ganz reife Trauben von Hand entfernt werden. Sind die Trauben wegen der hohen Lesetemperaturen zu warm, stellen qualitätsbewusste Weingüter die angelieferten Kisten in eine Kühlzelle, wo sie zwölf Stunden oder länger gelagert werden. Sind keine Kühlzellen vorhanden, müssen Most oder Maische im Gärtank heruntergekühlt werden. Würden sie in dem warmen Zustand fermentiert, könnte es passieren, dass der Wein sofort und damit viel zu stürmisch zu gären beginnt. In Gegenden, in denen es während der Lese richtig heiß ist, werden die Trauben teilweise schon auf dem Transportfahrzeug mit Trockeneis gekühlt, um jedes Gärrisiko zu vermeiden. Auf längeren Strecken werden die Kisten in Kühlcontainern transportiert.

Wenn es während der Lese regnet

Wenn der Herbst feucht ist, wenden anspruchsvolle Weingüter völlig neue Techniken an, um die Folgen des Regens möglichst gering zu halten. Manchmal kreist ein Helikopter vor der Lese tief über den Reben, um sie abzutrocknen. Oder die nassen Trauben werden vor der Verarbeitung durch eine Heißluftschleuse geschickt, in der die Regentropfen weggeföhnt werden. Sollten sich die Beeren durch die Regenfälle aufgebläht haben, den Most mit verwässert haben, kann er durch künstlichen Wasserentzug wieder konzentriert werden. Das Verfahren der Umkehrosmose ist nach heftigen Diskussionen auch in Europa erlaubt worden. Nicht alle diese Maßnahmen hatten bisher einen durchschlagenden Erfolg. Viele Versuche waren nur teuer. Sicher ist aber, dass, wer keine Kosten scheut, die Nachteile schlechter Jahrgänge heute erheblich mildern kann.

Nachtlese

Um all die Probleme zu vermeiden, wird in Australien, Chile, Argentinien, Kalifornien und manchmal auch in den heißen Anbaugebieten Europas die Lese in die Nacht verlegt. Die Temperaturen fallen oft um 20 °C ab. Die Trauben müssen nicht künstlich gekühlt und nicht unter einer Stickstoffschicht zum Keller transportiert werden. Allerdings ist die Nachtlese nur möglich, wenn maschinell gelesen wird. Die Vollernter sind mit Halogenscheinwerfern ausgestattet, die die Weinberge in der Nacht hell erleuchten. In Südeuropa scheitert die Nachtlese an den strengen Arbeitszeitvorschriften.

Handlese oder maschinelle Lese?

Nach vorsichtigen Schätzungen wird heute bereits die Hälfte aller Weintrauben weltweit nicht mehr von Hand, sondern von Maschinen geerntet, Tendenz steigend. In Deutschland wird bereits 80 Prozent der Rebfläche mechanisch abgeerntet. Die jüngste Generation der Vollernter kann sogar in Steillagen mit über 60 Prozent Gefälle eingesetzt werden. Auch renommierte Domänen im Burgund und viele Grands Crus aus Bordeaux setzen im Herbst Maschinen ein. Diese fahren über die Rebzeilen und trennen die Beeren durch einen kombinierten Schüttel- und Rüttelmechanismus von den Stielen.
Die Stiele selbst bleiben am Rebstock.
Die Beeren werden dann in Wannen gesammelt und in wartende Transportfahrzeuge umgeladen. Der größte Vorteil der Traubenvollernter besteht in ihrer Schnelligkeit. Sie ernten in einer Stunde, wozu sonst 30 Lesehelfer nötig wären.
Auf diese Weise ist es möglich, fast alle Trauben zum idealen Lesetermin einzubringen – bei engem Lesefenster ein unschätzbarer Vorteil. Allerdings hat der Traubenvollernter zwei Nachteile. Er kann nicht selektieren. Er erntet alles, was an den Reben hängt. Trauben, die unreif oder verschimmelt sind, müssen also im Rahmen einer Vorlese entfernt werden – von Hand. Und nachverlesen werden muss auch, weil viele Blätter und Stielreste im Lesegut sind. Der zweite Nachteil ist, dass im Vergleich zur Handlese ein erhöhter Anteil der Beeren durch die mechanischen Einwirkungen verletzt wird – zwischen fünf und zehn Prozent. Dadurch kann die Weinqualität gemindert werden.

Das Beste zuletzt

Die Trauben, die von der Edelfäule befallen werden, sind optisch unansehnlich. Sie sind braun, geschrumpelt und oft völlig verschimmelt. Aber aus ihnen werden einige der teuersten Weine der Welt erzeugt: hoch konzentrierte süße und edelsüße Weine.

Beerenauslese: Ein Teil der Beeren ist bereits zu Rosinen geschrumpelt, andere sind noch grün.

Unter den vollsüßen Weinen gibt es zwei Kategorien: die aus gesunden, aber zu Rosinen eingeschrumpelten Trauben erzeugten Weine, wie sie in Süditalien, Griechenland, Spanien, Zypern produziert werden. Und die aus edelfaulen Trauben gewonnenen Weine, wie man sie aus Deutschland, Österreich, aus dem französischen Sauternes und dem ungarischen Tokaj kennt. Außer der Süße und der Tatsache, dass diese eine natürliche und keine zugesetzte Süße ist, haben die beiden Typen von Weinen wenig gemein. Sie sind auch keine Likörweine. Ihnen wird kein Alkohol zugesetzt wie bei Portweinen, Sherrys oder den roten Banyuls und Maurys aus dem französischen Roussillon. Ihr Alkohol ist natürlich. Er besteht aus unvergorenem Restzucker. Anders gesagt: Die Gärung stoppt von selbst, weil die Hefen nicht im Stande sind, derart hohe Zuckermengen zu verarbeiten. Die deutschen und österreichischen Beeren- und Trockenbeerenauslesen weisen oft nur 8 Vol. %, manchmal auch weniger Alkohol auf (bei Restzuckermengen von 150 bis 300 Gramm/Liter). Die französichen Sauternes erreichen bis zu 14 Vol. % bei ähnlich hohem Restzucker.

Die edelsüßen Weine

Die edlere Variante sind die edelsüßen Weine: goldgelbe, ölige Nektare mit würzig-karamelligen Noten, die viele Jahre brauchen, um ihr Optimum zu erreichen. Von den besten sagt man, sie hätten das ewige Leben. Die Trauben für diese Weine sind vom Schimmelpilz befallen, der lateinisch *Botrytis cinerea* heißt. Er bohrt seine feinen Sporen durch die dünne Beerenhaut und durchlöchert sie. Der Saft in den Beeren verdunstet langsam, der Schrumpelungsprozess setzt ein. Dadurch steigt automatisch die Konzentration des Zuckers und der anderen Inhaltsstoffe. Entsprechend süß und extraktreich ist der wenige Saft, der beim Auspressen der verschimmelten Trauben abläuft. Gelesen werden diese Trauben erst sehr spät: Ende Oktober oder im November, manchmal auch noch später. Aber aus dem grüngrauen Most, der stundenlang abgepresst wird, entstehen magisch-schöne Weine. „Schweiß der Engel" hat ein Dichter sie einmal genannt.

Besondere Verhältnisse

Der Schimmelpilz *Botrytis cinerea* tritt nur in Anbaugebieten mit gemäßigtem Klima, und dort auch nur unter bestimmten Voraussetzungen auf: wo es feuchte Morgennebel gibt, die von warmer, föhniger Luft aufgelöst werden. In so einem feucht-warmen Klima verbreitet sich der Pilz explosionsartig. In Sauternes bringt ein völlig unscheinbares Bächlein namens Ciron die Feuchtigkeit. Die Sonne Bordeaux' bringt die Wärme. In Deutschland sind es die Flüsse Rhein, Mosel, Saar, Nahe und Main, über denen sich die Frühnebel bilden. Die hohen Temperaturen kommen durch die intensive Herbstsonne sowie durch die Strahlungsthermik, die von Boden und Gewässern ausgeht. In Österreich ist es die

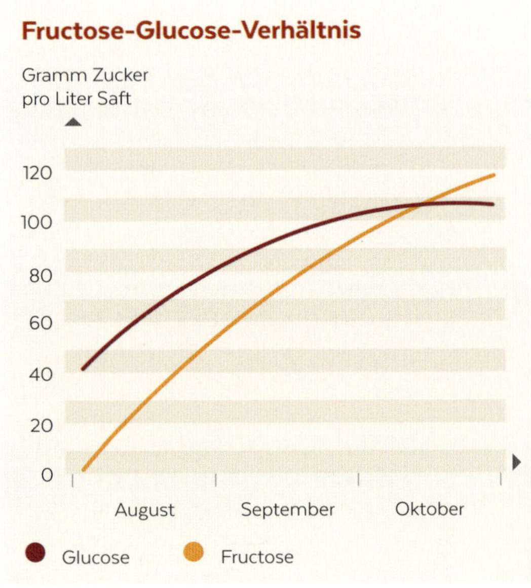

Trockenbeerenauslese: edelfaule Traube

Kombination von Neusiedler See und pannonischer Wärme, durch die der Pilz sich rasend schnell ausbreitet, im ungarischen Tokaj sind es die Flüsse Tisza und Bodrog im Verein mit dem Wärmestau im Karpatenbogen. Auch die Elsässer Vendange Tardives und Sélections des Grains Nobles, der Quarts de Chaume von der Loire, der rumänische Cotnari sind edelsüße Spezialitäten. Die Faszination dieser Weine liegt in der Spannung zwischen schwerer Süße und hoher Säure.

Glucose und Fructose

Die Süße der Weine aus botrytis-infiziertem Lesegut geht auf den hohen Fructoseanteil zurück. Fructose ist eine hochwertige Zuckerart mit einer deutlich größeren Süßkraft als Glucose, der zweiten Zuckerart, die die Weinrebe bildet. Die Fructose sorgt für die Honignoten edelsüßer Weine. Während der Fructoseanteil zu Beginn der Reifephase im August erst weniger als 20 Prozent des Zuckers im Traubensaft ausmacht, nimmt er mit zunehmender Reife überproportional zu. Am Ende der Reifephase ist etwa gleich viel Fructose wie Glucose im Traubensaft enthalten. In überreifen, edelfaulen Beeren überwiegt die Fructose sogar deutlich. Der Grund: Der *Botrytis*-Pilz baut mehr Glucose als Fructose ab. Außerdem wird durch ihn mehr Säure als Zucker verstoffwechselt. Dadurch entsteht das ölig-süße Glycerin.

Süßweine

In den warmen Gebieten an der südlichen Peripherie Europas tritt die Edelfäule nicht auf. Auch in Australien, Kalifornien und anderen überseeischen Weinbauländern ist der *Botrytis cinerea* nahezu unbekannt. Trotzdem werden dort Süßweine produziert – allerdings auf völlig andere Weise und mit einem ganz anderen Geschmacksbild. Die dortigen Winzer ernten die Trauben vollreif und völlig gesund. Danach trocknen sie sie auf dem Boden unter freiem Himmel oder in einem Plastiktunnel, bis sie zu Rosinen geschrumpft sind. Der Most ist durch Oxidation mahagonifarben bis dunkelbraun geworden. Er ergibt hoch konzentrierte Weine mit mehr oder minder niedriger Säure und extremer Süße. Beispiele sind der Pedro Ximenez aus Andalusien, der Vinsanto von den Kykladen, der Moscato von der Insel Pantelleria. Für die Zuckerkonzentration sorgt allein die Verdunstung des Wassers in den Beeren durch die porös gewordenen Schalen. Zucker und Säure werden in gleichem Verhältnis abgebaut, wobei Glucose und Fructose sich die Waage halten. Nach ähnlichem Prinzip werden die Trauben für den toskanischen Vin Santo und für die Recioto-Weine aus Italien getrocknet.

Wein, der aus der Kälte kommt

Eine besondere edelsüße Rarität ist der Eiswein. Er ist ebenfalls ein edelsüßer Wein, entsteht aber dadurch, dass die Trauben in gefrorenem Zustand gelesen und gekeltert werden. Dazu sind Temperaturen von mindestens – 7 °C nötig. Die Winzer brauchen also Frühfröste im November und Dezember. Der Wasseranteil des Traubensafts ist dann weitgehend vereist, sodass sich Zucker, Säuren und andere Inhaltsstoffe in dem wenigen, von der Kelter laufenden Most konzentrieren. Das heißt: Je tiefer die Temperaturen und je höher der Vereisungsgrad, desto konzentrierter ist der Most. Eiswein, der in nennenswerten Qualitäten nur in Deutschland, Österreich und in Kanada erzeugt wird, hat eine höhere Säure als Weine aus botrytis-infiziertem Lesegut und eine eher karamellige Süße. Zufalls-Eisweine wurden schon im 19. Jahrhundert gekeltert. In diesem Jahrhundert tauchten die ersten Eisweine 1949 an der Saar, in großem Stil dann 1961 überall in Deutschland auf. Versuche, Eiswein künstlich zu gewinnen, indem frisch gelesene, vollreife Trauben im Kühlhaus gefrostet werden, haben keine zufriedenstellenden Ergebnisse erbracht und sind inzwischen verboten.

Eisweintraube mit Eiskristallen

Eisweinlese in Deutschland: Schnee ist nicht nötig, aber Temperaturen von mindestens minus 7 °C.

VIELFALT DER REBSORTEN

Cabernet Sauvignon

Die Cabernet Sauvignon ist die mit Abstand am häufigsten angebaute Rebsorte der Welt. Sie bringt hochklassige, dunkelfarbige, langlebige Weine hervor, die zu den edelsten Rotweinen der Welt gezählt werden. Im Duft erinnern die Weine an Schwarze Johannisbeeren, Brombeeren, Zedernholz und schwarzen Pfeffer, auf der Zunge macht sich das kräftige Tannin bemerkbar. Allerdings tritt die Cabernet Sauvignon in Bordeaux praktisch nie reinsortig, sondern fast immer in Verbindung mit Merlot, Cabernet Franc und Petit Verdot auf (Bordeaux Blend). Cabernet-Sauvignon-Weine bestechen eher durch die Feinheit und Fülle ihrer Aromen. Wenn die Traube voll ausreifen kann, ergibt sie vielschichtige und äußerst feine Weine. Als spät reifende Sorte muss sie in warmen Lagen stehen, damit der Wein nicht grasig oder nach grünem Pfeffer schmeckt. Die Trauben sind mittelgroß und dicht mit dunkelblauen, dickschaligen Beeren besetzt. Die Herkunft dieser Sorte war lange unklar. Inzwischen haben Forscher der Universität Bordeaux herausgefunden, dass sie eine spontane Kreuzung von Cabernet Franc und Sauvignon Blanc ist. In Bordeaux wurde sie in großem Stil erst Ende des 18. Jahrhunderts angebaut. Da sie damals Bidure genannt wurde, halten Ampelographen es für wahrscheinlich, dass sie mit der Biturica-Traube identisch ist, die Plinius im 1. Jahrhundert beschrieben hat. Heute gilt Bordeaux als Urheimat der Cabernet Sauvignon, speziell das Médoc mit seinen kieselsteinhaltigen, wasserdurchlässigen Böden. Herzstück des Bordeaux ist die Pauillac, wo die Weine von Château Lafite-Rothschild und Château Mouton-Rothschild einen besonders hohen Anteil dieser Sorte aufweisen. Am rechten Ufer der Gironde wird sie dagegen deutlich weniger angebaut. Dort dominieren Merlot und Cabernet Franc. Die größte Anbaufläche für Cabernet Sauvignon findet sich in Chile, wo fast doppelt so viel mit ihr bestockt ist wie in Bordeaux. Auch Kalifornien hat mehr Cabernet Sauvignon als Bordeaux, Australien nur geringfügig weniger. In Argentinien und Washington State wird die Sorte ebenfalls hoch geschätzt. Und in Italien und Spanien ist Cabernet Sauvignon in den letzten Jahrzehnten stark in Mode gekommen: vor allem an der toskanischen Küste um Bolgheri bringt sie gute Ergebnisse.

WEITERE ROTE SORTEN VON A-Z

Agiorgitiko
Griechenlands häufigste und vielseitigste Rotweinsorte, die einfache, gefällige, aber auch feine und langlebige Weine hervorbringt. Die Sorte ist vor allem auf der Peloponnes zu Hause (Nemea), wird aber auch im nördlichen Makedonien angebaut.

Aglianico
Wichtigste Rotweinsorte in den süditalienischen Regionen Kampanien (Taurasi) und Basilikata (Aglianico del Vulture). Sie liefert dunkle, rausamtige Weine mit kräftigem Gerbstoff, die lange haltbar sind. Auch im Norden Apuliens und in Molise anzutreffen.

Aramon
In Europa vor allem im Languedoc noch weit verbreitete alte Rebsorte, die als Massenträger gilt. Außerhalb Europas findet man sie in Algerien, Marokko und Uruguay.

Areni
Häufigste Rotweinsorte Armeniens, die körper- und alkoholreiche, in der Spitze sehr feine Weine ergibt. Die Sorte ist frosthart und übersteht auch die kalten Winter in den bergigen Höhen des Kaukasus auf über 1000 Metern.

Alicante Bouschet
Französische Teinturier-Rebe (Petit Bouschet × Grenache), die vor allem im südlichen Frankreich viel angebaut und farbschwachen Rotweinen beigemischt wird.

Baga
Dickschalige rote Sorte in Portugal, aus der zahlreiche tannin- und säurereiche Weine reinsortig oder in der Cuvée erzeugt werden. Typisch

Cabernet Franc

Sehr alte, möglicherweise sogar noch ältere Sorte als die Cabernet Sauvignon. Sie stammt aus dem Baskenland oder dem Bordeaux und hat in den letzten Jahren deutlich an Beliebtheit gewonnen. Ob sie eine mutierte Wildrebe ist oder eine Einkreuzung (vermutlich mit der Merlot), ist nicht endgültig erwiesen. Cabernet Franc wird nicht nur in Bordeaux (vor allem St-Émilion), sondern auch entlang der Loire (Chinon und Bourgeuil), in Italien, Griechenland, Kalifornien, Südafrika, Chile, Argentinien usw. angebaut. Fast immer wird sie als Verschnittpartner in Bordeaux-Cuvées verwendet. Cabernet Franc reift etwas früher als die Cabernet Sauvignon und gibt dem Wein einen pfeffrigen, mitunter kräuterwürzigen Ton. Teilweise wird sie auch reinsortig gekeltert (z. B. Bolgheri, Südafrika).

Malbec

Früher in ganz Frankreich weit verbreitete Sorte, die heute in größeren Mengen nur noch im Südwesten in Cahors existiert. Sie wird dort traditionell Cot genannt. In Bordeaux wurde sie schon vor über 100 Jahren vom Merlot verdrängt. Heute befinden sich 70 Prozent der weltweiten Malbec-Fläche in Argentinien. Im warmen Klima von Mendoza ergibt sie einen dunkelfarbenen, tanninreichen Wein, der nach Pflaumen, Blaubeeren, Minze, Schokolade schmeckt und zum Besten gehört, was das Land an Rotwein hervorbringt. Die Krankheiten, unter denen die Rebe in Europa litt, treten dort selten auf: *Peronospera* und *Botrytis*. DNA-Analysen haben gezeigt, dass die Sorte eine Kreuzung aus Magdeleine des Charantes und Prunelart ist.

Carmenère

95 Prozent der Carmenère steht heute im Valle Central in Chile. Im trocken-warmen Klima dort gedeiht die Sorte prächtig und bringt tiefdunkle Weine hervor, deren Tannin etwas weicher ist als das der Cabernet Sauvignon. Sie besitzt ein unverwechselbares, an rote Beeren, Eukalyptus und Leder erinnerndes Aroma. Sie taucht auch in Cuvées auf. Ursprünglich kommt die Sorte aus Europa. Sie gehörte bis zur Reblauskatastrophe zu den „Big Six" in Bordeaux. Wegen ihrer Mehltauanfälligkeit fiel sie dort in Ungnade. Bereits im 19. Jahrhundert wurden die ersten Reiser von französischen Siedlern nach Chile gebracht und dort kultiviert. In Europa findet man Restbestände nur noch in Norditalien, wo sie bis in die 1970er-Jahre irrtümlich für Cabernet Franc gehalten wurde.

Syrah

Eine der edelsten Rotweinsorten der Welt, vor allem an der nördlichen Rhône zu Hause, die dunkelfarbene, tanninstarke Weine mit bittersüßem, würzigen Beerenaroma ergibt. Reinsortige Syrah-Weine sind dort der majestätische Hermitage, der elegante Côte Rôtie, die leichteren St-Joseph, Cornas, Crozes-Hermitage. Auch im Languedoc ist die Syrah weit verbreitet. In der Sorte selbst findet sich das Erbgut der Dureza und der Mondeuse blanche – beides südfranzösische Sorten. Es handelt sich also um eine spontane Kreuzung. Heute ist die Syrah in nahezu allen großen Weinbauländern der Welt zu finden, vorzugsweise in den wärmeren. Sie gilt als besonders hitzebeständig. Die größte Rebfläche nimmt sie in Australien ein, wo sie Shiraz genannt wird und wuchtige Weine mit ganz eigenem Geschmacksprofil hervorbringt.

---

für die Rotweine aus Barraida, aber auch in Ribatejo und Dão weit verbreitet. Die Weine brauchen ein paar Jahre, um sich zu verfeinern.

Nachweisbar ist sie im 18. Jahrhundert in Österreich, von wo sie nach Ungarn, Jugoslawien und Deutschland gelangte.

eine hohe Säure auszeichnet. Er kommt in guter Qualität auch gern als Schaumwein oder Perlwein auf den Markt.

Manchuela und Utiel-Requena weit verbreitet. In den letzten Jahren werden aus ihr zunehmend auch Rosados erzeugt.

Blauer Portugieser

Qualitativ mittelmäßige, aber reich tragende Traube, aus der milde, gerbstoffarme, blassrote Weine erzeugt werden, die entfernt Burgunderart aufweisen. Ob die Sorte aus Portugal stammt, ist unklar.

Blauer Wildbacher

Uralte Sorte, die von wenigen Ausnahmen abgesehen nur noch in der Weststeiermark angetroffen wird. Unter dem Namen Schilcher wird dort aus ihr ein urtümlicher, zwiebelfarbener Wein gekeltert, der sich durch

Bobal

Dritthäufigste Rebsorte in Spanien, die zu hohen Erträgen neigt und wegen ihres rustikalen Charakters meist mit anderen Sorten assembliert wird. Zum Beispiel in Alicante, Cuenca,

Callet

Alte mallorquinische Rebsorte, die dunkle, robuste Weine mit einer feinen Säure ergibt. Fast immer zum Verschnitt benutzt. In den letzten Jahren wird die Sorte gerne für Roséweine verwendet.

Merlot

Die Merlot-Traube ist eine noble Sorte, die im Unterschied zum Cabernet Sauvignon geringere Ansprüche an den Untergrund stellt und auch in weniger guten Lagen hochklassige Weine ergibt. Aus ihr werden einige der größten Rotweine der Welt gekeltert: etwa in St. Émilion und Pomerol. Beispiel sind die legendären Weine von Petrus und Le Pin. Auf den lehmigen und sandigen Böden, die in dort vorherrschen, ergibt die Merlot dunkel-rubinrote Weine mit Noten von schwarzer Johannisbeere, Brombeere, Pflaumen oder Schlehen. Sie weisen eine niedrigere Säure auf als Cabernet-Sauvignon-Weine, haben ein weicheres Tannin und eine geringere Langlebigkeit. Ihr Alkoholgehalt ist bei Vollreife höher. Im jungen Stadium können sie fleischig-streng sein, mit zunehmende Reife entwickeln sie süße, malzige Töne. Die ältesten Zeugnisse lassen den Schluss zu, dass die Merlot schon im 14. Jahrhundert in Bordeaux unter dem Namen Crabatut Noir existierte. Von dort gelangte sie ins Medoc, wo sie nach Cabernet Sauvignon die Hauptsorte in den Weinbergen ist. Mittlerweile ist sie die zweithäufigste Rebsorte der Welt. Mindestens vier Gründe sind dafür ausschlaggebend. Erstens reift sie eine Woche bis zehn Tage früher und kann also risikoloser ausreifen, zweitens ordnet sich die Merlot Assemblage problemlos anderen Rebsorten unter. Drittens stellt sie nicht so hohe Ansprüche an die Lage und gedeiht auch im kühleren Mikroklima. Viertens ist sie ertragreicher und beständiger als andere Sorten. Italiener, Osteuropäer und Australier bauen sie verstärkt an. Reinsortig ergibt sie aber nur selten Spitzenweine. Ausnahmen sind der italienische Masseto und einige kalifornische Merlots. Aus dem schweizerischen Tessin kommen sehr eigenständige Merlots. Ansonsten ist Merlot zum Inbegriff eines gehaltvollen, aber leicht zu trinkenden Konsumweins geworden. Wissenschaftler haben übrigens erst kürzlich herausgefunden, dass die Sorte eine Kreuzung aus der ausgestorbenen Magdeleine des Charentes × Cabernet Franc ist.

Corvina

Wichtigste Sorte bei Valpolicella und Amarone, die Säure und ein gutes Tanningerüst liefert. Fast immer wird sie mit Rondinella, Molinara, Corvinone und Oseletta verschnitten. Offizell heißt sie Corvina Veronese. Sie ist auch Bestandteil des Bardolino des Ripasso.

Corvinone

Sie stammt aus der Familie der Corvina-Gewächse, doch da sie eine Mutation ist, wird sie als eigenständige Sorte angesehen. Einen wichtigen Part spielt sie in den Cuvées von Valpolicella, Amarone und Bardolino.

Fetească Neagră

Aus Rumänien stammende und dort weit verbreitete Sorte, die dunkle, dichte Weine mit fruchtig-balsamischen Noten und gutem Tanningerüst ergibt. Auch als Schwarzmädchentraube bezeichnet, denn aus ihr werden viele liebliche Varianten erzeugt. Wegen der außerordentlich guten Qualität der Weine wird sie zunehmend auch in Ungarn, Bulgarien, Moldawien und in der Ukraine angebaut.

Frühburgunder

Dickschalige Rebsorte, die für eine Mutation des Spätburgunders gehalten wird. Sie reift etwa zwei Wochen früher als der Spätburgunder und besitzt kleinere Beeren. In geringen Mengen ist Frühburgunder in deutschen Rotweinanbaugebieten zu finden. Trotz ihrer Farbschwäche kann sie teilweise hervorragende Qualitäten ergeben. In Frankreich heißt sie Pinot Madeleine.

Gaglioppo

Beste Rotweinsorte Kalabriens, die körperreiche, feinwürzige Weine mit kräftigem Tannin liefert. Sie

Cinsault

In ganz Südfrankreich weit verbreitete Sorte, die in den letzten Jahrzehnten von Qualitätswinzern in den Départements Aude und Hérault neu entdeckt wurde. In guten Lagen und mit strengem Beschnitt eignet sie sich wegen ihrer dunklen Farbe und Fruchtigkeit gut zur Assemblage mit Mourvèdre, Grenache und Cabernet Sauvignon, denen sie Duft und Geschmeidigkeit gibt. Sie wird jedoch fast nie allein gekeltert, sondern taucht praktisch immer zusammen mit Mourvèdre, Grenache, Syrah, oder Carignan auf. Stark vertreten ist sie in der Provence (Cassis, Bandol). Auch in Algerien, Tunesien und Marokko sowie dem Libanon ist sie weit verbreitet (alternative Schreibweise: Cinsaut). Die Rebe stammt wahrscheinlich aus Südfrankreich.

Carignan

Mediterrane Rotweinsorte, die vor allem in Südfrankreich angebaut wird. Sie ist aber auch auf Sardinien (Carignano) und im Nordosten Spaniens zu finden, wo sie Cariñena oder Mazuelo heißt. In guten Lagen und von alten Rebstöcken kommend (etwa im Priorat) lassen sich aus ihr auch hochfeine, charaktervolle Weine erzeugen. Gleiches gilt für Languedoc und Roussillon. In Nordafrika, Südkalifornien, Mexiko und Lateinamerika werden aus der Carignan dagegen schlichte Industrieweine gewonnen. Auch in Südfrankreich besteht ein großer Teil der Landweine aus dieser Sorte. Wegen ihrer Hitzeresistenz erlebt die Carignan in den letzten Jahren eine Renaissance. Sie ist ein Profiteur des Klimawandels.

Zinfandel

Die Traube ist in den warm-heißen Anbaugebieten Kaliforniens zu Hause und bringt dort wuchtige, fruchtbetonte Weine mit oft hohen Alkoholgehalten (15 Vol.%) hervor. Lodi und Paso Robles sind typische Anbaugebiete, aber auch das Dry Creek Valley, wo man noch viele alte Rebstöcke findet. Die Weine sind geschmacksintensiv und weisen Würznoten von Piment, Nelken, Lorbeer, schwarzem Pfeffer auf. Ihr Geschmack erinnert an Kirschkonfitüre und getrocknete Pflaumen. Die besten „Zin" sind exzellent. Der größte Teil aber ist einfacher Konsumwein. Er kommt auch als restsüßer Roséwein auf den Markt („White Zinfandel"). Die Sorte besitzt eine genetische Verwandschaft mit dem italienischen Primitivo. Ihr gemeinsamer Vorfahre ist die dalmatinische Crljenak kaštelanski.

Saperavi

Wichtigste osteuropäische Rebsorte, die aus dem Kaukasus stammt und in Moldavien, Russland, Rumänien, Bulgarien, Armenien und Aserbaidschan weit verbreitet ist. Die größten Bestände finden sich jedoch in Georgien, wo sie nach der Unabhängigkeit gezielt angebaut und leidenschaftlich gepflegt wird. Im Anbaugebiet Kachetien sind fast alle besseren Rotweine aus ihr gekeltert, die besten reinsortig, die anderen im Verschnitt. Im Qvevri (traditionelle Tonamphore) vinfiziert, ergibt sie tanninreiche, langlebige Weine. Modern vinifiziert, können die Weine burgundische Züge aufweisen. Die winterharte Sorte (die übrigens ein rötliches Fruchtfleisch aufweist und daher als Färbertraube gilt) wird qualitativ stark unterschätzt. Auf der Krim liefert sie sie einen der Grundweine für den roten Krimsekt.

stammt aus Griechenland, wurde aber schon vor über 2000 Jahren nach Italien importiert. Der bekannteste Gaglioppo-Wein ist der Ciro.

Graciano

Spanische Rebsorte, die dunkle, würzige, vor allem säurestarke Weine hervorbringt. Wird zunehmend in Rioja-Cuvées verwendet, um den Weinen mehr Frische zu geben. Neuerdings auch reinsortig gekeltert.

Außerhalb von Rioja in Navarra, Catalunya und Sardinien anzutreffen. Dort Bovale genannt.

Lagrein

Autochthone Südtiroler Rotweinsorte, die dunkle, tanninreiche, etwas rustikale Weine hervorbringt, die sich, wenn die Trauben ertragsreduziert angebaut wurden, auf der Flasche gut verfeinern. Eine natürliche Kreuzung von Vernatsch × Teroldego.

Lambrusco

Um die Stadt Reggio Emilia in der italienischen Region Emilia-Romagna angebaute Sorte, die tiefdunkle, violett-rote Weine ergibt. Sie kommen als schäumende Perlweine auf den Markt,nicht selten restsüß. Es gibt verschiedene Unterarten: Lambrusco Grasparossa, Lambrusco Salamino, Lambrusco di Sorbara. Aus Letzterer wird ein trockener, sehr origineller Wein erzeugt, der sich regional großer Beliebtheit erfreut.

Limnio

Alte griechische Rebsorte, aus der herzhaft fruchtige, leicht säurebetonte Weine mit samtigem Tannin erzeugt werden, die entfernt an einen Pinot Noir erinnern. Vor allem im Norden Griechenlands in Thessalien. Der legendäre Mönchswein des Klosters auf dem Berg Athos wird reinsortig aus Limnio erzeugt. Reinsortig im Rapsani anzutreffen, meist aber mit Cabernet oder Merlot verschnitten.

Pinot Noir

Eine der ältesten Rebsorten der Welt und zugleich eine der am höchsten geschätzten, weil sie besonders vielschichtig ist und Aromentiefe mit hoher Eleganz verbindet. In der Farbe präsentieren sie sich in eher hellem als dunklem Purpurrot, ihr Aroma ist von süßer Fruchtigkeit und zarter Würze geprägt. Die Trauben sind auffällig klein mit vielen dünnschaligen Beeren. Entsprechend tanninarm ist der Wein. Einige Pinot-Noir-Winzer keltern daher die Trauben mit den Stielen, um tanninreichere Weine zu erhalten. Die Urheimat der Sorte ist mit Sicherheit das Burgund, wo sie urkundlich bereits im 14. Jahrhundert nachgewiesen ist. Vermutlich existierte sie dort aber schon mindestens 1000 Jahre vorher. Heute ist die Pinot Noir praktisch die einzig vertretene rote Sorte an der Côte d'Or, wo sie die Gamay völlig verdrängt hat. Chambertin, Musigny, Pommard und Volnay – das sind einige der bekanntesten Weinnamen dieser Gegend. Weil die Sorte sehr sensibel auf Bodenunterschiede reagiert, werden die Pinot Noirs des Burgund nicht nach der Sorte, sondern nach dem Terroir benannt. Das zweite große französische Anbaugebiet ist die Champagne. Dort wird Pinot Noir zu Weißwein (oder Rosé) gekeltert und ist Bestandteil der meisten Champagner. Auch außerhalb des Burgund hat die Pinot Noir weite Verbreitung gefunden. Die wichtigsten Anbaugebiete weltweit sind Kalifornien (Carneros, Russian River, Santa Barbara County), Oregon, Neuseeland, Tasmanien und Deutschland (wo die Sorte Spätburgunder genannt wird). Das Stammland dort waren Baden, Assmannshausen und die Ahr. Inzwischen hat sich die Rebsorte in Württemberg, in der Südpfalz, im ganzen Rheingau und in Teilen Frankens stark ausgebreitet. Interessante Pinot Noirs kommen auch aus der Schweiz (Graubünden, Schaffhausen) und aus Südtirol – allerdings in kleinen Mengen. Vereinzelt trifft man die Sorte im österreichischen Carnuntum und im Burgenland. Allerdings verlieren die Weine in wärmerem Klimata an Feinheit. Die Pinot Noir gehört zu den wenigen roten Trauben der Welt, die fast immer sortenrein gekeltert werden.

Manto Negro
Die häufigste auf Mallorca angebaute rote Traubensorte, die vor allem um Binissalem anzutreffen ist. Sie ergibt leichte, duftige Weine und wird gerne als Verschnittsorte benutzt.

Mavrodaphne
Nur in Griechenland anzutreffende Sorte, die in Patras einen populären Likörwein ergibt. Von der Insel Kefalonia kommen auch trockene Rotweine: dunkelrot, aromatisch, alkoholreich.

Mavrotragano
Bis vor wenigen Jahren fast ausgestorbene, jetzt wieder vermehrt angebaute Rebsorte auf der Insel Santorini. Sie egibt tiefrote, üppige Weine mit kräftiger Tanninstruktur. Inzwischen ist die Sorte auch auf dem Festland anzutreffen, etwa in Rapsani.

Mondeuse
Alte französische Sorte, die rustikale, tannin- und säurebetonte Weine ergibt. Erlebt in Savoyen eine kleine Renaissance

Morellino
Bezeichnung für eine regionale Spielart der Sangiovese, die in der südlichen Toskana um den Ort Scansano zu finden ist. Im Morellino di Scansano wird die Morellino fast immer mit anderen Sorten assembliert.

Negroamaro
Uralte, in (fast) ganz Apulien anzutreffende Rebsorte, die reinsortig oder zusammen mit der Malvasia Nera gekeltert wird. Typische Weine sind der Salice Salentino, Leverano, Copertino, Alezio, Brindisi und Rosso di Cerignola. Oft auch zu Rosés verarbeitet.

Gamay

Traditionelle Rotweintraube des Beaujolais, die auf den Granitböden um die Stadt Lyon herzhaft-fruchtige Weine ergibt. Das Spektrum reicht von einfach und leicht bis zu charaktervoll. Ihren höchsten Ausdruck findet sie in den zehn Crus im Norden des Beaujolais, wo aus ihr substanzreiche, kirschfruchtig-mineralische Weine gewonnen werden (etwa in Brouilly, Morgon, Chiroubles, Fleurie oder Moulin-à-Vent). Früher war die Gamay auch an der Côte d'Or stark vertreten, wurde aber von der Pinot Noir verdrängt. Im Bourgogne Passetoutgrain ist sie noch heute ein willkommener Verschnittpartner. Außerdem wird sie entlang der Loire und in Zentralfrankreich angebaut. Größere Gamay-Anbauflächen gibt es in den Schweizer Kantonen Waadt und Wallis (etwa für den Dôle).

Blaufränkisch

Qualitativ wichtigste Rotweinsorte Österreichs, die vor allem im Burgenland und im Carnuntum kultiviert wird. Im Mittelburgenland wird sie traditionell mit Blauem Zweigelt verschnitten. In letzter Zeit hat es eine starke Tendenz gegeben, die Sorte reinsortig auszubauen, vor allem am Leithaberg und am Neusiedlersee. Im südlichen Burgenland (Eisenberg) wurde sie immer schon sortenrein gekeltert. Sie liefert prägnante, facettenreiche Weine, die säurestark und fruchtig-würzig ausfallen. In Ungarn, Tschechien und der Slowakei ist sie als Kékfrankos bekannt, in Deutschland als Lemberger. Blaufränkisch ist eine natürliche Kreuzung von Zimmettraube und Weißem Heunisch. Sie tauchte unter diesem Namen erstmals im 18. Jahrhundert im heutigen Slowenien auf.

Blauer Zweigelt

Häufigste Rotweinsorte in Österreich, die in allen Anbaugebieten des Landes vorhanden ist, ihre Stärke aber am Neusiedlersee im Burgenland sowie im benachbarten Carnuntum und im Weinviertel hat. Dort werden aus ihr dunkelrote, konzentrierte Weine mit feinem Kirschfruchtcharakter und gutem Tanninrückgrat erzeugt. Häufig wird der Zweigelt, wie er vereinfachend genannt wird, auch mit Blaufränkisch oder anderen Sorten verschnitten. Da er keine hohen Lagenansprüche hat, wird er auch in Tschechien, der Slowakei, in Ungarn und in Württemberg angebaut. Er wurde 1922 von dem Botaniker und Rebenzüchter Friedrich Zweigelt aus St. Laurent und Blaufränkisch gekreuzt und „Rotburger" genannt. Erst 1975 benannte man ihn in Zweigelt um.

Xinomavro

Sie gilt als beste Rotweinsorte Griechenlands und liefert tanninreiche, nach dunklen Beeren, Jod, getrockneten Tomaten und Oliven duftende Weine. Ihr Hauptanbaugebiet liegt in Makedonien, insbesondere in Amynteon, Goumenissa und vor allem in Naoussa. Dort wird sie in der Regel reinsortig gekeltert und ergibt strukturierte, immer leicht säurebetonte, langlebige Weine. Aber auch in Thessalien und in Zentralgriechenland ist die Xinomavro anzutreffen. Dort tritt sie meist in Cuvées mit säureärmeren Sorten auf, etwa in dem an den Hängen des Olymp wachsenden Rapsani. Der Ursprung der Sorte ist unbekannt, dürfte aber in Griechenland liegen. Die These, dass die Xinomavro mit der italienischen Nebbiolo verwandt ist, hat sich als falsch erwiesen.

Nerello Mascalese

Typische Rebsorte des Ätna auf Sizilien, aus der alle dort wachsenden Weine gewonnen werden (zusammen mit dem etwas weniger wertigen Nerello Cappuccio). Die Weine sind leuchtend granatrot, äußerst würzig im Aroma mit mineralisch-rauchigen Noten, zarten Fruchtnuancen und feiner Säure. Außerhalb des Ätna wird die Sorte (zweithäufigste nach dem Nero d'Avola in Sizilien) nicht angebaut.

Petit Verdot

Wertvolle, spät reifende Sorte, die vor allem in Bordeaux angebaut wird und dort länger heimisch ist als die Cabernet Sauvignon. Sie ergibt nahezu schwarzrote, tanninreiche und stark säurehaltige Weine mit feiner Würze. Vor allem in Margaux geht sie in die Cuvées ein – freilich nur in kleiner Menge. Zunehmend findet man Petit Verdot auch in Italien, Griechenland, Kalifornien, Südafrika und Chile.

Petite Sirah

Mittelmäßige Rebsorte mit nicht ganz klarem Ursprung. In Kalifornien wird sie auch Durif genannt. Sicher ist, dass sie mit der echten Syrah nichts zu tun hat. Angebaut wird sie im heißen San Joaquin Valley, aber auch im kühleren Monterey District. Hat sich als Verschnittsorte für Zinfandel und Pinot Noir bewährt.

Picpoul Noir

Im Languedoc beheimatete, alte Rebsorte, die auf den Sandböden des Küstenlitorals am Mittelmeer wächst. Zudem eine der 13 zugelassenen Rebsorten des Châteauneuf-du-Pape. In allen Anbaugebieten jedoch stark im Rückgang begriffen.

Tempranillo

Qualitativ und quantitativ ist die Tempranillo die führende spanische Rotweinsorte. Sie bildet die Basis für die Weine der Rioja sowie der Ribera del Duero und des Anbaugebiets Toro sowie zahlreicher anderer Appellationen wie Castilla y León, Somontano, Navarra, Valdepeñas, La Mancha (dort wird sie Cencibel genannt). Sie ergibt in der Regel kräftige Weine mit ausdrucksvollen, an dunkle Beeren, Lakritz und orientalische Würze erinnernde Aromen, dazu kommt eine weiche, eher niedrige Säure und ein mildes Tannin. Viele der Tempranillo-Weine zeigen schon in jungem Stadium große Feinheiten, etwa als Crianza. Aber die Klasse dieser Rebsorte offenbart sich erst nach einer gewissen Reifezeit. Die guten Reservas und einige Gran Reservas legen Beweis dafür ab, wie langlebig und elegant die Weine aus dieser Rebsorte sein können. Traditionell werden die Tempranillo-Weine lange in Barriques oder Tonneaux ausgebaut (manchmal zehn Jahre lang), oft noch mit einem hohen Anteil neuer Eiche (wobei früher regelmäßig Fässer aus würziger amerikanischer Eiche eingesetzt wurden). Heute wird zunehmend französische Eiche benutzt und die Reifezeit im Barrique auf 18 (Reserva) bzw. 24 Monate (Gran Reserva) verkürzt. In Toro werden die Weine reinsortig aus Tempranillo gewonnen (die dort Tinta di Toro heißt), ebenso der Ribeira del Duero (Tinta del País), ansonsten werden sie mit Garnacha, Bobal, Cabernet Sauvignon, Merlot, Malbec u.a. verschnitten. In der Rioja beträgt der Tempranillo-Anteil meist zwischen 60 und 85 Prozent, den Rest machen Garnacha, Cariñena, Mazuela oder Graciano aus. Bei der wachsenden Zahl der Autorenweine wird in der Rioja jedoch auf Verschnitte verzichtet, man erzeugt die Topweine ausschließlich aus Tempranillo. Lange wurde gerätselt, woher die Tempranillo kommt. Dabei war oft zu hören, dass sie aus Frankreich stammt und eine Mutation der Pinot Noir sei. Das ist unwahrscheinlich. Neue genetische Untersuchungen haben gezeigt, dass die Rebsorte eine spontane Kreuzung von Albillo Mayor und der roten Benedicto ist. Außerhalb Spaniens hat die Sorte nie groß Fuß gefasst – außer in Portugal. Dort ist sie die häufigste Rotweinsorte. Als Tinta Roriz ist sie in jedem Portwein enthalten. Im Alentejo heißt sie Aragonez und bildet die Basis für die dortigen Rotweine.

Pinotage

Im Jahre 1925 aus Pinot Noir und Cinsault eingekreuzte Rebsorte, die ausschließlich in Südafrika verbreitet ist und dort die besten Ergebnisse gezeitigt hat. Die Weine sind relativ dunkel in der Farbe, haben in der Jugend ein erdig-würziges Bouquet, entwickeln aber schnell eine schöne, ausdrucksvolle Frucht. Sie wird häufig noch im Gobeletsystem ohne Spalier gezogen (bush vines).

Pinot Meunier

Wegen ihrer Frosthärte die am häufigsten angebaute Sorte in der Champagne, wo sie als dritte Varietät in den Champagner eingeht - allerdings nur zu einem kleinen Prozentsatz. Sie gilt als rustikal und derb-fruchtig, gehört nach traditioneller Auffassung jedoch in jeden guten Champagner. Die Sorte wird auch in Württemberg angebaut und heißt dort Schwarzriesling oder Müllerrebe.

Plavac Mali

Im Süden Kroatiens angebaute Sorte. Sie liefert dunkle, körper-, tannin- und alkoholreiche Weine (Dingac, Postup), die teilweise sehr fein sein können. Plavac Mali wird häufig mit anderen Sorten verschnitten.

Poulsard

Feinste Sorte im französischen Jura, hellfarbig, duftig, alterungsfähig. Wird oft zusammen mit Pinot Noir und Trousseau gekeltert.

Primitivo

Im südlichen Apulien weit verbreitete Rebsorte, aus der reiche, aber nicht sehr komplexe Weine erzeugt werden, die an dunkle Beeren, Nelken und Zimt erinnern. Sie bringen wenig Tannin mit. Im Salento werden Primitivo-Weine oft restsüß, in Manduria dagegen trocken ausge-

Garnacha (Grenache)

Zweithäufigste rote Traube in Spanien, die als hitzeresistente Sorte in nahezu allen Anbaugebieten des Landes kultiviert wird. Sie liefert hellfarbene, tanninarme Weine, die wegen ihrer Würze und Fruchtigkeit überall geschätzt sind. Gern wird sie auch für Rosados verwendet. Reinsortig wird die Garnacha Tinto, wie sie offiziell heißt, selten angebaut. Ihr Ursprung dürfte im nordspanischen Aragón liegen. Von dort kam sie nach Südfrankreich, wo sie als Grenache Noir heute stärker vertreten ist als in Spanien. Die Grenache ist die Basissorte der Châteauneuf-du-Pape. Außerdem werden die Roséweine Lirac und Tavel aus ihr gewonnen. In Sardinien wird sie Cannonau genannt. In Australien wird sie gern mit Syrah und Mourvèdre verschnitten und ergibt die sogenannten GMS-Weine.

Mencia

Im Nordostens Spaniens beheimatete, autochthone Rebsorte, die in den letzten Jahren einen beachtlichen Aufstieg erlebt hat. Vor allem auf den Granit- und Schieferböden im hoch gelegenen Bierzo ergibt sie elegante, herzhaft frische Weine mit beerig-kräuterwürzigem Geschmacksprofil und seidigem Tannin. Die besten Qualitäten sind langlebig und entwickeln nach einigen Jahren fast burgunderhafte Züge. Auch in den kühlen, benachbarten Appellationen Ribeira Sacra, Valdeorras, Monterrei, Ribeiro und Rias Baixas ist die Mencia anzutreffen. Die einfachen Mencia-Weine werden im jungen Stadium auch kühl getrunken.

Monastrell (Mourvèdre)

Die dickschalige, dunkelrot leuchtende Traube mit den auffällig kurzen Stielen ist die vierthäufigste Rebsorte Spaniens. Sie ergibt würzige, alkoholreiche Weine. Ihre Urheimat liegt wahrscheinlich bei Valencia, wo sich auch heute noch die größten Rebflächen befinden. In Jumilla sind drei Viertel der Weinberge mit ihr bestockt. Als hitze- und trockenresistente Sorte erfreut sie sich im benachbarten Alicante und Yecla großer Beliebtheit. Dort taucht sie im Verbund mit Garnacha, Tempranillo, Cabernet Sauvignon und Merlot auf, im weiter nördlichen Priorat mit Carignan. Dem Rosada-Cava gibt sie seine roséfarbene Tönung. Als Mourvèdre taucht sie in Frankreich an der Südlichen Rhône und in der Provence auf. Der Bandol wird reinsortig aus ihr gekeltert. In Australien heißt die Sorte Mataro.

Touriga Nacional

Die hochwertigste Portwein-Sorte, deren Ursprung und Heimat im Douro-Tal in Portugal liegt. Dort werden aus der ertragsarmen Sorte violettrote, hochkonzentrierte Weine mit markantem Tanningehalt erzeugt, die (zusammen mit anderen Sorten) vor allem in Vintage Ports landen, für deren Feinheit und Langlebigkeit sie sorgen. Die Touriga Nacional taucht aber auch in Cuvées für trockene Douro-Rotweine auf, ebenso im benachbarten Anbaugebiet Dão und im Alentejo nördlich von Lissabon. Die Sorte ist ein starker Zuckersammler, weshalb die Weine aus ihr meist alkoholreich sind. Außerhalb Portugals hat die Sorte nie richtig Fuß gefasst. Kleine Bestände finden sich in Australien, Kalifornien und Südafrika, ohne ähnlich gute Weine hervorzubringen.

baut. Die Traube stammt, ähnlich wie die kalifornische Zinfandel, von der kroatischen Sorte Crljenak Kaštelanski ab. Der Name „Primitivo" spielt darauf an, dass ihre Trauben als erste (= primis) geerntet werden. Sie ist eine frühreife Sorte.

Sagrantino

Hochwertigste Rotweinsorte Umbriens mit Hauptanbaugebiet um die Stadt Montefalco. Liefert kräftige, extrem tanninreiche Weine mit spürbarer Würze. Mangels überregionalen Interesses wurden aus ihr jahrelang süße Dessertweine erzeugt. Heute keltert man aus ihr wieder zunehmend hochklassige, trockene Weine von großer Komplexität, die eine lange Lebensdauer haben.

Samtrot

Mutation der Pinot Meunier (Müllerrebe), die nur in Württemberg anzutreffen ist und hellrote, weiche Weine liefert.

St. Laurent

Aus einem Burgundersamen natürlich entstandene Sorte, die praktisch nur in Österreich und in kleinen Mengen in Deutschland, der Slowakei und Ungarn angebaut wird. Sie ergibt einen herbfruchtigen, sehr würzigen Rotwein, der jedoch nie an gute Pinot Noirs heranreicht.

Tannat

Alte Sorte aus dem Südwesten Frankreichs, die schwarzrote, kirschfruchtige Weine mit hohem Tanningehalt ergibt. Als Cuvéepartner findet man sie im Madiran, im Cahors, im Tursan, im Irouléguy und im Béarn. Reinsortig wird sie nur in Uruguay abgefüllt. Dort ist sie die Hauptrebsorte und ergibt ausdrucksstarke, edle Rotweine. Wegen der Dickschaligkeit der Beeren ist die Tannat besonders reich an Polyphenolen.

Nebbiolo

Schon lange bevor Barolo und Barbaresco Weltruhm erlangten, galt die Nebbiolo als hochwertigste Sorte in den Weinbergen Norditaliens. Dabei ist die Traube äußerlich ziemlich unspektakulär: von zylindrischer Form, mittelgroß und ziemlich kompakt, mit ausladendenden Schultern und mittelgroßen Beeren, die violett schimmern. Ihre Besonderheit wird erst beim Keltern sichtbar. Die Schalen sind dick und enthalten vergleichsweise wenig Antocyane. Die Maische ist zwar anfangs noch violettrot, der Wein aber nach dem Ausbau im Holzfass relativ hell und durchscheinend. Durch den Kontakt mit Sauerstoff verblasst er. Zugleich sind Nebbiolo-Weine tanninreich, was zeigt, dass die Schale reich an Polyphenolen ist. Und so sind am Ende dann auch die Weine: transparent granatrot und leicht pelzig am Gaumen. Geschmacklich sind sie einzigartig: im frühen Stadium dunkelbeerig mit Noten von roter Johannisbeere, Granatapfel, Süßlakritze und dem Duft von Trockenblumen, im späteren Stadium mit komplexeren Aromen, die in Richtung Teer, Trüffel, Moos, Zimt gehen. Barolo und Barbaresco wachsen in der Langhe, wie die Hügel um die Stadt Alba genannt werden. Sie müssen zu hundert Prozent aus dieser Sorte gewonnen sein. Gleiches gilt für den Nebbiolo d'Alba, die jugendliche Version eines Nebbiolo. Der Roero aus dem gleichnamigen benachbarten Anbaugebiet darf laut Statuten fünf Prozent (weißen) Arneis enthalten, was in der Praxis aber fast nie der Fall ist. Der Nebbiolo Langhe darf 15 Prozent andere Sorten enthalten. Nebbiolo wird aber auch im kühleren Norden Piemonts am Fuße der Alpen angebaut (Alto Piemonte). Dort haben Dörfer wie Boca, Ghemme, Fara, Sizzano, Gattinara, Bramaterra, Lessona eigene Appellationen. Die Weine von dort dürfen 15 Prozent Uva Rara, Croatina, Vespolina enthalten, können aber auch reinsortig sein. In Piemont aktenkundig ist die Nebbiolo seit 1303. Es wird vermutet, dass der Name (nebbia = Nebel) eine Anspielung auf den späten Lesezeitpunkt Mitte/Ende Oktober ist, wenn die Täler beginnen, sich mit Nebel füllen. Außerhalb des Piemont ist die Sorte selten zu finden.

Teinturier
Französische Bezeichnung für alle Deckweinsorten, die eigens gezüchtet wurden, um farbschwachen Rotweinen mehr Farbe zu geben. Basis der meisten Teinturier-Reben ist die dunkelfarbene Teinturier de Cher, die mit der Grenache gekreuzt wurde und so die Sorte Alicante Bouschet ergab. Diese ist noch heute in Frankreich weit verbreitet. Die Besonderheit besteht darin, dass der Saft und nicht nur die Schale dunkel ist.

Teroldego
Alte Rotweinsorte aus dem Trentino, die auf den flachen Schwemmlandböden um Mezzocorona (Rotaliana-Ebene) angebaut wird, wo sie dunkelfarbene, sowohl fruchtig-delikate als auch tanninreiche Lagerweine ergibt. Die Sorte gehört im weitesten Sinne zur Familie der Syrah-Reben.

Tinta Barocca
Sie gehört zu den sechs wichtigsten Sorten für die Portweinerzeugung und wird fast ausschließlich im Dourotal angebaut. Dort ergibt sie schwere, alkoholreiche, dunkelfarbene Weine. Auch im Trás-os-Montes und in kleinem Ausmaß auf Madeira ist sie zu finden.

Tinta Roriz
Die portugiesische Version der Tempranillo-Traube ist Bestandteil der Portwein-Cuvée.

Touriga Franca
Ist eine in Portugal weit verbreitete, autochthone Sorte, die von der Touriga Nacional abstammt. Als hitzetolerante Sorte findet man sie am Douro (wo sie ein regelmäßiger Bestandteil des Portweines ist), in Dão, Minho, Ribatejo und Alentejo sowie im Nordosten Portugals, wo sie dunkelfarbene, fruchtig-duftige Weine ergibt. Die historische Bezeichnung Touriga Francesco wurde 2002 durch Gerichtsbeschluss verboten.

Barbera

Eigenständige Rotweinsorte aus dem Piemont, die meist reinsortig vergoren wird (etwa Barbera d'Asti und Barbera d'Alba). Sie taucht aber auch in Cuvées mit Nebbiolo auf (etwa Langhe Rosso). 1799 wurde sie zum ersten Mal als *Vitis vinifera monferratensis* erwähnt. Heute ist Barbera die dritthäufigste Rotweinsorte Italiens und wird außer im Piemont im Oltrepò Pavese, in der Emilia Romagna, vereinzelt auch im Valpolicella und im Trentino angebaut. Barbera-Weine zeichnen sich durch eine hohe Säure aus. Wegen ihrer Tanninarmut werden die Weine gern im Barrique ausgebaut. Die Sorte neigt, wenn sie nicht zurückgeschnitten wird, zu hohen Erträgen, sodass aus ihr auch viele einfache und einfachste Weine produziert werden. In ihren besten Qualitäten ergibt sie jedoch opulente, konzentrierte Weine von großer Feinheit.

Sangiovese

Sie ist die häufigste italienische Rotweinsorte. Ihr Hauptverbreitungsgebiet liegt in der Toskana. Dort bildet sie die Basis des Chianti Classico, des Chianti, des Vino Nobile di Montepulciano und des Brunello di Montalcino sowie vieler anderer Rotweine. Das zweitwichtigste Anbaugebiet ist die Emilia- Romagna. Aber auch in Umbrien, in Latium und in den Marken ist sie weit verbreitet. Es existieren zahlreiche Spielarten von ihr, so dass Rebenforscher nicht von einer Rebsorte, sondern von einer Rebsortenfamilie sprechen. Die Sangiovese reift relativ spät und bringt fruchtige, aber auch tanninherbe, säurebetonte, reifebedürftige Weine hervor. Erwähnt wird sie erstmals 1722 in der Toskana. Doch spricht vieles dafür, dass sie schon 2000 Jahre früher bekannt war und von den Etruskern angebaut wurde.

Montepulciano

Die Sorte ist in Mittel- und Süditalien weit verbreitet und repräsentiert einen wichtigen Teil der italienischen Weinwirtschaft. Ihr Kernanbaugebiet liegt in den Regionen Abruzzen und Marken. Dort liefert sie dunkle, feinwürzige Weine mit weichem Gerbstoff und milder Säure. Da sie züchterisch wenig bearbeitet wurde, sind manche Weine aus ihr rustikal, ungestüm und alkohollastig. In den Marken wird sie oft mit Sangiovese assembliert, im Norden Apuliens mit der Uva di Troia. Die bekanntesten sind Rosso Conero, Conero Riserva, Rosso Piceno und Montepulciano d'Abruzzo. Mit der toskanischen Stadt Montepulciano hat die Sorte nichts zu tun.

Nero d'Avola

Fast ausschließlich in Sizilien beheimatete Sorte, die auf der gesamten Insel (mit Ausnahme des Ätna) angebaut wird, ihren Ursprung aber wohl im Südosten der Insel um Pachino, Noto und Ragusa hat. Die Nero d'Avola ergibt dunkle, mal fruchtig, mal balsamisch duftende Weine mit weichem Tannin und mediterraner Würze, etwa Wachholder, Lorbeer, Kakao, Leder, Lakritz, Johannisbrot. Sie wird sowohl reinsortig ausgebaut und als auch in Cuvées verwendet. In der Regel werden Nero d'Avola-Weine jung getrunken, Spitzengewächse verfeinern sich zehn und mehr Jahre auf der Flasche. Früher hieß die Sorte Calabrese und wurde als Verschnittwein nach Norditalien und Frankreich verkauft. Tatsächlich wird in Kalabrien jedoch kaum Nero d'Avola angebaut.

Trincadeira

Dritthäufigste portugiesische Rotweinsorte, die fruchtige, aber strukturarme Weine ergibt. Sie wird fast nur zum Verschnitt verwendet, in Alentejo, Dåo, Ribatejo, Douro, Minho, Algarve. Auch Tinta Amarela genannt.

Trollinger

In Württemberg beheimatete Sorte,hinter der sich die Südtiroler Vernatschtraube verbirgt. Aus ihr werden – von wenigen Ausnahmen abgesehen – schlichte, blassrote Leichtweine gewonnen, die örtlich sehr beliebt sind.

Trousseau

Aus dem französischen Jura stammende Sorte, die sortenrein gekeltert rauhe, gerbstoffreiche Weine ergibt. Wird zunehmend von der Pinot Noir verdrängt.

Vernatsch/Schiava

Einst häufigste, heute stark auf dem Rückzug befindliche Rebsorte Südtirols, die leichte, hellrote, tanninarme Weine für den unbeschwerten Genuss liefert (Kalterersee, St. Magdalener). Neben dem Großvernatsch, der häufigsten Variante, gibt es zahlreiche hochwertige Spielarten wie Tschaggelevernatsch, Mittervernatsch und Grauvernatsch, die meist zusammen vinifiziert werden.

Xinomavro

Sie gilt als beste Rotweinsorte Griechenlands und liefert tanninreiche, nach Trockenobst und Rosen duftende Weine. Oftmals auch mit säurearmen Sorten in Cuvées.Man sagt ihr Anklänge an die piemontesischen Nebbiolo-Gewächse nach. Ihre Hauptanbaugebiete liegen in Makedonien, insbesondere in Naoussa und Amynteon. Aber auch in Zentralgriechenland ist die Sorte häufig anzutreffen.

Chardonnay

Eine der nobelsten Rebsorten der Welt, die mit großer Sicherheit aus dem Burgund stammt (es gibt im südlichen Burgund sogar ein Dorf namens Chardonnay), heute aber weltweit verbreitet ist und ebenso feine wie gewöhnliche Weißweine hervorbringt – je nach Standort, Klon und Pflege. Unter allen weißen Rebsorten verzeichnete sie in den letzten 25 Jahren die größten Zuwächse. Die komplexesten Chardonnay-Weine wachsen auf den kalkhaltigen Böden der Côte de Beaune im Burgund und Chablis. Dort werden die Weine reinsortig aus Chardonnay-Trauben erzeugt und zeigen stark mineralische Aromen. Der Most wird in Barriques vergoren und macht später (ganz oder teilweise) einen biologischen Säureabbau durch. In Champagner ist die Chardonnay in der Regel zu 50 bis 70 Prozent vertreten (im Blanc-de-Blancs-Champagner zu 100 Prozent). Andere größere Anbaugebiete finden sich im Maconnais und an der Côte Chalonnaise, aber auch im Languedoc. In Italien sieht man die Sorte vor allem im Trentino, in Südtirol, in der Franciacorta und im Friaul. Seit einigen Jahrzehnten wird sie auch erfolgreich in Österreich kultiviert, in der Südsteiermark nennt man sie Morillon. In Deutschland gedeiht Chardonnay nur in Nischen. Die größte ist Baden, aber auch in der Südpfalz und in Teilen von Rheinhessen taucht sie immer häufiger auf. In der Schweiz findet man sie in Graubünden. Außerhalb Europas hat die Sorte weite Verbreitung in Kalifornien (Carneros, Sonoma County, Monterey, Santa Barbara County), Chile, Argentinien, Südafrika, Neuseeland und in Australien gefunden. Der weltweite Erfolg der Chardonnay-Traube beruht darauf, dass sie auf nahezu jedem Bodentyp ansprechende Qualitäten hervorbringt. Die genetische Nähe zu den anderen Mitgliedern der Burgunder-Familie (Pinot Blanc, Pinot Gris, Pinot Noir) ist groß. Bis 1990 glaubten führende Ampelographen, dass sie mit dem Pinot Blanc identisch sei. Tatsächlich ist sie eine vollkommen eigenständige Sorte. Neuere DNA-Untersuchungen haben zutage gefördert, dass sie eine Kreuzung von Pinot Noir × Gouais Blanc (Heunisch) ist.

WEITERE WEISSE SORTEN VON A-Z

Airen
Die flächenmässig häufigste Sorte in Spanien, weil im Weitstand angebaut und große Areale bedeckend. Typisch für La Mancha (wo sie auch Manchega genannt wird), aber auch in Andalusien zu finden. Die Rebsorte ergibt schlichte, säurearme Weine und ist stark rückläufig.

Arinto
Bekannt als Cuvée-Bestandteil des portugiesischen Vinho Verde. Tatsächlich wird sie in Portugal auch reinsortig gekeltert. Im Weißwein-Anbaugebiet Bucelas nordöstlich von Lissabon wird aus ihr ein frischer, trockener, mineralischer Wein gewonnen.

Arneis
Eine alte piemontesische Rebsorte, die fruchtig-mineralische Weine mit moderater Säure ergibt und vor allem im Roero angebaut wird, in kleinen Mengen auch in der Langhe.

Auxerrois
Zur Burgunderfamilie gehörende Sorte (Gouais × Pinot), die säuremilde, gefällige Weine hervobringt, die entfernt an Pinot Blanc erinnern. Sie stammt aus dem Elsass, wo sie auch heute noch weit verbreitet ist und gern mit der Pinot Blanc verschnitten wird. Auch an der Obermosel in Luxemburg ist sie anzutreffen sowie – in kleinen Mengen – in der Pfalz und im Kraichgau.

Boal Branco
Hoch aromatische Sorte, die meist oxidativ vinifiziert wird und praktisch in jedem Madeira vertreten ist. Boal Branco wird auch auf den Azoren und im Süden Portugals angebaut.

Pinot Blanc

Alte Rebsorte, aus der sehr gute, charaktervolle Weine erzeugt werden. Leider hat die Wertschätzung der Winzer für sie stark nachgelassen. Im Elsass werden ihr Riesling und Sylvaner vorgezogen. Im Friaul hat die Glera-Traube sie verdrängt. Im schweizerischen Wallis gibt es nur noch kleine Bestände. Nur in Südtirol und Deutschland, wo sie Weißburgunder genannt wird, ist sie auf dem Vormarsch und beweist ihre Klasse. Auf Höhen von 500 bis 800 Metern angebaut, werden aus ihr in Südtirol rassige, mineralische Weine gekeltert. In Deutschland ergibt sie in Baden und der Südpfalz Qualitäten, die der des Rieslings nahekommen. Sie wird aber auch an der Nahe, in Rheinhessen, Franken, Saale-Unstrut und Sachsen angebaut. Pinot Blanc ist eine Mutation der Pinot Noir.

Pinot Gris

Zwittrige Rebe mit kupferfarbenen Beeren, die irgendwo zwischen weißer und roter Sorte liegt. Vinifiziert wird sie als Weißwein, manchmal mit roséfarbenem Einschlag. Das Spektrum ihrer Qualitäten und Stile ist groß. Im Elsass werden aus ihr üppige, bisweilen fette, aber hochfeine Weine gewonnen, die die Struktur eines Rotweins besitzen können (früher hieß die Sorte dort Tokay). Auch in Deutschland ist Pinot Gris weit verbreitet: in ihrer altmodischen Version als Ruländer (goldgelb, meist lieblich), in ihrer neuen Version als Grauer Burgunder (gehaltvoll, trocken). Der größte Teil der Pinot Gris wird heute aber zu einem belanglosen Pinot-Grigio-Markenwein verarbeitet. Venetien und Trentino und seit einigen Jahren auch Oregon sind die wichtigsten Herkünfte.

Aligoté

Bekannt ist diese Sorte vor allem aus dem Burgund, wo sie frische, leicht zu trinkende Weine mit Aromen von Apfel und Heu ergibt. Diese Weine werden, anders als die Chardonnay-Weine, nicht im Holzfass ausgebaut und sind qualitativ von einfachem Zuschnitt. Auch im Crémant de Bourgogne wird die Aligoté gern verwendet. In guten Lagen werden aus ihr vielschichtige Weine gekeltert, etwa in Bouzeron im südlichen Burgund oder in den hohen Lagen der Côte d'Or, wo die Weine eine eigene, die Erträge begrenzende Ursprungsbezeichnung besitzen. Die größten Aligoté-Rebflächen befinden sich jedoch in Osteuropa, vor allem in Russland, Rumänien, Bulgarien. Genetisch ist die Aligoté eine spontane Kreuzung zwischen Pinot und Gouais Blanc (Weißer Heunisch).

Chenin Blanc

Die aus Frankreich stammende, an der unteren Loire beheimatete Rebsorte bringt in Anjou und in der Tourraine charaktervolle, in ihrer Aromatik oft etwas bizarre Weine mit markanter Säure hervor: anfangs oft muffig oder faulig riechend, später sich verfeinernd und an Safran oder Kardamom erinnernd. Bonnezeaux, Monlouis, Saumur, Savennières, Vouvray sind bekannte Appellationen. Die Sorte bringt auch hervorragende edelsüße Weine hervor (Quart de Chaume). Ein großer Teil wird zu Schaumwein verarbeitet (Vouvray, Crémant de Loire). Außerhalb Frankreichs findet man sie vor allem in Südafrika, wo sie gefälligere, oft im Holzfass ausgebaute Weine ergibt. Traditionell heißt sie dort Steen. Genetisch ist sie eine Kreuzung Sauvignon Blanc × Roter Traminer.

Caricante

Nur am Ätna auf Sizilien angebaute Sorte, die in Höhen von bis zu 1000 Metern mineralisch-fruchtige Weine von großer Distinktion ergibt.

Clairette

In ganz Südfrankreich weit verbreitete spät reifende Traube, die alkoholreiche, würzige Weine hervorbringt. Sie wird selten reinsortig, meist in Cuvées mit anderen Sorten (Côtes du Rhône, Châteauneuf-du-Pape, Cassis, Bellet, Côteaux d'Aix en Provence) verschnitten. Früher wurde sie viel zur Vermouth-Herstellung verwendet, heute oft zur Schaumweinherstellung.

Cortese

Piemontesische Traube, aus der einfache, leicht säurebetonte, fruchtige Weine erzeugt werden. Der bekannteste Wein aus der Cortese ist der Gavi.

Elbling

Eine der ältesten weißen Rebsorten Deutschlands, mit der einst fast die Hälfte aller Weinberge bestockt war. Vor etwa 50 Jahren wurde sie durch Müller-Thurgau verdrängt, sodass die Elbling heute nur noch am Oberlauf der Mosel zu finden ist, auf deutscher wie auf luxemburgischer Seite gleichermaßen. Der Wein, der aus ihr erzeugt wird, ist leicht, spritzig, säuretont, unkompliziert. Oft wird er für Schaumweine verwendet.

Encruzado

Typische Weißweinsorte im portugiesischen Anbaugebiet Dão, wo sie einen einfachen, aber charaktervollen frischen Wein ergibt, der jung getrunken wird.

Falanghina

Autochthone Rebsorte in Kampanien, die vor allem im Hinterland von Neapel und Benevent charaktervolle Weine mit Würze und feiner Säure

Sauvignon Blanc

Hochklassige und weltweit stark verbreitete Rebsorte, die in den letzten Jahren große Zuwachsraten verzeichnete und zur zweithäufigsten Weißweinsorte der Welt aufgestiegen ist. Sie treibt spät aus, kann aber schon relativ früh gelesen werden. Mit großer Wahrscheinlichkeit stammt sie aus Bordeaux, wo sie heute die am meisten angebaute weiße Sorte ist. In den Weißweinen von Graves, Pessac-Leognan, Entre-Deux-Mers sowie in den Bordeaux Blancs und den edelsüßen Sauternes bildet sie zusammen mit der Sémillon (und teilweise der Muscadelle) eine bewährte Einheit. Das bedeutendste Anbaugebiet ist heute jedoch die mittlere Loire mit den Weinbauzentren Sancerre und Pouilly Fume. Auf den dortigen Silex-Böden (Feuerstein) kommt das kräftige, an Stachelbeeren und Schwarze Johannisbeeren erinnernde Aroma am klarsten zum Ausdruck. Andere wichtige Anbaugebiete sind die Steiermark, wo die Sauvignon Blanc die Leitsorte ist und begeisternde Qualitäten liefert. Auch im Friaul und in den osteuropäischen Ländern ist sie zu finden. Außerhalb Europas gibt es regelrechte Sauvignon-Moden in Kalifornien (im Holzfass ausgebaut unter der Bezeichnung Fumé Blanc), in Chile, in Australien und vor allem in Südafrika. In Neuseeland macht die Sorte fast zwei Drittel des Rebbestands aus. Die Weine von dort haben eine besonders ausgeprägte herb-vegetale Note (Pyrazin) und sind gleichzeitig säurestark und alkoholreich. Auch andere Sauvignon Blancs aus Übersee haben ausgeprägte Pyrazin-Noten (grüne Paprika, Brennnesseln, Erbsenschoten), weil sie, um die Säure zu erhalten, sehr früh gelesen werden. Das gilt auch für Deutschland, wo die Sauvignon Blanc in den letzten zwei Jahrzehnten stark ausgepflanzt wurde. Die Sorte ist eine natürlich Kreuzung von Traminer × Chenin Blanc.

hervorbringt. Wird dort wieder verstärkt angebaut. Auch an der Amalfi-Küste und auf Capri anzutreffen. Möglicherweise wurde in der Antike der weiße Falerner aus ihr gekeltert.

Fetească Albă

In Moldawien, Bulgarien, Ungarn, der Ukraine, vor allem aber Rumänien verbreitete Sorte, die bouquetreiche Weine mit zarter Frucht hervorbringt, aber etwas säurearm ist. Der bekannteste ist der Dessertwein Cotnari. In den deutschsprachigen Teilen Transsylvaniens heißt sie Weiße Mädchentraube.

Fiano

Schon seit über 2000 Jahren in Italien angebaute Sorte, die auf den sandigen Vulkanböden Kampanienssatte und saftige Weine (Fiano di Avellino) hervorbringt, die reich an Körper, aber gleichzeitig elegant sind und zu den besten Süditaliens gehören.

Friulano

Häufigste Weißweinsorte in Friaul-Julisch Venetien (die bis 2007 Tocai hieß). Sie wird überwiegend reinsortig gekeltert und ergibt relativ körperreiche Weine mit moderater Säure.

Grechetto

Vor allem in Umbrien angebaute Sorte, die die Basis für den weißen Orvieto liefert. Ist auch in der benachbarten Region Latium anzutreffen, jedoch nur in kleinen Mengen. Die Grechetto ist nicht mit der süditalienischen Sorte Greco Bianco verwandt.

Greco Bianco

In Süditalien beheimatete Sorte, die mineralisch-salzige Weine von beträchtlicher Klasse hervorbringt – beispielsweise Greco di Tufo aus Kampanien, Cirò Bianco aus

Marsanne
Die Sorte stammt von der nördlichen Rhône und bildet die Basis der dortigen Weißweine Hermitage Blanc, Crozes-Hermitage, St-Joseph sowie einiger anderer AOC-Weine. Sie hat einen zwiespältigen Ruf. Die Weine aus ihr können flau, behäbig und alkoholisch sein, aber auch von großer Fülle und Feinheit. Die besten Exemplare gehören jedoch zu den teuersten und langlebigsten Weißweinen der Welt. In Südfrankreich ist die Marsanne ebenfalls stark verbreitet, wird dort aber fast immer mit Viognier und anderen Sorten zusammen gekeltert. Kleine Bestände gibt es im Wallis in der Schweiz, wo die Sorte Ermitage du Valais heißt. Häufig werden dort Süßweine aus ihr erzeugt.

Roussanne
Hochqualitative Sorte, die aus dem Rhônetal stammt und Bestandteil des Châteauneuf-du-Pape Blanc ist (zusammen mit Grenache Blanche, Picpoul, Clairette und Marsanne). Auch im roten Châteauneuf-du-Pape darf sie bis zu 20 Prozent mit anderen weißen Sorten enthalten sein. Sie ergibt feine, fruchtig-kräuterwürzige Weine, die von einer frischen Säure durchzogen sind. Der berühmteste reinsortige Roussanne-Wein ist der Châteauneuf-du-Pape Blanc Vieilles Vignes von Château de Beaucastel. Auch in Savoyen, wo sie Bergeron heißt, in der Provence und in Languedoc-Roussillon ist die Sorte anzutreffen, allerdings fast immer zusammen mit Viognier, Vermentino, Bourboulenc und anderen. Im Saint-Péray Blanc an der Nördlich Rhône ergibt sie (zusammen mit der Marsanne) ebenfalls einen äußerst charaktervollen Wein.

Sémillon
Aus Bordeaux stammende und vor allem in Sauternes (und Nachbar-Appellationen) anzutreffende Sorte, aus der hochwertige edelsüße Weine erzeugt werden. Ihre Beeren besitzen eine dünne Schale, was sie für Attacken des Edelschimmels (Botrytis cinerea) anfällig macht. Der berühmteste edelsüße Wein ist der Château d'Yquem. In ihm ist die Sémillon zu 80 Prozent enthalten. Trocken ausgebaut ergibt sie körperreiche, leicht ölige Weine, die im jungen Stadium eher neutral schmecken. Im Entre-Deux-Mers und in anderen Weißweinen des Bordeaux wird sie deshalb mit Sauvignon Blanc und Muscadelle assembliert. Außer in Bordeaux und in der Dordogne wird sie auch in Australien (Hunter Valley) angebaut.

Viognier
Alte, ertragsarme Rebsorte, die im trockenen, warmen Klima des Rhônetals ihre besten Ergebnisse bringt. Die bekanntesten Weine sind der weiße Condrieu und der seltene Château Grillet, beides schwere, langlebige Weißweine mit relativ hohem Alkoholgehalt. Die Rotweine der Côte Rôtie dürfen 20 Prozent Viognier-Trauben enthalten. Im Languedoc und Roussillon wird die Viognier häufig mit anderen weißen Sorten zusammen vinifiziert. Die Traube ergibt kräftige, leicht aromatische Weine mit florealen Aromen und reifen Pfirsich-/Aprikosennoten. In Übersee, speziell in Kalifornien, ist sie häufig an die Stelle der bei Winemakern in Ungnade gefallenen Chardonnay getreten.

Kalabrien. Auch die in der Emilia-Romagna kultivierte Albana gehört zu dieser Familie.

Grillo
Eine der besten autochthonen Weißweinsorten Siziliens, die in der Provinz Trapani relativ körperreiche, zartwürzige, salzige Weine ergibt. Die Sorte bildet auch die Basis für den Marsala.

Gros Manseng
Rustikale, in Südwestfrankreich kultivierte Sorte, die den Jurançon ergibt und in den Weinen von Béarn enthalten ist. Die Sorte hat nichts zu tun mit der Petit Manseng, die ebenfalls im Südwesten Frankreichs angebaut wird und dort meist für edelsüße Weine verwendet wird.

Loureiro
Im Norden Portugals beheimatete, leicht aromatische Sorte, die mit ihrer kräftigen Säure oft im Vinho Verde vertreten ist. Aber auch in Minho und Douro Verschnittpartner vieler Weißweine. In den letzten Jahren wird sie vermehrt reinsortig gekeltert. In Spanien (Rias Baixas) heisst sie Loureira und wird dort gern mit Albariño verschnitten. Unbekannt ist, in welchem Verhältnis sie zur roten Sorte Loureiro Tinto steht.

Macabeo (Viura)
Die Sorte findet sich wegen ihres blumigen Buketts und kräftigen Körpers in vielen Cavas wieder. Unter der Bezeichnung Viura bildet sie die Basis für den Rioja Blanco. Auch in Südfrankreich wird sie in großem Stil angebaut. Im Verschnitt mit Bourboulenc und Grenache Blanc ist sie in fast allen Weißweinen von Languedoc und Roussillon enthalten, etwa im Dessertwein Rivesaltes. Als Rebe ist sie hitzeresistent und ergibt säurearme Weine.

Grüner Veltliner

Häufigste und populärste Weißweinsorte Österreichs, die etwa ein Drittel der Rebfläche des Landes bedeckt und jahrelang unterschätzt wurde, weil sie fast nur als Massenträger benutzt wurde. Sie ist eine Rebsorte mit starkem vegetativem Wachstum, was zu hohen Erträgen führt, wenn diese nicht begrenzt werden. Das Spektrum der Weinqualitäten und -stile ist groß. Es reicht von leichten, spritzigen Weinen mit pfeffriger Würze, die jung und gelegentlich sogar mit einem Schuss Wasser („G'spritzter") getrunken werden, bis zu vollreifen, teilweise sogar überreif gelesenen, opulenten Reserve-Weinen mit großem Verfeinerungspotenzial. Hauptanbaugebiet ist das Weinviertel nordwestlich von Wien. Wegen der kühlen Temperaturen, speziell im Norden dieser Region, hatten die Weine früher eine grünfruchtige, leicht herbale Note: das sogenannte Pfefferl. Noch heute wird dieses Pfefferl jedem Grünen Veltliner angedichtet, obwohl die Weine durch den Klimawandel längst gelbfruchtig-würzig ausfallen. Der Grüne Veltliner wächst in nahezu allen Anbaugebieten Österreichs. In der Primärfruchtphase erinnern die Weine im Duft stark an Pfirsich oder Aprikose und weisen eine schotige Würze auf. Im Laufe der Jahre entwickeln sich die spät gelesenen Grünen Veltliner aus den klassifizierten Lagen der Wachau, des Kamptals, des Kremstals, des Traisentals und des Wagram zu hochfeinen Spitzenweinen, die zu den besten Weißweingewächsen der Welt gehören. Den Grünen Veltliner findet man auch in den benachbarten Ländern Tschechien, Slowakei (Veltlinske Zelené) sowie in Ungarn (Veltlini), wo sie jedoch keine so beherrschende Stellung haben wie in Österreich. Genetische Untersuchungen haben ergeben, dass die Sorte eine natürliche Kreuzung von Traminer und einer namenlosen, längst ausgestorbenen Sorte ist, von der in St. Georgen am Leithagebirge noch ein einziger, 400 Jahre alter Rebstock gefunden wurde. Nach dem Fundort wurde die Vaterrebe St. Georgen genannt.

Malvasia (Malvoisie)

Der Name bezeichnet eine Rebsortenfamilie mit vielen regionalen Unterarten in Europa. In Italien ist sie weit verbreitet (z. B. Friaul, Sardinien, Liparische Inseln). In Kroatien ist die Malvazija Istarska die zweitwichtigste Weißweinsorte. Auch in Slowenien wird sie angebaut und ergibt ausgezeichnete, leicht würzige Weine. In Frankreich ist die Malvoisie an der Loire und in Savoyen anzutreffen, ansonsten aber nur der Name für eine Vielzahl anderer Sorten (u. a. Bourboulenc, Clairette). Im schweizerischen Wallis steht sie für Pinot Gris, in Portugal für rund 50 verschiedene Sorten, teilweise auch rote. Auch auf den Kanarischen Inseln verbirgt sich hinter der Malvasía Rosada eine Rotweinsorte.

Moscofilero

In Makedonien, auf dem Peloponnes und in Arkadien kultivierte griechische Sorte, aus der teilweise sehr ansprechende Weine gewonnen werden. Mit ihrer kupferfarbenen Tönung ähnelt sie äußerlich dem Grauburgunder. Wird gern auch in Rosé-Cuvées verwendet.

Mtsvane

Autochthon kaukasische Sorte, die heute in Georgien, in der Ukraine und auf der Krim fruchtig-aromatische Weißweine hervorbringt. Oft mit Rkatsitei verschnitten.

Müller-Thurgau

Bis in die 1990er-Jahre hinein die am meisten angebaute Sorte in Deutschland, derzeit stark im Rückgang begriffen. Aus ihr werden muskatwürzige Weine mit milder Säure gewonnen, die als junge, frische Weine am erfolgreichsten sind. Die Sorte wurde 1882 in Geisenheim gekreuzt, aber nicht aus Riesling × Silvaner, wie Hermann Müller, der Kreuzungspate, glaubte, sondern aus Riesling × Chasselas

Furmint

Wertvolle Weißweinsorte aus Ungarn, die spät reift und daher Botrytis-anfällig ist. Ihren glanzvollsten Ausdruck findet sie im edelsüßen Tokajer (zusammen mit Hárslevelü, Muscat de Lunel, Zéta), wo sie für den Körper und die Säure sorgt. Auch im österreichischen Burgenland wird sie in kleinen Mengen angebaut und gern für Trockenbeerenauslesen und den Ruster Ausbruch benutzt. Immer häufiger wird auch versucht, trockene Weine aus ihr zu erzeugen, was wegen der hohen Säure und des ebenfalls hohen Alkoholgehalts nicht leicht ist und großes Können erfordert. Über den Ursprung der Sorte kursieren viele Geschichten. Die meisten sind falsch. Erwiesen ist, dass die Furmint aus Ungarn stammt und dort schon im 17. Jahrhundert aktenkundig war.

Muskateller (Muscat)

Sehr alte, hocharomatische und vielgestaltige Sorte, die wahrscheinlich schon bei den Griechen (anathelicon moschaton) und bei den Römern (uva apiana) bekannt war und heute weltweit verbreitet ist. Die hochwertigste Variante ist der Weiße Muskateller, französisch: Muscat Blanc à Petits Grains. In Italien werden aus ihren Trauben die süßen, schäumenden Asti bzw. Moscato d'Asti erzeugt, in Süditalien der trockene Zibbibo (auch manchmal süß). In der Steiermark wird er überwiegend trocken ausgebaut. In Frankreich findet man den Wein in Languedoc und in Roussillon (Muscat de Frontignan). Im Elsass hat er Grand-Cru-Status und wird wegen der hohen Säure restsüß, teilweise sogar edelsüß ausgebaut. Entgegen seinem Namen sind die Beeren der Traube nicht weiß, sondern gelb, weshalb er auch Gelber Muskeller genannt wird.

Welschriesling

Eigenständige Weißweinsorte, die nichts mit dem Weißen Riesling zu tun hat, wie man ihn zum Beispiel aus Deutschland kennt. Sie ist in der Steiermark weit verbreitet und ergibt dort frische, einfache Weine, die jung getrunken werden. Die besten Qualitäten kommen aus Ungarn, speziell vom Plattensee, wo die Sorte Olaszrizling heißt und vielschichtige, strukturierte Weine ergibt. Auch in Tschechien (Ryzling Vlassky) und Slowenien (Laski Rizling) werden teilweise beachtliche Weine aus ihr gekeltert. Die größten Bestände findet man in Kroatien. Dort heißt die Sorte Grasevina und ist im Donaubogen, also im Landesinneren, der repräsentative nationale Weißwein. Qualitativ schwankt er zwischen schlicht und hochklassig. Immer häufiger wird er dort auch als Naturwein vinifiziert und in Amphoren ausgebaut.

Garganega

Uralte italienische Traube, die vor allem in Venetien und in der Lombardei zu finden ist, wo sie (zusammen mit anderen Sorten) in Weißweinen wie dem Gambellara, dem Custoza sowie den Weinen der Colli Berici und der Euganäischen Hügel zu finden ist. Ihren höchsten Ausdruck findet die Garganega jedoch im Soave, der (meist) reinsortig aus ihr gekeltert ist. Mit dem Aufstieg dieses Weins, vor allem dem aus der classico-Zone mit ihren vulkanischen Böden, hat auch die Garganega stark an Ansehen gewonnen. Sie ergibt dort feinstrahlige Weine mit dem Aroma von Pfirsich und Salzzitrone sowie einer schmauchig-mineralischen Note. Auch wenn sie genetisch zur großen Trebbiano-Familie gehört, ist sie in Norditalien doch eine eigenständige Sorte.

---

de Courtiller. In der Schweiz heißt sie immer noch Riesling × Sylvaner, in Luxemburg, wo sie die Hälfte der Weinberge bedeckt, Rivaner. Auch in Österreich, Tschechien, der Slowakei und Ungarn ist Müller-Thurgau weit verbreitet.

Muscadet

Sie stammt aus dem Burgund und war ursprünglich unter dem Namen Melon de Bourgogne bekannt. Heute wird die Sorte fast ausschließlich an der unteren Loire um die Stadt Nantes angebaut, wo die frischen und fruchtigen Muscadet-Weine erzeugt werden.

Muscadelle

Zu großen Erträgen neigende, frühreife Sorte, die in den meisten Weißweinen Bordeaux in geringer Menge enthalten ist. Hat nichts mit dem Muskateller zu tun.

Muscat d'Alexandrie

Sie wird auch Alexandermuskat genannt und ist eine Spielart des Muskatellers. Die Sorte wird vor allem in den warmen Gegenden Spaniens, Frankreichs, Italiens angebaut. Oft werden die Trauben unter der Sonne getrocknet und zu Süßwein verarbeitet (etwa dem Passito di Pantelleria in Italien). Auch in Übersee ist sie weit verbreitet (Südafrika, Argentinien, Australien). In Chile wird aus ihr der Weinbrand Pisco hergestellt.

Palomino

Altspanische Sorte, die große, schwere Trauben hervorbringt und ausschließlich für die Sherry-Erzeugung eingesetzt wird, insbesondere für die Finos und Manzanillas.

Parellada

Beste Rebsorte in Katalonien, die leichte und zartfruchtige Weine ergibt. Sie wird vor allem für den Cava benutzt, dem sie Eleganz verleiht.

Riesling

Anspruchsvolle Sorte, deren Wein zu den besten der Welt gezählt wird. Die offizielle Bezeichnung lautet Weißer Riesling. In überseeischen Ländern wird sie auch Rhine Riesling oder Johannisberg Riesling genannt. Mit dem Welschriesling hat die Sorte nichts zu tun. Knapp die Hälfte des weltweit angebauten Rieslings kommt aus Deutschland. Sie ist eine kleinbeerige, spät reifende Sorte, der seine volle physiologische Reife im kühlen Deutschland jahrhundertelang nur in steilen Süd- und Südwestlagen erreichen konnte. Seit der Klimaerwärmung werden die Trauben auch in Hanglagen, Hochlagen und Seitentälern reif. Pfalz und Mosel sind die beiden größten Riesling-Anbaugebiete, gefolgt von Rheinhessen und dem Rheingau. Letztere zwei stehen zusammen mit der Pfalz für den trockenen, die Mosel traditionell mehr für den feinherben und fruchtsüßen Riesling. An der Nahe und in Franken teilt sich der Riesling die Weinbergsfläche mit anderen Sorten, ebenso in Sachsen, Saale-Unstrut, Ahr, Hessische Bergstrasse. Riesling-Inseln gibt es zudem in Württemberg (zum Beispiel im Remstal bei Stuttgart) und in Baden (Ortenau). Letztlich ist die Sorte in allen 13 deutschen Anbaugebieten vorhanden. Die Weine sind leicht aromatisch und zeichnen sich durch einen zarten Körperbau, eine kräftige Säure und mineralisch-fruchtige Aromen aus. Österreichische Rieslinge sind etwas breiter angelegt, können aber ähnlich hochklassig sein (Wachau, Traisental, Kamptal, Krems, Wagram, Donauland). Gleiches gilt für das (wärmere) Elsass, wo die Weine alkoholischer sind und teilweise einem biologischen Säureabbau unterzogen werden. Auch in Luxemburg sowie in der Slowakei und anderen osteuropäischen Ländern wird Riesling angebaut. Die größten Anbauflächen außerhalb Europas befinden sich in den USA (Washington State, Niagara Falls, Finger Lakes), in Australien (Clare Valley, Eden Valley, Frankland River, Great Southern), in Neuseeland und in Moldawien. Die Weine von dort sind aber von ganz anderer Stilistik. Die Herkunft des Rieslings ist inzwischen klar. Die Sorte entsprang am Oberrhein aus einer natürlichen Kreuzung von Heunisch und einer Vaterrebe, die eine Kreuzung einer wilden Waldrebe mit dem Traminer war.

Pedro Ximénez

Zweitwichtigste Sherry-Sorte, die im heißen Andalusien viel Zucker bildet, was für den Sherry günstig ist. Als trockener Wein jedoch wenig interessant. Unter der Sonne zu Rosinen getrocknet, werden aus ihren Trauben jedoch schwere, hochkonzentrierte mahagonifarbene Süßweine gewonnen, die sehr fein sein können und nahezu ewig haltbar sind.

Petit Manseng

Aus dem französischen Baskenland stammende hochwertige Sorte, die die Basis für den Jurançon um die Stadt Pau bildet (sowohl für den Jurançon sec als auch für die süße Variante). Die Weine aus ihr sind goldgelb und leicht exotisch im Duft. Die Sorte wird aber auch in der Gascogne sehr geschätzt, besonders für den Pacherenc du Vic-Bilh und den Tursan. Die größten Bestände finden sich in Uruguay, wohin französische Aussiedler sie gebracht haben. Die weniger feine Gros Manseng dient meist zu Verschnittzwecken oder zur Landweinproduktion.

Picpoul

Uralte Rebsorte aus dem Languedoc, die saftige, unkomplizierte Weine hervorbringt. Als Verschnittpartner gibt sie vielen Weinen der Region Frische, reinsortig als Picoul de Pinet ist sie ein beliebter Begleiter für Meeresfrüchte und Austern.

Ribolla Gialla/Rebula

In Friaul und in Slowenien angebaute Sorte, die sich durch zarten Körper und relativ kräftige Säure auszeichnet. Vor allem im Collio und im slowenischen Goriška Brda ergibt sie ausgezeichnete Weine.

Rkatsiteli

Meist angebaute Weißweinsorte in der ehemaligen Sowjetunion,

Silvaner

Der Grüne Silvaner gehört zu den am häufigsten angebauten Sorten in Deutschland. In Franken ist sie die Leitsorte. Das Spektrum dort reicht vom einfachen Literwein bis zum Großen Gewächs. In Rheinhessen und Teilen der Pfalz ist sie ebenfalls weit verbreitet. Im Elsass, wo sie noch altdeutsch „Sylvaner" geschrieben wird, gehört sie zum festen Rebensortiment und besitzt vereinzelt sogar Grand-Cru-Status. Sie ist vegetationsstark und fruchtbar, ohne Ertragsbegrenzung ergibt sie neutral schmeckende Weine. Auf skelettreichen Böden lassen sich aus ihr jedoch feine, alterungsfähige Weine erzeugen. Die Sorte stammt aus dem Donauraum, wird in Österreich und Osteuropa aber nur selten angebaut. Es handelt sich bei ihr um eine natürliche Kreuzung von Traminer × Österreichisch Weiß.

Chasselas

Klassische Schweizer Sorte, die schon vor 400 Jahren im Wallis (dort auch Dorin genannt) nachweisbar ist und heute knapp die Hälfte der Anbaufläche des Landes bedeckt. Sie ergibt einfache, leichte, oft etwas säurearme Weißweine. Es existieren jedoch auch bessere Qualitäten. Bekannte Chasselas-Weine sind etwa Fendant, Yvorne, Aigle, Saint-Saphorin oder Dézaley. Ihr Ursprung dürfte im Alpenbogen zwischen Frankreich und der Schweiz liegen (nicht in Ägypten, wie oft zu lesen ist). In Deutschland heißt die Sorte Gutedel und gehörte im 17. und 18. Jahrhundert zu den am weitesten verbreiteten weißen Rebsorten. Heute findet man sie in größeren Mengen nur noch im südlichen Baden (Markgräflerland), wo sie eine kleine Renaissance feiert.

Albariño (Alvarinho)

Spannende, an der spanisch-portugiesischen Atlantikküste anzutreffende Rebsorte, die in Spanien Albariño, in Portugal Alvarinho heißt. Der allergrößte Teil der Reben steht in Spanien. Genau: an der Atlantikküste um die galicischen Städte Vigo und Pontevedra. Im dortigen kühlen Klima werden aus ihr gehaltvolle, leicht würzige Weine mit einer salzigen Note und zarten Säure erzeugt. Sofern sie reinsortig gekeltert wurden, kommen sie als Rias Baixas in den Handel und gehören zu den besten Weißweinen Spaniens. Auch in der Ribeira Sacra sowie in Katalonien findet man vereinzelt Albariño-Reben. In Portugal ist die Sorte seit jeher der wichtigste Bestandteil des Vinho Verde.

Godello

Autochthone spanische Rebsorte, aus der sowohl frische, primärfruchtige (von Limetten, Grapefruit) als auch vielschichtige, cremige Weißweine im Burgunderstil erzeugt werden (mit Holzfassausbau, biologischem Säureabbau und langem Hefelager). Die Godello stammt aus Galicien und wird, nachdem sie bis in die 1970er Jahre fast ausgestorben war, heute wieder im gesamten Nordosten Spaniens angebaut: in Valdeorras, Ribeiro, Ribera Sacra, Bierzo, Monterrei. Sie liebt das kühle, atlantische Klima, in dem sie lange ausreifen kann. Die Lese findet oft erst im Oktober statt. Einige der besten Godello-Weine kommen von Winzern, die Parzellen mit alten Rebstöcken gefunden und rekultiviert haben.

---

nach den Rodungsbefehlen 1985 drastisch geschrumpft und heute noch (oder wieder) in Georgien stark angebaut. Ergibt traditionell schwere, oft oxidativ ausgebaute Weine, heute eher einfache, frische Weine zum sofortigen Genuss, vereinzelt von gehobener Qualität.

Rotidis

Neben der Savatiano die zweite Sorte für den Retsina in Griechenland. Heute steht sie für die Renaissance des griechischen Weinbaus. Aus ihr werden fruchtig-mineralische Weine mit lebendiger Säure erzeugt.

Roter Veltliner

Rare, nur noch in Österreich anzutreffende weiße Sorte, die auf Lössböden am Wagram, im Kamptal und in Krems kraftvolle, sehr würzige, teils alkoholreiche Weine ergibt, die bei entsprechender Ertragsbegrenzung sehr fein ausfallen können. Sie ist genetisch nicht mit dem Grünen Veltliner verwandt.

Rotgipfler

Im österreichischen Gumpoldskirchen angebaute weiße Rebsorte, die in warmen Lagen kräftige, aromatische Weine hervorbringt. Kreuzung Traminer × Roter Veltliner.

Savagnin

Vornehme, aber schwierig anzubauende Rebsorte, die vor allem im französischen Jura kultiviert wird und dort den berühmten, sherryähnlichen Vin Jaune ergibt. Der Wein wird aber auch vermehrt ohne Florhefe produziert (ouillé). In Savoyen als Gringet bekannt, in der Schweiz als Heida, in Ungarn als Fromentin. In Österreich wird die Sorte unter dem Namen Weißer Traminer im steirischen Vulkanland angebaut.

Assyrtiko

Sie ist die nobelste Weißweinsorte Griechenlands, bekannt vor allem von der Kykladen-Insel Santorini. Dort sind über 800 Hektar mit ihr bestockt – rund ein Drittel der gesamten Assytriko-Rebfläche in Griechenland. Auf Santorini ergibt die Sorte salzig-mineralische Weine, gepaart mit feinen Zitrusnoten und einem rauchigen Unterton. Sie sind kräftig und körperreich, relativ hoch im Alkohol (trotz früher Lese schon ab Mitte August), aber auch hoch in der Säure. Der Grund dafür ist das besondere Klima, das auf der Insel herrscht. Die hohen Temperaturen werden durch die Seewinde gemildert. Die Winde sind so stark (teilweise auch so kühl), dass die Reben in Korbnestern oder Bodenmulden wachsen, was ihre Pflege extrem aufwendig macht. Fehlendes Personal ist ein limitierender Faktor für die weitere Ausbreitung der Assyrtiko auf der Insel. Hinzu kommt die Trockenheit. Im Jahresdurchschnitt fallen nur 350 Millimeter Niederschläge. Dadurch werden die Erträge stark reduziert. Die Statuten erlauben zwar maximal 55 Hektoliter Wein pro Hektar. Doch vielfach werden nur 20 Hektoliter geerntet. Im Übrigen sind die meisten Rebstöcke noch unveredelt. Die Reblaus hat auf der Insel nie Fuß gefasst. In alten Weingärten finden sich daher noch viele hundertjährige Reben. Einige sind sogar 250 Jahre alt. All das zusammen macht, dass der Santorini Assyrtiko eine besondere Stellung genießt. Fachleute sprechen von einem cool climate-Wein aus einer heißen Gegend. In anderen Teilen Griechenlands, etwa auf der Halbinsel Chalkidiki, in Florina, Thessaloniki, Drama und Attika, ist die Assyrtiko-Fläche in den letzten Jahrzehnten stark gewachsen. Immer mehr Winzer entdecken die Eignung dieser hitzebeständigen Sorte und wollen vom guten Ruf, den sie in aller Welt genießt, profitieren. Dort wird die Rebe am Drahtrahmen gezogen und es lassen sich höhere Erträge erwirtschaften. Die Weine selbst sind primärfruchtiger als auf Santorini. Vielfach wird die Assyrtiko auf dem Festland gar nicht reinsortig gekeltert, sondern als Verschnittpartner für Savatiano, Sauvignon Blanc, Athiri, Liatiko, Vilana und Malagousia verwendet.

Savatiano
Griechische Rebsorte, die widerstandsfähig gegen Trockenheit ist. Sortenrein vinifiziert, bringt sie säurearme Weine mit gutem Trinkfluss hervor. Wird für geharzte Retsina-Weine verwendet oder als Cuvéepartner mit anderen, säurestarken Trauben.

Timorasso
Autochtone Rebe, die vor wenigen Jahren wiederentdeckt wurde und nur in einem kleinen Bereich um die norditalienische Stadt Tortona angebaut wird. Die Weißweine aus ihr gehören zu den besten und charaktervollsten des Landes. Unter dem Namen „Derthona“ genießen sie Qualitätsweinstatus.

Trebbiano
Italienischer Name für die französische Cognac-Traube Ugni Blanc, die zu den am meisten angebauten Rebsorten der Welt gehört. In der Regel liefert sie ausdrucksschwache Weine. Allerdings gibt es in der großen Trebbiano-Familie viele Unterarten, aus denen im Verschnitt mit anderen Sorten (etwa Frascati, Est! Est!! Est!!!) oder auch reinsortig (durch Mutationen wie Trebbiano d'Abruzzo, Trebbiano Spoletino, Verdicchio und Lugana) auch gehobene Qualitäten entstehen können. In Italien ist die Trebbiano trotz starken Rückgangs immer noch die häufigste weiße Rebsorte.

Turbiana
Die Sorte ist in der Lombardei südlich des Gardasees weit verbreitet und bildet die Basis für den Lugana. Gehört zur großen Trebbiano-Familie, hat aber seine eigene Charakteristik.

Verdejo
Altspanische Sorte, die in den 1970er-Jahren in Kastilien wieder zu neuem Leben erweckt wurde.

Malagousia

Mit dem Aufstieg der Weinnation Griechenland ist auch die Malagousia in den Fokus der Winzer geraten. Der erste, der ihr Potenzial erkannte, war Vangelis Gerovassiliou, Winzer aus Epanomi nahe Thessaloniki. Er hatte die schon fast ausgestorbene Rebsorte in den 1980er Jahren entdeckt und in den 1990ern gezeigt, welch feine Weine sich aus ihr erzeugen lassen. Sie sind blumig-duftig mit Noten von gelben Früchten (Pfirsich, Aprikose, Litschi, Jasmin), moderat im Alkohol, kräftig im Körper und von frischer Säure durchzogen. Wegen ihrer aromatischen Noten wird sie manchmal mit dem Gewürztraminer verglichen. Heute wird die Malagousia praktisch in ganz Griechenland angebaut, mit Schwerpunkt Makedonien und dem bergigen Zentralgriechenland samt der Halbinsel Euböa.

Gewürztraminer

Hochwertige Rebsorte mit leicht rötlich gefärbten Beeren, die wegen ihres niedrigen und unsicheren Ertrags nur noch selten angebaut wird. Sie ist vermutlich eine Variante der Traminer-Rebe, die goldgelbe Beeren aufweist und weniger aromatisch ist. Als deren Heimat wird Südtirol angegeben. Spät gelesen, kann Gewürztraminer große Qualitäten ergeben: goldgelbe, kräftige, „männliche“ Weine, die oftmals deutlich über 13 Vol. % Alkohol aufweisen und nicht nur trocken, sondern auch halbtrocken, süß oder edelsüß ausgebaut werden. Trotz niedriger Säure sind sie langlebige Weine. Große Gewürztraminer mit typischem Rosen- und Lycheeduft findet man im Elsass (meist als Vendange Tardive) sowie in Südtirol in der trockenen Variante.

Glera

Alter (und seit 2010 wieder neuer) Name für eine Rebsorte, die nicht zu den noblen zählt, aber in Norditalien weit verbreitet ist und fast nur für Italiens bekanntesten Schaum- bzw. Perlwein verwendet wird: den Prosecco. Der allergrößte Teil der Reben steht in Venetien in der Provinz Treviso, der Heimat des Prosecco. Die besten Qualitäten bringt die Glera auf den steilen Hängen um die Orte Valdobbiadene, Conegliano und Asolo. Charakteristisch für den dortigen Prosecco ist das zarte Apfel- oder Birnenaroma, der niedrige Alkoholgehalt und die hohe Säure (trotz später Reife). In ihrer stillen Version ergibt die Glera eher rustikale Weine. Auch im Friaul, um die Städte Pordenone, Udine und Triest, wird sie vermehrt angebaut und als Prosecco Frizzante oder Prosecco Spumante vinifiziert.

Verdicchio

Autochthone italienische Sorte, die vor allem in der mittelitalienischen Region Marken zu Hause ist und dort den Verdicchio dei Castelli di Jesi und den Verdicchio di Matelica ergibt. Beide werden reinsortig gewonnen und sind typisch mediterrane Weine mit Noten von Apfel, Pfirsich und Kräuterwürze wie Salbei und frischer Kamille. Im Gegensatz zu anderen mediterranen Weißweinen ist der Verdicchio kräftig, relativ körperreich, immer von einer lebendigen Säure durchzogen und durchaus verfeinerungsfähig auf der Flasche. Auch in den Nachbarregionen Umbrien und Abruzzen wird die Sorte angebaut. Sie ist möglicherweise seit über zwei Jahrtausenden in Mittelitalien heimisch und stammt aus dem weiten Formenkreis der Trebbiano- und Greco-Gewächse.

Heute ist sie die Leitsorte in Rueda, wo sie einen frischen, mäßig säurehaltigen, manchmal leicht cremigen Wein ergibt, der in der Regel jung getrunken wird.

Verdelho

Zusammen mit der Sercial und der Bual ist sie eine der drei klassischen Rebsorten für den Madeira. Der alkoholverstärkte Wein wird teilweise auch reinsortig aus der Verdelho gewonnen, wobei er meist ein wenig Restsüße aufweist.

Vermentino

In Italien und Frankreich weit verbreitete Sorte, die herzhafte, würzige Weine ergibt. Die besten Qualitäten kommen aus Sardinien (Vermentino di Gallura), aus der Toskana und aus Ligurien (wo sie als Pigato katalogisiert ist). Auch auf Korsika, wo die Traube Vermentinu oder Malvoisie de Corse heißt, wird sie kultiviert. In der Provence verbirgt sie sich hinter dem Namen Rolle.

Xarel-lo

Eine der drei Cava-Rebsorten, die vor allem für Körper und Struktur sorgt. Innovative Winzer Kataloniens keltern sie auch reinsortig, wobei fruchtig-nussige Weine entstehen, die gern mit Schalenkontakt vinifiziert werden.

Zierfandler

Lagenmäßig anspruchsvolle, in der niederösterreichischen Thermenregion um Gumpoldskirchen angebaute Sorte, aus der trinkfreundliche, zartfruchtige Weine erzeugt werden (oft im Verschnitt mit Rotgipfler). Stammt vom Roten Veltliner ab. Wegen seiner an der Sonnenseite leicht rötlichen Farbe wird die Sorte auch Spätrot genannt.

WEIN-BEREITUNG

Wie die Traube zu Wein wird

Wein kann nie besser sein als die Trauben, aus denen er gewonnen wird. Dennoch gelingt es Kellermeistern immer wieder, aus guten Trauben schlechte Weine zu machen. Dabei wäre es andersrum nicht schwer. Man muß nur ein paar Details beachten.

Bevor sie in der Presse landen, müssen die Beeren im Entrapper von den Stielen getrennt werden.

Unter Weinbereitung wird die Verarbeitung der Trauben zu Wein verstanden. Sie beginnt mit der Annahme der Trauben im Keller und endet beim Abstich des vergorenen Weins von der Hefe beziehungsweise der Maische. Sie zieht sich also über einen Zeitraum von einer Woche bis zu drei Monaten hin – je nach Wein und Art der Vinifikation. Die meisten Rotweine gären 15 bis 20 Tage, ein Teil davon auf der Maische. Weißweine können, je nach Gärführung, zwei Wochen, aber durchaus auch vier oder mehr Wochen gären, edelsüße Weißweine noch länger. Das Gärtempo hängt von der Temperatur im Gärkeller ab. Diese bestimmt in der Regel der Kellermeister. Je höher die Temperatur, desto rascher verläuft die Gärung – je niedriger, desto langsamer geht sie vonstatten.

Alkohol und Kohlendioxid

Bei der alkoholischen Gärung handelt es sich um einen komplizierten chemischen Prozess, der in mehreren Schritten abläuft und nicht nur Alkohol, sondern auch zahlreiche Nebenprodukte hervorbringt: erwünschte und unerwünschte. Das wichtigste Nebenprodukt ist Kohlendioxid (CO_2). Dieses geruchlose Gas entweicht dem gärenden Wein in Form von Bläschen. Deshalb sind die meisten Gärgefäße zur Oberseite hin offen. Wenn also der Wein im Gärgefäß „blubbert“ oder „prickelt“, zeigt das dem Winzer an, dass der Wein schon (oder noch) gärt.

Unterschiede bei Rot- und Weißwein

Weißwein und Rotwein werden auf unterschiedliche Weise bereitet. Der wichtigste Unterschied besteht darin, dass beim Rotwein die Schalen mitvergoren werden, beim Weißwein hingegen nur der Saft vergoren wird. Das heißt: Die weißen Trauben werden gleich nach Ankunft im Keller abgepresst. Der Saft wird aufgefangen und vergoren. Rote Trauben werden dagegen nach dem Entrappen nur gemahlen. Das heißt: Sie werden zwischen zwei gegeneinander laufenden Rollen sanft gequetscht, sodass die Beerenhaut aufplatzt. Saft, Fruchtfleisch, Schale und Traubenkerne bilden zusammen die Maische. Sie wird vergoren. Erst nach der Gärung wird die Maische ausgepresst.

Was mit dem Trester geschieht

Die ausgepressten Schalen nennt man Trester. Früher wurden sie getrocknet, zu Briketts gepresst und als Brennstoff verwendet. Im Winter spendeten sie dann Wärme in kalten Winzerstuben. Auch Weinstein (Kaliumhydrogentartrat) wurde aus ihnen gewonnen. Weinstein ist für die pharmazeutische Indust-

Trauben müssen schonend behandelt werden: Im Schneckenförderer gelangen sie unverletzt zur Kelterstation.

rie (Seignettesalz) und für die Lebensmittelindustrie (Backpulver) ein wichtiger Grundstoff. Inzwischen wird Kaliumhydrogentartrat synthetisch hergestellt, sodass diese Nebenerwerbsquelle für Winzer versiegt ist. Heute wird der Trester meist kompostiert und als organischer Dünger in den Weinbergen ausgebracht. Oder der Trester wird an Destillationsbetriebe verkauft, die aus ihm Tresterschnaps herstellen (in Italien Grappa, in Frankreich Marc).

Bis zur Trinkreife

Nach Ende der Gärung ist der Prozess der Weinbereitung beendet. Der Wein ist Wein, aber noch nicht trinkreif. Er muss geklärt, ausgebaut, gefiltert und geschwefelt werden. Erst dann wird er in die Flasche gefüllt. Einfache Weißweine kommen schon wenige Wochen nach der Lese auf den Markt – aus kommerziellen Gründen, das Weihnachtsfest steht vor der Tür. Wirklich genussreif sind sie zu diesem Zeitpunkt noch nicht. Höherwertige Weine bleiben mehrere Monate im Keller, bevor sie zum Verkauf freigegeben werden. Rotweinen wird meist eine längere Reifezeit zugestanden. Der größte Teil reift im Holzfass: wenigstens drei, vier Monate, die schweren reifebedürftigen Weine zwei oder mehr Jahre.

Federweißer

Ab September kommen die ersten Weine des neuen Jahrgangs auf den Markt: die Federweißen. Bei ihnen handelt es sich um Weine, die sich noch in der Gärung befinden und entsprechend viel Kohlensäure enthalten. Sie prickeln und sind noch sehr süß, weil sie erst wenig Alkohol gebildet haben (rund 5 Vol. %) und noch viel Traubenzucker enthalten. Sie können aus allen möglichen Rebsorten hergestellt werden, auch roten. Dann heißen sie Federroter. Andere Bezeichnungen sind Sauser, Sturm, Bitzler, Rauscher, Bremser. Sie sind eine herbstliche Weinspezialität und werden kalt getrunken. Der Verschluss der Flaschen ist luftdurchlässig, damit das Kohlendioxid entweichen kann. Federweißer wird stehend aufbewahrt.

Federweißer oder Sturm: der erste neue Wein

Die Produkte der alkoholischen Gärung

Bei der Vergärung des Mostes beziehungsweise der Maische entsteht nicht nur Alkohol, sondern auch zahlreiche Nebenprodukte:

Ethylalkohol	47–48 %
Kohlendioxid	46–47 %
Glycerin	2,5–3 %
Bernsteinsäure	0,2–0,5 %
Butylenglykol	0,05–0,1 %
Essigsäure	0–0,25 %
Milchsäure	0–0,2 %
Acetaldehyd	0–0,01 %
Methanol	0,05–0,3 %

Die chemische Formel für die Umsetzung des Zuckers in Alkohol und Kohlendioxid lautet: $C_6H_{12}O_6$ (Zucker) = $2C_2H_5OH$ (Alkohol) + $2CO_2$ (Kohlendioxid). Das Kohlendioxid kann auch in gelöster Form als Kohlensäure (H_2CO_3) vorhanden sein. Kohlensäure ist ein wichtiges Gärnebenprodukt. Es hält den Wein „kohlesäurefrisch".

Wichtige Nebenprodukte
Die Nebenprodukte machen zusammen etwa vier bis fünf Prozent des Weins aus. Aber diese Nebenprodukte sind es, die mit ihren Säuren, Estern und diversen Aldehyden den Duft und Geschmack des Weins prägen. Nur wenige Nebenprodukte sind unerwünscht: etwa Acetaldehyd, weil es den Wein oxidieren kann (wenn es nicht vom Schwefel gebunden wird) sowie Methanol. Methanol ist eine giftige Substanz, die unvermeidlich bei jeder alkoholischen Gärung entsteht und ab 25 Gramm pro Liter tödlich wirken kann.

Die Rolle des Methanol
Allerdings ist Methanol nur in verschwindend geringen Mengen im Wein vorhanden: maximal 0,3 Gramm pro Liter. Auch Fuselöle dürfen nur in begrenzter Menge im Wein enthalten sein (z.B. Butylenglykol). Diese höherwertigen Alkohole können im menschlichen Körper zu giftigen Substanzen verstoffwechselt werden. Andererseits sind sie für die Geschmacks-gebung des Weins wichtig (Sekundäraromen). Außerdem bemüht sich der Kellermeister, die Essigsäure so niedrig wie möglich zu halten. Sie ist eine flüchtige Säure und kann zur Geruchsbeeinträchtigung führen.

Der Sturm beginnt

Vergoren wird der Wein mit Hilfe von Hefen – natürlichen Hefen oder Hefen, die dem Most zugesetzt werden. Die Hefen haben die Aufgabe, den Zucker, der sich im Most oder in der Maische befindet, in Alkohol umzusetzen. Stürmische Gärung, nennt das der Winzer.

Wenn sich die ersten Bläschen bilden, weiß der Kellermeister, dass der Wein zu gären beginnt.

Hefen sind pilzliche Organismen, die – wie auch Algen und Bakterien – zu den einzelligen Pflanzen und damit zu den einfachsten Mikroorganismen im Pflanzenreich gehören. Sie vermehren sich durch Abtrennung ausgestülpter Zellen. Die Energie dazu liefert der Zucker, der im Traubenmost als Glucose und Fructose enthalten ist. Zucker bildet gleichsam die Nahrung für die Hefen. Für den Transformationsprozess notwendig ist auch Sauerstoff. Unter Sauerstoffkontakt vermehren sich die Hefen leichter als unter Sauerstoffabschluss. Besonders am Ende der Gärung ist Sauerstoff nötig, um zu verhindern, dass die Gärung steckenbleibt, weil nicht mehr genügend aktive Hefezellen vorhanden sind. Bei hohen Temperaturen vermehren sich die Hefen schnell und bewirken eine stürmische Gärung. Niedrige Temperaturen machen die Hefen träge und führen zu einer verlangsamten Gärung. Bei Temperaturen unter 12 °C stellen die meisten Hefen ihre Tätigkeit sogar ganz ein.

Durchgären der Weine

Bei einer Temperatur des Mostes von etwa 15 °C an vermehren sich die Hefen kontinuierlich, im Normalfall so lange, bis der gesamte Zucker umgewandelt und der Wein durchgegoren ist. Danach sterben die Hefen ab und fallen auf den Boden des Gärgefäßes. „Geläger" sagt der Fachmann zu dem Hefetrub (siehe Foto S. 152). Das bedeutet: Wenn der Kellermeister nicht einschreitet, gärt jeder Wein automatisch durch. Da die Gärung in der kalten Jahreszeit stattfindet und die Keller im November auskühlen, kann es passieren, dass die Hefen ihre Tätigkeit einstellen, bevor aller Zucker vergoren ist. Dann muss der Kellermeister darauf hoffen, dass der Wein wieder angärt, wenn es Frühjahr und warm wird. Auch bei extrem zuckerreichen Mosten kann es vorkommen, dass die Hefen „schlapp machen" und die Gärung stehenbleibt. Das passiert zum Beispiel, wenn der Wein einen Alkoholgehalt von etwa 15 Vol. % erreicht hat. Dann vermehren sich die Hefen nicht mehr. Der unvergorene Zucker verbleibt im Wein. Auf diese Weise entstehen edelsüße Weine wie der französische Sauternes, der trotz hohen Alkoholgehalts eine hohe Restsüße aufweist. Der Kellermeister kann aber auch selbst einen Gärstopp herbeiführen, indem er den noch gärenden Wein vorzeitig kühlt oder schwefelt. In beiden Fällen stoppen die Hefen ihre Arbeit. Dann hat der Wein eine hohe Restsüße auch bei niedrigem Alkohol. Das ist bei deutschen Beeren- und Trockenbeerenauslesen der Fall.

Die Reinzuchthefen

Die Hefen, die im Weinkeller benutzt werden, kommen aus Großlabors und sind sorgfältig selektiert worden. Deshalb heißen sie Reinzuchthefen. Sie kommen als Trockenhefen in den Handel. Mit ihnen wird der Most „geimpft". Sie bestehen immer aus mehreren Hefestämmen. Salopp gesagt, beginnt ein Hefestamm

Die Champagnerhefe

Sie heißt *Saccharomyces bayanus* und hat die Eigenschaft, auch Weine mit höherem Alkoholgehalt vergären zu können. Das ist bei der Champagnerherstellung nötig. Denn der Basiswein hat, wenn die Flaschengärung beginnt, schon 11 Vol. % Alkohol. Doch *Saccharomyces bayanus* gärt auch noch, wenn der Alkoholgehalt schon bei 17 Vol. % oder höher liegt. Deshalb wird dieser Hefestamm meist für die Traubensorten Zinfandel, Syrah und Amarone sowie für Portweine verwendet.

mit der Vergärung, dann übernehmen der zweite und der dritte. Am Ende ist es meistens eine Hefe, die sich durchsetzt und den größten Teil der Arbeit verrichtet. Ihr botanischer Name lautet *Saccharomyces cerevisiae*: eine Hochleistungshefe, aber auch eine Allerweltshefe. Sie wird zum Bierbrauen ebenso verwendet wie in Bäckereien. Der Vorteil dieser Reinzuchthefe ist, dass sie ihren „Job" zuverlässig erledigt, und zwar von Anfang bis Ende. Das Risiko, dass sie „schlapp macht" und der Wein nicht durchgärt, ist bei ihr gering.

Die natürlichen Hefen

Anders ist es mit den natürlichen oder wilden Hefen. Sie sitzen unsichtbar an jeder Traube, die aus dem Weinberg kommt, und arbeiten genauso wie die Reinzuchthefen – nur nicht so zuverlässig. Manchmal gärt der Most nicht an, manchmal gärt er nicht durch. Da der Kellermeister nicht genau weiß, wie sich die Hefestämme in dem betreffenden Jahrgang zusammensetzen, muss er bei einer Spontanvergärung – so der Fachausdruck – genau aufpassen, dass die Gärung in Gang kommt und in Gang bleibt. Notfalls muss er mit Reinzuchthefen nachhelfen.
Warum dieses Risiko? Ein spontan vergorener Wein ist authentischer – ein echter Weinbergswein. Denn jeder Hefestamm produziert andere Gärnebenprodukte (siehe S. 129). Diese haben einen großen Einfluss auf den Geschmack eines Weins – erwünschte und unerwünschte. Spontan vergorene Weine sind daher nicht besser, sondern nur eigenwilliger. Sie können geschmacklich und geruchsmäßig hart an der Grenze zur Fehlerhaftigkeit liegen. Aber wenn die natürlichen Hefen arbeiten, wie sie sollen, kommen individuelle, spannende Weine heraus. Reinzuchthefen sind dagegen neutraler. Sie sind so zusammengestellt, dass die Weine keine unnötig hohen Aldehyd- oder Fuselölbestandteile aufweisen, die ja zur Komplexität des Weins beitragen können. Sie vergären so, dass die erwünschten Frucht- oder sonstigen Aromen betont werden. Die Kehrseite der Medaille ist, dass durch die verbreitete Verwendung von Reinzuchthefen die Weine ganzer Landstriche manchmal sehr uniform ausfallen.

Große Hoffnung Spontanvergärung

Der allergrößte Teil des Weins wird heute mit Reinzuchthefen vergoren. Verlässlichkeit und Kalkulierbarkeit ist für die Weingüter oberstes Gebot. Nur ein kleiner Anteil der Weingüter praktiziert die Spontanvergärung. Aber es sind dies oft die besten und die ehrgeizigsten Erzeuger in einer Region. Die Namen reichen von Pétrus in Bordeaux über Romanée-Conti in Burgund bis zu Zind-Humbrecht im Elsass. Auch unter deutschen Rieslingwinzern gibt es eine wachsende Sponti-Gemeinde.
Vor allem biologisch arbeitende Betriebe experimentieren mit natürlichen Hefen – oder arbeiten schon routinemäßig mit ihnen. Sie pflegen sowieso die Biokulturen im Weinberg, kompostieren geschnittenes Rebholz und Trester und bringen sie als organischen Dünger wieder aus. Sie hoffen, auf diese Weise auch die Vielfalt der Hefekulturen zu fördern. In den überseeischen Weinbaugebieten herrscht dagegen Skepsis gegenüber der *wild yeast fermentation* vor.

Entdecker der Weinhefe

Der französische Chemiker Louis Pasteur hat als erster den Vorgang der alkoholischen Gärung vollständig beschrieben. Zwar wurde lange vor ihm schon Wein erzeugt und ebenso lange war bekannt, dass es der Zucker im Traubenmost ist, der sich in Alkohol verwandelt. Aber dass es dazu der Aktivität der Hefen bedarf, wusste noch niemand. Die Entdeckung der Hefen als Erreger der Gärung hat freilich auch mit der Erfindung eines technischen Hilfsmittels zu tun: des Mikroskops. Hefen sind mit dem Auge nicht sichtbar. Unter einem Mikroskop mit mindestens 600-facher Vergrößerung kann man sie aber genau erkennen. Während der Gärung vermehren sie sich extrem stark. So enthält ein Kubikzentimeter Most auf dem Höhepunkt der Gärung zwischen 80 Millionen und 120 Millionen Hefezellen. Zu Beginn der Gärung waren es nur 260 000 Hefezellen bei der gleichen Saftmenge, im Weinberg sogar nur 120 000 Hefezellen.

Taubenpressen

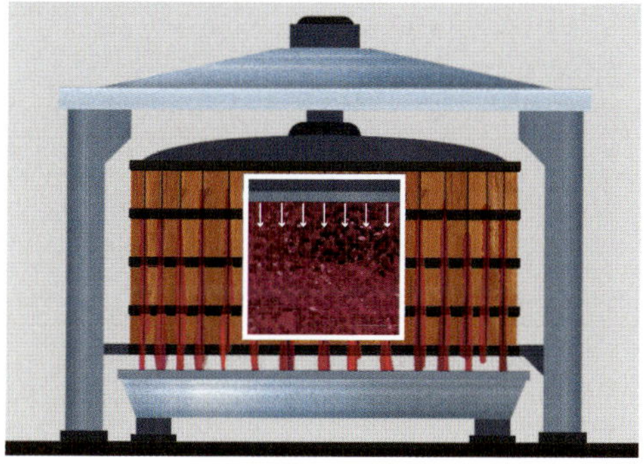

Traditionelle Korbpresse: Sanfter Druck genügt, um den Most auflaufen zu lassen.

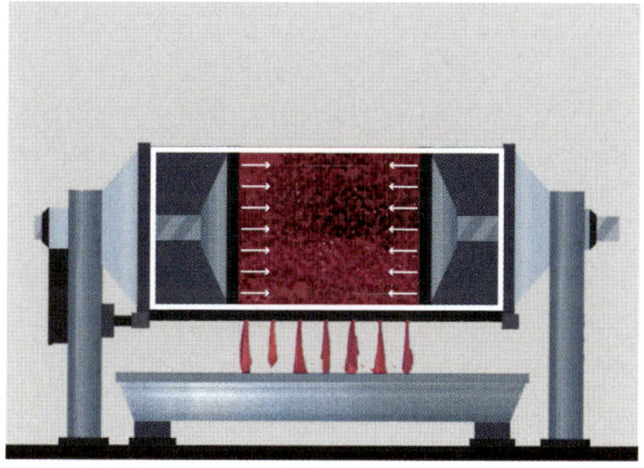

Spindelpresse: Quetscht die Trauben, damit die Beeren platzen und der Most austritt.

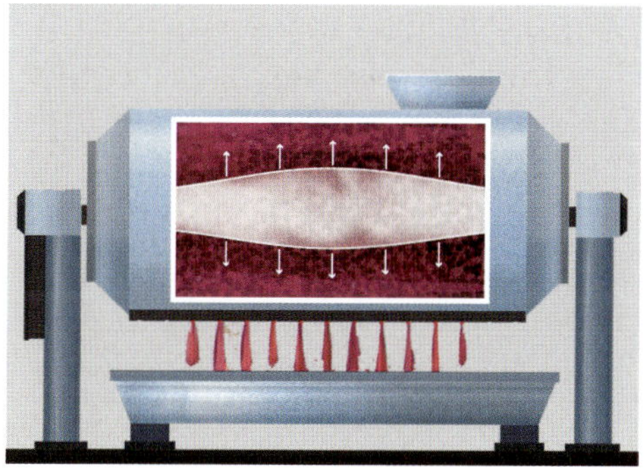

Hydraulische Presse: Ein aufgeblasener Schlauch drückt die Beeren gegen die perforierte Trommel.

Revolution Temperaturkontrolle

Rotweine müssen anders vinifiziert werden als Weißweine. Damit sie ihre rubin- oder granatrote Farbe bekommen, werden nicht nur der Saft, sondern auch die Schalen, das Fruchtfleisch und die Kerne mitvergoren. Maischegärung heißt diese Art der Vinifikation.

Die Maischegärung ist wesentlich aufwendiger als eine Mostgärung, wie sie bei Weißwein stattfindet. Sie braucht andere Gärgefäße, die Abläufe sind komplexer, die Parameter ganz andere. Summa summarum lässt sich sagen: Die Möglichkeit, Fehler zu machen, ist bei der Rotweinbereitung größer.

Offene und geschlossene Gärung

Wenn die Maische die richtige Temperatur hat, setzt die Gärung schnell ein. Bereits nach wenigen Stunden bilden sich erste Bläschen. Nach zwölf Stunden hat die Maische eine kleine Schaumkrone. Nach zwei Tagen befindet sich der Wein in voller Fermentation. Diese Angärphase ist umso stürmischer, wenn die Maische in offenen Holzbottichen vergoren wird. Der Sauerstoff, mit dem sie Kontakt hat, sorgt dafür, dass sich die Hefepopulationen rasch vermehren. In Edelstahltanks mit nur kleiner Öffnung im oberen Teil ist der Sauerstoffzutritt reduzierter. Dort vermehren sich die Hefen weniger schnell, die Gärung verläuft gezügelter.
Die meisten Rotweine entstehen heute nach dem Muster einer geschlossenen Maischegärung – aber nicht, weil diese zu besseren Weinen führt, sondern weil sie leichter handhabbar und bequemer ist. Eine offene Maischegärung war früher, als es noch keine Edelstahltanks gab, die Regel. Heute praktizieren sie nur wenige Weingüter. Holzbottiche sind teuer und aufwendig zu pflegen. Nur wenige Weingüter leisten sich einen solchen Aufwand – und dann auch nur für ihre besten Weine.
Eine offene Maischegärung ist außerdem nicht ohne Risiko. Durch den Sauerstoffkontakt können sich auf der Oberfläche des Weins Kahmhefen bilden, die den Alkohol zu Essigsäure verwandeln. Aber auch ohne Kahmhefen kann der Alkohol durch den Sauerstoff oxidieren und Essigsäure-Bakterien *(Acetobacter)* bilden. Der Wein entwickelt flüchtige Säuren, die sich in der Nase unangenehm bemerkbar macht. Gute Kellermeister wissen das zu verhindern. Für sie überwiegen die Vorteile einer offenen Maischegärung: Das Holz des Fasses stabilisiert die Farbe im Wein und polymerisiert bereits in der Gärphase das Tannin. Der Wein wird weicher und ist farbbeständiger.

Farbextraktion und Kaltfermentation

Bei der Maischegärung laufen drei Vorgänge parallel zueinander ab: die Farbextraktion, die Tanninextraktion und die Gärung. Am leichtesten lässt sich die Farbe lösen. Die Pigmente, die einem Rotwein seine Farbe geben, sitzen in den

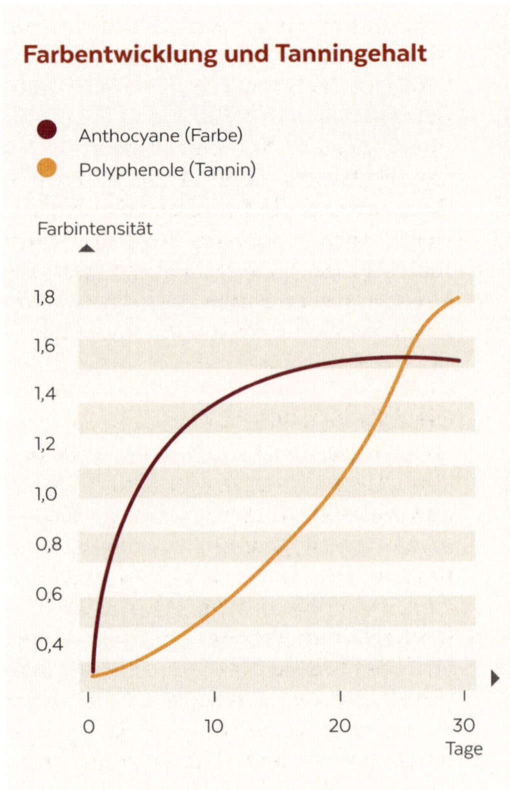

Extraktion: Das Herauslösen der Farbe und des Tannins aus den Schalen wird Extraktion genannt. Die Farbpigmente (rote Kurve) sind schon nach kurzer Zeit extrahiert. Bei den Tanninen dauert es etwas länger (gelbe Kurve).

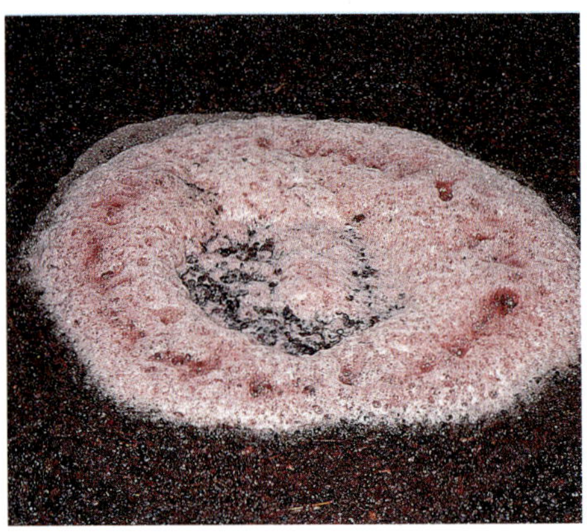

Nach 6 Stunden: Die Hefen arbeiten. Der Schaum ist Kohlendioxid, das bei der Gärung entsteht.

Nach 1 Tag: Die Hefen haben sich schon so stark vermehrt, dass die ganze Maische gärt.

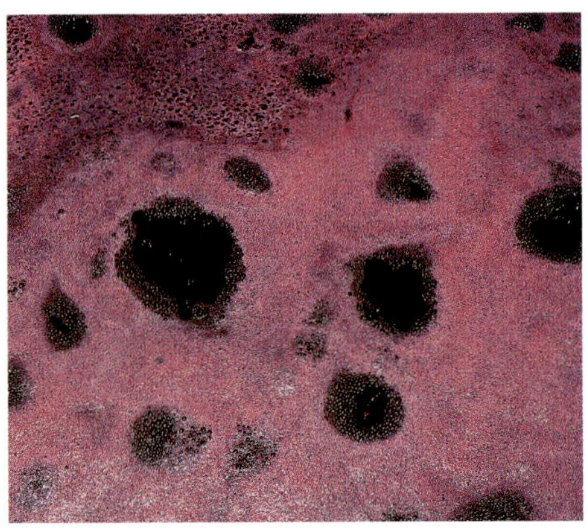

Nach 3 Tagen: Die Maische hat sich schon rot gefärbt. Der Alkohol zieht die Farbe aus den Schalen.

Schalen und heißen in der Fachsprache Anthocyane. Sie gehören, wie das Tannin auch, zur Gruppe der Polyphenole. Doch im Unterschied zum Tannin sind die Anthocyane wasserlöslich. Deshalb lässt der Kellermeister die Maische manchmal ein paar Stunden, auch Tage, bei niedriger Temperatur im Gärfass ruhen. Die Maische kann nicht angären, aber die Anthocyane lösen sich bereits aus den Schalen und färben den Most rot. Wenn die Temperatur dann langsam erhöht wird und die Gärung beginnt, ist ein großer Teil der Farbe bereits in den Wein übergegangen. Mit dem ersten entstehenden Alkohol startet die Tanninextraktion, während die Farbextraktion intensiviert wird. Dieser Vorgang wird Kaltfermentation genannt und gern bei farbschwachen Sorten wie Pinot Noir, Portugieser und Nebbiolo angewendet, um die Farbausbeute zu erhöhen.

Die Temperaturkontrolle

Möglich ist die kontrollierte Gärführung einschließlich Kaltfermentation nur durch die Möglichkeit, die Temperatur zu regulieren. Technisch steht diese Möglichkeit den Weingütern erst seit den 1960er-Jahren zur Verfügung, als die ersten Edelstahltanks auf den Markt kamen. Im Mittelteil sind die Tanks von einer Manschette ummantelt. In ihr verlaufen dünne Rohrschlangen um den Tank, durch die warmes Wasser beziehungsweise Kühlflüssigkeit fließt. Heute ist die Technik so perfektioniert, dass praktisch jede Temperatur zwischen 5 und 20 °C verfügbar ist. Der Kellermeister kann also über die Temperatur den Gärverlauf steuern: Um den Wein anzugären, fährt er die Temperatur hoch. Verläuft die Gärung zu stürmisch, kühlt er den Wein ein paar Grad herunter und verlangsamt den Gärprozess. Auch in hölzernen Gärbottichen lässt sich die Temperatur kontrollieren. Viele Châteaux in Bordeaux haben auf der Innenseite ihrer alten Cuves Kühlschlangen installiert. Andere Weingüter hängen bei Bedarf einfach Kühlplatten (beziehungsweise Wärmeplatten) in die Holzbottiche und rühren den Wein um, damit die Temperatur im gesamten Bottich gleich ist.
Die Temperaturkontrolle hat die Weinwelt revolutioniert. Sie macht es möglich, dass auch in den heißen Anbaugebieten der Welt frische, saubere Weine erzeugt werden können.

Rotweinbereitung

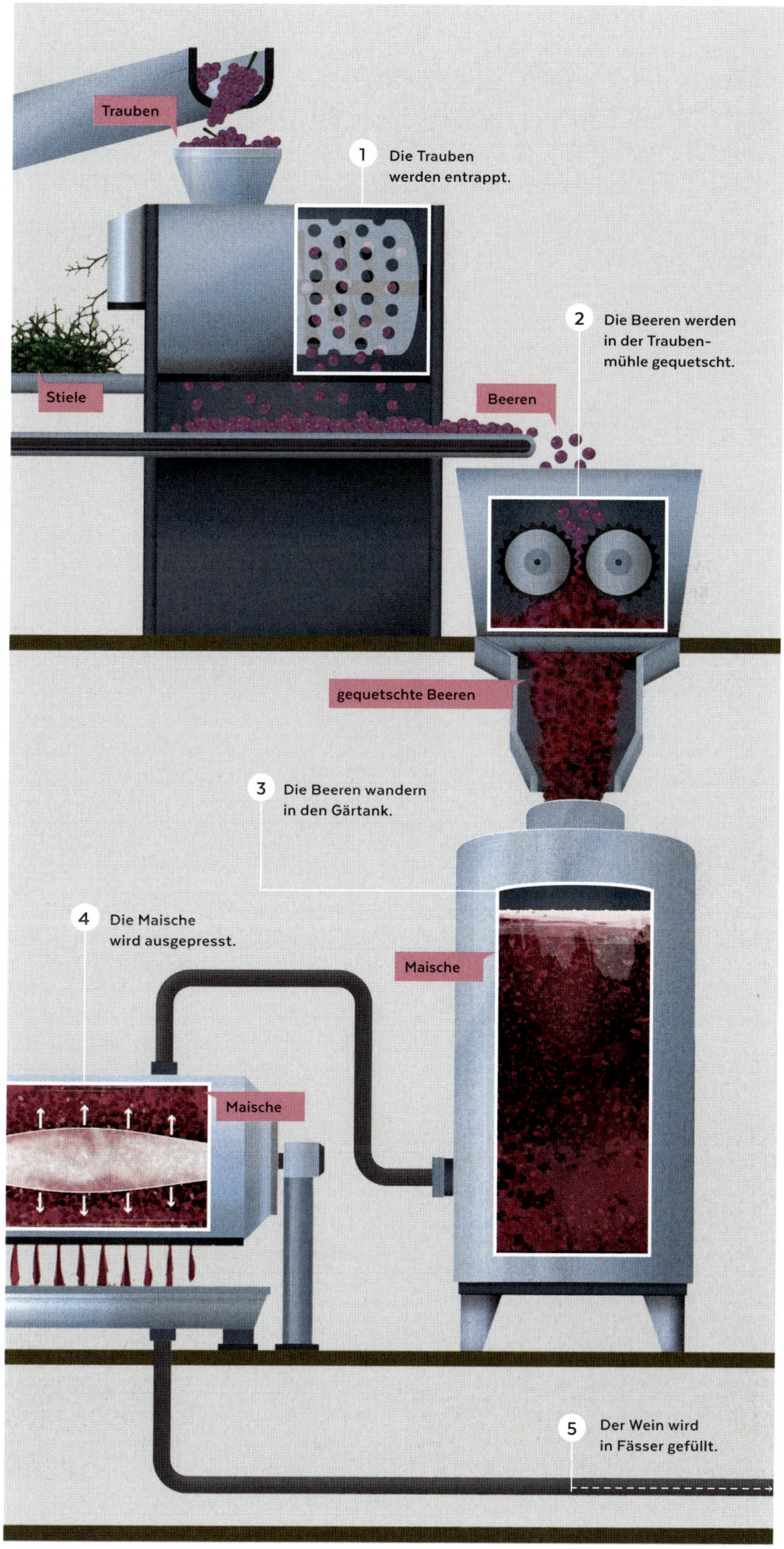

Die Seele des Rotweins

Die Güte großer Rotweine hängt von der Qualität seiner Tannine ab. Sie sind die Seele des Weins, wie der verstorbene Baron Philippe de Rothschild einmal sagte. Gute Tannine im Weinberg zu produzieren, ist die eine Sache. Die andere ist, sie in den Wein hineinzukriegen.

Kohlensäuremaischung

Louis Pasteur entdeckte 1872, dass intakte Beeren unter Sauerstoffabschluss zu gären beginnen – ohne dass Hefen daran beteiligt sind. Intrazelluläre Gärung nannte er den Vorgang.

Diese Erkenntnis machten sich Weinerzeuger 1934 erstmals in Frankreich zunutze und legten ihre roten Trauben ungequetscht und mit Stielen in den Gärbehälter, darüber eine Schutzschicht aus CO_2. Tatsächlich wandelten Enzyme in den Beeren den Zucker in Alkohol um – allerdings nur bis 2 Vol. %. *Macération carbonique* lautet der Fachausdruck in Frankreich. Zu deutsch: Kohlensäuremaischung. Unter dem Druck des dabei entstehenden CO_2 platzen die Beeren, der Saft läuft aus. Die weitere Gärung verläuft dann nach klassischem Muster. Das Resultat ist ein extrem fruchtiger Wein. Im Beaujolais wird diese Gärmethode bis heute für den Beaujolais Nouveau praktiziert.

Andere Rotweinerzeuger haben sich das Verfahren ebenfalls zunutze gemacht und verbinden die klassische Maischegärung mit der *maceration carbonique*, um ihren tanninreichen Weinen mehr Frucht zu geben.

Vergärung der Rotweinmaische im großen Holzfass (hinten): Privileg der besten Weine

Tannin steckt in zwei verschiedenen Bestandteilen der Rotweinmaische: in den Schalen und in den Traubenkernen. Das am wenigsten verholzte Zellgewebe findet sich in den Schalen. Das in ihnen enthaltene Tannin ist, wenn die Trauben physiologisch reif geerntet wurden, weich und süß. Das Tannin aus den Kernen ist härter, stumpfer, adstringierender. Deshalb ist es nur bedingt erwünscht im Wein. Der Kellermeister konzentriert sich deshalb zunächst auf die Extraktion des Schalentannins. Es macht zwischen 20 und 30 Prozent des insgesamt in den Beeren enthaltenen Tannins aus.

Umpumpen der Maische

Das Schalentannin lässt sich verhältnismäßig leicht lösen. Lösungsmittel ist der entstehende Alkohol. Schon geringe Mengen reichen aus, damit die Extraktion beginnt. Der Kellermeister muss nur darauf achten, dass die Schalen möglichst viel Kontakt mit der Flüssigkeit haben. Deshalb pumpt er regelmäßig die Maische um, anfangs zwei- oder sogar dreimal am Tag. Da der Alkoholgehalt mit fortschreitender Gärung zunimmt und die Extraktion so intensiviert wird, reicht gegen Ende der Gärphase ein einmaliges Umpumpen der Maische. Dieses Umpumpen – in Frankreich *remontage*, in Italien *rimontaggio*, in der englischsprachigen Welt *pumping over* genannt – ist eine der wichtigsten Operationen während der Maischegärung. Es besteht darin, den Wein unten im Tank (oder in der Cuve) abzuziehen und oben wieder draufzupumpen. Oben im Tank schwimmen nämlich die Schalen. Das Kohlendioxid, das bei der Gärung entsteht und nach oben entweicht, reißt sie förmlich mit. Dadurch entsteht ein fester, undurchdringlicher Tresterkuchen. Durch das Überpumpen wird dieser Tresterkuchen nach unten gedrückt, sodass die Schalen wieder frei im Wein schwimmen können und Kontakt mit der Flüssigkeit haben. Früher stand der Winzer oben auf dem offenen Bottich und drückte die auftreibenden

Trester mit hölzernen Stampfern nach unten: eine kräftezehrende, mühsame Operation, die in Frankreich *pigeage* genannt wurde. Gefährlich war sie auch. Benebelt von den aufsteigenden alkoholischen Dämpfen, fiel manch Winzer in den Bottich und ertrank.
Heute kann diese Arbeit – Alternative zum Umpumpen – auch von einem Stampfkolben übernommen werden, der an einer Schiene an der Decke des Kellers läuft und genau über den Tank justiert werden kann, um den Testerhut nach unten in den Wein zu drücken und zu zerteilen.

Die Gärtemperatur

Die Intensität der Extraktion hängt allerdings auch von der Gärtemperatur ab. Durch die sich schnell vermehrenden Hefen steigt diese automatisch an. Je höher die Temperatur, desto leichter löst sich das Tannin. Wenn die Temperatur droht, über 28 oder 30 °C zu steigen, kühlt der Kellermeister die Maische herunter, um die Gärung und damit die Extraktion zu verlangsamen. Er will verhindern, dass nicht auch das Tannin aus den Kernen in den Wein gelangt. Vor allem aber darf er den Abstich nicht verpassen: den Zeitpunkt, an dem die Schalen von dem Wein getrennt werden müssen. Dies ist dann der Fall, wenn die Schalen ausgelaugt sind und kein Tannin mehr enthalten. Sonst droht das, was die Önologen „Überextraktion“ nennen: ein tanninlastiger, unausgewogener Wein.

Offene Maischegärung: nieder mit dem Tresterhut

Klassische Rotweinvergärung im Stahltank: Die Maische wird täglich umgepumpt.

Länge der Maischegärung

Was die Länge der Maischegärung angeht, gibt es unterschiedliche Praktiken. Meist dauert sie zwischen zehn und 15 Tagen. Sie kann aber auch kürzer sein. Um weiche, nicht zu tanninreiche, „moderne“ Weine zu bekommen, wird die Zeit auf der Maische oft reduziert und der Wein schon nach wenigen Tagen abgestochen. Er gärt dann in einem anderen Tank ohne Schalen langsam zu Ende. Traditionell dauert die Maischegärung eher länger. Nach Vorstellung vieler Weingüter schadet es nämlich nicht, wenn der Wein eine gewisse Menge Tannin aus den Kernen enthält. Kern-Tannin wird erst in der letzten Phase der Maischegärung extrahiert, wenn der Wein schon viel Alkohol gebildet hat. Hier kommt es auf die Philosophie des Weinguts und das Fingerspitzengefühl des Kellermeisters an, das richtige Maß zu finden.

Nach der Maischegärung

Nach dem Abstich, also der Trennung von Wein und Schalen, werden die Schalen ausgepresst – meist vorsichtig und bei niedrigem Druck, um die darin enthaltenen Kerne nicht zu verletzen. Der ablaufende Wein wird als Presswein bezeichnet. Er gilt als Wein zweiter Klasse. Viele Weingüter benutzen ihn für ihre einfachen Weine oder verkaufen ihn offen. Andere fügen zumindest den Wein der ersten Pressung dem Hauptwein zu – etwa in Jahren, in denen die Trauben wegen ungünstigen Klimaverlaufs etwas tanninarm ausgefallen sind. Alles hängt von der Qualität des Pressweins ab. Die ausgepressten Trester samt Kernen werden kompostiert oder destilliert.

Vergärung mit Stielen

Die Maischegärung der roten Burgunderweine kann vom klassischen Muster abweichen. Da die Sorte Pinot Noir (Spätburgunder) relativ tanninarm ist, wird ein Teil der Pinot-Noir-Trauben nicht entrappt und mit Stielen in die Maische gegeben. Vor allem in kleinen Jahrgängen kommt es vor, dass zehn, 20 oder 50 Prozent der Trauben mit Stielen vergoren werden. Das Ziel: die Tanninstruktur zu stärken. Allerdings dürfen die Stiele nicht grün, sondern müssen wenigstens teilweise verholzt sein.

Maischeerhitzung

In Deutschland und in der Schweiz ist es ein viel geübter Brauch, die Maische farbschwacher Sorten (Lemberger, Trollinger, Spätburgunder, Gamay) kurz auf 80 °C zu erhitzen, um mehr Farbstoffe zu extrahieren. Danach sind so viel Anthocyane in den Wein übergegangen, dass der rote Most ohne Schalen wie ein Weißwein vergoren werden kann. Die Kurzzeiterhitzung ist heute obsolet, weil wichtige Duft- und Aromasstoffe verloren gehen.

Die Stunde der Bakterien

Nachdem die alkoholische Gärung beendet ist, machen alle Rotweine eine zweite Gärung durch. Sie heißt Milchsäuregärung, kurz Malo. Im Wein befindet sich nämlich noch eine herb schmeckende Säure, ähnlich dem Geschmack von grünem Apfel. Sie ist das Angriffsziel der Bakterien.

Während der malolaktischen Gärung entweicht Kohlendioxid aus den Roweinfässern, es blubbert in den Siphons.

Rotweine aus allen gemäßigten Anbaugebieten haben einen mehr oder minder großen Überschuss an Apfelsäure. Selbst in warmen Anbaugebieten und bei später Lese wird sie nicht vollständig abgebaut. Apfelsäure im Rotwein schmeckt sauer und roh – in kühlen Jahren in besonders hohem Maße. So erwünscht Apfelsäure im Weißwein ist, so unerwünscht ist sie im Rotwein. Sie muss eliminiert werden. Genauer gesagt: abgebaut werden. Den Abbau übernehmen Milchsäurebakterien. Sie spalten die Apfelsäuremoleküle und wandeln sie in die mildere Milchsäure um. Der Säuregehalt des Weins sinkt dadurch, der Wein schmeckt weicher und voller. Der Vorgang wird auch als biologischer Säureabbau bezeichnet (BSA).

Natürlicher Vorgang

Die malolaktische Gärung wird also nicht durch Hefen, sondern durch Bakterien in Gang gesetzt. Sie ist ein natürlicher Prozess. Wenn ihn niemand daran hindert, vollzieht er sich auch ohne Zutun des Kellermeisters. Denn die Milchsäurebakterien befinden sich sowohl auf der Traube als auch im Keller, etwa in den Ritzen der Fässer. Manchmal geht die alkoholische Gärung direkt in die malolaktische über. Manchmal erfolgt der Angriff der Bakterien erst im Frühjahr. Wenn die Temperaturen steigen und der Keller sich erwärmt, wird der durchgegorene Wein wieder aktiv. Was genau mit ihm passiert, darüber herrschte lange Zeit Unklarheit. Erst vor dem Zweiten Weltkrieg wurde die genaue chemische Reaktion am Institut Oenologique der Universität Bordeaux erforscht. Man fand unter dem Mikroskop Bakterien, die sich auch in einem sauren Milieu vermehren und keinen Zucker brauchen.

Erst nach der Malo stabil

Genau betrachtet, sind es drei Milchsäurebakterien: Pediococcus, Leuconostoc und Lactobacillus. Es sind träge Mikroorganismen. Sie werden überhaupt erst bei Temperaturen ab 20°C aktiv. Besonders Pediococcus und Leuconostoc greifen ausschließlich die Apfelsäure an, lassen aber das Glycerin und die Weinsäure unberührt. Da der Wein nicht stabil ist, bevor der BSA abgeschlossen ist, warten viele Kellermeister nicht auf den Frühling. Sie erwärmen den Keller, in dem der Wein liegt, schon im Winter und versuchen so, die Malo zu stimulieren. Der Abbau selbst dauert etwa zwei oder drei Wochen. Danach enthält der Wein keine Apfelsäure mehr. In vielen überseeischen Anbaugebieten, vor allem in Kalifornien, Südafrika, Australien, finden sich oftmals nicht genügend, manchmal auch gar keine Milchsäurebakterien in den Kellern. Um die malolaktische Gärung durchzuführen, muss der Wein „geimpft" werden. Auch in Europa wollen die Kellermeister oft nicht darauf warten, dass die Bakterien aktiv werden. Sie rühren sogenannte Starter-Kulturen *(oenococcus oeni)* gleich nach der alkoholischen Gärung in den Wein ein, um die Malo schnell und sicher durchzuziehen und den Wein frühzeitig stabil zu machen.

Malo bei Weißweinen

Auch Weißweine enthalten Apfelsäure – solche aus kühlen Anbaugebieten mehr, aus warmen Anbaugebieten weniger. Doch die meisten Weißweinwinzer lehnen eine malolaktische Gärung ab. Sie kämpfen sogar für den Erhalt der Apfelsäure. Apfelsäure ist für die Stilistik und Qualität ihrer Weine ein prägendes Element. Sie macht Weißweine lebendig, vibrierend, erhöht die Spannung. Vor allem für junge Weißweine ist Apfelsäure ein schützenswertes Gut. Damit die Milchsäurebakterien sie nicht angreifen können, werden die Weine gleich nach Beendigung der Gärung gefiltert oder leicht geschwefelt. Manche Kellermeister benutzen auch Lysozym, ein Enzym, das Milchsäurebakterien ausschaltet und einen BSA verhindert. Es gibt aber auch Weißweine, bei denen der BSA gewollt ist – etwa bei Burgunder Weißweinen und Übersee-Chardonnays. Bei ihnen soll nicht die Säure im Vordergrund stehen, sondern die Cremigkeit und Fülle. Sie werden deshalb im kleinen Holzfass vergoren und in ihm auf der Hefe ausgebaut. Während dieser Phase findet der BSA statt – von selbst oder durch aktives Eingreifen. „Burgundisch" heißt diese Art der Weißweinbereitung. Sie hat längst Nachahmer außerhalb des Burgunds gefunden. Die Grands Crus aus dem Elsass werden regelmäßig eines BSA unterzogen, Riesling eingeschlossen. In den letzten Jahren verzichten jedoch viele Chardonnay-Winzer – auch im Burgund – ganz oder teilweise auf einen BSA.

Wenn Wein nicht bekömmlich ist

Die Bakterien, die den biologischen Säureabbau bei Rotweinen bewerkstelligen, können auch unerwünschte Nebenwirkungen auslösen. Sie erhöhen den Gehalt an biogenen Aminen: ein Problem für Menschen mit einer Histamin-Unverträglichkeit.

Biogene Amine sind eine Stoffgruppe, die in vielen Lebensmitteln vorkommt. Sie werden aus Aminosäuren gebildet, den kleinsten Protein-Bausteinen. Im Körper fungieren sie als Neurotransmitter: als Botenstoffe im zentralen und peripheren Nervensystem. Sie lösen körperliche Reaktionen wie Erregung, Müdigkeit, Schmerzgefühl, Stimmung, Wohlgefühl aus. Die bekanntesten biogenen Amine sind Dopamin, Serotonin, Adrenalin und vor allem Histamin. Histamin führt zur Erweiterung der Blutgefäße. Ein zu hoher Histaminspiegel kann Kopf- und Bauchschmerzen auslösen sowie Übelkeit, Niesreiz und Hautrötungen hervorrufen – typische Symptome für eine Histamin-Unverträglichkeit.

Unter der Wahrnehmungsschwelle

Als Histamin-„Bomben" gelten Käse (besonders gereifter), geräucherter Schinken, Salami, Sauerkraut. Menschen mit Unverträglichkeit sollten diese Lebensmittel meiden oder nur in kleinen Mengen zu sich nehmen. Auch Wein enthält Histamin, und zwar jeder Wein, egal ob rot oder weiß. Allerdings sind die Mengen so gering, dass die meisten Weintrinker das Histamin gar nicht wahrnehmen. Sie bauen das im Wein vorhandene Histamin über Enzyme, die der Körper produziert, normalerweise problemlos ab. Symptome treten nur bei einzelnen Lebensmitteln oder Weinen auf, die besonders histaminreich sind. Sie können die subjektive Bekömmlichkeit einschränken.

Rotwein und Histamin

Histamin ist schon in der Traube vorhanden – unabhängig von Rebsorte und Herkunft. Während der Gärung kann der Histamingehalt eines Weins dann zu- oder abnehmen. Ein Anstieg ist besonders bei Maischegärungen zu beobachten, wie sie bei Rotweinen praktiziert werden. Rotweine weisen dadurch tendenziell einen erhöhten Histamingehalt auf. Verstärkt wird das Phänomen bei Maischen, die bei hohen Temperaturen vergoren wurden oder einen hohen pH-Wert aufweisen. Verantwortlich für den erhöhten Histamingehalt sind Bakterien, die über die Schalen in die Maische gelangen und in den Sekundärstoffwechsel der Hefen eingreifen. Übrigens: Auch edelsüße Weine weisen einen meist erhöhten Gehalt an biogenen Aminen auf.

Malolaktische Gärung und Histamin

Ein erhöhtes Histamin-Risiko haben kurioserweise Rotweine aus biologischer beziehungsweise nicht-interventionistischer Kellerwirtschaft. Wenn der biologische Säureabbau (BSA) spontan erfolgt, bilden wilde Milchsäurebakterien leicht biogene Amine. Werden dagegen zugesetzte Bakterien-Starterkulturen *(Oenococcus oeni)* verwendet, ist die Wahrscheinlichkeit der Entstehung biogener Amine gering. Auch der Verzicht auf das Filtern des Weins vor der Füllung (wie bei vielen hochklassigen Rotweinen praktiziert) führt zu einem deutlichen Anstieg biogener Amine. Im Gegensatz dazu senkt eine Schönung des Weins mit Bentonit die vorhandenen Amine drastisch. Die Situation ist also paradox: Gerade Rotweine, die nach den schonenden Methoden der biologischen Kellerwirtschaft vinifiziert worden sind, bereiten Menschen mit Histamin-Unverträglichkeit am ehesten Probleme.

Rotwein und Histamin

Ein erhöhter Histamin-Gehalt hat nichts mit der Qualität des Weins zu tun. Weintrinker, die keine Probleme mit Histamin haben, können einen solchen Wein in vollen Zügen genießen. Aber auch bei empfindlichen Personen reicht ein Glas normalerweise nicht aus, um Symptome hervorzurufen. Wenn zum Wein jedoch zusätzlich Käse und andere aminhaltige Lebensmittel konsumiert werden, kann es Probleme geben. Käse und Wein sollten von Histamin-Empfindlichen Menschen deshalb nur mit Vorsicht zusammen genossen werden.

Reifer Parmesan ist ein köstlicher Begleiter zu vollmundigen Rotweinen. Bei Histamin-Unverträglichkeit sollte man allerdings bei Käse vorsichtig sein.

Die Farbe Rosa

Roséweine werden aus roten Trauben gewonnen, sind aber keine Rotweine. Im Gegenteil: Sie werden wie Weißweine vinifiziert und wie Weißweine kühl getrunken. Ihre Beliebtheit ist in den letzten Jahren stark gestiegen. Sie sind Lifestyle-Produkte geworden.

Roséwein: Weißwein mit „falscher" Farbe

Roséweine sind, technisch gesehen, Weißweine mit falscher Farbe. Sie werden aus roten Trauben gewonnen, die von den Stielen befreit und angequetscht wurden. Der ablaufende Saft wurde samt Schalen für ein paar Stunden eingemaischt. In dieser Zeit werden die Anthocyane, die Farbstoffe, aus den Schalen gelöst und gehen in den Saft über. Nach zwei bis 24 Stunden werden Saft und Schalen getrennt und der Saft separat vergoren. Da in dieser kurzen Spanne nur ein kleiner Teil der Anthocyane aus den Schalen in den Saft übergehen kann, haben die Weine nur eine leichte rötliche Färbung. Das Farbspektrum reicht von Erdbeerrot über Pink, Zwiebelfarben, Lachsfarben, Korallfarben bis zu blassem Kupferrot. Verwendet werden fast alle existierenden roten Rebsorten. Neben dieser klassischen Methode kann Rosé auch durch Saignée-Verfahren oder ein Verschneiden von Rot- und Weißwein gewonnen werden.

Die Wirkung der Farbe

Die Farbe spielt eine große Rolle für den Erfolg der Rosés. Sie animiert viele Menschen offensichtlich mehr zum Trinken als das blasse Strohgelb der Weißweine oder das ewige Rubinrot der Rotweine. Im Duft zeigt sich der Unterschied zu den Weißweinen. In ihm dominieren die roten Trauben mit ihrem fruchtigen, mal an Himbeeren, mal an Kirschen erinnernden Bukett. Am Gaumen hingegen erinnern Roséweine durch ihre frische Säure an Weißweine. Da in der kurzen Zeit des Schalenkontakts kein Tannin extrahiert wird, sind Roséweine weitgehend gerbstofffrei. Auch dadurch ähneln sie Weißweinen. Manche Winzer bauen sie im großen, gelegentlich auch im kleinen Holzfass aus. Aber meistens werden sie im Stahltank vinifiziert und ausgebaut. Eine malolaktische Gärung, wie sie Rotweine durchlaufen, machen Roséweine in aller Regel nicht. Die Säure – egal ob moderat oder pikant – soll erhalten werden. Frische und Leichtigkeit sind die Eigenschaften, welche die meisten Roséwein-Winzer anstreben.

In der Antike waren viele Weine hellrot

Wer als Erster den genialen Einfall hatte, aus seinen Trauben einen delikaten Rosé zu machen anstelle eines mittelmäßigen Rotweins, ist schwer zu sagen. Sicher ist, dass die meisten Weine aus der griechischen und römischen Antike eine mehr oder minder rötliche Färbung aufwiesen, was allerdings damit zusammenhing, dass rote und weiße Sorten nicht getrennt angebaut wurden, sondern gemischt im Weinberg wuchsen, um dann zusammen gelesen und zusammen vergoren zu werden – mit den Schalen. Auch im Mittelalter hat sich wenig an dieser Prozedur geändert. Mit der Verbreitung von Baumpressen und Keltern war es möglich, den Saft der Trauben auch ohne Schalenkontakt zu vergären. Was die roten Trauben betrifft, die damals mit den Stielen vergoren wurden, setzte sich zu Beginn der Neuzeit dann die Erkenntnis durch, dass ein kürzerer Schalenkontakt die besseren Weine ergibt. Man wollte vermeiden, dass das harte Stieltannin in den Wein übergeht. So wurden die Weine auch automatisch heller. Deshalb hieß Bordeaux-Wein bei den Engländern damals wegen seiner hellen Farbe Claret (die Franzosen nannten ihn „vin d'une nuit": Wein mit nur einer Nacht Schalenkontakt). Der länger auf der Maische ge-

Drei Arten der Rosé-Erzeugung

Die Kaltmazeration. Die roten Trauben werden entrappt und stehen danach ein paar Stunden gekühlt auf der Maische. Danach werden Schalen und Most getrennt. Letzterer wird wie ein Weißwein vergoren. Die Farbtönung hängt von der Länge der Maischestandzeit ab. Dieses Verfahren hat den großen Vorteil, dass die Trauben speziell für die Rosé-Erzeugung gelesen werden – also früher als Trauben für die Rotwein-Produktion. Dadurch entstehen leichte, elegante Rosés mit lebendiger Säure: originäre Rosés.

Die Saignée-Methode. Die Trauben werden entrappt und eingemaischt. Vor Beginn der Gärung werden zehn oder 20 Prozent des Safts abgezogen und separat vergoren. Die kurze Kontaktzeit mit den Schalen bewirkt die Rosé-Tönung. Das Verfahren heißt Saignée, auf deutsch: Saftabzug. Der Rosé ist hier ein Nebenprodukt der Rotweinherstellung. Das heißt: Die Saignée-Rosés sind so alkoholreich wie die Rotweine.

Der Verschnitt. Die einfachste Methode ist es, einen Weißwein mit rund 20 Prozent Rotwein zu verschneiden. In Europa ist diese Form der Herstellung für Weine, die sich Rosé nennen wollen, verboten (Ausnahme: Rosé-Champagner). In Übersee ist Verschnitt die Regel.

Vin Gris. Dieser Rosé-Typ ähnelt einem Blanc de Noirs. Die roten Trauben werden gepresst und der ablaufen Most ohne weiteren Schalenkontakt im Stahltank vergoren. Der Schalenkontakt reduziert sich damit auf die Spanne des Pressens. Der Wein hat dann nur eine ganz leichte Rottönung.

Rosé – Die wichtigsten Herkünfte

Heute wird Rosé fast überall auf der Welt produziert, und zwar aus nahezu allen vorhandenen Sorten. Die Qualität der Weine reicht von simpel über süß bis anspruchsvoll trocken. In Europa gibt es die Vorschrift, dass Weine, die die Bezeichnung Rosé, Rosado, Rosato o. ä. tragen, nur aus roten Trauben und nicht aus einer Mischung von roten und weißen Trauben erzeugt werden dürfen. Ausnahmen: Rosé-Champagner und andere flaschenvergorene Schaumweine sowie der Rotling aus Deutschland. In einzelnen Gebieten aber dürfen durchaus weiße Trauben beigemischt werden, wenn diese auch Bestandteil der Rotweine des jeweiligen Ursprungsgebiets sind (z. B. Cotes du Rhône). In Übersee gibt es praktisch keine Vorgaben hinsichtlich der verwendeten Traubensorten. Dort ist ein Großteil der Rosés gesüßt, besteht aus einem Verschnitt von rotem und weißen Wein. Hier die wichtigsten Rosé-Herkünfte und Traubensorten:

FRANKREICH
Languedoc-Roussillon: Grenache, Cinsault, Carignan, Mourvèdre und andere
Côtes de Provence: Hauptsorte Grenache, außerdem Syrah, Cinsault, Mouvèdre, Carignan, Tibouren u.a.
Côtes d'Aix en Provence: Hauptsorten Grenache, Cinsault, Mouvèdre, außerdem Cunoise, Syrah, Carignan, Cabernet Sauvignon
Côteaux Varoise: Grenache, Syrah, Mourvèdre, dazu Cinsault, Cabernet Sauvignon, Carignan
Bandol: Mourvèdre, außerdem Grenache, Cinsault, Carignan, Cabernet Sauvignon
Bellet: Braquet, Folle Noir, Grenache, Cinsault

Tavel: Grenache und Cinsault, dazu Syrah, Bouboulenc, Calidor, Carignanan, Mourvèdre, Picpoul
Lirac: Grenache, außerdem Mourvèdre, Cinsault, Carignan, Syrah
Rosé d'Anjou: Groslot, dazu Gamay, Malbec
Rosé de Loire: Cabernet franc, dazu Groslot, Pineau d'Aunis, Pinot Noir, Gamay
Rosé-Champagner: Chardonnay, Pinot Noir, Pinot Meunier

ITALIEN
Salento: Negroamaro, Primitivo u. a.
Cerasuolo d'Abruzzo: Montepulciano
Bardolino Chiaretto: Corvina, Molinara, Rondinella
Valtenesi: Gropello

ÖSTERREICH
Steiermark: Blauer Wildbacher ("Schilcher"), Pinot Noir u.a.
Burgenland: Zweigelt, Blaufränkisch

DEUTSCHLAND
Spätburgunder, Portugieser, Cabernet Dorsa u. a. „Weißherbst", wenn nur aus einer roten Sorte gewonnen (egal welcher). Eine Sonderheit ist der Rotling, der aus einem Mischsatz von weißen und roten Trauben besteht, die gemeinsam vergoren werden müssen. Bekannte Rotlinge sind Badisch Rotgold (Baden), Schillerwein (Württemberg) und Schieler (Sachsen).

SPANIEN
Navarra: überwiegend Garnacha
Rioja: Tempranillo, Garnacha
Cigales: Tempranillo
Andere Gebiete: Bobal, Prieto Picudo, Garnacha u.a.

SCHWEIZ
Neuchâtel: Pinot Noir („Œil de Perdrix")

Wallis: Pinot Noir, Gamay, Grau- und Weißburgunder („Œil de Perdrix")

PORTUGAL
Vinho Verde: Roséweine aus Vinhão, Espadero, Padeiro u.a.

GRIECHENLAND
Arcadia: Moschofilero

UKRAINE
Krimsekt: Cabernet Sauvignon, Merlot, Saperawi, Matrassa

USA
Kalifornien: Zinfandel („Zinfandel Rosé"), Merlot („White Merlot"), Cabernet Sauvignon („Cabernet Blanc")
Long Island: Merlot, Cabernet Sauvignon, Cabernet franc, Chardonnay u.a.

SÜDAFRIKA
Kapprovinz: Shiraz, Grenache, Mourvèdre, Pinot Grigio, Pinotage, Cabernet Sauvignon, Merlot, Cinsault u.a.

AUSTRALIEN
Shiraz, Cabernet Sauvignon, Grenache, Sangiovese, Pinot Noir, Moscato u.a.

standene, dunklere Wein galt dagegen als weniger wertig.

Der Claret war hell, aber kein Rosé

Auch wenn sie hellfarben waren, so waren die Clarets doch Rotweine, keine Rosés. Auch in den folgenden Jahrhunderten blieben die Bordeaux-Weine im Vergleich zu heute hell. Erst im 19. Jahrhundert wurden sie dunkler, was aber nicht nur mit dem verlängertem Schalenkontakt zu tun hatte, sondern auch mit dem Entrappen der Trauben. An vielen französischen Anbaugebieten ging diese Entwicklung jedoch vorbei. Die Bedeutung des Schalenkontakts für die Farbe und die Qualität des Weins wurde nicht überall erkannt. Besonders im wirtschaftlich prekären Südfrankreich waren viele Weine noch im 19. Jahrhundert mangels Kenntnis und Kellertechnik hellfarbig – ohne deswegen Rosés im heutigen Sinne zu sein.

Vom süßen Mateus Rosé bis zum leichten, trockenen Urlaubswein

Die eigentliche Rosé-Ära begann erst nach dem Zweiten Weltkrieg. In den 1950er-Jahren eroberte ein portugiesischer Wein namens Mateus Rosé die Weltmärkte. Dieser orangefarbene, deutlich restsüße Wein in einer dem Bocksbeutel ähnlichen Flasche (er soll der Feldflasche der Soldaten im Ersten Weltkrieg nachempfunden sein) war der erste gewollt roséfarbene Wein der Welt. Jahrzehntelang beherrschte er die Märkte. Erst mit dem Aufkommen der Trockenwelle hat der Mateus Rosé seine dominierende Stellung an Frankreich verloren. Die neuen Zentren der Roséwein-Erzeugung – das waren jetzt die Rhône (Anbaugebiete Tavel, Lirac), die Loire (Anjou, Saumur, Touraine), die Provence und Languedoc-Roussillion, bis heute das größte Roséwein-Anbaugebiet Frankreichs. Die roséfarbenen Weine, die von dort kamen, passten besser zum Urlaubsfeeling der Franzosen als dunkle, schwere Rotweine vom Typ Châteauneuf-du-Pape oder Côtes du Rhône. Allerdings ähnelten auch sie anfangs mehr hellen Rotweinen als leichten Rosés: Sie wiesen nicht selten 14 Vol.% Alkohol auf, hatten einen biologischen Säureabbau durchlaufen und waren ziemlich säurearm.

Frankreichs Rosés machen Schule

Der große Rosé-Boom setzte erst Ende der 1990er-Jahre in der Provence ein – mit Weinen eines neuen Typs. Die Trauben für sie wurden früh gelesen. Diese Roséweine wiesen weniger Alkohol auf, waren vibrierend frisch am Gaumen und wurden farblich immer blasser. Der Schalenkontakt wurde auf die zwei Stunden reduziert, die die Trauben gepresst werden. „Vin Gris" heißt dieser Stil in Frankreich. Diese neuen Rosés demonstrierten schon äußerlich, dass sie als Weißwein angesehen werden wollen. Der provençalische Vin Gris-Typ eroberte in Windeseile die europäischen Märkte. In Frankreich selbst wird heute mehr Rosé als Weißwein getrunken. So kommt es, dass 80 Prozent der Weinproduktion zwischen Nizza und Marseille aus Rosé besteht. Auch die überseeischen Weinnationen erlebten einen Rosé-Boom, zuerst in Kalifornien (wo Rosé „Blush" genannt wird), später auch in Australien und Südafrika. Allerdings sind die meisten Übersee-Rosés als süße Weine konzipiert und bestehen aus einer Cuvée von rotem und weißem Wein.

An den Saft rankommen

Aus reifem Lesegut entsteht nur dann ein hochwertiger Weißwein, wenn der Kellermeister die Trauben vorsichtig, schonend, schnell und mit Köpfchen verarbeitet. Schwer ist das nicht. Trotzdem gelingt es nicht allen.

Trauben, die im Keller ankommen, müssen sofort verarbeitet werden.

Zusammensetzung des Weißweinmostes

70–85 %	Wasser
15–27 %	Zucker
0,3–1,8 %	Wein- und Apfelsäure, Bernstein- und Milchsäure
0,3–0,6 %	Kalium, Natrium, Phosphat und andere Mineralstoffe
0,01–0,2 %	Tannine
0,03–0,5 %	Aminosäuren, Proteine
unter 0,01 %	Vitamine, Aldehyde, höherwertige Alkohole

Weiße Trauben sind empfindlich. Das Wichtigste an der Weißweinbereitung ist, dass mit ihnen schonend umgegangen wird. Traditionell werden weiße Trauben nach der Anlieferung im Keller zunächst von den Stielen getrennt. Das geschieht im Entrapper. Durch das Schlagwerk der Gummiklöppel werden die Beeren von den Stielen gerissen und durch die Öffnungen in der perforierten Trommel nach außen geschleudert. Ein Teil der Beeren bleibt intakt, ein anderer wird durch die scharfen Kanten der Öffnungen aufgeschlitzt – je nach Einstellung der Maschine. Die Beeren werden in die Presse gepumpt. Der ohne Pressdruck ablaufende Saft heißt Vorlaufmost und ergibt am Ende den hochwertigsten Wein. Aber kein Winzer kann es sich leisten, nur den Vorlaufmost zu verwenden. Dieser macht höchstens ein Drittel des gesamten Mostes aus. Um an den im Zellgebewebe befindlichen Saft zu kommen, müssen die Beeren gepresst werden.

Das Keltern

Der eigentliche Pressvorgang findet heute in den meisten Weingütern in modernen hydraulischen Tankpressen statt. Im Füllraum mit dem abgebeerten Lesegut befindet sich ein Luftschlauch, der sich aufgepumpt und die Beeren an die Wand der Trommel presst. Diese ist perforiert, sodass der Saft durch feine Schlitze ablaufen kann. Er wird in einer Wanne unter der Trommel aufgefangen. Zunächst werden die Beeren nur sanft angepresst. Bei einem Druck von 1 bar bricht bereits über die Hälfte der Zellen im Fruchtfleisch auf. Nach und nach wird der Pressdruck bis auf 6 bar erhöht, damit auch der restliche Saft ablaufen kann.

Ganztraubenpressung

In einigen Anbaugebieten wird auf das Abbeeren weißer Trauben bewusst verzichtet: in der Champagne etwa. Das heißt: Die Trauben werden als Ganzes mit den Stielen gepresst. Ganztraubenpressung heißt diese Keltertechnik. Sie wird zunehmend auch in anderen Ländern und Anbaugebieten für die normale Weißweinbereitung angewendet, insbesondere für hochwertige Traubenpartien. Die Ganztraubenpressung hat zwei Vorteile. Erstens werden die Trauben durch den Verzicht auf das Abbeeren weniger strapaziert. Zweitens läuft der austretende Most durch die Kanäle, die die Stiele im Presskuchen bilden, schneller ab. Der Pressdruck kann so vermindert werden. Die Gefahr, dass Kerne brechen und die Stiele ausgequetscht werden, wird verringert. Sie enthalten Phenole, die bitter schmecken und im Most unerwünscht sind. Ob die Ganztraubenpressung bessere oder nur sauberere Moste liefert, ist unter Winzern umstritten. Die einen sehen keine Vorteile, die anderen schaffen sich sogar Korbpressen an, um ihre besten Traubenpartien in ihnen zu keltern.

Maischestandzeit für Weißweine

Normalerweise gehen die Trauben nach dem Entrappen sofort in die Presse. Der ablaufende Most wird danach vergoren. Der Schalenkontakt ist auf die Zeit beschränkt, die die

Beeren in der Presse sind: eine Stunde oder zwei, je nach Dauer des Pressvorgangs. Weißweinmoste sollen, so die Überlegung, so wenig wie möglich phenolische Substanzen enthalten: vor allen kein Tannin, aber auch keine Anthocyane.

In den Schalen der weißen Trauben befinden sich aber auch wertvolle Aromabestandteile, die für die floralen und fruchtigen Primäraromen des Weins wichtig sind. Sie gehen verloren, wenn allzu schulbuchmäßig vinifiziert wird. Deshalb schalten viele Weingüter der Pressung eine kurze Maischestandzeit vor. Das heißt: die nach dem Entrappen teilweise aufgeknackten Beeren und der austretende Saft werden für ein paar Stunden in einem Tank (oder Tankpresse) zwischengelagert. In dieser Zeit gehen viele Mineralstoffe in den Saft über, die als Vorstufen für die späteren Aromen gelten: Magnesium, Calcium, Natrium, Phospat, Sulfat, Chlorid, Carbonat zum Beispiel, vor allem aber Kalium. Kalium ist ein wichtiges Element für die Pufferung der Säuren im Wein. Durch einen sechs- bis achtstündigen Schalenkontakt wird die Auslaugung von Kalium intensiviert. Die Maischestandzeit fördert also die Aromenausbeute. Sie führt zu breiteren und speckigeren Weinen. Natürlich werden während der Maischestandzeit auch Phenole aus den Schalen und aus den Kernen extrahiert. Das heißt: Der Most ist leicht gerbstoffhaltig, der Wein später langlebiger. Winzer, die individuelle, anspruchsvolle Weine anstreben, praktizieren daher immer häufiger einen solchen Schalenkontakt vor der eigentlichen Kelterung. Wichtig ist allerdings, dass die Weißweinmaische gut gekühlt ist und während der Standzeit nicht angärt.

Schwefelung des Mostes

Frischer Most ist anfällig für Oxidation, insbesondere bei warmen Umgebungstemperaturen. Der Keltervorgang muss daher unbedingt im Schatten stattfinden, am besten in einer kühlen Kelterhalle. Als Vorsichtsmaßnahme schwefeln große Weingüter, aber auch viele kleine Winzer den frisch gepressten Most. Sie wollen oxidationsempflindliche Inhaltsstoffe schützen und verhindern, dass sich wilde Hefen, Essigsäurebakterien und andere Mikroorganismen entwickeln. Der Schwefel darf die Hefen, die den Wein später vergären sollen, nicht unterdrücken. Deshalb ist die Dosis gering: Sie beträgt zwischen 40 und 50 Milligramm pro Liter. Durch eine zügige Verarbeitung, möglichst unter Sauerstoffabschluss, lässt sich eine Schwefelung in diesem frühen Stadium aber vermeiden.

Weißweinbereitung

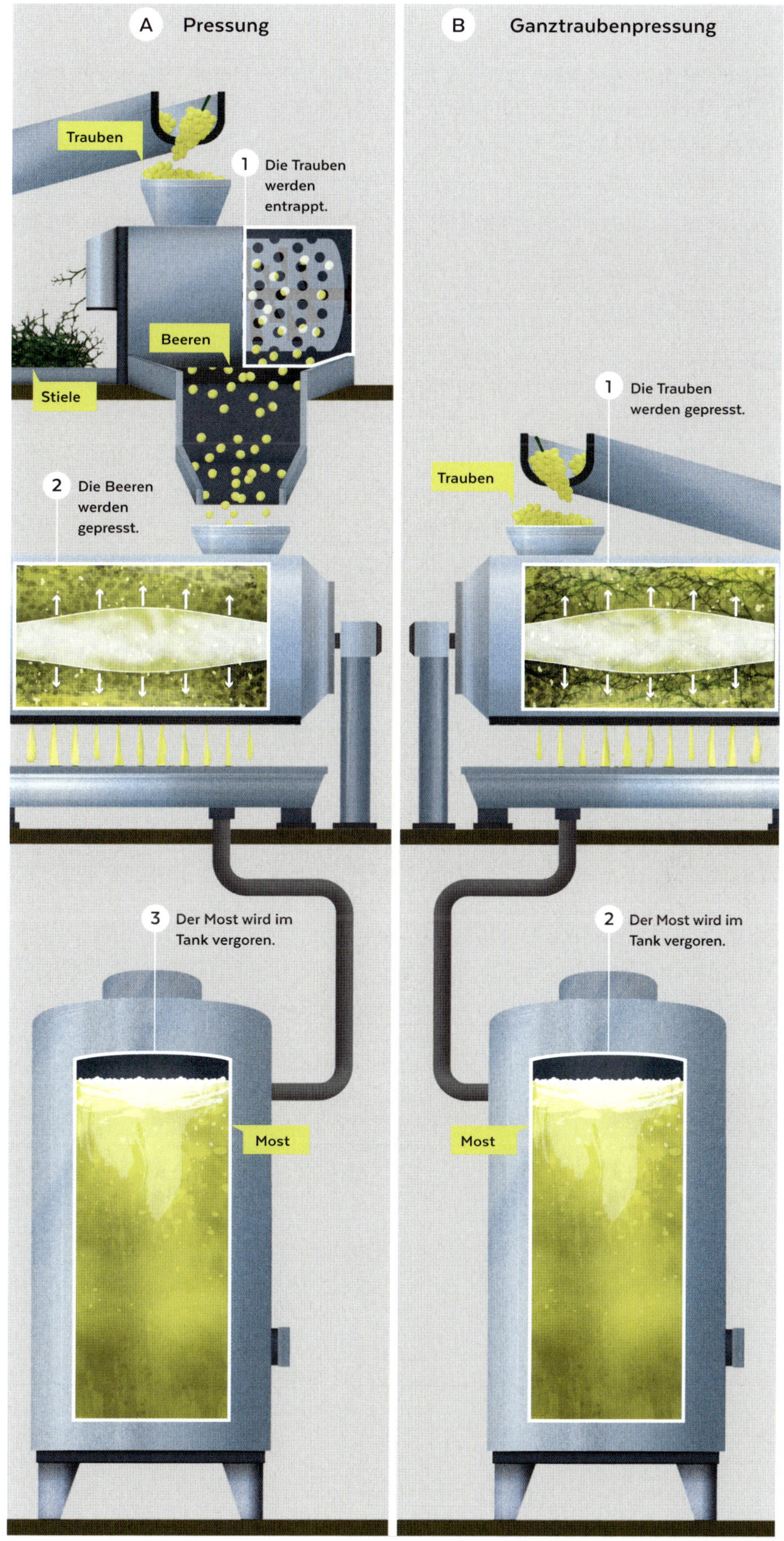

Zurück zum Urwein

Natural Wines oder Orange Wines sind der Gegenentwurf beseelter Naturwinzer zur Hightech-Önologie von heute. Geschmack ist sekundär für sie. Wichtig ist, dass sie ohne Hilfsmittel entstehen und so sind, wie die Natur sie schuf – mit allen Fehlern und Vorzügen.

So sieht ein Weißwein aus, der in der Amphore auf den Schalen vergoren wurde.

Natural Wines heißt die Bewegung, die ihre meisten Anhänger in Norditalien, Kroatien, Slowenien, Ungarn, der Steiermark, Languedoc, an der Loire, in Katalonien und Kalifornien hat. Meist sind es Winzer, die ihre Weinberge biologisch-organisch oder biodynamisch bewirtschaften und nun auch im Keller zeigen wollen, dass sie bei der Weinbereitung und beim Ausbau naturnah arbeiten. Deutschland besitzt zwar einen hohen Anteil an Bio-Winzern, aber ihr Weinverständnis ist eher konventionell. Insgesamt ist die Natural-Wine-Bewegung noch klein. Doch die Aufmerksamkeit, die sie in der Öffentlichkeit erringt, ist groß, Bei Sommeliers, einzelnen Händlern und auch vielen Weintrinkern macht sich ein Unbehagen gegenüber der herrschenden Hightech-Önologie breit, die Rezepturen für Weine von der Stange liefert: Weine mit hohen technischen Qualitäten, die möglicherweise gut schmecken, aber seelenlos sind. Wein ist ihrer Auffassung nach etwas anderes: ein Naturprodukt, dessen Geschmack nicht planbar ist und vielen unvorhersehbaren Abläufen unterliegt. Sich auf einen solchen Wein einzulassen ist ein Abenteuer mit ungewissem Ausgang.

Keine Charta, kein Manifest

Die Natural-Wine-Bewegung hat keine Charta, die festlegt, was erlaubt und verboten ist. Es gibt nicht einmal einen offiziellen Namen. Die einen nennen ihre Produkte Natural Wine, die anderen Artisan Wine, wieder andere Raw Wine oder Organic Wine. Sie alle verbindet nur eine gemeinsame Idee: möglichst chemiefrei und mit möglichst wenigen technischen Hilfsmitteln zu arbeiten. Ihr Fundament ist der Weinberg, ihr Ziel, rote und weiße Trauben so unverfälscht wie möglich in Wein zu transformieren.
Was sie aus weißen Trauben machen, ist allerdings revolutionärer, weil am Ende keine Weißweine herauskommen, sondern zwittrige Weine. Sie sind weder Weiß- noch Rot- noch Roséweine. Ihre Farbe ist gelborange. Orange Wines werden sie deshalb genannt. Der Most wird nicht mit Enzymen vorgeklärt. In vielen Fällen gibt es gar keinen Most, sondern eine Maische mit Schalen und mit Kernen. Dass die Maische spontan vergoren wird, ist der wichtigste Grundsatz der Bewegung. Reinzuchthefen sind tabu. Temperaturkontrolle ist ebenfalls verpönt. Wenn der Wein eine malolaktische Gärung machen will, darf er nicht daran gehindert werden. Lysozyme und andere Malo-Hemmer stehen auf der Roten Liste. Was unter diesen Bedingungen aus dem Wein wird, ist völlig offen. Manchmal schmeckt er nach Senf, manchmal nach nasser Wolle oder altem Brot, manchmal aber auch nach feinsten Teeblüten, Trockenaprikosen, kandierter Geleefrucht, Nüssen oder Salzmandeln.

Ausbau in Holz oder in Beton-Eiern

Für den Ausbau kommen bei strenger Auslegung der Regeln nur Behältnisse aus natürlichem Material infrage: meist Holzfässer, aber auch eiförmige Behälter aus massivem Granit oder Beton. In ihnen reift der Wein dyna-

Der Vater der Natural Wines: Josko Gravner aus dem Friaul mit seinen Amphoren

misch, weil die Form des Eis der des mythischen Goldenen Schnitts entspricht. Eine Schönung des Weins ist überflüssig. Er klärt sich von selbst. Stahltanks widersprechen diametral der Natural-Wine-Philosophie. Eine Sterilfiltration wird strikt abgelehnt. Weine müssen lebendig bleiben und dürfen nicht steril auf die Flasche kommen. Spätere Trübungen und ein reichhaltiges Depot sind das Markenzeichen der Natural Wines. Selbst wenn viele dieser Weine, speziell der Orange Wines, nach herkömmlichen Standards fehlerhaft sind – dem Winzer ist es egal. „Große Weine zu machen, ist immer ein Flirt mit Weinfehlern", sagt Paul Old, Besitzer des Natur-Weinguts Les Clos Perdus im Languedoc.

Wenig oder gar kein Schwefel?

Das heikelste Problem ist der Schwefel. Er ist nicht völlig tabu. Schließlich wurde er schon in der Antike zur Haltbarmachung von Wein benutzt. Aber der Ehrgeiz vieler Naturweinwinzer gebietet es, ohne ihn auszukommen. Rotwein hat durch seine Phenole einen Minimalschutz. Orange Wines erhalten ihn auch, wenn sie auf der Maische vergoren werden. Das Resultat sind stark tanninhaltige, mal nach Kochäpfeln, mal nach Kohl schmeckende Weine, die Ecken und Kanten haben und manchmal auch eine kleine Unfrische aufweisen. Wenn dennoch geschwefelt wird, lautet die Empfehlung der in London gegründeten Natural- Wine-Messe RAW: insgesamt maximal 30 Milligramm/Liter. Eine Versicherung für die Zukunft ist eine so niedrige Dosis nicht.

Amphore – altes Gärgefäß neu entdeckt

Ein anderes beliebtes Gärgefäß ist die Ton-Amphore. Sie wurde im Kaukasus schon in der Frühzeit des Weins benutzt. Ton ist ein natürliches Material, und Ton aus Georgien ist der feinporigste der Welt. In der Amphore werden weiße wie rote Maischen gleichermaßen vergoren – unter Sauerstoffkontakt mit offenem Deckel. Nicht selten liegt der Wein dort drei Monate lang auf der Maische. Einige Winzer vergraben die Amphoren nach alter georgischer Tradition in der Erde, sodass der Wein gut gekühlt liegt und die Kraft des Bodens aufnehmen kann – mit welchem Ergebnis auch immer. Amphoren-Weine sind stets oxidativ. Aber sie können, wenn sie gelungen sind, eine Fülle besitzen, die ein normal vergorener Wein nicht hat.

Vorwärts heißt manchmal rückwärts

Winzer, die das volle, in Teilen auch esoterisch angehauchte Programm durchziehen, sind eher selten. Viele nehmen nur einzelne Elemente auf, verbunden mit dem Wunsch, den immer uniformer werdenden Weinen etwas völlig Anderes, Spannendes, ja Abenteuerliches entgegenzusetzen. Inzwischen beobachten auch Vertreter einer modernen Önologie mit Neugier die Bewegung. Maischegärung für Weißweine und schwefelfreie Weine sind Themen, die sie auch beschäftigen. Sie ahnen, dass der Fortschritt nicht in weiterer Technisierung besteht, sondern in der Wiederentdeckung alter Kellertechniken. Vorwärts heißt manchmal rückwärts.

Goldgelb bis Orangegelb: die Farbe der Natural Wines

Sauber, aber nicht blank

Wenn die Trauben gepresst sind und der trübe Most im Tank liegt, ist die erste Phase der Weinbereitung abgeschlossen. Die nächsten drei Schritte kommen noch: die Vorklärung, die Gärung, der Ausbau. Schon bei der Vorklärung kann der Kellermeister viele Fehler machen.

Im Most, der aus der Presse läuft, sind oft noch Stielreste, Blätterreste und Schmutzpartikel: Bevor er vergoren wird, muss er vorgeklärt werden.

Most, der von der Kelter fließt, ist gelbgrün, dickflüssig und trüb. Er enthält Fruchtfleischteilchen, Schalenfragmente, Stielreste, Erde und andere Schmutzpartikel. Wird er von diesen Stoffen nicht befreit, kann es später bei der Vergärung Probleme geben. Es kommt zur vermehrten Bildung von Aldehyden, die den Einsatz von Schwefel nötig machen, was in diesem frühen Stadium der Weinwerdung durchaus heikel ist. Die festen Bestandteile sind relativ leicht zu entfernen. Schwieriger ist es, den Most vom Feintrub zu befreien. An ihm hängen Bakterien, Hefen, Rückstände von Spritzmitteln, Nährstoffe, Pflanzenabbauprodukte wie Pektin und Zellulose. In Jahren, in denen es infolge schlechten Wetters viel Fäulnis gab, enthält der Most auch Sporen von Schimmelpilzen.

Zu scharfes Vorklären

Früher wurden alle Weißweine ohne Vorklärung vergoren – mit der Folge, dass viele Weine hinterher stark behandelt werden mussten, weil sie unerwünschte Nebentöne aufwiesen. Heute ist die Vorklärung des Mostes allgemeiner Standard und unumstritten. Unterschiedliche Auffassungen gibt es nur zum Grad der Vorklärung. Große Weingüter und Handelskellereien gehen auf Nummer sicher und klären ihre Moste mithilfe von Separatoren, Vakuumdrehfiltern, Kammerfiltern oder Floatern. Sie alle arbeiten effektiv und schnell. Das Problem ist, dass man so zwar „glanzhelle“ Moste bekommt, die aber wichtiger Substanzen verlustig gegangen sind: zum Beispiel vieler Aroma- und Hefe-Nährstoffe. Derart „blanke“ oder „ausgezogene“ Moste, so kritisieren Önologen, führen zu armen, geschmacklich eindimensionalen Weinen.

Klären durch Sedimentation

Für die Qualität des späteren Weins ist ein geringerer Grad an Vorklärung förderlicher. Die einfachste und natürlichste Methode ist das Klären im Absetztank, auch Sedimentation genannt. Der frisch gepresste Weißwein-Most wird in einen freien Tank gepumpt, in dem er einen Tag lang ruht. Schon nach wenigen Stunden ist ein Teil der Feststoffe auf den Boden gesunken. Der Feintrub braucht mehr Zeit. Der zwar trübe, aber von allen groben Partikeln befreite Most im oberen Teil des Behälters kann abgepumpt und in den Gärtank gelegt werden. Dieses Absetzen ist die schonendste Art der Mostklärung. Der Klärungsgrad ist allerdings niedrig. Ein Teil des Feintrubs ist auch nach dem Abpumpen immer noch im Most. Außerdem kann der Most während der Absetzphase leicht oxidieren, wenn er zu lange Kontakt mit Sauerstoff hat.

Entschleimen mit Pektinasen

Am langsamen Absetzen des Feintrubs ist das Pektin schuld. Pektin ist ein natürlicher Bestandteil der Trauben und gelangt als solcher auch in den Most. Als „Geliermittel" macht Pektin den Most dickflüssig – und in dickflüssigem Most sinken Trubstoffe langsamer nach unten. Dadurch wird der Prozess der Vorklärung verlangsamt – und das Oxidationsrisiko erhöht. Denn der Most liegt ungeschützt im Absetztank. Um den Klärungsgrad und die Klärungsgeschwindigkeit zu erhöhen, kann man Enzyme einsetzen: zum Beispiel Pektinasen. Sie werden dem Most zugegeben und spalten die Pektine. Die Viskosität wird herabgesetzt, der Feintrub sinkt schneller nach unten. Entschleimen heißt der Fachausdruck.

Vorklären mit Kieselgur-Filtration

Wegen des Oxidationsrisikos ziehen viele Weißwein-Weingüter eine Filtration mit Kieselgur dem Absetzen vor. Kieselgur ist ein Pulver, das aus fossilen Kieselalgen hergestellt wird. Es wird auch als Diatomeen-Erde bezeichnet und an verschiedenen Stellen des Erdballs im Tagebau gefördert – auch in Deutschland. Das Pulver wird auf eine Trommel aufgetragen, durch die der Most gedrückt wird. Da Kieselgur extrem porös ist, ist dazu nur geringer Druck nötig. Der Most wird geklärt, dabei aber nicht aller seiner Inhaltsstoffe beraubt. Kieselgur ist chemisch neutral. Es reagiert nicht mit Säuren, Salzen, Mineralstoffen, Proteinen. Wichtiger noch: Die Klärung erfolgt wesentlich schneller als bei der Sedimentation. Das Filtern mit anderen Materialien, etwa mit Membranen oder Karton, ist ebenfalls möglich. Allerdings wird der Most dadurch stark strapaziert. Auch Bentonit wird zur Vorklärung eingesetzt: natürliche Kaolinerde. Sie bindet jedoch nur das Eiweiß, beseitigt nicht den Trub. Am stärksten strapaziert wird der Most durch Kammerseparatoren mit bis zu 10 000 Umdrehungen/Minute.

Selbsterklärung im Absatztank

Trüber Most im Tank: Die schonendste Methode der Vorklärung ist die Sedimentation.

Schon nach wenigen Stunden sinken Trubteile und Schmutzpartikel auf den Boden des Tanks.

Nach einem Tag sind die festen Bestandteile auf den Boden gesunken. Der Most darüber ist klar.

Alles unter Kontrolle

Weißwein wird ohne Schalen vergoren – und zwar temperaturkontrolliert. Die Möglichkeit der Temperaturkontrolle hat die Weinwelt revolutioniert und einen neuen Typ von Weißwein geschaffen, den es vorher nicht gab: den reintönigen, duftigen, frischen Wein.

Für viele Winzer war ein naturkühler Gärkeller früher ebenso wichtig wie ein guter Weinberg. Er ermöglichte die langsame Vergärung des Weins ohne technische Hilfsmittel. Niedrige Temperaturen bremsen die Vermehrung der Hefen. Eine langsame Gärung ist deshalb so wichtig, weil Weißweine mehr von Primäraromen leben als Rotweine. Und die Primäraromen der Rebsorte bleiben bei einer gezügelten Gärung erhalten, bei unkontrolliert hohen Gärtemperaturen zerfallen sie.

Die Temperaturkontrolle

Ohne Vorklärung und ohne Temperaturkontrolle wäre der Weißweinmost innerhalb von drei Tagen vergoren. Der Wein, der entstünde, wäre allerdings nicht der gleiche wie der, der langsam gärt. Die Hefen vermehren sich explosionsartig, die Temperatur im Gärgefäß würde bis auf 30 °C steigen. Viele „kühle" Aromen verschwinden, während Noten von gekochtem Obst zunehmen. Eine Kontrolle der Gärtemperatur ist deshalb unerlässlich. In der Regel gärt der Weißweinmost bei 15 °C an. In der Hauptgärphase sollte die Temperatur zwischen 18 und 20 °C liegen. Unter solchen Bedingungen ist der Wein nach etwa zehn Tagen durchgegoren. Bei höherwertigen Mosten mit über 100 °Oechsle kann die Gärung auch länger dauern. Manche Winzer lassen zu, dass die Gärtemperatur über 20 °C steigt. Aber nur bei extraktreichen Mosten.

Die Gärung

Die Gärung ist der wichtigste Schritt der Weinbereitung. Ihre Hauptaufgabe ist es, den Zucker, der sich im Most befindet, in Alkohol umzusetzen. Dazu benötigen die Hefen Sauerstoff. Das Gärgefäß muss also offen sein. Als Nebenprodukte der Gärung entstehen Ester, Aldehyde, Gly-

In den großen Kellereien Neuseelands werden die Weißweine oft unter freiem Himmel vergoren: Die Sonne stört nicht. Jeder Tank ist gekühlt.

cerin, Methanol und CO_2. Letzteres entweicht über die Öffnung im Tank (oder den Glaskolben bei Holzfass-Vergärung). Die anderen Nebenprodukte sind Vorstufen für die Aromabildung. Die meisten Aromastoffe der Traube, also die Primäraromen, heißen Terpene. Ein Teil ist ungebunden und schon im Most schmeckbar. Der größte Teil ist aber an Zuckermoleküle (Glycoside) gebunden. Sie werden während der Gärung aufgespalten und sind erst dann sensorisch wahrnehmbar. Ein anderes Gärungsprodukt sind die Ester. Sie entstehen durch Reaktion der im Wein enthaltenen Säuren mit dem entstehenden Alkohol. Ester sind für die fruchtigen Aromen im Wein verantwortlich. Die Enzyme, die für diese Reaktion nötig sind, befinden sich an den Hefen. Sie müssen dem Wein also nicht hinzugefügt werden. Wenn der gesamte Zucker vergoren ist, sterben die Hefen ab und sinken auf den Boden. Die Gärung ist beendet, der Wein trocken.

Mögliche Gärprobleme

Allerdings verläuft die Gärung nicht immer reibungslos. Sie kann stocken oder zu stürmisch verlaufen. Aufgabe des Kellermeisters ist es, durch Temperaturregelung, aber auch durch Zugabe von Hefenährstoffen die Gäraktivität zu gewährleisten. Die Gärung kann auch ganz stoppen, ohne dass aller Zucker vergoren ist. Bei Spontangärungen ist das oft der Fall. Aber auch bei Weinen mit hohen Alkoholgehalten kann das passieren. Zu viel Alkohol wirkt auf Hefen toxisch. Sie sterben ab. Die Gärung stoppt.

Azidifikation und Chaptalisierung

In warmen Weinbaugegenden weisen die Weine eine niedrige Säure auf. In den warmen Ländern erlaubt der Gesetzgeber deshalb die Säuerung des Weins um 2,5 Gramm/Liter. In Deutschland ist die Säuerung verboten, wird jedoch per Sondergenehmigung regelmäßig erlaubt, wenn die Weine jahrgangsbedingt zu säurearm ausfallen. Als Säuerungsmittel sind Apfelsäure und Weinsäure erlaubt, in einigen Ländern auch Zitronensäure. Azidifikation heißt der Fachausdruck. Umgekehrt kann es passieren, dass die Trauben in kühlen Anbaugebieten oder kühlen Jahren zu wenig Zucker bilden. Der spätere Wein hätte zu wenig Alkohol. In diesem Fall darf dem Most (oder dem gärenden Wein) Rohrzucker hinzugefügt werden. Er dient nicht zur Süßung des Weins. Er dient, da er vollständig vergoren wird, zur Anhebung des Alkoholgehalts um maximal 1,5 Vol. %. Chaptalisierung heißt dieser Vorgang. In den meisten Ländern ist die Aufzuckerung nicht nötig, zumal in Zeiten der globalen Klimaerwärmung nicht, da die Weine eher zu alkoholreich sind. In Deutschland ist die Chaptalisierung erlaubt, in Teilen Frankreichs (Champagne, Burgund) wird sie sogar ziemlich regelmäßig praktiziert.

Nach der Gärung

Wenn die Gärung beendet ist, muss der Jungwein stabilisiert werden. Die schonendste Methode ist, ihn auf 5 °C (oder tiefer) herunterzukühlen. Die toten Hefezellen liegen dann in einem dicken Satz auf dem Tankboden. Zu diesem „Geläger“ kommen noch Weinsteinkristalle hinzu. Durch die Kälte wird nämlich ein Teil der überschüssigen Weinsäure ausgefällt. Der Wein wird vom „Geläger“ getrennt und in einen anderen Tank (oder ein Fass) gepumpt, um dort ausgebaut zu werden. Sauerstoffkontakt ist dabei wichtig, weil der Jungwein in diesem Stadium viele unangenehme Gäraromen aufweist. Viele Weingüter filtern den Wein oder schicken ihn zur Stabilisierung durch Separatoren. Andere schwefeln ihn, damit es zu keinen Nachgärungen kommt und – falls unerwünscht – der biologische Säureabbau unterdrückt wird. Eine kühle Umgebungstemperatur verhindert die Malo aber genauso gut. Wichtig ist, dass der Wein nach der Belüftung möglichst wenig mit Sauerstoff in Berührung kommt, zumal wenn er ungeschwefelt ist.

Aroma-Enzyme

Die natürlichen Enzyme im Wein schaffen es nicht, alle potenziellen Terpene und Ester freizusetzen. Es gibt aber industrielle Enzyme, die die Glycolyse, also die die Aromenbildung intensivieren. Sie heißen β-Glycosidasen. Mit ihnen lassen sich bestimmte Aromaprofile gezielt herausarbeiten. Deshalb nennt man sie auch Aroma-Enzyme. Zwar sind sie gesetzlich nicht zugelassen. Aber die Pektinasen erfüllen den selben Zweck. Da ihr Hauptzweck die Verflüssigung des Mostes während der Vorklärung ist, sind Pektinasen als Weinbehandlungsmittel zugelassen und können folglich auch dem gärenden Wein hinzugefügt werden. Dort wirken sie als β-Glucosidasen. Durch diese Nebenaktivität können bestimmte Aromen verstärkt herausgearbeitet werden. Vor allem für aromatische Weine wie Sauvignon Blanc und Scheurebe wird Pektinase gern als Aroma-Enzym eingesetzt.

Der Kellermeister prüft, ob der Wein noch süß oder schon komplett durchgegoren ist.

Altes Holzfass neu entdeckt

Bevor es Edelstahltanks gab, wurden alle Weine im Holzfass vergoren. Eine Neuerung ist es also nicht, wenn viele Winzer ihre Weine heute wieder dem Holzfass anvertrauen. Ebenso viele haben das Holzfass gar nicht erst abgeschafft. Sie vergären ihre Weine seit Jahrhunderten darin.

Holz hat gegenüber Stahl den Vorteil, dass es luftdurchlässig ist. Die Mengen an Sauerstoff, die durch die Poren an den Wein gelangen, sind allerdings gering. So gering, dass sie den Wein nicht verderben können. Man spricht von Feinoxidation. Allerdings hängt der Effekt vom Wein ab, der sich im Fass befindet. Für einfache, stark reduktive Weine eignet sich das Holzfass nicht. Es besteht die Gefahr, dass aus der Feinoxidation eine Oxidation wird, die schnell zu Unfrische und zu Essigstich führt. Für gehaltvolle Weißweine und tanninreiche Rotweine ist das Holzfass dagegen ideal. Das gilt nicht nur für den Ausbau, sondern auch für die Vergärung des Weins. Viele der besten Weißweine werden wieder verstärkt im großen Holzfass vergoren.

Vergären unter Sauerstoffkontakt

Aber auch viele der großen Rotweine der Welt werden heute wieder in Holzfässern vergoren. Genauer gesagt: in hölzernen Cuves oder Bottichen. Sie können 30 Hektoliter fassen oder auch nur fünf. Gemeinsam ist ihnen, dass sie oben (mehr oder minder) offen sind, der Wein also unter Sauerstoffkontakt vergärt. Deshalb müssen es Weine sein, die stabil genug sind, um den Sauerstoffkontakt auszuhalten, ohne zu oxidieren. Der eigentliche Grund für die Vergärung roter Weine im Holzfass ist jedoch ein anderer. Erstens wird die Farbe schon in der Gärphase durch den Sauerstoff fixiert. Der Wein ist farbstabil. Zweitens reagieren die frisch extrahierten Tannine mit dem Sauerstoff. Dieser oxidative Vorgang macht die Tannine bereits in der Frühphase des Weins weich und rund. Sie „verschmelzen“ förmlich mit dem Wein. Ähnlich ist es beim Weißwein. Zwar ist er mangels Tannin sehr viel oxidationsanfälliger als Rotwein und wird deshalb nie in offenen Gärbehältern vergoren. Aber auch in geschlossene Fässer dringt durch die Poren des Holzes Sauerstoff und reagiert mit den Säuren und dem Alkohol des Weins. Die Glycolyse verläuft anders als im reduktiven Ambiente eines Stahltanks, die Enzymaktivität steigt, und mit ihnen die Aromenverbindungen. Konkret bedeutet das: Der Reichtum der Traubeninhaltsstoffe aus dem Weinberg wird umgesetzt in größeren geschmacklichen Reichtum des Weins. Eine Vergärung im Holz macht allerdings nur für hochwertige Moste Sinn. Zuckerarme Moste mit wenig Inhaltsstoffen werden im Holzfass „vergewaltigt“.

Holz ist pflegeaufwendig

Traditionelle Holzfässer für die Vergärung von Weißweinen sind klein. In Deutschland unterscheidet man zwischen Halbstück (600 Liter), Stückfass (1200 Liter) und Doppelstückfass (2400 Liter). Die neue Generation der Holzfässer fasst bis 10 000 Liter. Sie werden viele Jahre lang benutzt und geben – im Gegensatz zu Barriques – kein Tannin an den Wein ab. Sie sind geschmacksneutral. Dass Holzfässer so oft gegen Edelstahltanks eingetauscht wurden, hat auch mit dem hohen Pflegeaufwand zu tun. Sie müssen nach jedem Durchgang penibel gesäubert werden. Die Weinsteinkristalle, die sich nach ein paar Jahren fingerdick an der Innenwand festsetzen, müssen entfernt werden. Sonst verliert das Holz seine Porosität.

Vergärung in Barriques

Die kleinen, 225 Liter (oder 227 Liter) fassenden Holzfässer werden im Burgund traditionell zur Vergärung von Weißwein benutzt. Andere Anbaugebiete und Länder sind diesem Vorbild gefolgt und vergären ihre hochwertigsten Weine ebenfalls im Burgunder-Stil. Insbesondere Weine der Sorte Chardonnay eignen sich für die Barrique. Rotweine werden dagegen nicht in Barriques vergoren, sondern nur darin ausgebaut. Im Unterschied zum großen Holzfass sind Barriques aus neuem Holz gefertigt und werden normalerweise nur drei Jahre lang benutzt, um dann entsorgt zu werden. Das Holz gibt Aroma an den Wein ab: zum Beispiel toastige, leicht vanillige Noten. Sie fallen aber sehr viel dezenter aus, wenn der Wein in diesen Fässern schon vergoren und nicht nur darin ausgebaut wurde. Eine weitere Besonderheit ist, dass eine Temperaturkontrolle bei Barriques nicht möglich ist. Die Gärtemperatur kann auf bis zu 25 °C steigen. Dadurch nimmt die Gärung einen anderen Verlauf. Der Wein verliert an Frucht, dafür entstehen neue Aromen.

Malo und Hefeausbau

Zudem macht ein in Barriques vergorener Wein eine malolaktische Gärung durch (wenn sie nicht durch einen kühlen Keller gezielt verhindert wird). Und nach der Malo wird der Wein nicht etwa von der Hefe genommen, sondern auf ihr ausgebaut *(sur lie)*, mal drei Monate lang, mal sechs. In dieser postfermentativen Phase zersetzen sich die Hefen. Dabei geben sie Mannoproteine und Aminosäuren ab, die sensorisch schmeckbar sind. Sie führen im Wein zu mehr Körper und Mundfülle. Man spricht von Cremigkeit. Autolyse heißt dieser Vorgang. Durch das Aufrühren der Hefe mit einem Stock durch den Spund der Barrique („Bâtonage") wird dieser Effekt noch verstärkt. Außerdem bindet die Hefe erhebliche Mengen des Sauerstoffs, der im Wein gelöst ist. Sie trägt so zur Reduktion bei: erhält die Frische und fungiert quasi als Oxidationsschutz. Bevor der Wein nicht von der Hefe abgestochen wird, braucht er keinen Schwefel. Die Hefen schützen ihn vor Oxidation. Nach den Abstich kann sogar auf eine Filtration verzichtet werden. Der Wein klärt sich selbst. Was die Wirkweise der Hefen angeht, führen die Vergärung und der Ausbau des Weins im großen Holzfass natürlich zu den gleichen Resultaten. Der Unterschied besteht darin, dass der Sauerstoffaustausch in den Barriques wegen der größeren Holzoberfläche (in Relation zum Inhalt) intensiver ist.

Barrique-Keller in der Opus One Winery im Napa Valley: Der Wein verlangt nach neuem Holz.

Die Kunst der Feinoxidation

Wenn die Gärung beendet ist, ist der Wein fertig, aber nicht trinkfertig. Er muss, bevor er in die Flasche kommt, eine gewisse Zeit der Reife durchmachen. Das gilt für Rot- wie für Weißweine. Die Reifezeit kann ein paar Wochen dauern. Sie kann sich aber auch über mehrere Jahre hinziehen.

Ein Keller voller Barriques: Viele Rotweine der neuen Generation brauchen den Ausbau im kleinen Holzfass.

Die Reifezeit wird Ausbau genannt. Der Wein verändert sich in dieser Zeit, erweitert sein Aromenspektrum, „baut aus". Der traubige Geschmack, den er direkt nach der Gärung aufweist, weicht einem weinigen Aroma. Ausgelöst wird die Veränderung des Weins durch kleinste Mengen von Sauerstoff (O_2), die auf den Wein einwirken. Feinoxidation heißt dieser Vorgang. Die Sauerstoffmengen liegen im Bereich von 1 bis 2 Milligramm O_2 pro Liter im Monat, abhängig vom Ausbaubehältnis. Im Edelstahltank ist die Sauerstoffaufnahme geringer, im Holzfass mit seinen porösen Wandungen größer. Generell kann man sagen: Rotweine benötigen mehr Sauerstoff, Weißweine weniger.

Chemische Reaktionen

Auch wenn der Wein nach der Gärung stabilisiert wurde, so ist er nicht steril. Er reift und verfeinert sich weiter. Viele Bestandteile, die er enthält, reagieren mit Sauerstoff. Kohlenwasserstoffverbindungen – Träger der Primäraromen – gehen unter Einfluss von O_2 andere Verbindungen ein, sodass sich komplexere Aromenkombinationen ergeben. Bei Weißweinen überlagern salzige, mineralische, nussige Noten die Primäraromen. Die in vielen Jungweinen noch enthaltene Gärkohlensäure wird schrittweise gebunden. Die anfangs glanzhelle Farbe oxidiert dann ins Strohgelbe.
Auch Rotweine können ihre tiefe Farbe während des Holzfassausbaus nicht ganz halten und hellen sich im Laufe des Reifeprozesses auf. Dieser Reifeprozess beruht in erster Linie auf den reaktionsfreudigen phenolischen Substanzen, die im Rotwein in wesentlich größerer Menge vorliegen als im Weißwein: den Tanninen. Sie verbinden sich unter Sauerstoffeinfluss in vielfältiger Weise mit Säuren, Estern, Aldehyden. Insgesamt wird der Wein

Mikro-Oxigenase

Einigen Rotweinen wird während des Ausbaus, manchmal auch schon während der Gärung, gezielt Sauerstoff zugeführt, allerdings in der Größenordnung von nur 1 Milligramm O_2 pro Tag. Mikro-Oxigenase heißt dieses Verfahren, das in Bordeaux entwickelt, aber auch in anderen Anbaugebieten und Ländern weit verbreitet ist. Dadurch wird die Polymerisation gefördert, die dafür sorgt, dass sich die Tannine verfeinern, die Farbe des Weins stabilisiert wird und unerwünschte Geruchsnoten eliminiert werden. Durch die Mikro-Oxigenase ist der Wein schon zu einem frühen Zeitpunkt sensorisch komplett – in Bordeaux mit seinem Früh-Verkaufssystem ein wichtiger Gesichtspunkt.

Ein Fass muß immer „spundvoll" sein:
Der Kellermeister füllt es mit der Kanne auf.

durch den Ausbau runder, zugänglicher, trinkfreundlicher – egal ab er im Holzfass oder im Stahltank ausgebaut wird.

Die Polymerisation

Das Verschmelzen von phenolischen Verbindungen unter Sauerstoffeinfluss wird Polymerisation genannt. Das Wort klingt kompliziert, beschreibt aber einen einfachen Vorgang: Kleine, kurzkettige Phenolmoleküle (Monomere) verbinden sich zu größeren Molekülketten. Auf diese Weise entstehen zum Beispiel Tannin-Polymere oder die noch komplexeren Tannin-Polysaccharide. Die Auswirkungen dieser Polymerisation auf das Aroma des Weins sind beträchtlich. Neue Aromen entstehen, andere differenzieren sich. Zu den fruchtigen Aromen gesellen sich zunehmend würzige Noten (Nelken, Zimt, schwarzer Pfeffer) und balsamische Aromen (zum Beispiel Zedern, Rauch, Moos, Tabak). Das anfangs adstringierende Tannin wird weicher. Mit fortschreitender Reife verketten sich die Tanninmoleküle immer weiter, bis sie nicht mehr in Flüssigkeit löslich sind und als Bodensatz ausgefällt werden. Das passiert aber meist erst, wenn sie in der Flasche sind.

Reduktiver Ausbau

Die Lagerung des Weins unter weitgehendem Luftabschluss birgt eine andere Gefahr: die Reduktion. Reduktion bedeutet, dass der Wein mangels Sauerstoff nicht oder nur reduziert chemisch reagieren kann. Da trotz der Belüftung des Weins nach der Gärung noch immer unangenehm riechende Gärgase im Wein gelöst sind, können diese nicht oder nicht ausreichend oxidiert und damit neutralisiert werden (etwa Schwefelwasserstoff oder Mercaptane). Besonders anfällig für Reduktionsaromen sind Weißweine, die im Stahltank ausgebaut werden. Sie müssen einmal oder mehrmals in einen anderen Tank gepumpt werden, bevor sie endgültig geschwefelt, filtriert und in die Flasche gefüllt werden. Auch die Technik des Umpumpens will bedacht sein. Wird das neue Fass von oben befüllt, wird der Wein kräftig mit Sauerstoff durchmischt (siehe Illustration, S. 153). Eine Befüllung von unten ist fast sauerstoffneutral. Aber auch ein im Holzfass ausgebauter Rotwein braucht Sauerstoff. Der Kellermeister muss den Wein während der Reifephase mehrmals umpumpen, damit dieser Sauerstoff aufnehmen kann – je nach Weintyp zwei- bis viermal im ersten Jahr, im zweiten Jahr nur ein- oder zweimal. Je reduktiver der Ausbau, desto größer das Oxidationspotenzial des Weins.

Die Gefahr der Oxidation

Die Kunst des Ausbaus besteht darin, den Sauerstoff zu dosieren, mit dem der Wein in Kontakt kommt. Ein Rotwein, dem in zehn Teilschritten je 1 Milligramm O_2/Liter zugeführt werden, zeigt ganz andere chemische Reaktionen als ein Wein, der auf einen Schlag 10 Milligramm O_2/Liter bekommt. Das passiert zum Beispiel, wenn das Holzfass nicht randvoll gefüllt ist. Über den Luftraum im Fass kann der Sauerstoff den Wein massiv angreifen. Durch Reaktion mit dem Alkohol entsteht dann Acetaldehyd, eine Substanz, die den Wein fade und unfrisch schmecken lässt, ihm einen Sherry- oder Madeiraton verleiht. Er ist überoxidiert. Aber auch die Feinoxidation muss kontrolliert erfolgen. Ein Wein, der zu lange im Holzfass gelegen hat, verliert an Frische und wird geschwächt. Viele spanische Gran Reserva wurden früher acht, zehn, in Einzelfällen auch 20 Jahren im Holzfass ausgebaut. Spanische Weinliebhaber liebten solche Weine. Nach heutigem Geschmack sind sie gezehrt und kein Genuss mehr.

Untypischer Alterungston (UTA)

Viele Weißweine – Facheute sagen: immer mehr – entwickeln während der Ausbauphase unangenehm riechende Aromanoten. Diese erinnern an Mottenkugeln, nasse Wolle, Waschpulver, Urinstein und lassen sich weder durch Belüftung noch durch Schwefel oder eine Mikro-Oxigenase entfernen.
Es handelt sich um ein Phänomen, das Untypischer Alterungston (UTA) genannt wird und in allen Weinbauländern der Erde zu beobachten ist. Die Weine haben einen Aromafehler. Er entsteht nicht durch oxidative Alterung, sondern durch eine Substanz namens 2-Aminoacetophenon (AAP). Sie wird durch ein pflanzliches Stresshormon gebildet, die Indolessigsäure. Diese wiederum entsteht bereits im Weinberg: bei Trockenstress des Rebstocks, mangelnder Stickstoffversorgung, überhöhten Erträgen, früher Lese ohne die volle physiologische Reife. Auch die UV-Strahlung spielt eine Rolle, bedingt durch die globale Klimaerwärmung. Während der Gärung baut die Indolessigsäure verstärkt Aminosäuren ab. Resultat: vermehrte Produktion von AAP. UTA entsteht nur bei Weiß- und Roséweinen. Rotweine sind durch ihr Tannin gegen UTA geschützt.

Barrique aus französischer Eiche: das feinporigste Fassholz der Welt.

Letzte Stufe vor der Trinkreife

Ein Wein kann im Laufe seines Lebens in schwierge Situationen kommen – grob unsachgemäße Behandlung eingeschlossen. Deshalb muss er mikrobiologisch stabil sein, wenn er in die Flasche kommt. Man darf nur nicht zu viel stabilisieren. Das wäre zwar nicht schlimm, aber schade.

Das Klären mit Eiklar verhindert, dass der Wein sich später eintrübt. Außerdem absorbiert das Einklar bestimmte Farb- und Aromastoffe, die zu Weinfehlern führen können.

Wenn der Wein erst einmal auf der Flasche und verkauft ist, können Kellermeister und Winzer sein Schicksal nicht mehr beeinflussen. Wie lange er im Weingeschäft im Regal steht, wann er gekauft, wann er getrunken wird – all das entzieht sich ihrem Einfluß. Allerdings tragen sie Verantwortung dafür, dass der Wein so robust ist, dass er Transport und Erschütterungen, Hitze und Kälte, Lichteinfluss und unsachgemäße Behandlung möglichst unbeschadet übersteht. Weinindustrie und Großkellereien bearbeiten den Wein gerade in der letzten Phase des Ausbaus deshalb besonders stark. Sie schönen, schwefeln und filtern intensiv, um sicher zu sein, dass er mikrobiologisch einwandfrei und optisch makellos beim Konsumenten ankommt. Das ist verständlich, aber schade. Seine technische Qualität steigt, die Genussqualität leidet. Sie haben keine Ecken und Kanten mehr, verlieren an Fülle und Komplexität, sind dafür makellos glatt.

Das Schönen

Schönen bedeutet nicht, dass der Wein geschminkt wird. Schönen heißt in der Kellerwirtschaft, den im Fass (oder Tank) liegenden Wein zu klären. Dabei geht es vor allem darum, ihn von Schwebeteilchen und unsichtbaren Eiweißverbindungen zu befreien, die später zu Trübungen führen könnten. Vor allem einfache Konsumweine sind ohne Schönung unverkäuflich. Sie werden vom Konsumenten aus optischen Gründen nicht akzeptiert. Geschönt wird mit tonhaltigen Mineralerden wie Bentonit, Kieselsol, Kaolin oder mit tierischen Produkten, etwa Milcheiweiß (Albumin) oder Eiklar. Das wichtigste Schönungsmittel ist Speisegelatine, die aufgelöst in kleiner Menge mit dem Wein vermischt wird. Sie bindet alle Eiweiß-Bestandteile und sinkt dann in großen Flocken zu Boden. Das Gleiche passiert mit Eiklar. Es wird aufgeschlagen ins Fass eingerührt (pro 100 Liter ein Eiklar) und bindet innerhalb weniger Minuten die vorhandenen Proteine zu großflockigen Kolloiden, die sich hinterher leicht aus dem Wein entfernen lassen. Gelatine, Eiklar und andere Schönungsmittel greifen allerdings auch das Tannin an. Teure Rotweine werden deshalb nur selten einer Schönung unterzogen. Sie werden durch Umziehen im Fass so weit wie möglich geklärt. Tannin ist der wertvollste Bestandteil dieser Weine. Bei einfacheren Rotweinen ist eine Tanninreduktion dagegen erwünscht. Sie werden durch eine Schönung gefälliger. Glättungsschönung heißt der Fachausdruck. Sie ist gängige Praxis bei den großen Kellereien.

Alternative für Eiweiß-Allergiker

Die ausgeflockten Schönungsmittel werden durch Umziehen in ein anderes Be-

Abgestorbene Hefen auf dem Boden des Fasses: Sie müssen entfernt werden.

hältnis entfernt. Sie hinterlassen im geklärten Weine keine oder nur minimale Spuren. Um für Eiweißallergiker jedes Risiko auszuschließen, müssen eiweißhaltige Schönungsmittel nach einer EU-Lebensmittelrichtlinie auf dem Etikett deklariert werden. Aus diesem Grunde werden sie nur noch selten zur Schönung verwendet. Stattdessen werden zunehmend Gelatine sowie neue pflanzliche oder synthetische Schönungsmittel wie Polyvinylpyrrolidon (PVPP) eingesetzt. Dieses Polymer-Derivat findet in der Getränkeindustrie viel Verwendung, weil es phenolische Verbindungen aus Säften oder Bieren entfernt – und aus Wein.

Vegane Weine

Weine, die ganz ohne tierische Behandlungsmittel hergestellt werden, heißen vegan. Um Weißweine zu klären und zu schönen, wird in der konventionellen Kellerwirtschaft gern Gelatine benutzt. Da Gelatine tierischen Ursprungs ist, darf sie für vegane Weine nicht benutzt werden (es gibt aber auch pflanzliche Gelatine aus getrockneten Grün- bzw. Rotalgen: Agar Agar und Carrageen, sie gehen sogar mit den Delinat-Richtlinien konform).
Ein anderes, allerdings sehr altmodisches Klärungsmittel ist Pulver von Fischblasen. Es darf für vegane Weine ebenfalls nicht verwendet werden, ebenso wie wie Albumin und Eiklar. Allerdings wird Eiklar immer seltener und nur in wenigen Anbaugebieten noch benutzt. Die vegane Alternative heißt Gesteinsmehl: Bentonit oder Kaolin. Beides sind unverdächtige Tonerden auf mineralischer Basis und dienen der sogenannten Wärmestabilisierung: Sie binden Proteine im Wein, die bei Temperaturen zwischen 17 bis 20 Grad Celsius zu Trübungen führen. Sie können bei Rot- und Weißweinen eingesetzt werden.

Schönung als Reparatur

Wenn die Schönung der geschmacklichen Harmonisierung dient, wird die Maßnahme problematisch. Dann werden durch sie nur vorangegangene handwerkliche Fehler ausgebügelt. Aktivkohle wird gegen Fehltöne jeder Art eingesetzt. Kupfersulfat entfernt den Schwefelwasserstoff-Böckser (faules Eiweiß). Mit den erst 2011 zugelassenen Chitin-Derivaten lassen sich Schwermetalle wie Eisen, Blei, Cadmium und Kupfer aus dem Wein entfernen. Gleiches passiert bei der Blauschönung, durch die giftige Blausäure entsteht, die ihrerseits wieder aus dem Wein entfernt werden muss. Gummi arabicum dient eigentlich der Weinstein-Entfernung, wird aber gern eingesetzt, weil es den Wein fülliger macht und ein wohliges Mundgefühl verbreitet – eine Reparatur-Maßnahme für minderwertiges Lesegut.

Die Sterilfiltration

Die meisten Weingüter filtern ihren Wein schon gleich nach der Gärung. So wird Weißwein häufig schon beim Abstich von der Hefe, Rotwein nach dem Abzug von der Maische filtriert. Die Kellermeister benutzen dafür grobe Schichtenfilter, die aus Zellulose, Kieselgur (fossile Kieselalgen) oder Perlit bestehen (glasartiger Filterstoff, überwiegend aus Aluminiumsilikat). Das Filtern des Jungweins ist eine Form der Schönung, dient sie doch dazu, die Grobhefe aus dem Wein zu entfernen. Die modernen Filter ersetzen die Siebe und Tücher, mit denen schon die Sumerer im 3. Jahrtausend v. Chr. in Mesepotamien die ersten Weine zu klären pflegten. Nach der Entfernung der Grobhefe wird der Wein erst wieder vor der Abfüllung gefiltert. Für diese Feinfiltration werden heute Cross-Flow-Filter oder feinporige, sterile Tiefenschichtenfilter eingesetzt. In ihnen bleiben Bakterien, Pilze, Keime und andere Mikroorganismen sowie die für das menschliche Auge unsichtbaren Hefereste hängen.
Bei Weiß- und jungen Rotweinen, die bereits im Jahr nach der Lese auf den Markt kommen, ist eine Filtration notwendig. Sie ist der letzte Schritt, um den Wein vor der Abfüllung stabil zu machen. Ob eine Sterilfilterung bei lange im Fass ausgebauten Rotweinen nötig ist, ist umstritten, weil der Wein sich durch Absetzen im Fass bereits weitgehend selbst geklärt hat. Einige Erzeuger hochwertiger Rotweine versuchen deshalb, ohne Filtration auszukommen, um den Wein nicht wichtiger Geschmacksträger zu berauben. Viele großkettige Moleküle, die die Fülle und Geschmackstiefe eines Weins ausmachen, passieren nicht die Filterschranke. Die Folge eines Verzichts auf Filterung ist, dass diese Weine später mehr Depot in der Flasche aufweisen. Schlechter sind sie dadurch nicht. Im Gegenteil.

Umziehen des Weins

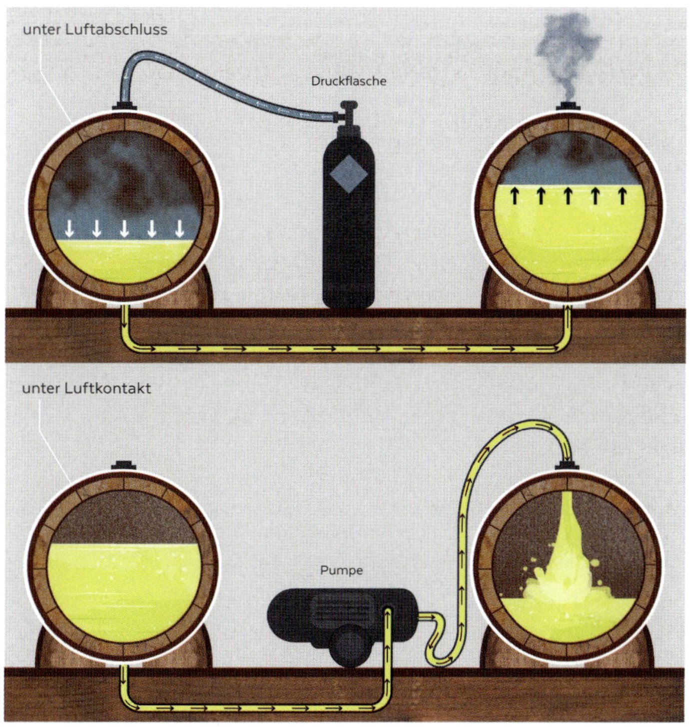

Beim reduktiven Ausbau (oben) wird der Wein unter Sauerstoffabschluss von einem Fass ins andere gefüllt. Beim oxidativen Ausbau (unten) will der Kellermeister, dass der Wein beim Umziehen atmet.

Frisch auch noch im Alter

Praktisch alle handelsfähigen Weine sind geschwefelt. Wäre es nicht so, würden sie schnell oxidieren und zu Essig werden. Freilich ist Schwefel kein Stoff, der dem Wein bedenkenlos zugefügt werden sollte. Es gilt der Satz: Die Dosis macht, dass er dem Wein nützt und nicht schadet.

Nur wenige Weine können über Jahrzehnte im Keller reifen. Für die Alterungsfähigkeit sind viele Faktoren verantwortlich, nicht nur Schwefel. Aber ohne Schwefel überlebt ein Wein nicht einmal die ersten Jahre.

Schwefel ist ein Konservierungsmittel. Es tötet Bakterien, Schimmelpilze und andere Mykotoxine und schützt Lebensmittel so vor dem Verderb. Schwefel hat aber auch eine antioxidative Wirkung. Er bindet Sauerstoff und verhindert, dass sich Aldehyde bilden, insbesondere das unerwünschte Acetaldehyd. Dieses entsteht durch die Reaktion von Alkohol und Sauerstoff und gibt dem Wein einen faden, an Sherry erinnernden Geschmack. Es nimmt ihm jegliche Frische, macht den Wein alt. Der Schwefel ist eine extrem reaktionsfreudige Substanz. Er hat eine stark reduktive Wirkung und verhindert auch, dass der Rotwein braun und der Weißwein hochfarbig werden. Die Schwefelgaben sind gering – so gering, dass der Schwefel weder zu schmecken noch zu riechen ist. Gesundheitliche Beeinträchtigungen sind praktisch ausgeschlossen (siehe das Kapitel Wein und Gesundheit). Kopfschmerzen, die nach dem Genuss von Wein auftreten, können zwar mit dem Wein zu tun haben, aber nicht mit dem Schwefel.

Gebundener und freier Schwefel

Schwefel wird dem Wein spätestens zwei Wochen vor der Abfüllung zugesetzt – in Form von schwefliger Säure (H_2SO_3) oder als Gas (SO_2). Seine Wirkung entfaltet er nicht nur im Moment der Schwefelung, sondern auch darüberhinaus. Ein Teil des Schwefels reagiert nämlich sofort und wird vom Wein gebunden. Ein kleinerer Teil bleibt als freier Schwefel erhalten. Er liegt im Wein dann als Sulfit vor, also in Salzform, oder als freie schweflige Säure. Dieser freie Schwefel bildet ein Schutzschild für den Wein. Mit ihm ist er auch in Zukunft vor Oxidation sicher. Der Gesetzgeber hat Schwefelhöchstmengen für Wein festgesetzt. Sie liegen für trockene Rotweine bei 150 Milligramm/Liter, bei trockenen Weißweinen bei 200 Milligramm. Der größte Teil ist gebunden und damit neutralisiert. Der verbleibende freie Schwefel liegt normalerweise um die 30 Milligramm bei Rotwein beziehungsweise 50 Milligramm bei Weißwein und Rosé. Rotwein braucht deshalb weniger Schwefel, weil er schon durch die in ihm

Château Latour aus Bordeaux,
einer der alterungsfähigsten Rotweine der Welt

enthaltenen Polyphenole geschützt ist. Weißwein enthält weniger Polyphenole und ist daher oxidationsanfälliger. Höher sind die Schwefeldosen nur bei Weinen mit hohen pH-Werten (niedrige Säure) und bei restsüßen Weinen. Schwefel muss nämlich verhindern, dass in der Flasche ungewollt eine Nachgärung stattfindet. Schließlich befindet sich noch unvergorener Zucker im Wein, der bei eventuellem Vorhandensein von Resthefen wieder zu gären anfangen könnte. Natürlich hält der freie Schwefel nicht ewig vor. Im Laufe des Reifeprozesses nimmt er kontinuierlich ab und ist irgendwann verbraucht. An diesem Punkt beginnt der Wein zu altern.

Wann geschwefelt wird

Geschwefelt wird der Wein stets vor der Abfüllung in Flaschen, damit er ein Depot hat, um die kommenden Monate und Jahre unbeschadet zu überstehen. Winzer, die auf den vorhergehenden Stufen der Weinbereitung sorgfältig gearbeitet haben, um die Entstehung von Acetaldehyd zu verhindern, kommen mit dieser einen Schwefelung aus. Es ist jedoch gängige Praxis, den Wein schon im Most- oder Maischestadium leicht zu schwefeln sowie nach Beendigung der Gärung. Weil der Wein beim Umpumpen einer hohen Sauerstoffbelastung ausgesetzt ist, wird er mit Schwefel stabil gemacht – vor allem der Weißwein. Der positive Effekt der Jungweinschwefelung ist, dass die Schwefeldosen vor der Füllung reduziert werden können. Viele Winzer schwefeln auch schon die Trauben, bevor sie in den Keller gefahren weden – besonders edelfaule Trauben. Sie wollen damit Essigbakterien abtöten und spontane Gärungen vermeiden. Eine Schwefelung der Trauben ist stark qualitätsmindernd und durch intelligente Organisation der Ernte zu vermeiden.

> **Gärungsschwefel**
>
> Alle Saccharomyces-Hefen bilden bei der Gärung Schwefel. Er liegt deshalb in jedem Wein in gebundener Form als schweflige Säure vor. Die Mengen sind gering. Sie übersteigen nie 30 Milligramm/Liter. Deshalb muss auf jedem Weinetikett obligatorisch stehen „Enthält Sulfite", auch wenn dem Wein kein Schwefel hinzugefügt wurde. Schwefelfreie Weine gibt es nicht.

Schwefelarme Weine

Ganz auf Schwefel zu verzichten, ist zwar möglich, aber riskant. Der Wein würde schnell unfrisch werden und vorzeitig altern. Wünschenswert wäre es allerdings. Denn der Schwefel bindet nicht nur Aldehyde. Er reagiert auch mit anderen Inhaltsstoffen des Weins, etwa der Brenztraubensäure, der Ketoglutarsäure und anderen phenolischen Substanzen, die an der Aromenbildung beteiligt sind. Er verändert also das Aroma des Weins. Genauer gesagt: Er führt zu Aromaverlusten. Denselben Wein vor und nach der Schwefelung probieren, zeigt deutlich, dass er an Ausdruckskraft verliert. Aus diesem Grund bemühen sich die Erzeuger feiner Weine, die Schwefelgaben so niedrig wie möglich zu halten. Bei Sekten und Champagnern gelingt das am ehesten. Sie sind sowohl durch die Kohlensäure als auch durch die Autolyse der Hefen vor Oxidation geschützt und benötigen deshalb nur wenig SO_2. Weine, die mit einem Schraubverschluss versehen sind, sind, sofern dieser vollkommen luftdicht ist, ebenfalls gut vor Oxidation geschützt. Die Schwefeldosen können deswegen bei „Schraubern" niedriger gehalten werden als bei Weinen mit Korkverschluss.

Ascorbinsäure als Schwefelersatz?

Einige Weinerzeuger – vor allem in Übersee – verwenden vor der Flaschenfüllung gern Ascorbinsäure statt Schwefel. Ascorbinsäure ist Vitamin C und besitzt sogar eine noch stärker antioxidative Wirkung als Schwefel. Ein Ersatz für Schwefel ist sie jedoch nicht. Es fehlt ihr das breite Wirkungsspektrum. Sie bindet den Sauerstoff sofort, frischt den Wein damit auf, bildet aber kein Depot und kann den Sauerstoff in der weiteren Reifungsphase nicht vom Wein fernhalten. Außerdem bildet sich bei Zugabe von Ascorbinsäure Wasserstoffperoxid, das wiederum nur durch Schwefel beseitigt werden kann. Ohne Schwefel kann Ascorbinsäure also nicht eingesetzt werden. Schließlich verändert Ascorbinsäure den Geschmack des Weins. Sie säuert ihn leicht auf und verleiht ihm eine Zitrusnote. Sie wird deshalb nur für Weißweine, nicht für Rotweine eingesetzt. Zur Vermeidung des untypischen Alterungstons (UTA) kann Ascorbinsäure dagegen sinnvoll sein. In diesem Fall wird sie dem Jungwein gleich nach der Gärung zugesetzt, wenn die ersten Altersnoten auftreten. UTA geht jedoch nicht auf Vinifikationsfehler zurück, sondern auf Mängel beim Weinbau.

Die letzte Schwefeldosis erhält der Wein im Fass – manchmal auch die einzige.

Der Fassbau – ein altes Handwerk

Viele alte Werkzeuge für den Fassbau sind heute durch Maschinen ersetzt worden, etwa das Kröseisen und der Gargelkamm, mit dem einst die Nut ausgekerbt wurde, in die der Fassboden eingesetzt wird. Ein Handwerk ist der Fassbau aber bis heute geblieben – ein geachtetes.

Spalten des Holzes

Das Vierteilen des Baumstamms längs der Fasern des Holzes wird von mechanischen Spaltmeißeln erledigt. Das Spalten hat gegenüber dem Sägen den Vorteil, dass die Zellstruktur des Holzes nicht beschädigt wird. Europäische Eiche wird gespalten. Die Stämme der amerikanischen Weißeiche werden in Bretter gesägt – die Ausbeute ist größer, der Abfall geringer.

Lagern im Freien

Traditionell wird das Rohholz zwei bis drei Jahre lang unter freiem Himmel gelagert. Die Sonne dörrt das Holz, der Regen wäscht die Tannine und Polysaccharide aus. Der Kostendruck zwingt viele Fassmacher allerdings, ihr Holz in Öfen zu trocknen. Dadurch wird die Prozedur auf zwölf Monate reduziert.

Zusammensetzen der Dauben

Nach der Lagerung werden aus den Brettern Fassdauben gesägt. Die Größe der Dauben wird für jeden Fasstyp nach einer mathematischen Formel berechnet. Die einzelnen Dauben werden trocken zusammengesetzt. Die Stoßkanten der Dauben müssen so dicht aneinanderliegen, dass später keine Flüssigkeit austritt.

„Toasten" des Fassholzes

Bevor der Boden eingesetzt wird, muss das Fass „getoastet" werden. So lautet der Fachausdruck für das Flämmen der inneren Fasswandungen über offenem Feuer. Das Flämmen dient zur Zersetzung der Holzgerbstoffe. Die verbrannten Stellen werden weggehobelt, der Wein erhält später trotzdem eine Röstnote. Das zweite Flämmen dient dazu, die Dauben zu biegen, um das Fass zu schließen und den Boden einsetzen zu können.

Anlegen der Fassreifen

Wenn der Küfer die Fassböden eingepasst hat, werden die provisorischen Fassbänder abgenommen und die endgültigen metallenen Fassreifen um den Korpus der Barrique gelegt. Sie halten das Fass zusammen und verhindern, dass es später unter dem Gewicht des Weins auseinanderbricht. Zuletzt wird das Spundloch eingesägt.

Fein wie französische Eiche

Weinfässer wurden in den vergangenen Jahrhunderten aus dem Holz der Kastanie, Akazie, Kirsche, Pinie, Palme, Rotzeder und des Eukalyptusbaums hergestellt. Aber kein Holz eignet sich zur Lagerung des Weins so sehr wie das der Eiche. Eiche ist härter und dichter als die meisten anderen Holzarten. Die Poren sind klein, die Porosität gering. Das süße, würzige Tannin ihres Holzes kann das Aroma feiner Weine hervorragend unterstützen. Doch wachsen Eichen langsam. Sie müssen mindestens 80 Jahre alt sein, bevor sie eingeschlagen werden.

Drei Hauptquellen für Fasseiche

Es gibt rund 300 verschiedene Eichenarten auf der Erde, aber nur drei kommen für den Fassbau in Frage: die Steineiche *(Quercus sessilis)* und die Sommereiche *(Quercus peduncolator)*, die beide in Europa kultiviert werden, sowie die Weißeiche *(Quercus alba)*, die in Nordamerika zu Hause ist. Bis vor dem Ersten Weltkrieg reiften die besten europäischen Rotweine in Fässern, deren Holz aus Polen, Lettland und Estland kam. Heute gibt es drei Hauptquellen. Die erste ist Frankreich, vor allem die Forste in Zentralfrankreich und in den Vogesen. Die zweite Quelle ist das Gebiet des ehemaligen Jugoslawien: Slowenien, Kroatien, Bosnien-Herzegowina und Serbien (slawonische Eiche). Als dritte Quelle haben sich seit einigen Jahren die USA etabliert. Das Holz ihrer Eichen ist aromatischer und wird vor allem für australischen Shiraz und spanischen Tempranillo benutzt. Österreich (Ybbs-Eiche) und Deutschland (Hunsrück- und Spessart-Eiche) sind kleinere Lieferanten mit regionaler Bedeutung. Stark aufgeforstet haben in den letzten Jahren osteuropäische Länder wie Ungarn, Rumänien, Ukraine und Russland.

Französische Eiche

Die französische Eiche gilt heute weltweit als die beste. Sie ist nicht nur sehr aromatisch, die Feinheit ihrer Aromen ist unübertroffen. Allerdings ist sie auch die teuerste, sodass sich nur Erzeuger hochwertiger Weine Fässer aus französischer Eiche leisten können. Sie wird größtenteils zu Barriques, Pièces oder anderen kleinformatigen Weinbehältnissen verarbeitet. Der hohe Preis des Holzes hat damit zu tun, dass die hochwertigste Eiche nur in wenigen Gebieten Zentralfrankreichs wächst, in denen die Böden nährstoffarm sind, nicht zu feucht und kein Eisen enthalten. Sie werden sehr restriktiv bewirtschaftet. Ihre Feinporigkeit ist ein Resultat des Umstands, dass sie auf diesen Böden sehr langsam wächst.

Slawonische Eiche

Slawonische Eiche besteht fast ausschließlich aus der Sorte Quercus peduncolator. Sie wird seit alters zum Fassbau verwendet, insbesondere für größere Fässer von fünf bis 150 Hektolitern, wie sie traditionell für italienische Weine verwendet werden: etwa für Barolo, Brunello di Montalcino und Chianti. In der Faserstruktur ist sie etwas grober als französische Eiche, im Geschmack neutraler. Das Forstmanagement der neuen Balkanrepubliken ist freilich von französischen Standards weit entfernt. Immer wieder passiert es, dass Bäume zu jung eingeschlagen werden und später strenge Gerbsäure an den Wein abgeben. Oder das Holz wird gesägt statt gespalten, was später zu Leckagen an den Fässern führt.

Amerikanische Eiche

Die amerikanische Eiche besitzt wesentlich härteres Holz als die europäischen Quercus-Arten und lässt sich leichter verarbeiten. Es ist eine sehr aromatische Eiche, die zum Ausbau geschmacksintensiver Rotweine verwendet wird. Auf delikate, elegante Weine wirkt sie jedoch zu stark, weshalb auch viele amerikanische Weinmacher die französische Eiche vorziehen. Amerika hat die größten Bestände an Weißeichen in der Welt. Die Fasseiche kommt meist aus Pennsylvania, Minnesota oder anderen östlichen Bundesstaaten. Aber auch in Oregon, teilweise sogar in Kalifornien wird sie angebaut.

Die wichtigsten Eichenforste Frankreichs

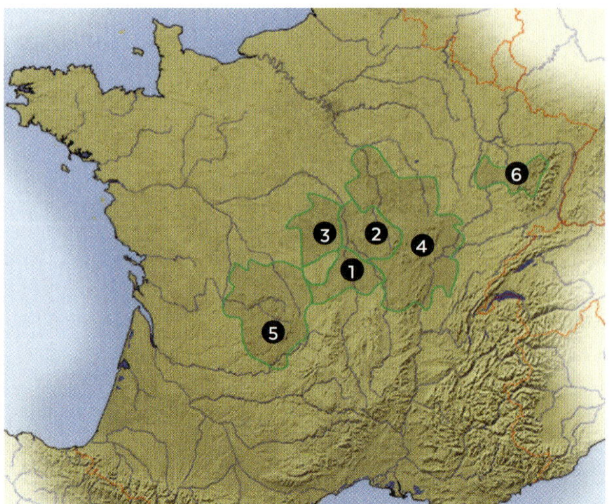

1 Allier: Departement in Mittelfrankreich um den gleichnamigen Zufluss der Loire. Die Eiche wächst auf kargen Böden und wird wegen ihrer Feinporigkeit und ihrer süßen, nach Vanille schmeckenden Tannine als die hochwertigste angesehen. Die besten Forste in Allier sind Tronçais, Gros Bois, Dreuille.

2 Nevers: Stadt an der Loire im Departement Nièvre. Berühmt geworden für feinporiges, dichtgemasertes Eichenholz, etwas tanninhaltiger als Allier-Eiche, aber ebenfalls sehr weich und süß.

3 Cher: Mittelfranzösisches Departement um die Stadt Bourges, in dessen Wäldern feinfaseriges, enggemasertes Eichenholz wächst, das leicht tanninhaltiger als das aus Allier, aber sehr elegant ist und deshalb hochgeschätzt wird.

4 Burgund: Nicht genau eingegrenztes Gebiet, das vom Departement Yonne im Norden bis zum Departement Rhône im Süden reicht. Entsprechend unterschiedlich ist das Eichenholz: mal hart und feingemasert, mal grobporig und herb im Tannin.

5 Limousin: Große Wälder in den Departements Creuse und Haut-Vienne, in denen auf kalkhaltigen, verhältnismäßig fruchtbaren Böden ein großporiges Holz wächst, dessen Tannine schnell ausgelöst werden. Wird vor allem für Cognac verwendet.

6 Vosges: An den westlichen Vogesen-Ausläufern im gleichnamigen Departement ist die Eiche kleingemasert, feinporig, geschmacksintensiv; ähnelt ein wenig der von Allier.

Billiger Wein in teurer Robe

Holzchips zum Aromatisieren des Weins

Die Globalisierung des Weinmarktes schreitet voran. Der Weingeschmack wird uniformer, die Weinproduktion immer weiter rationalisiert. Um Kosten zu sparen, werden Abläufe im Keller vereinfacht und die Zeiten für die Reifung des Weins radikal verkürzt. Manche der neuen önologischen Kellertechniken sind mit traditionellen Vorstellungen der Weinerzeugung nicht mehr vereinbar.
Die wachsende Konkurrenz der Weinanbieter auf dem Weltmarkt hat zu einem scharfen Wettbewerb geführt. Die überseeische Weinindustrie drängt mit neuen Techniken auf den europäischen Markt. Die europäischen Weinbauländer, von Überproduktion bedroht, ziehen gezwungenermaßen nach. Der Internationale Weinbauverband (OIV) legitimiert die neuen Techniken, die Wissenschaft liefert die Vorlagen dazu. Oft genug definiert sie den Qualitätsbegriff einfach um, damit gezielte Eingriffe in den Wein und in die Weinerzeugung möglich werden. Das Ziel: die kommerziell erwünschten Weinqualitäten auch dann zu erhalten, wenn die Rebe sie nicht liefert. Beispiele dafür sind gentechnisch modifizierte Reben, Mostkonzenration, Chips-Technologie.

Die Chips-Technologie

Die Weinindustrie, die sich den Vorlieben der Verbraucher verpflichtet fühlt, möchte Weine nach deren Wünschen liefern. Dazu gehören Weine mit Holzgeschmack. Holz wertet den Wein auf. Aber Barriques sind teuer, und der Ausbau in ihnen dauert sechs bis 24 Monate. Zudem braucht man große, klimatisierte Keller, um die Barriques lagern zu können – unrentabel für einfache Rotweine, die preiswert angeboten werden sollen. So sind Önologen auf die Idee gekommen, billige Eichenholzschnitzel, sogenannte Chips, die in Netzbeutel abgepackt sind, in die Stahltanks zu hängen, in denen der Wein gärt oder ausgebaut wird. Der Wein nimmt in wenigen Tagen das „wertige" Aroma von Vanille, Kaffee, Tabak, Gewürznelken an, obwohl er selbst zum unteren Qualitätssegment gehört. Während der Ausbau in Barriques eine Flasche Wein um mindestens zwei Euro verteuert, kostet der Ausbau mit Chips nur wenige Cent.

Die Stave-Technologie

Noch preiswerter ist die Stave-Technologie. Dabei werden Eichenholzbretter in einem Gestell in die Stahltanks montiert. Während die Maische gärt, werden die Bretter ständig von Flüssigkeit umspült. Dabei ist die Holzoberfläche, mit der der Wein Kontakt hat, wesentlich größer als bei den Chips. Entsprechend kräftiger ist das Eichenholzaroma, das er annimmt. Die Handhabung der Staves ist einfach, und die Kosten für das Eichenholz ist niedrig. Sie werden – wie die Chips – aus Abfallholz hergestellt, das beim Fassbau anfällt. Geschmacklich ist das Eichenholzaroma der Stave- und der Chips-Weine identisch mit dem der Barrique-Weine. Auch wissenschaftlich lässt sich nicht beweisen, ob ein Wein im kleinen Eichenholzfass oder im großen Stahltank mit Chips oder Staves ausgebaut wurde. Die überseeischen Länder legitimierten daher als erste die Verwendung von *pieces of oak*. Die Europäer haben 2009 auf deren Druck nachgezogen.

Organisierte Täuschung

Chips- und Stave-Technologie sind organisierte Konsumententäuschung. Denn das künstliche Aroma hält nicht lange an. Der Wein bleibt so unterwertig, wie er von Anfang an war. Durch weitergehende Experimente wird inzwischen versucht, die Polymerisierung des Holztannins mit dem Schalentannin des Weins zu stimulieren – also jenen Vorgang, der auch abläuft, wenn ein Wein in Barriques ausgebaut wird. Dazu werden per Mikro-Oxigenase (siehe S. 150) geringste Mengen Sauerstoff in den Wein eingeleitet, um eine Feinoxidation im Zeitraffer zu bewirken. Das Experiment gelingt – allerdings nur dann, wenn der Wein genügend Schalentannin besitzt (was bei Billigweinen oder Weinen des mittleren Preissegments selten der Fall ist). Und auch wenn es gelingt: Eine Reifung mit der dadurch verbundenem Qualitätssteigerung tritt beim künstlich geholzten Wein nicht ein, weil dazu auch andere Qualitätskomponenten gehören, die das Tannin in hochwertigen Rotweinen flankieren.

Stave-Technologie

Billiger als der Ausbau in Holzfässern, aber nicht der gleiche Effekt: Holzaroma, aber keine Reife

SCHAUM-WEINE, PORT, SHERRY UND ANDERE SPEZIALITÄTEN

Wenn die Korken knallen ...

„Ich trinke Sterne!", rief Dom Pérignon aus, als er zum ersten Mal schäumenden Wein trank. Der Mönch aus der Abtei Hautvillers bei Reims hat den Champagner nicht erfunden. Aber er hat begriffen, wozu Perlen gut sind: Sie heben den Geschmack des Weins.

Champagner ist der berühmteste Schaumwein der Welt. Seine feinen Perlen und das zarte Aroma haben ihn zum Inbegriff der gehobenen französischen Weinkultur werden lassen. Er wächst in Marne sowie vier benachbarten Départements, etwa 150 Kilometer nordöstlich von Paris – in den nördlichsten und damit kühlsten Anbaugebieten Frankreichs. Nur dort darf er sich Champagner nennen – vorausgesetzt, er wurde nach der Flaschengärmethode hergestellt. Zur Umschreibung des Flaschengärverfahrens werden auch die Begriffe *méthode tradionelle* oder *méthode classique* verwendet.

Wie Schaumwein entsteht

Schaumwein entsteht dadurch, dass Weißwein ein zweites Mal vergoren wird. Dies geschieht, indem der fertige Wein auf Flaschen gezogen wird und ihm dabei eine kleine Menge (24 Gramm pro Liter) Fülldosage hinzugefügt wird – ein Gemisch aus Wein, Zucker und speziellen Champagnerhefen *(Saccharomyces bayanus)*, auf Französisch *liqueur de tirage* genannt. Die Hefen beginnen sofort, den Zucker in der Flasche zu vergären. Nach ein bis zwei Monaten ist die Gärung beendet. Der Wein enthält dann rund 1,2 Vol.% mehr Alkohol als vorher. Wie bei jeder Gärung entsteht auch bei der Flaschengärung Kohlendioxid (CO_2). Es kann nicht entweichen, da die Flasche fest mit einem Kronenkorken verschlossen ist. Folglich bleibt das CO_2 im Wein als Kohlensäure gelöst.

Die Witwe Clicquot-Ponsardin benutzte ihren Küchentisch zum Rütteln der Champagnerflaschen.

Das Degorgieren

Die Flaschen lagern während der Flaschengärung im Keller waagerecht gestapelt, wobei sich die abgestorbenen Hefen, die zu Boden sinken, im Bauch der Flasche absetzen können. Je nach Typ liegt der Schaumwein zwischen 15 Monaten und fünf Jahren unbeweglich auf der Hefe. Dieses Hefelager ist wichtig für den Wein: Es hält ihn frisch und verleiht ihm den typischen Hefegeschmack. Danach muss die Hefe allerdings entfernt werden. Dazu wird die Flasche etwa 40 Sekunden lang mit dem Hals in ein Eisbad getaucht. Die Hefe gefriert sofort zu einem eisigen Klumpen. Wenn danach der Kronenkorken gelöst wird, schießt sie durch den Druck, der in der Flasche herrscht, in hohem Bogen heraus. Der Wein ist klar und kann sofort endverkorkt werden. Dieses „Enthefen" heißt in der Fachsprache Degorgieren.

Das Rütteln

Allerdings muss sich das Hefedepot vorher im Flaschenhals gesammelt haben. Die Witwe Barbe-Nicole Clicquot-Ponsardin (1777–1866) kam damals auf die Idee, Löcher in ihren Küchentisch zu bohren und die Flaschen vor dem Degorgieren einige Tage lang kopfüber hineinzustecken. Ihr schwäbischer Kellermeister Anton Müller entwickelte daraus das Rüttelverfahren. Heute werden die Flaschen leicht geneigt in ein Pult gesteckt, sodass die Hefe langsam in den Hals der Flasche rutschen kann. Da das Depot ziemlich fest an den Wandungen der Flasche sitzt (obwohl die Champagnerhefen so gewählt werden, dass sie einen recht grobkörnigen Niederschlag ergeben), müssen sie gelöst werden. Jeden Tag wird die Flasche im Pult ein bißchen gedreht, damit die Hefe sich lockert. Rütteln heißt dieser Vorgang (französisch: *remuage*). Genau 21 Tage dauert es, bis sich der gesamte Hefetrub im Flaschenhals befindet (siehe Grafik).

Durch das Rütteln wird das Hefedepot, das am Flaschenboden klebt, gelöst …

… sodass es sich im Flaschenkopf sammelt und entfernt werden kann.

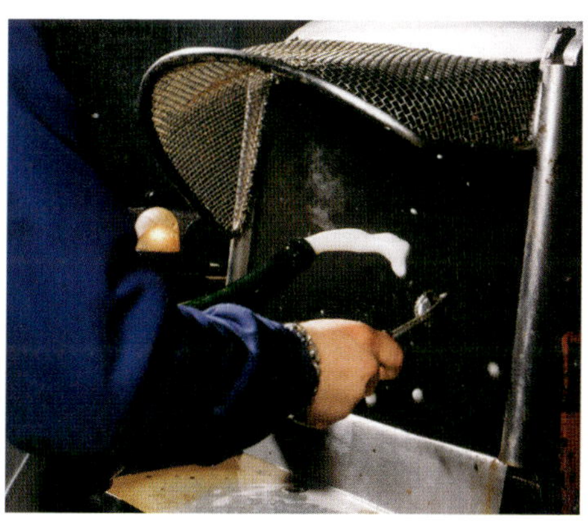

Wenn die Flasche geöffnet wird, schießt das gefrorene Depot in hohem Bogen heraus.

Die Dosage

Nach dem Degorgieren ist der Schaumwein klar. Die Flaschen werden, damit nicht zu viel Kohlensäure verloren geht, sofort verkorkt. Vorher muss er allerdings noch seine Dosage bekommen: eine kleine Menge Wein, gemischt mit Zuckersirup. Dadurch werden einerseits die Flaschen, deren Füllniveau durch den Auswurf der Hefe leicht gesunken ist, wieder aufgefüllt. Andererseits wird der Champagner dadurch gesüßt. Fast alle Standard-Champagner und jahrgangslosen Schaumweine erhalten eine mehr oder minder große „Versanddosage" *(liqueur d'expédition)* zur Harmonisierung des Geschmacks. Da sie meist eine leicht erhöhte Säure aufweisen, schmecken sie dennoch trocken (brut). Nur hochwertige Jahrgangschampagner oder Schaumweine, die lange auf der Hefe gelegen haben, werden ohne Dosage verkorkt. Brut Nature, Dosage Zéro oder Pas Dosé steht dann auf ihrem Etikett (siehe Kasten S. 164). Der Kohlensäuredruck nach dem Verkorken liegt bei rund sechs bar. Kommt der Champagner ins Eisbad, sinkt er auf fünf bar. Steht er in der Sonne, steigt der Druck stark an.

Der Grundwein

Um die Flaschengärung durchzuführen, benötigt man einen Grundwein. Im Falle des Champagners kommt der Grundwein aus einem präzis abgegrenzten Gebiet nordöstlich von Paris, der Champagne. Sie ist durch ihre Kreide- und Kalkböden sowie durch ihr atlantisch-kühles Klima klar definiert. Dort werden drei Rebsorten angebaut, aus denen der Champagner (einzeln oder zusammen) erzeugt wird: Chardonnay, Pinot Noir, Pinot Meunier. Die beiden Letztgenannten sind rote Sorten. Sie werden zu Weißwein vinifiziert, indem sie ohne Schalen vergoren werden. Pinot Noir gibt dem Champagner den Körper, Chardonnay die Finesse, Pinot Meunier die Frucht. Als Stillweine wären alle drei übrigens kein Genuss. Sie schmecken roh und spröde. Die Säure ist einfach zu hoch. Säure ist aber bei allen Schaumweinen ein tragendes Element. Deshalb werden die Trauben für den Champagner auch immer etwas früher als normal gelesen, wenn sie noch viel Säure enthalten. Die Weine der drei Rebsorten im jungen Stadium im richtigen Verhältnis zu assemblieren, ist die wichtigste Qualifikation eines Kellermeisters.

Rüttelverfahren *(Remuage)*

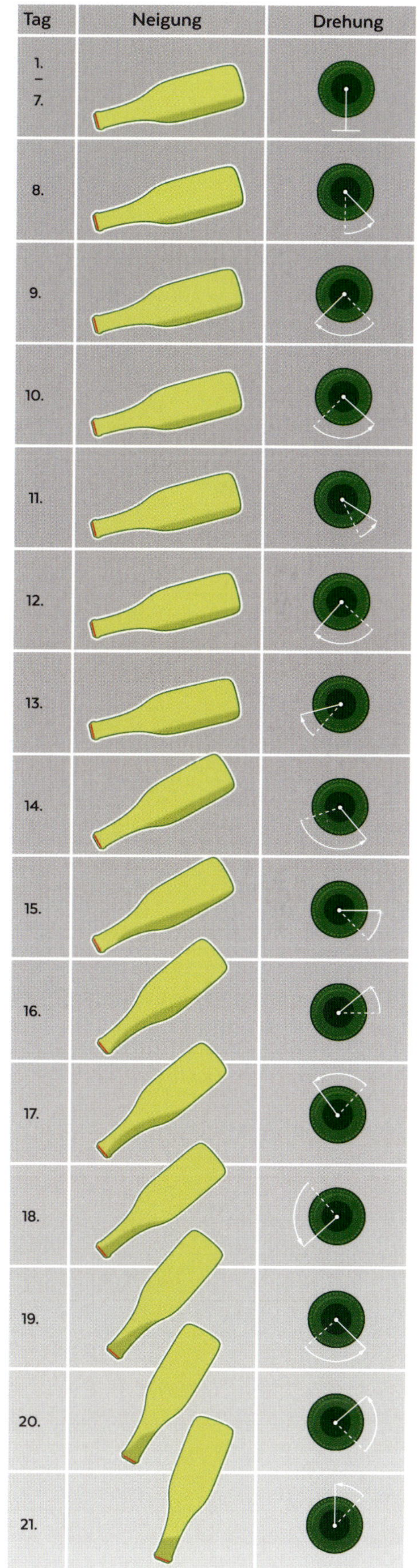

Die Welt der feinen Perlen

Die Perlen eines guten Champagners müssen fein sein und im Glas wie an einer Schnur aufsteigen. Die Mousse muss nach dem Einschenken ein paar Sekunden stabil bleiben. Und der erste Schluck muss verzaubern – dann entfaltet Champagner eine magische Wirkung.

Die Grandes Marques dominieren den Champagner-Markt. Aber manch kleiner Winzer-Champagner ist ihnen ebenbürtig.

Champagner entsteht nie nur im Weinberg, sondern auch im Keller. Die Perlage, der Schaum (Mousse), die Leichtigkeit und Eleganz – all das ist nicht in den Trauben angelegt. Deshalb kommt der Art der Verarbeitung große Bedeutung zu. Der wichtigste Akt ist das Zusammenstellen Hunderter verschiedener Champagner-Partien zu einem großen Ganzen: die Assemblage.

Die Assemblage

Rund 80 Prozent aller Champagner kommen ohne Jahrgangsangabe auf den Markt. Das bedeutet: Sie sind aus Weinen zweier oder mehrerer Jahrgänge zusammengestellt. Das Zusammenstellen verschiedener Grundweine zu einem homogenen, harmonischen Wein wird Assemblage genannt. Assembliert werden vor allem die drei verschiedenen Rebsorten. Von ihnen gibt es in großen Champagnerhäusern aber jeweils mehrere hundert Partien, die in Stahltanks oder Barriques liegen. Dem Kellermeister obliegt es, die passenden Partien zu selektieren, um genau den Stil zu treffen, den die Konsumenten mit der jeweiligen Champagnermarke verbinden. Es werden gern auch ältere Jahrgänge einbezogen, die zwei oder drei Jahre in den Kellern des Champagnerhauses gelagert wurden: Réserve-Weine heißen sie. Jedes Jahr wird ein mehr oder minder großer Teil Wein für Verschnittzwecke zurückgehalten.

Die Champagnerstile

Die Assemblage bestimmt den Stil eines Champagnerhauses. Veuve Clicquot und Piper-Heidsieck benutzen traditionell einen hohen Anteil an Pinot Noir für ihre Brut-Versionen, Ruinard einen hohen Anteil an Chardonnay. In einem Moët & Chandon sind die drei Rebsorten in ziemlich gleichen Anteilen vertreten. So hat jede Marke ihren eigenen Stil. Extra-Brut-Versionen werden gern mit einem kleinen Anteil älterer Weine geschmeidig gemacht, etwa bei Billecart-Salmon. Krugs berühmte Grande Cuvée besteht sogar immer aus mindestens sechs verschiedenen Jahrgängen. Kleine Champagnerproduzenten müssen, was die Assemblage angeht, anders disponieren. In Sélosses berühmter Prestige Cuvée „Substance" sind unzählig viele Jahrgänge enthalten: Er ist nach dem Solera-System assembliert (siehe S. 172/173).

Die Winzer-Champagner

Winzer-Abfüllungen, die in den letzten Jahren enorm zugenommen haben, aber immer noch nur einen kleinen Teil der Gesamtmarktes ausmachen, bestehen oft nur aus einer Rebsorte. Manchmal ist das ein Nachteil, manchmal ein Vorteil: Winzer-Champagner haben, wenn sie gut gemacht sind, mehr Charakter als die großen Marken-Champagner. Und vorgeschrieben ist es nicht, Champagner aus allen drei Rebsorten zu assemblieren. Er kann auch nur aus Chardonnay (Blanc de Blancs) oder nur aus Pinot Noir beziehungsweise Pinot Meunier (Blanc de Noirs) bestehen. Noch ein Wort zu Rosé-Champagnern: Was sie angeht, haben die Champagner-Macher ganz andere Vorstellungen als die Roséwein-Produzenten in Frankreichs Süden. Rosé-Champagner sind praktisch immer eine Assemblage von Rotwein (zehn bis 20 Prozent) und Weißwein.

Die Dosage

Restzucker pro Liter	Zusatzbezeichnung
0–3 g/l*	Brut Nature, Pas Dosé, Zero Dosage, Brut Integral, Ultra Brut
0–6 g/l*	Extra Brut
0–15 g/l*	Brut
12–20 g/l*	Extra Dry, Extra Sec
17–35 g/l*	Sec
35–50 g/l*	Demi Sec

Prestige Cuvées

Neben ihrem Standard-Champagner, der in großen Mengen hergestellt wird und ein Jahrgangs-Verschnitt ist, erzeugen fast alle Häuser besonders hochwertige Cuvées in begrenzter Anzahl. Berühmte Prestige Cuvées sind der „Grand Siècle“ von Laurent Perrier, der „Clos du Moulin“ von Cattier, der „Rare“ von Piper-Heidsieck, der „Sourire de Reims“ von Henri Abelé. Die Basisweine für sie stammen aus 100-Prozent-Lagen, enthalten einen großen Anteil an Reserve-Weinen und besitzen ein Alterungsvermögen von bis zu 20 oder 30 Jahren.

Ähnliches gilt für Jahrgangs-Schaumweine. Sie stammen zwar immer nur aus einem Jahrgang (der auf dem Etikett angegeben ist), haben aber lange auf der Hefe gelegen und sind dort gereift. Bekannte Jahrgangs-Champagner sind der „Cristal“ von Roederer, der „Dom Pérignon“ (die Marke gehört zu Moët & Chandon), die „Grande Année“ von Bollinger, „La Grande Dame“ von Veuve Clicquot Ponsardin, „Comtes de Champagne“ von Taittinger, „Winston Churchill“ von Pol Roger, der „S“ von Salon. Sie kosten, wie auch die Prestige Cuvées, ein Vielfaches der einfachen Brut-Qualitäten. Die Trauben, aus denen der Grundwein für sie stammt, werden teilweise noch in einer traditionellen Korbpresse gekeltert, der Marmonnier-Presse. Sie fasst 2400 Kilogramm Trauben. Diese werden zunächst nur ganz sanft angepresst, wobei die ersten 900 Liter, die ablaufen, der hochwertigste Teil sind. Er wird „Cuvée“ genannt und ist für die Prestige Cuvées oder Jahrgangs-Champagner bestimmt. Die nächsten 350 und 250 Liter sind die 1. und 2. Taille. Sie gehen in die einfacheren Qualitäten. Insgesamt dürfen nur 1500 Liter Most aus einer Füllung entstehen. In modernen pneumatischen Pressen wird nach einem ähnlichen Schlüssel verfahren.

Lily Bollinger und der Champagner

Die Franzosen sind die größten Champagner-Konsumenten der Welt. Sie allein trinken 60 Prozent allen Champagners. Sie öffnen ihn nicht nur zu festlichen Anlässen oder trinken ihn als Aperitif, sondern verwenden ihn wie einen Tischwein zum Essen. Tatsächlich sind Champagner perfekte Begleiter zu Speisen. Über die Anlässe Champagner zu trinken, hat die berühmte Madame Lily Bollinger ein unvergessliches Statement abgegeben. Sie antwortete auf die Frage eines englischen Reporters: „Ich trinke ihn, wenn ich glücklich bin, und ich trinke ihn, wenn ich traurig bin. Manchmal trinke ich ihn, wenn ich allein bin. In Gesellschaft trinke ich ihn immer. Wenn ich keinen Hunger habe, mache ich mir mit ihm Appetit, und wenn ich speise, lasse ich ihn mir sowieso schmecken. Ansonsten rühre ich ihn nicht an – außer wenn ich durstig bin.“

Die großen Champagnerhäuser residieren in kleinen Palästen – wie Taittinger in Épernay.

Behandlung eines Champagners

Champagner erfordert eine besondere Behandlung. Erstens wird der Champagner kühler als ein stiller Weißwein getrunken. Mit 8 °C ist ein Brut richtig temperiert. Je hochwertiger der Champagner ist, desto wärmer wird er getrunken. Für eine Prestige Cuvée sind 12 °C durchaus angebracht. Zweitens sollte ein passendes Champagnerglas zur Hand sein. Wenn nicht, ist es besser, ihn aus einem Weißweinglas zu trinken als aus einer Sektflöte. Diese lässt wegen ihres schmalen Durchmessers einen guten Champagner nicht zur Geltung kommen. Für Jahrgangs-Champagner ist in diesem Fall auch ein Rotweinglas mit größerem Kelch angemessen. Drittens muss eine Champagnerflasche vor dem Öffnen vorsichtig bewegt werden. Sonst fliegt der Korken, nachdem das Drahtkörbchen (Agraffe) entfernt ist, mit lautem Knall aus dem Flaschenhals. Viertens ist Champagner nicht primär ein Aperitifwein, sondern wird zum Essen getrunken. Das gilt besonders für hochwertige, reife Champagner. Sie können sogar zu Wildgerichten gereicht werden. Wenn eine Flasche nicht ausgetrunken wird, setzt man einem speziellen Champagnerverschluss auf den Flaschenmund und trinkt den Champagner am nächsten Tag weiter. Die Kohlensäure bleibt erhalten.

Wie Champagner entstand

Dom Pérignon (1639–1715) hat herausgefunden, dass die kluge Mischung von Weinen verschiedener Rebsorten und Lagen einen besseren Endwein ergibt, als wenn dieser nur aus einer Sorte gewonnen wird. Damit hat sich der Benediktinermönch unsterblich gemacht. Den Champagner erfunden hat er aber nicht. Die Entdeckung des Schaumweins vollzog sich parallel dazu in London. Während die Franzosen noch ölgetränkte Lumpen benutzten, um ihre Flaschen zu verschließen, besaßen Kaufleute in England um 1650 bereits Korken. Bei ungewollten Nachgärungen stiller Weine auf der Flasche konnte das Kohlendioxid nicht entweichen. Es blieb als Kohlensäure im Wein gelöst. Wurde die Flasche geöffnet, schäumte der Wein. Eine gezielte Flaschengärung wurde erstmals um 1700 in der Champagne angewendet – mit geringem Erfolg. Die meisten Flaschen platzten. Erst als die Engländer dickeres Glas liefern konnten, setzte sich das Flaschengärverfahren durch.

Bläschen, bubbles, bollicine

Die Kunst der Schaumweinherstellung beherrschen heute nicht nur die Champagner-Erzeuger. In allen Anbauländern der Welt wird aus stillem Wein schäumender gemacht. Nicht alles ist schlecht, was dort entsteht. Aber auch nicht alles gut.

Der Champagner: Messlatte für Cremigkeit, Mineralität und Feinheit der Bläschen.

Schaumweine trinken auch Menschen gern, die gewöhnlich keinen Wein konsumieren. Das Erlebnis, Bläschen physisch am Gaumen zu spüren, erleichtert vielen den Weingenuss. Außerdem umgibt schäumende Weine immer die Aura des Exklusiven, des Festlichen. Daran ändert auch der Umstand nichts, dass der allergrößte Teil dessen, was an Perlen auf den Markt kommt, billiger Sekt ist, der aus Fassweinen aller möglichen internationalen Herkünfte stammt und in riesigen Tanks zum Schäumen gebracht wurde.

Flaschengärung weit verbreitet

Es gibt viele noble Schaumweine, die genauso gut und teuer sind wie Champagner. Aus Frankreich selbst kommen zum Beispiel die Crémants, und die besten schäumen nicht einfach nur. Sie haben auch Finesse. England ist gerade dabei, sich als neue Schaumwein-Adresse in der Welt zu etablieren. English Sparkling Wine sieht sich als neuer Herausforderer des Champagners an. Spaniens Cava gehört eher in die Kategorie billiger Sekt. Doch es gibt auch interessante Cavas von renommierten Weingütern aus der Rioja, aus AragÓn und natürlich aus Penedès, der historischen Heimat dieses Schaumweins. Italien hat mit dem Franciacorta und dem Trentodoc zwei hochklassige Produkte, die keine Konkurrenz scheuen müssen. Das Weißweinland Österreich wartet mit flaschenvergorenen Sekten auf, die dasselbe hohe Niveau haben wie die Stillweine. Allerdings verlassen sie selten das Land. In Deutschland ist die Sektproduktion fest in industrieller Hand. Doch es gab schon immer und gibt heute wieder vermehrt Winzersekte, die sich wohltuend von der Massenproduktion abheben.

Sparkler aus Übersee

Weinerzeuger anderer Kontinente haben ebenfalls die Magie der Perlen entdeckt. In Kalifornien ist das südlich von Napa gelegene Anbaugebiet Carneros die Heimat mehrerer großer Sparkling-Wine-Kellereien. Erstklassige Sparkler kommen auch aus dem kühlen Anderson Valley und aus Oregon. An den Five Finger Lakes im Bundesstaat New York und in der kanadischen Provinz Ontario werden die Weine ebenfalls gerne auf der Flasche zweitvergoren. Auf der südlichen Erdhalbkugel ist Schaumwein dagegen rar. Südafrika wartet mit einigen sehr guten Produkten auf und hat dafür extra die Kategorie Cap Classique eingeführt. In Australien kommen einige hervorragende *bubblers* von der Melbourne vorgelagerten Insel Tasmanien. Auch Neuseeland hat seit einigen Jahren eine kleine, aber hochklassige Schaumweinproduktion. In Südamerika ist es vor allem Brasilien, das sich einen Namen als Schaumweinerzeuger gemacht hat. In der südlichen Provinz Serra Gaúcha gibt es viele kleine Kellereien, die nach Champagner-Vorbild Perlen produzieren.

Der Crémant

Crémant heißen alle außerhalb der Champagne erzeugten Schaumweine, die nach der *méthode traditionelle* hergestellt werden (Flaschengärung) und mindestens neun Monate Hefelager absolviert haben. Neben dem Crémant de Bourgogne (alle Burgundersorten plus Aligoté und Gamay) gibt es den Crémant de Loire (vorwiegend Chenin Blanc), den Crémant de Die (Clairette), den Crémant d'Alsace (Pinot Blanc, Pinot Gris, Pinot Noir, Auxerrois, Riesling), den Crémant de Limoux

Das Drahkörbchen, das den Korken hält, heißt Agraffe.

Neben Champagner gibt es zahlreiche andere, teils hochklassige Weine, die schäumen oder perlen.

(Blanquette), den Crément de Jura (Chardonnay, Savagnin) und den Crémant de Bordeaux (Sémillon, Sauvignon Blanc, Muscadelle). Die Bestimmung, dass ein Crémant nicht mehr als 3,5 bar Druck haben darf, ist vor ein paar Jahren gefallen.

Der Cava

Das spanische Pendant zum Champagner heißt Cava. Der Grundwein für ihn kommt überwiegend aus dem Penedès südwestlich von Barcelona. Aber auch zahlreiche andere Regionen – vornehmlich im Norden des Landes – dürfen ihn produzieren. Weißer Cava wird vorrangig aus den Rebsorten Parellada, Xarel.lo, Macabeo und Chardonnay hergestellt. Seit 2007 ist auch Pinot Noir zugelassen, die bisher nur in Rosé Cavas enthalten war (für die sonst meistens Garnacha, Monastrel und Trepat benutzt werden). Die Flaschengärung und ein mindestens neunmonatiges Hefelager sind obligatorisch.

Franciacorta und Trentodoc

Italiens hochwertigster Schaumwein kommt aus einem kleinen Anbaugbeit um den Iseo-See in Norditalien. Drei große und rund 100 kleine Weingüter produzieren dort im Flaschengärverfahren feine, teilweise finessenreiche Schaumweine, die etwas weniger Säure aufweisen als die Champagner, aber ähnlich fruchtig-mineralisch sind. Die Traubensorten sind Chardonnay, Pinot Nero, Pinot Bianco. Die Mindestlagerzeit auf der Hefe beträgt 18 Monate. Die zweite bedeutende Schaumwein-Appellation Italiens ist das Trentino. Von dort kommen ebenfalls *excellente bollicine*, die aus den gleichen Sorten hergestellt werden (mindestens 15 Monate Lagerung auf der Hefe).

Österreichischer Sekt

Der Grundwein darf aus allen 35 in Österreich zugelassenen Rebsorten erzeugt werden. Sekte mit der Bezeichnung „Klassik" dürfen auch per Tankgärung hergestellt werden (mindestens 3,5 bar Druck und mindesten neun Monate Hefelager), Reserve-Sekte und Große Reserve müssen per Flasche vergoren worden sein (18 beziehungsweise 30 Monate Hefelager).

Sekt und Winzersekt

Deutschlands Sekte waren im 19. Jahrhundert die wichtigsten Konkurrenten des Champagners. Heute machen billige Markensekte 98 Prozent der deutschen Sektproduktion aus. Fast alle werden nach dem Tankgärverfahren hergestellt und dürfen auch aus ausländischen Grundweinen bestehen. Winzersekte füllen nur eine kleine Nische, erleben aber gerade jetzt eine Renaissance. Sie werden aus Rieslingtrauben und allen anderen in Deutschland angebauten Sorten erzeugt. Voraussetzung: Sie müssen zu 100 Prozent aus Erzeugerbesitz stammen. Die Versektung selbst kann von anderen Betrieben vorgenommen werden. Vorgeschrieben ist eine Flaschengärung mit mindestens neunmonatigem Hefelager und ein Druck zwischen 3,5 und 6 bar. Vom Sekt zu unterscheiden sind sie Seccos, die seit ein paar Jahren den Markt überschwemmen: einfache Perlweine mit natürlicher oder zugesetzter Kohlensäure und einem Druck zwischen 1 und 2,5 bar. Übrigens: Wenn bei Seccos „trocken" auf dem Etikett steht, heißt das nicht, dass sie trocken sind. Bis zu 35 Gramm Restzucker sind erlaubt.

Der Prosecco

Der weltweit populärste und am häufigsten produzierte Schaumwein ist der italienische Prosecco. Experten äußern sich gern abfällig über ihn, die Konsumenten lieben ihn umso mehr. Ein Vergleich mit flaschenvergorenen Schaumweinen ist unzulässig. Prosecco stellt eine ganz eigene Kategorie von Schaumwein dar. Er wird nicht aus den traditionellen Champagnertrauben erzeugt, sondern aus der Sorte Glera. Sie wächst im norditalienischen Venetien in der Provinz Treviso und im Friaul. Der Grundwein ist zartfruchtig und säurebetont. Für eine Flaschengärung ist er nicht robust genug. Deshalb wird er nach dem Tankverfahren versektet. Er ist weder ein festlicher noch ein exklusiver Wein. Seine Stärke ist, dass er leicht und unkompliziert ist und dennoch Charakter hat. Es gibt ihn als Spumante und als Frizzante (Perlwein).

Methoden der Versektung

Tankgärung: Die vereinfachte Version einer Flaschengärung, auch Charmat-Methode genannt. Sie wurde in Bordeaux erfunden und ist für leichte Weine wie für den italienischen Prosecco gut geeignet. Die zweite Gärung findet in diesem Fall in großen Drucktanks statt, aus denen das CO_2 nicht entweichen kann. Das Hefedepot wird vor der Flaschenabfüllung durch Filtern entfernt.

Transvasierverfahren: Flaschengärung wie bei der Champagnermethode. Danach wird die Flasche jedoch geöffnet, der Wein in einen Drucktank gefüllt, das Hefedepot abgefiltert und der Wein unter Druck auf neue Flaschen gefüllt. In Amerika entwickelte und dort auch bei hochwertigen Schaumweinen angewendete Methode.

Karbonisierungsverfahren: Verzicht auf eine Zweitgärung, stattdessen Zusatz von Kohlensäure zum Wein und Abfüllen desselben unter Druck. Auf diese Weise entstehende Weine dürfen nicht als Sekt bezeichnet werden. Der Zusatz von CO_2 muss angegeben werden.

Méthode ancestrale, Méthode rurale: Der noch nicht ganz durchgegorene Grundwein wird auf die Flasche gefüllt, die fest verschlossen wird. Der Wein gärt in der Flasche weiter, das CO_2 kann nicht entweichen und bleibt im Wein gelöst. Alte, in Frankreich (Limoux, Gaillac) noch weit verbreitete Methode, bei der der Wein nicht entheft wird.

Holzfasskeller in Vila Nova de Gaia, wo sich die großen Portwein-Häuser befinden: Ruby Port reift in großen, Vintage Port in kleinen Fässern.

Rotes Gold vom Douro

Portwein ist ein süßer Rotwein, der durch die Zugabe einer kleinen Menge Weinbrands aufgespritet wird. So entsteht ein schwerer, berauschender Wein von opaker Farbe, der zwischen 19 und 22 Vol. % Alkohol aufweist und in seiner Art von unerreichter Feinheit ist.

Portwein stammt von den terrassierten Hängen des Douro-Flusses im Norden Portugals. Seinen Namen hat er von der Stadt Porto am unteren Flusslauf. In Vila Nova de Gaia am gegenüberliegenden Ufer der Stadt, sind die Lagerhäuser der großen Portweinfirmen. Dort dämmert der Wein seiner Reife entgegen.

„Englishmen's Wine"

Historisch betrachtet wurde der Portwein durch englische Händler in aller Welt berühmt gemacht. Durch die Kriege mit Frankreich und Handelsembargos waren die Briten auf der Suche nach Alternativen zu den französischen Weinen. Sie wurden in Portugal fündig. Dennoch passierte es, dass der Wein auf der Reise von Porto nach England (und in seine Kolonien) „kippte". Um dies zu verhindern, wurde dem Portwein während der Gärung Branntwein hinzugefügt, der die Gärung stoppte und den Wein süß, alkoholreich und haltbar machte. Besonders geschätzt wurden die Portweine von der intellektuellen Oberschicht Englands. Da die Winter auf der Insel lang und die Colleges im 18. Jahrhundert meist kalt waren, bevorzugten die Gelehrten zum Aufwärmen Port oder Madeira.

Das englische Element ist in der Welt des Portweins noch heute stark vertreten. Die Lagerhäuser heißen Lodges, die Firmen haben Namen wie Cockburn, Taylor, Dow, Sandeman oder Graham. Port gilt noch immer als *the Englishmen's wine*, obwohl er längst in alle Welt verkauft wird.

Wie Portwein entsteht

Zur Herstellung sind 48 Rebsorten zugelassen (von über 100, die im Douro-Tal noch kultiviert werden). Die meisten sind rote Sorten: Touriga Nacional, Touriga Franca, Tinta Roriz, Tinta Barocca und Tinta Cåo heißen die bekanntesten. Früher wurden sie in Granitbottichen (lagares) mit den Füßen zerstampft. Heute wird diese Behandlung nur noch den hochwertigsten Weinen, den Vintage Ports, zuteil. Bei den anderen Ports verrichten hydraulische Pressen diese Arbeit. Danach wird die Maische vergoren. Aber bereits nach wenigen Tagen der Gärung wird sie mit 77-prozentigem Weinbrand aufgespritet. Folge: Die Hefen stellen ihre Tätigkeit ein, der Wein weist, wenn er von der Maische gezogen wird, zwischen 40 und 60 Gramm unvergorenen Restzucker auf. Im Frühjahr wird der Wein dann in Tanklastwagen nach Porto gefahren und je nach Typ (Ruby, Tawny etc.) in die jeweiligen Fässer eingelagert (traditionell Pipes genannt, 520 Liter fassend). Dort reift er mindestens zwei Jahre, bei den Tawny Ports aber auch 10, 20, 30, gelegentlich sogar 40 Jahre.

Zwei grobe Kategorien von Portwein werden unterschieden: die im Fass gereiften und die in der Flasche gereiften. Die im Fass gereiften heißen Ruby und Tawny, sie sind trinkfertig, wenn sie auf den Markt kommen. Der Vintage Port wird dagegen früh auf die Flasche gezogen und kann im Keller jahrzehntelang nachreifen. Vintage Ports sind das Aushängeschild eines jeden Portweinhauses. Sie können, gute Jahrgänge vorausgesetzt, 100 Jahre alt werden. Daneben gibt es zahlreiche Sonderabfüllungen und Kommerzprodukte wie den Pink Port.

Weinberge im Douro-Tal: Die Reben wachsen auf Terrassen an den steilen Hängen über dem Fluss.

Wichtigste Portwein-Stile

Ruby

Dunkelrubinroter, konfitürenhaft süßer Port mit zwei bis vier Jahren Reife. Er macht den größten Teil allen Portweins aus und wird aus Grundweinen verschiedener Jahrgänge zusammengestellt.

Tawny

Bernsteinfarbener Portwein, meist länger im Fass gereift als ein Ruby, gelegentlich mit kleinen Chargen von 20, 30 oder 40 Jahre alten Portweinen assembliert und dann sehr fein. Trinkreif. Ein Tawny sollte nach dem Öffnen schnell getrunken werden, da er leicht oxidiert.

Colheita

Tawny Port aus einem Jahrgang. Mindestens sieben Jahre Fassreife, meist mehr.

Vintage Port

Jahrgangsportwein, der nur in als „groß" oder „sehr gut" deklarierten Jahren erzeugt wird. Reift zwei Jahre im Holzfass und braucht dann 20, 30 oder mehr Jahre bis zur optimalen Trinkreife. Macht ein Prozent der Produktion aus.

LBV (Late Bottled Vintage)

Jahrgangsport aus einem einzigen Jahrgang mit 4 bis 6 Jahren Fassreife: Da er kein Depot besitzt, wird er durch weitere Flaschenreifung nicht besser. Er ist mithin sofort trinkreif. Ein Dekantieren ist ebenfalls nicht erforderlich.

White Port

Portwein, der aus den wenigen weißen Sorten gekeltert wurde, die am Douro wachsen (vor allem Malvasia Fina, Codega, Rabigato). Er reift maximal 18 Monate im Tank, ist etwas weniger süß (manchmal fast trocken) und hat einen Alkoholgehalt von etwa 17 Vol.%. Häufig wird er als Basis für Cocktails verwendet. Die besten trinkt man pur.

Pink Port

Der Rosé-Port wurde 2007 von den drei großen Portweinhäusern Taylor, Fonseca und Croft ins Leben gerufen. Der Markt hat ihn schnell akzeptiert. Pink Port wird ausschließlich aus roten Portweinsorten gewonnen, die nur kurz auf der Maische gestanden haben. Aufgespritet ist er wie ein White Port. Die Restsüße ist meist niedriger als beim Ruby. Rosé-Port ist ein beliebter Cocktail-Wein.

Traditionelles Zerstampfen der Trauben

Uralte Winzer-Traditionen im Douro-Tal

Langlebigster Wein der Welt

Madeira ist ein alkoholverstärkter, meist süßer Wein. Im Unterschied zum Portwein werden die besten Madeiras aus weißen Trauben gewonnen und während der Herstellung einer speziellen Wärmebehandlung unterzogen.

Der Madeira kommt von der gleichnamigen, zu Portugal gehörenden Insel im Atlantik. Die Reben für diesen Wein wachsen auf kleinen, teilweise steilen Hängen und Terrassen, die sehr aufwendig zu bewirtschaften sind. Knapp die Hälfte des produzierten Madeiras ist aus der roten Sorte Tinta Negra Mole gewonnen, die erst nach der Reblauskatastrophe angebaut wurde und Weine von sehr einfacher Qualität ergibt.

Drei Produktionsweisen

Erzeugt wird der Madeira auf verschiedene Weise. Der größte Teil wird durchgegoren und – ähnlich wie der Portwein – mit Alkohol aufgespritet. Er weist dann eine Alkoholgradation von 17 bis 19 Vol.% auf und wird je nach Geschmacksrichtung gesüßt. Im Unterschied zum Portwein wird Madeira danach einer speziellen Wärmebehandlung unterzogen. Die einfachste Methode besteht darin, ihn in gemauerten Betonbottichen drei Monate lang mit einer Art Tauchsieder auf 40 bis 50 °C zu erwärmen. Der Wein wird durch diese Prozedur haltbar gemacht, entwickelt aber grobe Kochnoten und viel flüchtige Säure. Bessere Ergebnisse werden erzielt, wenn der aufgespritete Wein in Lodge Pipes – 600 Liter fassenden Holzgebinden – gefüllt und in Estufas gelagert wird. Das sind Ofenräume, die beheizt werden und in denen der Wein sechs Monate bis ein Jahr bei 30 bis 40 °C lagert. Diese Methode ist vor allem für Madeiras der Kategorien Reserve und Special Reserve vorgesehen. Die dritte und schonendste Methode besteht darin, die Fässer unter dem Dach der Handelshäuser zu lagern, und zwar zehn oder 20 Jahre lang, manchmal sogar noch länger. Im Winter ist es dort kalt, im Sommer sehr heiß. *Vinhos de canteiro* werden diese traditionellen Madeiras genannt. Sie kommen als Extra Reserve oder als Jahrgangs-Madeira (Vintage) auf den Markt und bilden die Spitze der Qualitätspyramide.

Der Geschmack des Madeiras

Durch die Wärmebehandlung reift der Wein schneller. Wenn ihm Zucker zugesetzt wurde, karamellisiert dieser und ergibt die typischen Toffee-Aromen. Reife hat der Madeira nämlich dringend nötig. Er bringt von Natur aus viel Tannin mit und besitzt eine hohe Säure. Die besten Madeiras haben einen exzentrischen Geruch von Malz und Karamell, von Vanille, süßen Mandeln, Rosinen, Orangenschalen und kandierten Früchten. Ihr Geschmack reicht von schokoladig-süß über karamellig-würzig bis zu ranzig-trocken. Kein anderer Wein der Welt besitzt ein ähnliches Aromenprofil und kann so alt werden wie sie.

Die weißen Madeiras

Die *Vinhos de canteiro* sind selten. Der Schwund durch Verdunstung ist groß, besonders bei langer Lagerung. Die meisten Reserves, Special Reserves und Extra Reserves werden deshalb aus wirtschaftlichen Gründen in Estufas ausgebaut. Die interessantesten dieser Madeira-Weine sind übrigens nicht aus der Tinta Negra Mole gekeltert, sondern aus einer der alten weißen Madeira-Sorten, die vor der Reblauskatastrophe die Weinberge der Insel fast komplett bedeckten, danach fast völlig verschwunden waren und erst langsam wieder nachgepflanzt werden: Malvasia, Boal, Verdelho, Sercial. Aus diesen vier Sorten werden die hochklassigen Vertreter dieses Weins erzeugt. Die besten wachsen auf Höhen bis 1800 Meter. Ihre dunkle Farbe (grünliches Mahagoni bis Goldgelb) erhalten die „weißen" Madeiras durch die Wärmebehandlung und durch die lange Fasslagerung.

Als Essensbegleiter geeignet

Gute Madeiras reifen nach der Wärmebehandlung mindestens fünf oder zehn Jahre im Fass. Weine, die länger lagern, sind relativ selten und entsprechend teuer – auch weil es wenig Weißwein gibt. Fine- und Seleccionado-Qualitäten sind meist nur drei Jahre alt und klassische Aperitif-Weine. Madeira eignet sich aber ebenso vorzüglich zum Essen. Ein trockener Sercial passt gut zu Fisch und Schinken, ein halbtrockener Verdelho zu Fleischgerichten mit cremiger Sauce, ein moderat süßer Bual zu reifem Weichkäse und ein vollsüßer Malmsey zu Edelschimmelkäse und Schokolade. Alle Varianten passen aber auch als Digestif.

Wichtige Madeira-Stile

Der Standard-Madeira ist ein Jahrgangsverschnitt. Er wird fast immer gesüßt. Es gibt eine große Zahl von Bezeichnungen, die für Stil und Alter stehen. Die besten Madeiras werden aus den noblen Weißweinsorten Malvasia, Bual, Verdelho und Sercial gewonnen und tragen deren Namen auf dem Etikett. In der Regel ist auch die Reifedauer angegeben.

Fine, Seleccionado: mind. 3 Jahre
Rainwater: max. 5 Jahre
Alvada: mind. 5 Jahre
Colheita: mind. 5 Jahre und Jahrgang
Special Reserve: mind. 10 Jahre
Extra Reserve: mind. 15 Jahre
Vintage: mind. 20 Jahre

Sercial: Relativ leichter, meist trockener Madeira mit schneidiger Säure. Feiner, reifefähiger Aperitifwein mit fruchtig-petroligem Geschmack.

Verdelho: Würziger, kräftiger Madeira von der Nordseite der Insel, meist halbtrocken mit feinem Nuss- und Trockenfrüchtearoma. Lange alterungsfähig.

Bual: Dunkler, karamellbrauner Wein, reich und duftig im Bouquet, deutliche Süße, oft etwas „angebrannt" im Geschmack.

Malmsey: Der rarste, süßeste, dunkelste Madeira. Er wird ausschließlich aus Malvasia-Trauben gewonnen, die an den Südhängen der Insel angebaut werden. Der volle Geschmack wird vom Alkohol getragen, der die zitronenhaft frische Säure mildert.

BLANDY'S
MADEIRA

1973
MADEIRA

Der Stolz Andalusiens

Der Weißwein, aus dem Sherry erzeugt wird, ist ziemlich einfach. Erst durch sein besonderes Herstellungsverfahren und durch Aguardente (Branntwein), der ihm in kleinen Mengen zugegeben wird, erhält er seinen vollen, würzigen Geschmack und sein unnachahmliches Feuer.

Sherry kommt aus Andalusien und existiert in zahlreichen Varianten. Er kann trocken oder vollsüß sein, dunkel oder hell, stark oder mäßig alkoholreich. Man unterscheidet zwei Grundtypen: den strohgelben, trockenen Fino und den dunklen Oloroso. Diese beiden Grundtypen sind der Ausgangspunkt für Dutzende von Spielarten, in denen der Sherry auf den Markt kommt: mal als sirupartiger Likör, mal als hochfeiner, in Würde gereifter, trockener Wein.
Erzeugt wird der Sherry aus der Palomino-Traube, die im heißen Klima Andalusiens neutrale, säurearme Weine ergibt. Ohne das besondere Herstellungsverfahren eines Sherrys wären die Palomino-Weine ziermlich belanglos. Das Herstellungsverfahren besteht darin, dass der Wein ein besonderes Reifeverfahren durchläuft, während dem ihm Aguardente zugefügt wird: Branntwein. Dadurch verändern sich Aroma und Geschmack.

Fino und Manzanilla

Der Fino ist der klassische, trockene Sherry aus dem Anbaugebiet von Jerez de la Frontera, auch wenn er mengenmäßig nicht an oberster Stelle der Sherry-Produktion steht. Er wird zunächst wie ein normaler Weißwein vergoren und zum Reifen ins Fass gelegt. Im Fass bildet sich dann eine graugelbe Florhefe auf der Weinoberfläche (siehe Foto rechts), die immer weiter wächst. Schließlich legt sie sich wie ein wächserner Film über den ganzen Wein, sodass dieser praktisch unter Luftabschluss reift. Florhefe macht die Besonderheit des Sherrys gegenüber anderen alkoholverstärkten Weißweinen aus. Sie hinterlässt charakteristische Geschmacksnuancen von Bittermandeln im Wein, weshalb sie sorgfältig gepflegt wird. Zum Beispiel reagiert sie empfindlich auf zu viel Alkohol. Deshalb wird ein Fino-Sherry nur vorsichtig aufgespritet und weist selten mehr als 15 Vol.% Alkohol

Solera

In Sherry-Bodegas sind die Fässer in bis zu fünf Reihen übereinandergestapelt. Die oberste enthält den jüngsten Wein, die unterste – Solera genannt – den ältesten. Den Solera-Fässern wird ein- bis zweimal im Jahr etwa 20 bis 30 Prozent Wein zur Abfüllung entnommen. Aufgefüllt werden die Fässer mit Wein aus der darüberliegenden Fassreihe. Diese Fässer werden ihrerseits mit dem entsprechenden Anteil *criaderos* verschnitten – so heißen die jüngeren Weine. Die jüngeren Weine passen sich so schnell dem Geschmack der älteren an.

auf. Ähnliches gilt für den Manzanilla, die Fino-Variante aus der benachbarten Stadt Sanlúcar de Barrameda an der Mündung des Flusses Guadalquivir. Der Manzanilla ist im Vergleich zum Fino zarter. Die Einheimischen in Sanlúcar trinken ihn zu Fisch und Langusten.

Der Amontillado

In den heißen andalusischen Sommern wird es in den oberirdischen Lagerhallen der großen Sherry-Häuser ziemlich warm. Dann kann es passieren, dass die Florhefeschicht auf dem Wein zusammenbricht. Florhefe ist nämlich wärmeempfindlich. In diesem Fall gelangt Sauerstoff an den Wein und oxidiert ihn. Der Fino wird zum Amontillado. Er entwickelt mehr Fülle und nimmt eine bernsteinfarbene Tönung an. Ein echter Amontillado ist also ein ohne Florhefe gealterter Fino und völlig trocken: ein köstlicher Tropfen mit feinem Aroma von Orangen und Haselnüssen. Allerdings sind echte Amontillados selten, weil die wenigsten Sherry-Macher auf den zufälligen Zusammenbruch der Florhefe warten, sondern diesen bewusst herbeiführen. Meistens spriten sie die Finos auf 16 Vol.% auf, sodass die Hefe abstirbt. Dann werden sie in der Solera verschnitten (siehe Kasten linke Seite) und mit Vinos Dulces gesüßt: Süßreserve. Handelsüblicher Amontillado ist *medium dry*.

Das Solera-System

Die zweite Besonderheit des Sherrys ist das System der Reifung. Es heißt Solera. Dabei werden junge und alte, gereifte Sherry-Jahrgänge über mehrere Jahre hinweg miteinander verschnitten. In sehr alten Manzanillas können bis zu 19 verschiedene Jahrgänge enthalten sein. Das System garantiert, dass bei jeder Abfüllung ein Sherry gleichen Stils entsteht. Entwickelt wurde die Solera jedoch aus einem anderen Grund: Damit die Florhefe nicht abstirbt, muss alten Fässern immer wieder jüngerer Wein zugesetzt werden. Da der Alkoholgehalt alter Sherrys steigt und die Florhefe zu zerstören droht, muss ihm immer wieder jüngerer Wein mit niedrigerem Alkoholgehalt beigefügt werden.

Der Oloroso

Oloroso ist ein Sherry ohne Florhefe. Der Wein wird nämlich gleich nach der Gärung auf 18 Vol.% angereichert, sodass diese sich gar nicht erst entwickeln kann. Ein Oloroso reift also unter Sauerstoffkontakt. Durch diese oxidative Ausbauweise erhält er seine karamellig-dunkle Farbe und den würzigen Geschmack mit Anklang an Trockenfrüchte. Da während des jahrelangen Ausbaus in der Solera Flüssigkeit verdunstet (drei bis sechs Prozent pro Jahr und Fass), kann der Alkoholgehalt bis auf über 23 Vol.% ansteigen. Auch Olorosos sind von Natur aus trockene Sherrys. Alte, gereifte Olorosos gehören sogar zu den exquisitesten und teuersten Sherrys überhaupt. In der Praxis wird jedoch der größte Teil der Olorosos mit süßem Most beziehungsweise halbvergorenem Likörwein verschnitten, um als Cream Sherry in die Regale der Supermärkte zu gelangen.
PX wird eine Süßreserve (spanisch: *mistela*) genannt, nach der Traube, aus der sie gewonnen wird: Pedro Ximénez. Einst in Jerez weit verbreitet, ist sie heute nur noch selten zu finden. Sherry-Produzenten haben sich deshalb das Recht erstritten, PX-Trauben von außerhalb ihrer Zone verwenden zu dürfen: aus dem Gebiet von Montilla-Moriles. Auch die Traubensorte Muscat d'Alexandrie ist erlaubt.

Alte Olorosos gehören zu den exquisitesten und teuersten Sherrys überhaupt. Sie reifen in kleinen Fässern in den Kellern von Jerez del la Frontera.

Der Fino Sherry reift unter einer Schicht aus Florhefe.

Andere Sherry-Stile

Palo Cortado: Rarer, hochklassiger Sherry, aus einem Querverschnitt mehrerer kleiner Partien Olorosos aus der Solera entstanden. Selten zu finden, weil Sherry normalerweise entweder als Fino oder als Oloroso angelegt wird.

Pale Cream: Der helle, kommerzielle Shery wurde mit halbvergorenem und deshalb noch süßem Most verschnitten (mistela).

Manzanilla Pasada: Hochfeiner, gereifter Manzanilla, der nur kurz unter der Florhefe gelegen hat. Er zeigt eine salzige Note.

Raya: Schlichtsüßer Sherry-Typ, der aus getrockneten Trauben hergestellt und praktisch nie abgefüllt, sondern nur als Verschnittwein verwendet wird.

En Rama: Ungefilterter Fino oder Manzanilla

Almacenista: Die besonders wertvollen Sherrys stammen von kleinen Erzeugern und wurden oft 10, 20 oder 30 Jahre gelagert.

DIE WEINLÄNDER DER WELT

FRANKREICH und sein Terroir

Frankreich ist der große Lehrmeister des modernen Weins. Kein anderes Land hat sich, historisch betrachtet, größere Verdienste um die Entwicklung der Weinqualität erworben. Als andere Länder den Wein noch als Lebensmittel betrachteten, war er in Frankreich bereits ein Luxusprodukt.

Weinland Frankreich

Rebfläche: 790 000 Hektar (2020)
Produktion: 42 Mio. Hektoliter
Weinkonsum pro Kopf/Jahr: 46,9 Liter (2022)

Die häufigsten roten Sorten

1. Merlot 15 %
2. Grenache 11 %
3. Syrah 8 %
4. Cab. Sauvignon 6 %
5. Cab. Franc 4 %
6. Carignan 4 %
7. Pinot Noir 3 %
8. Gamay 3 %
9. Cinsault 2 %
10. Mourvèdre 1 %

Die häufigsten weißen Sorten

1. Ugni Blanc* 11 %
2. Chardonnay 5 %
3. Sauvignon Blanc 4 %
4. Colombard 1,4%
5. Semillon 1,3 %
6. Chenin Blanc 1,3 %
7. Muscadet 1 %
8. Gelber Muskateller 1 %
9. Viognier 0,9 %
10. Rolle 0,8 %

*vorwiegend für die Cognac- und Armagnac-Destillation bestimmt

Das Weinrecht

In Frankreich gilt das europäische Weinrecht. Das heißt: Die alte Ordnung von Vin de Table, Vin de Pays und Appellation d'Origine (AOC) gilt nicht mehr. Seit 2009 gibt es eine neue Nomenklatur.
AOP: Weine mit einer Appellation d'Origine Protegée (früher AOC) stehen an der Spitze der Hierarchie. Sie machen etwa 47 Prozent der nationalen Produktion aus: enge Herkunft, eindeutige Rebsortenvorgaben, strenge Qualitätskontrollen.
IGP: Weine mit einer Indication Géographique Protegée umfassen die ehemaligen Landweine Vin de Pays. Ihr Anteil liegt heute bei etwa 28 Prozent: weit gefasste Herkunftsgebiete, großzügige Rebsortenvorgabe.
VdF: Vins de France sind die früheren Tafelweine. Herkunftsgebiet ist ganz Frankreich, alle empfohlenen Rebsorten sind erlaubt. Im Gegensatz zu früher dürfen Jahrgang und Rebsorte auf dem Etikett angegeben werden.

Bordeaux, Burgund, Champagne – das sind die Namen, die in den letzten 400 Jahren Glanz über Frankreich und seinen Weinbau gebracht haben. Noch heute reicht dieser Glanz bis in den letzten Winkel der Welt. Aber Frankreich besteht nicht nur aus drei, sondern aus über 300 Anbaugebieten. So bekannt die großen Weine sind, so unbekannt, ja vergessen sind viele kleine Weine aus der Tiefe der Provinz.

Frankreichs Terroir-Philosophie

Nach der französischen Weinphilosophie ist Wein Ausdruck des Bodens, des Klimas und der vom Menschen geschaffenen Kultur. Diese Philosophie wird mit dem Wort Terroir beschrieben. Nirgendwo kommt sie besser zum Ausdruck als bei den großen Spitzenweinen des Landes. Was wäre die Pinot Noir ohne das Burgund und die Zisterziensermönche? Was Cabernet Sauvignon ohne die wasserdurchlässigen Kiesbänke an den Ufern der Gironde? Und was die Champagne ohne Kreideböden und die bahnbrechenden Erkenntnisse des Dom Pérignon?
Chardonnay, Pinot Noir, Cabernet Sauvignon werden heute überall auf der Welt kultiviert. Aber nirgendwo besitzen die Weine aus ihnen eine solche Ausdruckskraft wie in ihren Ursprungsgebieten. Für die Qualität des Weins ist der Mensch zuständig, für den Charakter und die Größe des Weins die Lage – so lautet ein Grundsatz der französischen Weinphilosophie. Aubert de Villaine, der Direktor der Domaine de la Romanée-Conti im Burgund, bringt diese Philosophie so auf den Punkt: „Die Wahrheit ist der Weinberg, der Mensch ist nebensächlich."

Kaiser Probus und der Weinbau

Die ersten Reben kamen wahrscheinlich 600 Jahre v. Chr. durch die Griechen nach Frankreich. Von Marseille bis Banyuls an der spanischen Grenze setzten die Invasoren Rebstöcke in die Erde des fremden Landes. Französische Historiker sind allerdings der Meinung, dass zur damaligen Zeit schon Reben in Frankreich existierten und die einheimische Bevölkerung wusste, wie man aus deren Früchten ein alkoholhaltiges Getränk erzeugt. Doch erst die Römer sorgten für die systematische Ausbreitung des Weinbaus in der gallischen Provinz. Zunächst verbreitete sich die Rebe im stark besiedelten Rhônetal. Im 2. Jahrhundert gelangte sie bis nach Burgund und Bordeaux, im 3. Jahrhundert sprossen an den Ufern der Loire die ersten Reben. Die französische Weinkultur beginnt nach Meinung der Historiker mit Kaiser Aurelius Probus (232–282 n. Chr.), der die Anpflanzung von Rebstöcken in ganz Gallien befahl, was die Menschen im Lande mit großem Eifer befolgten. Der Kaiser wurde später von seinen Soldaten erschlagen, aber der Weinbau florierte. Im 4. Jahrhundert drangen die Reben dann sogar bis in die Champagne vor.

Der Aufstieg des französischen Weins

Die Ausbreitung des Weinbaus ging mit der Missionierung des Landes Hand in Hand. Die Kirchen brauchten Messwein, und die Benediktiner-, später die Zisterziensermönche sahen es als fromme Tat an, Weingärten um ihre Klöster herum anzulegen. Dabei erlagen nicht nur sie der Verführung des berauschenden Getränks, sondern auch der weltliche Adel und die neuen Bürgerschichten, die sich gegen Ende des Mittelalters herausbildeten. Schon im 12. Jahrhundert entwickelte sich ein reger Handel mit England, später mit Schottland, Holland und Deutschland. Die steigende Nachfrage nach den edlen Tropfen aus dem Reich der Franken beflügelte die Menschen, immer mehr Reben anzubauen. Zu Beginn des 17. Jahrhunderts gab es dreimal mehr Rebland als heute. Nach der Französischen Revolution übernahmen Bürgerliche die adeligen Weinlatifundien und nach der folgenden Säkularisierung auch die kirchlichen.
In Bordeaux waren es vor allem Mitglieder des Parlaments, die Grundbesitz im Médoc erwarben. 1855 erstellte die Handelskammer von Bordeaux im Auftrag von Kaiser Napoleon III. eine Klassifikation der Bordeaux-Châteaus. Diese hat bis heute ihre Gültigkeit behalten.

Frankreich
Weinanbaugebiet
0 km 50 100
BELGIEN
LUXEM-BURG
DEUTSCHLAND
SCHWEIZ
ITALIEN
SPANIEN
Lille
Amiens
Le Havre
Rouen
Caen
Seine
Paris
Reims
Marne
Champagne
Lothringen
Metz
Strasbourg
Elsass
Mulhouse
Brest
Rennes
Le Mans
Orléans
Loire
Auxerre
Chablis
Côte d'Or
Dijon
Saône
Besançon
Anjou
Angers
Chinon
Tours
Vouvray
Montlouis
Tourraine
Sancerre
Pouilly-Fumé
Côteaux du Layon
Nantes
Muscadet Sèvre et Maine
Saumur
Bourgueil
Haut-Poitou
Vendée
Côte de Nuits
Côte de Beaune
Bouzeron
Mercurey
Rully
Givry
Chalonnais
Jura
Viré-Clessé
Saint-Véran
Pouilly-Fuissé
Mâconnais
Burgund
Beaujolais
Savoyen
Rhône
Allier
Auvergne
Limoges
Clermont-Ferrand
Lyon
Condrieu
Côte-Rôtie
Chateau Grillet
St-Étienne
St-Joseph
Hermitage
Grenoble
Crozes Hermitage
Cornas
St-Estèphe
Pauillac
St-Julien
Margaux
Médoc
Blaye
Côtes des Bourg
Fronsac
Pomerol
St.-Emilion
Bordeaux
Entre Deux Mers
Bergerac
Pessac-Léognan
Graves
Barsac
Sauternes
Garonne
Lot
Cahors
Aveyron
Rasteau
Orange
Cirac
Tavel
Gigondas
Vacqueras
Châteauneuf-du-Pape
Ventoux
Avignon
Tarn
Buzet
Baïse
Adour
Armagnac
Südwesten
Madiran
Frontou
Gaillac
Pic-St-Loup
Nîmes
Faugères
Languedoc
Herault
Montpellier
Toulouse
Béarn
Irouléguy
Jurançon
Pyrénées
Minervois
La Clape
Narbonne
Limoux
Corbières
Maury
Rivesaltes
Perpignan
Roussillon
Banyuls-Collioure
Luberon
Aix-en-Provence
Provence
Côtes de Provence
Marseille
Cassis
Bandol
Toulon
Bellet
Nice

Frankreich hat tausend verschiedene Appellationen: Weinberge bei Riquewihr im Elsass.

Katastrophen und Neubeginn

Fast zur gleichen Zeit tauchte zum ersten Mal eine Pilzkrankheit in Frankreichs Weinbergen auf, die bis dahin unbekannt war: Oidium, auch Echter Mehltau genannt. Durch ihn erlitten Frankreichs Winzer massive Schäden. 1854 fiel als Weinjahrgang fast völlig aus, weil die Trauben und Blätter reihenweise vergilbten. Kaum war ein Mittel gegen diese Kalamität gefunden, der Netzschwefel, tauchte die nächste Geißel auf: die Reblaus. Wahrscheinlich war dieses in Europa bis dahin unbekannte Insekt aus Amerika eingeschleppt worden. Es griff die Rebstöcke von der Wurzel her an, sodass diese innerhalb kurzer Zeit abstarben. Das Insekt breitete sich ab 1863 in ganz Frankreich aus und brachte den Weinbau zum Erliegen. Die gesamten nationalen Rebenbestände wurden auf Jahrzehnte vernichtet. Als um 1910 endlich ein Gegenmittel gefunden wurde, waren unzählige Rebsorten bereits für immer verschwunden.

Danach wurden Frankreichs Weinberge langsam wieder neu bestockt – diesmal mit Reben, die auf reblausresistente amerikanische Wurzelstöcke gepfropft waren. Der weinbauliche Neuanfang war verbunden mit einer Weingesetzgebung, die bahnbrechend war und bis heute Vorbild für alle weinbautreibenden Länder der Welt ist. Seit 1936 wurden den Weinanbaugebiete geografisch genau definiert und präzise Regeln für die Weinerzeugung aufgestellt.

Das Prinzip war einfach: Je größer die Gebiete sind, desto großzügiger sind die Bestimmungen. Je enger die Grenzen gezogen werden, desto strenger die Vorschriften hinsichtlich Rebsorte, Ertrag und geforderter Qualität des Weins. Die AOC war geboren: Appellation d'Origine Contrôlée, zu Deutsch: Qualitätsweine bestimmter Anbaugebiete.Seit einigen Jahren nennt sie sich AOP, Appellation d'Origine Protégée. Heute gibt es rund 1000 solcher Appellationen in Frankreich. Damit hat fast die Hälfte des französischen Weins AOP-Status. Der Rest ist Landwein (IGT) oder einfacher Vin de France (früher: Tafelwein). Durch die damit verbundenen Höchstertragsgrenzen für Trauben ist die Weinproduktion in Frankreich insgesamt gesunken, während die Qualität der Weine gleichzeitig gestiegen ist.

Große Nische für Weißweine

Die besten Lagen wurden in der Champagne schon früh klassifiziert: Cramant an der Côte des Blancs.

Die Champagne ist das nördlichste Weinanbaugebiet Frankreichs. Die Faszination, die vom Champagner ausgeht, ist weltumspannend. Sie lässt nur manchmal vergessen, dass auch an der Loire hochklassige Weiß- und Schaumweine erzeugt werden. Die Champagne gehört zu den nördlichsten und damit kühlsten Anbaugebieten Europas. Die Champagner-Metropole Reims liegt um den 49. Breitengrad. Wegen der Nähe zum Ärmelkanal ist es in der Champagne allerdings deutlich kühler als im Elsass, das auf dem gleichen Breitengrad liegt. Geologisch gesehen liegt die Champagne im Pariser Becken, einer Bodenformation, die sich bis nach Belgien und Südengland zieht und durch dicke Schichten weißer Belemnit-Kreide gekennzeichnet ist. Dieser Untergrund, der stellenweise bis an die Oberfläche kommt, gibt dem Champagner seine besondere Prägung.

Großes, zersplittertes Anbaugebiet

Die Champagne ist ein stark zersplittertes Anbaugebiet. Über 100 Kilometer südlich von Reims befindet sich die Côte des Bar, deren Weinberge noch zur AOP Champagne gehören. Insgesamt umfasst die Appellation über 32 000 Hektar Reben. 99 Prozent sind mit den drei Champagnersorten Chardonnay (30 Prozent), Pinot Noir (38 Prozent) und Pinot Meunier (31 Prozent) bestockt. Zugelassen sind auch Pinot Blanc, Pinot Gris, Petit Meslier und Arbane. Quantitativ spielen diese Sorten jedoch keine Rolle. Die großen, marktbeherrschenden Champagnerhäuser besitzen zusammen nur etwa zehn Prozent der Rebfläche. Den größten Teil ihrer Trauben müssen sie von Genossenschaften oder Hunderten kleiner Winzer zukaufen. In den letzten Jahren haben sich jedoch immer mehr Winzer selbstständig gemacht und bringen eigene Champagner auf den Markt.

Die Lagen-Klassifikation

Die Weinbau-Gemeinden der Champagne sind offiziell klassifiziert und auf einer Skala nach Rang geordnet, die von 80 bis 100 Prozent reicht – je nach Güte. 90 bis 99 Prozent-Lagen gelten als Premier Cru, 100 Prozent-Lagen als Grand Cru. Das heißt, ein Winzer mit einer 99-Prozent-Lage bekommt 99 Prozent des offiziell festgesetzten Höchstpreises für seine Trauben. Die besten Chardonnay-Trauben wachsen südlich der Marne um die Dörfer Chouilly, Cramant, Avize, Oger und Mesnil (Côte des Blancs), während die besten Pinot Noirs aus Bouzy und Ay in der Montagne de Reims kommen.

Die Markenchampagner bestehen immer aus einer Mischung vieler Crus und mehrerer Jahrgänge (weshalb auf den Etiketten der meisten Champagner kein Jahrgang angegeben ist). Die wenigen Cuvées Prestige und Jahrgangschampagner sind teilweise außerordentlich langlebig und verfeinerungsfähig. Ein kleiner Teil des Weins kommt als roter beziehungsweise weißer Stillwein unter der Bezeichnung Côteaux Champénois beziehungsweise Rosé des Riceys auf den Markt.

In der Champagne dominieren die großen Champagnerhäuser. Ihr Rebbesitz ist gering.

Rüttelpulte sind heute nur noch Folklore. Gerüttelt wird mit computergesteuerten Giropaletten.

Wein von den Ufern der Loire

Château du Nozet an der Loire: Heimat des Pouilly Fumé von Ladoucette

Nantais

Das Gebiet um die Stadt Nantes an der Mündung der Loire hat einen zur Küche der Atlantikküste passenden Weißwein: den Muscadet. Ein preiswerter, einfacher Wein, der durch seine Frische den Fischgerichten Paroli bieten kann. „Sur lie" steht bei vielen Weinen auf dem Etikett: „auf der Hefe gelagert". Da die Muscadet-Traube (auch Melon de Bourgogne genannt), aus der er gewonnen wird, etwas geschmacksarm ist, sind die Winzer schon früh auf die Idee gekommen, den Wein bis zur Abfüllung auf der Feinhefe zu lagern und dann direkt abzufüllen, um ihm mehr Nuancen zu geben. Ein großer Teil der Weine hat jedoch in Wirklichkeit gar nicht auf der Hefe gelegen, sondern ist mit Kohlensäure versetzt worden. Der Bereich Maine-et-Sèvre östlich von Nantes produziert die anspruchsvollsten Weine.

Coteaux du Layon

Kleine Appellation südlich der Loire, in der aus spät gelesenen Chenin-Blanc-Trauben zwei hochfeine, edelsüße Weine gewonnen werden: Quarts-de-Chaume und Bonnezeaux. Je nach Jahrgang können sie so opulent wie ein Sauternes und so rassig wie eine Beerenauslese sein.

Savennières

Die winzige Appellation Savennières bringt sehr gute, trockene Chenin-Blanc-Weine (besonders aus der Unterzone Roche-aux-Moines) und einen außergewöhnlichen Wein hervor: den Coulée de Serrant. Für Weinkenner ein Kultwein und einer der eigenwilligsten, langlebigsten trockenen Weißweine der Welt.

Anjou

Traditionelles Rotwein-Anbaugebiet um die Stadt Angers, bekannt für seine würzigen, fruchtigen und relativ preiswerten Cabernet-Franc-Weine. Sie enthalten oft auch kleinere Anteile von Cabernet Sauvignon und anderen Sorten. Das gilt zum Beispiel für den gehaltvollen Anjou Villages, den Saumur Rouge und den Saumur Champigny. Als Spezialität des Anjou gelten die halbtrockenen Roséweine: der Anjou Villages, den Saumur Rouge und den Saumur Champigny, der auch aus Cot, Gamay und lokalen Trauben hergestellt wird. Seit einiger Zeit schon wird in Anjou aber auch kräftig Weißwein gepflanzt, speziell Chenin Blanc. Aus ihr werden große Mengen Saumur Mousseux hergestellt, ein feiner Schaumwein, der nach der klassischen Flaschengärmethode erzeugt wird und dessen Preise weit unter Champagnerniveau liegen. Der Stillwein Saumur Blanc ist ebenfalls ein sehr guter, im Ausland merkwürdig unbekannter Wein der Gegend. Er enthält, wie die Schaumweine, neben Chenin Blanc oft ein bisschen Sauvignon und Chardonnay. Schließlich wird im ganzen Anjou und in der Touraine aus den Sorten Chenin Blanc, Cabernet Franc und anderen der Crémant de Loire produziert.

Touraine

Recht umfängliches Anbaugebiet um die Stadt Tours an der Loire, in dem leichte, einfache Rot-, Weiß- und Roséweine aus einer Vielzahl von Sorten und in zahlreichen Varianten erzeugt werden. Die Unter-Appellationen Bourgueil und Chinon sind bekannt für ihre würzigen, unkomplizierten, jung zu trinkenden Cabernet-Franc-Weine. In den Weingärten um das Städtchen Vouvray wachsen fruchtig-leichte Weißweine aus der Chenin-Blanc-Traube, die dort Pineau de Loire genannt wird. Es gibt sie in der trockenen, halbtrockenen und süßen Geschmacksrichtung. Mal sind sie belanglos, mal ausgesprochen köstlich, obendrein erstaunlich langlebig, die besten sogar (beinahe) unsterblich. Einige Weine werden zu feinem Schaumwein (Vouvray Mousseux) verarbeitet.

Sancerre

Von der oberen Loire kommt ein herbfruchtiger, nach Stachelbeeren und Paprika duftender Weißwein, der nach dem hoch über dem Fluss thronenden Dorf Sancerre benannt ist. Da sich die Appellation über mehrere Gemeinden erstreckt, wechseln die Böden und damit auch der Charakter der Weine. Sancerre wird reinsortig aus Sauvignon Blanc gewonnen.

Pouilly Fumé

Gegenüber von Sancerre liegt die Appellation von Pouilly Fumé, deren Weine zumindest in der Spitze kraftvoller, alkoholreicher und feiner sind. Auf den kalk- und kieselhaltigen Böden erreicht die Sauvignon-Blanc-Traube ihre optimale Ausdruckskraft. Wegen des hohen Anteils an Flintstein (Silex), haben viele Weine eine charakteristische Feuersteinnote. Auf den weniger silexhaltigen Böden wird oft die Chasselas-Traube angebaut, die den leichteren, einfacheren Pouilly-sur-Loire ergibt.

Aus der Tiefe der Provinz

Kellergasse im elsässischen Eguisheim

Im Osten Frankreichs gibt es viele kleine Weininseln und eine große: das Elsass. Sie alle haben ihre eigene Kultur, ihre eigenen Traditionen, ihre eigene Geschichte. Die Weine spiegeln diese Besonderheiten wider. Wer von Thann im Süden bis Marlenheim im Norden über die Elsässer Weinstraße fährt, könnte manchmal glauben, er reise auf der deutschen und nicht auf der französischen Seite des Rheins: kleine, gemütliche Dörfer mit viel Fachwerk, Weinstuben, in denen gesungen und geschunkelt wird, deutschsprachige Hinweisschilder und Speisekarten in den Restaurants. Dazu Weine, die Riesling, Gewürztraminer und Sylvaner heißen. Nach dem deutsch-französischen Krieg 1870/71 wurde das Elsass vom Deutschen Reich annektiert. Deutsch wurde zur Amtssprache. Im Versailler Vertrag von 1918 fiel Elsass dann wieder an Frankreich zurück. Die deutsche Sprache ist aber nach wie vor weit verbreitet.

Französische Weinkultur

Doch wer die Menschen näher kennenlernt, merkt schnell, dass es sich um Franzosen handelt. Ihre Weinbergslagen haben sie in französischer Manier nach Bodenqualität und Klima klassifiziert. Nicht die Rebsorte ist wichtig, sondern dass sie in der richtigen Lage steht. Die Grands Crus gelten jeweils nur für eine Sorte (oder mehrere genau definierte Sorten). Steht eine „falsche" Sorte in der Lage, darf der Wein nicht als Grand Cru bezeichnet werden. Nicht einmal der Name der Lage darf dann auf dem Etikett erscheinen. Auch erzeugen die Elsässer durchweg trockene Weine. Die einzige Ähnlichkeit mit deutschen Verhältnissen: Das Elsass ist eine Großappellation. „Alsace AOP" heißt sie auf den Etiketten. Sie zieht sich über fast 100 Kilometer am Fuße der Vogesen hin und umfasst über 14000 Hektar Rebfläche.

Elsässer Spitzen

Die in Elsass zulässigen Hektarerträge sind die höchsten in ganz Frankreich. Dennoch bringt das Elsass immer wieder einige der schönsten Weißweine Frankreichs hervor. Der Riesling ist der König der Reben. Er ist etwas alkoholreicher als die deutschen Rieslinge, was den südlichen Lagen geschuldet ist. Auch wird er in burgundischer Tradition häufig einem biologischen Säureabbau unterzogen. Die besten Rieslinge erreichen Weltklasse-Niveau. Pinot Blanc ist im Elsass ein eher schlanker, Gewürztraminer ein körperreicher, manchmal auch fetter Wein, der gern restsüß oder gar als Vendange Tardive (hochrangige Spätlese) beziehungsweise als Sélection de Grains Nobles (Beerenauslese) ausgebaut wird. Ganz große Qualitäten liefert die Pinot Gris (Grauburgunder, früher auch Tokay genannt), allerdings in ganz anderer Stilistik als in Baden und in der Pfalz – sehr stoffig, reich mit moderater Säure. Pinot Gris (und Pinot Blanc) bilden auch die Basis für den Crémant d'Alsace. Aus dem Sylvaner werden, wie aus Pinot Blanc, charaktervolle, aber eher einfache Weine für den Alltagsbedarf hergestellt.

Daneben werden kleine Mengen Auxerrois, Chasselas, Muscat und ein leichter Pinot Noir erzeugt. Sie finden sich meist im Edelzwicker wieder, dem einfachsten und einzigen Elsässer AOP-Wein, der aus mehreren (mindestens zwei) Rebsorten gewonnen wird. Früher war der Elsässer Edelzwicker ein Verkaufsschlager. Heute ist sein Glanz verblasst.

Jura

Die Côtes du Jura sind ein Kalksteingebirge, das parallel zur Côte d'Or östlich der Saône verläuft. Der bekannteste Wein ist der Arbois (850 Hektar), den es als Weiß-, Rot- und Roséwein sowie als Crémant gibt. Der Weiße wird traditionell aus der uralten Savagnin-Traube (Traminer) gewonnen, die oxidativ ausgebaut wird. So entsteht der berühmte, recht seltene und teure Vin Jaune: ein goldgelber, nussig schmeckender Wein, der wie ein Sherry sechs Jahre unter einer Florhefeschicht reift. Bekannteste Appellation ist Château Chalon. Die Rotweine (aus Trousseau, Poulsard und Pinot Noir) werden nicht-oxidativ ausgebaut. Das gesamte Anbaugebiet (mit Arbois und Château Chalon) ist klein. Es umfasst nicht mehr als 1500 Hektar. Wegen ihrer Kantigkeit und Individualität ist das Interesse an Jura-Weinen in den letzten Jahren stark gestiegen, vor allem an Pinot Noir und Chardonnay.

Beaujolais

Das Beaujolais gehört zum Burgund, doch wird dort die Gamay-Traube angebaut. Sie bringt einen herzhaft-fruchtigen Wein hervor, der mit den Gewächsen der Côte d'Or nichts zu tun hat. In und um Lyon trinken die Einheimischen praktisch keinen anderen Wein. Das Erfolgsgeheimnis des Beaujolais liegt auch in der Art der Weinbereitung. Ein Teil der Trauben wird mittels Kohlensäuremaischung vergoren (siehe S. 134). Dadurch erhält der Wein seine Fruchtigkeit. Am stärksten kommt sie im Beaujolais Nouveau zum Ausdruck, der bereits kurz nach der Lese abgefüllt und ausgeliefert werden darf. Angesichts des kommerziellen Erfolgs dieses Weins ist in Vergessenheit geraten, dass im nördlichen Beaujolais, wo die Böden aus Granit, Porphyr und Schiefer bestehen, ein gehaltvoller, kräftiger Wein wächst, der als Beaujolais Villages oder unter dem Namen eines der zehn Dörfer auf den Markt kommt, in denen er erzeugt wird: St. Amour, Juliénas, Chénas, Moulin-à-Vent, Fleurie, Chiroubles, Morgon, Régnié, Brouilly, Côte de Brouilly.

Nördliches Burgund: das kühle Chablis

Burgund ist mehr als nur die Côte d'Or. Außerhalb dieses berühmtesten Anbaugebiets wachsen gute, teilweise großartige Rot- und Weißweine. Viele sind relativ unbekannt. Nur einer ist der Anonymität entronnen: der weiße Chablis. Der Chablis wächst nahe der Stadt Auxerre rund 180 Kilometer südlich von Paris. Benannt ist er nach dem gleichnamigen verträumten Städtchen, das knapp 3000 Einwohner zählt und am Fluss Serein liegt, der eigentlich nur ein größerer Bach ist. Die feinsten Chablis sind komplex und fein, jedoch nie so elegant wie die weißen Burgunder der Côte de Beaune. Sie besitzen ein raffiniertes, mineralisches Bouquet mit floralen und mineralischen Noten. Ihre Alterungsfähigkeit wird meist überschätzt. Selbst beste Chablis erreichen nach fünf bis zehn Jahren ihren Höhepunkt. Einfache Chablis, die die Masse der Weine dieser Appellation ausmachen, sind eher von rustikaler Art.

Blick auf den Weinort Chablis: kühlstes Anbaugebiet im Burgund und Heimat großer Chardonnay-Weine.

Edelstahl oder Holzfass?

Der Chablis wird reinsortig aus Chardonnay-Trauben gewonnen. Der Wein ist deutlich stahliger und säurebetonter als an der Côte de Beaune. Die Böden von Chablis bestehen aus kalkhaltigem Mergel. Traditionell wird der Chablis im Stahltank vergoren und ausgebaut. Nach herkömmlicher Auffassung wird er keinem biologischen Säureabbau unterzogen, sondern lebt von seiner markanten Apfelsäure. Inzwischen sind einige Erzeuger dazu übergegangen, ihre besten Weine ins kleine Holzfass zu geben und sie wenigstens teilweise eine malolaktische Gärung machen zu lassen. Unter diesen Erzeugern sind so renommierte wie Dauvissat und Raveneau, deren Weine als die besten der Appellation gelten.

Die Spätfröste im Chablis

Das große Problem des Weinbaus im Chablis sind die Spätfröste. Sie treten ziemlich regelmäßig im April, Mai und sogar noch im Juni auf, wenn die jungen Triebe schon weit entwickelt sind. Die Wirkung ist verheerend. Ganze Ernten wurden auf diese Weise schon vernichtet. Die Spätfröste sind der Hauptgrund dafür, dass der Weinbau im Chablis rückläufig ist. Die bestockte Rebfläche beträgt nur noch etwa 3700 Hektar, obwohl das Anbaugebiet 1944 ausgeweitet und die Appellation Petit Chablis geschaffen wurde. Die Weine, die dort wachsen, haben mit einem traditionellen Chablis allerdings wenig zu tun. Aber auch die Premiers Crus wurden ausgeweitet und rechtfertigen nicht immer ihren höheren Preis. Chablis in Vollendung liefern dagegen die sieben Grands Crus. Sie nehmen aber nur 100 Hektar der Gesamt-Appellation ein.

Côte Chalonnaise

Im südlichen Burgund liegendes Weinanbaugebiet westlich der Stadt Chalon, von dem zwar nicht der Glanz der Côte d'Or ausgeht, das aber einige bemerkenswerte Weine hervorbringt – rote wie weiße. Die wichtigsten roten sind der Mercurey (benannt nach dem Dorf südlich von Chagny) und der Givry (aus dem gleichnamigen Nachbardorf). Beide bestehen aus Pinot Noir: der erste stämmig, aber ziemlich fein, der zweite etwas gefälliger. Das Dörfchen Bouzeron hält den Aligoté hoch, die früher weit verbreitete, heute nur noch wenig angebaute zweite weiße Rebsorte des Burgund. In Rully, nur wenige Kilometer südlich von Chagny, und im weiter südlich gelegenem Montagny wird wiederum Chardonnay angebaut, der kräftiger und etwas rustikaler ist als die Weißweine von der Côte de Beaune und durchaus Charme besitzt. Ein großer Teil der im südlichen Burgund wachsenden Weißweine wird zu Crémant de Bourgogne verarbeitet. Wer keine snobistischen Allüren hat, ist übrigens auch mit einem Bourgogne Blanc gut bedient. Er wird in 384 Gemeinden erzeugt, also fast im gesamten Burgund, und kostet nur einen Bruchteil der großen Chardonnays.

Mâconnais

Der Weinbaubereich um die Stadt Mâcon ist bekannt für seine saftigen Weißweine aus der Chardonnay-Rebe. Sie kommen als Mâcon Blanc oder Mâcon-Villages in den Handel. Zwar besitzen auch sie nicht die Finesse der Weine aus Beaune, brillieren aber mit schöner Mineralität und klarer Frucht. Die besten Qualitäten wachsen auf den Kalksteinhügeln um das Dörfchen Pouilly-Fuissé. Gute Weine von dort können durchaus auf Augenhöhe mit einem guten Chassagne-Montrachet sein. Gleiches gilt für die Nachbar-Appellationen Pouilly-Vinzelles und St-Véran. Neben Chardonnay wird auch ein wenig Gamay angebaut – das Beaujolais ist schließlich nicht weit weg. Der Wein heißt Mâcon Rouge. Ein richtig guter, kräftig-würziger Chardonnay kommt aus der erst 1999 ins Leben gerufenen Appellation Viré-Clessé. Sie liegt zwischen Tournus und Mâcon und bietet eine sehr gute Alternative für die teilweise überteuerten Weine der Côte de Beaune.

Kreuzung von Samt und Seide

Die Côte d'Or ist das Juwel unter den Weinlagen Burgunds. Sie zieht sich über 50 Kilometer von Dijon nach Santenay. Von dort kommen die seidigsten Chardonnays und die samtigsten Pinot Noirs. Zwei Gründe gibt es für die außerordentlichen Qualitäten: das Klima und die Böden.

Von Mäuerchen eingegrenzt: Der Clos de Vougeot ist der größte Grand Cru der Côte de Nuits.

Der Grand Cru La Tâche ergibt einen der bedeutendsten Rotweine der Welt.

Die Côte d'Or

Das Klima im Burgund ist eine Mischung aus atlantischer Kühle und kontinentaler Wärme. Im Vergleich mit anderen Anbaugebieten Frankreichs sind die Temperaturen für rote Sorten relativ niedrig und für weiße Sorten gerade niedrig genug, um die Säure zu erhalten. Das heißt: Späte Sorten würden im Burgund nicht ausreifen. Pinot Noir und Chardonnay sind frühreife Sorten, die schon ab Anfang September gelesen werden können, bevor der Herbstregen einsetzt.

Die Böden

Der zweite Qualitätsfaktor sind die Böden. In der Kreidezeit vor 135 bis 195 Millionen Jahren war die Côte d'Or Teil eines riesigen Binnenmeers. Durch tektonische Verschiebungen hob sich der Meeresboden und brach zugleich nach Osten hin ab. An dieser Abbruchkante, die von Nord nach Süd verläuft, befinden sich heute die besten Weinbergslagen. Der Untergrund besteht aus Jurakalk in verschiedenen Zusammensetzungen. Sie variieren von Dorf zu Dorf, manchmal sogar alle 100 Meter. Dazu kommt skelettreiches Sedimentgestein, das sich in Jahrmillionen abgelagert hat. Als unschätzbarer Vorteil erweist sich, dass der Meeresboden zur Saône hin abgebrochen ist. Dadurch sind die Hänge der Côte d'Or nach Osten ausgerichtet. Nächtlicher Tau auf den fäulnisanfälligen Trauben trocknet schnell ab, die Temperaturen sind moderat. Wäre der Hang nach Westen oder nach Süden ausgerichtet, ergäbe die Pinot Noir einen ziemlich banalen Wein, sind sich die Winzer sicher.

Zwei Abschnitte

Die Côte d'Or teilt sich in zwei Abschnitte. Der nördliche reicht von Dijon bis Nuits-St. Georges. Er heißt Côtes de Nuits und ist fast ausschließlich der Pinot Noir vorbehalten. Dort reihen sich berühmte Weindörfer wie Perlen an einer Kette. Fast alle Rotwein-Grands-Crus und die meisten Premiers Crus des Burgunds befinden sich in diesem Abschnitt. Nach Süden schließt sich die Côte de Beaune an. Sie erstreckt sich von Ladoix über Beaune bis nach Santenay. In diesem Abschnitt sind sowohl Pinot Noir als auch Chardonnay anzutreffen. Das Klima ist etwas kühler, die Böden dort sind teilweise sehr karg.

CÔTE DE NUITS

Nuits-St-Georges

Die Kleinstadt Nuits-St-Georges bildet das Handelszentrum der Côte de Nuits. Zahlreiche große Négociants haben dort ihren Sitz, etwa Faiveley und Moillard. Die Weinberge liegen an den Hängen oberhalb des Städtchens und sind ausschließlich mit Pinot Noir kultiviert. Nuits-St-Georges und das benachbarte Prémaux-Prissey besitzen keine Grands Crus, dafür umso mehr Premiers Crus. Aux Boudots und Aux Murgers stechen heraus.

Vosne-Romanée

Das kleine, stille Dorf bildet das Herzstück der Côte de Nuits. Nirgendwo sind die Weine samtiger, komplexer, feinwürziger, komplet-

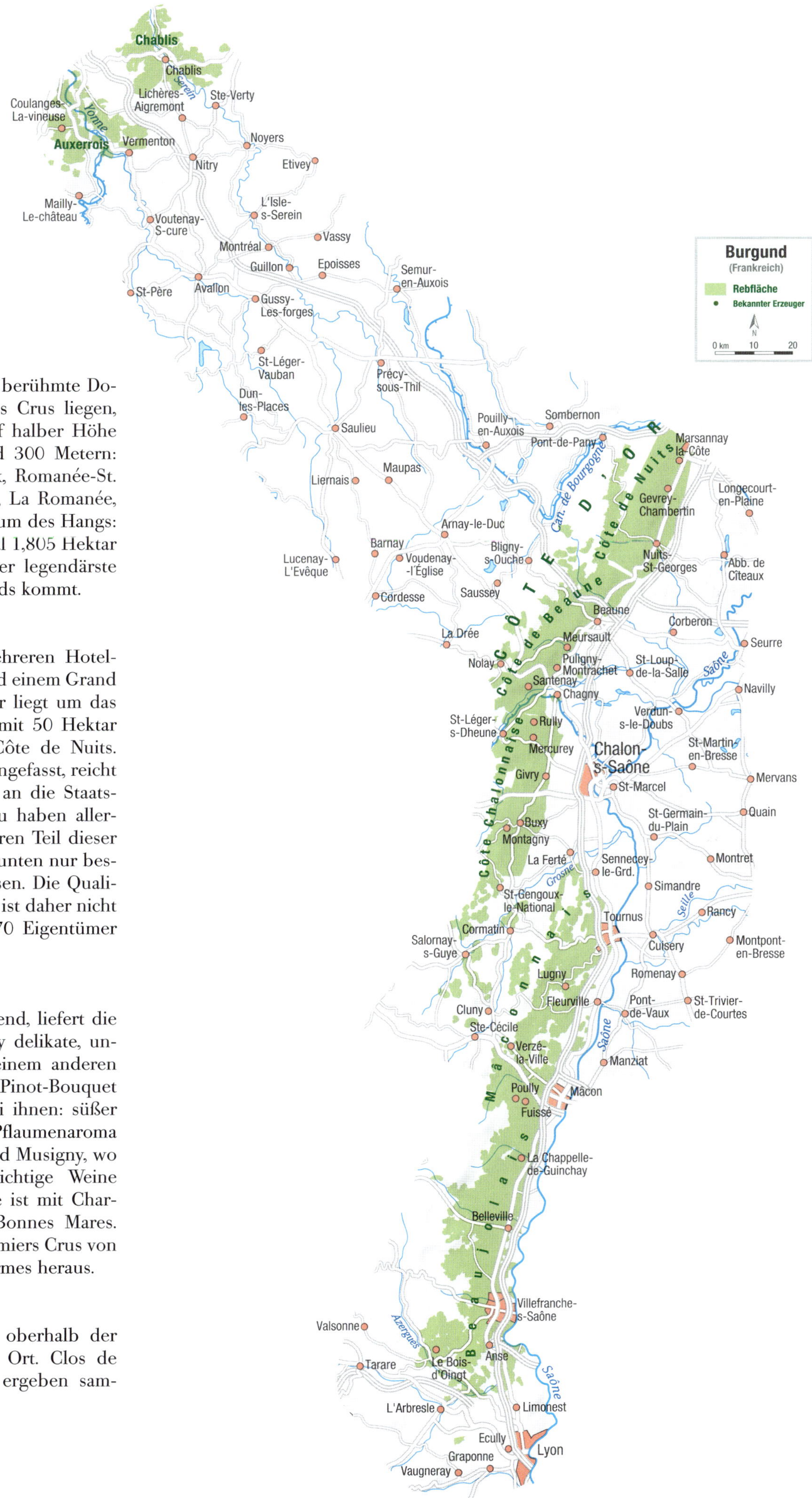

ter, nirgendwo haben so viele berühmte Domaines ihren Sitz. Die Grands Crus liegen, wie überall an den Côtes, auf halber Höhe des Hangs zwischen 250 und 300 Metern: Echézeaux, Grands Echézeaux, Romanée-St. Vivant, Richebourg, La Tâche, La Romanée, La Grande Rue. Und im Zentrum des Hangs: Romanée-Conti, ein gerade mal 1,805 Hektar kleiner Weinberg, aus dem der legendärste und teuerste Wein des Burgunds kommt.

Vougeot

Lebendiges Dörfchen mit mehreren Hotel- und Gastronomiebetrieben und einem Grand Cru: dem Clos de Vougeot. Er liegt um das Château de Vougeot und ist mit 50 Hektar der größte Grand Cru der Côte de Nuits. Vollständig von einer Mauer eingefasst, reicht er vom Château bis hinunter an die Staatsstraße N74. Grand-Cru-Niveau haben allerdings nur die Weine vom oberen Teil dieser Lage, während die Weine von unten nur besseres Gemeindeniveau aufweisen. Die Qualität der Clos de Vougeot-Weine ist daher nicht einheitlich – auch weil sich 70 Eigentümer die Lage teilen.

Chambolle-Musigny

Direkt am Fuße der Côte liegend, liefert die Gemeinde Chambolle-Musigny delikate, ungemein duftige Weine. Bei keinem anderen Wein kommt das faszinierende Pinot-Bouquet so pur zum Ausdruck wie bei ihnen: süßer Irisblütenduft mit herbem Pflaumenaroma unterlegt. Die Spitzenlagen sind Musigny, wo unerhört zarte, aber vielschichtige Weine wachsen (ein Teil dieser Lage ist mit Chardonnay bestockt), und Les Bonnes Mares. Daneben ragen die beiden Premiers Crus von Les Amoureuses und Les Charmes heraus.

Morey-St-Denis

Die Grands Crus liegen alle oberhalb der Durchgangsstraße durch den Ort. Clos de Tart und Clos de Lambrays ergeben sam-

Alle Weinberge des Burgund sind nach Osten ausgerichtet. Die Pinot Noir braucht Morgensonne.

tig-weiche Weine, deren Fruchtspektrum im rotbeerigen Bereich liegt. Clos St-Denis und Clos de la Roche, die beiden anderen Grands Crus, lassen schon ein wenig die Statur und Festigkeit des Chambertin spüren.

Gevrey-Chambertin

Die größte Weinbaugemeinde an der Côte de Nuits ist Gevrey-Chambertin. Die Rebenmeere ziehen sich von der Waldgrenze bis weit über die Route Nationale 74 in die Ebene hinab.
Die Weine aus den tieferen Lagen sind einfach und besitzen keinen großen Charme. Die Grands Crus liegen alle am oberen Teil des Hangs. Sie sind die männlichsten des ganzen Burgunds: oft mit einem Schuss Rustikalität, aber immer in noblem Gewand. Chambertin und Clos de Bèze sind die überragenden Vertreter unter den Grands Crus: floral-würzig im Duft, kirschfruchtig-fleischig mit Noten von Roter Bete, kraftstrotzend, hochfein. Muskulöser ist nur noch der Latricières-Chambertin. Mazis-Chambertin und Ruchottes-Chambertin sind ebenfalls sehr komplex. Auch die Grands Crus unterhalb der Route 122 bringen überragende Weine hervor, sie können zusätzlich Lakritz-, Leder- und animalische Aromen aufweisen. Unter den Premiers Crus ist der sehenswerte Clos St-Jacques hervorzuheben, der bestes Grand-Cru-Niveau aufweist, sowie der dahinterliegende Lavaux St-Jacques, der ihm nur wenig nachsteht. Die Gemeindeweine von Gevrey-Chambertin sind erdig-elegant und können ebenfalls von ausgezeichneter Qualität sein.

Fixin

Nördlichste Weinbaugemeinde an der Côte de Nuits mit ausgezeichneten Premier-Cru-Lagen, die denen des benachbarten Gevrey-Chambertin wenig nachstehen, aber unbekannter und daher preiswerter sind. Das Dorf Brochon besitzt keine eigene Appellation. Die Weine gehören zur AOP Gevrey-Chambertin.

CÔTE DE BEAUNE

Weißweine von seidiger Dichte

Der überwiegende Teil der Rebfläche an der Côte de Beaune ist mit Pinot Noir bestockt. Doch berühmt sind viele Gemeinden wegen ihres Weißweins. Pinot Noir ist auch an der Côte de Beaune die meistangebaute Sorte. Sie ergibt je nach Lage zarte oder stämmige Weine von mehr oder minder großer Aromentiefe. Noch gesuchter als sie sind nur die Weißweine. Sie sind rar und von einer Stilistik, wie man sie nirgendwo sonst auf der Erde findet – obwohl die Chardonnay über alle Kontinente verbreitet ist. Traditionell werden sie in kleinen Burgunder Pièces (228 Liter) vergoren. Darin machen sie auch eine malolaktische Gärung durch und werden danach lange auf der Hefe ausgebaut. Das Resultat sind cremige, breitschultrige Weine, die sich lange auf der Flasche verfeinern. In den letzten Jahren haben viele Winzer den Holzeinsatz zurückgefahren. Auch die malolaktische Gärung ist oft nur für einen Teil des Weins vorgesehen. Man möchte mehr Frische und mehr Säure bei gleicher Cremigkeit und gleich ausgeprägter Mineralität.

Aloxe-Corton

Abseits der Touristenströme liegt das kleine Dorf am Fuß des Berges Corton, der mit seiner bewaldeten Kuppe ein markantes Fotomotiv ist. Fast der gesamte Hang besteht aus Grand-Cru-Lagen. In den oberen, direkt an den Waldrand grenzenden Weinbergen (vor allem in den südwestlichen Lagen) steht Chardonnay. Aus ihm wird der berühmte Corton-Charlemagne produziert: einer der körperreichsten, aber immer auch rassigen Weißweine der Côte de Beaune mit viel Extrakt und nussig-vanilligen Aromen, wenn ihm Zeit zum Reifen gegeben wird. Der rote Corton ist ein robuster, langlebiger Wein, der sehr fein, aber auch rustikal sein kann. Von den Premiers Crus kommen eher einfache Weine.

Beaune

Die berühmte historische Weinhauptstadt des Burgund ist das Handelszentrum der Côte d'Or. Handelshäuser wie Bouchard Père, Albert Bichot, Drouhin, Patriarche haben hier ihren Sitz. Alljährlich findet in den Hospices de Beaune die berühmte Weinauktion statt, bei der der Wein aus den Besitztümern des Hospitals fassweise versteigert wird. Die ganze Stadt ist von Weinbergen umgeben – 400 Hektar insgesamt. Damit ist Beaune die größte Weinbaugemeinde der gesamten Côte d'Or. Die meisten Lagen haben Premier-Cru-Status. Grands Crus gibt es nicht. Einige der 42 Premier-Cru-Lagen, von denen fast alle Rotwein produzieren, erbringen charakterstarke und elegante Weine. Die Unterschiede zwischen den Premiers Crus sind teilweise nur gering. Sie reichen von leichten, zartfruchtigen Weinen von Sandböden (etwa Les Teurons oder Les Grèves mit der berühmten Lage L'Enfant de Jésus) bis zu gehaltvollen, kräftigen Weinen von kalkhaltigeren Böden (etwa Clos des Mouches).

Pommard

Rund 300 Hektar Reben umfassende Appellation, in der mehr als die Hälfte Premier-Cru-Status besitzt. Angebaut wird ausschließlich Pinot Noir. Von den besten Lagen kommen sanfte, tiefgründige Weine. Die besten Premiers Crus heißen Grands Epénots und Rugiens. Letzterer bringt kräftig strukturierte, feinwürzige Weine hervor, die praktisch Grand-Cru-Niveau haben – zumindest aus dem unteren Teil der Lage (Rugien Bas).

Volnay

Die Weine aus Volnay gehören zu den feinsten Roten der Côte de Beaune. Allerdings unterscheiden sie sich je nach Bodenzusammensetzung stark in ihrer Stilistik. Das Spektrum reicht von zartfruchtig-eindimensionalen über fleischige bis hin zu üppigen Weinen voller Exotik und Feuer. Mehr als die Hälfte der Lagen verfügt über Premier-Cru-Status. Insgesamt stehen etwa 230 Hektar unter Reben. Sie sind ausschließlich mit Pinot Noir bestockt. Die zum benachbarten Meursault gehörenden Lagen Santenots und Les Plures kommen ebenfalls als Volnay auf den Markt.

Monthélie, Auxey-Duresses und Saint Romain

Drei stille Dörfer, an denen der Burgunder-Boom vorbeigegangen zu sein scheint. Neben ein wenig Weißwein wird dort vor allem Rotwein erzeugt, der zwar alle Vorzüge guter Pinot Noirs aufweist, aber nicht sonderlich strukturiert ist – mit Ausnahme einiger Premiers Crus direkt an der Grenze zu Volnay.

Meursault

Touristisch ist Meursault erst in den letzten Jahren aufgeblüht, weinbaumäßig war das Dorf schon immer weltberühmt. In den drei Premiers Crus Les Perrières, Charmes und Genevrières, die ein Viertel der Gemeinderebfläche ausmachen, erreicht die Chardonnay-Traube allerhöchstes Niveau. Die Weine sind feingliedrig, straff, hochmineralisch und nahezu auf dem gleichen Niveau wie die Grands Crus aus dem benachbarten Puligny-Montrachet. Auch die einfachen Meursaults bestechen durch Eleganz und Aromentiefe. Insgesamt stehen in Meursault rund 370 Hektar unter Reben. Zwar wird auch Rotwein angebaut, doch sind die Mengen gering. Die Böden bestehen aus kleinsteinigem, hartem Kalkgestein mit Sand durchmischt.

Puligny-Montrachet

Das Mekka der Weißwein-Liebhaber: Die vier Grands Crus Le Montrachet, Chevalier-Montrachet, Bâtard-Montrachet und Bienvenues-Bâtard-Montrachet sind die energiegeladensten, dichtesten Weißweine des Burgund. Sie sind opulent und äußerst langlebig. Ihre Feinheit zeigt sich erst nach zehn oder mehr Jahren. Hinter ihren quittenfruchtigen, nussig-buttrigen Aromen tritt eine starke mineralische Komponente hervor, die sich wie ein roter Faden durch die Weine zieht. Diese Grands Crus sind nicht nur teuer, sondern auch so rar, dass es schwer ist, ein paar Flaschen von ihnen zu bekommen. Auch die Premiers Crus Les Pucelles, Les Combettes und Les Folatières ergeben reich strukturierte, elegante Weine.
Angesichts des Glanzes, der von ihnen und den Grands Crus ausgeht, haben es die einfachen Gemeindeweine von Puligny-Montrachet schwer, obwohl sich einige bemerkenswerte Gewächse unter ihnen befinden.

Chassagne-Montrachet

Die Weißweine von Chassagne-Montrachet ähneln denen von Puligny-Montrachet in puncto Fülle, besitzen aber eine kräftigere Säure und eine bisweilen erdigere Mineralität. Der südliche Teil der Grands Crus Le Montrachet und Bâtard-Montrachet liegt innerhalb der Gemeindegrenzen. Der winzige Grand Cru Criots-Bâtard-Montrachet liegt ganz in Chassagne. Kaum minder gefragt sind die Premiers Crus Clos de la Maltroie, En Caillerets und Les Ruchottes. Die Rotweine von Chassagne-Montrachet sind dagegen etwas derb.

Saint-Aubin

Kleine Appellation, die im Hinterland von Chassagne-Montrachet liegt, aber nur 145 Hektar Reben aufweist, von denen etwa zwei Drittel Premier-Cru-Status genießen. Kenner konzentrieren sich mehr auf die Weißweine von Santenay. Allerdings haben sie nicht die Finesse der nördlichen Nachbargemeinden. Der herausragende Premier Cru heißt En Remilly. Die Rotweine, die etwa 30 Prozent der Produktion ausmachen, kommen ebenfalls nicht an die besten Pinot Noirs der Côte de Beaune heran.

Santenay

Das südlichste Dorf der Côte de Beaune bietet ein ganzes Mosaik von Stilen und Qualitäten, was vor allem der Unterschiedlichkeit der Böden geschuldet ist. Die Spanne reicht von süffigen Pinot Noirs bis zu rustikalen, kräftig strukturierten Rotweinen ohne den Anspruch, zu den großen Burgundern gezählt zu werden. Ähnliches gilt auch für die Weißweine, die jedoch in weit geringerer Menge erzeugt werden. Wenig bekannt, aber sehr gut sind die Weißweine der Appellation Maranges am südlichsten Zipfel der Côte de Beaune.

In allen Premiers und Grands Crus des Burgund ist Handlese vorgeschrieben.

Der große Strom und seine Weine ...

Das Städtchen Condrieu an der Rhône ist für seine üppigen Weißweine aus Viognier-Trauben berühmt.

An den Hängen rechts und links der Rhône wachsen unvergleichlich volle, ja feurige Weine. Sie heißen Châteauneuf-du-Pape oder Hermitage oder einfach nur Côtes du Rhône. Die nördliche Rhône ist die Heimat der Syrah-Rebe, an der südliche Rhône dreht sich alles um die Grenache.

Côte Rôtie

Einer überraschenden Biegung nach Südwesten, die die Rhône hinter der Stadt Vienne nimmt, verdankt die Côte Rôtie ihren Wein. Durch sie entstehen um das Städtchen Ampuis Süd- und Südwesthänge, die steil zum Fluss abfallen. Dort wird seit über 2000 Jahren Wein angebaut. Der Boden besteht aus Schiefergestein. Die Rebsorte, die mit der Hitze und dem kargen Untergrund am besten zurechtkommt, ist die Syrah. Aus ihr wird der Côte Rôtie gewonnen – wenn nicht reinsortig, dann mit ein paar Prozent weißem Viognier: ein wuchtiger, tanninreicher Wein, der mal schokoladig-fruchtig, mal animalisch-streng, mal ledrig schmeckt. Er besitzt ein großes Alterungspotenzial und ist, wenn er gereift ist, einer der besten (und teuersten) Rotweine Frankreichs.

Condrieu und Château Grillet

Südlich der Côte Rôtie schließt sich Condrieu an, ein Weißweingebiet, in dem die Viognier-Traube dominiert und körperreiche, geradezu üppige Weine hervorbringt, die eher niedrig in der Säure sind, dafür mit hohem Alkohol prunken. Nachdem die Rebfläche zeitweise bis auf wenige Hektar geschrumpft war, stehen heute wieder über 100 Hektar unter Reben. In einer Enklave mitten im Anbaugebiet liegt Château Grillet, mit vier Hektar die kleinste Appellation Frankreichs. Ihr Viognier ist extrem rar und entsprechend teuer, steht allerdings für sich allein.

St-Joseph

Große Rotwein-Appellation am westlichen Ufer der Rhône, die dem Flusslauf 50 Kilometer bis kurz vor die Stadt Valence folgt. Die Weine wachsen auf Granitböden, sind feinfruchtig und nicht so wuchtig wie die von der Côte Rôtie. Sie werden ebenfalls aus Syrah-Trauben gewonnen. Das Qualitätsspektrum ist breit und schließt auch einfache, ja banale Qualitäten mit ein.

Crozes-Hermitage

Größte Appellation an der nördlichen Rhône, nördlich von Valence am Ostufer der Rhône gelegen. Sie umfasst etwa 1500 Hektar und bringt überwiegend unkomplizierte Rotweine hervor, die jung getrunken werden. Rebsorte: Syrah. Interessanter ist der Weißwein, der in den letzten Jahren an Bedeutung gewonnen hat – ein körperreicher, kräuterwürziger Wein mit feinen Honignoten und milder Säure. Marsanne und Roussanne sind die Rebsorten.

Hermitage

Auch bei Tain macht die Rhône einen scharfen Knick, diesmal allerdings nach Osten, sodass der Hang an dieser Stelle nach Süden beziehungsweise Südwesten ausgerichtet ist. Dort wächst, inmitten der Appellation Crozes-Hermitage, ein legendärer Rotwein, der schon zu Römerzeiten gefeiert und von französischen Weingelehrten im 19. Jahrhundert in einem Atemzug mit dem Château Lafite-Rothschild und dem Romanée-Conti genannt wurde. Er heißt Hermitage (traditionell auch: Ermitage) und hat mit den beiden anderen nicht das Geringste zu tun. Der Steilhang umfasst nur knapp 140 Hektar, ist aber in zahlreiche, teils terrassierte Parzellen unterteilt, die in Qualität und Stil sehr unterschiedliche Weine ergeben. Die besten sind reich, fleischig, tanninreich mit schokoladig-süßen Konfitürenoten. Auch sie werden aus Syrah-Trauben gewonnen und sind extrem langlebig. In einigen Parzellen wird auch Weißwein erzeugt, der ebenso schwer und reich, manchmal jedoch etwas behäbig ist. Die Rebsorte ist Marsanne, teilweise mit Roussanne assembliert.

Cornas

Er ist der dritte große Rotwein der Rhône und stammt aus einer kleinen Appellation vor den Toren von Valence. Auch er wird ausschließlich aus Syrah gewonnen und kann in seinen besten Qualitäten einem Hermitage nahekommen.

... die mit Alkohol nicht geizen

Südlich von Valence wird die Landschaft flacher und nimmt fast provencalische Züge an. Dort beginnen die Côtes du Rhône, die größte Appellation Südfrankreichs. In ihr ist die Grenache-Traube König. Allerdings herrscht sie nicht so unangefochten wie die Syrah an der nördlichen Rhône.

Côtes du Rhône

Riesiges Anbaugebiet, das 171 Gemeinden im gesamten Rhônetal bis nach Avignon umfasst. Ausläufer reichen bis in die benachbarten Départments Ardèche, Gard, Drôme, Vaucluse hinein. Selbst Teile der nördlichen Rhône liegen innerhalb der Appellationsgrenzen. Das Spektrum reicht von einfachen bis zu hochklassigen Rotweinen. Basisrebsorte ist die Grenache. Dazu kommen Mourvèdre und Syrah, seltener Cinsault und Carignan. Die weißen Trauben Bourboulenc, Clairette Blanche, Grenache Blanc, Marsanne, Roussanne, Viognier dürfen den Rotweinen in kleiner Menge (20 Prozent) zugegeben werden. Die Weine von Côtes du Rhône-Villages unterliegen höheren Qualitätsanforderungen. 17 Gemeinden haben sogar das Recht, ihren Namen an die Bezeichnung „Villages" anzuhängen. Einige dieser (früheren) Villages-Weine haben inwischen eine eigene AOP erstritten: Beaume-de-Venise, Vinsobres, Cairanne, Rasteau zum Beispiel.

Châteauneuf-du-Pape

Mit über 3000 Hektar die größte Einzel-Appellation innerhalb der Côtes du Rhône, aus der ein schwerer, langlebiger Rotwein kommt. Grenache ist die Hauptrebsorte. Daneben sind noch zwölf andere, rote und weiße Sorten zugelassen. Doch meist kommen nur Syrah, Mourvèdre und Cinsault zum Einsatz. Die Reben wachsen auf den flachen, mit großen Rundkieseln übersäten Bänken der Rhône,. Angeblich dienen die Steine dazu, nachts die Wärme zu reflektieren. Dabei ist es in der Gegend eigentlich heiß genug. Die besten Châteauneuf-du-Papes sind zweifellos majestätische Weine von großem Körperreichtum. In ihnen findet die Grenache-Traube mit ihren Noten von reifen roten Früchten und der fast pikanten Kräuterwürze ihren optimalen Ausdruck. Der weiße Châteauneuf-du-Pape ist ein rarer, ebenso fülliger Wein aus Grenache Blanc, Rousanne, Picpoul Blanc, Clairette Blanche, Bourboulenc und Picardon. Er wird selten erzeugt.

Gigondas

Das gleichnamige Städtchen liegt nordöstlich von Orange und hat 1971 eine eigene Appellation erhalten. Seitdem müssen die Weine nicht mehr als Côtes du Rhône deklariert werden, obwohl die Sorten die gleichen sind. In den tieferen Lagen ähneln die Weine dem Châteauneuf-du-Pape, in den höheren Lagen am Fuße der Dentelles de Montmirail sind sie aromatischer und eleganter.

Vacqueyras

Nachbardorf von Gigondas, das 1990 seine eigene AOP erhalten hat. Die Rotweine sind aufgrund des warm-heißen Klimas opulent und schwer, wegen des erhöhten Syrah-Anteils auch etwas strenger als in Châteauneuf-du-Pape.

Tavel und Lirac

Zwei kleine Anbaugebiete, die sich hauptsächlich mit Roséweinen einen Namen gemacht haben, die oft 14 Vol.% Alkohol aufweisen. Sie werden aus nahezu allen Rhône-Sorten gewonnen. Während in Tavel fast nur Roséwein produziert wird, kommen aus Lirac auch mächtige, strukturierte, aber dennoch leicht zu trinkende Rotweine.

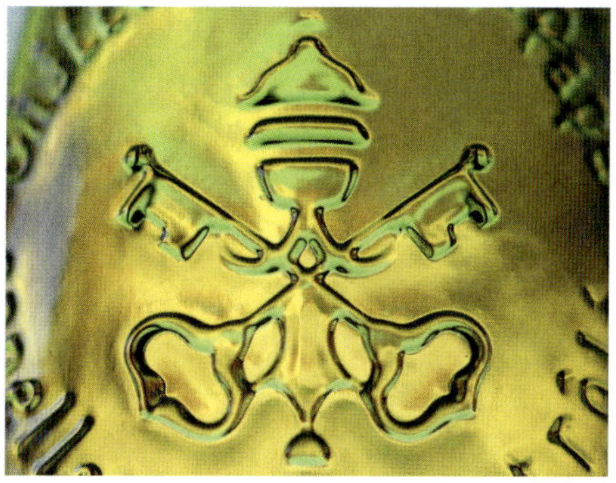

Châteauneuf-du-Pape-Flasche mit Wappen

Côtes du Tricastin und Côtes du Luberon

Zwei große, bis tief ins Hinterland reichende Anbaugebiete mit einfachen, den Côtes du Rhône ähnlichen Weinen, jedoch leichter und durch Einbeziehung lokaler Sorten unterschiedlich akzentuiert. Auch Rosé- und Weißweine werden dort erzeugt.

Alte Rebstöcke und faustdicke Rundkiesel: typisches Terroir des Châteauneuf-du-Pape

Château im Stil der Neo-Renaissance: Palmer in Margaux

Champs-Élysées des Weins

Seinen Ruf als Land, aus dem die Spitzenweine kommen, verdankt Frankreich vor allem Bordeaux. 3000 Weingüter, Château genannt, erzeugen etwa ein Drittel des gesamten französischen Weins. Nicht von jedem geht Glanz aus. Aber die besten sind Kultobjekte, die die ganze Welt bewundert.

Bordeaux ist das mit Abstand größte Weinanbaugebiet Frankreichs. Rund 110 000 Hektar Reben stehen im Ertrag. Zu 20 Prozent wird Weißwein erzeugt, darunter auch eine kleine Menge edelsüßer Wein. Der große Rest ist Rotwein. Er wächst auf den Kiesbänken der Gironde, also des Mündungstrichters, über den die Garonne und die Dordogne in den Atlantischen Ozean fließen. Auf dem linken Ufer dominiert die Cabernet Sauvignon, auf dem rechten die Merlot. Beide sind die Schlüsselrebsorten des Anbaugebiets. Bordeaux liegt auf einem riesigen Kalksteinplateau, das von alluvionalen Bodenschichten bedeckt ist: auf dem linken Ufer vor allem Kies und Sand, auf dem rechten Ufer auch Lehm. Die Böden sind trocken, weil gut drainiert. Die Rebstöcke müssen deshalb tief wurzeln, um an Feuchtigkeit zu kommen. In trockenen Jahren zeigt sich, dass alte Reben mit verzweigten Wurzelstöcken im Vorteil sind. Das Klima ist mild-warm. Der nahe Atlantik hat einen kühlenden Einfluss, sorgt aber auch für viel Feuchtigkeit. Die Jahrgangsschwankungen sind dadurch höher als in vielen anderen Anbaugebieten.

Über 50 verschiedene Appellationen

Das Gebiet ist in mehr als 50 regionale Appellationen aufgeteilt. Die übergreifenden Ursprungsgebiete heißen Bordeaux und Bordeaux Supérieur. Fast 60 Prozent allen Weins gehört in eine dieser beiden Kategorien, darunter nicht nur Château-Weine, sondern auch viele Markenweine. Die qualitativen Anforderungen an sie sind niedrig. Die nächst engeren Appellationen auf dem linken Ufer sind das Médoc und das Haut Médoc (für den höher gelegenen Teil des mittleren und südlichen Médoc) sowie südlich von Bordeaux Graves (Rot- und Weißweine) und Entre-Deux-Mers (Weißweine). Auf dem rechten

Das Wahrzeichen von Château Latour: der Turm von Saint-Lambert

Ufer gibt es ein halbes Dutzend Appellationen, die sich wie Satelliten um die Weinbauzentren St-Émilion und Libourne gruppieren. Die berühmtesten Weinanbaugebiete liegen innerhalb sehr enger kommunaler Grenzen. Für sie gelten hohe und höchste Anforderungen. Von ihren Weinen geht allerdings der größte Glanz aus.

Die Klassifikationen

Eine Besonderheit ist, dass die Châteaus des linken Ufers 1855 auf Geheiß von Kaiser Napoléon III. nach Güte ihrer Weine in fünf Stufen eingeteilt und klassifiziert wurden. Dabei wurden 61 Châteaus in den Rang eines Grand Crus Classé erhoben, davon vier als Premier. Ein fünftes Château (Mouton-Rothschild) ist 1973 dazugekommen. Auch in Sauternes und in Barsac wurde damals eine Klassifikation vorgenommen. In Graves erfolgte die Klassifikation (einstufig) 1953 und 1959, am rechten Ufer in St-Émilion und Pomerol 1954 (zweistufig).

St-Estèphe

Ehemaliges Fischerdorf an der Gironde, das dem Wein der Gemeinde den Namen gegeben hat. Es liegt im nördlichen Zipfel des Médoc, wo das Klima etwas rauer ist als in den Nachbar-Appellationen. Die Weine sind gerbstoffgeprägt und etwas strenger als zum Beispiel die in Pauillac und St-Julien. Sie haben eine höhere Säure und öffnen sich nur langsam, sind dafür aber sehr langlebig. In den letzten Jahrzehnten haben viele Châteaus den Merlot-Anteil ihrer Weine erhöht. Merlot macht, dass die Weine sich früher öffnen.

Pauillac

Das Handels- und Hafenstädtchen bildet das Herzstück des Médoc. Hier sind die tiefgründigsten Kiesböden zu finden, hier stehen mit Latour, Lafite-Rothschild und Mouton-Rothschild drei erstrangige Châteaus – mehr als in jeder anderen Appellation von Bordeaux. Ihre Weinberge befinden sich in unmittelbarer Nähe zum Strom und legen Beweis für den häufig zu hörenden Satz ab: „Großer Wein muss Wasser sehen.“ Die Weine von Pauillac sind nicht unbedingt die opulentesten und auch nicht die elegantesten des Médoc, aber die ausgewogensten. Das Tannin ist außerordentlich fein und weich – zumindest in guten Jahren. Außerdem sind sie in der Regel die langlebigsten Weine von Bordeaux. Selbst in den hinteren Bereichen des fast sechseinhalb Kilometer breiten Rebengürtels, wo der Boden stärker mit Sand und Lehm durchsetzt ist, wachsen noch volle, muskulöse Weine. Es heißt, die Cabernet Sauvignon findet in den Weinen von Pauillac ihren perfekten Ausdruck. Die spät reifende Sorte ist in den Weinen normalerweise zu 65 bis 75 Prozent enthalten. Gleichwohl ist ihr Anteil in den letzten Jahren zugunsten der weicheren Merlot spürbar gesunken.

Cabernet Sauvignon ist die Leitsorte des linken Ufers.

Château Haut-Brion liegt im Stadtgebiet von Bordeaux.

St-Julien

Nur ein unscheinbares Bächlein trennt das Gemeindegebiet von St-Julien von dem Pauillacs. Die Gemeinde selbst besteht aus nicht viel mehr als einer Ansammlung von einfachen Landarbeiterbehausungen, die sich um ein knappes Dutzend strahlender Châteaus gruppieren. Die Weine von St-Julien sind auf dem gleichen Niveau wie die von Pauillac, auch wenn es keine Premiers Crus gibt. Entscheidend auch hier der Boden: Ein großer Teil liegt direkt am Fluss auf leicht welligen Kieskuppen, die eine optimale Drainage besitzen – ein wichtiges Qualitätskriterium im Médoc. Die große Zahl von „zweitrangigen" Gewächsen zeugt ebenfalls von der außerordentlichen Exquise der Weine dieser Appellation. Sie mögen nicht so kompakt und auch nicht ganz so langlebig sein wie die von Pauillac, besitzen dafür mehr Würze und ein hohes Maß an Eleganz.

Listrac und Moulis

Zwei Insel-Appellationen mitten im Haut Médoc, die etwas weiter von der Gironde entfernt liegen und deren Böden einen höheren Lehmanteil aufweisen. In Moulis dominiert die Cabernet Sauvignon, in Listrac hat die Merlot eine starke Stellung. Klassifizierte Châteaus gibt es dort nicht, wohl aber hervorragende Crus Bourgeois.

Margaux

Das Dorf Margaux liegt am südlichen Ende des Médoc, die Appellation selbst ist relativ groß. Sie umfasst die benachbarten Gemeinden Issan, Cantenac, Soussans, Labarde und Teile von Arsac. Die Böden sind in Margaux nicht weniger wasserdurchlässig als in den anderen Gemeinden an der Gironde, jedoch karg und stark kieselsteinhaltig. Die Weine sind nicht die körperreichsten, gelten aber als die vornehmsten, ja elegantesten des gesamten Médoc. Ihre zarte, würzig-rauchige Frucht, das seidige, perfekt verwobene Tannin und das meist gut balancierte Verhältnis von Alkohol, Säure und Körper – all das hat zu dem Weltruhm der Weine beigetragen. Die Cabernet Sauvignon dominiert in Margaux eindeutig. Allerdings findet man – bedingt auch durch die große Zahl an Châteaus – zahlreiche Stile und noch größere Qualitätsunterschiede zwischen den Weinen, auch bedingt durch die große Ausdehnung der Appellation und die verschiedene Zusammensetzung der Böden. Die Zahl der klassifizierten Châteaus ist hoch. Einsam herausragend ist Château Margaux, der einzige Premier Cru der Appellation. Außerdem gibt es eine beachtliche Anzahl von Cru Bourgeois, deren Weine eigentlich Grand-Cru-Qualität besitzen.

Pessac-Léognan

Die beiden Orte gehören zum großen Anbaugebiet Graves, das sich südlich von Bordeaux entlang der Garonne erstreckt und bis nach Sauternes reicht. Pessac liegt noch im Stadtgebiet von Bordeaux. Dort befindet sich der einzige Premier Cru der Appellation, Château Haut-Brion, sowie die nahezu gleichwertigen Château La Mission-Haut-Brion und Château Pape Clement, dazu einige weniger bedeutende Güter und das für seinen Weißwein berühmte Château Laville-Haut-Brion. Léognan liegt außerhalb der Stadtgrenze in einer abwechslungsreichen Kiefernwald- und Weinlandschaft, deren karge, sanddurchmischte Kieselsteinböden äußerst delikate, erdig-fruchtige Weine hervorbringen. Beide Gebiete wurden 1987 zu einer Appellation verschmolzen, die sowohl für rote (Cabernet Sauvignon u. a.) als auch für weiße Weine gilt (Sauvignon Blanc, Muscadelle).

Cérons und Barsac

Cérons und Barsac bilden den südlichen Zipfel des Graves. Während Cérons vor allem mit trockenen Rot- und Weißweinen aufwartet, definiert sich Barsac noch immer über seine Süßweine. Ein guter Barsac ist nicht weit von einem Sauternes entfernt (darf sich auch Sauternes nennen). Allerdings produzieren viele Winzer zunehmend trockene Weißweine, seit der Süßweinmarkt unter Nachfrageschwäche leidet.

Sauternes

Berühmtes Anbaugebiet mit rund 1600 Hektar Rebfläche, das knapp 50 Kilometer südlich von Bordeaux an der Garonne liegt. Es ist nach dem gleichnamigen Dorf benannt und für seine schweren edelsüßen Weine bekannt. Sie werden aus Sémillon (70 bis 80 Prozent) und Sauvignon Blanc gewonnen. Dazu kommen gelegentlich kleine Anteile Muscadelle. Mehr noch als der Boden spielt das Klima eine Rolle. Bedingt durch die tiefe Lage und die Nähe zum Bächlein Ciron, das das Anbaugebiet durchfließt, treten im Herbst regelmäßig feuchte Nebel auf, die einen großen Teil der Trauben mit Edelfäule infizieren. Aus diesen Trauben werden die Süßweine gekeltert. Der hohe Schrumpelungsgrad macht es möglich, dass ein Sauternes sowohl 14 Vol. % Alkohol erreicht als auch eine hohe Restsüße besitzt. Der berühmteste Sauternes ist der von Château d'Yquem. Er ist als einziger als Premier Cru Supérieur klassifiziert. Es folgen elf Premiers Crus und 15 Deuxième Crus. In Jahren ohne Edelfäule werden aus den gesunden Trauben trockene Weißweine erzeugt, die als Graves auf den Markt kommen.

GRAND

Die Weine vom linken Ufer

Am rechten Ufer der Dordogne herrschen sandig durchmischte Kies- und Kalksteinböden vor. Dort ist die Heimat der Merlot-Rebe. Nirgendwo auf der Welt ergibt diese Sorte so ausdrucksvolle Weine wie in St-Émilion und Pomerol. Die Weine aus Pomerol, aber auch die aus St-Émilion gehören zu den begehrtesten und teuersten der Welt – manchmal zu Recht, manchmal zu Unrecht. Um diese beiden Star-Appellationen herum liegen mehrere wenig bekannte Anbaugebiete, deren Weine ebenfalls auf Merlot basieren. Die wichtigsten sind: Lalande-de-Pomerol, Fronsac, Canon-Fronsac, St-George-St-Émilion, Montagne St-Émilion, Pisseguin-St-Émilion, Lussac-St-Émilion, Castiglion Côtes de Bordeaux. Die Weine aus diesen Satelliten-Appellationen erreichen zwar nicht die hohe Klasse der Spitzengewächse vom rechten Ufer, bieten aber preiswerte Alternativen bei teilweise ausgezeichneten Qualitäten.

St-Émilion

In St-Émilion werden die Weine traditionell aus je einer Hälfte Merlot und Cabernet Franc gewonnen. Je nach Jahrgang kann das Verhältnis der beiden Sorten zueinander schwanken, aber selten mehr als zehn Prozent. Cabernet Sauvignon taucht selten in der Cuvée auf. Château Figeac etwa arbeitet seit langem mit ihr. Im Vergleich zu den Médoc-Weinen sind die St-Émilions zugänglich und rund. Die Merlot sorgt für Süße und Fleischigkeit, die Cabernet Franc für Würze und Festigkeit. Eigentlich stecken in der über 5000 Hektar großen Appellation zwei Anbaugebiete: das Hochplateau mit feinem Kiessand nördlich von St-Émilion und die Hänge (Côtes) südlich des Städtchens, wo sandiger Kalkstein und Tuff den Untergrund bilden. In diesem Teil liegen die meisten Châteaus. Ihre Weine sind strukturierter und größer dimensioniert, die vom Kalkplateau etwas eleganter. Dazwischen gibt es jedoch zahlreiche andere Terroirs, die sandigere Böden aufweisen und leichtere Weine hervorbringen. Seit 1954 werden die Châteaus klassifiziert, und zwar alle zehn Jahre auf der Basis der Qualität des vergangenen Jahrzehnts. Die einfachsten Weine heißen St-Émilion, die besseren St-Émilion Grand Cru. Derzeit befinden sich 46 Châ-

teaus in dieser Kategorie. Oberhalb dieser befinden sich noch 14 Grands Crus B sowie vier Grands Crus A: Cheval Blanc, Ausone, Pavie und Angélus. Letztere bilden die Spitze von St-Émilion – können aber theoretisch nach der nächsten Revision wieder abgewählt werden. Inzwischen boykottieren mehrere Châteaux die Klassifikation. Außerhalb der Klassifikation ist St-Émilion berühmt für seine vielen Garagenweine: hochkarätige Gewächse, die von kleinen Privatwinzern in winzigen Mengen mikroviniziert und zu hohen Preisen an Kenner in aller Welt verkauft werden.

Pomerol

Die Grenze zwischen St-Émilion und Pomerol verläuft mitten durch die Weinberge. Das kleine Anbaugebiet, in dem es nie eine Klassifikation gab und das deshalb bis in die 1950er-Jahre nahezu unbekannt war, ist eine Verlängerung des Kiesplateaus von St-Émilion. Nach Libourne hin, dem schmucklosen Zentrum, werden die Böden sandiger, nach Norden hin lehmiger. Der Anteil der Merlot an den Weinen Pomerols schwankt zwischen 80 und 100 Prozent. Ein kleiner Restanteil ist gegebenenfalls der Cabernet Franc vorbehalten. Pomerol-Weine sind die verschwenderischsten und im Durchschnitt teuersten Rotweine von Bordeaux – und rar obendrein, denn das Anbaugebiet umfasst nur 800 Hektar. Der Wein von Pétrus ist der Star der Appellation. „Château“ nennt sich das Weingut übrigens nicht. Baulich ist es nur eine schlichte, einfache Domaine.

Auf eisenhaltigem Sand gewachsen: Pétrus, berümtester Merlot der Welt

Zwischen Aufbruch und Behäbigkeit

Alte Tannat-Rebstöcke aus dem Pyrenäen-Vorland: Heimat kantiger, reifebedürftiger Rotweine

Der Südwesten ist die stille Provinz Frankreichs. Nur wenig dringt nach draußen, aber das Wenige verdient Aufmerksamkeit – zumindest beim Wein.

Cahors

Kleines Anbaugebiet um die gleichnamige Stadt am Lot, dessen Wasser durch die tief eingeschnittene Talsohle mäandriert. Erzeugt wird dort ein dunkelfarbener Rotwein, der im 19. Jahrhundert mit dem Bordeaux konkurrierte. Er wird traditionell aus der Malbec-Traube erzeugt, die örtlich Cot oder Auxerrois heißt. Heute wird sie meist mit der geschmeidigeren Merlot, teilweise auch mit der Tannat verschnitten. Einige ausgesprochen schöne Gewächse sind die Zier des Gebiets.

Jurançon

Berühmt für seinen bernsteinfarbenen, aus zu Rosinen geschrumpelten Trauben erzeugten süßen Wein, der vor allem aus der Rebsorte Petit Manseng gewonnen wird, der hochwertigsten Sorte, die um die Stadt Pau wächst: selten zu finden, dann aber eine Offenbarung. Die Trauben werden teils spät gelesen, teils am Stock getrocknet. Der trockene Jurançon, der den größten Teil der kleinen Produktion ausmacht, wird aus Gros Manseng, Petit Manseng und der lokalen Sorte Corbu gewonnen.

Andere Weine und Anbaugebiete

Madiran: Kantiger, gerbstoffreicher Rotwein aus Tannat-Trauben, der stets ein paar Jahre braucht, um genussreif zu werden. Oft ein eigenwilliger, nie ein belangloser Wein.

Tursan: Kleine Appellation mit interessanten Tannat-Weinen und exzellentem Weißwein.

Gaillac: Qualitativ einfacher Wein in allen farblichen und geschmacklichen Varianten.

Pécharmant: Bester Rotwein von Bergerac, überwiegend aus Bordeaux-Sorten gewonnen. Die anderen Bergerac-Weine (rot, weiß, rosé) sind recht einfach.

Iroulégy: Eigenständige, gute Rot- und Roséweine aus dem französischen Baskenland, gekeltert aus Tannat, Cabernet Sauvignon und Cabernet Franc.

Languedoc

Der Küstenstrich von Nîmes bis hinter Narbonne ist eine der dynamischsten Weinanbaugebiete Frankreichs. Einst ein Massenweingebiet, das für einen großen Teil der Weinüberschüsse Frankreichs verantwortlich war, ist das Languedoc heute ein riesiges Experimentierfeld für Winzer, die trotz des warm-heißen Klimas das Potenzial von Böden und Rebsorten ausreizen wollen. Seit sich der Rebbau von der Küste ins Hinterland verlagert hat, kommen von den Granitböden der Départments Hérault und Aude eine Vielzahl guter, würzig-fruchtiger, aber auch konzentrierter, ausdrucksstarker Rotweine mit rausamtigem Tannin (aus Grenache, Carignan, Cinsault, Mourvèdre, Syrah, Merlot und Cabernet Sauvignon). Auch ansprechende Weißweine werden produziert (aus Picpoul, Clairette, Bourboulenc, Marsanne, Roussanne).

Roussillon

Im äußersten südlichen Zipfel Frankreichs zwischen Perpignan und Port Vendres, unterscheidet sich das Roussillon stark vom Languedoc. Kulturell gehört es zu Katalonien, weinmäßig ist es vor allem für seine Vin Doux Naturels berühmt: mild-süße, alkoholverstärkte Weine wie die roten Banyuls und Maury oder den weißen Rivesaltes. Allerdings hat in den letzten Jahren die Produktion trockener Rot- und Weißweine deutlich zugenommen, teilweise von hohem Niveau.

Rosés und kräftige Rote

Die Provence ist nicht nur ein mythisches Ferienland, sondern auch ein Weinanbaugebiet – ein besonderes. 90 Prozent des Weins, der dort erzeugt wird, ist Rosé. Keine andere Gegend auf der Erde produziert so viel Rosé wie die Region zwischen Mittelmeer und Alpen. Zwar hat Roséwein in der Provence eine lange Tradition. Aber die Provence war immer auch ein Weiß- und vor allem ein Rotweinland. Davon ist heute nicht mehr viel zu spüren. Weiß- und Rotweine, die ebenfalls eine lange Tradition haben, sind inzwischen Nischenprodukte geworden.

Riechen nach Sonne und Urlaub: Über 90 Prozent aller Weine aus der Provence leuchten in hellem Rosé.

Zuerst nur ein Urlaubswein

Die Fokussierung der Winzer auf den apricotfarbenen Wein hat viel mit dem Umstand zu tun, dass die Provence eine klassische Urlaubsdestination ist. Während der Sommermonate bevölkern Hunderttausende von Touristen die Küste zwischen Marseille und Menton sowie das wilde, bergige Hinterland mit seinen Lavendelfeldern. In Anbetracht der sommerlichen Temperaturen, die herrschen, ziehen die meisten zum Essen leichte Rosés den schweren provençalischen Rotweinen beziehungsweise den Rhône-Weinen vor, die früher die Weinkarten der Restaurants dominierten. Rosés werden kühl getrunken und passen besser zur mediterranen Fisch- und Gemüseküche des Landes. Parallel zur Zunahme des Tourismus ist im Laufe der Jahrzehnte auch die Nachfrage nach Rosé immer weiter gestiegen.

Rosé verdrängt den Weißwein

So konnte es nicht ausbleiben, dass die Franzosen begannen, auch außerhalb der Ferienzeit Rosé zu trinken: zu Muscheln, Bouillabaisse, Crudités, Wintersalaten, Thunfischtartar, Gemüsequiches, Coq au Vin, Ziegenkäse – und natürlich als Aperitiv. Inzwischen haben 38 Prozent aller in Frankreich konsumierten Weine die Farbe Rosé. Der Anteil der Weißweine ist in Frankreich dagegen auf 25 Prozent geschrumpft. Mehr noch: Das Vorbild Frankreich hat andere Nationen in ihrer Hinwendung zum Rosé beflügelt. Nicht nur in Europa, auch in Übersee hat der Roséwein stark an Boden gewonnen. Die Provence selbst exportiert über 40 Prozent ihrer Rosés.

Basis ist die Grenache

Gewonnen werden die provenzalischen Rosés vor allem aus Grenache-Trauben. In der größten und repräsentativsten Appellation, den Côtes de Provence, sind mindestens 80 Prozent dieser Sorte vorgeschrieben. Weitere Rebsorten sind Mourvèdre, Syrah, Cinsault, Tibouren und einige regionale Trauben. Eine Besonderheit ist die Tibouren, aus der längerlebige Rosés erzeugt werden, die nach zwei, drei Jahren ihr Maximum erreichen. Allerdings wird sie nur noch sehr selten angebaut.

Weiß- und Rotwein als Nischenprodukte

Weißwein wird in der Provence nur in kleinen Mengen erzeugt. In Cassis, einer klassischen Weißwein-Appellation, macht der Weißwein fast drei Viertel der Produktion aus: ein einfacher, frischer Wein ohne hochfliegende Ansprüche. Clairette und Marsanne sind die Hauptrebsorten. Weitere weiße Sorten sind Rolle (Vermentino), Roussanne, Ugni Blanc, Grenache Blanc, Bourboulenc, seltener Chardonnay. Rotwein spielt nur eine geringe Rolle in der Provence, obwohl es einige hervorragende Exemplare gibt. Sie kommen aus dem wilden, bergigen Hinterland weitab der Küste, etwa aus der kleinen Appellation Palette nahe Aix-en-Provence. Selbst in Bandol, einst als berühmteste Rotwein-Appellation gefeiert, werden die roten Trauben heute weit überwiegend zur Rosé-Herstellung benutzt. Mourvèdre, Grenache und Cinsault sind überall die Leitsorten.

ITALIEN – Land im Weinrausch

Italien gehört neben Frankreich und Spanien zu den größten Weinbauländern der Erde. Aus seinen 20 Regionen kommen Weine, die weit über die Landesgrenzen hinaus beliebt sind und in die ganze Welt exportiert werden. Das Land selbst ist vom Erfolg seiner Weine berauscht.

Erfolgs-Rebsorte Primitivo: Apulien im Höhenflug

Gut 55 Prozent der Produktion besteht aus Rotwein (inklusive Rosé), 45 Prozent aus Weißwein. Beliebt sind die italienischen Weine vor allem, weil sie den Geschmack und das Lebensgefühl vieler Menschen treffen – Letzteres in Verbindung mit der mediterranen Küche, die auf dem ganzen Erdball hoch geschätzt wird und die die Italiener meisterhaft zu zelebrieren wissen. Dabei sind es nicht unbedingt die anspruchsvollen Weine, die die Menschen so gerne trinken, sondern die unkomplizierten, unverfälschten Weine, die sich der größten Beliebtheit erfreuen. Etwa der Prosecco. Er ist kein Spitzengewächs, doch an Popularität nimmt es kein anderer Wein mit ihm auf. Erfolgreiche Weine dieser Art gibt es mehrere in Italien: Pinot Grigio, Primitivo, Nero d'Avola, Cannonau zum Beispiel. Die einen, die Kenner, rümpfen manchmal die Nase über sie. Die anderen kopieren sie, um an deren Erfolg teilzuhaben. Die meisten dieser Weine sind aus italienischen Rebsorten gekeltert. Diese prägen Aroma und Geschmack der Weine. Sie machen sie unverwechselbar – ein Umstand, dem in einem globalen Weinmarkt immer größere Bedeutung zukommt. Denn Weintrinker suchen heute nicht nur Qualität, sondern auch Spezialität. Sie wünschen sich Weine, die sich nach Land, Anbaugebiet, Bodenart unterscheiden.

Trauben sind der Rohstoff des Weins

Derzeit werden in Italien rund 350 Rebsorten angebaut. Davon sind 330 italienischen Ursprungs. Das Land besitzt damit eines der größten Sortimente an einheimischen Reben. Nur wenige sind landesweit verbreitet: etwa die Sangiovese-Traube. Die meisten haben nur regionale oder lokale Bedeutung. Und nicht alle bringen großartige Weine hervor. Internationale Erfolgssorten wie Cabernet Sauvignon, Merlot, Syrah, Chardonnay, Sauvignon Blanc, die in den letzten fünf Jahrzehnten in Italien enorm an Boden gewonnen haben, haben sie verdrängt. Doch gemeinsam ist den autochthonen Sorten, dass sie Weine ergeben, die – egal ob bescheiden oder überragend – der Uniformität des Weingeschmacks entgegenwirken.

Der größte Teil des italienischen Weins stammt aus den vier Regionen Venetien, Apulien, Emilia-Romagna, Sizilien. Zusammen machen sie weit mehr als die Hälfte der Weinproduktion des Landes aus. Das meiste, was aus diesen Regionen kommt, ist schlichter Fasswein, der für Centbeträge an Großkellereien verkauft wird und als „Tafelwein aus den Ländern der Europäischen Gemeinschaft" vermarktet wird. Insgesamt ist die Menge des Fassweins in Italien in den vergangenen Jahren stark geschrumpft. Zugenommen hat dafür der Anteil der Qualitätsweine bestimmter Anbaugebiete (DOC, DOCG). Er beträgt knapp 40 Prozent. Und der Anteil der weniger streng reglementierten Landweine (IGT) liegt inzwischen bei 35 Prozent. Da für beide Kategorien Mengenbegrenzungen vorgesehen sind, sinkt die Weinproduktion Italiens seit Jahren zugunsten der Qualität – ein Trend, der freilich in

Weinland Italien

Rebfläche: 636 000 Hektar (2021)
Produktion: 50 Mio. Hektoliter
Konsum pro Kopf/Jahr: **44 Liter** (2022)

Die häufigsten weißen Sorten (2021)

1. Trebbiano 7,8 %
2. Glera 7 %
3. Pinot Grigio 5,8 %
4. Catarratto 5,5 %
5. Chardonnay 3,2 %
6. Garganega 2,4 %
7. Malvasia di Candia 1,4 %
8. Vermentino 1,2 %
9. Grillo 1 %
10. Inzolia 1 %

Die häufigsten roten Sorten (2021)

1. Sangiovese 11,4 %
2. Montepulciano 5,6 %
3. Merlot 4,5 %
4. Barbera 3,3 %
5. Primitivo 2,2 %
6. Nero d'Avola 2,7 %
7. Cabernet Sauvignon 2,2 %
8. Negroamaro 1,8 %
9. Aglianico 1,6 %
10. Corvina 1,2 %

Das Weinrecht

Denominazione di Origine Controllata e Garantita (DOCG): Kontrollierte und garantierte Ursprungsbezeichnung, die höchste Stufe des italienischen Weingesetzes. Die Bezeichnung wurde seit 1983 bis heute 75 Weinen zuerkannt. Sie ist mit strengeren Mengenbegrenzungen versehen als die DOC und einem engen Einzugsgebiet. Nach EU-Regeln: DOP (geschützte Ursprungsbezeichnung g. U.)
Denominazione di Origine Controllata (DOC): Kontrollierte Ursprungsbezeichnung, wird seit 1964 vergeben. Enthält Vorschriften über die (eng gezogenen) Grenzen der Anbaugebiete, die Rebsorten, die Art des Ausbaus der Weine sowie über den Zeitpunkt der Freigabe. Derzeit existieren ca. 350 DOC-Weine.
Indicazione Geografica Tipica (IGT): Kategorie von Regionalweinen, entspricht dem Landwein. Die Anforderungen an Mindestalkoholgehalt und Hektarhöchsterträge liegen unter DOC-Niveau. 2016 gab es 116 IGT-Bereiche in Italien.
Vino: unterste Kategorie der Qualitätshierarchie (ersetzt den früheren Vino da Tavola). Keine weitere Herkunftsbezeichnung erlaubt. Wenn Rebsorte oder Jahrgang angegeben werden, dann vino varietale bzw. vino d'annata.

Sanfte Hügel und abwechslungsreiche Vegetation: die Marken – Heimat des weißen Verdicchio

allen großen Weinbauländern Europas zu beobachten ist. Die Zahl der geschützten Ursprungsgebiete (DOC, DOCG) mit strengen Vorschriften für die Erzeugung der jeweiligen Weine ist mittlerweile auf über 400 angewachsen – Tendenz steigend. Auch das ist ein Zeichen dafür, dass die Epoche ungebremster Überproduktion vorbei ist.

Italien begann in Griechenland

Die Geschichte des italienischen Weinbaus ist lang. Sie beginnt mit den Griechen, die um 1000 v. Chr. den Mittelmeerraum erkundeten und bei ihren Kolonisierungsfeldzügen in den eroberten Ländern Rebstöcke pflanzten. In Sizilien und Kalabrien entstanden die ersten griechischen Handelsstützpunkte. Von dort verbreitete sich die Rebe langsam nach Norden. Spätestens seit dem 7. Jahrhundert v. Chr. erzeugten die Etrusker im heutigen Mittelitalien Wein und handelten mit ihm. Im 3. Jahrhundert, als der Karthager Hannibal Rom überfiel, war der Süden des italienischen Stiefels schon mit Reben kultiviert. Der berühmteste Wein der Antike war der Falerner. Er wuchs nördlich des heutigen Neapels und kostete ein Vielfaches anderer Weine. Der Geschichtsschreiber Plinius der Ältere

Italien
Weinanbaugebiet
N
0 km 25 50 75 100
ÖSTERREICH
SCHWEIZ
FRANKREICH
SLOWENIEN
KROATIEN
Eisacktal
Vinschgau
Bolzano/Bozen
Adige
Alto Adige/Südtirol
Trento
Trentino
Valtellina
Lago di Como
Lago Maggiore
Varese
Como
Lecco
Bérgamo
Monza
Milano
Lombardei
Franciacorta
Bréscia
Lago di Garda
Valpolicella
Soava
Lugana
Verona
Vicenza
Pádova
Venetien
Treviso
V. Mestre
Venézia
Brenta
Piave
Prosecco
Conegliano
Tagliamento
Udine
Friaul
Trieste
Aostatal
Dora Baltea
Gattinara
Biella
Ghemme
Novara
Vercelli
Pavia
Cremona
Mántova
Adige
Po
Piemont
Torino
Asti
Alessandria
Roero
Barbaresco
Barolo
Alba
Monferrato
Gavi
Piacenza
Parma
Réggio nell'Emilia
Ferrara
Módena
Reno
Emilia-Romagna
Bologna
Ravenna
Forlì
Cesena
Rimini
Taro
Genova
Savona
Ligurien
La Spézia
Carrara
Massa
Lucca
Pistóia
Prato
Carmignano
Chianti Rufina
Firenze
Pisa
Arno
Livorno
Toskana
Bibbona
Bolgheri
San Gimignano
Chianti classico
Arezzo
Siena
Suvereto
Montepulciano
Montalcino
Lago Trasimeno
Perúgia
Umbrien
Torgiano
Grosseto
Elba
Morellino di Scansano
Lago di Bolsena
Orvieto
Tevere
Sagrantino Montefalco
Montefiascone
Terni
Latium
L. di Bracciano
Civitavécchia
Roma
Lido di Ostia
Frascati
Latina
Liri
Pésaro
Marken
Ancona
Rosso Conero
Jesi Verdicchio
Ascoli Piceno
Rosso Piceno
Abruzzen
Pescara
Chieti
Sangro
Molise
S. Severo
Manfredónia
Fóggia
Cerignola
Andria
Molfetta
Bari
Apulien
Aglianico del Vulture
Benevento
Caserta
Taurasi
Avellino
Kampanien
Ischia
Nápoli
Salerno
Basilikata
Matera
Brindisi
Táranto
Salento
Lecce
Manduria
Cilento
Kalabrien
Cirò
Cosenza
Crotone
Catanzaro
Lamezia
Réggio di Calabria
Liparische Inseln
Messina
Sizilien
Ätna
Palermo
Trápani
Marsala
Mazara del Vallo
Acireale
Catánia
Caltanissetta
Agrigento
Gela
Vittória
Ragusa
Siracusa
Noto
Pachino
Pantelleria
Sardinien
Vermentino di Gallura
Sássari
Alghero
L. de Coghinas
Tirso
Oristano
Cágliari
Carignano del Sulcis

Weinberge in Montalcino: Der Brunello ist Italiens international erfolgreichster Rotwein.

berichtete, dass er goldgelb sei und es ihn in verschiedenen Geschmacksrichtungen gab. Er wurde gewürzt, geharzt und gelegentlich auch mit Seewasser gestreckt.

Aufstieg und Verfall der Weinkultur

In der Zeit des römischen Imperiums gelangten die Reben nach Norditalien und über die Alpen nach Gallien (Frankreich) und Germanien (Deutschland). Mit dem Einfall der Goten und Langobarden brach der Weinbau jedoch wieder zusammen. Erst ab dem 13. Jahrhundert, also in der Zeit der Renaissance, erlebte der Wein eine neue Blüte. Große Weinhäuser wie Frescobaldi und Antinori wurden in dieser Zeit gegründet. Der Weinhandel florierte. Nach dem Zusammenbruch der Medici-Herrschaft im 16. Jahrhundert, als Italien unter spanisch-habsburgische Fremdherrschaft geriet, verfiel die neue Weinkultur wieder. Krankheiten, Kriege und die kleine Eiszeit beschleunigten den Rückgang der Rebfläche. Durch die politischen Umwälzungen im 19. Jahrhundert (Napoleonisierung, Säkularisierung) konnte der Weinbau sich regional erholen – aber nur, bis die Reblauskatastrophe und die beiden Weltkriege des 20. Jahrhunderts die Weinberge erneut verwüsteten. Der Wiederaufstieg des italienischen Weins begann Anfang der 1970er-Jahre, als in der Toskana erstmals versucht wurde, der Massenweinproduktion Einhalt zu gebieten und ihnen hochqualitative, neue Weine entgegenzusetzen. Eine neue Generation von Winzern und Önologen betrat die Bühne, die mit Leidenschaft, Kenntnissen und Mut den gesamten Weinbau Italiens neu ordneten. Mit ihnen beginnt die Geschichte des modernen italienischen Weins. Sie ist also noch ziemlich jung.

Autochthone Rebsorten

Heute ist Italien eines der exportstärksten Weinländer der Welt. Die Rebfläche ist seit 1990 um ein Drittel geschrumpft. Dafür steigt die Qualität auch in Regionen, die früher hauptsächlich Überschüsse produziert haben, langsam an. Basis des Erfolgs ist die große Anzahl an autochthonen Rebsorten, die es in jeder Region, ja in jeder Provinz des Landes gibt, und aus denen teilweise charakterstarke, unverwechselbare Weine entstehen.

Nebbiolo und weißer Trüffel

Herbst ist Hochsaison im Piemont: Erst reifen die Trauben, dann die Trüffel.

Die Region Piemont grenzt an Frankreich und hat historisch viel mit Frankreich zu tun. Das Königreich von Piemont und Sardinien schloss einst die Stadt Nizza und die Region Savoyen ein. Erst 1859 fielen diese Gebiete an Frankreich. Der piemontesische Dialekt, der auf dem Land gesprochen wird, klingt noch heute stark französisch. Oberflächenmäßig ist die Region zweigeteilt: in die Po-Ebene, in der Getreide und Reis angebaut werden, und in die Hügelzonen, in denen die Reben wachsen. Weinbaumäßig ist das Piemont eine kleine Region, qualitativ jedoch hoch angesiedelt. Mit dem Barolo und Barbaresco besitzt sie zwei Weine, die international hohes Ansehen genießen. Auf die anderen Weine sind die Piemontesen jedoch genauso stolz. Etwa auf den Barbera, den Dolcetto und die Weißweine Arneis, Gavi und Timorasso. In den hohen Lagen südlich von Alba wird seit einige Jahren zunehmend Chardonnay und Pinot Nero angebaut, aus dem ein flaschenvergorener Schaumwein namens Alta Langa erzeugt wird. Die am häufigsten anzutreffende weiße Rebsorte ist jedoch der Moscato Giallo (Gelber Muskateller), aus dem der Asti und der Moscato d'Asti erzeugt werden: beides schäumende, süße Weine mit geringem Alkoholgehalt, die die Piemontesen gern zum Dessert trinken. Die Nebbiolo-Traube, aus der Barolo und Roero erzeugt werden, nimmt nur einen kleinen Teil der Rebfläche in der Region ein. Hauptanbaugebiet ist die Provinz Alba. Kleine Mengen Nebbiolo finden sich aber auch an den südlichen Alpenausläufern im Norden des Piemont (Alto Piemonte). Dort wird die Sorte auch Spanna genannt.

Alba und der weiße Trüffel

In der kalten Erde der Langhe, wie die Hügel um die Stadt Alba genannt werden, wächst der rare weiße Trüffel. Zwar wird die Knolle in gleicher Qualität und Menge auch im Monferrato um die Stadt Asti und bis in die benachbarte Emilia-Romagna gefunden, gehandelt wird sie jedoch in Alba. Daher wird der weiße Trüffel auch Alba-Trüffel genannt. Der ideale Partner zu einem Trüffelgericht ist ein Nebbiolo-Wein.

Barolo

Das Anbaugebiet des Barolo umfasst rund 2200 Hektar. Es liegt südwestlich von Alba und umfasst elf Dörfer. Die Rebkulturen befinden sich in Höhen zwischen 200 und 540 Metern. Nirgendwo sonst in Italien (und auf der Welt) ergibt die Nebbiolo-Traube derart komplexe, tiefgründige, unverwechselbare Weine wie dort: auf der einen Seite wuchtig und tanninstark, auf der anderen zart und von subtiler Aromatik. Die Böden sind maritimen Ursprungs und enthalten viel Kalkmergel und Ton. Im östlichen Teil (Serralunga, Monforte d'Alba, Castiglione Falletto) stammen sie aus dem Helvetium

und sind erdgeschichtlich älter. Die Barolo von dort sind die langlebigsten und tanninstärksten. Im westlichen Teil (La Morra, Novello) fällt der Barolo duftiger und etwas schlanker aus. In der Gemeinde Barolo selbst überschneiden sich beide Bodenarten. Ein Barolo muss reinsortig aus Nebbiolo gekeltert sein. Er darf erst nach drei Jahren freigegeben werden und muss davon mindestens 18 Monate im Holzfass liegen – Indiz dafür, dass er reifebedürftig ist. Ein Barolo von Spitzenlagen ist zugleich aber auch enorm verfeinerungsfähig und altert mehrere Jahrzehnte lang.

Barbaresco

Der Barbaresco ist der zweite, nur aus Nebbiolo-Trauben erzeugte Wein im Piemont. Sein Anbaugebiet ist noch kleiner als das des Barolo. Es umfasst nur knapp 800 Hektar. Die Weinberge beginnen an den nordöstlichen Ausläufern des Stadtgebiets von Alba und ziehen sich über das Gemeindegebiet von drei Dörfern hin: Treiso, Neive und Barbaresco. Die Böden bestehen ebenfalls aus Kalkmergel und Ton, sind aber sandiger durchmischt und dadurch etwas leichter. Die Weine fallen im Durchschnitt nicht ganz so üppig aus wie in den Spitzenlagen von Barolo. Sie sind mehr durch Frucht als durch Mineralik geprägt. In den Spitzenlagen entstehen allerdings Weine, die an Opulenz und Schwere dem Barolo nicht nachstehen. Der Barbaresco reift von Gesetz wegen zwei Jahre im Keller, davon mindestens neun Monate im Holzfass.

Roero

Es ist das dritte und unbekannteste Anbaugebiet der Nebbiolo-Traube und liegt auf dem nördlichen Ufer des Tanaro-Flusses um das Städtchen Canale. Es umfasst 19 Gemeinden. Allerdings sind nur 770 Hektar mit Nebbiolo bestockt. Der größte Teil der Weinberge im Roero besteht aus Barbera und Arneis. Der rote Roero muss nur aus 95 Prozent Nebbiolo bestehen. Zu fünf Prozent dürfen andere Sorten benutzt werden. Die besten Roero sind jedoch reinsortige Nebbiolo-Gewächse. Aufgrund der sandigeren Böden sind sie normalerweise etwas weniger komplex als Barolo und Barbaresco. Bekannt ist das Anbaugebiet auch für einen Weißen: den saftigen, säuremilden Roero Arneis aus der gleichnamigen Rebsorte.

Barbera

Die Barbera-Traube ist die am weitesten verbreitete rote Sorte im Piemont. Vor allem in der Provinz Asti, aber auch um Alba ist sie stark vertreten. Fast jeder Winzer verarbeitet sie dort reinsortig, viele in bestechender Qualität. Der Barbera d'Alba ist, weil die besten Lagen in der Langhe für die Nebbiolo-Traube reserviert sind, normalerweise ein Wein von mittlerem Körper und von fruchtig-würzigem Geschmack. Ihre besten Qualitäten bringt die Barbera-Traube jedoch im Monferrato hervor, wie das Hügelland um Asti heißt. Dort wird Nebbiolo nicht angebaut. Die besten Lagen sind für Barbera reserviert, entsprechend reich und opulent sind die Weine. Sie werden als Barbera d'Asti oder als Barbera del Monferrato vermarktet.

Weitere Gebiete

Nebbiolo d'Alba: DOC-Zone für alle reinsortigen Weine aus Nebbiolo-Trauben, die außerhalb der Barolo- und Barbaresco-Zone wachsen.

Gattinara: Kleines Ursprungsgebiet in der Provinz Vercelli für Weine aus mindestens 90 Prozent Nebbiolo.

Ghemme: Kleines Anbaugebiet am Fuß der Alpen um das gleichnamige Dorf. Der dortige Wein besteht zu mindestens 90 Prozent aus Nebbiolo.

Lessona und Bramaterra: Zwei winzige Nebbiolo-Appellationen in der Provinz Biella. Die Rotweine müssen zu mindestens 50 Prozent aus Nebbiolo bestehen.

Carema: Anbaugebiet am Eingang zum Aostatal, in dem die Nebbiolo-Reben auf hoch gelegenen Terrassen wachsen.

Gavi: Hügelige Weißweinzone südöstlich von Alessandria, in der die Cortese leichte, etwas säurehaltige Weine ergibt.

Derthona: mächtig aufstrebendes Weißweingebiet um die Stadt Tortona, wo aus der Timorasso-Traube die besten Weißweine des Piemont gewonnen werden.

Neue Weine aus alten Rebsorten

Reben um Schloss Lebenberg bei Meran: Die Zeiten der Vernatsch-Monokultur sind vorbei.

Der Norden Italiens bringt eine große Vielfalt von Weinen hervor, die stark mediterranen Charakter haben und oft aus einheimischen Rebsorten gewonnen sind – vor allem delikate Weißweine, die unkompliziert zu trinken sind. Aber auch einige bemerkenswerte Rotweine sind dabei.

Franciacorta

Italiens bestes Schaumwein-Anbaugebiet, gelegen um den Iseo-See zwischen den Städten Brescia und Bergamo. Die Franciacorta-Schaumweine werden aus Chardonnay und Pinot Nero gekeltert und nach der klassischen Methode (Flaschengärung) erzeugt. Erlaubt ist auch die Sorte Pinot Bianco. Die Produktionsvorschriften sind streng und sehen eine Lagerung auf der Hefe von mindestens 18 Monaten vor. Die Grundweine, die auf den glazialen Moränenböden wachsen, haben eine etwas mildere Säure als die Schaumweine von nördlich der Alpen. Die Stillweine der Zone heißen Curtefranca Bianco (meist Chardonnay) und Curtefranca Rosso (meist Cabernet Sauvignon und Merlot).

Südtirol

Uraltes und bis heute hochgeschätztes Anbaugebiet in der Provinz Bozen mit rund 5700 Hektar Reben. Während es noch vor wenigen Jahrzehnten von der Vernatsch-Rebe dominiert war (Kalterersee, St. Magdalener u.a.), nimmt die Sorte inzwischen nur noch knapp 10 Prozent der Rebfläche ein. Es dominieren die weißen Sorten: der kommerziell sehr erfolgreiche Grauburgunder, der Chardonnay und der für die Gegend wohl am besten geeignete Weißburgunder, der feine, hochmineralische Weine mit kristalliner Säure hervorbringt. Dazu kommt eine kleine Menge Sauvignon Blanc. Eine Spezialität ist der Gewürztraminer, der in Südtirol weitgehend trocken ausgebaut wird. Im Eisacktal um Brixen werden auch Sylvaner, Kerner, Riesling und Grüner Veltliner angebaut. Der Vernatsch ist unter den roten Trauben freilich immer noch die häufigste Sorte, auch wenn sie im Rückgang befindlich ist. Aus ihr werden hellrote, tanninarme und säuremilde Weine gewonnen, die zum unbeschwerten Genuss gedacht sind. Einige Winzer warten inzwischen mit ehrgeizigen Vernatsch-Weinen auf. Die zweite autochthone Rotweinsorte ist Lagrein. Sie ergibt kräftige, etwas rustikale Rotweine. Merlot und Cabernet Sauvignon gedeihen nur in warmen Nischen. Gleiches gilt für die Pinot Nero, die in Südtirol Blauburgunder heißt. Sie bringt in kühlen Nischen die besten Qualitäten.

Trentino

Die Provinz Trento ist das wichtigste Chardonnay- und Pinot-Grigio-Anbaugebiet Italiens. Pinot Grigio wird zu einem belanglosen Industriewein verarbeitet, Chardonnay meistens versektet – auch außerhalb der Region. Bleibt der Chardonnay in seiner Heimat, bildet er die Basis des Trento DOC, einem sehr guten, flaschenvergorenen Schaumwein. Er ist das derzeit erfolgreichste Trentiner Weinprodukt. Daneben wird etwas Weißburgunder und Nosiola, ein lokaler Weißwein, erzeugt. Der spannendste Rotwein ist der Teroldego, der um die beiden Städtchen Mezzolombardo und Mezzocorona wächst. Der Marzemino hat nur lokale Bedeutung, der Pinot Nero aus dem hoch gelegenen Cembra-Tal geht ebenfalls in die Sektherstellung.

Valpolicella

Das Valpolicella ist ein Anbaugebiet mit ganze eigenen Weinbautraditionen. Das beginnt bei den Rebsorten (Corvina, Corvinone, Rondinella, Molinara) und endet bei einem Wein, der in Machart und Geschmack einzigartig in Italien ist: dem Amarone. Er ist ein mächtiger, reicher Wein (14 bis 17 Vol.% Alkohol), gewonnen aus getrockneten Trauben *(appassimento)*, aber weitgehend durchgegoren. Er macht den größten Teil der Produktion aus – zumindest im historischen Valpolicella-Anbaugebiet nördlich von Verona. Das 1968 in die Ebene ausgeweitete Valpolicella ist auch heute noch ein Massenanbaugebiet. Von dort kommt der größte Teil des einfachen Valpolicella-Weins. Besondere Bedeutung hat in den letzten Jahren der Ripasso gewonnen: ein Valpolicella, der im Frühjahr auf den Schalen des Amarone „nachvergoren" wird und so mehr Struktur erhält. Stilistisch steht der Ripasso zwischen Valpolicella und Amarone.

Prosecco

Seit 2009 ist Prosecco nicht mehr der Name der Rebsorte, sondern des Anbaugebiets. Es ist auf fünf Provinzen Venetiens (Kernzone: Treviso) und auf das Friaul beschränkt. Nur dort darf sich der schäumende Wein Prosecco nennen. Die Rebsorte, aus der er hergestellt wird, hat ihren historischen Namen Glera wiederbekommen. Eine Sonderstellung haben die historischen Anbaugebiete Valdobbiadene und Conegliano. Dort wird die Sorte in steilem Gelände auf kleinen Terrassen angebaut und ergibt einen besonders mineralischen, säurebetonten Wein. Er kommt als Prosecco Superiore unter dem Namen dieser beiden Anbaugebiete auf den Markt. Die Unterzone Cartizze hat eine eigene Ursprungsbezeichnung. Der Prosecco von dort ist fast immer restsüß. Prosecco wird per Tankgärung hergestellt (Charmat-Methode). Es gibt ihn als Frizzante (Perlwein) und als Spumante (Schaumwein).

Friaul

Das warme, mediterrane Klima hat das Friaul innerhalb der letzten 30 Jahre zu einem boomenden Anbaugebiet für Weißweine gemacht. In den hügeligen Unterzonen des Collio (um Gorizia) und der Colli Orientali (um Udine) sowie auf dem mageren Kiesschotterbett des Grave und den roten Böden Isonzos wachsen teilweise sehr gute Weine. Besonders die Weißweine sind berühmt. Häufigste Sorte ist Pinot Grigio, gefolgt vom Friulano (früher Tocai genannt). Andere autochthone Sorten sind Malvasia, Verduzzo, Picolit (Süßwein), Vitovska, Ribolla Gialla. Daneben wird Sauvignon Blanc und Chardonnay angebaut. Stark nachgepflanzt wurde und wird Glera, die Prosecco-Sorte. Seit 2009 gehört das Friaul zum Anbaugebiet des Prosecco DOC. Rotwein macht nur 20 Prozent der Produktion aus und ist rückläufig.

Weitere Anbaugebiete

Valtellina: An den steilen Südhängen des Valtellina, des längsten Alpentals zwischen Chiavenna und Bormio, wird die Nebbiolo-Traube (örtlich Chiavennasca genannt) angebaut und zu einem charaktervollen Rotwein verarbeitet. Wenn die Trauben im getrockneten Zustand abgepresst werden, entsteht der Sfursat (oder Sforzato), ein schwerer, dem Amarone ähnlicher Wein.

Bardolino

Rotwein-Appellation am Ostufer des Gardasees mit delikaten, dem Valpolicella ähnlichen leichten Rotweinen und Rosés (Chiaretto genannt).

Lugana

Teils zur Lombardei, teils zu Venetien gehörendes Anbaugebiet südlich des Gardasees um Sirmione, aus dem überwiegend schlichte, aber sehr populäre Weißweine kommen. Rebsorte: Trebbiano di Soave, örtlich Turbiana genannt. Übrigens: Es gibt auch einige köstliche, seriöse Lugana.

Custozza

Weißwein-Appellation südlich des Gardasees um Peschiera, aus der delikate Weine kommen, gewonnen vor allem aus Garganega- und Trebbiano-Trauben (aber auch Friulano, Malvasia, Riesling, Cortese u.a.).

Soave

Die Weißweinzone östlich von Verona ist bekannt für viele belanglose Industrieabfüllungen von den vulkanischen und Kalkböden der classico-Zone, aber auch für einige bemerkenswerte Weine, die mit feinen salzig-mineralischen Komponenten aufwarten. Hauptrebsorte ist die Garganega, dazu kommen Trebbiano di Soave und/oder Chardonnay.

Gambellara

Das Anbaugebiet östlich von Verona Anbaugebiet erzeugt Weißweine, die reinsortig aus Garganega-Trauben gekeltert werden.

Oft kopiert, nie erreicht: Der Prosecco ist Italiens erfolgreichster Wein überhaupt.

Weinlese in der Franciacorta: Handlese ist für den berühmtesten Schaumwein des Landes vorgeschrieben.

Wo die Sangiovese-Traube wohnt

Die Sangiovese ist fast überall in der Toskana die Leitsorte. Aber andere Trauben sind hinzugekommen.

Das Land zwischen dem Apennin und dem Tyrrhenischen Meer ist eine der schönsten Kulturlandschaften Europas. Ein 150 Kilometer langer Hügelteppich breitet sich von der nördlichen zur südlichen Grenze aus, durchsetzt von mittelalterlichen Dörfern und überzogen von immergrüner mediterraner Macchia.

Weinbau findet nahezu überall in dieser Hügelzone statt. Die Böden sind trocken, steinig, karg – der ideale Untergrund für die Sangiovese-Traube. Sie ist die Leitsorte in der Toskana. Fast alle Weine sind ganz oder überwiegend aus ihr gewonnen. Ausnahme: der schmale Küstenstreifen von Livorno bis an die südliche Grenze zur Region Latium. Dort ist das Klima milder, die Böden sind lehmiger und sandiger. Merlot, Cabernet Sauvignon, Cabernet Franc, Petit Verdot, Syrah – so heißen die wichtigsten Rebsorten dort. Die Sangiovese spielt in diesem Bereich kaum eine Rolle. Sie reift zu langsam für das schnelle Zuckerwachstum der Beeren. Aber auch im Landesinneren wird längst nicht nur Sangiovese angebaut. Die internationalen Rotweinsorten sind dort in den letzten Jahrzehnten auf dem Vormarsch gewesen. Sie sollen die Rustikalität mildern, die viele Sangiovese-Weine in der Vergangenheit aufwiesen. Da diese Sorten für DOC-Weine nicht zugelassen waren, kamen die entsprechenden Weine als einfache Vini da Tavola auf den Markt: Tafelweine. So entstand die paradoxe Situation, dass die (manchmal) besten Weine in der untersten Kategorie landeten, die die europäische Gesetzgebung für Weine vorsieht. Inzwischen sind die IGT- und DOC-Statuten so flexibilisiert worden, dass auch für die meisten dieser Super Tuscans Platz ist.

Chianti Classico

Die Hügelzone zwischen Florenz und Siena ist das Kerngebiet der Toskana. 1716 legte Großherzog Cosimo III. de' Medici in seinem berühmten „Bando“ die Grenzen dieses Anbaugebiets fest mit der Maßgabe, dass nur dort Wein angebaut werden dürfe (neben drei anderen Gebieten). Erzeugt wurde Wein in diesem Bereich freilich schon seit Jahrhunderten. Auch der Name Chianti taucht schon lange vorher auf. Wahrscheinlich ist er etruskischen Ursprungs. Mit dem „Bando“ wird dieses Gebiet zur historischen Chianti-Zone. Nach ihr wurde der Wein benannt. Der Zusatz „Classico“ wurde erst im 20. Jahrhundert amtlich, um Gebiet und Wein von dem erweiterten Chianti und dessen Weinen zu unterscheiden.

Heute setzt sich das Chianti Classico aus neun Gemeinden mit knapp 7000 Hektar Rebfläche zusammen. Es hat eine eigene Ursprungsbezeichnung und eigene Produktionsbestimmungen, die sich von denen des Chianti unterscheiden. Ihr Wappentier ist der schwarze Hahn (Gallo Nero). Der Chianti Classico ist, bedingt durch die Böden und die Höhenlage, ein Wein von karger Eleganz. Er besitzt nicht die Fülle anderer internationaler Rotweine, dafür aber viel Feinheit. Er muss zu mindestens 80 Prozent aus Sangiovese-Trauben gewonnen sein (kann aber auch reinsortig gekeltert sein). Als Komplementärtrauben kommen sowohl die lokalen Canaiolo, Ciliegiolo, Colorino infrage als auch internationale Sorten wie Merlot, Cabernet Sauvignon oder Syrah. Weiße Sorten, wie sie früher immer in kleiner Menge beigemischt wurden, sind seit dem Jahr 2006 verboten. In seiner jungen Version (annata) ist der Chianti Classico ein mittelkräftiger, nach Veilchen, dunklen Beeren, Unterholz und mediterranen Kräutern duftender Wein mit herzhafter Säure und markanter Tanninstruktur. Riserva oder Gran Selezione, die stärker von balsamischen Noten geprägt sind, entwickeln sich problemlos zehn oder mehr Jahre auf der Flasche.

Chianti

Der Chianti ohne den Zusatz „Classico“ stammt aus der erweiterten Zone. Sie wurde 1932 durch die sogenannte Dalmasso-Kommission geschaffen. Die Mussolini-Regierung wollte, dass die Weine von den umliegenden Hügelzonen von der Popularität und Bekanntheit des Chianti aus der historischen Zone profitieren. So wurden sieben Zonen geschaffen, die sich wie ein Gürtel um das Classico-Gebiet legen. Sie reichen von Rufina nordöstlich von Florenz über Pisa nach Montalcino und Arezzo. Zusammen ist deren Weinbergsfläche doppelt so groß wie die des Chianti Classico. Basisrebsorte ist ebenfalls die Sangiovese (mindestens 70 Prozent). Ansonsten sind die Bestimmungen etwas lockerer gefasst. Auch weiße Sorten sind dort noch zugelassen. In der Spitze kann ein Chianti genauso gut sein wie Chianti Classico. In der Realität sind viele Chianti aber nur die Zweit- oder Drittweine der Weingüter.

Andere Weine

Vernaccia di San Gimignano: Bekannter und sehr populärer Weißwein aus dem gleichnamigen mittelalterlichen Städtchen in der Toskana. Er wird aus der lokalen Sorte Vernaccia erzeugt: ein einfacher, delikater, in seinen besten Qualitäten auch gehaltvoller Wein.

Carmignano: Seit 1975 ein kleines, eigenständiges Rotweinanbaugebiet westlich von Florenz. Der Carmignano wird aus Sangiovese- und Canaiolo-Trauben mit bis zu 20 Prozent Cabernet Sauvignon gewonnen.

Vin Santo: natursüßer Wein, der in der Regel aus Trebbiano- und Malvasia-Trauben gewonnen wird, die auf Strohmatten (oder hängend) getrocknet werden. Der Most wird anschließend in kleinen Holzfässern vergoren und mehrere Jahre lang ausgebaut: mal reduktiv bei Kellertemperatur, mal oxidativ unter dem Dach der Weingüter, sommerlicher Hitze wie winterlicher Kälte gleichmäßig ausgesetzt.

Rosso Toscana: Kategorie von IGT-Weinen, hinter denen sich Gewächse verbergen, die weder geografisch noch rebsortenmäßig in ein DOC- bzw. DOCG-Statut passen. Diese Weine werden meist aus internationalen Sorten gekeltert.

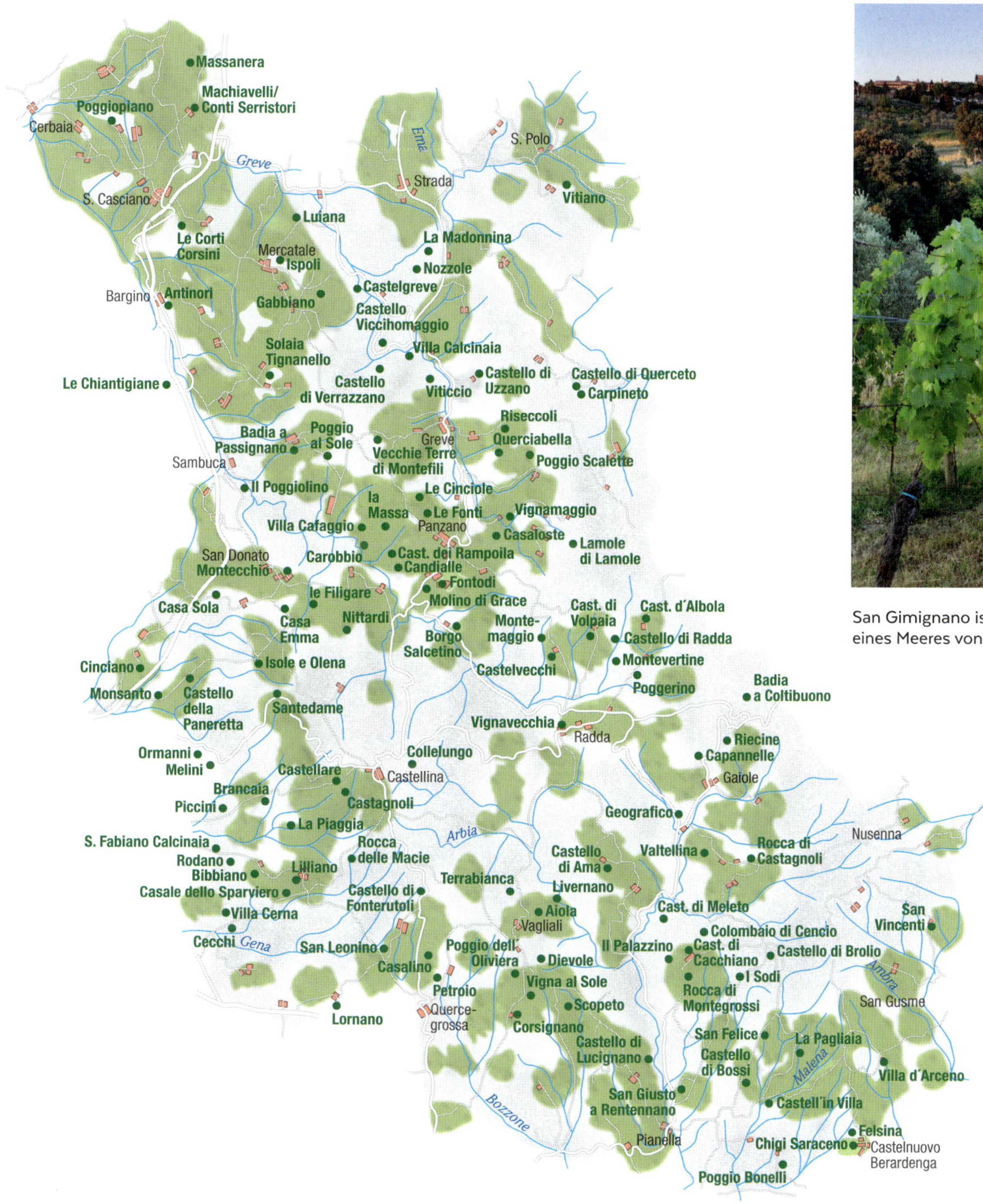

San Gimignano ist eine Weißwein-Insel inmitten eines Meeres von Rotweinen.

Im Reich von Cabernet und Merlot

Der Küstenstrich von Livorno bis zum Monte Argentario ist eine Luxusmeile des Weins. Wie Perlen an der Kette reiht sich dort Anbaugebiet an Anbaugebiet, aus denen tiefdunkle Weine kommen, die international hoch geschätzt werden und von Weinkritikern mit hohen Bewertungen bedacht werden. Sie werden aus Cabernet Sauvignon, Cabernet Franc, Merlot, Petit Verdot, Syrah und anderen internationalen Sorten gewonnen. Die Chianti-Traube Sangiovese tut sich dort schwer.

Die Maremma

Bis vor 200 Jahren war die toskanische Mittelmeerküste ein gefährlicher Ort zum Leben. Das Land war versumpft. Tödliche Krankheiten grassierten. Banditen trieben ihr Unwesen. Die Bevölkerung floh ins Landesinnere. Erst als das Penicillin erfunden wurde, um die Malaria zu bekämpfen, und die Obrigkeit durchgriff, um die marodierenden *briganti* hinter Schloss und Riegel zu bringen, herrschte wieder Ruhe und Ordnung im Land. Doch sie blieb ein einsamer Landstrich, von wilder Schönheit zwar, aber mit kargen Böden. Erst in den letzten 30 Jahren hat sich ein gewisser Wohlstand ausgebreitet, bedingt durch den boomenden Strandtourismus und den Wein.

Auf dem schmalen Küstenstrich und am Fuße der Hügel wachsen heute fast überall Reben, und der Wein, der dort erzeugt wird, schmeckt vielen Menschen besser als der aus dem Landesinneren, dem Herz der Toskana. Grund: In der Maremma werden zunehmend internationale Rebsorten angebaut, in einigen Zonen sogar hauptsächlich. Sie ergeben oftmals bessere Qualitäten als die traditionelle Sangiovese. Diese spät reifende Sorte hat in der Maremma das Problem, dass die Tanninreife im warmen Mittelmeerklima zeitlich weit hinter der Zuckerreife hinterherhinkt. Sie muss also am Stock hängen bleiben, obwohl sie längst genügend Zucker angesammelt hat, um 13 oder 14 Vol.% Alkohol zu bilden. Das heißt: Die Weine müssen frühzeitig, also unreif gelesen werden oder tendieren zur Alkohollastigkeit – beides keine attraktiven Optionen für qualitätsbewusste Winzer. Es gibt ein knappes Dutzend DOC-Zonen in der Maremma. Doch deren Statuten machen meist 40 bis 50 Prozent Sangiovese zur Pflicht. So kommt es, dass Weingüter, die mit internationalen Reben arbeiten, ihre Weine als Rosso Toscana IGT deklarieren müssen. Die IGT-Bestimmungen sind diesbezüglich weniger restriktiv. Fast überall an der Küste wird auch Weißwein angebaut, am häufigsten Vermentino. Er ist ein einfacher, herzhafter Wein mit feiner Aromatik, der bestens zur Fischküche der Toskana passt. Das Angebot ergänzen einige sehr gute Sauvignon Blancs.

Bolgheri

Das pittoreske Dörfchen an der toskanischen Mittelmeerküste (50 Kilometer südlich von Livorno) hat einem kleinen, dynamischen Rotweinanbaugebiet den Namen gegeben: Bolgheri. Bekannt gemacht hat das Anbaugebiet ein einzelner Wein, der Sassicaia. Er war der erste reinsortige Cabernet Italiens und genießt, seit er 1968 erstmals produziert wurde, weltweit hohe Wertschätzung. Der Erfolg dieses Weins hat zahlreiche Winzer ermutigt, in Bolgheri ebenfalls Cabernet Sauvignon anzubauen. Auch Merlot, Petit Verdot und Syrah gedeihen gut an den Gestaden des Mittelmeers. Die Weinberge ziehen sich von den sandigen Böden in der Ebene über die lehmig-alluvionalen Böden am Fuße der Hügel bis hinauf auf die mineralhaltigen Böden des Küstengebirges Colline Metallifere.

In den letzten Jahren hat sich das Interesse der Weingüter stark auf die Sorte Cabernet Franc konzentriert, die in dem mild-warmen Klima besonders gute Qualitäten bringt und teilweise reinsortig gekeltert wird. Sie alle haben die Sangiovese-Traube, die vorher in diesem Küstenbereich stark vertreten war (allerdings nur für bescheidene Rotweine und einfache Roséweine) fast völlig verdrängt. Heute umfasst die Appellation Bolgheri gut 1100 Hektar Reben. Weniger als zwei Prozent sind Sangiovese. Der größte Teil ist mit Cabernet und Merlot bestockt. Während die Weine früher als Vino da Tavola verkauft werden mussten, kommen sie seit 1995 als Bolgheri DOC oder Bolgheri Superiore DOC auf den Markt. Das DOC-Statut ist eines der wenigen, das auch reinsortige Weine aus einer dieser Trauben erlaubt. Der Sassicaia hat sogar das Recht, sich Bolgheri Sassicaia DOCG zu nennen. Das Anbaugebiet von Bolgheri hat in letzter Zeit enormen Zulauf von Investoren aus allen Teilen Italiens und aus dem Ausland erfahren. Leider ist nicht alles Spitze, was dort wächst, auch wenn die Weine zu den teuersten der Toskana gehören.

Suvereto

Das mittelalterliche Dörfchen im Hinterland von Piombino ist berühmt für seine Weine aus Merlot und Cabernet Sauvignon. Die DOCG Suvereto erlaubt, dass sie auch reinsortig gekeltert werden. Das Anbaugebiet liegt am Fuße der Colline Metallifere, einer Hügelkette mit rostbraunen Böden und hohem Mineralienanteil. Vor 100 Jahren wurde dort Eisenerz gefördert. Zwar stehen nur wenige hundert Hektar unter Reben, doch einige Weine sind auf Augenhöhe mit den besten Weinen von Bolgheri. Suvereto gehört zur Appellation Val di Cornia, die bis nach Piombino und Campiglia Marittima reicht. Weinbau findet nur an wenigen Stellen statt. Meist werden einfache Weißweine (Vermentino, Trebbiano, Pinot Bianco, Pinot Grigio, Ansonica) und Rotweine (Cabernet Sauvignon, Merlot, Sangiovese) erzeugt. Im Val di Cornia wird vorwiegend Gemüse angebaut. Bekannt sind die violetten Artischocken von Venturina.

Morellino di Scansano

Unkomplizierter, herzhaft fruchtiger Wein mit weichem Tannin, der in der südlichen Maremma um Grosseto wächst. Er muss zu mindestens 85 Prozent aus Sangiovese erzeugt werden, den Rest machen andere in der Toskana zugelassene Trauben wie Canaiolo, Colorino, Ciliegiolo und Alicante aus. Auch Merlot, Cabernet Sauvignon und Syrah sind als Komplementärtrauben erlaubt. Die Riserva kann sehr anspruchsvoll sein.

Maremma Toscana

Sammel-Appellation für alle Weine, die mindestens 40 Prozent Sangiovese (Rosso) bzw. Vermentino (Bianco) enthalten. Chardonnay, Sauvignon Blanc, Viognier u.a. dürfen sich sogar reinsortig dieser Appellations-Bezeichnung bedienen.

Casanova di Neri
MONTALCINO

Sagrantino-Traube in Montefalco: Aus ihr entsteht Umbriens bester Rotwein.

Brunello und seine Nachbarn

Die Sangiovese-Traube ist in ganz Mittelitalien weit verbreitet und taucht in vielen DOC- und DOCG-Weinen auf. Die wohl berühmtesten kommen aus Montalcino. Kenner sprechen bisweilen von magischer Ausstrahlung. Auch im benachbarten Umbrien wird die Sangiovese angebaut. Dort zieht allerdings eine andere Rebsorte noch größere Aufmerksamkeit auf sich.

Auch auf die Partner kommt es an

Die südliche Toskana ist klassisches Sangiovese-Land. Manche Weintrinker behaupten, dort besitze die Traube ihre größte Ausdruckskraft. Tatsache ist, dass die besten Weine eine internationale Wertschätzung genießen wie kaum ein anderer toskanischer Wein. Tatsache ist aber auch, dass die meisten Rotweine dort nur teilweise aus Sangiovese-Trauben gewonnen werden. Das bedeutet: Der Rest, also die Komplementärtrauben, steuern ebenso ihren Teil dazu bei, dass dort gute, manchmal auch große Weine entstehen.

Brunello di Montalcino

Das Anbaugebiet des Brunello di Montalcino liegt im Süden der Toskana zwischen den drei Flüsschen Orcia, Asso und Ombrone. Aufgrund seines internationalen Renommees hat sich die Rebfläche in den letzten Jahrzehnten vervielfacht: von 63 Hektar (1967) auf über 2100 Hektar (9 Millionen Flaschen). Dazu kommen 1200 Hektar für den Zweitwein Rosso di Montalcino. Die Böden sind denen des Chianti Classico ähnlich: kalkhaltiges Schiefergestein (alberese), Kalkmergel (galestro), aber auch viel lehmhaltiges Sedimentgestein. Die Temperaturen sind etwas höher als in der nördlichen Toskana. Doch auch innerhalb des Anbaugebiets gibt es beträchtliche klimatische Unterschiede. Während der nördliche Teil relativ kühl ist, ist es im Südwesten und an der südlichen Flanke, die tiefer gelegen und zum Mittelmeer hin offen ist, deutlich wärmer. Daraus resultieren teilweise große Jahrgangsunterschiede.
In seinen besten Qualitäten ist der Brunello di Montalcino ein majestätischer Wein mit attraktiver Frucht, zahlreichen balsamischen Noten, einer feinen Säure und kräftigem, süßem Tannin. Er wird reinsortig aus Sangiovese-Trauben erzeugt. Es handelt sich dabei um einen lockerbeerigen Klon, der früher Sangiovese Grosso genannt wurde und Mitte des 19. Jahrhunderts von Ferruccio Biondi Santi isoliert und vermehrt wurde. Das Resultat war ein für die damalige Zeit legendärer, langlebiger Wein, der sich deutlich von den ebenfalls aus Sangiovese erzeugten einfachen Bauernweinen unterschied. Bis weit ins 20. Jahrhundert hinein hatte die Familie Biondi Santi praktisch ein Monopol auf den Brunello. Heute pflanzen alle Weingüter in der Toskana lockerbeerige Klone mit kleinen Trauben. Rund 220 Abfüller gibt es in Montalcino. Sie produzieren durchschnittlich neun Millionen Flaschen Brunello jedes Jahr. Laut DOCG-Statut darf der Wein erst im fünften Jahr nach der Lese freigegeben werden. Mindestens zwei Jahre muss er in Eichenholzfässern gereift sein. Der einfachere Rosso di

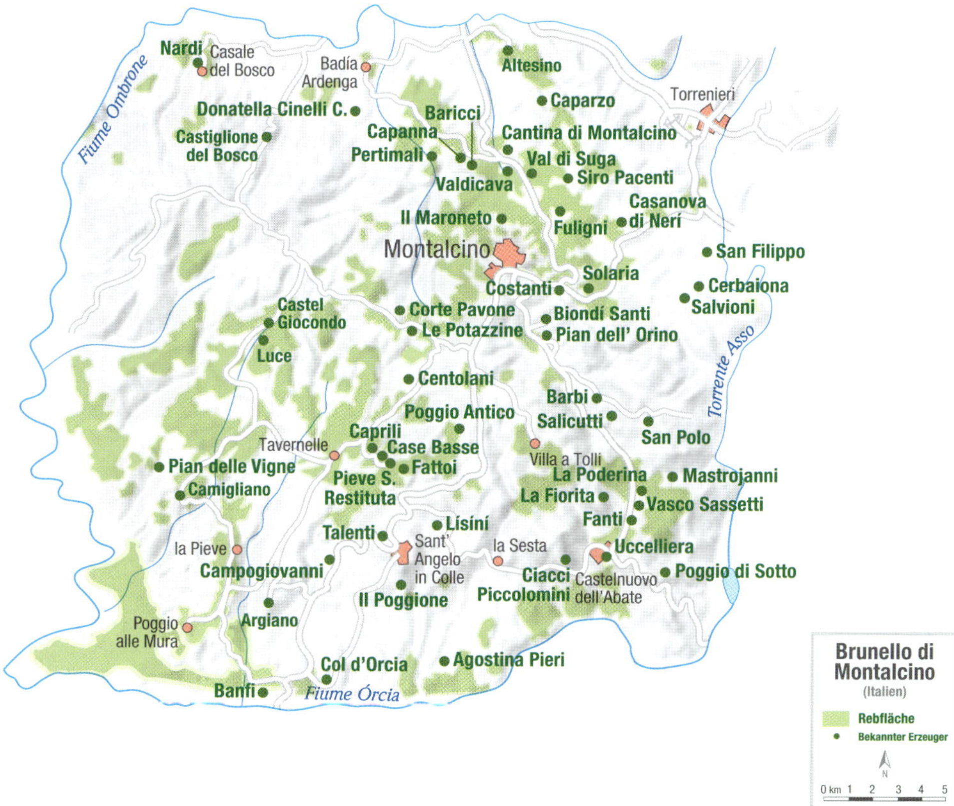

Montalcino darf bereits ein Jahr nach der Lese gehandelt werden.

Vino Nobile di Montepulciano

Der zweite bedeutende Sangiovese-Wein der südlichen Toskana ist der Vino Nobile di Montepulciano. Er wächst auf rund 2200 Hektar, gelegen auf den Hügeln um das gleichnamige mittelalterliche Städtchen. Die Sangiovese wird in Montepulciano Prugnolo Gentile genannt. Der Wein muss zu mindestens 70 Prozent aus ihr gekeltert sein. Den Rest machen andere, in der Toskana zugelassene Rebsorten aus. In dem Anbaugebiet herrscht wegen der Entfernung zum Mittelmeer und wegen der Höhe (250 bis 580 Meter) ein kühleres Klima als im benachbarten Montalcino. Dies ist die Ursache dafür, dass der Vino Nobile nicht den Reichtum des Brunello und dessen reifes, weiches Tannin aufweist. Er muss zwei Jahre im Keller reifen und darf erst Anfang des dritten Jahres freigegeben werden, die Riserva Anfang des vierten Jahres. Der Rosso di Montepulciano ist die jüngere, frische Version des Prugnolo Gentile aus dem Anbaugebiet.

Torgiano

Bekannt ist dieser umbrische Rotwein vor allem durch das Weingut Lungarotti, das über einen großen Teil der Weinberge um das gleichnamige Dörfchen am Tiber in der Provinz Perugia verfügt. Der Rosso di Torgiano Rosso ist ein unprätentiöser, delikater Rotwein, die Riserva die tanninbetontere, reichere Variante: beides Weine auf Sangiovese-Basis, denen bis zu 30 Prozent andere Trauben hinzugefügt werden dürfen.

Montefalco

Von den Hügeln um das Städtchen Montefalco kommt der heute wohl beste Rotwein Umbriens: der Montefalco Sagrantino. Die Sagrantino-Traube ergibt einen mächtigen, tanninharten Wein von dunkelrubinroter Farbe, der einige Jahre Verfeinerung auf der Flasche braucht, um seine Qualitäten zu zeigen. Er wird reinsortig aus dieser Sorte gewonnen. Ein etwas einfacherer Wein ist der Montefalco Rosso. Er besteht zu mindestens 60 Prozent aus Sangiovese, der Rest kann aus Sagrantino oder anderen Sorten gewonnen werden.

Orvieto

Historisch gesehen ist Orvieto eine der bekanntesten Weißweinzonen Italiens, aus der große Mengen einfacher Weißweine in kommerzieller Qualität kommen. Sie werden vor allem aus Trebbiano- und Grechetto-Trauben gewonnen. Letztere bringt auf den vulkanischen Tuffsteinböden der Gemeinde einen kräftigen, leicht rauchigen Wein hervor, während die Trebbiano eine rustikale Sorte ist. Daneben sind nur lokale Sorten wie Drupeggio, Verdello, Malvasia und Canaiolo Bianco zugelassen. Qualitätsorientierte Weingüter sind dazu übergegangen, Chardonnay und Sauvignon Blanc zu pflanzen und die Weine als Umbria IGT auf den Markt zu bringen. Seit einigen Jahren wenden sich ambitionierte Winzer vermehrt dem Rotwein zu, der als Rosso Orvietano sogar DOC-Status hat (erlaubt sind Aleatico, Cabernet Sauvignon, Cabernet Franc, Merlot, Pinot Nero, Sangiovese, Ciliegiolo, Canaiolo).

Andere Weine

Montecucco: Neues, aufstrebendes Anbaugebiet an den Ausläufern des Monte Amiata zwischen Montalcino und Grosseto gelegen. Angebaut wird dort vor allem Sangiovese (Montecucco Sangiovese, Montecucco Rosso).

Sant'Antimo: Herkunftsbezeichnung für Weine aus internationalen Rebsorten (Rosso, Bianco) aus dem Anbaugebiet des Brunello di Montalcino.

Cortona: Herkunftsbezeichnung für Rotweine (Basis: Syrah) und Weißweine diverser Rebsorten aus einem kleinen Anbaugebiet um die Stadt Cortona.

Die Geschichte des Brunello di Montalcino beginnt mit Biondi Santi.

Der Süden ist aufgewacht

Das apulische Städtchen Locorotondo ist für seine Trullis und den Wein bekannt.

Latium

Weinbaumäßig die blasseste unter den 20 italienischen Regionen, bekannt vor allem wegen ihrer standardisierten Massenware wie Est! Est!! Est!!! und Frascati. In einigen Nischen gedeihen jedoch hochqualitative Weiß- und Rotweine, meist durch die Initiative einzelner ehrgeiziger Weingüter. Sie kommen unter der Herkunftsbezeichnung Roma DOC auf den Markt.

Marken

Aushängeschild der Region Marken ist der Verdicchio: ein schlanker, aber gehaltvoller Wein mit zarter Frucht und feiner Säure. Der Verdicchio dei Castelli di Jesi, der meernah um die Hafenstadt Ancona wächst, ist mineralischer, der Verdicchio di Matelica aus dem Hinterland duftiger. Gewonnen werden beide aus der gleichnamigen Rebsorte (die eine genetische Ähnlichkeit mit der Trebbiano di Soave hat). Der zweite wichtige Wein ist rot: der Rosso Conero. Ein intensiv fruchtiger Wein mit opulenter Frucht, der wild und ungestüm sein kann, aber auch ausgewogen und fein. Er wird aus der Montepulciano-Traube gewonnen. In ihm dürfen 15 Prozent andere Trauben enthalten sein. Meist wird Sangiovese zugesetzt. Die Montepulciano ist die häufigste rote Rebsorte östlich des Apennin.

Abruzzen

Der repräsentative Rotwein dieser Region ist der Montepulciano d'Abruzzo: ein üppiger Rotwein mit viel Frucht, moderater Säure und nicht zu knapp bemessenem Alkoholgehalt. Als Alltagswein ist er immer gut, auch weil er relativ preiswert ist. Bessere Exemplare, die es seit einigen Jahren vermehrt gibt, genügen auch höheren Ansprüchen. Der zweite wichtige Rotwein ist der Rosso Piceno: auch er kräftig und herzhaft fruchtig, aber etwas weniger opulent. Bei ihm werden der Montepulciano-Traube ein paar Anteile Sangiovese beigegeben (bis zu 50 Prozent). Der typische Weißwein der Region ist der Trebbiano d'Abruzzo. Einer Handvoll von hochklassigen Exemplaren stehen viele bescheidene Weine gegenüber. Interessanter sind Pecorino und Passerina, zwei autochthone Weißweinsorten, die erst vor wenigen Jahren wiederentdeckt wurden. Sie wachsen in den höheren Lagen des Apennin auf steinigen Böden und ergeben herrlich fruchtige, teilweise hochmineralische Weine.

Apulien

Die Fülle namenloser DOC-Rotweine von teils ordentlicher, teils mittelmäßiger Qualität macht es schwer, einzelne Gebiete besonders hervorzuheben. Im Norden werden vor allem die roten Sorten Aglianico und Uva di Troia angebaut, im Süden Negroamaro und Primitivo. Letztere ergibt einen populären Rotwein, der vor allem im Salento (wo er oft mit bis zu 18 Gramm Restzucker ausgebaut wird) und in Manduria anzutreffen ist. Er ist dunkelfarbig und alkoholreich, gleichzeitig konzentriert fruchtig mit ausgeprägten Kirsch- und Johannisbeeraromen. Die Sorte ist seit etwa 250 Jahren in Apulien heimisch. Sie stammt aus Dalmatien und ist mit der dort wachsenden Sorte Crljenak genetisch identisch (von dieser Sorte stammt auch die kalifornische Zinfandel ab).

Basilikata

An den Hängen des erloschenen Vulkans Monte Vulture wird in kleinen, versprengten Terrassen die Aglianico-Traube angebaut. Sie wird reinsortig ausgebaut und ergibt einen der schönsten, aber auch schwierigsten Rotweine Süditaliens.

Kampanien

Aus dem Hinterland von Neapel kommen einige der besten Weiß- und Rotweine des Südens. In der Irpinia, dem Hochland um Avellino, wächst der rote Taurasi (Rebsorte Aglianico), ein mächtiger, sehr robuster und langlebiger Wein. Ebenfalls aus dem irpinischen Hochland kommen zwei gute Weißweine: der Fiano di Avellino und der Greco di Tufo. Ein dritter, in den letzten Jahren immer erfolgreicherer Weißwein ist der Falanghina. Die Sorte ist in ganz Süditalien verbreitet, ergibt aber in den Hügeln um Benevent besonders gute Qualitäten.

Kalabrien

Viele einfache Weiß-, Rosé- und Rotweine bringt diese süditalienische Region hervor, aber auch einige herausragende. Die weißen Weine werden aus der alten Mantonico-Rebe gewonnen, die wieder zu neuem Leben erweckt wurde, die roten aus der ebenfalls autochthonen Sorte Gaglioppo. Beide sind griechischen Ursprungs und ergeben unvergleichliche, hochklassige Gewächse. Sie kommen aus Cosenza, Cirò und Lamezia.

Sizilien

Den Respekt, den sich Sizilien in den letzten Jahrzehnten erworben hat, schuldet die Insel der Nero d'Avola. Sie ist die beste und am häufigsten angebaute rote Rebsorte, die fast auf der ganzen Insel anzutreffen ist (mit Ausnahme des Ätnas). Sie ergibt Rotweine, die sich durch feine Konfitüre-, Lakritz- und Ledernoten auszeichnen. Auch als Cuvéepartner findet sie Verwendung (zusammen mit Frappato, Syrah, Merlot oder Cabernet Sauvignon). Das neue Sehnsuchtsziel der Weintrinker aber ist der Ätna, an dessen Hängen elegante, leicht säurebetonte Rotweine (aus den Sorten Nerello Calabrese und Nerello Cappuccino) und salzige Weißweine (aus der Sorte Carricante) entstehen.

Sardinien

Aus Sardinien kommen nicht nur leichte, frische Weißweine (aus den Sorten Vermentino, Nuragus, Malvasia di Sardegna, Sauvignon Blanc), sondern auch gehaltvolle Rote. Diese haben in den letzten Jahren stark an Qualität gewonnen, besonders aus den traditionellen Sorten Cannonau und Carignano.

Vermentino-Traube aus Sardinien

Reben um den Tempel von Segesta auf Sizilien: Die Geschichte des sizilianischen Weins beginnt mit den Griechen.

SPANIEN – später Aufbruch

Spanien ist nach dem Umfang seiner Rebfläche das größte Weinbauland der Erde. Gemessen an der Menge des Weins, die produziert wird, steht es freilich nur an dritter Stelle. Dieser Zwiespalt dokumentiert die Besonderheit des Landes unter den weinerzeugenden Nationen.

Weinland Spanien

Rebfläche: 961 Tsd. Hektar
Produktion: 35–40 Mio. Hektoliter
Konsum pro Kopf/Jahr: 25,3 Liter (2022)

Die häufigsten roten Sorten

1. Tempranillo 20,1 %
2. Bobal 6,1 %
3. Garnacha 5,7 %
4. Monastrell 4,3 %
5. Cabernet Sauvignon 2,1 %
6. Syrah 2 %
7. Alicante Bouschet 2 %
8. Merlot 1,3 %
9. Mencía 0,9 %
10. Cariñena (Mazuelo) 0,6 %

Die häufigsten weißen Sorten

1. Airén 21,1 %
2. Macabeo (Viura) 3,0 %
3. Cayetana Blanca 3,8 %
4. Palomino weiß 2,1 %
5. Verdejo 2,1 %
6. Muscat d'Alexandrie 1 %
7. Xarel-lo 0,9 %
8. Pedro Ximénez 0,9 %
9. Parellada 0,8 %
10. Chardonnay 0,7 %

Das Weinrecht

Denominación de Origen Calificada (DOCa): Qualifizierte Qualitätsweine mit strengeren Bestimmungen als die DO (bisher nur Rioja und Priorato zuerkannt)
Denominación de Origen (DO): Entspricht den Qualitätsweinen bestimmter Anbaugebiete. Es gibt 78 dieser DO, das sind 50 Prozent der spanischen Produktion.
Vino de Pago: Höchste Qualitätsweinkategorie, die nur an ausgewählte Lagenweine vergeben wird (derzeit nur fünf)
Vino de la Tierra (VdlT): Landwein (Die Trauben kommen aus großen geografischen Zonen.)
Vino de Mesa: Tafelwein (Die Trauben dürfen aus ganz Spanien kommen. Rebsorte und Jahrgang dürfen nicht aufgeführt werden.)

Die Weinbezeichnungen

Es ist spanische Tradition, Weine erst dann freizugeben, wenn diese trinkreif sind. Deshalb existiert ein System von Altersbezeichnungen, anhand derer man erkennen kann, ob es sich um einen jungen oder einen gereiften Wein handelt:
Joven: keine Fasslagerung
Crianza: 2 Jahre Lagerzeit
Reserva: 3 Jahre Lagerzeit
Gran Reserva: 5 Jahre Lagerzeit

Alte Rebstöcke sind das große Kapital des spanischen Weinbaus.

Viele alte Weinberge sind noch im extremen Weitstand angelegt: viel Fläche bei wenigen Rebstöcken. Moderne Weinberge sehen anderes aus. In den neuen Weinbergen stehen die Reben dichter und ranken an Drähten – zeitgemäße Spaliererziehung. Seit Mitte der 1980er-Jahre hat in Spanien eine beispiellose Modernisierung des Weinbaus stattgefunden: Neue Keller wurden gebaut, alte technisch aufgerüstet. Junge, leidenschaftliche Winzer ließen sich in vergessenen Winkeln des Landes nieder, um dort ihr Glück zu suchen – und polierten so den Ruf vieler Anbaugebiete wieder auf. Anderen gelang es, aus alten Reben Weine herauszukitzeln – wie sie nicht für möglich gehalten wurden –, etwa aus Garnacha und Cariñena. Aber nicht nur junge Winzer betraten die Bühne. Gestandene Unternehmer, beseelt von der Vorstellung Großes zu schaffen, investierten Kapital und Herzblut in Weine, wie Spanien sie vorher nicht kannte. Oder sie kauften alte Kellereien auf, um sie zu entstauben und mit neuem Leben auszustatten.

Rückschläge und Erfolge

Sicher, der Prozess der Modernisierung verlief nicht immer linear, sondern in Wellen: mal steil nach oben, dann wieder nach unten. Der Glaube, einen traditionellen Wein mit Hilfe internationaler Rebsorten zeitgemäßer zu machen, erwies sich als Irrtum. Und den zahllosen Versuchen, die Großkellereien und mächtigen Kooperativen des Landes durch Gründung kleiner, inhabergeführter Güter herauszufordern, war nicht in jedem Fall Erfolg beschieden. Am Ende hatte Spanien jedoch – wie vorher schon das ebenso rückständige Italien – wieder Anschluss an die internationalen Weinmärkte gefunden. Es produziert nicht nur in der Spitze, sondern auch an der Basis Weine, die handwerklich ohne Makel sind, Charakter besitzen und solide Werte darstellen. Das Angebot an solchen Weinen ist groß, zeitweise so groß, dass die Märkte gar nicht alles aufnehmen können, was in Flaschen gefüllt wird. So kommt es, dass Spanien noch heute einen florierenden Fassweinmarkt hat, der Tausenden Kleinwinzern die Existenz und vielen großen Handelskellereien gute Gewinne sichert. Und dann gibt es noch den Brandy. Er verschlingt einen Teil der Weinüberschüsse, die produziert werden.

Von den Karthagern zu den Arabern

Auf der Iberischen Halbinsel wurden Reben schon 4000 bis 3000 v. Chr. kultiviert. Doch erst als die Phönizier die Stadt Cádiz gründeten und später die Karthager und Römer einen schwunghaften Handel im Mittelmeerraum begannen, erlebte Spanien seine erste Weinblüte (200 v. Chr.). Besonders in Rom trank man viel und gerne Wein aus Baetica (Andalusien) und Terraconensis (Tarragona). Nach der Eroberung Spaniens durch die Araber (711 n. Chr.) wurde der Weinbau nicht mehr gefördert – wohl aber geduldet. Der Prophet Mohammed hatte zwar den Weingenuss verboten, aber die Emire und Kalifen

Spanische Rotweine wurden früher und werden auch heute noch viel in Barriques ausgebaut – teils aus französischer, teils aus amerikanischer Eiche.

konnten auf die Weinsteuern nicht verzichten. Der Weinbau verlor an Boden, aber verschwand nicht.

Weinbau in der Neuzeit

Nach der Rückeroberung der Iberischen Halbinsel durch die Christen im 15. Jahrhundert blühte der Weinbau zum zweiten Mal auf. Jerez und Málaga waren die wichtigsten spanischen Weinbauregionen. 1587 überfiel Sir Francis Drake Cádiz und erbeutete 2900 Pipes (Fässer) Sherry. Bald darauf kam der Weinhandel mit England in Schwung. Spaniens Weinbau florierte. Erst in der zweiten Hälfte des 19. Jahrhunderts vernichteten Mehltau und Reblaus die Weinberge von Katalonien bis Malaga. Einzige Ausnahme: die Rioja. Wegen seiner Randlage erreichte die Reblaus dieses Anbaugebiet erst, als die Reben schon weitgehend mit amerikanischen Unterlagen veredelt waren (1900–1910). Zahlreiche Bordeaux-Winzer suchten in der Rioja Ersatz für ihre von Mehltau und Reblaus vernichteten Weinberge. Sie brachten ihre Barriques mit und führten neue Kellertechniken ein. Während der Weltkriege und des Spanischen Bürgerkriegs konnte sich der Weinbau kaum erholen.

Abgehängt und aufgestiegen

Erst nach 1950 wurde die spanische Weinwirtschaft durch Gründung zahlreicher Winzerkooperativen neu belebt. Aber man konzentrierte sich auf die Erzeugung einfacher Tafelweine sowie auf den Export von Fassweinen. Die Qualität verfiel. Nur Sherry und Rioja fanden damals größere Absatzmärkte außerhalb des eigenen Landes. Doch der Glanz dieser beiden Weine verblasste im Laufe der folgenden Jahre schnell. Die traditionellen Gran Reserve aus der Rioja waren oft schon oxidiert, bevor sie freigegeben wurden. Und Leute, die ihr Menü mit einem trockenen Sherry als Aperitif beginnen, gab es irgendwann nur noch in England. Erst in den 1980er-Jahren kam wieder Bewegung in die spanische Weinlandschaft. Der Stimulus ging von kleinen, unbekannten Anbaugebieten aus. Torres expandierte im Penedès und überzeugte mit modernen Weiß- und Rotweinen. In der Ribera del Duero ging mit Pesquera ein neuer Stern auf. In Navarra glänzte Chivite, in Somontano Remelluri, in Costers del Segre Raimat. Und mit dem schäumenden Cava zeigte Spaniens Weinindustrie, dass sie zu Innovationen fähig und zu großen Investitionen bereit ist. In der Folge begann es überall im Lande zu gären, zuerst im weltoffenen Norden, also in Katalonien und AragÓn, mit Verzögerung dann im konservativen Kastilien. Irgendwann kamen die Dinge auch im südlichen Zentralspanien in Bewegung.

Größtes Problem: die Trockenheit

Spanien ist ein heißes Land. Der Sommer beginnt früh und endet spät. Wie kann man dort moderne Weiß- und Rotweine erzeugen? Antwort: Der größte Teil des Landes besteht aus Hochebenen. Nachts kühlt es sich dort merklich ab. Die Reben, die auf 250 bis 950 Meter Höhe stehen, profitieren von diesen thermischen Exkursionen. Deshalb kann man auch in der Extremadura oder in La Mancha Qualitätsweine produzieren. Das größere Problem ist die Trockenheit. In manchen Jahren fällt in diesen Regionen sechs Monate lang kein Niederschlag. Ohne künstliche Bewässerung ist dort also kein Weinbau möglich, und durch den Klimawandel hat sich die Situation noch verschärft.

Neuanfang in Spaniens Norden

Das Dorf San Vicente de la Sonsierra am Fuße des Kantabrischen Gebirges: Rioja ist Spaniens bekanntestes Weinanbaugebiet.

Somontano

Somontano liegt an den Südhängen der Pyrenäen in der Region Aragón. Es ist eines der kleineren, aber stark wachsenden Weinanbaugebiete Spaniens (4200 Hektar). Erst 1984 hat es eine eigene DO erhalten. Wegen der Höhe seiner Weinberge (von 300 bis auf 650 Meter) und den damit verbundenen kühlen Nachttemperaturen erfährt es regen Zulauf von Weingütern aus heißeren Zonen Spaniens. Aus den höheren Lagen kommen fruchtbetonte, frische Weißweine aus Sorten wie Chardonnay, Macabeo, Garnacha Blanca, während in den tiefer gelegenen Zonen neben den Traditionsreben wie Moristell (eine Spielart der Monastrell) und Garnacha auch Cabernet Sauvignon, Merlot und Pinot Noir angebaut werden, die in den letzten Jahren beträchtliches Aufsehen erregt haben.

Costers del Segre

Eines der jungen, aufstrebenden Weinanbaugebiete Spaniens, gelegen am Fuße der Pyrenäen um die Stadt Lleida. Erzeugt werden dort elegante, vielschichtige Weiß- und Rotweine, die zu den besten der neuen Generation spanischer Weine gehören. Die häufigsten roten Rebsorten sind Cabernet Sauvignon und Merlot, dazu kommen Garnacha, Tempranillo (lokal Ull de Llebre genannt), Monastrell, Trepat sowie etwas Syrah und Pinot Noir. Für die Weißweine werden Macabeo, Xarel·lo, Parellada, Garnacha Blanca und Chardonnay verwendet. Costers del Segre ist kein zusammenhängendes Gebiet. Es ist in sechs Unterzonen aufgeteilt. Sie alle liegen in einem frostkalten Hochland, in dem im Sommer große Trockenheit herrscht und das deshalb über ein System von Kanälen bewässert werden muss.

Priorato

Das kleine, hochgradig renommierte Anbaugebiet umfasst nur neun Dörfer mit insgesamt 1700 Hektar Reben. Es liegt in der Serra de Montsant, im bergigen Hinterland von Tarragona. Der größte Teil der Rebfläche ist mit Cariñena und Garnacha bestellt. Über 100 Jahre lang war es still um dieses Gebiet. Der Aufstieg begann erst Ende der 1980er-Jahre, als einige Weinverrückte aus Barcelona und anderen Teilen Spaniens sich im Priorato niederließen in der festen Überzeugung, dort Weine erzeugen zu können, die das verschlafene Spanien aufwecken. Der Plan ging überraschenderweise auf. Schon bei den ersten Weinen, die auf den Markt kamen, rieben sich Experten die Augen: dicht, vielschichtig, tief mit konzentrierter, aber frischer Frucht und feinem Tannin. Mindestens vier Gründe gab es für den Erfolg. Erstens der schwarze

Rioja Alavesa: Ein Teil dieser Unterzone gehört zum Baskenland.

Llicorella-Schiefer, der nur extrem niedrige Erträge erlaubt (unter zehn Hektoliter pro Hektar). Die Grenzen der DO Priorato wurden genau auf diese Böden abgestimmt. Zweitens die Höhe der Weinberge (bis zu 1000 Meter). Sie sorgt für große Temperaturunterschiede zwischen Tag und Nacht. Drittens die sogenannten Clos-Weine: einige steile, genau abgegrenzte Weinberge, aus denen herausragende Qualitäten kamen (und kommen), die wegen ihrer Rarität und ihrer Preise international Schlagzeilen machten. Viertens die Winzer: ein buntes Völkchen von zugereisten Weinabenteurern, die wenig Geld, aber viel Leidenschaft mitbrachten und kein Risiko scheuten, um Erfolg zu haben. Anfangs misstrauten sie den alten Sorten, die sie vorfanden. Sie glaubten, auf Cabernet Sauvignon, Merlot und Syrah nicht verzichten zu können, um ihre Vision zu realisieren. Heute wissen sie, dass sie die internationalen Sorten nicht brauchen, auch wenn die DO Priorato sie nach wie vor erlaubt.

Navarra

Vor 30 Jahren ist dieses Anbaugebiet durch seine delikaten Roséweine aus der Garnacha-Rebe bekannt geworden. Inzwischen haben die Winzer in Navarra gesehen, dass aus dieser zeitweise gering geschätzten Sorte sich gute, ja hervorragende Rotweine erzeugen lassen. Seitdem wird Garnacha überall nachgepflanzt. Sie ist heute wieder die Leitsorte in Navarra (über 10 000 Hektar), gefolgt von der Tempranillo. Beide ergeben, einzeln oder zusammen, gut strukturierte Rotweine mit attraktiver Frucht, die jedoch selten das Niveau der besten Rioja-Weine erreichen. Als Komplementärtrauben werden Mazuelo und Cabernet Sauvignon verwendet. Die Merlot, auf die einst große Hoffnung gesetzt worden war, hat sich nicht bewährt. Roséweine machen 20 Prozent der Produktion aus. Weißweine (Traubensorte: Viura, Chardonnay) gedeihen nur in einigen hohen Lagen.

Rioja

Der Rioja ist der international bekannteste spanische Wein. Ob er auch der beste ist, ist damit nicht gesagt. Er hat eine lange, wechselhafte Geschichte, die um 1780 beginnt, als erstmals kleine Holzfässer benutzt wurden, um den Wein auszubauen. Seitdem sind die Verbindungen zum nördlichen Nachbarn nie abgerissen. Als die Reblaus Ende des 19. Jahrhunderts Frankreich heimsuchte, wanderten viele Winzer in die Rioja aus, um dort Wein zu erzeugen. Dort kam die Reblaus erst später an. Die Franzosen brachten nicht nur Barriques mit, sondern auch ihr ganzes Know-how. Bis heute herrscht ein reger Austausch an Personal und Wissen zwischen Bordeaux und der Rioja. Das Anbaugebiet der Rioja ist 120 Kilometer lang und liegt in der gleichnamigen

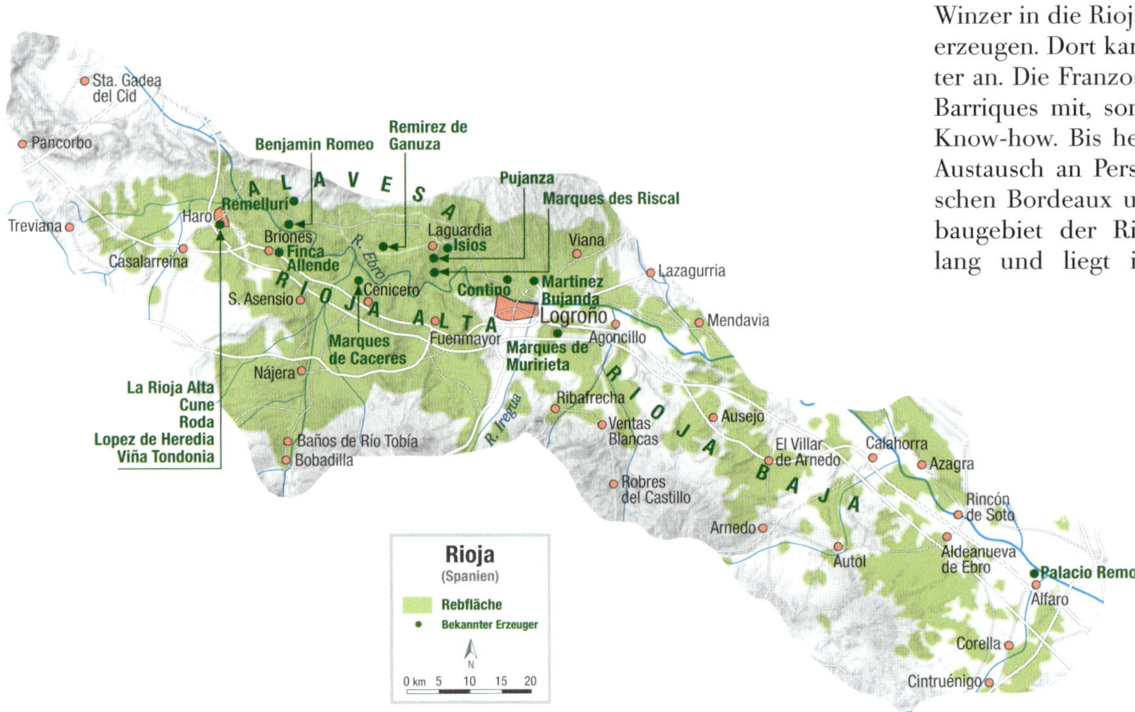

Region an den Flussufern des oberen Ebro. Berühmt ist es vor allem für seine granat- bis purpurroten Weine, die sich durch große Aromentiefe und hohe Eleganz auszeichnen. Je nach Stil besitzen sie eine reife, beerige Frucht mit Noten von Teer und Schokolade (Joven, Crianza) oder eine kräftige Tanninstruktur mit weichem, süßen Gerbstoff, der sie lange auf der Flasche verfeinern lässt (Reserva, Gran Reserva). Das heißt: Sie können alt werden, aber auch jung mit großem Genuss getrunken werden. Hauptsorte ist die Tempranillo. Aus ihr muss der Wein zu mindestens 60 Prozent gewonnen sein. Andere Sorten sind Garnacha, Mazuelo und Graciano.
Das Anbaugebiet besteht aus drei großen Unterzonen: der Rioja Alta mit den Weinbauzentren Haro und Logroño, der Rioja Alavesa, die höher an den Hängen des Kantabrischen Gebirges liegt und schon zum Baskenland gehört, sowie der Rioja Baja, die weiter östlich im Ebro-Tal liegt und schon von mediterranem Klima geprägt ist. Zusammen stehen in der Rioja rund 60 000 Hektar unter Reben.
In den 1980er-Jahren kam das Anbaugebiet dann in die Krise. Die Traubenerträge waren zu hoch, der Wein überstand die damals üblichen langen Ausbauzeiten in Holzfässern nicht (sie betrugen zehn, zwölf, in Einzelfällen auch 25 Jahre). Viele Reservas waren unfrisch, als sie freigegeben wurden, viele Gran Reserva oxidiert. Der Markt wandte sich anderen Tempranillo-Weinen zu. Es dauerte über 20 Jahre, bis die Fehler behoben waren. Danach ging es langsam wieder aufwärts. Der Anteil der Riojas, die jung auf den Markt kommen, hat sich seitdem vervielfacht, der Anteil der Gran Reservas ist dagegen stark geschrumpft. Mehr noch: Neben den großen Traditionskellereien haben sich inzwischen viele kleinere Bodegas in der Rioja niedergelassen, die teilweise mit außerordentlichen Qualitäten aufwarten. Nach ihrem Weinverständnis sollte der Rioja kein schwerer, sondern ein eleganter Wein sein. Den Verschnitt von Trauben der verschiedenen Unterzonen, wie es die Tradition vorschreibt, lehnen sie ab. Aus einzelnen herausragenden Weinbergen (viñedos singulares) dürfen auch Lagenweine erzeugt werden. Heute repräsentieren viele Rioja die neue Generation spanischer Weine. Übrigens: Es gibt auch weiße Sorten im Anbaugebiet. Die traditionelle Sorte ist die Viura. Aus ihr wird der Rioja Blanco erzeugt.

Bierzo

Dieses im Nordwesten Spaniens an der Grenze zu Portugal gelegene Anbaugebiet befindet sich stark im Aufschwung. Wegen seines kühlen Klimas wird ihm eine große weinbauliche Zukunft vorhergesagt. Einen Namen gemacht hat sich die Region Bierzo mit Rotweinen. Sie werden aus der Sorte Mencía gekeltert, die auf den Granit- und Schieferböden des Anbaugebiets durch ihre ausdrucksvolle Frucht und Feingliedrigkeit überzeugen und einen deutlichen Kontrast zu den vielen Blockbuster-Weinen anderer spanischer Gebiete bilden. Die Höhenlage und die Nähe zum Atlantik prädestiniert Bierzo auch für die Erzeugung von schlanken, nervigen Weißweinen (Traube: Godello).

Rías Baixas

Galicien ist wegen seines feuchten, atlantischen Klimas besonders gut für Weißweine geeignet. Das Anbaugebiet Rias Baixas (etwa 4100 Hektar) zieht sich von der Hafenstadt Cambados über Pontevedra und Vigo bis zur portugiesischen Grenze hin. Angebaut wird dort die Albariño-Traube, die über 90 Prozent der Rebfläche bedeckt. Lange galten die feinnervigen, leicht würzigen Albariños als die besten Weißweine Spaniens. Entsprechend stark war das Interesse von Winzern und Kellereien, sich in der Zone niederzulassen. Viele „technische" Weine entstanden, die handwerklich perfekt waren, aber wenig Charakter besaßen. Inzwischen steigt die Zahl der besseren Albariños-Weine wieder.

Clos de l'Obac im Priorato: erste Probe des jungen Weins nach dem Ausbau

Bodegas Ysios: In der Rioja findet man spektakuläre Weinkeller-Architekturen.

Vom Schaumwein zu eleganten Roten

Bodegas Protos: Die Weine der Ribera del Duero sind die großen Herausforderer der Rioja.

Cava

Flaschenvergorenen Schaumwein gab es schon im 19. Jahrhundert in Spanien. Damals wurde er „Champagner" genannt. Nachdem Spanien 1986 der EU beigetreten war, durfte dieser Name nicht mehr verwendet werden. Seitdem heißt er Cava und hat eine eigene Ursprungsbezeichnung. Die Cava DO sieht vor, dass er aus den drei weißen Traubensorten Macabeo, Xarel·lo und Parellada gewonnen wird. Seit 1988 darf auch Chardonnay verwendet werden. Für Rosé-Cavas sind Monastrell, Garnacha und Trepat vorgesehen. 2007 ist Pinot Noir dazugekommen. Fast alle großen Cava-Kellereien befinden sich in der Kleinstadt Sant Sadurní d'Anoia in Penedès südlich von Barcelona. Doch die Trauben für den schäumenden Wein kommen keineswegs alle aus dem Penedès. Aragón, Kastilien und Léon, Rioja, Navarra, das Baskenland, Valencia, Extremadura sind andere erlaubte Herkünfte. Ein Cava muss mindestens neun Monate auf der Hefe liegen, Jahrgangs-Cava (Cava Vintage) mindestens zwei Jahre, eine Gran Reserva 30 Monate. Erzeugt werden jährlich über 250 Millionen Flaschen.

Ribera del Duero

Das bedeutendste Anbaugebiet der Region Castilla y León liegt östlich der Stadt Valladolid an den Ufern des Duero-Flusses: die Ribera. Die Böden bestehen aus Kalkstein mit einer sandigen Auflage. Das Klima ist extrem: frostkalte Winter und heiße, trockene Sommer. Die Rebfläche entspricht mit über 26 000 Hektar etwa einem Drittel der Rioja. Sie zieht sich bis auf 950 Meter Höhe hin. Qualitativ ist die Ribera zum großen Herausforderer für die Rioja geworden. Die Ribera-Winzer waren es, die in den 1980er-Jahren den Kollegen in der Rioja vormachten, wie guter Tempranillo-Wein sein muss: dunkelfarben, konzentriert, mit viel Tannin und trotz seiner Dichte frisch und lebendig. Tempranillo ist die Leitsorte in der Ribera. Sie wird dort Tinto fino oder Tinto del País genannt. Die Bodegas Vega Sicilia sind das berühmteste Weingut. Sie fügen ihrem Wein zusätzlich Cabernet Sauvignon, Merlot und Malbec hinzu. Viele neu gegründete Bodegas folgten seinerzeit ihrem Beispiel. Heute wird der größte Teil des Ribera-Weins reinsortig aus Tinto fino gekeltert. In den 1990er-Jahren begann dann der kometenhafte Aufstieg dieser Region, die heute einige der teuersten und besten Rotweine Spaniens liefert. Allerdings ist die Ribera auch in die Kritik geraten: Viele Weine seien zu schwer, zu alkohollastig, Blockbuster, wenden die Kritiker ein. Es fehle ihnen an Eleganz im Vergleich zu den modernen Tempranillo-Weinen der Rioja.

Rueda

Vor 100 Jahren in Vergessenheit geratenes, seit den 1970er Jahren wieder neu entdecktes Weißweinanbaugebiet in Kastilien, auf einer Hochebene zwischen Ribera del Duero und Toro um die gleichnamige Stadt südlich von Valladolid gelegen. Nachdem dort jahrzehntelang nur die zuckerreiche Palomino angebaut wurde, um sherryähnliche Weine zu erzeugen, stellen die Winzer seit 1980 ihre Weinberge zunehmend um und pflanzen die traditionelle Verdejo-Traube. Sie ist die Basis für die leichten, mineralischen Weißweine der Gegend. Im Rueda Superior muss sie zu mindestens 60 Prozent enthalten sein. Den Rest teilen sich Viura und Sauvignon. Mit mehr als 12 000 Hektar Reben ist Rueda das größte zusammenhängende Weißweinanbaugebiet.

Toro

Kleine Rotweinenklave mit rund 4400 Hektar Rebfläche östlich der Stadt Zamora, aus der ein muskulöser, dunkler Wein kommt, der ganz aus Tempranillo-Trauben erzeugt wird. Die Sorte wird lokal Tinta de Toro genannt. Im Vergleich zur benachbarten Ribera del Duero sind die Toro-Weine opulenter. Dazu trägt auch die Tatsache bei, dass sich im Anbaugebiet noch zahlreiche Weinberge mit 60- oder 100-jährigen Rebstöcken befinden, die wenig tragen, aber herausragende Trauben liefern. Die besten Toro-Weine sind dunkel, hoch konzentriert, haben perfekte Texturen und ein süßes, gut verschmolzenes Tannin.

La Mancha

Das trockene, heiße Hochland südöstlich von Toledo ist Spaniens größter Weinbaubereich. Aus ihm kommen große Mengen einfacher und einfachster Weine. Hauptrebsorte: die weiße Airén. Allerdings wandelt sich La Mancha. Renommierte Produzenten aus anderen Anbauregionen haben sich in La Mancha niedergelassen und mit kühlen, rebsortenreinen Weinen aus Cencibel (Tempranillo), Cabernet Sauvignon, Syrah, Petit Verdot und weißen internationalen Sorten neue Qualitätsmaßstäbe gesetzt. Die Airén ist stark auf dem Rückzug.

Weitere Anbaugebiete

Mallorca: Knapp 1000 Hektar Rebkulturen existieren auf der Baleareninsel, die meisten in der DO Binissalem südlich der Stadt Inca, ein kleinerer Teil auch im Osten zwischen Manacor, Llucmajor und Felanitx (DO Pla i Llevant). Erzeugt werden fruchtige Weißweine und (meist) schwere Rotweine aus einheimischen Sorten wie Manto Negro, Callet und Fogoneu, teilweise auch aus Tempranillo und Monastrell.

Mentrida: Zwischen Madrid und Toledo gelegenes Gebiet, aus dem viel mittelmäßiger Tempranillo kommt, aber auch einige bemerkenswerte Cabernet Sauvignon, Syrah, Petit Verdot sowie grandiose Garnacha aus alten Reben.

Valdepeñas: Die über 30 000 Hektar große DO liegt im Süden von La Mancha und ist heute für ihre milden, unkomplizierten Rotweine bekannt, die relativ preiswert auf den Markt kommen. In den bis zu 700 Meter hohen Weinbergen stehen vor allem Cencibel (Tempranillo) und internationale Sorten wie Cabernet Sauvignon und Syrah.

Alicante: Mittelgroßes Anbaugebiet um die gleichnamige Stadt, das einst für seine süßen Moscadel-Weine berühmt war. Heute kommen von dort frische Weißweine im mediterranen Stil und manch bemerkenswerter Rotwein, vor allem aus Monastrell-Trauben, aber auch aus internationalen Sorten.

Jumilla: Große Appellation (22 500 Hektar) im Hinterland von Alicante, bekannt für seine delikaten jungen Rotweine. Die meisten werden aus Monastrell-Trauben erzeugt, teilweise auch aus internationalen Sorten.

Yecla: Früher ein großer Fasswein-Produzent, kommen heute aus der im Hinterland von Murcia gelegenen DO solide Rotweine, die, wie überall an der Costa Blanca, vorwiegend aus der Monastrell gewonnen werden.

Utiel-Requena: Großes Anbaugebiet im Hinterland von Valencia, aus dem kräftig strukturierte Rotweine vornehmlich aus Bobal-Trauben kommen. Seit Syrah und Cabernet Sauvignon Einzug gehalten haben, werden diese auch in Cuvées mit der Bobal eingesetzt.

Kanarische Inseln: Die größten Rebflächen findet man auf Teneriffa (6300 Hektar), Lanzarote (2300 Hektar), La Palma (1600 Hektar) und El Hierro (300 Hektar). Sie haben eigene, teils sehr alte und noch wurzelechte Rebsorten. Auf den vulkanischen Lavaböden entstehen aus ihnen herzhaft-fruchtige, teils tanninbetonte Rotweine (Hauptrebsorte: Listán Negro), geschmeidige Rosés und saftig-salzige, kantige Weißweine (Rebsorten: Listán Blanco, Moscatel, Malvasia Aromática u.a.).

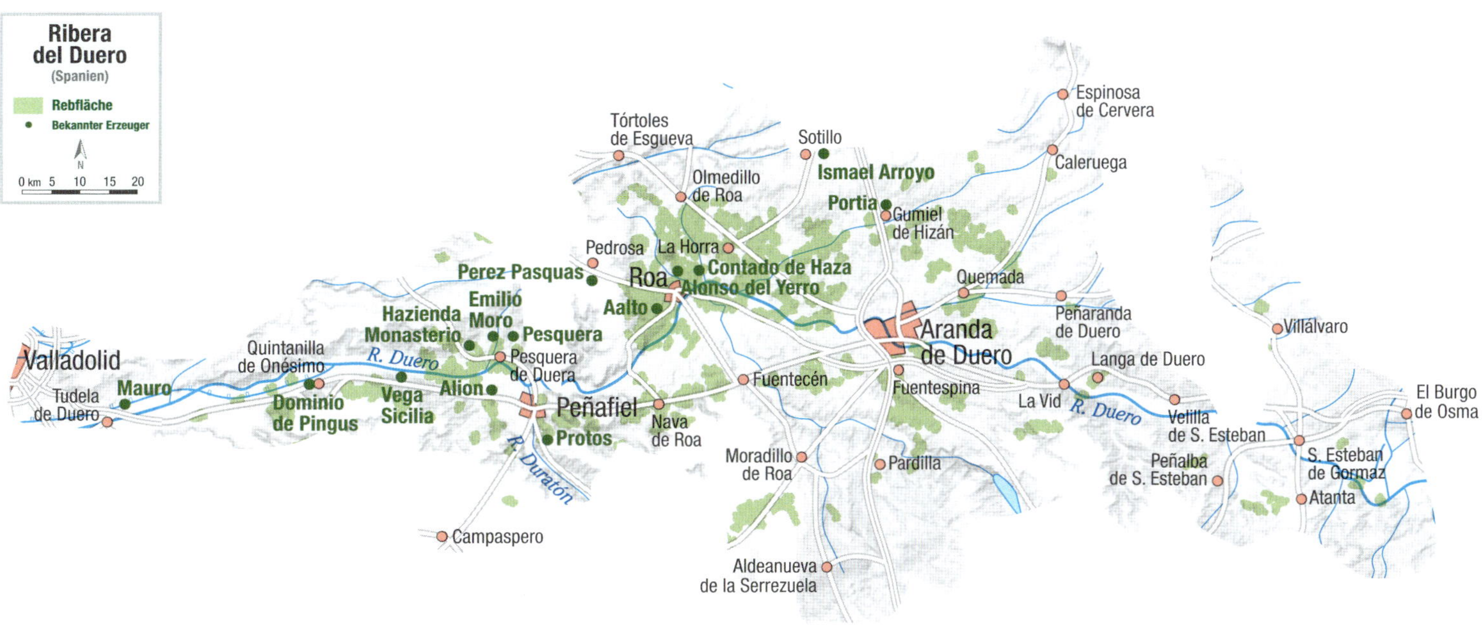

PORTUGAL – reich an Rebsorten

Weinland Portugal
Rebfläche: 221 000 Hektar
Produktion: 6 Mio. Hektoliter
Konsum pro Kopf/Jahr: 67,5 Liter (2022)

Die häufigsten weißen Sorten
1. Fernão Pirez 5,8 %
2. Malvasia Branco 5,7 %
3. Siria (Roupeiro) 3,5 %
4. Arinto 3 %
5. Alvarinho 2,5 %

Die häufigsten roten Sorten
1. Tinta Roriz (Aragonez) 10 %
2. Touriga Franca 7,1 %
3. Castelão 6,8 %
4. Touriga Nacional 6,2 %
5. Trincadeira 5,5 %

Das Weinrecht
Portugal war das weltweit erste Weinland, das die Grenzen eines Anbaugebietes von Gesetz wegen festlegen ließ, um Weinfälschungen vorzubeugen: das Portwein-Gebiet am Douro. Das war im Jahre 1756. Heute gibt es in Portugal fünf Weinbauzonen mit 32 Qualitätswein-Anbaugebieten. 26 davon genießen DOP-Status (entspricht dem französischen AOP-System), in sechs Regionen werden Weine mit IPR-Bezeichnung (Indicacão de Proveniência Regulamentada) erzeugt. Dazu existieren achtLandweingebiete (Vinhos Regionais, entspricht den französischen Vins de Pays). Der Rest firmiert unter Vinho de Mesa (Tafelwein). Heute werden mehr Qualitätsweine erzeugt als alle anderen Weinkategorien zusammen.

Die Weinbezeichnungen
Verdes: Jungweine, die gleich nach Beendigung der Gärunggetrunken werden.
Maturo: Die Bezeichnung „reife" Weine gilt für alles, was nicht zu den Verdes gehört.
Garrafeida: Etikettenbezeichnung für einen Spitzenwein, der lange (oft zehn Jahre) im Fass oder im Keller gelagert hat.

Portugal ist ein Land im Umbruch: Die neue Zeit hat schon begonnen, die alte ist noch nicht zu Ende. Im Inneren herrscht noch die alte Ordnung: rote Trauben, die mit Stielen und ohne technische Hilfsmittel gekeltert werden, um zu mächtigen, tanninherben Rotweinen zu werden, die den Gaumen „tapezieren" und für feine Zungen eine große Herausforderung darstellen. Daneben stehen saubere, fruchtig-frische Weißweine, die am Ende mit ein paar Gramm Zucker gesüßt werden oder nicht – wie die Märkte es wünschen. Ein Land der Gegensätze also: Im kühlen, atlantischen Klima gedeihen Leichtweine wie der Vinho Verde oder moderne frisch-fruchtige Weißweine. Das Kontinentalklima im Landesinneren mit seinen trocken-heißen Sommern bringt dagegen dunkle, konzentrierte Rotweine mit hohem Tanningehalt hervor. Die Besonderheit sind die vielen lokalen Rebsorten. Kein europäisches Land hat so viele autochthone Rebsorten. Übrigens: Die Portugiesen trinken von allen europäischen Weinnationen am meisten Wein.

Handelsware Wein

In der Antike brachten Phönizier, Griechen und Römer die Reben auf die Iberische Halbinsel. Unter der maurischen Herrschaft stagnierte der Weinbau, lag aber nicht darnieder. Mit der Unabhängigkeit Portugals im Jahre 1385 entwickelte sich dann ein reger Handel mit England. Vom Minho-Fluss aus, der heute Nordportugal von Spanien trennt, wurden regelmäßig Weinfässer ins Königreich verschifft. Von Portwein war damals noch nicht die Rede. Portwein wurde erst entdeckt, als der englische König William III. im Jahre 1693 so hohe Zölle auf französische Weine erhob, dass sich die englischen Weinhändler nach anderen Quellen umsehen mussten, um Ersatz für die heiß geliebten französischen Rotweine zu finden. Das freilich dauerte.

Aufstieg mit dem Portwein

1678 schickte ein Liverpooler Weinhändler seine beiden Söhne nach Portugal. Sie fuhren den Douro aufwärts, um tief im Landesinneren bei Lamego einen Geistlichen kennenzulernen, der den örtlichen Rotwein noch während der Gärung mit Brandy aufgoss und so die Gärung stoppte. Das Resultat: ein süßer, alkoholstarker Rotwein, ganz nach dem Geschmack der Engländer. Bald gründeten sie überall am Douro Handelshäuser, um für Nachschub zu sorgen. Das reiche Bürgertum hatte damals Geschmack am guten Wein gefunden. Es hatte einen anspruchsvollen Gaumen und einen Bauch, der täglich gefüllt werden wollte. Auch der Madeira von der gleichnamigen Atlantikinsel erfreute sich im 18. und 19. Jahrhundert großer Beliebtheit (siehe S. 170). 100 Jahre später verwüsteten Mehltau und Reblaus die Weinberge. Erst um 1930 begann der Wiederaufbau durch die Gründung zahlreicher Genossenschaften. Als Portugal 1986 der EU beitrat, existierten bereits zahlreiche Ursprungsgebiete.

Vinho Verde

Aus dem Norden Portugals kommt der mengenmäßig bedeutendste Wein Portugals, der Vinho Verde. Den „grünen Wein" gibt es in einer roten und einer weißen Version. Roter Vinho Verde ist spröde, tanninherb und ziemlich unbekannt. Der weiße Vinho Verde ist neben dem Port der wichtigste Ausfuhrwein Portugals: ein leichter, kohlensäurefrischer Wein mit 8,5 bis 10,5 Vol. % Alkohol, häufig auch mit ein paar Gramm Restzucker, der jung getrunken wird. Sein Anbaugebiet umfasst die Provinz Minho von Porto bis zur spanischen Grenze. In diesem kühlen, regenreichen, zugleich fruchtbaren und deshalb dicht besiedelten Teil Portugals werden zahlreiche weiße Sorten kultiviert – fast überall noch in Pergolen. So liegen dem Vinho Verde ganz unterschiedliche Trauben oder -mischungen zugrunde: Pederñao, Trajadura, Avesso und Loureiro zum Beispiel. Die hochwertigste Sorte ist die Alvarinho, die ganz im Norden an der Grenze zu Galicien angebaut wird. Früher wurde der Vinho Verde stets einer malolaktischen Gärung unterzogen, wodurch der Wein leicht moussierte. Industriellem Vinho Verde, der 90 Prozent der Produktion ausmacht, wird dagegen Kohlensäure zugegeben.

Douro

Das Anbaugebiet des Portweins liegt rund 100 Kilometer östlich von Porto am Oberlauf des Douro-Flusses. Die Weinterrassen ziehen sich weit ins Hinterland hinein. Sie liegen auf verwitterten Schieferböden, die Feuchtigkeit speichern, sodass die Reben die lange sommerliche Trockenheit überstehen können. Wenig bekannt ist, dass die Hälfte der Weinproduktion vom Douro auf klassische, nichtgespritete Rotweine entfällt. Sie werden aus

Eine der spektakulärsten Weinlandschaften der Welt: das Tal des Douro den Touriga Nacional, Tinta Barocca, Tinta Rosiz und den anderen Portweinsorten produziert: mächtige Weine mit kräftigem Tanninrückgrat.

Bairrada und Dão

Als eigenständige Region wurde Bairrada erst nach dem Zweiten Weltkrieg bekannt, und zwar durch seine schweren Rotweine aus der dickschaligen Baga-Traube. Sie bilden die Basis für zahlreiche Garrafeira-Weinverschnitte großer Handelshäuser. Aus Bairrada kommt auch eine kleine Menge eines robusten, säurebetonten Weißweins aus Bical-Trauben. Außerdem ist die Region für ihre durch Flaschengärung erzeugten Schaumweine bekannt, die Espumantes de Bairrada. Das aufstrebende Dão-Anbaugebiet liefert einige der besten und teuersten Rotweine Portugals. Seinen Namen verdankt das Gebiet mit der Hauptstadt Viseu dem gleichnamigen Fluss. Seine körperreichen, fruchtbetonten Rotweine mit hohem Alterungspotenzial werden vor allem aus einheimischen Rebsorten wie Touriga Nacional, Tinta Roriz, Batardo und Jaen erzeugt.

Estremadura, Tejo, Alentejo

Die Estremadura umfasst den Küstengürtel nördlich von Lissabon und ist das größte Weinangebiet des Landes mit zahlreichen Unterzonen (Colares, Bucelas, Carcavelos, Arruda, Alenquer, Cartaxo, Lourinho, Obidos, Torres Vedras). Entsprechend vielfältig ist die Produktion, wobei die Weißweine überwiegen. Tejo (früher: Ribatejo) liegt weiter im Landesinneren. Von dem fruchtbaren Flachland an den Ufern des gleichnamigen Flusses kamen in der Vergangenheit vor allem Fassweine aus weißen Trauben. Auf den kargeren Böden des hügeligen Hinterlands erzeugen ehrgeizige Winzer inzwischen auch qualitativ hochstehende Rot- und Weißweine. Das Alentejo zieht sich weit nach Süden Richtung Algarve hin. In dem warmen Gebiet wird vor allem Rotwein erzeugt, überwiegend aus Aragonez (Tempranillo) und Castelao.

Algarve

Die Böden aus Kalkstein sind für den Qualitätsweinbau hervorragend geeignet. Doch angesichts der hohen Temperaturen entstehen an der Algarve im Süden Portugals vor allem schwere, alkoholreiche und etwas rustikale Rotweine. Ein wichtigerer Wirtschaftszweig sind die Korkeichen, deren Rinde für die Korkenproduktion verwendet wird. Portugal ist der größte Korkhersteller der Welt. Die Bäume werden plantagenmäßig angebaut und alle zehn Jahre geschält.

Azoren, Madeira

Nennenswerter Weinbau findet nur auf drei der mitten im Atlantik gelegenen Azoreninseln statt, nämlich Pico, Graciosa, Terceira. In dem pechschwarzen Vulkangestein entstehen einzigartige Weißweine: hochmineralisch, salzig, mit rassiger Säure. Die Hauptsorten sind Arinto, Fernão Pires, Terrantez de Terceira, Terrantez do Pico, Verdelho und Viosinho. Die Marokko vorgelagerte Insel Madeira ist für ihre aufgespriteten Likörweine berühmt (siehe Seite 170).

Das Dörfchen São Miguel de Lobrigos im Douro-Tal

DEUTSCHLAND – leichtfüßig & elegant

Vor hundert Jahren gehörten Rieslinge aus Deutschland zu den teuersten Weinen der Welt. Dann wurde es still um sie. Jetzt erleben Riesling und die anderen deutschen Weißweine eine glanzvolle Wiederauferstehung – und der rote Spätburgunder ebenso.

Weinland Deutschland

Rebfläche: 103 000 Hektar
Produktion: 8–10 Mio. Hektoliter
Konsum pro Kopf/Jahr: 27 Liter (2022?)

Die häufigsten weißen Sorten

1. Riesling 23,6 %
2. Müller-Thurgau 10,6 %
3. Grauburgunder 7,8 %
4. Weißburgunder 6 %
5. Silvaner 4,3 %
6. Chardonnay 2,6 %
7. Sauvignon 1,9 %
8. Kerner 2 %
9. Bacchus 1,5 %
10. Scheurebe 1,4 %

Die häufigsten roten Sorten

1. Spätburgunder 11 %
2. Dornfelder 6,6 %
3. Portugieser 2,2 %
4. Trollinger 1,9 %
5. Lemberger 1,9 %
6. Schwarzriesling 1,6 %
7. Regent 1,6 %
8. Merlot 0,9 %
9. St. Laurent 0,6 %
10. Cabernet Sauvignon 0,5 %

Das deutsche Weinrecht

Je nach Jahrgang haben zwischen 90 und 98 Prozent der deutschen Weine den Status von Qualitätsweinen bestimmter Anbaugebiete (QbA). Tafelweine und Landweine machen einen verschwindend geringen Anteil der Weinproduktion aus. Innerhalb der Kategorie der Qualitätsweine werden die Prädikatsweine unterschieden. Bei ihnen handelt es sich um Weine mit höherem natürlichem Ausgangsmostgewicht. Sie dürfen nicht angereichert werden und sind mehr oder minder restsüß (wenn nicht „trocken" angegeben wird).

Kabinett: aus reifen Trauben mit einem Mostgewicht zwischen 70 und 80 °Oechsle (je nach Anbaugebiet verschieden).
Spätlese: aus vollreifen Trauben bis 90 °Oechsle gewonnen.
Auslese: aus vollreifen Trauben mit einem kleinen Anteil überreifer Beeren gewonnen (bis 125 °Oechsle).
Beerenauslese: aus überwiegend überreifen Trauben gewonnen (125 bis 150 °Oechsle).
Trockenbeerenauslese: ausnahmslos aus überreifen Trauben gewonnen (ab 150 °Oechsle).
Eiswein: aus gefrorenen, bei einer Temperatur von mindestens minus 7 °C gelesenen Trauben gekeltert, Mostgewicht mindestens das einer Beerenauslese.

Riesling ist die häufigste, aber nicht die einzige Rebsorte in Deutschland.

Deutschland ist nur eine mittlere Weinnation, was die Ausdehnung seiner Rebfläche angeht. Aber wegen der besonderen Stilistik seiner Weine wird Deutschland von anspruchsvollen Weintrinkern in aller Welt viel Aufmerksamkeit entgegengebracht. Das gilt besonders für die Weißweine, die 75 Prozent der Produktion ausmachen. Sie sind leicht, teilweise sogar filigran, und dennoch hochgradig intensiv im Aroma und Geschmack. Weißweine dieser Art findet man selten auf der Erde. Die Ursache für die Besonderheit hat mit dem Umstand zu tun, dass die deutschen Anbaugebiete nahe des 51. Breitengrades liegen, der als Klimagrenze für den Rebenanbau gilt. Bei den vergleichsweise kühlen Temperaturen können die Trauben nur in Nischen sicher ausreifen. Dieser Umstand darf jedoch nicht zu dem Schluss verleiten, dass deutsche Weine am unteren Ende der Qualitätsskala ständen. Im Gegenteil: Das kühle Klima erweist sich gerade bei den Weißweinen als großer Vorteil. Es verhindert schnelle Zuckerreife und fördert die langsame physiologische Reife. Dazu kommt, dass sich in allen 13 Weinanbaugebieten Deutschlands Lagen befinden, die aus Schiefer, Kalkmergel, Urgestein, Vulkangestein, Grauwacke oder tonhaltigem Lehm bestehen und vielschichtige, hochmineralische Weine entstehen lassen. Außerdem besitzt Deutschland zumindest eine Rebsorte, die zu den edelsten der Welt gezählt wird: den Riesling. Alles zusammen bildet gute Voraussetzungen für hochqualitative, ja einzigartige Weine.

Traurige Nachkriegsjahre

Leider wurden die guten Voraussetzungen lange Zeit nicht genutzt. Ein großer Teil der Weine war dünn, mager, sauer und wurde mit zugesetztem Mostkonzentrat gesüßt, um Unzulänglichkeiten zu übertünchen. Die schwachbrüstigen Weine von Mosel, Nahe, Rheingau und anderen Gebieten wurden bis Ende der 1970er-Jahre ganz legal mit Zuckerwasser chapatalisiert, um den Alkoholgehalt nach oben zu korrigieren. Während die Önologie – die Wissenschaft von der Weinbereitung – in Frankreich, Italien und Kalifornien zur gleichen Zeit in die Keller der Weingüter Einzug hielt, herrschte in vielen deutschen Kellern Unkenntnis, Ignoranz, Hemdsärmeligkeit. Wo einmal Qualitätsbestrebungen zu erkennen waren, gingen diese in Richtung technologisches Weinmachen: Maischewägen, Mostzentifugen, Floater, Maischeerhitzer – das ganze Arsenal der Unsäglichkeiten war in Deutschland state of the art – der letzte Schrei. Der Chemikalienschrank war ebenfalls immer gut bestückt: Aktivkohle zum Schönen, Kalziumcarbonat zum Entsäuern, Kaliumhexacyanoferrat für die Blauschönung, Schwefel für alle Stadien der Weinbereitung. Winzern, Verbandsfunktionären und ihren wissenschaftlichen Vordenkern ging es allein darum, den Verkaufswert des Weins zu steigern, nicht um dessen Qualität zu erhöhen.

Deutschland ein Massenweinland

Nach diesem Muster ist auch das deutsche

Der Ruf und der Ruhm der deutschen Weine beruht auf dem Riesling.

Weingesetz von 1971 gestrickt. Historische Kleinlagen wurden getilgt, nichtssagende Großlagen geschaffen – das juste Gegenteil von dem, was in den Nachbarländern passierte. Deutschland war ein Massenweinland, das sich nach außen als anspruchsvoller Qualitätsweinerzeuger darstellen wollte. Mit der Einführung der Prädikate konnte dem unwissenden Weinkonsumenten beispielsweise eine Qualität vorgegaukelt werden, die faktisch nicht da war. Typisches Beispiel: die Neuzüchtungen. Weinverbände und Weinforschungsanstalten propagierten massiv den Anbau von Huxel, Helfensteiner, Heroldrebe, Kanzler, Optima, Ortega und anderen Kreuzungen. Mit ihnen ließen sich leicht hohe Prädikate produzieren. Die Winzer folgten dem Expertenrat. Konsequenz: Preisverfall aller Prädikatsweine.

Pionierrolle des VDP

Nur wenige Winzer widerstanden den Versuchungen des „modernen Weinzeitalters" und stießen eine Gegenbewegung an. Für sie stand nicht die Anhebung des Verkaufswerts imMittelpunkt, sondern ein Qualitätsgedanke: die Idee, handwerklich gefertigte, kulturbeseelte, herkunftsgeprägte Weine zu erzeugen.

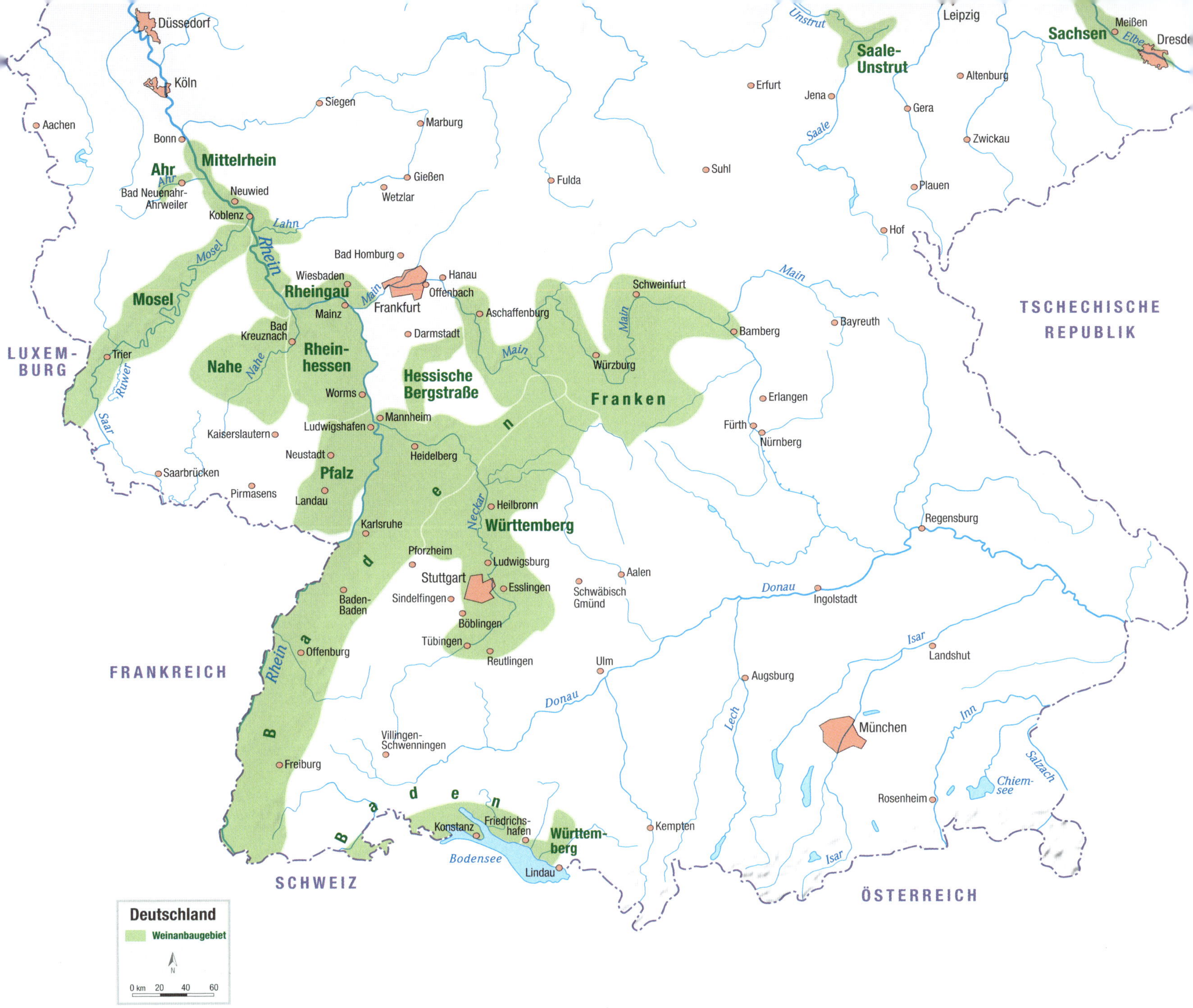

Die Maßnahmen waren Reduktion der Traubenerträge, Neuausrichtung der gesamten Weinbereitung, weitgehender Verzicht auf Weinbehandlungsmittel, Herausstellen der alten, historischen Lagen, dazu mehr trockene Weine mit weniger Schwefel. Eine Pionierrolle hat in diesem Zusammenhang der Verband deutscher Prädikatsweingüter (VDP) gespielt. Seine Mitglieder besannen sich auf die guten Voraussetzungen, die Deutschland besaß: hervorragende Lagen und klassische Rebsorten. Sie erinnerten sich daran, dass hochklassiger deutscher Wein am Ende des 19. Jahrhunderts zu Preisen wie die Premiers Crus aus Bordeaux gehandelt wurden. Diese Winzer hatten den Mut, für sich die Kehrtwende in Weinbau und Weinbereitung zu beschließen.

Als die Deutschen sich in den 1990er-Jahren wieder dem heimischen Wein zuwandten, bewegten sich die Preise prompt nach oben – aber nur für den guten deutschen Wein. Der größte Teil verharrte im Preistief. Er war dazu angetan, den italienischen, österreichischen und französischen Weißweinen den Markteinstieg in Deutschland zu erleichtern. Doch langsam übernahm eine neue Generation von Winzern die Verantwortung. Sie zog es vor, nicht in die Fußstapfen ihrer Väter zu treten, sondern den mühsamen Weg einzuschlagen und nach Qualität zu streben. Das Angebot an guten Weinen wuchs. Der Funke der Riesling-Begeisterung sprang auch auf andere Weine über. Plötzlich erlebten die Burgundersorten eine Renaissance, speziell der Spätburgunder. Er macht heute rund elf Prozent der deutschen Weinbergsfläche aus. Oder der Silvaner, der jahrelang ein Ladenhüter war und inzwischen ein gefragter Wein ist.

Prädikate sind uninteressant

Die alten Verhältnisse findet man zwar noch immer in Teilen deutscher Anbaugebiete. Aber die Zahl der Weingüter, die nach alter Winzermentalität arbeiten, geht erkennbar zurück. Auch das Weingesetz ist noch immer gültig. Doch sche-

Majestätisch thront das Schloss Johannisberg über dem Rhein: Vom Rheingau geht immer noch der größte Glanz des deutschen Weins aus.

ren sich viele Weingüter nicht mehr um Prädikate – zumindest bei den trockenen Weinen nicht. Kabinett, Spätlese, Auslese sind Begriffe, die obsolet geworden sind. Wieder war es der VDP, der mit einer verbandsinternen Klassifikation die Richtung für eine qualitätsorientierte Neuordnung des Weinbaus sorgte. Die einfachen, regions- und rebsortentypischen Weine heißen bei seinen Mitgliedern Gutsweine. Die Weine aus einem engeren geografischen Bereich tragen die Bezeichnung Ortswein auf dem Etikett. Darüber stehen die Weine aus Weinbergen, die als Erste Lagen klassifiziert worden sind. Die Spitze der Pyramide bilden die Großen Lagen – herausragende Einzellagen und historische Gewanne oder Parzellen innerhalb der Ersten Lagen, die über Jahrzehnte Spitzenqualitäten geliefert haben. Je höher ein Wein in der Pyramide steht, desto strenger sind die Anforderungen an ihn. Für VDP-Mitglieder ist die Taxinomie verpflichtend. Aber immer mehr Weingüter außerhalb des Verbandes übernehmen die Einteilung freiwillig. Die Zeiten, in denen Deutschland konsequent an seinen Fehlern festhielt, sind vorbei.

Geschichte des deutschen Weins

Der Weinbau wurde von den Römern nach Deutschland gebracht. Im 3. Jahrhundert n. Chr. spricht der Dichter Ausonius von den Reben an den Ufern der Mosel. Ob es Rieslingreben waren, ist unbekannt. Im ausgehenden Mittelalter waren Elbling und Silvaner bekannt und weit verbreitet. Eine Sorte „Ruesseling“ fand erstmals im 15. Jahrhundert Erwähnung. Die Bedeutung der Riesling-Traube wurde erst viel später erkannt. 1787 verfügte der Fürstbischof zu Trier, Clemens Wenzeslaus, dass an der Mosel Riesling zu pflanzen sei. Damit begann in ganz Deutschland die goldene Zeit des Weins. Im 19. Jahrhundert waren Rieslinge aus dem Rheingau die teuersten Weine der Welt. Sie kosteten bei Londoner Weinhändlern mehr als sieben Magnumflaschen Wein von Château Lafite. Solche Ehre widerfuhr freilich nur Weinen aus besten Lagen, wie Erbacher Marcobrunn, Schloss Johannisberger, Rauenthaler Baiken. Spätestens mit der industriellen Revolution, als die Menschen in die Städte abwanderten, begann der langsame Niedergang des deutschen Weins. Nach dem Zweiten Weltkrieg wurden die Anbaugebiete bedenkenlos ausgeweitet und die Qualitätsunterschiede der verschiedenen Herkünfte nivelliert. Stattdessen wurde eine Prädikatsweinhierarchie geschaffen, die nur vordergründig an qualitativen Kriterien orientiert ist.

An dieser Politik hat sich bis heute wenig geändert. Im Gegenteil: Noch immer werden qualitativ mittelmäßige Weine bezeichnungsrechtlich aufgewertet, um ihnen bessere Absatzchancen zu geben. Den Glanz, der heute wieder von einigen deutschen Weinen ausgeht, verdankt das Land einzelnen Winzern, die am Qualitätsgedanken festhalten. Ihre Zahl nimmt freilich rapide zu.

Eine ziemlich trockene Angelegenheit

Die Pfalz

Die Pfalz ist das zweitgrößte deutsche Anbaugebiet (23 700 Hektar Rebfläche). Die glanzvollsten Weine kommen aus der nördlichen Hälfte der Pfalz, der Mittelhaardt. Sie reicht von Grünstadt im Norden bis fast nach Neustadt im Süden und ist eines der besten Rieslinganbaugebiete Deutschlands. Orte wie Kallstadt, Ungstein, Wachenheim, Forst, Deidesheim, Ruppersberg und Gimmeldingen sind für ihre feinen, kräftigen Rieslinge berühmt, die fast immer trocken ausgebaut werden. In den flacheren, in die Rheinebene auslaufenden Lagen mit ihren Kiesel-, Lehm- und Sandsteinböden wachsen neben Riesling teilweise hervorragende Weiß- und Grauburgunder sowie viel Müller-Thurgau, Kerner und Silvaner. Ganz anders die Südpfalz. Sie beginnt in Maikammer und endet an der deutsch-französischen Grenze bei Schweigen (ein Teil der Weinberge auf französischer Seite befindet sich im Besitz deutscher Winzer, die ihren Wein als deutschen Wein deklarieren dürfen). An vielen Stellen ist es dort kühler als an der Mittelhaardt, weil die Weinberge höher liegen. Weindörfer wie St. Martin, Rhodt, Ilbesheim, Siebeldingen, Birkweiler, Schweigen haben zwar nicht ganz das Renommee ihrer Nordpfälzer Pendants. Doch der Riesling ist, wenn er von Spitzenproduzenten kommt, dort genauso gut, nur schlanker und vielfach mineralischer. Auch die Böden sind ähnlich: Kalksteingeröll, Ton, Basalt, Sand und Buntsandstein. Der Weißburgunder steht teilweise in Rieslinglagen und gibt herausragende Weine, wie sie in der nördlichen Pfalz selten zu finden sind. In den tieferen Lagen ist in den letzten Jahren viel Spätburgunder angebaut worden, der in der Spitze höchstes deutsches Niveau erreicht. In der Rheinebene werden immer noch Unmengen von Dornfelder und Müller-Thurgau, auch von Portugieser produziert, die während der zahlreichen Wein- und Wurstfeste als billiger Zechwein ihre Abnehmer finden. Die gesamte Pfalz wird von Norden nach Süden von der Weinstraße durchlaufen, die die längste Feiermeile Deutschlands ist.

Nahe

Die Nahe ist ein Flüsschen, das im Hunsrück entspringt und in den Rhein mündet. Es hat dem Weinanbaugebiet den Namen gegeben, das mit gut 4200 Hektar zu den mittelgroßen in Deutschland gehört. Angebaut werden vor allem Riesling, der über ein Viertel der Rebfläche ausmacht, sowie Müller-Thurgau, Silvaner, Weiß- und Grauburgunder. Rote Sorten sind nur in geringer Menge vertreten. Dornfelder macht den größten Anteil an der Rebfläche aus, Spätburgunder ist nur vereinzelt anzutreffen. Die Nahe ist eine heterogene Anbauzone. Das

spiegelt sich einerseits in der großen Sortenvielfalt wider, andererseits in den ganz unterschiedlichen Bodentypen. An der oberen Nahe zwischen Monzingen und Traisen herrschen Porphyr, Melaphyr und Buntsandstein vor. Bei Bad Kreuznach findet man Sandsteinverwitterungsböden mit Ton- und Lehmüberlagerungen. Die untere Nahe ist durch Schiefer- und Quarzgestein charakterisiert. Entsprechend unterschiedlich ist der Weintyp, den die Nahe hervorbringt. In ihrer Spitze müssen Naheweine einen Vergleich mit den besten Gewächsen Deutschlands nicht scheuen. Der fehlende Glanz, der die Weine umgibt, hat damit zu tun, dass das Anbaugebiet keine große Geschichte hat. Bis 1930 wurden die Weine meist als „Rheinweine“ verkauft. Erst danach trat die Nahe als eigenständige Region in Erscheinung.

Wachtenburg: Auch die Pfalz ist von illustren Burgen gesäumt.

Rheinhessen

Das größte deutsche Weinanbaugebiet (27 000 Hektar Rebfläche) gehörte bis 1945 zu Hessen, liegt aber nach der heutigen Landkarte in Rheinland-Pfalz. Seine Grenzen sind so weit gezogen, dass es stilistisch und qualitativ völlig unterschiedliche Weine hervorbringt. Auf den fruchtbaren Lössböden des Hinterlands zwi-schen Alzey und Worms findet man ein Sammelsurium von über zwei Dutzend Rebsorten, aber selten Weine, die größerer Beachtung wert sind: Bacchus, Ortega, Faberrebe, Huxel, Morio Muskat, Scheurebe, Silvaner, Cabernet Sauvignon sowie viel belangloser Dornfelder und schlichter Müller-Thurgau. Einzig der Silvaner, der früher einmal die Hauptrebsorte Rheinhessens war, dann in Vergessenheit geriet und heute wiederentdeckt wird, ist eine echte Spezialität der Region. Leitsorte ist auch in Rheinhessen der Riesling. Herausragende Lagen für diese Sorte finden sich an der Rheinfront, wie die östliche Abbruchkante zwischen Nackenheim und Alsheim genannt wird. Das Herzstück der Rheinfront ist der „Rote Hang“ zwischen Nackenheim und Nierstein, wo roter Sandstein und roter Schiefer steil zum Rhein abfallen. Von dort kommen große, trockene Rieslinge, die an Fülle und Feinheit kaum zu überbieten sind. Auch auf den Kalkriffen im Hinterland von Worms (Westhofen, Zellertal, Flörsheim-Dalsheim, Hohen-Sülzen) wachsen auf Kalkuntergrund kühle, hochmineralische Rieslinge. Die

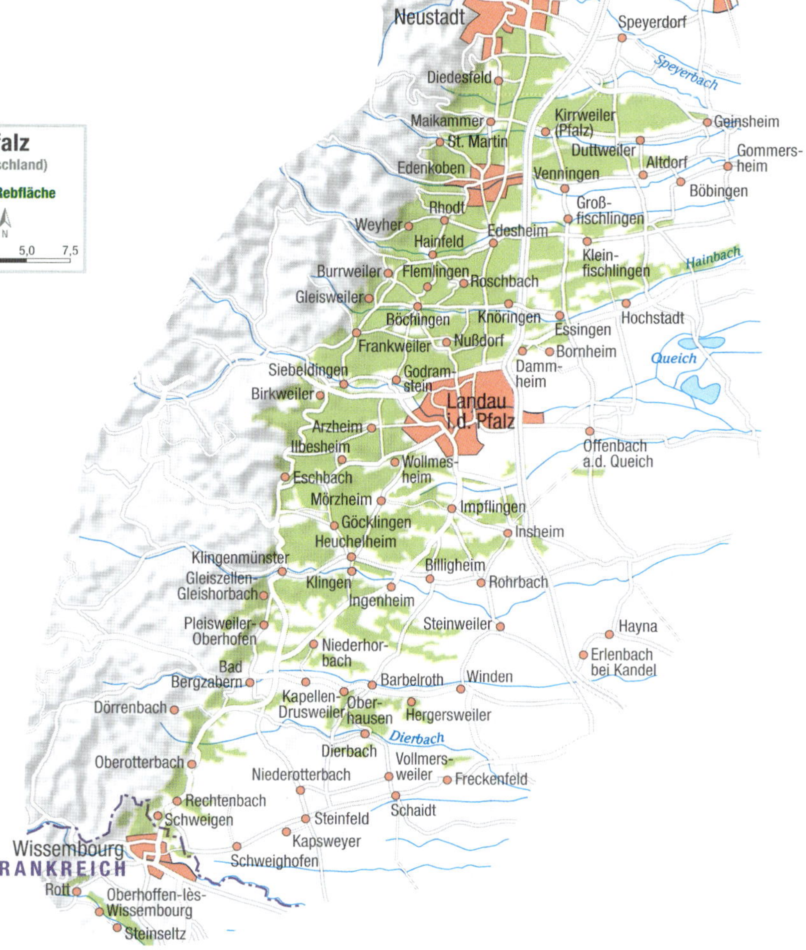

Zone um Ingelheim im Norden ist eine traditionelle Rotweinnische. Doch auch dort entstehen auf ehemaligen Korallenriffen und Kalkbänken spannungsgeladene Rieslinge sowie gute Grau- und Weißburgunder. Überhaupt gibt es in Rheinhessen viele kleine Nischen, aus denen originelle, hochwertige Weine kommen. Sie lassen all die bescheidenen Tröpfchen vergessen, die einst auf den ehemaligen Kartoffel- und Rübenäckern dieser Region wuchsen – auch die Liebfraumilch, die ursprünglich aus Worms stammt und früher mal ein gesuchter Wein war, seit Jahrzehnten aber nur noch Restverwertung von unverkäuflichen Fassweinen nahezu jedweder Sorte und Herkunft ist.

Bacharach am Mittelrhein: atemberaubende Aussichten, dramatisch steile Weinberge

Alter Glanz und neue Glorie

Der Rheingau

Der Rheingau ist ein kleines (3200 Hektar Rebfläche), aber illustres Weinanbaugebiet westlich von Frankfurt. Es reicht von Hochheim über Wiesbaden, Eltville und Rüdesheim bis nach Lorch. Auf den kalkhaltigen, sanft nach Süden zum Rhein abfallenden Lösshängen wachsen kräftige, in der Spitze sehr feine Weißweine, auf einer Phyllitschieferinsel bei Assmannshausen auch feinfruchtige Spätburgunder. Der Riesling bedeckt 77 Prozent der Rebfläche. Er wird – im Unterschied zum Mosel-Riesling – überwiegend trocken bis halbtrocken ausgebaut. Um Schloss Johannisberg und das Kloster Eberbach wuchsen bereits im 13. Jahrhundert Reben. Zu Beginn des 20. Jahrhunderts zahlten Londoner Weinkenner für eine Flasche besten Rheingauers – damals „Hock“ genannt – genauso viel wie für eine Flasche Château Lafite. Im Vergleich dazu ist Rheingauer Wein heute preiswert. In seinen besten Qualitäten gehört er jedoch immer noch zu den großen Weißweinen der Welt. Weingemeinden wie Rüdesheim, Oestrich-Winkel, Hattenheim, Erbach, Kiedrich und Rauenthal genießen nach wie vor Weltruf. Allerdings werden auch zahllose einfache Weine angeboten, die nicht mehr als Primäraromen zu bieten haben. Die weit verbreitete lokale Ver-

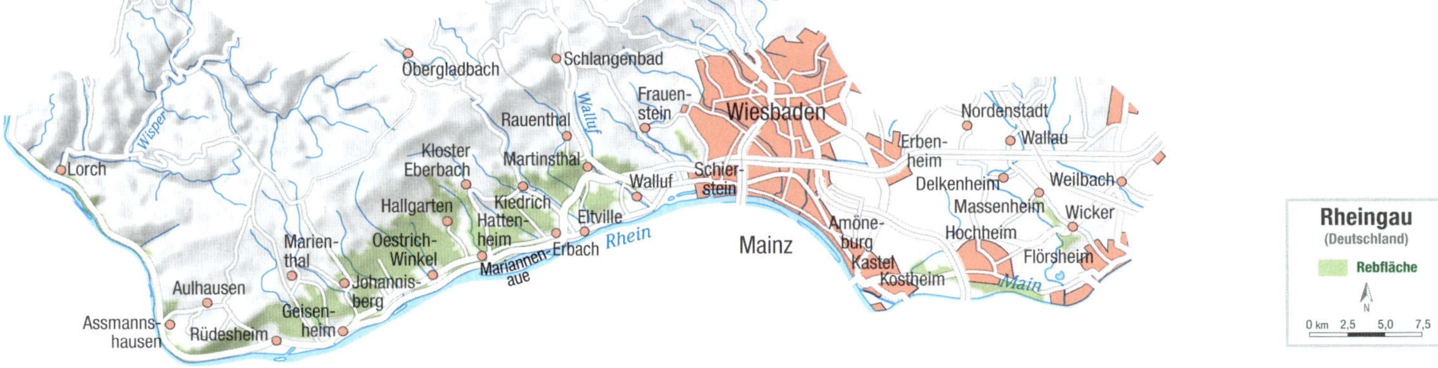

marktung über Buschenschänken und Straßenfeste dient auch nicht gerade der Qualitätssteigerung.

Mittelrhein

Das Anbaugebiet Mittelrhein umfasst ein knapp 100 Kilometer langes Gebiet links und rechts des Rheins. Es reicht von Lorch im Süden bis nach Königswinter südlich von Bonn. Den guten Ruf dieses eher wenig bekannten Gebiets macht der spritzige, säurebetonte, leicht mineralisch schmeckende Riesling aus. Auch Weiß- und Grauburgunder sind in den Weinbergen gut vertreten. Freilich ist der Weinbau nur an wenigen Hängen (oder Seitentälern) des Rheins möglich. Fast immer sind es steile, nach Süden ausgerichtete und mit Tonschiefer bedeckte Terrassenlagen, die nicht flurbereinigt, schwer zugänglich und nur von Hand zu bearbeiten sind. Weil Arbeitskräfte fehlen, sind viele Lagen in den letzten Jahren offen gelassen worden. Heute sind nur noch etwa 460 Hektar mit Reben bestockt – Tendenz abnehmend.

Ahr

Die Ahr liegt deutlich nördlich des 51. Breitengrads, der häufig als eine natürliche Weinbaugrenze in Europa angesehen wird. Überraschenderweise zählt die Ahr jedoch zu den wärmsten deutschen Weinbauzonen. Vor allem in den nach Süden ausgerichteten Steillagen mit ihren wärmespeichernden Schieferverwitterungsböden herrschen bis in den Herbst hinein hohe Temperaturen. Diese besonderen klimatischen Verhältnisse sind der Grund dafür, dass an der Ahr seit jeher Rotwein erzeugt wird. Knapp 73 Prozent der kleinen, oft gartenähnlich angelegten Rebpflanzungen bestehen aus roten Sorten. Die mit Abstand wichtigste ist der Spätburgunder, aus dem samtige Weine mit zarter Frucht und kräftiger Würze gewonnen werden. Auch der Frühburgunder wurde in den letzten Jahren vermehrt angebaut. Der anspruchslose Blaue Portugieser befindet sich dagegen auf dem Rückzug. Weiße Sorten machen nur einen geringen Teil der insgesamt 560 Hektar umfassenden Rebfläche aus. Der Riesling dominiert klar. Benannt ist das Anbaugebiet nach dem Flüsschen Ahr, das durch die Eifel mäandert, um südlich von Bonn in den Rhein zu münden. Im oberen, engen Teil des Tals zwischen Altenahr und Marienthal wachsen filigrane, zartfruchtige Weine. Von den Lösslehmböden des breiteren, unteren Teils (von Walporzheim bis Heimersheim) kommen hingegen vollmundigere, üppigere Weine.

Spätburgunder: häufigste rote Sorte in Deutschland

Inmitten von Weinbergen: Schloss Vollrads mit seinem aus dem 14. Jahrhundert stammenden Wohnturm

Bernkastel-Kues an der Mosel: Die Paradelage Doctorberg fällt steil zum Fluss ab.

Riesling, was sonst?

Mosel

Die Mosel mit ihren steil zum Fluss abfallenden Weinbergen gehört zu den imposantesten Weinlandschaften der Welt. Dort, auf den wärmespeichernden Schiefer- und Grauwackeböden, entstehen leichte, zartwürzige Weine mit stahliger Säure und ausgeprägten Apfel-, Pfirsich-, Aprikosenaromen sowie einer markanten Schiefernote. Ein großer Teil der Reben ist noch „wurzelecht", also unveredelt. Allerdings sind die Grenzen des Anbaugebiets vom Gesetzgeber ziemlich großzügig festgelegt worden. Sie gehen weit über die Steillagen hinaus auf die Höhen von Hunsrück und Eifel, wo höchstens der einfache Müller-Thurgau reif wird. Auf den flachen Schwemmlandböden in den Moselschleifen stehen ebenfalls Reben, deren Trauben nie die Qualität des Steillagenweins erreichen. So bringt die Mosel heute zugleich Hochgewächse im Weltmaßstab und eine Flut biederer Schlichtweine hervor. Der Riesling ist die wichtigste Rebsorte und nimmt über

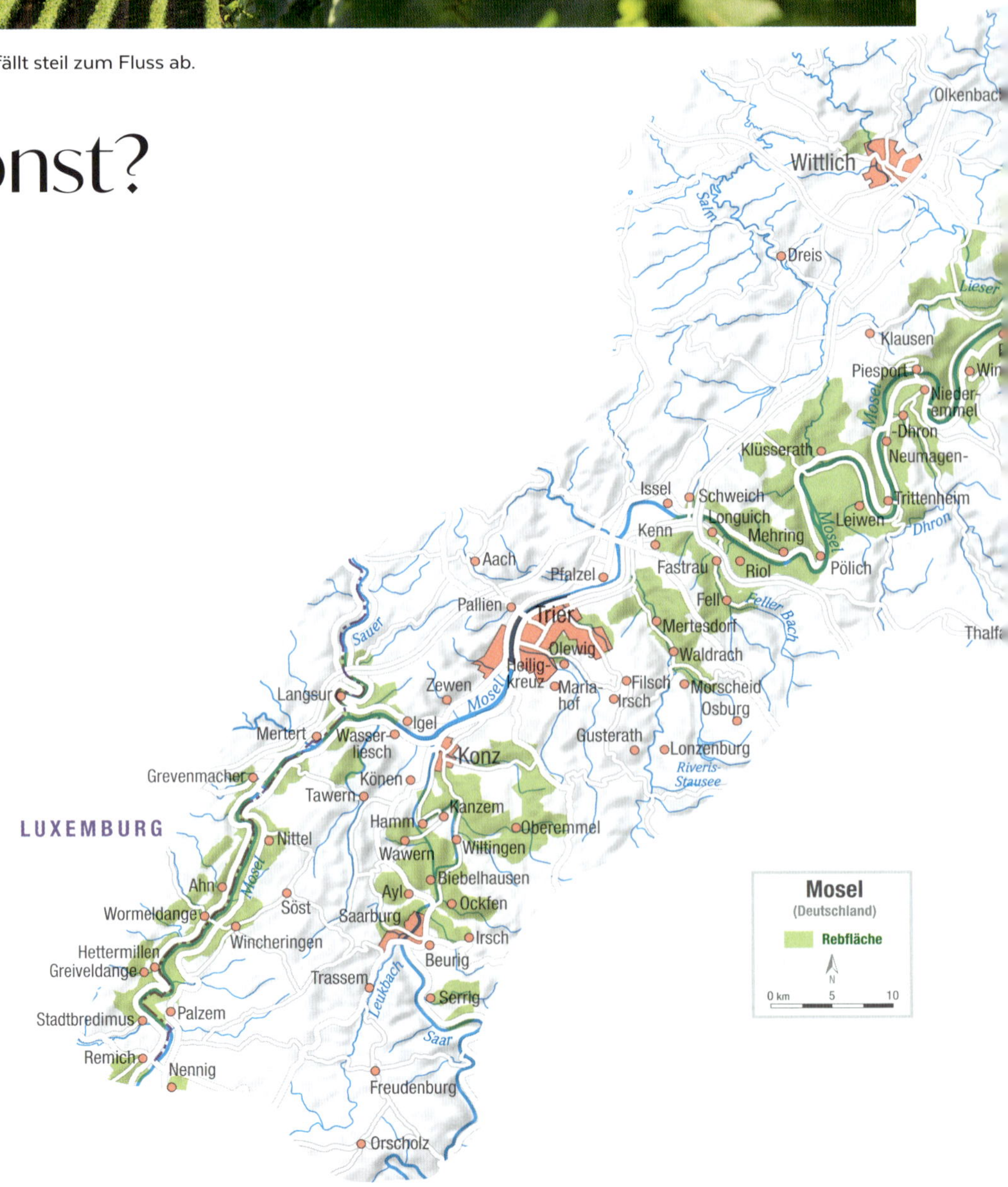

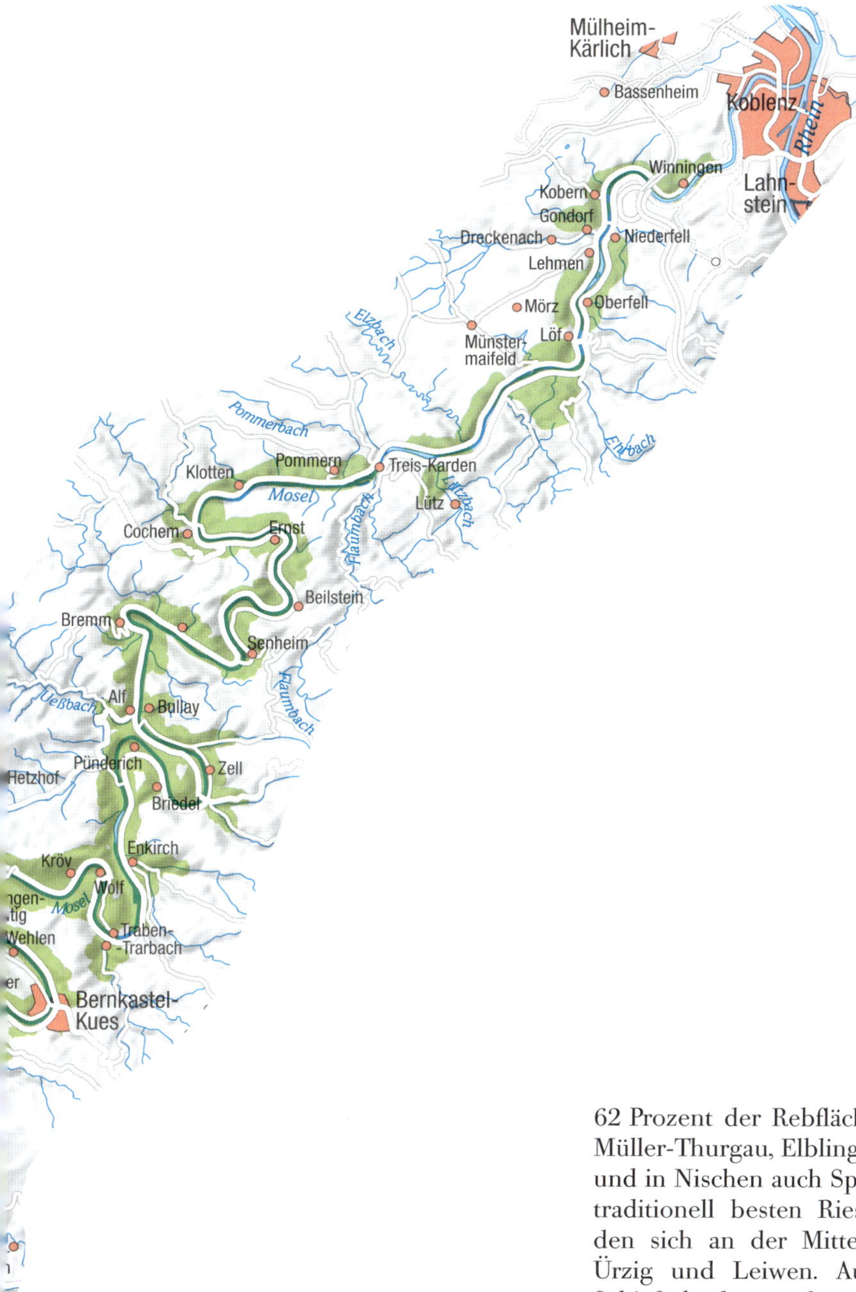

Die Sonnenuhr in Wehlen

62 Prozent der Rebfläche ein. Es folgen Müller-Thurgau, Elbling, Weißburgunder und in Nischen auch Spätburgunder. Die traditionell besten Rieslinglagen befinden sich an der Mittelmosel zwischen Ürzig und Leiwen. Auf den dortigen Schieferböden wachsen die filigransten, feinsten Weine mit einer zarten, weinigen Säure. Nur ein Drittel wird trocken ausgebaut. Die meisten Weine sind fruchtig-mild und enthalten 20 bis 50 Gramm Restzucker.

In den letzten 30 Jahren haben auch einige Weine von der Untermosel zwischen Cochem und Koblenz Aufsehen erregt. Dieser Teil der Mosel wird, weil er noch nicht ganz flurbereinigt ist, auch „Terrassenmosel“ genannt. Dort sind die Rieslinge etwas weniger filigran, aber ebenso fein.

Die Ruwer, ein kleiner Nebenfluss bei Trier, bringt ebenfalls zarte, säurebetonte Rieslinge hervor. Der Weinbau an der Saar hat in den letzten Jahren zu einem wahren Höhenflug angesetzt. Die Weine haben stark an Qualität zugelegt und gehören heute zu den eindrucksvollsten des ganzen Anbaugebiets. Sie haben in der Regel die höchste Säure.

Wie von der Mittelmosel kommen von der Saar grandiose Beeren- und Trockenbeerenauslesen, und, wenn es friert, auch gigantische Eisweine. Insgesamt schrumpft der Weinbau an der Mosel leicht. Derzeit beträgt die bestockte Fläche nur noch knapp 8600 Hektar. Davon sind deutlich über 5000 Hektar Riesling.

Deutschlands wärmste Weingegend: der Kaiserstuhl in Baden

In Sonne gebadet

Baden

Baden ist das südlichste Anbaugebiet Deutschlands und das heterogenste zugleich. Es reicht vom Taubertal im Norden über Heidelberg, Baden-Baden, Freiburg und Basel-Stadt bis an den Bodensee nach Lindau. Die Rebfläche beträgt knapp 16 000 Hektar.

Baden besteht aus mehreren völlig eigenständigen Unterzonen. Die bekannteste ist der Kaiserstuhl: ein warmes, aus der Rheinebene emporsteigendes Hügelgebiet, in dem vor allem Spätburgunder angebaut wird. Aus ihm entstehen dort gut strukturierte Rotweine, die in der Spitze zu den besten Deutschlands gehören. Gleiches gilt für den benachbarten Tuniberg, wo ebenfalls Vulkanverwitterungs- und Lössböden dominieren. Wenn es um Weißwein geht, setzen die Winzer beider Gebiete vor allem auf Weiß- und Grauburgunder. Aus ihnen entstehen in dem warmen Klima des Rheingrabens stoffige, ja körperreiche Weine. In seiner traditionellen Version wird der Grauburgunder als leicht restsüßer Ruländer angeboten, hat als solcher jedoch seinen Markt verloren. Durch die Klimaerwärmung hat der Chardonnay am Kaiserstuhl Einzug gehalten. Burgundisch im Holzfass vinifiziert, bereichert er das Sortiment der Region deutlich.

Weiter nördlich im Breisgau, wo die Reben direkt am Fuße des Schwarzwalds stehen, findet man einen bunten Rebsortenmix, der neben den genannten Sorten auch Gewürztraminer, Kerner, Nobling, Muskateller und Müller-Thurgau (dort Rivaner genannt) enthält. Der Rosé heißt dort Badisch Rotgold und entsteht per Verschnitt von Grau- und Spätburgunder. Riesling trifft man vor allem in der Ortenau um Baden-Baden (dort Klingelberger genannt), aber auch im Kraichgau südlich von Heidelberg an. Die Weine erreichen jedoch kaum die Feinheit der Rieslinge aus den weiter nördlich gelegenen Anbaugebieten. Ansonsten konzentriert sich der Weinbau dort auf die Burgundersorten.

Südlich von Freiburg beginnt das Markgräflerland. Dort ist die Gutedel-Traube zu Hause, die in der Schweiz Chasselas heißt. Aus ihr werden leichte, unkomplizierte Alltagsweißweine gewonnen.

Am Bodensee dominieren Müller-Thurgau und die Burgundersorten, während im nördlichen Taubertal, das auch badisches Frankenland genannt wird, Silvaner angebaut wird. Dort dürfen die Weine ausnahmsweise in die fränkische Bocksbeutelflasche abgefüllt werden.

Für ganz Baden gilt, dass die Weine fast ausschließlich trocken ausgebaut werden. Lieblich-fruchtige Weine sind eher eine Seltenheit.

Hessische Bergstraße

Die Hessische Bergstraße ist das kleinste Weinbaugebiet Deutschlands (460 Hektar Rebfläche). Gleichwohl kommen von den steil ins Rheintal abfallenden Westhängen um Bensheim und Heppenheim hervorragende Rieslinge. Daneben wird viel Grauburgunder und ein wenig Spätburgunder angebaut, in denen sich die Nähe zu Baden widerspiegelt. Der größte Teil des Weins wird in den Weinwirtschaften und Gasthäusern der unmittelbaren Umgebung getrunken. Aber auch in den nahen Großstädten Darmstadt und Frankfurt kommt viel Bergsträßer Wein auf den Tisch.

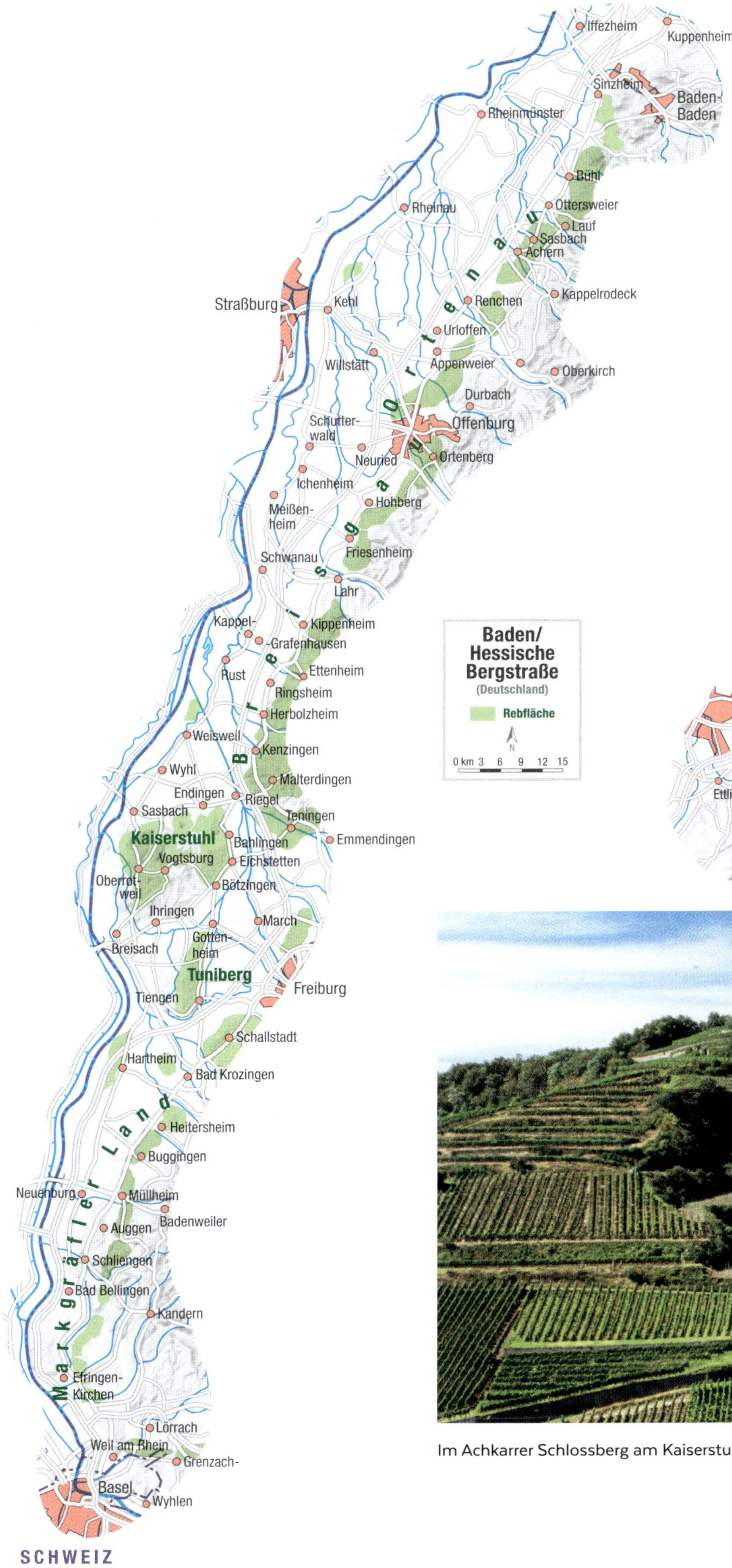

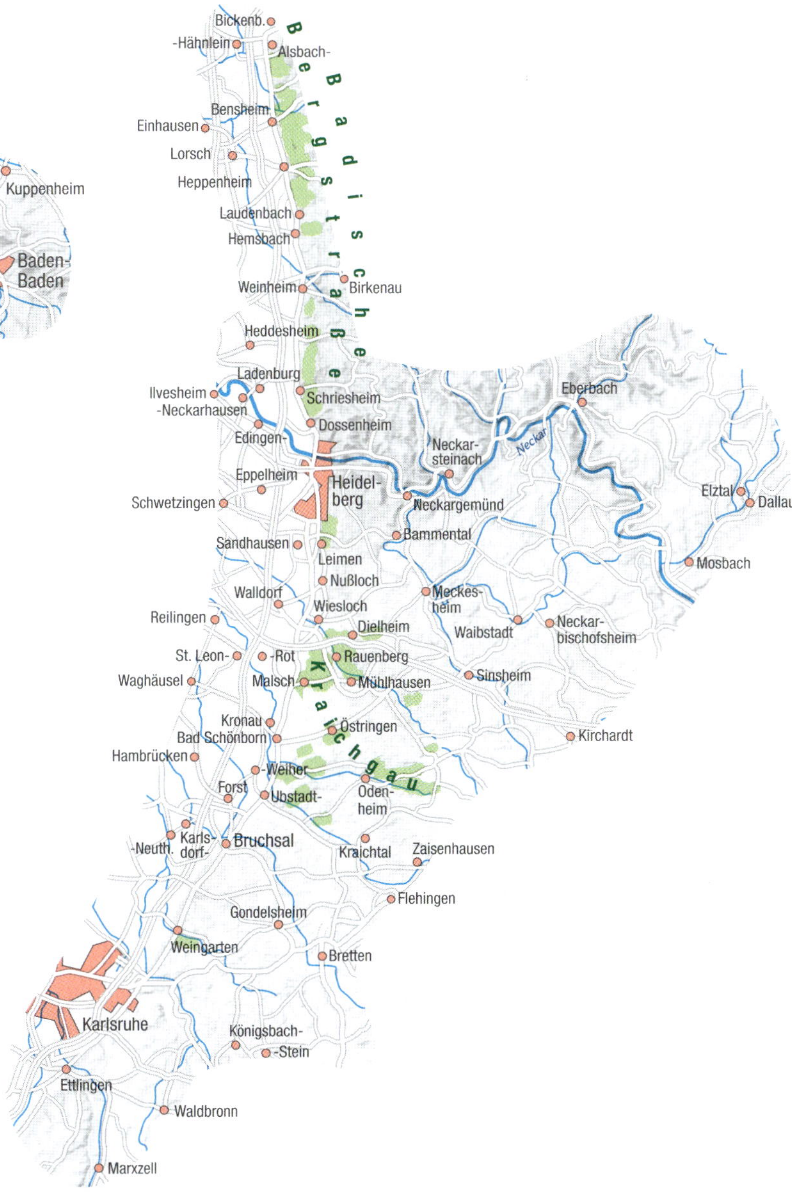

Im Achkarrer Schlossberg am Kaiserstuhl wachsen einige der besten Spätburgunder Deutschlands.

Nicht nur Trollinger

Württemberg

Württemberg ist Rotweinland. Zwei Drittel des Weins wird aus roten Trauben erzeugt. Der größte Teil ist blassroter Trollinger, der außerhalb des Anbaugebietes gar nicht, in Schwaben umso lieber getrunken wird. Die Sorte ist dem Südtiroler Vernatsch identisch. Einigen Weingütern ist es gelungen, niveauvolle Weine aus dieser Sorte zu erzeugen (die für Winzer und die traditionell starken Genossenschaften noch immer eine Cashcow ist). Der größte Teil des Trollingers kommt aus dem Unterland, wie das Neckartal um Heilbronn mit seinen Nebenflüssen Enz und Kocher heißt.

Der klassische Württemberger Rotwein wird aus Lemberger erzeugt, dem deutschen Pendant zur Blaufränkischrebe. Das Qualitätsspektrum dieses Weins ist groß und schwankt zwischen parfümierten hellen Tröpfchen und durch Maischeerhitzung dunkelrot funkelnden, abgesofteten und meist neuholzbetonten Aromabomben. Dazwischen gibt es aber auch charaktervolle, geschliffene Weine, die meist reinsortig gekeltert sind, aber auch mit anderen dunklen Rotweinen verschnitten werden, etwa den Neuzüchtungen Acolon und Cabernet Dorsa, die sich im „Ländle" relativ großer Beliebtheit erfreuen (inzwischen geht der Trend zu Syrah, Cabernet Franc, Merlot, Sangiovese, Tempranillo). Lemberger – auf einigen Etiketten schon in Blaufränkisch umbenannt – steht zusammen mit dem Spätburgunder an der Spitze der württembergischen Rotweinpyramide. Letzterer wurde früher selten angebaut, hat in den letzten Jahren aber mächtig aufgeholt und ergibt, wenn auf den richtigen Böden wachsend, ausgezeichnete Qualitäten. Auch der Schwarzriesling (Pinot Meunier), der einfache, aber preiswerte Weine ergibt, behauptet hartnäckig seine Stellung, während der Samtrot, eine Mutation der Pinot Meunier, nach und nach an Boden verliert.

Bei den Weißweinen dominiert der Riesling. Er ist nicht immer so nuanciert wie die Rieslinge aus den klassischen Rieslinganbaugebieten, kann im Einzelfall aber mit ihnen auf Augenhöhe sein.

Die knapp 11 500 Hektar Rebflächen Württembergs verteilen sich auf viele Untergebiete. Von besonderer Bedeutung ist das Remstal bei Stuttgart. Von den dortigen Keuper- und Muschelkalkböden kommen einige der besten Rot- und Weißweine des Anbaugebiets.

Das Remstal umfasst viele östliche Vororte Stuttgarts. Ein nicht geringer Teil des Weins wird von der lokalen Bevölkerung in den zahlreichen Besenwirtschaften konsumiert, die sich in Weinstadt, Großheppach, Waiblingen, Fellbach und Bad Cannstadt befinden. Vor allem der Trollinger ist populär.

19 MARZ 19

Wenig Riesling, viel Burgunder

Franken ist Silvaner-Land: In den Steillagen unterhalb der Vogelsburg bei Volkach am Main wachsen einige der besten Weine des Anbaugebiets.

Franken

Franken ist kein zusammenhängendes Anbaugebiet. Seine Weinberge liegen in klimatisch begünstigten Nischen längs des Mains verstreut, und zwar von Aschaffenburg im Westen bis Schweinfurt im Nordosten (insgesamt über 6100 Hektar). Der Ausdehnung des Anbaugebiets entspricht die Unterschiedlichkeit der Böden. Um Aschaffenburg finden sich Urgesteinsböden, im „Mainviereck" zwischen Gemünden, Wertheim, Bürgstadt und Klingenberg Buntsandsteinböden, im Osten um Iphofen und Castell schwerer Gipskeuper. Zentrum des Weinbaus ist das „Maindreieck" zwischen Würzburg, Ochsenfurth und Volkach. Dort herrschen wiederum Muschelkalkböden vor. Die Unterschiedlichkeit der Böden spiegelt sich in der Breite des Rebensortiments wider. Es enthält mehr als ein Dutzend Sorten, darunter die beliebte Neuzüchtung Bacchus, die gern auf den zahlreichen Weinfesten ausgeschenkt wird.

Die Leitsorte Frankens ist der Silvaner. Aus ihm werden stoffige, leicht würzige Weine mit viel Fruchtschmelz gewonnen,

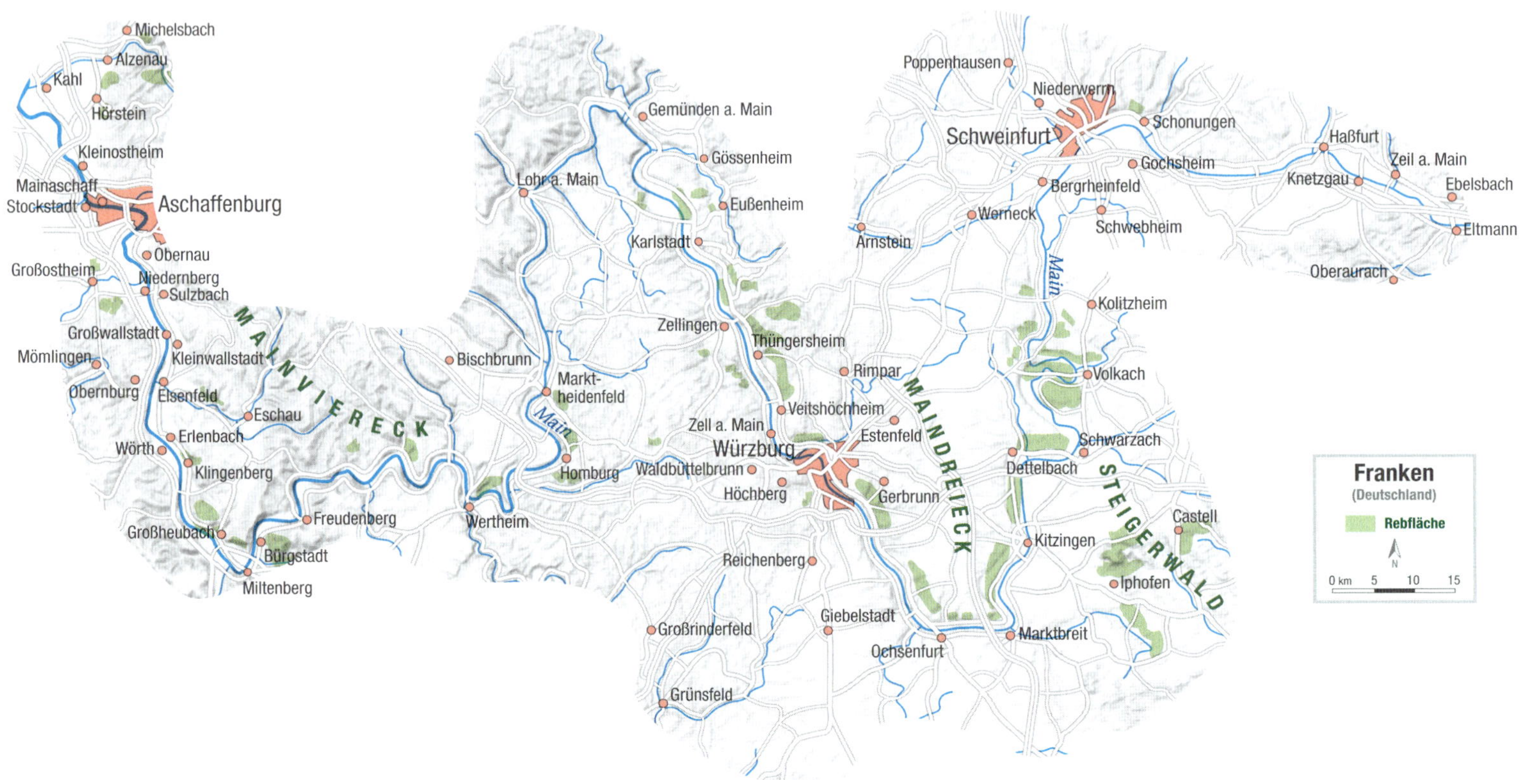

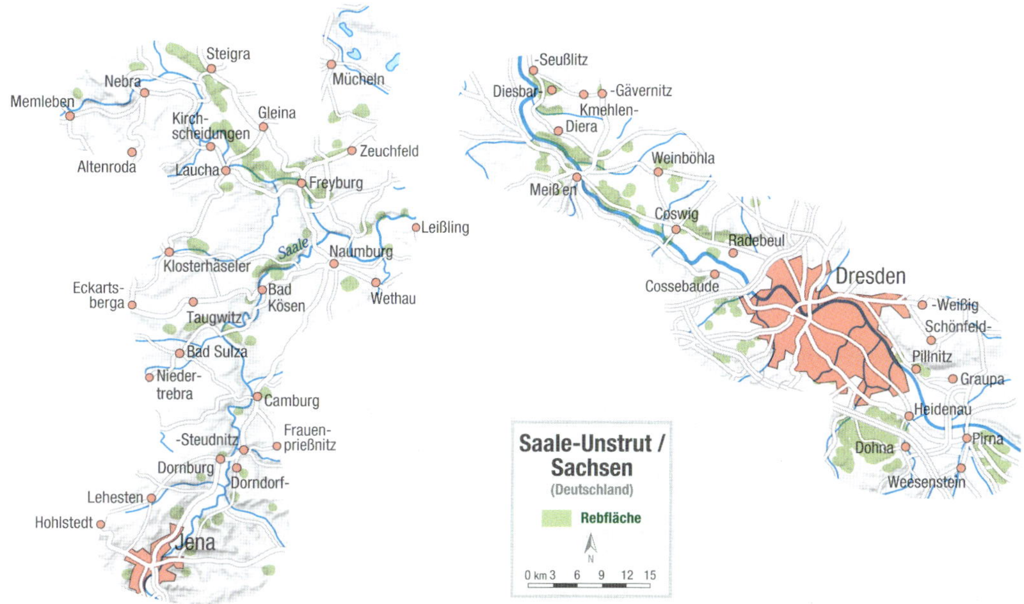

die in Deutschland unübertroffen sind. Sein altbackenes Image hat der Wein vollkommen abgestreift. Der Riesling wird nur in wenigen Lagen reif, ergibt dann allerdings ähnlich hochklassige Weine wie anderswo. Einige Winzer sind auf den Rieslaner ausgewichen (Silvaner × Riesling), aus dem in Franken riesling-ähnliche, jedoch leicht parfümierte Weine entstehen. Häufigste Sorte ist immer noch der Müller-Thurgau, aus dem nur selten spannungsreiche, dafür umso häufiger leichte, spritzige Spaßweine erzeugt werden. Frankens Weine werden größtenteils trocken ausgebaut (bis vier Gramm Restzucker) und in den charakteristischen Bocksbeutel abgefüllt.
Obwohl das Anbaugebiet in weiten Teilen ein klassisches Weißweinland ist, nehmen die roten Sorten inzwischen über 10 Prozent der Rebfläche ein. Spätburgunder, Frühburgunder, Domina und Regent haben in den letzten Jahren einen starken Zuwachs erlebt. Allerdings genießen nur wenige Rotweine überregionale Bedeutung. Die feinsten Roten kommen vom Spätburgunder, der seine besten Qualitäten auf den warmen Buntsandsteinböden von Bürgstadt und Miltenberg erreicht.

Saale-Unstrut

Die Weinberge an den Ufern der Saale und ihres Nebenflusses Unstrut bilden zusammen das nördlichste Qualitätsweinanbaugebiet Deutschlands. Es liegt etwa auf dem gleichen Breitengrad wie Kassel und umfasst inzwischen wieder über 800 Hektar (nach 350 Hektar im Jahr 1990). Erstaunlich warme und trockene Sommer schaffen die Voraussetzungen, um die Trauben dort reif werden zu lassen – trotz einer Jahresdurchschnittstemperatur von nur 9 °C. Angebaut werden vor allem Müller-Thurgau und Silvaner, als Rotweinsorte auch Dornfelder. Alle drei Sorten reifen früh und passen in die kurze Vegetationsperiode, die wegen der langen, kalten Winter oft erst im April beginnt. Nur ganz vereinzelt finden sich Riesling und Traminer in den Weinbergen. Dafür wird vermehrt Weißburgunder angebaut, der auf den Muschelkalk- und Buntsandsteinböden zarte, durchaus finessenreiche Weine hervorbringen kann. Freilich sind alle Weine von Saale und Unstrut leicht und säurebetont. Sie werden fast ausschließlich trocken ausgebaut und zeigen einen erdig-herben Unterton. Die geringe Produktion wird – von den Produkten einer großen Sektkellerei abgesehen – überwiegend im Anbaugebiet selbst konsumiert.

Sachsen

Sachsen ist das östlichste und zweitkleinste der 13 deutschen Anbaugebiete. Die Rebgärten umfassen inzwischen über 500 Hektar, Tendenz steigend. Sie liegen im Elbtal zwischen Meißen und Dresden. Trotz der kühlen Jahresdurchschnittstemperaturen spendet das Elbbecken in der Vegetationsperiode genügend Wärme, um die Trauben reif werden zu lassen. Die Reben stehen auf steinigen Granit- und Gneisböden mit einzelnen Porphyr- und Buntsandsteineinsprengseln. Der Riesling ist die wertvollste und häufigste Sorte. Seine Rebfläche ist auf über 13 Prozent gewachsen. Er hat den Müller-Thurgau überflügelt, der vor einigen Jahren noch rund ein Viertel der Rebfläche bedeckte. Auch der Anbau von Weiß- und Grauburgunder nimmt zu. Daneben wird ein wenig Traminer und neuerdings Elbling angebaut. Außerdem finden sich in den kleinen, aufwendig terrassierten Weingärten geringe Mengen an Kerner, Scheurebe, Perle und Bacchus. Eine sächsische Spezialität ist der Goldriesling: eine Kreuzung aus Riesling × Maligne. Die trocken ausgebauten Weine aus den guten Lagen sind durchweg ausdrucksvoll, in der Spitze sogar bemerkenswert fein.

Weinanbaugebiet Saale-Unstrut: herzoglicher Weinberg mit Weinberghaus in Freyburg

ÖSTERREICH – die Weinrepublik

Grüner Veltliner und Blaufränkisch haben in den letzten Jahren weltweit Aufsehen erregt. Doch Weine von Weltklasse liefern auch Riesling und Sauvignon Blanc. Leider ist das Land zu klein, um die ganze Welt mit seinen Weinen zu beglücken – zumal der Weindurst der Österreicher selbst groß ist.

Weinland Österreich

Rebfläche: 44 500 Hektar
Produktion: 2,3 Mio. Hektoliter
Konsum pro Kopf: 30,8 Liter

Die häufigsten weißen Sorten

1. Grüner Veltliner 32 %
2. Welschriesling 6,3 %
3. Riesling 4,6 %
4. Chardonnay (Morillon) 4,3 %
5. Weißburgunder 4,2 %

Die häufigsten roten Sorten

1. Zweigelt 13,6 %
2. Blaufränkisch 5,8 %
3. Pinot Noir 1,3 %
4. Cabernet Sauvignon 1,3 %
5. St. Laurent 1,3 %

Das Weinrecht

Qualitätswein mit geschützter Ursprungsbezeichnung (Mindestmostgewicht 15° Klosterneuburger Mostgewichtswaage, KMW), Kabinett (17 °KMW).
Darüber stehen die Prädikatsweine, die restsüß ausgebaut werden: Spätlese (Mindestmostgewicht 19 °KMW), Auslese (21 °KMW), Beerenauslese, Ausbruch, Eiswein (25 °KMW).
Für Qualitäts- und Prädikatsweine gilt in Österreich eine Ertragsbegrenzung von 9000 Kilogramm Trauben pro Hektar.

Districtus Austriae Controllatus

Die neue österreichische Herkunftsbezeichnung DAC wird nur Weinen verliehen, die aus genau festgelegten, für jedes Weinanbaugebiet typischen Rebsorten gewonnen werden: Weinviertel DAC (für Grüner Veltliner), Kremstal DAC (für Grüner Veltliner, Riesling), Kamptal DAC (für Grüner Veltliner, Riesling), Wagram DAC (für Grüner Veltliner, Roter Veltliner, Weißburgunder, Chardonnay, Riesling, Blauburgunder, Zweigelt), Traisental DAC (für Grüner Veltliner, Riesling), Carnuntum DAC (für Chardonnay, Weißburgunder, Grüner Veltliner, Zweigelt, Blaufränkisch), Wiener Gemischter Satz DAC (für Gemischter Satz), Neusiedler See DAC (für Zweigelt und Süßwein), Leithaberg DAC (für Weißburgunder, Chardonnay, Grüner Veltliner, Neuburger, Blaufränkisch), Rosalia DAC (für Blaufränkisch, Zweigelt), Ruster Ausbruch DAC (Süßweine), Mittelburgenland DAC (für Blaufränkisch), Eisenberg DAC (für Blaufränkisch), Wachau DAC (Grüner Veltliner, Riesling), Thermenregion DAC (Rotgipfler, Zierfandler, Weißburgunder, Chardonnay, Pinot Noir, St. Laurent), Vulkanland Steiermark DAC (für Welschriesling, Weißburgunder, Grauburgunder, Chardonnay, Neuburger, Muskateller, Sauvignon blanc, Traminer, Blauer Wildbacher), Weststeiermark DAC (Welschriesling, Weißburgunder, Morillon, Grauburgunder, Riesling, Muskateller, Sauvignon Blanc, Traminer und Schilcher).

Als Herkunftsland hochwertiger Weine wurde Österreich erst spät wahrgenommen. Auch heute ist, bedingt durch die verhältnismäßig geringe Produktionsmenge, das Wissen um den österreichischen Wein im Ausland noch eher gering – Deutschland ausgenommen. Aber die Situation ändert sich. Auch in anderen Nachbarländern, vor allem aber in den USA, steigt die Wertschätzung für den Wein aus der Alpenrepublik stark an – und damit die Begehrlichkeiten der Konsumenten. Doch guter Wein ist knapp. Ihn reklamieren die Österreicher zunächst einmal für sich selbst. Drei Viertel ihres Weins trinken sie selbst.

Der Weinskandal von 1985

Den Schwenk zur Qualitätsweinproduktion hat Österreich erst spät vollzogen. Nachdem 1985 Weinfälschungen im großen Stil aufgeflogen waren, brach der Weinhandel des Landes komplett zusammen. Aus der Krise gingen jene Winzer und Weinkellereien gestärkt hervor, die sich der Qualität verschrieben hatten. Ein neues, intelligentes Weingesetz wurde verabschiedet, die Weinkontrolle intensiviert. Seitdem befindet sich Österreich

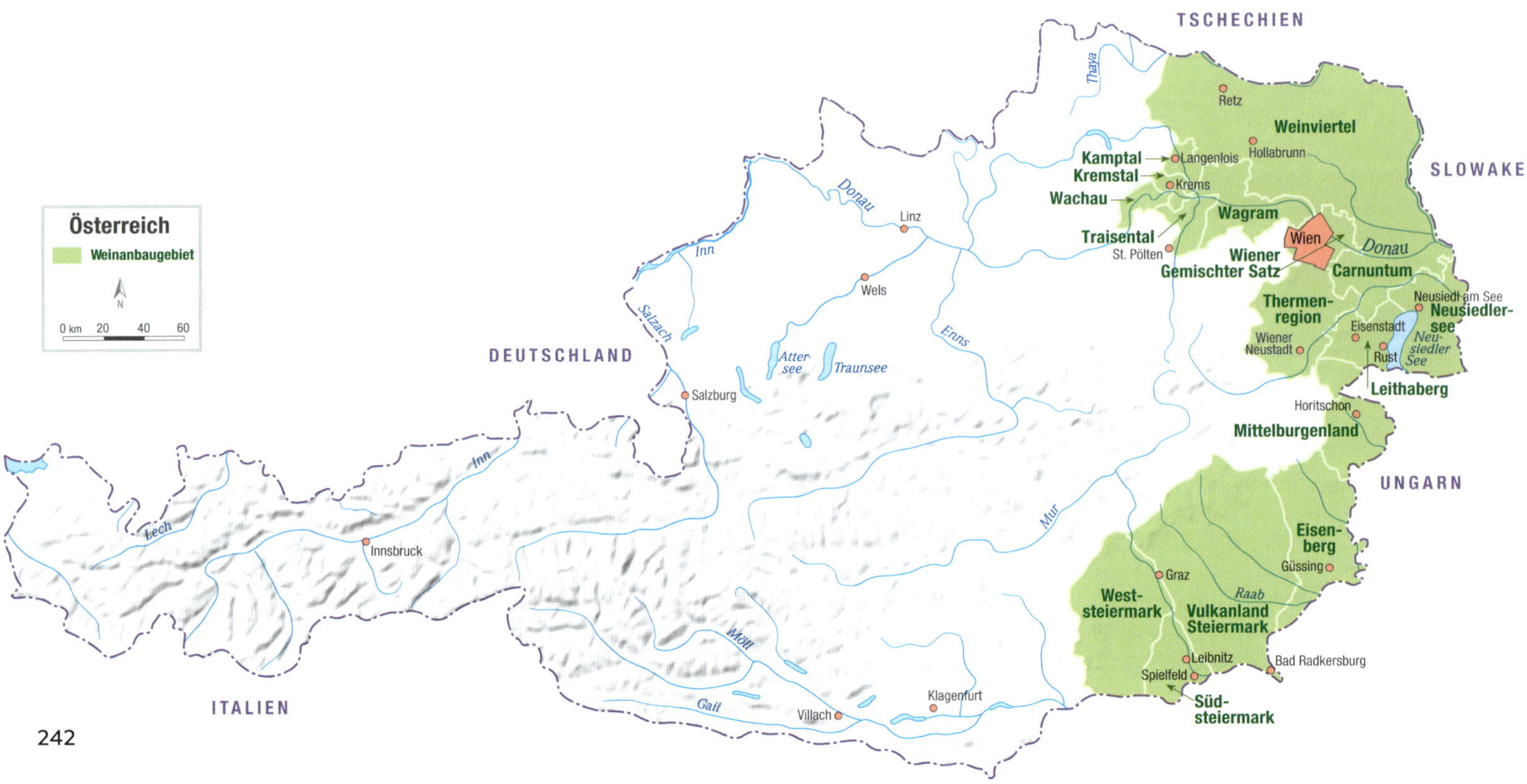

Tausendeimerberg bei Spitz in der Wachau: steile Weinbergsterrassen an der Donau

im Aufwind. Das handwerkliche Niveau österreichischer Weine ist mustergültig, viele besitzen Charakter, einige sind schlicht Weltspitze.

Pioniere: Wachau und Steiermark

Die Ursachen für den Aufstieg des österreichischen Weins haben viel mit dem stark ausgeprägten Bewusstsein österreichischer Winzer für den Wert ihres eigenen Terroirs zu tun: ihre Bodenständigkeit und Leidenschaft – das waren und sind die Triebfedern für den Erfolg Österreichs. Dazu kommen Konsumenten, die den Wert handwerklicher Arbeit in Weinberg und Keller zu schätzen wissen, eine aufmerksame Presse, die die Entwicklung des Weinbaus kontinuierlich begleitet und eine weinaffine Gastronomie, wie es sie nicht in jedem westeuropäischen Land gibt. Vorreiter der Entwicklung waren so renommierte Weinanbaugebiete wie die Wachau und die Steiermark, in denen die ersten Winzer gleich nach dem Weinskandal das Ruder herumwarfen und mit der Tradition dünner, gesüßter Billigweine aus dem „Doppler", der Zweiliterflasche, Schluss machten. Grüner Veltliner und Riesling waren die Erfolgsweine in der Wachau, Sauvignon Blanc und Morillon (Chardonnay) in der Steiermark. Weitere Regionen folgten den Pionieren.

Neue Rotweine für das Land

Nach 1990 besann sich Österreich dann auch wieder auf seine Rotweintradition. Vor allem im Burgenland wurden neue Weinberge mit Blaufränkisch und Zweigelt angelegt, neue Keller gebaut, zeitgemäße Weinbereitungstechniken eingeführt. Viele Winzer der jungen Generation reisten (und reisen) ins Ausland, um sich dort über den Stand der Önologie zu informieren und fremde Weine kennenzulernen. Was sie sahen und hörten, schlägt sich heute in ihren Weinen nieder. Dass manchmal mehr kopiert als weiterentwickelt wurde, war nicht ganz zu vermeiden. Unbestritten ist, dass die Zahl der Schlichtweine gesunken ist und die charakterstarker, eigenständiger Weine stark zugenommen hat. Rebsorten wie Grüner Veltliner und Blaufränkisch sind die Botschafter des neuen österreichischen Weins geworden.

Auf den Löss- und Urgesteinsböden in Krems an der Donau dominieren Grüner Veltliner und Riesling.

Smaragde und große Reserves

Traisental

Das älteste, aber auch das kleinste Weißweinanbaugebiet Österreichs zwischen der niederösterreichischen Landeshauptstadt St. Pölten und dem Dorf Traisen an der Donau. Auf knapp 800 Hektar steht vor allem Grüner Veltliner (60%), der auf dem kalkhaltigen Sedimentgestein mineralische Weine mit kräftiger Säurestruktur ergibt. Die Reserveweine haben sich als äußerst langlebig erwiesen. In kleinen Mengen wird auch Riesling (6%) angebaut, in noch kleineren Mengen Weißburgunder, Grauburgunder und Chardonnay.

Wachau

Kleines, nur 1200 Hektar umfassendes, aber prominentes Weinanbaugebiet an der Donau zwischen Melk und Krems, zugleich eine der faszinierendsten Weinlandschaften der Welt. Die Wachau verläuft parallel zur Donau und ist charakterisiert durch kleine, sich teilweise steil übereinander türmende Terrassenweingärten, in denen auf verwittertem Urgestein und Löss Grüne Veltliner und Rieslinge von Weltklasse wachsen. Durch die Öffnung des Donautals nach Osten liegt die Wachau im Einflußbereich warmen pannonischen Klimas, was dazu führt, dass die Trauben voll ausreifen können und teilweise monumentale Weine mit über 14 Vol.% Alkohol ergeben. Zugleich strömt kühle Luft durch die Seitentäler des Waldviertels herein und sorgt dafür, dass die Säure erhalten bleibt. 1993 haben sich die Wachauer Winzer zum Winzerverband „Vinea Wachau" zusammengeschlossen und sich mit strengen Richtlinien und einem eigenen Bezeichnungswesen profiliert. So werden die Qualitätsweine je nach Alkoholgehalt und Typus in die Kategorien Steinfeder (bis 11,5 Vol.%), Federspiel (bis 12,5 Vol.%) und Smaragd (über 12,5 Vol.%) eingeordnet. Letztere bilden mit ihren exotischen Fruchtnoten und den Honigtönen die Spitze der Qualitätshierarchie. Möglich sind Smaragde (benannt nach der Smaragdeidechse, die in den Terrassenmauern lebt) nur durch späte Lese, teilweise erst im November. Ein Teil der Beeren ist zu diesem Zeitpunkt bereits von Botrytis befallen, der Edelfäule. Sie sorgt für Fülle und Komplexität, aber auch für sehr hohe Alkoholgehalte. Die meisten Winzer ziehen es heute vor, die edelfaulen Beeren auszulesen und ihre Smaragde nur aus gesunden Trauben zu erzeugen.

Kremstal

Die Wachau geht fließend in das Anbaugebiet Kremstal über. Die Rebflächen befinden sich in und um die gleichnamige Stadt an der Donau und erstrecken sich bis tief ins Hinterland – sowohl nach Osten als auch auf die südliche Seite der Donau. Insgesamt sind über 2200 Hektar mit Reben bestockt. Rebsorte Nummer eins ist der Grüne Veltliner. Sie dominiert das Rebensortiment deutlich und erreicht auf den wasserspeichernden Lössböden um Krems Qualitäten, die denen der Wachau gleichwertig sind. Allerdings gibt es keine Federspiele oder Smaragdweine. Die einfachen Grünen Veltliner

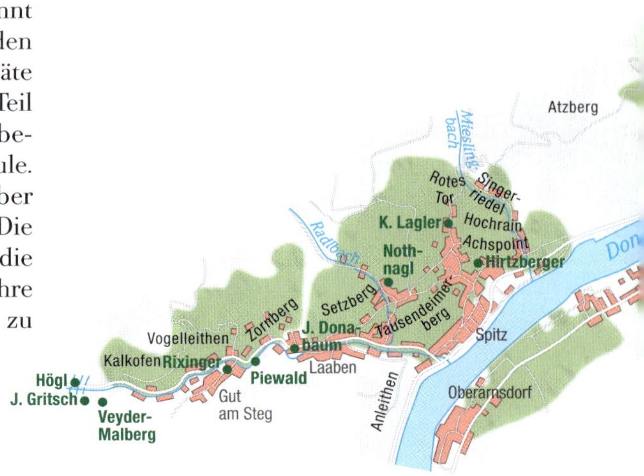

und Rieslinge kommen als Kremstal DAC auf den Markt, die gehobenen Qualitäten mit Smaragd-Stilistik (aber nicht botrytis-dominiert) als Kremstal DAC Reserve. Der Riesling wächst im Krems auf kleinen quarzhaltigen Urgesteinsinseln. Er ist die zweite wichtige Rebsorte des Anbaugebiets und ergibt zartduftige, leicht würzige, immer gehaltvolle Weine mit beträchtlichem Alterungsvermögen. Roter Veltliner wird auch vereinzelt kultiviert, in kleinem Umfang auch Zweigelt.

Kamptal

An Krems anschließendes, donauabgewandtes Anbaugebiet um die Stadt Langenlois. In seinem trockenen, warmen Klima entstehen kräftige, in den hoch gelegenen Terrassenlagen mit ihren kargen Konglomeratböden stark mineralische, in tieferen Lehm- und Lösslagen aromaintensive, würzige Weißweine. Der größte Teil der Rebfläche (3900 Hektar) ist mit Grünem Veltliner und Riesling bestockt, denen die großen Temperatursprünge zwischen Tag und Nacht zugutekommen. Beide können sich mit den besten Weinen der Wachau messen und haben DAC-Status. Müller-Thurgau, früher die zweitwichtigste Sorte, ist heute zunehmend durch Zweigelt ersetzt worden.

Wagram

Weinanbaugebiet an der mittleren Donau, das von Klosterneuburg bei Wien über Tulln bis kurz vor Krems reicht. In dem nördlich der Donau gelegenen Teil wachsen kräftige, würzige Grüner Veltliner heran. Berühmte Weinorte sind Feuersbrunn, Fels, Engelmannsbrunn, Grossriedental und Kirchdorf. Der langgezogene, leicht hängig zur Donau abfallende Südhang ist eine Lössanwehung an den Ufern des Urmeeres und entsprechend reich an Mineralien. Eine Spezialität dieses Anbaugebiets ist der Rote Veltliner, der zwar nicht die Feinheit des Grünen Veltliner erreicht, aber sich durch seine dicke Schale gut zur Kaltvergärung eignet und entsprechend langlebige Weine liefert. Südlich der Donau wächst nur wenig Wein, der größte Teil um Klosterneuburg vor den Toren Wiens.

Terrassierte Steillagen bei Weißenkirchen in der Wachau: ohne Beregnung kein Weinbau möglich

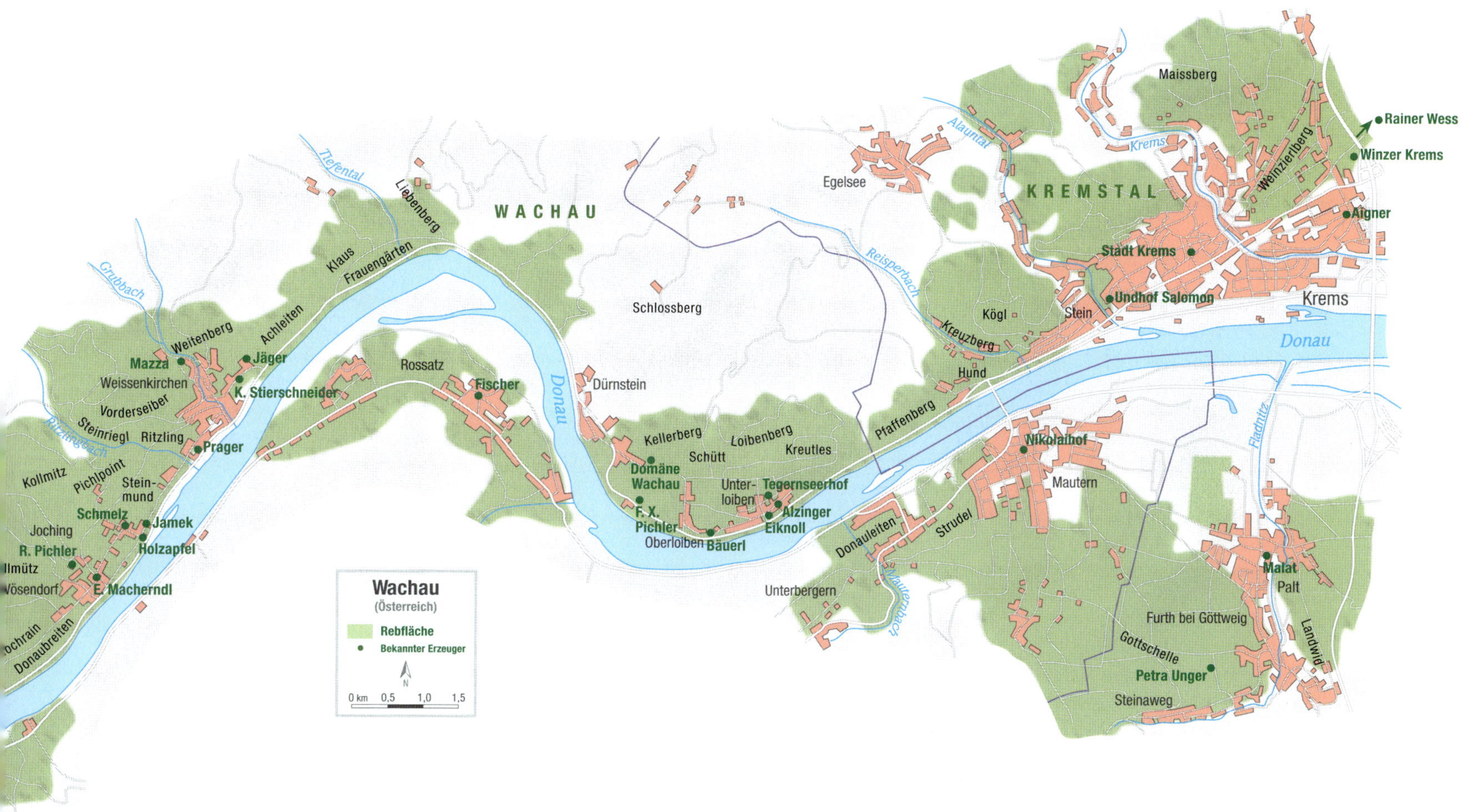

Neue Rote braucht das Land

In den Kellern rund um den Neusiedler See liegen vor allem Rot- und Süßweine.

Neusiedler See

Der Neusiedler See ist eines von fünf Anbaugebieten des Burgenlands. Es zieht sich von der Stadt Neusiedl bis an die ungarische Grenze hin. Bekannt ist das Gebiet für seine Rot- und Süßweine. Rotwein – das bedeutet hier vor allem Zweigelt. In Weinbauorten wie Weiden, Gols, Mönchhof, Frauenkirchen, Andau ist sie die dominierende Sorte, die dunkel farbene, reiche Weine mit milder Säure ergibt. Sie kommen als Neusiedlersee DAC auf den Markt. Alle anderen Rotweine (Blaufränkisch, St. Laurent, Pinot Noir) tragen nur die Herkunftsbezeichnung „Burgenland" auf dem Etikett, so auch der bekannte Pannobile: Cuvées einer Vereinigung bester Winzer aus Gols. Die Süßwein-Kultur verdankt sich einer klimatischen Besonderheit im Seewinkel, wie der äußerste Landzipfel um Illmitz und Apetlon genannt wird. Wegen der zahlreichen Wasserflächen, „Lacken" genannt, herrscht dort an sonnigen Oktobertagen ein feucht-warmes Treibhausklima, in dem die reifen Trauben von dem Edelschimmelpilz Botritis Cinerea befallen werden und zu schrumpeln beginnen. Aus ihnen werden hochkarätige Beerenauslesen und Trockenbeerenauslesen erzeugt erzeugt (ebenfalls als Neusiedlersee DAC). Verwendet werden für diese Süßweine alle möglichen weißen Sorten, besonders gern die aromatischen wie Traminer, Morio-Muskat, Scheurebe (die dort Sämling heißt). Trockene Weißweine sind am Neusiedler See eher rar.

Leithaberg, Ruster Ausbruch, Rosalia

Am Westufer des Neusiedlersees Sees liegt das Anbaugebiet Leithaberg. Die Reben reichen vom Seeufer bis auf die halbe Höhe des Leithagebirges. Dieser stark bewaldete Höhenzug ist der letzte Ausläufer der Kalkalpen. Entsprechend mineralisch sind die Böden. Die gebietstypischen Weißweine sind Chardonnay, Weißburgunder und Neuburger (auf einer Urgesteinsinsel bei Donnerskirchen auch Grüner Veltliner). An kühlen Stellen und auf Muschelkalk gewachsen, ergeben sie einzigartige Weine mit stark mineralischer Prägung. Sie haben DAC-Status. Stärker vertreten ist jedoch die Blaufränkisch am Leithaberg. Um Eisenstadt herum und an den zum See auslaufenden Hängen zwischen Jois, St. Margarethen, Rust und Mörbisch wachsen einige der besten Qualitäten aus dieser roten Sorte: meist mittelkräftig, dabei elegant mit bestechender Frucht und feiner Säureader. Auch sie genießen DAC-Status. Neu ist die kleine DAC-Herkunft Rosalia um die Stadt Mattersdorf herum. Sie wurde 2018 ins Leben gerufen und gilt für Blaufränkisch und Zweigelt. Der Ruster Ausbruch, eine edelsüße Auslese, Beerenauslese oder Trockenbeerenauslese, hat ebenfalls DAC-Status.

Mittelburgenland

Das Anbaugebiet südlich des Neusiedler Sees ist Österreichs kompaktestes Rotweinland. Die Rotweine haben dort einen Anteil von über 80 Prozent. Die klassische Rotweinsorte ist Blaufränkisch, die auf den tiefgründigen, schweren Lehmböden um Neckenmarkt, Horitschon, Deutschkreutz und Lutzmannsburg dichte, kompakte Weine hervorbringt. Reinsortig besitzen sie DAC-Status. Die einfachen Versionen werden gern mit Zweigelt verschnitten. Auch in der Spitze sehen viele Weingüter den Blaufränkisch nur als Cuvéepartner von Merlot, Cabernet Sauvignon oder Syrah, um schwere, reiche Weine zu erhalten, die nach Neue Welt-Vorbild mit viel Neuholz abgerundet werden.

Südburgenland/Eisenberg

Dieses kleine, aber qualitativ bedeutende burgenländische Anbaugebiet liegt im äußersten Süden des Bundeslandes (200 Hektar). Der größte Teil seiner Weinberge liegt direkt an der ungarischen Grenze bei Eisenberg, Deutsch-Schützen, Moschendorf, Heiligenbrunn. Wegen der kleinräumigen Besitzverhältnisse und der geringen Weinproduktion wird das Südburgenland auch „Weinidylle" genannt. Der Untergrund besteht aus tonigem Lehm mit einer stark eisen- und quarzhaltigen Komponente. Traditionell wird dort die Rebsorte Blaufränkisch angebaut. In Anbetracht deutlich wärmerer Temperaturen als im Norden fallen die Weine üppiger aus und haben ein reiferes Tannin als im Mittelburgenland. Reinsortig erzeugt, kommt Blaufränkisch als Eisenberg DAC auf den Markt. Allerdings

wird er gerne durch Zweigelt, Cabernet Sauvignon oder Merlot ergänzt. Das Dörfchen Rechnitz im Norden ist hingegen ein Weißweinbereich. Von dort kommt viel Welschriesling und Weißburgunder. Eine touristische Besonderheit ist der Uhudler. Der hellrote Wein wird aus Trauben alter, aus Amerika stammender Wildreben erzeugt, die nach der Reblauskatastrophe vorsichtshalber ausgepflanzt wurden und sich trotz Anbauverbots bis heute dort gehalten haben. Ihr Geschmack erinnert an Walderdbeeren.

Eisenberg im südlichen Burgenland: Rotwein-Nische an der Grenze zu Ungarn

Weinberge bei Ratsch in der Süd-Steiermark: Sauvignon Blanc von Weltklasse

„Ausgesteckt ist": Buschenschank im Wiener Stadtteil Grinzing

Wo das „Pfefferl" wächst

Wien

An der nördlichen, in geringem Ausmaß auch an der südlichen Peripherie der österreichischen Bundeshauptstadt wird seit 2500 Jahren Wein angebaut: ein einfacher, unkomplizierter Heuriger, der in den (heute) 150 Buschenschänken Wiens offen ausgeschenkt wird. Die typischen weißen Sorten sind Grüner Veltliner, Welschriesling, Riesling, Muskateller, Weißburgunder. Früher wurden sie immer gemeinsam geerntet und gemeinsam vergoren. Diese Tradition hat eine Handvoll Wiener Winzer wieder aufgegriffen. Seit 2011 ist der Wiener Gemischte Satz, so die Bezeichnung, die typische Weinspezialität der Stadt. Sie besitzt inzwischen sogar DAC-Status. Der Wein wird aus Trauben gewonnen, die teilweise in gemischten Kulturen in einem Weinberg wachsen, gemeinsam geerntet und zusammen vinifiziert werden. Keine Sorte darf mit mehr als 50 Prozent in ihm enthalten sein. Der drittgrößte Anteil muss mindestens zehn Prozent betragen. Daneben werden selbstverständlich auch reinsortige Weiß- und Rotweine produziert.

Weinviertel

Dieses größte aller österreichischen Anbaugebiete umfasst über 14 000 Hektar Weinberge, die weit verstreut zwischen Wien und der Grenze zu Tschechien bzw. der Slowakei liegen. Aus diesem Gebiet kommt die Hälfte allen Grünen Veltliners in Österreich. Das Weinviertel ist ein heterogenes Anbaugebiet. Im kühlen nördlichen Teil um Poysdorf ist der Grüne Veltliner besonders würzig. Dort weist er oft das viel zitierte „Pfefferl" auf. Weiter westlich um die Stadt Retz (berühmt wegen ihrer unterirdischen Tunnelsysteme) fällt der Grüne Veltliner fruchtiger aus. Im Süden nahe der Donau ist er üppig und reich. In geringerem Ausmaß wird im Weinviertel auch

Welschriesling, Weißburgunder, Grauburgunder, Chardonnay, Riesling, sogar Blauer Burgunder angebaut, wie der Pinot Noir in Österreich genannt wird. Die häufigste Rotweinsorte ist jedoch Zweigelt. Das Weinviertel hat 2002 als erstes österreichisches Anbaugebiet eine eigene Ursprungsbezeichnung erhalten: DAC Weinviertel steht seitdem für gebietstypischen Grünen Veltliner, DAC Reserve für die kräftigere Variante dieses Weins.

Thermenregion

Das Anbaugebiet liegt um die Stadt Baden südlich von Wien und gehört zu den wärmsten des Landes. Der Süden des Gebiets um Bad Vöslau und Weikersdorf ist bekannt für seine Rotweine aus St. Laurent und Pinot Noir, der Norden um Gumpoldskirchen berühmt für seine Weißweine. Sie werden traditionell aus den beiden autochthonen Sorten Zierfandler und Rotgipfler gewonnen: etwas rustikale, aber charaktervolle Weine. Früher wurden sie miteinander verschnitten. Die Cuvée bildete dann den „Gumpoldskirchner", der in den Heurigen und Weingasthöfen den Touristen eingeschenkt wurde. Bei aller Liebe zur Tradition: Ehrgeizige Weingüter bauen neben den altösterreichischen Sorten längst auch Chardonnay und Weißburgunder an.

Carnuntum

Kleine aufstrebende Weinbauregion südlich der Donau, die sich von Haindorf an der slowakischen Grenze über Göttlesbrunn, Bruck bis nach Mannersdorf am Leithagebirge zieht. Sie liegt im Einflussgebiet warmer pannonischer Luftströmungen, sodass das Gebiet mit seinen gut 900 Hektar Rebfläche sich besonders gut für Rotweine eignet. Traditionell wird dort Zweigelt angebaut. Ein großer Teil der Zweigelt-Winzer hat sich im Verein Rubin Carnuntum zusammengeschlossen und erzeugt unter dieser Bezeichnung kernige Weine mit sauberer Frucht und moderater Säure. Im Osten Carnuntums, vor allem an den Hängen des Spitzerbergs, wurde in den letzten Jahren vermehrt Blaufränkisch gepflanzt. Die Weine aus dieser Sorte zeichnen sich durch kühle Frucht und elegante Texturen aus. Vereinzelt werden auch Merlot, Cabernet Sauvignon, Syrah und Pinot Noir angetroffen, die – mit Ausnahme Letzterer – sich in Cuvées wiederfinden. Die zweithäufigste Rebsorte ist der Grüne Veltliner. Im warmen Klima Carnuntums entstehen aus ihr mächtige, schmelzige Weine mit hohen Alkoholgehalten. Chardonnay und Weißburgunder komplettieren das Sortiment.

Steiermark

Die Steiermark ist ein ausdehnungsmäßig großes Bundesland. Die Weinbergsfläche ist jedoch klein. Sie beträgt 5100 Hektar. Der Teil der Steiermark, in dem Reben wachsen, liegt im Süden an der slowenischen Grenze. Er ist berühmt für seine pikanten, säurebetonten Weißweine. Das gilt vor allem für die Südsteiermark, deren Leitsorten Sauvignon und Chardonnay sind (örtlich Morillon genannt). Auf den steil abfallenden Hügeln zwischen Spielfeld, Gamlitz, Ehrenhausen und Leutschach mit ihren Sand-, Schiefer-, Mergel- und Kalksteinböden werden teils knackig-frische, teils hochkomplexe Weine erzeugt, die zu den eindrucksvollsten ganz Österreichs gehören. Welschriesling, Muskateller, Weißburgunder und Chardonnay (örtlich Morillon genannt) ergänzen das Sortiment. Die höchstgelegenen und kühlsten Weinberge der Südsteiermark liegen im Sausal westlich von Leibnitz. Dort wachsen in bis zu 600 Meter Höhe auf Schieferböden schlanke, rassige Weißweine von großer Ausdruckskraft. Teils werden sie versektet – mit großem Erfolg. Erste Versuche mit Pinot Noir sind ermutigend verlaufen.

Der südöstlich von Graz liegende Teil der Steiermark ist vulkanischen Ursprungs und heißt daher „Vulkanland". Das Klima ist wärmer, das Rebensortiment breiter, die Säurestruktur der Weine etwas weniger stark ausgeprägt. Dort werden auch Burgundersorten angebaut sowie – als besondere Spezialität – der Traminer. Für ihn ist das Dorf Klöch berühmt. In den letzten Jahren wird im Vulkanland auch zunehmend Rotwein produziert: vor allem Zweigelt, dazu kleine Mengen Merlot und Syrah. Auch wenn diese Weine nicht die Fülle und Tanninkraft ihrer burgenländischen Pendants besitzen, so bereichern sie doch das Rebensortiment. Die Weststeiermark ist die Heimat einer nur noch selten anzutreffenden Traube, der Blauen Wildbacher. Die Besonderheit der Sorte ist, dass sie eine hohe Säure und gleichzeitig viel Tannin besitzt. Fast immer wird aus ihr ein pinkfarbener, urtümlicher Roséwein gemacht: der Schilcher. Er ist säurebetont und leicht adstringierend. Es gibt ihn auch als Perlwein oder Schilcher-Sekt. In allen Unterzonen der Steiermark wird außerdem Welschriesling, Müller-Thurgau, Weißburgunder und Gelber Muskateller erzeugt. Ihrer aller Trauben gehen in einen leichten, spritzigen Wein namens „Junker" ein, einen populären steirischen Markenwein. Er kommt schon im November auf den Markt – als erster Bote des neuen Jahrgangs.

Weinlese in der Thermenregion bei Baden

SCHWEIZ – die große Unbekannte

Herbstnebel über dem Genfer See: Aus dem Waadtland kommen einige der besten Chasselas-Weine der Schweiz.

Weinland Schweiz
Rebfläche: 14 700 Hektar
Produktion: 970 000–1,1 Mio. Hektoliter
Konsum pro Kopf/Jahr: 37 Liter (2020)

Die häufigsten weißen Sorten

1. Chasselas (Gutedel) 25 %
2. Müller-Thurgau 3 %
3. Chardonnay 2,7 %
4. Sylvaner (Rhin, Johannisberg) 9 %
5. Pinot Gris (Malvoisie) 1,6 %

Die häufigsten roten Sorten

1. Pinot Noir 27 %
2. Gamay 8,2 %
3. Merlot 8 %
4. Gamaret 3 %
5. Garanoir 1,6 %

Das Weinrecht
Die Schweiz hat sich 1990 eine neue Weinverordnung gegeben. Sie lehnt sich an die EU-Bestimmungen an und sieht folgende Qualitätshierarchie vor:
Kategorie I: Qualitätsweine bestimmter Appellationen (AOC).
Kategorie II: Landwein mit Ursprungsbezeichnung (Vin de Pays).
Kategorie III: Tafelwein ohne Ursprungsbezeichnung (Vin de Table).

Die Schweiz bringt nicht viel Wein hervor. Aber er wird von den Schweizern so sehr geliebt, dass sie ihn fast alleine trinken. Meist sind es einfache, leichte Weine. Doch in den letzten zwei Jahrzehnten sind immer mehr Spitzenweine entstanden.
Die Schweizer sind Patrioten. Sie lieben ihr Land, ihre Landsleute, ihre Traditionen und Bräuche, natürlich auch ihren eigenen Wein. Leider reicht er nicht aus, um den Durst aller Schweizer zu stillen, der, was Wein angeht, fast doppelt so hoch ist wie der der Deutschen. 65 Prozent dessen, was sie an Wein konsumieren, muss daher von ihren europäischen Nachbarn oder aus Übersee importiert werden. Dort hat man wiederum kaum Möglichkeiten, Schweizer Weine kennenzulernen. Rund 98 Prozent der Produktion bleibt im Land. Deshalb wissen die wenigsten Nicht-Schweizer, wie gut er ist beziehungsweise sein kann. Sie wissen nicht einmal, wo er wächst und aus welchen Rebsorten er gewonnen wird. Schweizer Wein – das ist der große Unbekannte in Europa.

Die großen Seen und das Rhônetal

In der Schweiz stehen gerade mal 15 000 Hektar unter Reben. Das entspricht etwa der Weinbergsfläche Badens. Diese Rebfläche ist kein zusammenhängendes Gebilde, sondern verteilt sich auf viele Kantone, ja auf unzählige Nischen in dem bergigen, zerklüfteten Land. Ein Teil wächst um die großen Seen des Landes: den Genfer See (Lac Léman), dem Drei-Seen-Land um den Neuenburger See (Lac de Neuchâtel), den Bielersee und den Murtensee, auch um den Zürichsee. Ein anderer Teil kommt aus dem Rheintal beziehungsweise vom Fuß der Berge, die sich rechts und links des Rheintals erheben. Im italienischsprachigen Kanton Tessin wachsen die Reben an den Talhängen um den Lago Maggiore und den Luganer See. Viel von dem, was dort an Wein gekeltert wird, ist von einfachem Zuschnitt. Aber in den letzten zwei Jahrzehnten sind immer mehr Weine entstanden, die die Bezeichnung „Spitzenwein" verdienen. Selbst wenn nicht alles mit den berühmten Weinen Europas vergleichbar ist, so findet sich doch mehr als nur eine Preziose im Sortiment dieses Landes, die durch ihren besonderen Charakter und ihre Einzigartigkeit überzeugt.
Um den heimischen Weinbau vor ausländischen Importen zu schützen, hat die Schweizer Regierung jahrzehntelang ein strenges Einfuhrregime praktiziert. Es gab massive Einfuhrbeschränkungen für ausländische Weine. Diese Beschränkungen sind inzwischen gefallen. Seit 2001 gilt der Schweizer Weinmarkt als liberalisiert. Geblieben sind Zölle auf ausländische Weine, die teilweise empfindlich hoch sind und die deren Import verteuern.

Pinot Noir – Basis der Schweizer Roten

Rund 58 Prozent des erzeugten Weines ist rot. Die am häufigsten angebaute Rebsorte ist die Pinot Noir. Teilweise großartige Qualitäten bringt sie im Kanton Graubünden hervor in Dörfern wie Fläsch, Maienfeld, Jenins, Malans und Landquart im Rheintal nördlich von Chur. Bündner Herrschaft nennen die Schweizer das Anbaugebiet. Dort ist die Pinot Noir die Leitsorte. Gleiches gilt für die Gegend um Schaffhausen. Dort ist der Weinbau nach langen Jahren der Vernachlässigung wieder neu auferstanden und bringt überraschend gute Weine aus dieser Sorte hervor. Auch im Wallis wird Pinot Noir angebaut. Im Dôle, dem typischen Rotwein der Gegend, findet er sich in einer Cuvée mit Gamay wieder. Die meisten Dôle sind angenehme, etwas rustikale Weine. Größere Anerkennung erhalten nur ganz wenige Winzer. Im Drei-Seen-Land um die Stadt Neuchâtel wird Pinot Noir sowohl als Rotwein als auch als Roséwein vinifiziert, der in der Schweiz Œil de Perdrix heißt. Das Tessin ist fast ausschließlich der Sorte Merlot vorbehalten.

Wallis – Vielfalt autochthoner Reben

Das größte Weinanbaugebiet der Schweiz liegt im Kanton Wallis. Dort wachsen die Reben zwischen 400 und 850 Meter Höhe an meist terrassierten Hängen, die vielfach nur von Hand bewirtschaftet werden können. Chasselas ist die häufigste, aber nicht unbedingt die interessanteste Rebsorte. Sie entspricht der deutschen Gutedel, und der aus ihr erzeugte Wein heißt Fendant. Interessanter sind andere Weißweine, die im oberen Rhônetal anzutreffen sind und echte Schweizer Spezialitäten darstellen: etwa der Sylvaner (Johannisberg genannt) aus Chomason und der exotische Petite Arvine aus Fully. Allerdings sind sie extrem rar, und die Preise entsprechend hoch. Die Trauben dieser und anderer autochthon schweizerischer Sorten werden auch gern als Spätlese geerntet und ergeben so edelsüße Weine – Flétri genannt. Cumalin und Humagne sind uralte rote Sorten, aus denen im Wallis tanninreiche, langlebige Weine gewonnen werden. Sie sind zwar ebenfalls rar, aber deutlich spannender als die leichten Dôle-Weine. Die Gemeinden Fully, St.-Léonard und Vétroz haben Grand Cru-Status.

Waadtland als Chasselas-Heimat

Der Kanton Waadt, das zweitgrößte Anbaugebiet der Schweiz, ist zu zwei Dritteln mit Chasselas bestockt. An den Ufern des Neuenburger Sees und des Murtensees werden aus ihr brave Weißweine gewonnen, die, weil oft einem biologischen Säureabbau unterzogen, eher säurearm und dafür leicht cremig sind: typische Alltagsweine, denen die Schweizer gerne und regelmäßig zusprechen. Der große Rest der Weine besteht aus Pinot Noir.
An den terrassierten Steilhängen des Genfer Sees – ebenfalls noch zum Waadtland gehörend – fallen die Chasselas-Weine kräftiger, alkoholreicher und ausdrucksvoller aus. Dort unterschiedet man zwischen drei Abschnitten mit insgesamt 28 kleinen Appellationen. Der Abschnitt von Bex im Rhônetal bis zum Genfer See heißt Chablais. Gute Chasselas-Appellation dort sind Yvorne und Aigle. Im Abschnitt zwischen Montreux und Lausanne – Lavaux geheißen – ragen Epesses, Saint-Saphorin sowie die beiden einzigen Grands Crus Dézaley und Calamin heraus. Im Abschnitt La Côte zwischen Morges und Nyon haben Féchy und Morges einen guten Ruf.

Kantone Genf, Zürich und Schaffhausen

Das drittgrößte Anbaugebiet liegt im Kanton Genf, zwischen der Stadt Genf und der französischen Grenze. Dort entstehen einfache, süffige Chasselas- und Pinot-Noir-Weine. In den Kantonen Zürich und Schaffhausen dominieren Pinot Noir (dort Blauburgunder genannt) und Müller-Thurgau. Auch an den Ufern der Limmat und anderen Seitentälern des Rheins im Kanton Aargau finden sich kleine Weinbauflächen, neuerdings auch am Vierwaldstättersee und am Thuner See.

Im Pinot-Noir-Fieber: Weinlese in der Bündner Herrschaft

LUXEMBURG – trinkt und schäumt

Die Obermosel nahe Schengen: Die Luxemburger lieben ihren Crémant.

Was den Weinkonsum angeht, sind die Luxemburger Spitze. Durchschnittlich 50 Liter trinken sie pro Kopf und Jahr. Das ist weit mehr als Spanier, Franzosen und Italiener trinken. Und das Preisniveau zeigt, dass sie beim Weinkauf nicht geizig sind. Der größte Teil der 50 Liter besteht jedoch aus ausländischem Wein. Die heimische Produktion ist zu gering, um den Weindurst zu stillen. Mit 1250 Hektar Reben ist das Großherzogtum das zweitkleinste Weinland Europas. Kleiner sind nur noch England und Wales. Die Reben wachsen ausschließlich im Tal der Obermosel zwischen Wasserbillig und Schengen, wo der Fluss auf 42 Kilometer Länge die Grenze zu den deutschen Weinbergen bildet.

Vom Elbling zum Riesling

In Luxemburg dominiert die Müller-Thurgau-Traube, die dort Rivaner heißt. Aus ihr werden leichte, frische Weißweine mit moderater Säure produziert, die den größten, aber nicht den hochwertigsten Teil des Weinsortiments ausmachen. Wenig überraschend, dass die Sorte auf dem Rückzug ist – ebenso wie der Elbling. Im 19. Jahrhundert waren 90 Prozent aller Luxemburger Weinberge mit dieser Sorte bestockt. Allerdings wurde fast die ganze Produktion als Fassware nach Deutschland verkauft, um versektet zu werden. Stark im Kommen sind Riesling und die Burgundersorten: Pinot Blanc, Pinot Gris, Auxerrois. Letztere ergibt filigrane, leicht säurebetonte, zartduftige Weine, die eine echte Luxemburger Spezialität darstellen. Der eleganteste Wein ist jedoch der Riesling mit feinem Würzbouquet und herzhafter Säure. Er wächst an der gesamten Obermosel, vorzugsweise in steilen Südlagen, in denen die Trauben voll ausreifen können. Den Spannungsbogen der großen Mittelmoselrieslinge erreicht er nicht ganz. Auch in der Aromatik unterscheidet er sich leicht von seinen deutschen Pendants. Im Gegensatz zur (deutschen) Mosel findet man auf Luxemburger Seite nämlich keine Schieferböden. Im Kanton Grevenmacher im nördlichen Teil herrschen Muschelkalkböden vor, im südlichen Teil im Kanton Remich Keuperböden mit Tonmergel. Sie gehören bereits zum Pariser Becken. Neben Riesling wird ein wenig Gewürztraminer und Chardonnay angebaut. Von ein paar Hektar Pinot Noir abgesehen, kommen aus Luxemburg ausschließlich Weißweine. 98 Prozent sind trocken ausgebaut.

Crémant de Luxembourg

Eine luxemburgische Spezialität ist der Crémant de Luxembourg, ein nach der klassischen Methode der Flaschengärung erzeugter Sekt, für den alle weißen Sorten herangezogen werden. Dieser Crémant steht in der Spitze besten deutschen Winzersekten nicht nach. Alle Erzeugnisse, gleich ob still oder schäumend, werden von der Luxemburger Weinkontrolle technisch und organoleptisch geprüft, bevor sie in Verkehr kommen. Die Kontrolle ist zugleich eine Klassifizierung: Erreichen die Weine bei der Prüfung mindestens zwölf Punkte (von maximal 20), erhalten sie das offizielle Rückenetikett Appellation Controllée Moselle Luxembourgeoise. Bei 14 Punkten darf der Wein sich Vin Classé nennen, bei 16 Punkten Premier Cru und bei 18 Punkten Grand Premier Cru.

Starke Winzergenossenschaften

Knapp zwei Drittel des Luxemburger Weins kommt von der Dachorganisation der fünf Winzergenossenschaften des Landes. Sie heißt Les Domaines de Vins Moselle. Die Kellereien und Handelshäuser, die sich 1928 in der Fédération des Producteurs Négociants zusammengeschlossen haben, erzeugen vor allem Schaumweine. Daneben gibt es über 50 unabhängige Winzer, die mit viel Einsatz und Ehrgeiz das Niveau des luxemburgischen Weins hochhalten. Viele haben sich in der Charta Privatwinzer zusammengeschlossen, dem Luxemburger Pendant zum deutschen VDP.

Weinland Luxemburg

Rebfläche: 1250 Hektar
Produktion: 90 000–100 000 Hektoliter
Konsum pro Kopf/Jahr: 50 Liter

Die häufigsten Sorten

1. Rivaner (Müller-Thurgau) 24 %
2. Auxerrois 15 %
3. Pinot Gris 15 %
4. Riesling 12,5 %
5. Pinot Blanc 11 %
6. Elbling 6,7 %

ENGLAND – English Fizz

England ist in der Welt mehr als Weintrinker-Nation denn als weinproduzierende Nation bekannt. Historisch lässt sich zwar belegen, dass die Kirche schon im Mittelalter Reben zur Weingewinnung anbaute, eventuell sogar schon die Römer. Aber ein durchschlagender Erfolg war dem englischen Weinbau nicht gegönnt. Der warme Golfstrom, der die Insel streift, hat es möglich gemacht, dass in Cornwall, Dorset und Devonshire, auf den Kanalinseln und auch im Süden von Wales Trauben reifen. Doch Weinbau war in England eher ein gehobenes Hobby für adelige Landbesitzer und abenteuerlustige Apfelfarmer. Ein Blick ins Rebsortiment zeigt, dass es vor allem deutsche Neuzüchtungen waren, denen die englischen Traubenfarmer vertrauten: Bacchus, Müller-Thurgau, Ortega, Phoenix, Solaris, Reichensteiner.

Die Klimaerwärmung hat alles geändert

Mit der Klimaerwärmung Ende des 20. Jahrhunderts hat sich die Situation des englischen Weinbaus grundlegend geändert. Plötzlich wurden Trauben reif, die vorher nie eine Chance hatten, das für die Weinherstellung notwendige Mostgewicht zu erreichen. Waren 1990 gerade mal 630 Hektar in England mit Reben bestockt, so sind es 2016 schon über 1800 Hektar, auf denen Wein produziert wird. Für 2032 sind 7800 Hektar prognostiziert. Und der größte Teil des Zuwachses liegt nicht im warmen Südwesten, sondern im kühleren Südosten der Insel: in den Grafschaften Kent, Sussex, Hampshire und Essex. Mit über 1400 Sonnenstunden im Jahr herrschen dort klimatische Bedingen fast wie in der Champagne. Angebaut werden seitdem vor allem Chardonnay, Pinot Noir und Pinot Meunier. Das Ziel: Schaumweine nach französischem Vorbild zu erzeugen. Das Vorhaben ist nicht unrealistisch. Die Südküste Englands ist Teil des Pariser Beckens, in dem auch die Champagne liegt. Im Untergrundg findet sich dieselbe Kreide, die auch in Frankreich den Champagner prägt.

Schon heute zwei Drittel Schaumwein

Die alten englischen Weinberge mit den deutschen Neuzüchtungen existieren noch. Doch bei den Neuanlagen findet sich keine einzige dieser Sorten mehr. Angebaut werden nur noch die Champagnerreben. Ein kleiner Teil wird als Stillwein vinifiziert. Aber über zwei Drittel der englischen Weinproduktion besteht schon heute aus flaschenvergorenem Schaumwein. Nyetimber, Ridgeview, Gusbourne, Digby, Bolney Estate, Camel Valley, Hush Heath – so heißen einige neue Stars des English Sparkling Wine. Oder kürzer: English Fizz. Nach Expertenmeinung steht ein großer Teil dem französischen Original nicht nach. 2015 hat sich mit Taittinger erstmals ein Champagnerhaus in der Grafschaft Kent eingekauft. England sieht sich auf dem Weg zu einem Erzeugerland für Spitzenweine, Champagner eingeschlossen.

Weinland England
Rebfläche: 4000 Hektar
Produktion: 9 Mio. Hektoliter
Konsum pro Kopf/Jahr: 23 Liter

Die häufigsten Sorten
1. Chardonnay 31 %
2. Pinot Noir 29 %
3. Bacchus 8 %
5. Pinot Meunier 9 %
4. Seyval 3 %

Champagner darf er sich nicht nennen: English Sparkling Wine. Oder einfach: English Fizz

Reben um das Bodiam Castle im kühlen Sussex: Wein zum Schäumen bringen

TSCHECHIEN – Wein und viel Bier

Weinland Tschechien
Rebfläche: 17 800 Hektar
Produktion: 570 000 Hektoliter
Konsum pro Kopf/Jahr: 25 Liter

Die häufigsten weißen Sorten
1. Müller-Thurgau 8,5 %
2. Ryzlink rýnský (Riesling) 7,5 %
3. Veltlínské zelené (Grüner Veltliner) 7,4 %
4. Ryzlink vlašský (Welschriesling) 6,1 %
5. Pinot Gris 5,8 %

Die häufigsten roten Sorten
1. Svatovavrinecké (St. Laurent) 4,8 %
2. Frankovka (Blaufränkisch) 5,4 %
3. Rulandské modré (Pinot Noir) 4 %
4. Zweigeltrebe (Zweigelt) 3,9 %
5. Modrý Portugal (Blauer Portugieser) 2,7 %

Wenn es ein Nationalgetränk in Tschechien gibt, dann ist es Bier. Und da die Tschechen eine durstige Nation sind, ist ihr Bierkonsum der höchste der Welt. Wein ist in Tschechien nur eine Randerscheinung – aber eine, auf die die Tschechen sehr stolz sind.
In der Republik Tschechien gibt es offiziell zwei Weinanbaugebiete: Böhmen und Mähren. Doch nur Letzteres hat Gewicht: 95 Prozent ihrer Rebstöcke stehen in Mähren. Genau: in Südmähren zwischen der Stadt Brno (Brünn) und der Grenze zu Österreich. Südmähren ist ein hügeliger Landstrich mit viel Wald und zahlreichen Obstgärten. Dazwischen liegen bäuerliche Dörfer, die nicht selten von Burgen und Schlössern gekrönt werden. In mancher Kleinstadt findet man Marktplätze, die von prächtigen Häusern mit barocken Giebeln und Fronten umstanden sind. Zahlreiche Keller sind mit viel Kitsch dekoriert. Dort zelebriert man für Besucher Weinproben unter Aufbietung aller verfügbaren Folklore. Dazu werden lokale Spezialitäten gereicht. Der Weintourismus ist ein wichtiger Wirtschaftsfaktor.
Mähren ist in vier kleinere Weinbauzonen unterteilt. Sie heißen Znojemsko, Velké Pavlovice, Mikulovsko und Slovácko. Jede dieser Unterzonen hat andere Böden, danach richtet sich, welche Traubensorten angebaut werden. Weißweine machen den größten Teil der Produktion aus. Der Grüne Veltliner (der in der Tschechien Veltlínské zelené heißt) ist eine der drei häufigsten Weißweinsorten, die dort zu finden sind. Die anderen beiden sind Welschriesling (Ryzlink vlašský) und Müller-Thurgau. Stark im Kommen sind Riesling, Chardonnay, Grauburgunder, dazu kleine Mengen Sauvignon Blanc, Gewürztraminer und andere aromatische Sorten. Wo schwere Lehmböden anzutreffen sind, erzeugt man auch Blaufränkisch (Frankovka) und St. Laurent (Vavrincké oder Svatovavrinecké). Viele Weine werden traditionell lieblich ausgebaut – eine Konzession an den Touristengeschmack.

Österreichische Rebsorten

Dass österreichische Sorten vorherrschen, ist kein Zufall. Bis 1918, dem Ende der Habsburger Monarchie, waren Mähren und Böhmen Teil des österreichisch-ungarischen Kaiserreichs. Unter der kommunistischen Herrschaft wurden internationale Rebsorten favorisiert: Cabernet Sauvignon, Merlot, Pinot Noir, Sauvignon Blanc, Chardonnay, Gewürztraminer – noble Sorten, aus denen bescheidene Weine gewonnen wurden. Alte, einheimische Rebsorten, die es durchaus gibt, gerieten ganz in Vergessenheit.
Nach der Aufspaltung der Tschechoslowakei in Tschechien und in die Slowakei im Jahre 1992 begann auch für den Weinbau ein neues Zeitalter. Die staatlich kontrollierten Kellereikolosse wurden aufgelöst oder privatisiert. Eine Fülle kleiner Weinbauern begann, das Rebland neu zu bestocken. So kamen vor allem die österreichischen Sorten wieder zur Blüte. Aber auch autochthone Reben wie Pálava, Moravian Muscat und Aurelius erleben seitdem eine kleine Renaissance. Allerdings sind viele Keller technisch veraltet und nicht auf dem Niveau österreichischer Weingüter.

Der Weinbau in Tschechien konzentriert sich auf Südmähren.

SLOWAKEI – wenig Wein, viel Potenzial

Den Strukturwandel, dem die Slowakei seit 1992, als die Tschechoslowakei zerfiel, unterworfen war, hat die neue selbstständige Republik bis heute nicht voll verdaut. Der Verlust angestammter Absatzmärkte im Osten, teilweise ungeklärte Eigentumsverhältnisse in den Weinbergen, veraltete Kellertechnik, fehlendes modernes Know-how – all das hat dazu geführt, dass die Rebfläche seitdem um ein Viertel geschrumpft ist. Hinzu kommt, dass viele Weinberge brachliegen, andere nicht professionell bewirtschaftet werden. Die Erlöse beim Wein sind gering, exportiert wird praktisch nur in das benachbarte Tschechien.

Vor allem Weißweine

Drei Viertel der Weine sind weiß. Meist handelt es sich um leichte, rebsortentypische Weine zum schnellen Konsum. Das Rebsortiment ähnelt dem Österreichs. Grüner Veltliner, Welschriesling und Riesling dominieren. Der Riesling holt stark auf. Winzer mit guten Lagen setzen auch auf anspruchsvollere Sorten wie Gewürztraminer, Grauburgunder, Chardonnay und Weißburgunder. Weltklasseniveau können die edelsüßen Beeren-, Trockenbeerenauslesen und Eisweine haben. Letztere sind eine Spezialität des Landes. Die Mengen sind jedoch marginal. Auf den schwereren Böden wachsen rote Sorten, vor allem Frankovka (Blaufränkisch) und St. Laurent. Cabernet Sauvignon wird nur in den wärmsten Gebieten reif. Daneben werden verstärkt Kreuzungsreben angebaut, wie die Zweigelt-Variante André. Um die Hauptstadt Bratislava liegt das größte und älteste Anbaugebiet. Es heißt Malokarpatská (Kleinkarpaten) und grenzt an das österreichische Burgenland. Grüner Veltliner und Welschriesling, aber auch Blaufränkisch sind die wichtigsten Weine. Das südslowakische Anbaugebiet (Južnoslovenská) ist das wärmste. Es liegt größtenteils in der Donauebene. Dort werden in erster Linie Burgundersorten sowie Cabernet Sauvignon erzeugt. Am Fuße des Erzgebirges wachsen auch Riesling und Gewürztraminer. Nitrianská (Nitra-Gebiet) besitzt die vielleicht besten Lagen der gesamten Slowakei. Auf rund 800 Hektar Rebfläche, die hoch am Berg liegt, wachsen feinblumige, charakterstarke Weine aus allen im Land angebauten Sorten. Etwas rauere klimatische Bedingungen prägen die Weine aus der Mittelslowakei (Stredoslovenská) und Ostslowakei (Vychnodoslovenská). Tokajská im äußersten Südosten liefert die wohl besten Süßweine des Landes. Es liegt auf vulkanischen Böden und schon im Einflussbereich warmen Steppenklimas. Vor dem Zerfall der österreichisch-ungarischen Monarchie gehörte es offiziell zum Herkunftsgebiet des Tokaj-Hegyalja, deren Grenzen 1908 festgelegt worden waren. Nach 1919 verlief die neue Grenze quer durch das Gebiet. Das bedeutete: Einige Gemeinden auf slowakischer Seite waren künftig von der Produktion des Weins ausgeschlossen. Der edelsüße Wein, der dort nach Art des Tokajer hergestellt wurde, durfte sich nicht mehr Tokajer nennen. Erst nach langen Verhandlungen mit Ungarn haben drei slowakische Gemeinden 2003 das Recht auf Nutzung des alten Namens zurückerhalten. Vier weitere Gemeinden sind nach wie vor ausgeschlossen.

Weinland Slowakei

Rebfläche: 1400 Hektar
Produktion: 332 000 Hektoliter
Konsum pro Kopf/Jahr: 15 Liter

Die häufigsten weißen Sorten

1. Grüner Veltliner 14,8 %
2. Welschriesling 11,6 %
3. Müller-Thurgau 6,3 %
4. Riesling 4,2 %
5. Pinot Blanc 3,5 %

Die häufigsten roten Sorten

1. Blaufränkisch 9,7 %
2. St. Laurent 6,6 %
3. Cabernet Sauvignon 4 %
4. Odessky Cherny 1,7 %
5. André 1,5 %

Weinbau in der Slowakei: Potenzial noch lange nicht ausgeschöpft

BULGARIEN – viel Platz für Wein

Weinland Bulgarien

Rebfläche: 65 000 Hektar, davon genutzt: 110 000 Hektar
Produktion: 750 000 Hektoliter
Konsum pro Kopf/Jahr: 14 Liter

Die häufigsten weißen Sorten

1. Rkatsiteli 8,3%
2. Misket Cherven (Karlovski Misket) 6,6 %
3. Muskat-Ottonel 5,7 %
4. Chardonnay 4,8 %
5. Dimyat 4,6 %

Die häufigsten roten Sorten

1. Merlot 16 %
2. Cabernet Sauvignon 15 %
3. Pamid (Plovdina) 10,5 %
4. Shiroka Melnishka (Melnik) 1,8 %
5. Mavrud (Mavroudi) 1,8 %

Das Weinrecht

Im Zuge des Beitritts zur EU im Jahre 2004 wurde das bulgarische Weinrecht grundlegend überarbeitet. Seither gibt es strenge Richtlinien für die Erzeugung von Qualitätsweinen.

Für den Landwein (Regional no Vino) mit geografischer Bezeichnung gelten die von der EU anerkannten zwei großen Regionen Donauebene (nördlicher Landesteil) und Thrakische Ebene (südlicher Landesteil).

Beim Qualitätswein (Katschestveno Vino) gibt es zwei Stufen: **Declared Geographical Origin (DGO)**: Die Qualitätsweine mit geografischer Herkunft kommen aus einem der insgesamt 47 geografischen Bereiche.

Controliran: Diese höchste Qualitätsstufe umfasst Qualitätsweine mit garantierter und kontrollierter Herkunft. Es handelt sich um definierte Weinberge in den DGO-Bereichen. Je Wein gibt es Vorschriften bezüglich Rebsorten, Anbaumethoden und Kellertechniken. Alkohol-, Säure- und Zuckergehalt werden kontrolliert und der Wein nach einer sensorischen Prüfung durch ein staatliches Gremium freigegeben. Auf dem Etikett sind Bereich und Rebsorte/Weintyp, sowie der Text „Controliran" angeführt.

Bei den Qualitätsweinen (DGO und Controliran) können Zusatzbezeichnungen wie „Special Reserve" (Weine mit mindestens einjähriger Reifung) und „Special Selection" (mindestens zweijährige Reifung) auf den Etiketten verwendet werden.

Alte Weinberge in Thrakien am Fuße des Pirin-Gebirges: Bulgarien sucht noch nach seiner Identität.

Das warme Klima macht den Weinbau fast überall in Bulgarien möglich. Doch die Qualitäten sind schwankend und meistens recht bescheiden. Der größte Teil des Weins wird auf Grund seines (niedrigen) Preises exportiert, nicht aufgrund seiner Qualität. Das osteuropäische Land befindet sich seit dem Ende der sozialistischen Herrschaft in einem Transformationsprozess, der noch immer andauert. Der Wegbruch der Märkte in den sozialistischen Nachbarländern hat in den 1990er-Jahren zu großen Problemen für die Weinwirtschaft geführt. Die Umwandlung der Staatsbetriebe und Genossenschaften in Privatunternehmen ist noch nicht abgeschlossen, die Anpassung an marktwirtschaftliche Bedingungen nicht bruchlos vor sich gegangen. Obwohl ausländische Investoren große Kellereiprojekte in Bulgarien gestartet haben, fehlt es vielerorts am nötigen Kapital für Landkauf, die Anlage neuer Weinberge und die Nachrüstung der Kellereien. Insbesondere im klein- und mittelständischen Bereich mangelt es dadurch an Initiativen. So sind trotz des neuen Umfelds viele alte Strukturen erhalten geblieben, vor allem die Trennung von Traubenproduktion und Traubenverarbeitung. Tausenden von Kleinwinzern stehen nur wenige Kellereien gegenüber. Geblieben ist auch die Exportorientierung der bulgarischen Weinwirtschaft. Über die Hälfte der Produktion geht ins Ausland, teils als schlichter Fasswein, teils als süffiger Markenwein.

Beste Voraussetzungen

Bulgarien besitzt gute Voraussetzungen für eine florierende Weinwirtschaft. Die klimatischen Verhältnisse sind in allen Landesteilen günstig. Auch späte Sorten können regelmäßig ausreifen. So kommt es, dass Cabernet Sauvignon in Bulgarien mehr denn je angebaut und Merlot stark nachgepflanzt wird. Selbst die schwierige Pinot Noir steht höher in der Gunst der bulgarischen Weinindustrie als manche der einheimischen Sorten. Durch die allmähliche Einführung der Temperaturkontrolle können in Bulgarien heute auch moderne Weißweine erzeugt werden. International leicht vermarktbare Sorten haben auch hier die größten Zuwachsraten, etwa Chardonnay und Sauvignon Blanc, während Traditionssorten wie Rkatziteli, Aligoté, Misket, Muskat-Ottonel, Riesling, Gewürztraminer oder Ugni Blanc stagnieren beziehungsweise rückläufig sind. Insgesamt sind in Bulgarien 111 000 Hektar mit Reben bestockt.

Anspruchsvolle Rotweine

Die größten Rotweingebiete liegen in Thrakien zwischen dem Balkangebirge und der griechischen Grenze bei Plovdiv, Stara Godora und Sliven. Dort wachsen auf fruchtbaren Böden und in warmem Klima große Mengen an Cabernet Sauvignon. Neuerdings wird auch verstärkt Syrah gepflanzt. Der Deutsche Stephan Neipperg, bekannt durch seine exzellenten Weine aus St-Émilion (Canon-La-Gaffelière, La Mondotte u.a.), hat dort mit Partnern das Weingut Enira gegründet und erzeugt einige der besten Rotweine des Landes. Auch von anderen Weingütern kommen einige überraschend gute Weine, wobei die einheimische Sorte Mavrud eine große Rolle spielt (auch als Verschnittpartner).

Rebenvielfalt

Im weiter nördlich gelegenen Tal des Tundza-Flusses, auch „Tal der Rosen“ genannt und berühmt für sein Rosenöl, das für die Parfumindustrie produziert wird, befindet sich die Heimat der hellroten und der weißen Misket-Traube, einer einheimischen Kreuzungsrebe. Aus ihr wird ein aromatischer, traubig schmeckender Weißwein gewonnen, der entfernt an einen Muskateller erinnert. Karlovo, Banya, Sungurlare, Slavyantzi und Karnobat sind die Hauptanbaugebiete.

Eines der besten Rotweinanbaugebiete im Süden Bulgariens ist Harsovo an der mazedonisch-griechischen Grenze. Dort werden aus den einheimischen Sorten Melnik (rot) und Keratzuda (weiß) gehobene, teilweise auch hochklassige Rotweine erzeugt.

In den nördlich des Balkangebirges liegenden Donauebenen (die Transdanubien heißen und hügelig sind) ist das Klima moderat warm. Dort wird in erster Linie die einheimische Gamza-Rebe angebaut, aus der leichte, unkomplizierte Rotweine gewonnen werden, sowie Chardonnay, Sauvignon Blanc und zunehmend auch Merlot und Cabernet Sauvignon. Die bekanntesten Weinbaustädte in dieser Gegend sind Rousse, Suhindol, Svishtov, Vidin, Telish, Magura und Novo Selo. Das größte Weißweingebiet liegt jedoch im hügeligen Hinterland der Stadt Varna am Schwarzen Meer. Von dort kommt etwa ein Viertel der bulgarischen Weinproduktion. Angebaut werden Chardonnay, Sauvignon Blanc, Ugni Blanc, Alexandermuskat (Muscat Blanc à Petits Grains) sowie die einheimischen Weißweinreben Misket und Dimyat.

Bulgarien ist ein Land kleiner Winzer und großer Investoren: Streben nach internationaler Anerkennung.

Im Süden Bulgariens konzentriert sich die Rotweinproduktion: Weinberge bei Melnik.

RUMÄNIEN – schlafender Riese

Reben um das Kloster Saon bei Tulcea: Im Donaudelta entstehen Weine mediterraner Prägung.

Traurige Vergangenheit, hoffnungsvolle Zukunft – so könnte man die Situation Rumäniens beschreiben. Trotz deutlich schrumpfender Rebfläche steht das osteuropäische Land weltweit noch immer an 12. Stelle. Die Qualität der Weine hat in den letzten Jahren dagegen zugenommen. Das zeigt sich nicht nur bei internationalen Prämierungen, sondern auch am wachsenden Export. Er befindet sich zwar noch auf einem niedrigen Niveau, steigt aber unaufhaltsam. Die gute, teilweise hervorragende Qualität der heutigen Weine beruht auf dem Umstand, dass die Bodeneigenschaften in der jüngsten Zeit stärker beachtet wurden und die Reben standortgerecht angepflanzt werden. Auch das Rebensortiment hat sich stark geändert. Hinzu kommt, dass die Erkenntnisse der modernen Önologie zunehmend in Weinberg und Keller Einzug gehalten haben: neue Erziehungssysteme für die Reben, Reduzierung der Erträge, modernes Kellerequipment. Auch Nachhaltigkeitsbestrebungen fassen immer stärker in der Weinwirtschaft Fuß. Trotz des hohen Modernisierungstempos werden jedoch noch immer viele Weinberge extensiv bewirtschaftet oder liegen brach. Die Fehlentwicklungen der Vergangenheit und die jahrelange Stagnation in der post-sozialistischen Ära wiegen schwer. Rumänien ist ein schlafender Riese, der erst langsam erwacht.

Weinland Rumänien

Rebfläche: 188 000 Hektar
Produktion: 3,8 Mio. Hektoliter
Konsum pro Kopf/Jahr: 25 Liter

Die häufigsten weißen Sorten

1. Fetească Alba 6,4 %
2. Fetească Regală 6,4 %
3. Welschriesling (Grasevina) 3,7 %
4. Muscat Ottonel 3 %
5. Aligoté 2,7 %

Die häufigsten roten Sorten

1. Merlot 5,9 %
2. Cabernet Sauvignon 2,9 %
3. Fetească Neagră 1,7 %
4. Băbească Neagra (Großmuttertraube) 1,3 %
5. Pinot Noir 1,1 %

Der einheimische Markt boomt

Im Unterschied zum Nachbarn Bulgarien wird der weitaus größte Teil des rumänischen Weins im eigenen Land getrunken. Dominiert wird der Inlandsmarkt von Markenweinen großer Konzerne. Ihre Weine sind oft von bescheidener Qualität: einfach, säurearm, alkoholreich, spannungslos, sehr häufig halbtrocken oder lieblich. Aber die neuen Zeiten sind auch an den Großkellereien nicht spurlos vorübergegangen. Viele haben massiv investiert und erzeugen teilweise Weine von internationalem Standard. Während zu Zeiten sozialistischer Planwirtschaft vor allem Cabernet Sauvignon, Merlot, Chardonnay und Sauvignon gepflanzt worden war, werden heute wieder einheimische Rebsorten wie Fetească Alba, Fetească Regală, Furmint, Cadarcă, Băbeasca Neagră, Muscat Ottonel und Grasă de Cotnari angebaut – alles autochthone Rebsorten, aus denen bei sorgsamer Pflege charakterstarke, unverwechselbare Weine entstehen. Der Rotweinanteil nimmt zu. Aber 60 Prozent der Produktion sind immer noch Weißweine.

Die Geschichte

Weinbau gibt es im heutigen Gebiet von Rumänien wahrscheinlich schon seit 6000 Jahren. Am Anfang waren es die Griechen, die die Schwarzmeerküste besiedelten und ihre

Graf Dracula darf nicht fehlen, wenn es um die Vermarktung geht.

Reben mitbrachten. Seit dem Mittelalter ist der Weinbau in Siebenbürgen dokumentiert. Dort waren es deutsche Siedler aus Sachsen, die die ersten Weinberge anlegten. Berühmt sind auch die Banater Schwaben, die im 18. Jahrhundert vom österreichischen Kaisertum in der Pannonischen Tiefebene angesiedelt wurden und an der Westgrenze zu Ungarn mit dem Rebbau begannen.
Heute sorgen vor allem kleine Winzer, die ihre Trauben früher an die Kooperativen verkauften und jetzt mit Ehrgeiz und Leidenschaft ihre eigenen Weine auf die Flasche bringen, für Dynamik auf dem Weinmarkt. Auch ausländische Investoren bereichern die Weinszene und zeigen, welch großes Potenzial zwischen Karpaten und Schwarzem Meer liegt.

Die wichtigsten Anbaugbiete

Das Klima in Rumänien ist kontinental geprägt, mit warmheißen Sommern und kalten Wintern. Auf beiden Seiten des Karpatenbogens befinden sich acht Weinanbaugebiete (mit insgesamt 33 g. g. U.- und 11 g. U.-Gebieten).

Moldau

Mit mehr als einem Drittel der nationalen Rebfläche das größte Anbaugebiet des Landes. Es liegt an der Grenze zu Moldau und erzeugt größtenteils unkomplizierte Weiß- und Rotweine, vornehmlich aus den einheimischen Sorten. Eine Spezialität ist der weiße Süßwein Cotnari, der im 19. Jahrhundert an den europäischen Höfen mit dem Tokajer konkurrierte.

Muntenien (Große Walachei)

Südlich der Karpaten gelegenes, wärmstes Anbaugebiet Rumäniens. Die Weinberge liegen am Fuß der Karpaten und ziehen sich bis auf eine Höhe von 700 Metern. Dort wachsen vor allem Rotweine aus Cabernet Sauvignon, Merlot, Blaufränkisch (Burgund Mare) und Pinot Noir sowie aus der einheimischen Sorte Fetească Neagră. Die wichtigste Unterzone Munteniens heißt Dealu Mare und erstreckt sich über 60 Kilometer von Poiesti nach Buzau. Von dort kommen die wohl besten Rotweine des Landes.

Oltenien (Kleine Walachei)

Zweitgrößtes Weinanbaugebiet Rumäniens, im Karpatenvorland um die Stadt Craiova gelegen. Angebaut werden dort sowohl Weiß- als auch Rotweine, traditionell aus einheimischen, zunehmend aber auch aus internationalen Sorten. Der größte Teil des Weins wird lieblich ausgebaut und ist für den inländischen Konsum bestimmt.

Transsilvanien (Siebenbürgen)

Die Hochebene im Karpatenbogen wird wegen ihres kühlen Klimas und der herb-schönen Hügellandschaft auch als das Piemont Rumäniens bezeichnet. Allerdings wird in Siebenbürgen vor allem Weißwein hergestellt. Die Rebfläche ist stark zersplittert.

Dobrogea

Zwischen der Donaumündung und der Schwarzmeerküste gelegenes Weinanbaugebiet. In dem warmen, von frischen Meeresbrisen gekühlten Klima entstehen milde Rot- und Weißweine im mediterranen Stil. Die wenigsten gelangen in den Export, sondern werden in den Touristenorten am Schwarzen Meer getrunken. Ein großer Teil der Weine wird lieblich ausgebaut.

Banat

An der westlichen Grenze zu Ungarn mischen sich slawische mit alt-österreichischen Einflüssen. In diesem Gebiet, dem Banat, werden sowohl die einheimischen Feteasca˘-Reben in all ihren Spielarten sowie die Lokalsorte Creata (auch der „Riesling des Banats" genannt) angebaut, dazu Blaufränkisch, Muskat-Ottonel, Furmint, Welschriesling, Kadarka und Portugieser. Internationale Sorten wie Cabernet Sauvignon und Merlot sind hier stark vertreten.

Crisana

Die weiter nördlich an der ungarischen Grenze gelegene Crisana mit ihren Sandböden liefert einfache Weine, überwiegend aus weißen, im Süden bei Minis jedoch auch aus roten Trauben (Kadarka). Dort haben sich hauptsächlich Privatwinzer niedergelassen.

Siebenbürgen ist wegen seines kühlen Klimas ein hochwertiges Anbaugebiet für weiße und rote Sorten.

Weinberge bei Eger: Früher kam das Erlauer Stierblut von dort, Ungarns einst bekanntester Wein. Heute wächst dort feiner Blaufränkisch.

UNGARN – mehr als Erlauer Stierblut

Ungarns Rebfläche hat sich seit 1990 halbiert. Doch ein großer Teil der Weine, die aus der ehemaligen sozialistischen Republik kommen, sind heute besser als damals und qualitativ auf Augenhöhe mit denen etablierter Weinnationen. Dennoch spielt Ungarn bis jetzt nur eine Nebenrolle in Europa. Das Erlauer Stierblut gibt es noch: jenen Rotwein, der vielen Menschen früher zuerst beim Thema Ungarn einfiel – einen dunkelroten, säurearmen, oft süß ausgebauten Tropfen aus dem Supermarkt. Aber heute ist das Stierblut ein Auslaufmodell. Der Nachfolger heißt Egri Bikavér und ist eine seriöse Rotweincuvée aus dem nordungarischen Anbaugebiet Eger (Erlau, Egri). Sie wird nicht mehr aus der problematischen Sorte Kadarka gekeltert, sondern aus Kékfrankos (Blaufränkisch) mit mehr oder minder großen Anteilen Zweigelt, Cabernet Franc, Merlot u. a.

Ungarn ist Weißweinland

Ungarn ist in erster Linie ein Weißweinland. Rebsorten wie Furmint und Chardonnay dominieren deutlich. Den Rest des Weißweinsortiments – und das ist mehr als die Hälfte – machen Dutzende von autochthonen Trauben und Neuzüchtungen aus alten Sorten aus, die in kleinen Mengen angebaut werden und Ungarn zu einem kleinen Spezialitäten-Shop gemacht haben. Die mit Abstand am häufigsten angebaute Rebsorte ist allerdings rot: die Kékfrankos. Der Umstand, dass sie im benachbarten Österreich als Blaufränkisch internationale Erfolge feiert, hat auch in Ungarn zu ihrer Popularität beigetragen. Ungarns Winzer haben sich neu orientiert. Viele kleine Privatweingüter wurden gegründet, viel westliches Know-how ist in das Land geflossen. Die besten Weine Ungarns sind qualitativ auf Augenhöhe mit denen etablierter Weinnationen.

Der Nordwesten

Die ungarische Weinlandkarte gleicht einem Flickenteppich. Sie enthält 22 Anbaugebiete, die zu vier großen Weinregionen zusammengefasst sind. An den Grenzen zu Österreich und zur Slowakei liegen mehrere Anbaugebiete, in denen weiße Reben über 90 Prozent des Rebbestands ausmachen. In Pannonhalma-Sokoró (südlich von Györ) und in Aszár-Nemzmély (um die Stadt Tatabánya) kommt viel Olaszrizling (Welschriesling) und Tramini (Traminer), aber auch Rizling (Riesling) und Rizlingszilváni (Müller-Thurgau). Je näher Budapest rückt, desto häufiger findet man Weine aus den traditionellen ungarischen Sorten: in Mór (nördlich der Stadt Székesféhervár) und in Etyek-Buda Weine aus Ezerjó (Tausendgut), Hárslevelü (Lindenbättriger), Mezes Fehér (Goldtraube) und Leányka (Mädchentraube). Die dortigen Winzer finden jedoch zunehmend Gefallen an Chardonnay und Sauvignon Blanc.

Weinland Ungarn

Rebfläche: 60 000 Hektar
Produktion: 2,5 Mio. Hektoliter
Konsum pro Kopf/Jahr: 25 Liter

Die häufigsten weißen Sorten

1. Bianca* 8,6 %
2. Cserszegi Füszeres* 6,6 %
3. Furmint 5,6 %
4. Olaszrizling (Welschriesling) 5,5%
5. Chardonnay 3,3 %

Die häufigsten roten Sorten

1. Kékfrankos (Blaufränkisch) 14 %
2. Cabernet Sauvignon 4 %
3. Merlot 3,3 %
4. Zweigelt 2,3 %
5. Cabernet Franc 2,3 %

* Neuzüchtung

Balaton

Noch erdrückender ist die Weißweindominanz am Balaton, dem Plattensee. Das Sortenspektrum dort reicht vom Olaszrizling (Welsch-riesling) über Furmint, Hárslevelü, Kéknyelú (Blaustengler, Zalagyöngye (Perle von Zala), Sárgamuskotály (Gelber Muskateller), Szürkebarát (Pinot Gris), Rajnai Rizling (Riesling) und Leányka, Királyleányka (Königmädchentraube), Ottonel muskotály (Muskat-Ottonel) bis zum gewöhnlichen Rizlingszilváni (Müller-Thurgau). Sie wachsen an den südlichen Ausläufern des Bakony-Gebirges auf sandigen und basaltigen Böden. Am Südufer des Balaton im Gebiet Balatonboglár findet man auch sehr solide Rotweine aus Kékfrankos, Cabernet Sauvignon, Merlot, Zweigelt.

Der Südwesten

Die dritte große Weinregion liegt im Süden nahe der Grenze zu Kroatien. Sie wartet mit einer teilweise sehr hochwertigen Rotweinproduktion auf, vor allem in Szekszárd und in Villány-Siklós, dem wärmsten Anbaugebiet Ungarns. Die wichtigsten roten Trauben sind Kékfrankos, Kékoportó (Blauer Portugieser), Kadarka, aber zunehmend auch Cabernet Sauvignon, Cabernet Franc, Merlot und Zweigelt. Sogar ein wenig Nagyburgundi (Pinot Noir) wird dort angebaut. In Tolna und Mecsek (um die Stadt Pecs) findet man dagegen viel einfachen Olaszrizling und Chardonnay.

Der Südosten

In der Region Alföldi, der Tiefebene im Süden des Landes zwischen Donau und Theiß, liegt mit Kunság das größte Anbaugebiet. Von dort kommt die Hälfte allen ungarischen Weins. Auf den warmen Sand- und Schwemmlandböden, die meist maschinell bearbeitet werden, finden sich fast alle im Lande vertretenen Sorten wieder. Aus ihnen entstehen vornehmlich preiswerte Allerweltströpfchen und liebliche Markenweine.

Der Nordosten

Östlich von Budapest liegen vier Anbaugebiete. Zunächst Matra, benannt nach dem gleichnamigen Gebirge, dessen Südhänge mit Weißweinreben überzogen sind. Aus Olaszrizling, sowie allen anderen in Ungarn anzutreffenden Sorten entstehen dort süffige Weine. Die barocke Kleinstadt Eger, bekannt für ihre Thermalquellen, steht für Rotwein, aber nicht mehr ausschließlich. Den Egri Bikavér, das neue Stierblut, gibt es in rustikalen, aber auch in feinen Versionen. Daneben werden immer mehr reinsortige Kékfrankos, Syrah, Cabernet Sauvignon, Kadarka, Kéknyelú (Blaustengler) und andere Rotweine erzeugt. Und Weißweine gehören inzwischen auch zum Sortiment jedes Winzers. Noch weiter östlich am Fuße des Bükk-Gebirges trifft man sogar deutlich mehr Weiß- als Rotwein an, noch mehr in Tokaj-Hegyalja im äußersten östlichen Zipfel des Landes. Furmint, Hárslevelü und Sárgamuskotály (Gelber Muskateller) bedecken dort fast 100 Prozent der Rebfläche. Aus ihnen wird das „flüssige Gold" Ungarns erzeugt: der weltberühmte Tokajer. Das spezielle Klima in Tokaj mit seinen heißen Sommern und nebeligen, feuchten Herbsten fördert die Botrytis-Entwicklung, sodass die Trauben regelmäßig von der Edelfäule heimgesucht werden. Aufgrund des weltweit rückläufigen Süßweinmarktes wird in Tokaj jedoch auch mit trockenen Weiß- und Rotweinen experimentiert.

Tokaj und die Puttonyos

Der Tokaj wird aus den Sorten Furmint, Hárslevelü sowie Muscat Blanc à Petit Grains gewonnen. Voraussetzung: Über die Hälfte der Trauben muss von der Edelfäule befallen sein. Während die gesunden Trauben normal vergären, werden die edelfaulen Aszú-Trauben zu einer Art Maische verarbeitet und dem gärenden Wein zugegeben: je mehr, desto süßer und edler fällt er aus. Drei Puttonyos auf dem Etikett entsprechen einer Auslese, vier einer Beerenauslese, sechs einer Trockenbeerenauslese (Puttonyos: Anzahl der Bütten mit Aszú-Trauben, die einem 136-Liter-Fuder zugegeben werden; eine Bütte fasst 25 Kilogramm). Eine Aszú Eszencia, die Perfektion des Tokaj, gärt bis zu zehn Jahre.

SLOWENIEN – schnell aufgeholt

Die Herzerlstraße direkt an der Grenze zur Südsteiermark ist ein beliebtes Fotomotiv.

> **Weinland Slowenien**
> **Rebfläche**: 14 800 Hektar
> **Produktion**: 550 000 Hektoliter
> **Konsum pro Kopf/Jahr**: 42 Liter
>
> **Die häufigsten weißen Sorten**
> 1. Laški Rizling (Welschriesling) 9 %
> 2. Chardonnay 8 %
> 3. Muskatni Silvanec (Sauvignon Blanc) 7 %
> 4. Istrska Malvazia (Malvasia) 6 %
> 5. Rebula (Ribolla Gialla) 4 %
>
> **Die häufigsten roten Sorten**
> 1. Terrano (Refosco) 9 %
> 2. Merlot 6 %
> 3. Kavcina Crna (Zametovka) 6 %
> 4. Frankovna Crna (Blaufränkisch) 4,6 %
> 5. Cabernet Sauvignon 3 %

Slowenien ist aus dem ehemaligen Jugoslawien hervorgegangen und hat sich nicht nur politisch, sondern auch weinbaulich früh selbstständig gemacht. Seine Rebfläche ist stabil. Eine kleine, aber ständig wachsende Menge Wein erreicht mittlerweile gutes europäisches Qualitätsniveau und steht den Weinen der unmittelbaren Nachbarn Österreich und Italien kaum nach. In Einzelfällen übersteigen sie sie bereits.

Slowenien gehörte bis zum Ende des Ersten Weltkriegs zur österreich-ungarischen Monarchie. 1918 wurden Triest und die istrische Halbinsel Italien zugeschlagen. 1945 wurde Slowenien ein Gliedstaat Jugoslawiens, wobei Italien Istrien und die Küste südlich von Triest wieder verlor. Sie kamen zu Slowenien und Kroatien. 1991 löste sich Slowenien dann als erster Gliedstaat aus Jugoslawien und wurde eine selbstständige Republik. Die kulturellen, auch weinbaulichen Einflüsse Österreichs und Italiens kamen wieder zum Tragen. So kommt es, dass Slowenien von allen ost- und südosteuropäischen Nationen den größten Qualitätssprung gemacht hat. Die Winzer waren mutig genug, in Weinberge und Keller zu investieren und das erfolglose sozialistische Weinmodell konsequent hinter sich zu lassen.

Primorska

Dieser Bereich beginnt gleich hinter der italienischen Grenze bei Gorizia und reicht bis zur kroatischen Grenze. Von dort kommen Weine von bestechender Qualität und Eigenständigkeit. Das Gebiet hat vier Unterzonen: Auf den Hügeln von Brda, einer direkten Verlängerung der friaulischen D.O.C.-Zone Collio, kommen feine, gehaltvolle Weißweine aus Chardonnay, Sauvignon Blanc, Pinot Gris, Rebula (Ribolla) und Malvasia. Gleiches gilt für das südlich anschließende Vipava-Tal. Auf den roten Böden von Kras, einer Fortsetzung des italienischen Carso D.O.C., wächst traditionell der säurehaltige Rotwein Teran, in Koper an der kroatischen Grenze sein Pendant, der Refosk. Beide werden aus Refosco-Trauben gewonnen. Allerdings werden Refosco-Reben immer häufiger durch Cabernet Sauvignon, Merlot oder Pinot Noir ersetzt.

Podravje

Im Hinterland von Maribor gelegen, liefert Podravje (Tal der Drau) vor allem Weißweine. Auch wenn sie es nicht immer voll ausschöpfen, haben sie doch ein ähnliches Potenzial wie die Weine der benachbarten Südsteiermark. Innerhalb von Podravje ist das Anbaugebiet von Ljutomer-Ormoz das dynamischste. Dort werden auf rund 2 000 Hektar teils steiler Weinberge sehr anspruchsvolle trockene Weißweine erzeugt, um das Städtchen Jeruzalem auch edelsüße Weltklasseweine.

Posavje

Kleinster Weinbaubereich Sloweniens, gelegen in der Talebene des Sava-Flusses tief im Hinterland, sich bis an die Grenze zu Kroatien hinziehend. Er bildet Sloweniens größtes Rotweingebiet. Angebaut werden dort vor allem österreichische Sorten. Allerdings hat der größte Teil der Weine nur Tafelweinstatus.

KROATIEN – es rumort

Weinland Kroatien
Rebfläche: 22 000 Hektar
Produktion: 700 000 Hektoliter
Konsum pro Kopf/Jahr: 22 Liter

Die häufigsten Sorten
1. Grasevina (Welschriesling) (weiß) 21 %
2. Malvazija Istarska (weiß) 8 %
3. Plavac Mali (rot) 7 %
4. Merlot (rot) 3 %
5. Cabernet Sauvignon (rot) 3 %

In dem Balkanland existieren zwei Realitäten: auf der einen Seite die alte Schule mit vielen süßen Rot- und schwerblütigen Weißweinen, auf der anderen die neue mit bestechend guten Weinen im mediterranen Stil. Kroatien befindet sich im Umbruch – allerdings mit unterschiedlichen Geschwindigkeiten. Fast im gesamten Küstenbereich wird Wein angebaut. In Istrien und auf den vorgelagerten Inseln sind die Traditionssorten Malvazija (weiß) und Refošk (rot) anzutreffen, aus der der Teran gewonnen wird. Die Nähe zu Slowenien und zum Friaul ist unübersehbar. Man findet aber auch Weine aus internationalen Rebsorten.

Istrien und Hrvatsko Primorje

Istrien ist die größte Halbinsel Kroatiens. Nach dem Balkankrieg (1991–1995) setzte eine große Dynamik im Weinbereich ein. Zahlreiche Winzer begannen, ihre eigenen Weine zu keltern und abzufüllen. Vorbild: das benachbarte Italien. Mit dem EU-Assoziierungsabkommen von 2001 nahm der Aufschwung noch mehr Fahrt auf. So kommt es, dass Istrien und die südliche Inselwelt heute eine Vielzahl von kleinen Weingütern beherbergt, von denen teilweise hochqualitative und oft auch spannende Weine kommen.

Istrien ist eine Hochburg der Biodynamie und des Orange Wine. Rund 70 Prozent der Weinberge sind mit weißen Sorten bepflanzt. Weiße Hauptrebsorte ist Malvazija, aus der meist trockene, frische Weine entstehen. Außerdem findet man in den Weinbergen viel Pinot Blanc und Pinot Gris, Chardonnay und Muskateller. Unter den roten Sorten dominiert die einheimische Refošk-Traube. Aus ihr sind die meisten Rotweine gekeltert, etwa der Teran. Dazu kommen Merlot und Cabernet Sauvignon. Südlich von Rijeka beginnt das Anbaugebiet Hrvatsko Primorje mit den Inseln Krk und Susak. Auf Krk wird ein trockener Weißwein namens Zlahtina aus der gleichnamigen Sorte erzeugt, die hier auch Vrbnik heißt. Aus ihr wird auf dem Festland Schaumwein bereitet. Auf der nahe gelegenen Insel Susak hat sich eine Rotweintraube aus der Zeit vor der Reblaus erhalten, die hellrote Trojiscina.

Die dalmatinische Küste

Dalmatien gliedert sich in drei Weinbaubereiche: Nord-Dalmatien, Zentral- und Süd-Dalmatien. Dazu kommt Dalmatinska Zagora, das dalmatinische Hinterland. Im Küstenbereich ist der Aufschwung nicht ganz so auffällig wie im Norden Kroatiens. Dort wird vorrangig Rotwein erzeugt. Zwischen Šibenik und Primošten ist die heimische Rebsorte Babič zu Hause. Sie bringt samtige, würzige Rotweine hervor. In Zentral- und Süd-Dalmatien mit Split und den Inseln Hvar, Korčula, Lastovo, Vis werden die Rotweine vorrangig aus der Sorte Plavac Mali gewonnen – oft lieblich. Die bekanntesten heißen Plavac-Mali-Weine Postup und Dingač und wachsen auf der Halbinsel Pelješac nördlich von Dubrovnik. Auch der Zlatan Plavac und der Faros, beide von der Insel Hvar, sind charaktervolle Plavac-Mali-Weine. Daneben gibt es Nischen mit unbekannten, heimischen Rebsorten, die zum Teil Weine mit starker eigenständiger Persönlichkeit erbringen: auf Vis die weiße Vugava, die Ähnlichkeiten mit der Viognier aufweist, auf Hvar die duftige Bogdanuša oder auf Korčula die Grk (beides weiße Sorten).

Das kontinentale Hinterland

Der Nordosten Kroatiens zwischen den Flüssen Drava und Sava ist die Weißweinhochburg Kroatiens und Sitz der großen, ehemals staatlichen Weingüter. In dem warmen, kontinentalen Klima wachsen volle, reife Weißweine heran: viel Graševina (Welschriesling), aber auch Chardonnay, Weißburgunder, Rajnski Rizling (Riesling), Sauvignon Blanc und Gewürztraminer. Ein großer Teil ist lieblich. Die Produktion trockener Weine nimmt jedoch zu. Rotwein spielt dort nur eine untergeordnete Rolle. Die wichtigste Rebsorte ist Blaufränkisch. Dazu kommt in den letzten Jahren ein wenig Pinot Noir und Merlot.

Das Bergdorf Motovun im Hinterland der istrischen Halbinsel

SÜDOSTEUROPA – unbekannter Balkan

Weinberge in Bosnien-Herzegowina am Fluss Neretva: Niemand kennt das Potenzial, das im Balkan steckt.

Weinländer Südosteuropas

Serbien
Rebfläche: 20 000 Hektar
Produktion: 500 000 Hektoliter
Konsum pro Kopf/Jahr: 5 Liter

Bosnien-Herzegowina
Rebfläche: 3 500 Hektar
Produktion: 32 000 Hektoliter
Konsum pro Kopf/Jahr: 3,5 Liter

Montenegro
Rebfläche: 2825 Hektar
Produktion: 70 000 Hektoliter
Konsum pro Kopf/Jahr: 10 Liter

Nord-Mazedonien
Rebfläche: 25 500 Hektar
Produktion: 930 000 Hektoliter
Konsum pro Kopf/Jahr: 11,5 Liter

Albanien
Rebfläche: 11 300 Hektar
Produktion: 228 000 Hektoliter
Konsum pro Kopf/Jahr: 4,7 Liter

Die Balkanhalbinsel ist ein uraltes Weinanbaugebiet, in dem die Menschen seit Jahrtausenden Reben kultivieren. Der Wein war Nahrungsmittel und Handelsware zugleich – und ist es noch heute. Allerdings hat die Weinwirtschaft im Südosten Europas in den letzten Jahrzehnten den Anschluss an die internationalen Qualitätswein-Märkte verloren und – anders als die weiter nördlich liegenden Republiken Kroatien und Slowenien – noch nicht wieder herstellen können. Die im heißen Binnenklima des Donautals und des Balkangebirges wachsenden Weine bleiben weitgehend im Land. Der größte Teil wird als Markenwein unter schillernden Namen von den eigenen Bevölkerungen getrunken. Der Weinkonsum ist in den nicht-muslimischen Ländern traditionell hoch, die Geschmacksrichtung oft lieblich. Individuelle Winzerweine sind selten. Es fehlt auf dem Land an Kapital, vor allem aber an Mentalität und Know-how, um hochwertige Weine in größerem Stil zu erzeugen.

Serbien

Größtes Weinbauland im ehemaligen Jugoslawien mit immerhin noch 20 000 Hektar Rebfläche und einer großen Fassweinproduktion (allerdings waren es 1989 vor dem Zerfall Jugoslawiens noch 250 000 Hektar). Die Weine gehen größtenteils als Verschnitt in zahlreiche Markenweine und internationale Handelsabfüllungen ein. Weißweine machen noch immer mehr als die Hälfte der Produktion aus, obwohl die Rotweinproduktion zunimmt. Ein großer Teil beider Weine wird in der lieblichen Geschmacksrichtung hergestellt. Die Rebfläche ist auf fünf verschiedene Großzonen verteilt: Timok liegt in der Krajina direkt an der rumänischen Grenze. Dort wird traditionell die rote Gamay-Traube angebaut. Sumadija-Velika Morava ist dagegen ein klassisches Weißweinanbaugebiet. Es liegt südlich von Belgrad. Die Rebflächen befinden sich in den weitgehend flachen, fruchtbaren Donau- und Moravia-Ebenen und sind überwiegend mit der einheimischen Sorte Smederevo bestockt. Gleiches gilt für Zapadna-Morava am Oberlauf der Moravia. Juzna-Morava mit Vranje liegt in Südserbien und liefert die besten Rotweine. Sie werden größtenteils aus der einheimischen Prokupac-Traube gewonnen, die die am häufigsten angebaute rote Sorte in Serbien ist. Sie steuert mehr als ein Drittel zur Gesamtfläche bei. Ein großer Teil wird süß ausgebaut, ein anderer Teil zu ebenfalls süßem Rosé vinifiziert („Zupska Ruzica"). Dabei wird die Prokupac meist mit anderen Sorten wie beispielsweise Gamay, Cabernet Sauvignon, Merlot und Pinot Noir verschnitten. Die fünfte Zone ist Pocerina-Podgora östlich von Belgrad im Hinterland der Sava. Von dort kommen einfache Rot- und Weißweine, die meist im Lande konsumiert werden (Wojwodina, Montenegro, Kosovo).

Kosovo

Das völkerrechtlich zu Serbien gehörende, sich selbst aber als unabhängige Republik sehende Kosovo mit ihrer stark albanischen Bevölkerung ist die frühere Heimat des Markenweins Amselfelder. Dieser kommt inzwischen aus dem politisch weniger unruhigen Spanien. Heute landen Sorten wie Pinot Noir und Cabernet Sauvignon in zahlreichen preiswerten Exportweinen. Über den genauen Umfang des Weinbaus im Kosovo gibt es wenig Infomationen.

Montenegro

Die Republik Montenegro, die sich 2006 von Serbien gelöst hat, hat mit der Vranac eine bedeutende Rotweinsorte. Aus ihr wird ein tiefroter, warmer und feuriger Wein gleichen

Namens erzeugt, meist reinsortig. Die Vranac nimmt den größten Teil der knapp 3000 Hektar Weinbergfläche ein, über die das Land verfügt. Eine andere einheimische Sorte ist die weiße Krstac. Sie ist zusammen mit der roten Kadarka in den Weinbergen an der Adria zu finden.

Bosnien-Herzegowina

Im zentralen Balkangebiet gelegenes Weinbauland mit langer, bis in die Antike zurückreichender Weinbautradition, aber schwieriger Gegenwart. Die Rebfläche ist durch die Kriegswirren der 1990er-Jahre auf unter 4000 Hektar geschrumpft. Das Land besitzt zwei wichtige, einheimische Traubensorten: die weiße Zilavka und die rote Blatina. Letztere ergibt einfache, rustikale Rotweine, während aus der Zilavka teilweise ausgezeichnete, fruchtig-schmelzige Weißweine mit milder Säure gewonnen werden. Der Weinbau konzentriert sich auf den adrianahen Teil des Landes um Mostar, wo die beiden Weine die wohl besten Qualitäten erbringen. Aber auch nördlich von Dubrovnik sowie in den weiter landeinwärts gelegenen Anbaugebieten Srednja Neretva und Rama, beide um das Weinbauzentrum Konjic im Bosnien-Teil gruppiert, werden diese beiden wichtigen Rebsorten angebaut.

Mazedonien

Korrekt heißt der kleine Gebirgsstaat seit 2018 Republik Nordmazedonien. Er liegt südlich von Serbien und nördlich von Griechenland und besitzt über 25000 Hektar Rebfläche, auf der viel Tafeltrauben produziert werden. Die Weinproduktion nimmt nur einen kleinen Teil der Rebfläche ein. Dafür ist sie ein Mikrokosmos des gesamten Balkans. Unter den roten Rebsorten, die 80 Prozent der Produktion repäsentieren, trifft man neben den einheimischen Sorten Plovdina und Kratosija die ungarische Kadarka, die serbische Prokupac, die kroatische Refosk, die montenegrinische Vranac sowie Cabernet Sauvignon, Merlot, Pinot Noir und Gamay an. Bei den weißen Sorten sind die serbische Smederevka (Smederevo), die aus Bosnien-Herzegowina stammende Zilavka und die russische Rkatsiteli gut vertreten. Dazu kommen die einheimische Temjanika sowie die internationalen Erfolgsreben Chardonnay und Sauvignon Blanc. Die Traubenproduktion liegt in der Hand Tausender von Kleinwinzern, die Weinproduktion selbst ist immer noch Sache großer Kellereien. Was sie ausstoßen, geht zum größten Teil als Fassware ins Ausland.

Albanien

Im Vergleich zu seinen Nachbarn ist Albanien ein flächenmäßig großes, an Weinbergen jedoch kleines Land. Aufgrund der jahrelangen Isolation werden vor allem einheimische Sorten angebaut. Um ausländische Setzlinge zu kaufen, fehlt den Bauern meist das Kapital. Die einheimischen Sorten heißen Sesh, Mirdita, Kallmet, Pulës, Debina und Serina. Aus ihnen werden einfache Bauernweine gemacht. Der Konsum ist auf die Landbevölkerung beschränkt. Exportiert wird nicht. Ein Teil des Weins wird zu Branntwein destilliert.

Weinberge in Montenegro: Im Landesinneren wächst der tiefrote Vranac-Wein.

Von einigen Ausnahmen abgesehen produziert Mazedonien Trauben für internationale Verschnittweine.

MOLDAU – der kleine Gigant

Moldau produziert mehr Wein als Deutschland. Kaum einer kennt ihn.

Der kleine osteuropäische Staat hat bis 1991 rund ein Viertel zur Weinproduktion der Sowjetunion beigetragen. So lange war Moldau ein Teil der UdSSR. Durch die Ächtung des Weins zu Zeiten der Perestroika in den 1980er-Jahren brach dann der wichtigste Absatzmarkt weg. Rund ein Drittel der Rebfläche musste gerodet werden. Nach der Selbstständigkeit des Landes (umgangssprachlich: Moldawien) ging der Schrumpfungsprozess weiter. Zwischenzeitlich standen nur noch etwa 114 000 Hektar unter Reben – Tafeltrauben ausgenommen. Aber damit war und ist Moldau immer noch eines der größten Weinbauländer der Welt. Inzwischen nimmt die Rebfläche wieder zu. Da der Inlandskonsum gering ist, wird der weit überwiegende Teil des moldawischen Weins exportiert. Größter Exportmarkt ist seit einigen Jahren die EU. Zwar wird dorthin vor allem einfacher Fasswein verkauft. Aber die Qualitäten steigen. Mithilfe westlicher Experten und durch EU-Hilfen wird versucht, ein effizientes Qualitätsmanagement aufzubauen. Die Qualitätsbestrebungen gehen stark in Richtung des ökologischen Weinbaus – gezwungenermaßen. Es fehlt an Geld für Dünger und chemischen Pflanzenschutz, was die Zertifizierung erleichtert. Außerdem werden verstärkt pilzwiderstandsfähige Sorten angebaut.

Weinland Moldau
Rebfläche: 120 000 Hektar*
Produktion: 1,4 Mio. Hektoliter
Pro Kopf-Konsum: 21 Liter**

* ohne Tafeltrauben
** geschätzt

Die häufigsten weißen Sorten
1. Aligoté 6,5 %
2. Sauvignon Blanc 6 %
3. Chardonnay 3,4 %
4. Rkatsiteli 3,2 %
5. Muskat-Ottonel 1,5 %

Die häufigsten roten Sorten
1. Moldowa*** 10%
2. Isabella 2,9 %***
3. Merlot 6,4 %
4. Cabernet Sauvignon 6,7 %
5. Pinot Noir 2 %

*** pilzwiderstandsfähige Sorte

Die Weine der drei Weinanbaugebiete Codru, Ştefan Vodă, Status einer Indicatie Geografica Protejatà (Landwein).

Codru

Moldau ist in drei Weinanbaugebiete unterteilt. Das flächenmäßig größte und bedeutendste liegt im Hügelland zwischen den Flüssen Pruth und der Grenze zur Ukraine. Es heißt Codru, in dessen Mitte auch die Hauptstadt Chisinău liegt. Die Rebfläche dieser labyrinthischen Landschaft ist stark zersplittert. Die Weinberge liegen teils in Flusstälern, teils auf Hügeln. Das Klima ist kontinental warm. Die vielen Eichen- und Lindenwälder sorgen jedoch für ein moderates Mikroklima. Auf den leichten, skelettreichen Böden werden vor allem Weißweine erzeugt. Die Hauptsorten sind Aligoté, Rkatsiteli, Sauvignon Blanc und Chardonnay, Fetească Alba (Weiße Mädchentraube). Aus ihnen werden leichte, frische Alltagsweine gewonnen. Typische Rotweinsorten sind Cabernet Sauvignon und Merlot sowie die noch aus Sowjetzeiten stammenden Saperavi. Sehenswert sind die Muschelkalkstollen in der Kleinstadt Cricova (nördlich der Hauptstadt), in denen Hermann Göring im Zweiten Weltkrieg seine private Weinsammlung einlagerte.

Ştefan Vodă

Das Gebiet um die gleichnamige Stadt im Süden Moldaus ist die wärmste Zone des Landes. Sie ist weitgehend flach. Die Schwarzerdeböden sind reich an Humus, das Klima ist warm und vom nahen Schwarzen Meer beeinflusst. Ştefan Vodă ist Rotweinland. Die Weine werden vor allem aus Băbească Neagră (Schwarze Großmuttertraube) gewonnen. In den Terrassen-Weingärten um die Stadt Purkari längs des Dniester-Flusses (der die Grenze zur Ukraine bildet) kommt der Negru de Purkari, der bekannteste Rotwein der Zone. In den anderen Weinbergen finden sich auch Fetească Neagră (Schwarze Mädchentraube), Pinot Noir, Pinot Gris und Chardonnay.

Valul lui Traian

An der südlichen Grenze zu Rumänien gelegener warmer Bereich, aus dem die besten Rotweine Moldaus kommen. Die Böden sind steinig und leicht, die Produktivität der Reben niedrig. Das Gebiet besteht aus Steppen, Hochebenen, bewaldeten Hügeln und ist in die Unterzonen Bugeac Plain, Pruth Terraces und Tigheci unterteilt. Hier wird viel Merlot, Cabernet Sauvignon und Fetească Neagră angebaut. „Trajanswall“, wie das Gebiet auf Deutsch heißt, ist eine knapp 250 Kilometer lange Befestigungsanlage längs des Flusses Pruth, mit dem das Römische Reich unter Kaiser Trajan sich im 1. Jahrhundert n. Chr. gegen Eindringlinge von Osten schützte.

ZYPERN erfindet sich neu

Es gab Zeiten, da war Wein aus Zypern eine luxuriöse Rarität – wenigstens für die kirchliche Obrigkeit. Aber diese Zeiten liegen 800 Jahre zurück. Vor 600 Jahren, als Zypern eine Kolonie Venedigs war, war der Wein bei den wohlhabenden Kaufmannschichten sehr beliebt, weil er stärker und süßer war als alles andere an Wein, das man damals kannte. Die Herrschaft der Osmanen (1571–1878) brachte den Weinbau fast vollständig zum Erliegen. Doch am Ende der Türkenherrschaft verlor das Reich immer mehr Territorium, so auch Zypern. Als die Briten die Verwaltung der Insel 1878 übernahmen, ging es mit dem Weinbau wieder aufwärts. Vor allem der sogenannte Zypern-Sherry fand in Großbritannien viele Liebhaber. Da die meisten Weinberge vor allem im südlichen Teil der Insel liegen, hatte die Besetzung des Nordens durch die Türken im Jahr 1974 kaum Auswirkungen auf die Produktion.

Weinbau nur im griechischen Teil

Der Weinbau konzentriert sich heute auf die Südhänge des Troodos-Gebirges im griechischen Teil der Insel. Die Reben ziehen sich von 250 Metern bis zu 1500 Metern hin. Das Klima ist mediterran. Die Sommer sind heiß, die Winter mild. Es regnet nicht viel, in den tiefer gelegenen Gegenden gerade mal rund 500 Milliliter im Jahr. In den höheren werden immerhin rund 900 Milliliter erreicht. Das, und vor allem die großen Temperaturunterschiede zwischen tiefen und hohen Lagen, führen zu einer enorm langen Lesezeit. Sie beginnt in der Regel Mitte Juli und dauert bis Anfang November.

Wurzelechte Reben

Fast alle Reben auf der Insel sind wurzelecht, da es die Reblaus nie bis nach Zypern geschafft hat. Die typische Erziehungsmethode ist die Buschform. Auf drei Viertel aller Weinberge wächst die einheimische Rebsorte Mavro (Schwarze). Sie neigt zu großen Trauben mit hohen Erträgen. 200 Hektoliter pro Hektar sind in den tieferen, wärmeren Lagen durchaus üblich. Deshalb wird aus dem Großteil der Mavro-Trauben Fruchtsaft oder Traubenkonzentrat hergestellt. Erst jenseits der 1000 Meter, wo die Erträge nur noch rund 25 Hektoliter betragen, ergibt die Sorte charaktervolle und qualitativ ansprechende Weine. Die zweithäufigste Sorte ist die ebenfalls einheimische weiße Xynisteri. Lesen die Winzer sie vor der Überreife und behandeln sie im Keller mit Sorgfalt, entstehen aus ihr aromatische Weißweine mit einem gut balancierten Verhältnis von Säure, Zucker und Alkohol. Die besten Weine aber ergibt die einheimische rote Rebsorte Maratheftico. Aus zwei Gründen ist sie bei den Winzern aber äußerst unbeliebt: Sie ist anfällig für Echten Mehltau und besitzt keine Zwitterblüten. Es muss im Weinberg also penibel darauf geachtet werden, immer genug weibliche und männliche Stöcke im Weinberg zu haben, damit die Bestäubung funktioniert.

Starke Weinindustrie

Aus Furcht vor der Reblaus sind die Behörden der Insel sehr vorsichtig mit der Einfuhr neuer Reben und Rebsorten. Nach zwei Versuchsreihen in den 1950er- und 1960er-Jahren gibt es kleine, jedoch recht bemerkenswerte Bestände von Mazuelo (Carignan), Cabernet Sauvignon, Syrah und Chardonnay. Die Weinproduktion wird von vier großen Handelskellereien dominiert: Sodap, Keo, Etko und Loel. Zu Beginn des neuen Jahrtausends wurden jedoch immer mehr kleine Kellereien gegründet. Bereits 2005 waren es mehr als 40. Sie repäsentieren inzwischen etwa 15 Prozent des zypriotischen Weins. Viel schlimmer für Zypern wirkte sich der Zerfall der Sowjetunion aus. Sie war das Hauptabsatzland für zyprischen Wein. Wurden im Jahr 2000 noch 570 000 Hektoliter Wein auf der Insel produziert, so sank die Produktion auf heute 100 000 Hektoliter.

Weinland Zypern

Rebfläche: 8400 Hektar
Produktion: 93 000 Hektoliter
Konsum pro Kopf/Jahr: 17 Liter

Die häufigsten weißen Sorten

1. Xynisteri 25 %
2. Chardonnay 1 %
3. Alexandermuskat 1 %

Die häufigsten roten Sorten

1. Mavro 43 %
2. Mazuelo 6 %
3. Cabernet Sauvignon 5 %
4. Syrah 3 %
5. Maratheftico 2 %

Weinberge im Kouris-Tal am Fuße des Troodos-Gebirges

GRIECHENLAND – Weinrenaissance

Es gibt mehrere Gründe dafür, dass Wein aus Griechenland in Vergessenheit geraten ist. Einer war der geharzte Retsina, der vielen Menschen die Lust aufs Weintrinken verdorben hat. Inzwischen aber hat sich die Lage geändert. Griechenland erlebt eine stille Renaissance.

Griechische Trinkschale aus dem 5. Jahrhundert vor Christus

Es gibt mindestens fünf Argumente, die heute für griechischen Wein sprechen. Das erste: Der Retsina macht nur noch ein Prozent der Produktion aus. Das zweite: die konsequente Reduzierung der Traubenerträge in den Weinbergen. Das dritte: das in den letzten zwei Jahrzehnten angesammelte Know-how einer neuen Winzergeneration, die in Frankreich, Italien, Deutschland oder Kalifornien ausgebildet worden ist und die elementaren Fehler vermeidet, die in der Vergangenheit in Weinberg und Keller gemacht worden sind. Das vierte: die international höheren Produktionsstandards, zu denen sich immer mehr Weingüter bekennen, weil sie exportieren wollen. Das fünfte: die zunehmende Wertschätzung der hochwertigen, autochthonen Traubensorten, über die Griechenland verfügt.

Alles zusammen genommen bedeutet das: Die Situation des griechischen Weins hat sich in den letzten zwei Jahrzehnten komplett geändert. Die neue Winzergeneration ruht sich nicht auf der ruhmreichen, 5000 Jahre alten Geschichte aus, sondern blickt in die Zukunft. Sie löst sich von schlechten Traditionen und strebt Qualitäten an, wie sie das Land bisher noch nie hervorgebracht hat. Dabei verfällt sie nicht dem Mainstream, sondern versucht, die Besonderheiten und Einzigartigkeit ihrer Weine hervorzukehren, um sich aus der Masse des internationalen Angebots abzuheben.

Cool-climate-Zonen

Griechenland ist ein Mittelmeeranrainer. In den küstennahen Gebieten und auf den Ägäischen Inseln herrscht mithin ein mildes mediterranes Klima. Der größte Teil Griechenlands ist jedoch gebirgig. Auf den Hochebenen im Landesinneren und in den Hügelzonen herrscht ein kontinentales Klima mit schneereichen Wintern, feucht-kaltem Frühling und heißen Sommern. Es gibt in Griechenland regelrechte Cool-climate-Zonen, in denen sich die Reben bis auf 1000 Meter hoch ziehen.

Wertvolle einheimische Sorten

Die Rebfläche Griechenlands ist seit 1990 kräftig geschrumpft. Grund ist der geringe Inlandskonsum. Der größte Rebschatz sind die 300 autochthonen Sorten. Viele haben nur lokale Bedeutung, und nicht alle sind hochwertig. Aber zwei Dutzend werden regionsübergreifend angebaut und haben wirtschaftliche Bedeutung. Die wichtigsten weißen Sorten sind Assyrtiko, Moschofilero, Malagousia sowie die weit verbreiteten Roditis und Savatiano. Unter den roten Sorten sind die Agiorgitiko und die Xinomavro die qualitativ wertvollsten. Aber auch Mavroudi, Mavrodaphne, Limnio und Kotsifali bringen Weine ganz eigener Prägung hervor, wenn sie an den richtigen Standorten angebaut werden. Die Jagd auf die besten Terroirs hat schon begonnen. 90 Prozent des griechischen Weins ist aus diesen einheimischen Sorten gekeltert. Merlot, Syrah, Cabernet Sauvignon spielen, ebenso wie Chardonnay, Viognier und Sauvignon Blanc, nur eine Nebenrolle.

Weinland Griechenland

Rebfläche: 110 000 Hektar
Produktion: 2,9 Mio Hektoliter
Konsum pro Kopf/Jahr: 3,3 Liter

Die häufigsten weißen Sorten

1. Savatiano 18 %
2. Roditis 9 %
3. Alexandermuskat 4 %
4. Liatiko 2 %
5. Moschofilero 2 %

Die häufigsten roten Sorten

1. Agiorgitiko 6 %
2. Kotsifali 4 %
3. Xinomavro 3 %
4. Cabernet Sauvignon 2,5 %
5. Merlot 2,5 %

Das Weinrecht

Griechenland hat das von der EU 2009 erlassene Weingesetz rasch umgesetzt. So gibt es 33 **geschützte Ursprungsgebiete** (PDO): geografisch eng umrissene Anbaugebiete, in denen Weine aus genau definierten Rebsorten nach festen Produktionsvorschriften erzeugt werden. Dazu gehört, dass die Trauben zu 100 Prozent aus dem Ursprungsgebiet stammen. Die PDO-Weine bilden die oberste Kategorie der Qualitätsweine geschützter Ursprungsgebiete (g. U.). In diese Kategorie gehören zum Beispiel die Weine von Naoussa, Nemea, Patras, Rapsani, Santorini und Rhodos.

Weine mit geschützter geografischer Angabe (PGI) sind die früheren Landweine. Die geografischen Grenzen für die Herkunft dieser Weine sind weit gezogen. Nach europäischer Nomenklatur entsprechen sie den Qualitätsweinen g. g. A. Rebsorten (oder traditionelle Weinbezeichnungen) dürfen auf dem Etikett genannt werden. Die Rebsorte muss zu 85 Prozent aus dem geografischen Anbaugebiet stammen. In diese Kategorie fallen ungefähr 18 Prozent aller griechischen Weine. Beispiele sind Herkünfte wie Kreta, Peloponnes, Lesbos.

Neu ist die Kategorie der Rebsortenweine. Sie müssen keinen geografischen Ursprung angeben, aber die Rebsorte und das Weinjahr auf dem Etikett anführen. Darunter gibt es noch die einstigen Tafelweine, die jetzt einfach Weine heißen und weder Jahrgang, Rebsorte noch Herkunft auf dem Etikett aufführen dürfen.

Assyrtiko-Reben bei Akrotiri auf der windumtosten Insel Santorini: bester Weißwein Griechenlands

Der Norden Griechenlands

Nur ein Zehntel der Rebfläche Griechenland befindet sich im bergigen Norden, darunter einige der besten Anbaugebiete des Landes. Sie reichen von Thrakien im Osten bis nach Makedonien im Westen und werden im Süden durch den Olymp begrenzt. In Drama und Kavala dominieren internationale Rebsorten. Aus ihnen werden delikate Weißweine und kräftige Rote gewonnen.

In Naoussa, einem ehemals berühmten, dann stark geschrumpften und heute wieder wachsenden Ursprungsgebiet wird fast nur Xinomavro angebaut. Typisch für die langlebigen Xinomavro-Weine sind Aromen von roten Beeren, Tomaten, Oliven, Trockenpflaumen, Tabak und Nüssen, ergänzt mit feinen Gewürznoten.

Aus Amyndeon, dem kühlsten Anbaugebiet Griechenlands, kommen heute einige der besten Weißweine des Landes, vor allem Sauvignon Blanc. Zugleich ist Amyndeon Heimat der Xinomavro, die hier strenge, von schwarzem Pfeffer, wilden Beeren und Lakritz geprägte Rotweine hervorbringt. Auch Goumenissa, eine hügelige Gegend nordwestlich von Thessaloniki, wartet mit viel Xinomavro auf, aber auch mit internationalen roten Sorten sowie Cuvées. Ein Geheimtipp ist die Rotweintraube Limniona, die am Fuße des Olymp bei Larisa wächst.

Rapsani ist ein kleines, renommiertes Xinomavro-Anbaugebiet an den östlichen Hängen des Olymp, wo sich die Rebflächen bis auf 750 Meter Höhe ziehen. Die Weine aus den höchsten Lagen sind meist die besten. Oft wird die Xinomavro hier auch mit lokalen Sorten wie Krasato oder Stavroto verschnitten. Zwei ebenfalls hoch gelegene Anbaugebiete sind Zitsa und Metsovo, die tief im Binnenland in der Region Epiros liegen. Die Weinberge von Zitsa befinden sich an den niederschlagsreichen Osthängen des Pindos-Gebirges und ziehen sich bis 700 Meter hin. Dort werden aus der autochthonen Debina-Rebe frische, charaktervolle Weißweine gewonnen. Die wichtigsten roten Sorten sind Bekina und Vlachiko. Die Weinberge von Metsovo liegen noch höher: 900 bis 1000 Meter, dafür aber an der Südseite des Pindos, sodass dort selbst Cabernet Sauvignon ausreifen kann. Die Chalkidiki-Halbinsel mit den drei Fingern, die tief in die Ägäis reichen, ist vor allem wegen des Klosters am Heiligen Berg Athos bekannt, der Keimzelle des orthodoxen Christentums. Die Weine werden allerdings nicht von den Mönchen, sondern von der Kellerei Tsantali gemacht. Wichtiger und spannender sind jedoch die Weine von den steilen Hängen des Bergs Meliton, wo sowohl einheimische als auch internationale Sorten angebaut werden. Die meernahen Anbaugebiete von Epitomi und Agios Pavlos sind bekannt für ihre feinen Malagousia- und Assyrtiko-Weißweine.

Zentralgriechenland

Auf dem südlichen Teil des Festlandsockels, zu dem auch die Hauptstadt Athen gehört, werden vor allem einheimische Sorten angebaut. Das größte Anbaugebiet dort ist Attika, eine sehr heiße und trockene Zone, aus der einfache und einfachste Weine kommen. Die verbreiteste Rebsorte ist die Savatiano-Traube, aus der auch der Retsina erzeugt wird, der mit Aleppokiefernharz gewürzte Wein. Auf der langgezogenen Insel Euböa, der zweitgrößten Anbauzone südlich von Athen, entsprechen Klima und Rebsorten denen der Kykladen-Inseln. Auch von dort kommt ein großer Teil des Retsinas her, genauso wie aus dem benachbarten Böothien, dazu viele einfache Tafelweine.

Weiter nördlich in Fthiotida sind die Weine anspruchsvoller, auch weil das Klima dort etwas kühler ist. Die Gegend um Achialos am Pagasäischen Golf ist die Heimat der Roditis, der häufigsten Weißweintraube Griechenlands. Die Urlaubsinsel Kephalonia, am Ausgang des Golfs von Patras gelegen, ist für den eleganten weißen Robola bekannt. Guter Weißwein wird auch aus der Tsaousi-Rebe gekeltert. Korfu und Lefkada, die beiden anderen Inseln im Jonischen Meer, sind von geringem önologischen Interesse.

Peloponnes

Der Peloponnes ist in zwei Klimazonen geteilt. Das Zentrum und der Osten sind heiß und trocken, der Westen milder und niederschlagsreicher. In beiden Klimazonen gibt es wichtige Anbaugebiete. Im Osten vor allem Nemea mit seiner wichtigsten Rebsorte, der roten Agiorgitiko. Kleiner und, weil höher gelegen, etwas kühler ist das Gebiet um Mantinia, wo die spätreife Moschofilero die Haupt-

Die heißesten Anbaugebiete liegen im Inneren Griechenlands. Dort gedeiht die rote Agiorgitiko-Traube.

Auf der Kykladen-Insel Santorini wachsen die Reben in Bodennestern. In anderen Teilen Griechenlands ranken sie ganz normal an Drähten.

sorte ist. Im Westen um die Stadt Patras findet man die weiße Roditis-Traube, aus der dort füllige, leicht aromatische Weißweine entstehen. Das Ursprungsgebiet heißt Achaia und ist eine der größten weinproduzierenden Zonen Griechenlands. In den dortigen Weinbergen findet man viele lokale und alle internationalen Rebsorten.

Ägäische Inseln

Der Weinbau auf den Inseln der Ägäis ist fast noch mittelalterlich – aber deswegen nicht rückständig. Die extremen klimatischen Verhältnisse – Wind, Trockenheit, viel Licht – lassen kaum Modernisierung zu. Auf den kleinflächigen Terrassen ist eine maschinelle Bearbeitung praktisch nicht möglich. Die Erziehungsformen – Gobelet und Korberziehung – können sowieso nur von Hand bewirtschaftet werden. Auch werden sowohl in der nördlichen Ägäis als auch auf den südlichen Kykladeninseln traditionell autochthone Sorten angebaut. Die Weine, die dort wachsen, sind freilich alles andere als altmodisch. Das gilt besonders für die Assyrtiko-Gewächse von der windumtosten Insel Santorini: sehr stoffige Weine, die eine enorme Tiefe und eine markante Säure haben – trotz ihres meist nicht gerade niedrigen Alkoholgehalts. Die Reben wachsen in Vulkansand, sind noch unveredelt und werden traditionell im Kouloura-System gezogen: runde Körbchen, die flach am Boden liegen und dem Wind wenig Angriffsfläche bieten. Die Santorini Assyrtiko sind die charakterstärksten und wohl besten Weißweine Griechenlands. Ihnen dürfen bis zu 25 Prozent Athiri und Aidani hinzugegefügt werden. Auf Rhodos werden die Weißweine nur aus Aidani erzeugt, auf Samos aus dem Gelben Muskateller, auf Limnos aus dem Alexandermuskat – auf letzteren beiden fast ausschließlich als Süßwein. Die Insel Paros ist für ihren Montemvasia bekannt, einen einfachen, trockenen Weißwein, der auch als Cuvéepartner benutzt wird, um den rauen Mandilaria-Rotwein zu mildern.

Kreta

Kreta ist eine steile Insel mit hohen Bergen, viel Hügelland und wenigen Niederungen. Weinbau findet vor allem im Nordosten (Anbaugebiet Sitia) und im Zentrum der Insel statt. Die kommerziell bedeutendsten Anbaugebiete sind Peza und Archanes (mit einfachen Weißweinen aus Vilanes-Trauben und Rotweinen aus Kotsofali und Mandilaria). Interessanter sind die Rotweine aus der Ortschaft Daphnios südlich von Heraklion (aus der Liatiko-Traube). Es gibt aber auch Nischen, aus denen einige hervorragende Weine aus unbekannten, lokalen Sorten kommen.

Reben am Fuße des Kaukasus: Zwischen Schwarzem und Kaspischem Meer beginnt die Geschichte des Weins, soweit sie sich zurückverfolgen lässt.

GEORGIEN und der Kaukasus

Weinland Georgien
Rebfläche: 48 000 Hektar
Produktion: 830 000 Hektoliter
Konsum pro Kopf/Jahr: 22 Liter

Die häufigsten Sorten
1. Rkatsiteli (weiß) 52 %
2. Saperavi (rot) 16 %
3. Tsolikouri (weiß) 10 %
4. Tsitska (weiß) 8 %
5. Sauvignon Blanc (weiß) 6 %

Altgeorgischer Weinkeller mit eingegrabenen Amphoren (Qvevris)

Über den Kaukasus als Wiege des Weins wird heute mehr geschrieben als über die Gegenwart dieser Region. Über Georgien, Armenien und Aserbaidschan ist wenig bekannt. Dabei wird in der gesamten transkaukasischen Region bis heute Wein angebaut, selbst im vorwiegend muslimischen Aserbaidschan. Das führende Weinland dort ist Georgien, für das Wein der zweitwichtigste Exportartikel ist. Das Land hat nicht nur eine 8000 Jahre alte, sondern auch eine ganz eigene Weinkultur, die sich bis heute erhalten hat. In ihr verbinden sich traditionelle Weinbereitungsmethoden mit modernen. In mancherlei Hinsicht ist Georgien ein Schlüsselland für die moderne Önologie, deren neuen Horizonte heute ja eher retro gerichtet sind.

Enge Bindung an die Sowjetunion

Das Land südlich des Kaukasus gilt als eine der Wiegen des Weinbaus und besitzt heute noch 500 heimische Rebsorten sowie etwa 70 000 Hektar Rebfläche. Das ist im europäischen Rahmen relativ viel, aber wenig im Vergleich zu früher. In den 1980er-Jahren war die Rebfläche des Landes fast doppelt so groß. Georgien, damals noch Sowjetprovinz, war der größte Weinlieferant Russlands. Für die Wirtschaft des Landes war das ein Glück, für das Image ein Schaden. Denn der Wein, der nach Norden verkauft wurde, war von äußerst bescheidener Qualität. Mit der Anti-Alkohol-Kampagne von Michael Gorbatschow (1985–1991) geriet der georgische Weinmarkt ins Trudeln. Nach der Abspaltung und Selbstständigkeit des Landes (1991) verschlimmerte sich die Lage noch. Der Markt für georgischen Wein brach zusammen. Zahlreiche Kellereien mussten schließen, viele Bauern wurden arbeitslos. 2006 verhängte Russland sogar ein Embargo gegen Wein aus Georgien. Nach dem Zusammenbruch kam der Aufstieg. In der Rückschau war der Absturz ein Glücksfall. Georgien war gezwungen, sich wieder auf seine Traditionen zu besinnen. Die alten Weinberge an den Hängen der Hochtäler existierten noch, alte Sorten ebenfalls. Es gab noch Weinbauern und Kellermeister, die wussten, wie nicht-industrieller Wein erzeugt wird. Die kleinen, handwerklichen Hersteller von Tongefäßen, in denen der Wein in Georgien traditionell vergoren wird, waren auch noch nicht ausgestorben. Und in den neuen Abnehmerländern gab es noch Menschen, die mit Namen wie Kindzmarauli, Tsandali, Manawi, Napareuli etwas anfangen konnten. So heißen vier der besten Unterzonen in der wichtigsten Weinbauregion Kachetien.

Alte Qvevri-Kultur

Die alte georgische Weinkultur lebte im eigenen Land wieder auf. Heute gibt es eine Handvoll kleiner privater Weingüter, die über uralte Rebenbestände verfügen, die die Trauben schonend mit den Füssen treten, die die Maische – egal ob rot oder weiß – in Tonamphoren vergären, die in der Erde vergraben sind, vergären und die Maische erst nach drei oder vier Monaten „abstechen", um den Wein danach weiter in Qvevris – wie die Tonamphoren heißen – auszubauen und irgendwann ungefiltert abzufüllen. Derartige orangefarbene oder ambergelbe natural wines sind heute das Ziel einer Retro-Avantgarde von Winzern, die überall in der westlichen Weinwelt Schlagzeilen macht: in Österreich, in Kroatien, in Frankreich, in Deutschland. Nicht alle Menschen mögen solche Weine, mangelt es diesen im jungen Stadium doch an Frische und an Primäraromen. Meist weisen sie, weil ungeschwefelt, leicht oxidative Noten auf und sind tanninbetont: für Weißweine nach westlichem Weinverständnis ein Sakrileg. In Georgien hingegen dürfen auch Weißweine Gerbstoff haben, zumal dieser die Haltbarkeit des Weins erhöht. Einige der neuen georgischen Qvevri-Weine entwickeln nach ein paar Jahren, wenn die „modernen" Weißweine schon verblüht sind, einen Reichtum von Aromen, die diese nicht kennen.

Kachetien

Natürlich machen die Qvevri-Weine nur einen kleinen Prozentsatz der georgischen Weinproduktion aus. Der größte Teil ist in önologisch konventioneller Weise hergestellt, teils handwerklich, teils industriell. Zentrum des Weinbaus ist Kachetien mit der „Weinhauptstadt" Telavi. Dort wachsen mehr als zwei Drittel aller Trauben des Landes. Die Hauptsorten sind Rkatsiteli (weiß) und Saperavi (rot). Es werden aber auch zunehmend autochthone Sorten gepflegt wie Mtsvane, Qisi, Khikhvi, Budeshuri, Mtsvivana, Sapena, Kunsi, Tavkveri. Vereinzelt findet man dort noch uralte Rebstöcke, von denen niemand weiß, welche Sorte sie repäsentieren. Und der spezielle Ton, aus dem die Amphoren gemacht sind, wird praktisch vor der Haustür gefördert. Kachetien ist in mehrere Zonen untertelt. Die bekanntesten sind Tsinandali, Teliani, Akhasheni, Gurjaani sowie auf der anderen Seite des Alazani-Flusses Kindzmarauli und Kvareli.

Kartlien

Das zweite wichtige Anbaugebiet in Georgien heißt Kartlien. Es liegt nordwestlich der Hauptstadt Tiflis. Es besitzt ebenfalls einen guten Ruf und erzeugt Weine im „europäischen" Stil. Außerdem liefert das Anbaugebiet Grundweine zur Versektung. Sekt ist ein wichtiger Exportartikel Georgiens. Die großen Sektkellereien selbst befinden sich in Tiflis.

Imeretien

Die dritte Weinanbauzone ist Imeretien und liegt weiter westlich in denTälern der Flüsse Rioni und Qwirila. Es ist eine sehr heterogene Zone mit einem ebenfalls breiten Sortiment an autochthonen Sorten. Teils wachsen sie an den Hängen der Flusstäler, teils auf den Schwemmlandböden auf der Talsohle. Auch Imeretien arbeitet teilweise mit Qvevris, doch moderater als in Kachetien. Dort wird nur ein Zehntel der Schalen in den Amphoren mitvergoren, und nie die Stiele.

Ratscha-Letschchumi

Die beiden getrennt liegenden Anbaugebiete sind bekannt für ihre weit verstreut liegenden Weinberge und seltene Rebsorten. Diese hören auf Namen wie Tsulukidze Tetr, Tsolikouri, Aleksandrouli, Mudjuretuli, Rachuli Dzelshavi, Usakhelauri, Orbeluri. Viele Weine dieser Zone werden halbtrocken oder lieblich ausgebaut.

Schwarzmeerküste

Der Küstenstrich am Schwarzen Meer ist die eigentliche historische Zone Georgiens. Von dort stammen Funde, die auf einen Jahrtausende alten Weinbau im Kaukasus hinweisen. Sie umfasst die Gebiete Mingrelien, Gurien, Adscharien und Abchasien. Heute ist die Weinproduktion im Hinterland des Schwarzen Meeres stark rückläufig. Das subtropische, Pilzkrankrankheiten fördernde Klima setzt dem Weinbau allerdings auch enge Grenzen. Nur wenige Betriebe füllen noch Wein ab. Erzeugt werden vor allem Süßweine.

In der Amphore auf der Maische vergorener Weißwein aus Rkatsiteli-Trauben

LIBANON / ISRAEL – heißes Pflaster

Die Bekaa-Hochebene an der Grenze zu Syrien ist die Gemüsekammer Libanons – und auch das größte Weinfass.

Weinland Libanon
Rebfläche: 14 000 Hektar
Produktion: 80 000 Hektoliter
Konsum pro Kopf/Jahr: 1,8 Liter

Die häufigsten weißen Sorten
1. Colombard 9 %
2. Sauvignon Blanc 5 %
3. Alexandermuskat 4 %
4. Chardonnay 3 %
5. Chenin Blanc 2 %

Die häufigsten roten Sorten
1. Mazuelo 19 %
2. Merlot 13 %
3. Cabernet Sauvignon 12 %
4. Syrah 3 %
5. Argaman 3 %

Weinland Israel
Rebfläche: 7000 Hektar
Produktion: 246 000 Hektoliter
Konsum pro Kopf/Jahr: 1 Liter

Die häufigsten weißen Sorten
1. Colombard 10 %
2. Sauvignon Blanc 6 %
3. Alexandermuskat 4 %
4. Chardonnay 3 %
5. Chenin Blanc 2 %

Die häufigsten roten Sorten
1. Mazuelo 20 %
2. Merlot 14 %
3. Cabernet Sauvignon 13 %

Es gibt zwei Blütezeiten für den Weinbau im Libanon. Die erste war im 13. Jahrhundert, als das östliche Mittelmeer unter der Herrschaft der Kolonialmacht Venedig stand und die süßen Weine aus den alten phönizischen Metropolen Tyros und Sidon nach ganz Europa verschickt wurden. Als die Osmanen dort nach und nach wieder Fuß fassten, wurde der Weinbau deutlich eingeschränkt. Nur Christen durften ihn betreiben. Die zweite Blütezeit begann 1920, als der Libanon ein Völkerbundmandat Frankreichs war. Kultur, Handel und Landwirtschaft blühten auf, Weinbau inklusive. Die Hauptstadt Beirut wurde zum „Paris des Nahen Ostens".

Der Bürgerkrieg und die Zeit danach

Der Bürgerkrieg, der von 1975 bis 1990 im Libanon tobte, verwüstete die Weinberge und führte erneut zur Stagnation der Weinproduktion. Nach dem Ende des Bürgerkrieges ging es für den Weinbau aber wieder rasch aufwärts. Man investierte in Kellertechnik, besseres Pflanzmaterial und holte internationale Experten ins Land.

Die Bekaa-Ebene

Damals wie heute konzentriert sich der Weinbau in der Bekaa-Ebene. Dieses Hochplateau zwischen dem Libanongebirge und dem Höhenzug des Anti-Libanon an der Grenze zu Syrien ist die Obst- und Gemüsekammer des Landes. Es ist rund 120 Kilometer lang und zwischen acht und zwölf Kilometer breit. Die Höhe über dem Meeresspiegel liegt bei etwa 900 bis 1000 Metern. Auch Oliven und Wein werden dort angebaut. Das Klima ist trotz der Nähe zum Meer nicht mediterran, sondern kontinental geprägt mit heißen, trockenen Sommern und kalten, schneereichen Wintern. Die Lese findet in der Regel erst ab Mitte September statt. Die Rebfläche umfasst rund 14 000 Hektar, etwa die Hälfte ist in traditioneller Buschform bepflanzt, die andere wächst an modernem Drahtrahmen. Der Einfluss Frankreichs lässt sich an den Rebsorten ablesen. In den Weinbergen dominieren Cabernet Sauvignon, Merlot, Cinsault, Carignan, Mourvèdre, Syrah, Grenache sowie die weißen Sorten Ugni Blanc, Chardonnay, Sauvignon Blanc, Clairette. Daneben gibt es mehrere lokale weiße Sorten, etwa die Merweh und Meroué.

Nicht nur Château Musar

Internationale Berühmtheit erlangte Libanon vor allem durch die Rotweine von Château Musar. Sie sind eine Cuvée aus Cabernet Sau-

vignon, Cinsault und Carignan. Manche Jahrgänge liegen 30 Jahre im Keller auf der Flasche, bis sie freigegeben werden. Château Kefraya erlangte erstmal 1996 internationale Beachtung, als sich sein „Comte de M", eine Cuvée aus Cabernet Sauvignon und Syrah, dem Wein von Château Musar in einer Blindprobe als ebenwertig erwies.
Wegen der politischen Instabilität und der inzwischen mehrheitlich muslimischen Bevölkerung des Landes ist die libanesische Weinwirtschaft auf den Export angewiesen.

Weinberge in der Negev-Wüste: Israel ist eine Weinmacht im Nahen Osten.

Hohe Weinberge auch in Israel

Auch in Israel befinden sich die meisten Weinberge in den hoch gelegenen Gebieten des Nordens: Galiläa, Judäa, die besetzten Golanhöhen. Aber auch in der Negev-Wüste gibt es weinbauliche Nischen. Insgesamt beträgt die Rebfläche rund 7000 Hektar, davon sind aber nur etwa 5000 Hektar für die Weinproduktion vorgesehen. Auf dem Rest wachsen Tafeltrauben. Die Weinbergsfläche nimmt stetig zu – zum einen, weil die Rebe bei der Bewässerung genügsamer ist als andere Obstsorten, zum anderen, weil für israelischen Wein hohe Preise erzielt werden. Der größte Teil wird in die USA exportiert. In Israel selbst wird wenig Wein getrunken. Der Konsum sinkt beständig.

Mit der Hitze umgehen

Das Klima des Landes ist für den Weinbau gut geeignet, sofern die Winzer mit der großen Hitze umgehen können. Der Winter (von Oktober bis März) ist kühl und reich an Niederschlägen. Frühling und Sommer sind heiß und fast regenlos. Am besten gedeihen Mazuelo (Carignan) und Cabernet Sauvignon. Aber auch Sauvignon Blanc und Chardonnay werden mit Erfolg angebaut. Tröpfchenbewässerung ist unerlässlich. Qualitativ haben diese Weine die oft nur mäßig gelungenen koscheren Altarweine überholt. Diese hatten den Ruf des israelischen Weinbaus lange geprägt, machen inzwischen aber nicht mal mehr ein Viertel der Produktion aus. Drei Kellereien sind für rund 80 Prozent der Weinproduktion des Landes verantwortlich: Carmel, Barkan Wine Cellars, Golan Heights Winery. Daneben existieren etwa 20 weitere Weingüter mit nennenswerten Rebflächen. In den 1990er-Jahren wurden noch einmal 100 kleine Weingüter gegründet, von denen teilweise exzellente Weine kommen.

Weinberg im Kibbuz Ne'ot Semadar: Öko-Wein aus der Wüste

Weinlese im Libanon: Christen und Muslime arbeiten nebeneinander im Weinberg.

Wein kennt keine politischen Grenzen: Im kanadischen British Columbia und Ontario wird ebenso Wein angebaut wie in Kalifornien und Oregon.

NORDAMERIKA – im Bann des Weins

Der größte Weinproduzent Nordamerikas sind die USA. Er besteht nicht nur aus Kalifornien, Oregon und Washington. In nahezu jedem Bundesstaat werden Trauben angebaut. Auch Kanada ist eine Weinnation geworden, die mit ausgezeichneten Qualitäten aufwartet.

Weinland USA
Rebfäche 419 000 Hektar
Produktion: 23 Mio. Hektoliter
Konsum pro Kopf/Jahr: 12 Liter

Die häufigsten weißen Sorten
1. Chardonnay 18 %
3. Colombard 4 %
3. Sauvignon Blanc 3 %
4. Pinot Gris 2,5 %
5. Riesling 2 %

Die häufigsten roten Sorten
1. Cabernet Sauvignon 16 %
2. Merlot 10 %
3. Pinot Noir 8 %
4. Tribidrag 8 %
5. Syrah 4 %

Der nördliche Teil des amerikanischen Kontinents unterscheidet sich vom südlichen dadurch, dass es dort schon eigene Reben gab, bevor die Europäer erstmals ihren Fuß auf das Land setzten. Wildreben der Spezies *Vitis labrusca* und *Vitis rupestris* rankten zwischen Kanada und Mississippi an Bäumen, und sie trugen Trauben, aus denen sich Wein erzeugen ließ. Der Wein hatte allerdings eine hohe Säure und schmeckte penetrant nach Walderdbeeren. Fox-Ton wird dieser Geschmack genannt. Die Spanier, die ersten Kolonisatoren, brachten lieber ihre eigenen *Vitis-vinifera*-Reben aus der Heimat mit, die einen wohlschmeckenderen Wein ergaben. Doch als die Reblaus kam, erwiesen sich die europäischen Reben als nicht resistent gegen den Schädling. Die amerikanischen Reben hingegen widerstanden ihm. Ende des 19. Jahrhunderts begann man deshalb, europäische Reben mit den robusten Amerikanerreben zu kreuzen in der Hoffnung, die positiven Eigenschaften der einen Rebspezies mit denen der anderen zu kombinieren. So entstanden Hybridreben, die gegen viele Krankheiten, teilweise auch gegen die Reblaus, resistent waren, aber nach wie vor den Fox-Ton aufwiesen. Viele Amerikaner störten sich nicht daran – und tun es bis heute nicht. Sie halten an ihren Hybriden fest.

Weinberge finden sich in jedem Bundesstaat der USA. Aber gesellschaftlich respektiert ist Wein nicht überall. Am wenigstens Wein wird im Bible Belt des Mittleren Westens und den angrenzenden Bundesstaaten getrunken: in Mississippi, Kansas, Arkansas, Iowa, Utah, Kentucky, West Virginia. Die stärksten Weintrinker findet man dagegen an der Ostküste: New Hampshire, Massachusetts, New Jersey, Connecticut, Delaware sind die Bundesstaaten mit dem höchsten Pro-Kopf-Konsum. Spitzenreiter ist die amerikanische Hauptstadt Washington D.C. mit 25 Litern im Jahr. Im Osten der USA findet man auch die ausgedehntesten Rebflächen – ein großer Teil ist noch mit Hybridreben bestockt.

Michigan

Mit seinen rund 5000 Hektar Rebfläche zählt Michigan zu den größeren Anbaugebieten der USA. Die meisten Reben wachsen an den vier großen Seen: Lake Michigan, Lake Huron, Lake Superior und Lake Erie. Es gibt rund 40 Kellereien, die Grau- und Weißburgunder, Riesling, Gewürztraminer und Chenin Blanc anbauen – im Süden auch Hybriden.

Pennsylvania, Ohio, Virginia und North Carolina

In allen vier Ostküstenstaaten gibt es eine lange Tradition des Weinbaus – allerdings mit französischen Hybridreben: Chambourcin, Chancellor, Delaware, Niagara, Concord und anderen. Mit ihnen ist ein großer Teil der Weinberge bestockt. Teilweise wird aus ihnen aber gar kein Wein, sondern Fruchtsaft gewonnen. Oder sie kommen als Tafelobst auf den Markt. An der Ostküste ist die Anti-Alkohol-Bewegung noch stark verankert. In den letzten Jahren wurden in Virginia aber vermehrt europäische Reben angebaut. Auch Touriga Nacional, Tannat, Petit Verdot und Viognier scheinen sich dort wohl zu fühlen.

New York

Im Bundesstaat New York stehen 13 000 Hektar unter Reben, ein Drittel davon ist für die Weinproduktion bestimmt. Es gibt zwei bedeutende Weinbauregionen. Die wichtigste sind die Five Finger Lakes. Herausragend gut gedeiht der Riesling dort, auch Pinot Noir und Cabernet Franc ergeben exzellente Weine. Das zweite bedeutende Anbaugebiet ist Long Island. Auf den vor New York City liegenden Halbinseln werden nur *Vitis-vinifera*-Reben angebaut. Bordeaux ist das große Vorbild. Die Weine, die dort aus Cabernet Sauvignon, Merlot, Cabernet Franc gewonnen werden, sind hochklassig. Der Atlantik sorgt für gemäßigtes Klima, ausreichend Niederschläge und er mindert die Frostgefahr. Die Probleme der Winzer sind Hurricanes und hungrige Vögel.

Texas, New Mexico, Arizona

In Texas stehen 3200 Hektar unter Reben. Generell ist es dort etwas zu warm und zu feucht, um Spitzenweine zu erzeugen. Trotzdem hat sich um die Stadt Austin eine kleine, ehrgeizige Winzerszene etabliert. Angebaut werden *Vitis-vinifera*-Rebsorten, aus denen solide, saftige und körperreiche Weine entstehen, überwiegend weiße. In den Nachbarstaaten ist die Rebfläche marginal. Arizona erzeugt gute Weiß- und Rotweine, die auf den Terra-Rossa-Böden um Tuscon wachsen.

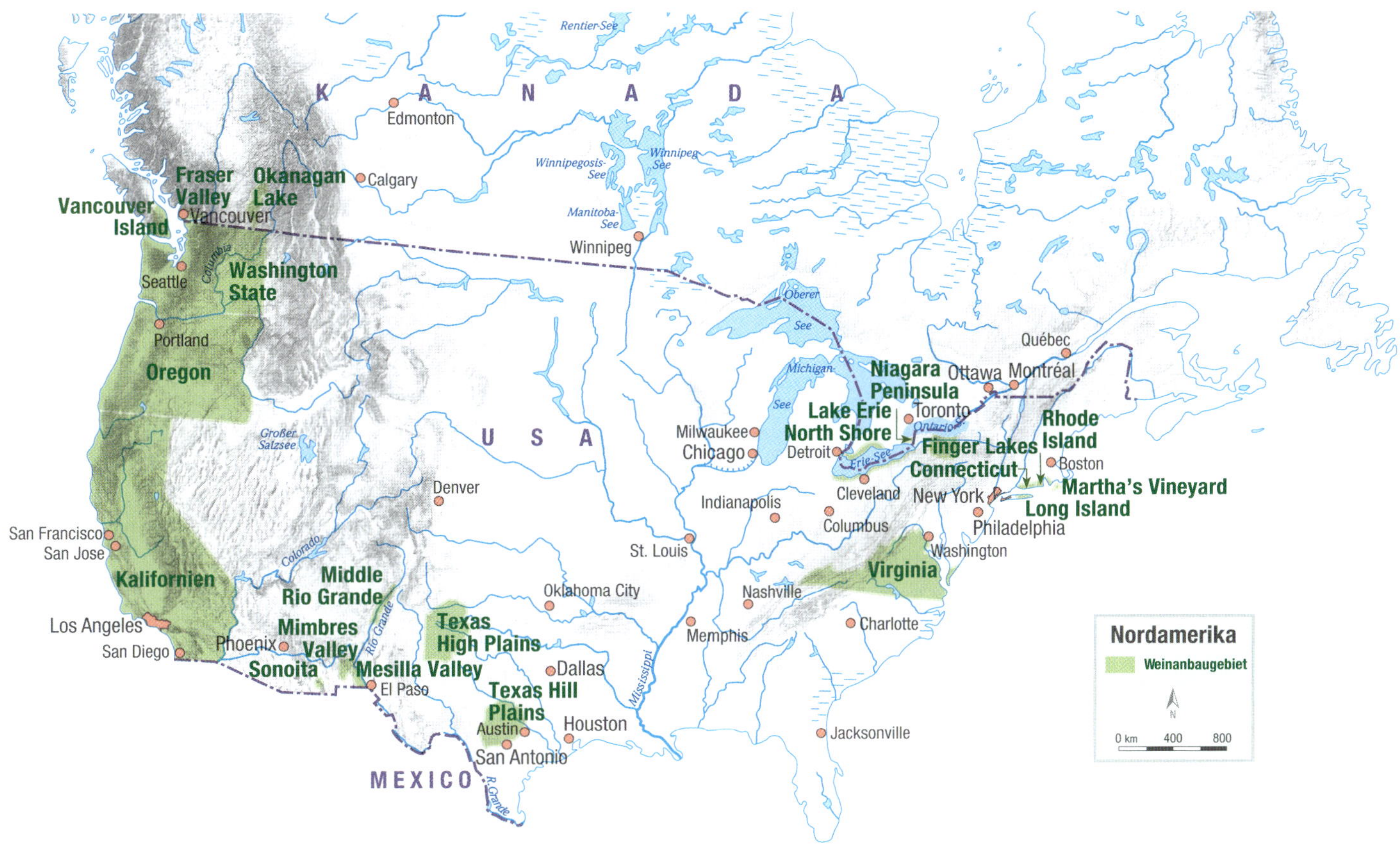

Amerikas stolzestes Produkt

Aus dem Bundesstaat Kalifornien kommen schätzungsweise 85 Prozent des US-amerikanischen Weins. Dass ausgerechnet Kalifornien zum Hauptanbaugebiet der USA wurde, hat viele Gründe: historische, klimatische und wohl auch mentale.

Die Kalifornier sind für ihren lockeren Lebensstil bekannt. Doch beim Wein sind sie humorlos. Da zählt nur, so gut zu sein wie die Besten der Welt.

Den Puritanismus, der an der Ostküste teilweise noch tief verwurzelt ist, gibt es im Westen nicht. Die Gesetze zur Regulierung des Alkoholkonsums sind in Kalifornien vergleichsweise liberal, die Restriktionen längst nicht so streng wie in Pennsylvania, Massachusetts oder anderen Ostküstenstaaten. Genuss gehört zum kalifornischen Lifestyle dazu, ebenso wie relax, fun und travel. Der Pro-Kopf-Konsum an Wein liegt in Kalifornien deutlich höher als im Durchschnitt der USA. Doch wenn es ums winemaking geht, hört der Spaß schnell auf. Da wird mit hohem Aufwand nach strengen Regeln und in Übereinstimmung mit wissenschaftlichen Erkenntnissen gehandelt. Platz für halbe Sachen gibt es nicht. Sorgfalt, Ernst und Hingabe sind oberste Gebote. Motto: Wenn schon Wein, dann sich bitte mit den besten der Welt vergleichen.

Weinland Kalifornien

Kalifornien hat über 1000 Weingüter. Sie heißen Winerys. Doch nicht alle haben Weinberge. Vor allem die großen Kellereien kaufen ihre Trauben (oder einen Teil davon) von Tausenden *grape growers* zu. In Kalifornien sind *growing* und *winemaking* getrennte Bereiche.

Das Weinrecht

Die kalifornischen Weingesetze sind einfach. Es gibt keine Mengenbeschränkungen bei der Traubenproduktion, die Sortenpolitik ist liberal. Ein Chardonnay oder ein Cabernet Sauvignon muss zu mindestens 85 Prozent aus der angegebenen Sorte bestehen. Weine mit einem geringeren Anteil werden **Meritage** genannt (normalerweise steht Meritage für einfache Tafelweine).

American Viticultural Areas (AVA)

Ab 1981 wurden bestimmte geografisch genau definierte Weinbauzonen zu Ursprungsgebieten erklärt (AVA). So erhielten die großen Appellationen Napa Valley und Paso Robles ihre eigene AVA, aber auch einige kleine Unter-Appellationen wie Stag's Leap oder Mount Veeder, die beide in Napa Valley liegen. Die Trauben für diese Klein-Appellationen müssen zu 95 Prozent aus der betreffenden AVA kommen, während die anderen AVA-Weine nur zu 85 Prozent aus heimischem Lesegut gewonnen sein müssen. Sind die Grenzen einer AVA politisch festgelegt (zum Beispiel eine County-AVA), dürfen 25 Prozent des Weins aus countyfremden Trauben stammen. Insgesamt nimmt die Zahl der AVA stetig zu. 2016 waren es 183.

Judgement of Paris

Diese Mentalität spielte – neben Böden, Klima, Rebsorten – eine große Rolle beim Aufstieg des kalifornischen Weins. Auch wenn er nicht in jeder Kategorie der beste der Welt ist, so kommen aus dem Sunny State heute Gewächse, die anspruchsvollen Weintrinkern in Old Europe höchsten Respekt abnötigen. Das berühmte Judgement of Paris von 1976, bei dem eine hochkarätige Expertenjury rote Topweine aus Bordeaux und weiße Topweine aus dem Burgund mit entsprechenden Kaliforniern blind verglich, führte zu erheblichen

Irritationen: In beiden Kategorien siegten Kalifornier. Drei Jahre später organisierte das französische Feinschmeckermagazin Gault Millau eine „Weinolympiade" nach dem gleichen Muster. Wieder belegten kalifornische Weine die ersten Plätze. 2006, am 30. Jahrestag des Judgement of Paris, wurde eine Neuverkostung derselben Weine von 1976 angesetzt, um zu klären, ob sich die Bordeaux dank ihrer legendären Alterungsfähigkeit endlich durchsetzen würden. Die Probe wurde diesmal auf beiden Seiten des Atlantiks durchgeführt, zeitgleich mit denselben Weinen, aber unterschiedlichen Jurys. Die Überlegenheit der kalifornischen Weine war noch deutlicher. Zwei Jahre später wurde das Judgement of Paris sogar verfilmt. Titel des Streifens: „Bottle Shock".

Herzkammer des Weinbaus

Fast alle damals verkosteten Weine kamen aus dem Napa Valley. Dort schlägt das Herz des kalifornischen Weinbaus. Die frühen Pioniere der 1970er-Jahre kamen überwiegend aus diesem nördlich von San Francisco gelegenen Anbaugebiet: Joe Heitz (Heitz Cellars), Steven Winiarski (Stag's Leap Wine Cellars), Bo Barett (Chateau Montelena), Charlie Wagner (Caymus Vineyards) und vor allem Robert Mondavi. Sie hatten das grüne Tal, in dem Schafe und Rinder weideten und die Pflaume die wichtigste Feldfrucht war, innerhalb von 50 Jahren zum innovationsfreudigsten und spektakulärsten Weinanbaugebiet Kaliforniens gemacht – eine Entwicklung, für die Weingüter in Europa 150 Jahre benötigten. Dabei ist Napa nicht das einzige wichtige Weinanbaugebiet in Kalifornien. Mengenmäßig steuert es nur vier Prozent zur kalifornischen Weinproduktion bei. Auch aus anderen Landstrichen kommen einige der besten Weine dieses Bundesstaates: Carneros, Sonoma Coast, Monterey und Santa Barbara County. Insgesamt stehen in Kalifornien 242 000 Hektar unter Reben – Tendenz steigend. Der Süden liegt offener zum Pazifischen Ozean als das Napa Valley. Der kalte Humboldtstrom kühlt die warmen Luftmassen ab, es entstehen kühle Nebel, die bis tief ins Landesinnere vordringen und dazu führen, dass die Temperaturen in den Weinbergen abends und nachts abfallen: ideale Voraussetzungen, um erfolgreich Chardonnay, Pinot Noir und Rhône-Sorten anzubauen. Diese Nebel, die es in abgeschwächter Form auch im Napa Valley gibt, sind das entscheidende Klimaphänomen. Ohne den Humboldtstrom gäbe es in Kalifornien keine Spitzenweine.

Auch im Napa Valley gibt es Châteaus. Sie sind allerdings nachgebildet wie das Castello di Amorosa.

Gott, Gold und der Garten Eden

Die Geschichte des modernen Weins ist kurz. Sie begann vor 50 Jahren. In Wirklichkeit ist der kalifornische Weinbau aber schon 250 Jahre alt. Seine Geschichte verzeichnete Höhen und Tiefen. Wer die Höhen von heute verstehen will, muss auch die Tiefen von früher kennen.

Kalifornische Weingeschichte

Die Geschichte des kalifornischen Weinanbaus beginnt 1769 in San Diego. Der Franziskanermönch Juníperro Serra errichtete eine Kette von Missionsstationen, die sich auf dem Weg nach Norden bis nach Sonoma zogen. Da die Padres Messwein für ihre Gottesdienste benötigten, pflanzten sie Reben an. Es waren Sorten, die die Spanier einst nach Mexiko gebracht hatten, etwa die Criolla. 1782 wurde der erste Missionswein in San Juan Capistrano gekeltert. Er muss kaum genießbar gewesen sein. Um 1833 baute der Franzose Jean-Louis Vignes in den Bergen um Los Angeles erstmals Reben an, die er direkt aus Europa importiert hatte. Aus der Tatsache, dass seine Weinproduktion sich bald auf 1000 Fässer pro Jahr belief, kann geschlossen werden, dass es ein ordentlicher Wein gewesen sein muss. Nach der Unabhängigkeitserklärung Mexikos im Jahre 1822 und der späteren Annektierung Kaliforniens durch die Vereinigten Staaten von Amerika führten amerikanische Großgrundbesitzer die Weinbautradition fort. Als 1849 das Goldfieber ausbrach, ließen sich Deutsche, Italiener und Amerikaner in Kalifornien nieder und verkauften ihren Wein mit Erfolg in die aufblühenden Goldgräberstädte am Rande der Sierra Nevada. Der Weinbau verlagerte sich langsam in den kühleren Norden Kaliforniens.

Die wohl schillerndste Figur des kalifornischen Weinbaus war zu jener Zeit der ungarische Graf Agoston Haraszthy. Er war zunächst Sheriff in San Diego, wurde dann zum Tafeltraubenhändler in der Gegend von San Francisco mit den Importreben Zinfandel und Muscat d'Alexandrie. Von einer ausgedehnten Europareise kehrte er mit 300 verschiedenen Rebsorten zurück, die er in Sonoma auspflanzte. Als sein Gut Buena Vista bankrott ging, verschwand der Graf nach Nicaragua, um dort Zuckerrohr anzubauen und Rum zu erzeugen. Doch dazu kam es nicht mehr. Er wurde kurz darauf von Alligatoren gefressen.

Der erste Boom und die Reblaus

Ein Anfang war jedoch gemacht. Bald tauchten im Napa Valley europäische Namen wie Charles Krug, Jakob Schram,

Das Napa Valley ist der Geburtsort des modernen kalifornischen Weins. Die Reben wachsen nicht nur auf dem Talgrund, sondern auch auf den Hügeln.

Friedrich und Jakob Beringer auf und pflanzten Reben. Ein Weinboom erfasste das Land. Kalifornien wurde zum Garten Eden. Der Boom endete 1886 jäh. Die Reblaus zerstörte die neuen Weinkulturen – vermutlich war das Insekt durch Haraszthys Stecklinge nach Amerika gelangt. Kaum war ein Gegenmittel gefunden und die Weinberge neu bestockt, verkündete die amerikanische Regierung 1919 die Prohibition. Die Folgen für den Weinbau waren noch fataler. Die meisten Güter wurden in den Ruin getrieben. Wein durfte nur noch privat oder zu Messweinzwecken angebaut werden. Als 1933 das Alkoholverbot wieder aufgehoben wurde, waren die Märkte weg und die Handelsstrukturen zerstört.

Der zweite Boom

Erst Ende der 1960er-Jahre begann der Wiederaufstieg der Winerys, als weinbegeisterte Unternehmer wie Robert Mondavi und Joe Heitz sich im Napa Valley niederließen und anfingen, Weine der Spitzenklasse zu erzeugen. Unterstützt von dem russlandstämmigen Önologen André Tchelistcheff, der schon 1938 von Frankreich, wo er jahrelang für berühmte Weingüter gearbeitet hatte, nach Kalifornien wechselte, praktizierten sie modernes Weinbergmanagement: Sie führten die Temperaturkontrolle, die malolaktische Gärung und andere wichtige kellertechnische Neuerungen ein. Aus dem verschlafenen Tal zwei Autostunden nördlich von San Francisco wurde eine Pilgerstätte für die neuen Weinenthusiasten. Während 1960 gerade einmal 20 Kellereien im Napa Valley existierten, gibt es heute über 400 Winerys.

„Wein ist Poesie in Flaschen"

Aus dem Napa Valley kommen nur fünf Prozent des kalifornischen Weins. Aber in Napa haben die Amerikaner gezeigt, in welch kurzer Zeit sie in der Lage sind, europäisches Weinwissen für sich zu nutzen und umzusetzen. In erster Linie sind es natürlich die spektakulären 100-Punkte-Weine, die die Aufmerksamkeit der Weinöffentlichkeit erregen. Aber es ist auch das Charisma der Menschen, die hinter diesen Weinen stehen: kunstsinnige Millionäre, die sich mit einem Weingut ein Denkmal setzen wollten, exzentrische Tüftler mit Tellerwäscherkarrieren, spleenige Weinliebhaber, die auf den regelmäßigen Weinauktionen atemberaubende Preise für die Cabernet Sauvignons zahlen – sie alle sorgen dafür, dass der Gesprächsstoff in Napa nicht ausgeht.

Die Lifestyle-Kultur und die vibrierende Atmosphäre macht ein Schild deutlich, das am Eingang des Napa Valley steht und die eher nüchtern veranlagten Amerikaner mit den Worten begrüßt: „Wein ist Poesie in Flaschen." Sie stammen von dem schottisch-britischen Schriftsteller Robert Louis Stevenson.

NORTH COAST

Napa Valley

Das Tal ist etwa 50 Kilometer lang. Es reicht von Napa im Süden bis über Calistoga hinaus. Merkwürdigerweise sind die Temperaturen im Norden wärmer als im Süden. Der Grund: Die feuchte, pazifische Kühle tritt von Süden ins Tal ein und ist im Norden kaum mehr zu spüren. Über 95 Prozent des Weinbaus spielen sich auf dem Talboden und an den hügeligen Ausläufern der Mayacamas-Berge auf der einen und der Vaca Range auf der anderen Talseite ab. In den Tallagen finden sich schwere Tonböden, an den Hängen sind die Lehmböden stärker mit Kiesel durchsetzt. Im höher gelegenen, bergigen Hinterland haben sich bisher nur wenige Winerys niedergelassen. Die meisten liegen wie Perlen aneinandergereiht an den beiden großen Verkehrswegen, die das Tal durchschneiden: der Schnellstraße 29 und dem parallel dazu verlaufenden Silverado Trail (gesamte bestockte Fläche: gut 18000 Hektar).

Architektonisch sehenswert sind die im mexikanischen Stil erbaute Winery von Robert Mondavi, der neue Kellerklotz von Dominus, die wie ein griechisches Kloster auf dem Hügel thronende Sterling Winery, die Clos Pegase Winery, die Hess Collection (die zugleich Kunstmuseen ist), natürlich auch das mondäne Kellergebäude von Opus One, die alte Inglenook Winery (sie heißt jetzt Niebaum-Coppola) und das im Farmhouse-Stil errichtete Weingut von Joseph Phelps. Die Böden sind durchweg fruchtbar. Im Februar sprießt gelb blühendes Senfgras zwischen den Rebzeilen. Allerdings ist

The Rolling Quintessa Vineyard: Wein ist im Napa Valley immer auch ein Touristenmagnet.

die Zusammensetzung der Böden völlig uneinheitlich – sogar in den Tallagen. Viele Weingüter besitzen gar keine eigenen Rebkulturen im Tal, sondern beziehen ihre Trauben – zumindest zum Teil – von unabhängigen Traubenfarmern. Die Bedeutung eigener Reben ist vielen Weingutbesitzern erst deutlich geworden, als die Traubenpreise in den letzten Jahren aufgrund von Reblausschäden und einiger Missernten massiv anstiegen. Das südliche Napa Valley liegt noch im Einfluss kühler Meeresluft. Bis zur Ortschaft Yountville wird deshalb noch viel Chardonnay angebaut. Ab Yountville dominiert jedoch Cabernet Sauvignon. Die wenigen Weißweininseln, die sich noch im nördlichen Abschnitt des Napa Valley finden, werden zunehmend mit roten Trauben bestockt, und auch nach Süden hin drängen die Rotweinkulturen unaufhörlich vor. Die feinschotterigen, wasserdurchlässigsten Böden sind normalerweise für den Cabernet Sauvignon reserviert, während die schwereren, lehmhaltigen Böden mit Merlot bepflanzt werden. Der Cabernet Sauvignon ergibt opulente, leicht krautige Weine mit einem Bouquet von Johannisbeeren, schwarzem Pfeffer, vielen Würznoten, Mokkatönen, Röstaromen und einem robusten Tanningerüst. Einige, aber nicht alle Weine weisen kleine Anteile Merlot, Cabernet Franc, Petit Verdot auf. Solange dieser Anteil 15 Prozent nicht übersteigt, darf allein Cabernet Sauvignon auf dem Etikett stehen.

Carneros

Das etwa 2500 Hektar große Anbaugebiet nahe der San Pablo Bay ist berühmt für seine Weiß- und Schaumweine. In dieser flachhügeligen, äußerlich nicht sehr spektakulären Landschaft, die am Eingang zum Napa Valley liegt, sich aber auch nach Sonoma hinein erstreckt, wachsen einige der besten Chardonnays. Der größte Teil der Trauben wird an Napa-Winerys verkauft. In Los Carneros haben sich mehrere Schaumweinkellereien niedergelassen, unter ihnen auch europäische Schaumweinhersteller wie Freixenet, Codorníu, Domaine Chandon, Mumm und Taittinger (Domaine Carneros). Ihre Sparkling Wines werden teils nach dem traditionellen Flaschengärverfahren erzeugt, teils nach dem Transvasierverfahren (siehe S. 167). Auch die rote Pinot Noir gedeiht im kühlen Carneros gut. Im Gegensatz zu den Pinot Noirs aus dem Süden beschreiben Experten ihr Aroma als green tomatoes. Los Carneros heißen im Spanischen übrigens die Schafe – Hinweis auf die Zeit vor den Reben, als noch Viehzucht in diesem Landstrich betrieben wurde.

Knights Valley und Alexander Valley

Die beiden Gebiete schließen nördlich an das Napa Valley an. Sie ziehen sich von Healdsburg nach Cloverdale. Durch ihre Kessellage erreichen die pazifischen Nebel diese Gebiete selten, sodass die Temperaturen dort höher liegen. Beide Anbaugebiete sind für rote Sorten prädestiniert: neben Cabernet Sauvignon vor allem Zinfandel und Merlot. Der größte Teil der Trauben wird an Weingüter außerhalb der Zone verkauft.

Sonoma Valley

Die hübsche Kleinstadt Sonoma ist von San Francisco aus über die Golden Gate Bridge und den Highway 101 in weniger als einer Autostunde zu erreichen. Der Weinbau ist dort wesentlich älter als im Napa Valley. Dennoch steht Sonoma im Schatten des berühmten Nachbarn. Es ist ein großes (26000 Hektar Reben), touristisch stark frequentiertes Anbaugebiet, das von Sonoma bis nach Santa Rosa reicht. Dort sitzen neben dem alten Agoston-Haraszthy-Weingut Bartholomew Park die gigantische Sebastiani-Kellerei, der Zinfandel-Spezialist Ravenswood, die kleine Matanzas Creek Winery mit ihren berühmten Merlots sowie die historischen Weingüter Buenavista und Grundlach Bundschu. Im Süden dominieren Weißweine und Pinot Noir, im nördlichen Valley of the Moon die Bordeaux-Sorten.

Russian River Valley

Es ist eine der kühlsten Unterzonen von Sonoma County. Sie reicht von Santa Rosa bis nach Healdsburg. Zum weitaus größten Teil wachsen dort Chardonnay-Reben. Sie ergeben Weine im klassischen Cool-climate-Stil, die zu den Topgewächsen des Landes gehören. Auf den kieselsteinhaltigen Schwemmlandböden am Russian River, der sich durch das grüne Tal schlängelt, wächst Pinot Noir, der sich in der Spitze mit den besten der Welt messen kann. Die besondere Eignung für die Burgunderrebe und die Weißweine rührt von den Nebeln, die vom Pazifik her über die Berge kommen, aber auch von der feuchten, kühlen Luft, die vom Süden her in das offene Tal eindringt. Viele Napa-Winerys haben dort Chardonnay- oder Pinot-Noir-Weinberge, andere kaufen ihre Trauben dort.

Dry Creek Valley

Das Tal des „trockenen Baches" verläuft parallel zum Highway 101 in westlicher Richtung. Der Talboden ist an vielen Stellen mit alten, knorrigen Zinfandel-Reben bestockt – ein Indiz dafür, dass in dieser Zone schon lange vor dem Cabernet-Boom Wein angebaut wurde. Heute kommen aus dem Tal die wohl besten Zinfandel-Weine Kaliforniens (bestockte Rebfläche: 3400 Hektar). Im 19. Jahrhundert waren es die Italiener, die als erste im Dry Creek Valley Reben pflanzten. Inzwischen werden auch viel Cabernet Sauvignon, ein wenig Syrah und Cinsault sowie Sauvignon und Chardonnay angebaut.

Sonoma Coast

Diese Appellation umfasst den gesamten Küstenbereich von der San Pablo Bay bis an die Grenze von Mendocino County – ein klassisches Cool-climate-Anbaugebiet. Die Nähe zum Pazifischen Ozean bestimmt das Klima: extrem kühl abends und nachts, moderat warm tagsüber. Die Vielfalt der Weine und Qualitäten ist groß. Es dominieren weiße Sorten. Einzelne Chardonnays, die dort wachsen, toppen alles, was sonst in Kalifornien aus dieser Sorte erzeugt wird. Auch Pinot Noir und Merlot können grandiose Weine ergeben. Heute kommen einige der teuersten Weine von dort.

Mendocino

Kühl und nebelig – so ist das Klima drunten im Tal um die Kleinstadt Ukiah. Doch über den Nebeln an den Hängen des oberen Russian River Valley gedeihen Zinfandel, Petite Sirah und Carignan unter der kalifornischen Sonne prächtig. Umgeben ist das Anbaugebiet von schier endlosen Redwood-Wäldern mit Bäumen, die bis 120 Meter hoch und 300 Jahre alt sind. Sie sorgen dafür, dass die Temperaturen moderat sind. Mendocino ist das Zentrum der Öko-Bewegung und des nachhaltigen Weinbaus. Das gleichnamige Künstlerdorf am Pazifischen Ozean ist weit weg und hat nichts mit dem Wein zu tun.

White Zinfandel …

… ist keine Rebsorte, sondern ein lieblicher, leicht spritziger Markenwein von blassroter Farbe aus der kalifornischen Gallo-Kellerei. Er wird aus roten Zinfandel-Trauben erzeugt, denen Weißwein aus aromatischen Sorten beigemengt ist. Er gehört in die Kategorie der Blush-Weine, die sich mit ihrer hellen Rosé-Farbe und ihrem Geschmack in ganz Amerika größter Beliebtheit erfreuen (siehe Seite 139). Nach dem Erfolg des White Zinfandel schossen zahlreiche Rosé-ähnliche Weine mit ähnlicher Stilistik aus dem Boden: White Grenache, White Merlot, White Cabernet. Sie alle sind populäre fun-Weine und werden teilweise auch in Dosen abgefüllt.

Das weitläufige Sonoma Valley bietet viel Folklore, viel Disneyland und auch einige ernsthafte Weine.

Anderson Valley

Früher wurde in der Gegend viel Hopfen angebaut. Heute reifen an den terrassierten Hängen des Anderson Valley vor allem Chardonnay sowie ein wenig Gewürztraminer und Pinot Noir. Das Tal ist über den Navarro River offen zum Pazifischen Ozean hin, sodass die sommerliche Hitze immer wieder durch kühle Meeresluft gemildert wird. Die Schaumweinherstellung spielt im Anderson Valley eine große Rolle. Das Champagnerhaus Roederer hat dort seine amerikanische Dépendance eingerichtet.

CENTRAL COAST

Cool climate gesucht

Es gibt in Kalifornien über 50 verschiedene Bodenarten, die für den Weinbau geeignet sind. aber nur ein Klima, das gute Weine hervorbringt: das Cool climate. Je nach Anbaugebiet ist es mal mehr, mal weniger kühl. Doch ohne dieses Klima ist qualitativ anspruchsvoller Weinbau nirgendwo möglich.

Santa Cruz Mountains

Der waldreiche Hügelzug oberhalb des Silicon Valley bei San José ist von uralten Mammutbäumen und eingestreuten kleinen Weinbergen (660 Hektar) geprägt. Die Rebflächen ziehen sich bis auf 900 Meter Höhe und profitieren so von den kalten pazifischen Luftströmungen. America's First Mountain Appellation nennt sich das Anbaugebiet. Erzeugt werden fast europäisch anmutende Coolclimate-Cabernet-Sauvignons, fleischige Merlots, saftige Pinot Noirs sowie einige bemerkenswerte Weißweine. Das berühmteste Weingut heißt Ridge. Sein Montebello-Cabernet-Sauvignon siegte bei der „Weinolympiade" (siehe S. 279).

Monterey und San Benito

Die Monterey Bay ist ein Surfer-Paradies, das dahinterliegende Salinas Valley Kaliforniens größte Gemüsekammer mit kilometerlangen Brokkolifeldern, Salatplantagen und Rebkulturen. Das Klima ist kühl, aber trocken. Reben und Gemüsefelder müssen bewässert werden. Monterey gehört zu den am schnellsten wachsenden Anbaugebieten Amerikas. Die Rebfläche hat sich mittlerweile auf 16 000 Hektar ausgedehnt. Die Chardonnay, die vor allem im kühlen Norden wächst, ist die dominierende Rebsorte und besticht durch Mineralität und Reife, gepaart mit einer knackigen Säure. Renommierte Weingüter aus ganz Kalifornien decken sich in Monterey mit Trauben ein. Daneben werden Riesling und Pinot Noir angebaut.

Im wärmeren südlichen Teil des Salinas Valley werden Zinfandel und andere rote Sorten kultiviert. Eine Sonderstellung nimmt das hoch gelegene Chalone ein. Dort wachsen am Fuße der Pinnacles, eines Nationalen Felsenmonuments, einige der besten Chardonnays und Pinot Noirs Kaliforniens. Das im Hinterland südlich der Kleinstadt Hollister gelegene Anbaugebiet San Benito ist für seine guten Pinot Noirs berühmt.

Paso Robles

Von der Ausdehnung her ist Paso Robles eines der größten Weinanbaugebiete Kaliforniens und noch immer das am stärksten wachsende. Das Klima ist warm, den roten Sorten Zinfandel, Cabernet Sauvignon, Merlot und Syrah gilt das Hauptaugenmerk der Weingüter. Bei den weißen liegen Roussanne und Viognier vorn. Einmal im Jahr findet in Paso Robles das Hôspice-du-Rhône-Festival statt.

Edna Valley und Arroyo Grande

Das kühle, meernahe Edna Valley um die Stadt San Luis Obispo ist naturgemäß für Chardonnay und Pinot Noir prädestiniert. Dazu spielen einige Weingüter mit Syrah-Blends.

Im südlicheren Arroyo Grande mit seinen weißen Stränden (Pismo Beach) steht Surfen und Lifestyle im Mittelpunkt. Es gibt viele fun- und fancy-Weine, mal trocken, mal lieblich, mal schäumend. Oder Blush: So heißen Rosés in Kalifornien. Seit sich das Champagnerhaus Deutz dort niedergelassen hatte, ist Schaumwein populär – auch noch nach dem Verkauf der Kellerei. Pinot Noir macht heute 60 Prozent der Rebfläche aus, Chardonnay 30 Prozent. Die meisten Trauben werden jedoch an Kellereien im Norden Kaliforniens verkauft, vor allem nach Carneros und Sonoma.

Santa Maria Valley und Santa Ynes Valley

Aus den beiden zu Santa Barbara County gehörenden Anbaugebieten kommen einige der besten Pinot Noirs und Chardonnays Amerikas. Die Pinots sind süß, knackig fruchtig (candy) und elegant, die Chardonnays schlank und eher von den Aromen tropischer Früchte geprägt, weniger zitrusfruchtig – typische Coolclimate-Gewächse. Durch die zum Pazifik hin offenen Talebenen dringt regelmäßig kühle Meeresluft ins Landesinnere, die den Reifeprozess der Trauben verlangsamt. Die meisten Reben stehen am Fuße der das Tal umgebenden Hügel. In den höheren Lagen findet man auch Syrah, Viognier, Grenache und Marsanne, allerdings in geringen Mengen.

CENTRAL VALLEY

San Joaquin Valley und Lodi

Das über 800 Kilometer lange Central Valley ist das workhouse Kaliforniens: die produktivste landwirtschaftliche Region des Bundesstaates, ja ganz Amerikas. Hier werden auf riesigen Plantagen Orangen, Zucchini, Tomaten, Aprikosen, Spargel, Walnüsse, Mandeln, Pistazien angebaut – und auch Weintrauben. Traditionell werden diese zur Rosinen- und Saftproduktion verwendet oder kommen als Tafeltrauben auf den Markt. Ein großer Teil geht jedoch in die Weinherstellung. Aus dem San Joaquin Valley, wie der südliche Teil des Central Valley heißt, kommt die Hälfte allen kalifornischen Weins (61 000 Hektar). Angebaut werden nahezu alle in Kalifornien vorhandenen Rebsorten. Schwerpunkte sind jedoch hitzbeständige Sorten wie Colombard, Chenin Blanc, Zinfandel. Der größte Teil ist Fasswein, der an Handelskellereien verkauft wird. Jug wine nennen ihn die Experten. Doch viele der penibel gepflegten Rebplantagen, die künstlich bewässert und voll mechanisiert bearbeitet werden, befinden sich im Besitz der amerikanischen Weinindustrie, die dort ihr eigenes Lesegut produziert. E & J Gallo, die größte Kellerei der Welt, produziert hier knapp 60 Millionen Flaschen einfacher Alltagsweine.

Zunehmend lassen sich in Lodi, dem kühleren nördlichen Teil des San Joaquin Valley, auch namhafte Güter nieder. Statt minderwertiger Hybridreben wie Rubired und Royalty werden immer mehr Zinfandel, Cabernet Sauvignon, Merlot, Sauvignon, Gewürztraminer und Riesling kultiviert. Bis maximal 15 Prozent dürfen diese Trauben auch in Napa-Weinen vertreten sein.

CADE
ESTATE CABERNET SAUVIGNON
HOWELL MOUNTAIN · NAPA VALLEY

MENDOCINO
FETZER
VINEYARDS
APPELLATION: MENDOCINO COUNTY
CHARDONNAY
SAUVIGNON BLANC

KUNDE
WELLINGTON
FAMILY WINERIES
B.R. COHN
Valley of the Moon Winery
LEDSON WINERY & VINEYARDS
SMOTHERS
LANDMARK
GLEN ELLEN
STONE CREEK

Das Abenteuer Pinot Noir

Oregon ist nicht nur im Winter kühl, sondern auch im Rest des Jahres: ideal für Pinot Noir.

Oregon ist das Kontrastprogramm zu Kalifornien. Die Rebflächen betragen nur etwa fünf Prozent derjenigen Kaliforniens. Der Wein kommt von zahlreichen kleinen Winerys, viele haben nur Boutique-Größe, ihre Produktion ist gering. Doch das Renommee Oregons ist riesengroß. Die Ursache: Pinot Noir. Weit über die Hälfte der Weinberge sind mit dieser Sorte kultiviert. Pinot Noir aus Oregon gilt unter Experten als der große Herausforderer Burgunds.

Die hellen, transparent-roten Weine mit dem Aroma reifer Kirschen und der erdigen Würze frischer Champignons gehören zu den gesuchtesten Rotweinen Amerikas. Die Tatsache, dass burgundische Spitzenerzeuger wie Liger-Belair, Méo-Camuzet, Joseph Drouhin und Louis Jadot in Oregon Weinberge erworben haben, gilt den Experten als Hinweis darauf, dass Oregon ideale Weinbaubedingungen hat und ein ernst zu nehmender Pinot-Noir-Erzeuger ist.

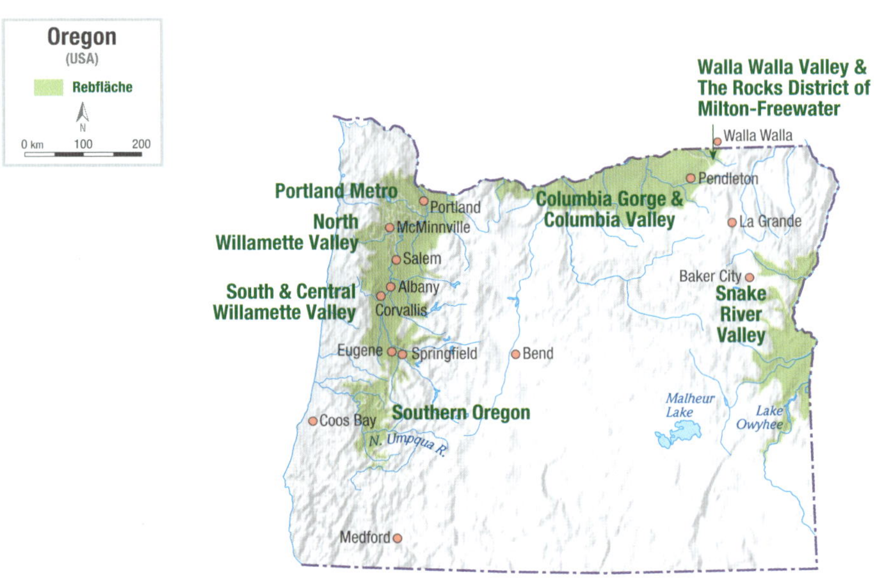

Willamette Valley

Das zentrale Anbaugebiet ist das Willamette Valley, das sich von Portland bis nach Eugene im Süden zieht. Die Weinberge liegen malerisch eingebettet in die rolling hills der Coastal Range. 16 Stunden Sonne am Tag sind keine Seltenheit. Allerdings wabern immer wieder Nebelschwaden über die Talsohle, vor allem im Norden, wo Kaltluft ins Landesinnere dringt. Sie drücken die Temperaturen hinunter. Das größte klimatische Problem sind die ergiebigen Niederschläge, die nicht nur im Winter, sondern auch im Herbst fallen und die Qualität der fast reifen Trauben empfindlich beeinträchtigen können.

Weitere Anbaugebiete

Oregon ist ein junges Anbaugebiet. Ernst zu nehmende weinbauliche Unternehmungen fanden erst in den 1960er-Jahren statt. Entgegen des Rats der kalifornischen Wein-Universität in Davis bauten die Winzer nicht amerikanische Hybridreben, sondern europäische Vitis-vinifera-Reben an: Chardonnay, Riesling, Gewürztraminer und vor allem Pinot Noir. Diese Sorte entwickelte sich in dem milden Klima am besten. Der Enthusiasmus der ersten Pioniere war ansteckend. Immer mehr Leute begannen, sich am Willamette River niederzulassen und sich dem Abenteuer Pinot Noir zu stellen. Als besonders gute Zone erwiesen sich die Dundee Hills südwestlich von Portland. Aber auch weiter südlich wachsen exzellente Qualitäten.

Flankiert wird die Pinot Noir von Pinot Gris, der zweithäufigsten Sorte Oregons, und von Chardonnay, der dritthäufigsten. Ganz im Süden Oregons nahe der Grenze zu Kalifornien (Rogue Valley) werden auch Cabernet Sauvignon und Merlot angebaut. Weitere Rebflächen finden sich tief am Columbia River tief im Landesinneren, der die Grenze zu Washington bildet. Columbia Gorge heißt das Anbaugebiet. Dort werden auf basaltischen Böden 40 verschiedene Rebsorten angebaut. Noch 500 Meilen weiter westlich liegt Walla Walla. Unzählige kleine, aber qualitätsbewusste Winerys haben sich dort angesiedelt und produzieren teilweise sehr gute, individuelle Bordeaux-Blends.

Wein aus der Halbwüste

Benton City am Columbia River: Ohne das Wasser des Flusses wäre Weinbau nicht möglich.

Was den Wein angeht, ist der Bundesstaat Washington ein junges Anbaugebiet. Aber es ist in den letzten 20 Jahren rasant gewachsen. Nur Kalifornien stößt heute mehr Wein aus. Die Reben wachsen bis auf wenige Ausnahmen im Tal des Columbia River. Columbia Valley heißt deshalb die größte und (nahezu) alles umfassende AVA von Washington State (Gesamtrebfläche: über 20 000 Hektar). In ihr gehen zahlreiche kleine Unterzonen auf, die für Kenner allerdings von großer Bedeutung sind: Yakima Valley, Rattlesnake Hills, Snipes Mountain, Columbia Gorge und Walla Walla (beide teils in Oregon gelegen) sowie Ancient Lake und Lake Chelan im Norden. Der Weinbau weist mehrere Besonderheiten auf. Die großen Weingüter sind alle im Westen in und um Seattle, während die Rebflächen rund 300 Kilometer weiter östlich liegen. Genauer: jenseits der Cascades, eines über 4000 Meter hohen Gebirgszuges. Trauben oder Jungwein müssen also transportiert werden.

Trockenheit und Frost

Die Reben wachsen in einer Halbwüste. Die Sommertemperaturen sind hoch, im Winter können sie unter −26 °C fallen. Das Columbia Valley ist nicht nur frostgefährdet, es ist vor allem trocken. Die Cascades fungieren als Regenbarriere. Westlich regnet es sich ab, östlich müssen die Weinberge mangels Niederschlägen (150 Millimeter/Jahr) bewässert werden. Das Wasser für sie kommt überwiegend aus dem Columbia River und seinen Nebenflüssen. Die Böden sind ziemlich einförmig. Sie bestehen aus Kies, Schwemmsand und vulkanischem Basaltgestein. Jahrhundertelang wurde dort nur Weizen angebaut und Milchvieh gehalten. Zwar wurden die ersten Reben schon vor 150 Jahren von italienischen und deutschen Auswanderern gepflanzt. Doch die ersten modernen Weingüter entstanden in den 1960er-Jahren: Chateau Ste. Michelle und die Columbia Winery. Angebaut wurden (und werden) rund 80 verschiedene Sorten, anfangs mehr weiße, heute mehr rote. Zu Zeiten des Merlot-Hypes lieferte Washington einen Großteil des Weins, den der Handel damals so dringend benötigte. Seitdem heißt es, die Merlot sei Washingtons Paradesorte. Tatsächlich sind Bordeaux-Blends aus Cabernet Sauvignon (wenn sie ausreifen kann) und Cabernet Franc meist die interessanteren Weine. Zuletzt wurde vermehrt auf Syrah gesetzt. Das Rebland ist preiswert.

Riesling-Gigant

Die Weine aus dem Columbia Valley sind von makelloser, kommerzieller Qualität. Eine Konkurrenz für die kalifornischen Spitzenweine sind sie nicht. Das gilt auch für Chardonnay, die häufigste weiße Rebsorte. Beim Riesling, der zweitwichtigsten, hat Washington dagegen einen guten Ruf. Er kommt ursprünglich aus den kühlen Lagen des Yakima Valley, findet sich heute aber im gesamten Columbia Valley.

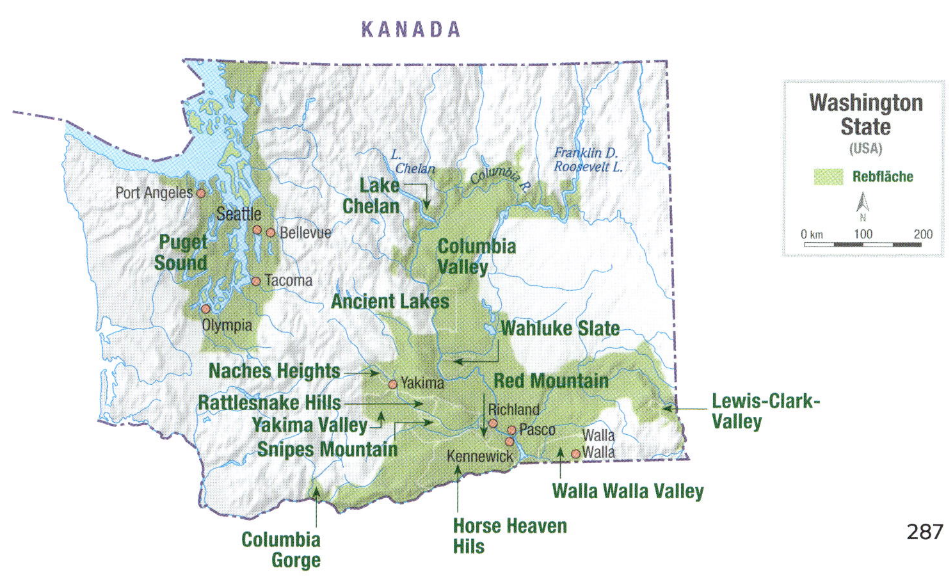

KANADA und sein Ice Wine

Kanada ist kühl, Weinbau findet nur in Nischen statt. Die wichtigste ist die Niagara Peninsula. Dort wird Eiswein erzeugt. Die andere Nische liegt in British Columbia im Westen des Landes. Dieser Bundesstaat ist für seine trockenen Weiß- und Rotweine berühmt.

Das Okanagan Valley ist das Hauptanbaugebiet in British Columbia.

Weinland Kanada

Rebfläche: 12 300 Hektar
Produktion: 140 000 Hektoliter
Konsum pro Kopf/Jahr: 15 Liter

Die häufigsten weißen Sorten

1. Vidal Blanc* 13 %
2. Chardonnay 12 %
3. Riesling 8 %
4. Pinot Gris 6 %
5. Gewürztraminer 4 %

* Hybridrebe

Die häufigsten roten Sorten

1. Merlot 10 %
2. Pinot Noir 7 %
3. Cabernet Franc 7 %
4. Cabernet Sauvignon 6 %
5. Syrah 3 %

Das Weinrecht

Die Herkunftsbezeichnungen für kanadischen Wein sind rückständig und irritierend.
Ein großer Teil der Trauben, die kanadische Kellereien abfüllen, kommt nicht aus Kanada, sondern aus den USA (oder aus anderen Ländern). Die Weine tragen dann die Etikettenaufschrift „Cellared in Canada". In Ontario muss nur 30 Prozent des Mosts aus dem lokalen Anbaugebiet stammen, um als kanadischer Wein bezeichnet zu werden.
In British Columbia darf 100 Prozent aus dem Ausland kommen. So ist es im Freihandelsabkommen mit den USA 1988 festgelegt worden. Die kanadische Vintners Quality Alliance (VQA) verlangt von ihren Mitgliedern dagegen 100 Prozent einheimischen Wein. Ihr gehören jedoch nicht alle Winerys an.

Zwar befinden sich die meisten Weinbaugebiete Kanadas auf ungefähr demselben Breitengrad wie die europäischen Weinbauländer. Doch herrschen jenseits des Ozeans ganz andere klimatische Bedingungen. Die Temperaturen sind in Kanada niedriger, die Vegetationsperiode ist kürzer. Sämtliche Weinberge liegen in der Nähe großer Gewässer. Die wichtigsten Anbauzonen liegen im Osten am Ontario- und Eriesee. Das Wasser wirkt temperaturausgleichend und ermöglicht einen langen Herbst, sodass die Trauben ausreifen können. Der Winter kommt allerdings früh – und er kommt mit Frost.
Die niedrigen Temperaturen ermöglichen es, regelmäßig Eisweine zu erzeugen. Die

Temperatur, um in Ontario Eiswein zu ernten, muss von Gesetz wegen mindestens –8 °C betragen. Im Gegensatz zu deutschen und österreichischen Eisweinen sollen die Trauben clean sein: frei von Botrytis. Der Mindestzuckergehalt des Traubenmosts muss bei 35 °Brix liegen. Das entspricht ungefähr 170 °Oechsle. Dadurch, dass kanadischer Ice Wine stärker durchgärt (durchschnittlich bei 13 Vol. % landet), ist der Restzuckergehalt trotz höheren Mostgewichts nicht höher als bei europäischen Eisweinen. Die bevorzugte Rebsorte in Kanada ist die Vidal Blanc, eine frostharte Hybridrebe. Dazu kommen Chenin Blanc, Riesling und Cabernet Franc. Letztere ergibt einen roten Eiswein. Mit durchschnittlich 750 000 Litern ist Kanada der weltweit größte Produzent von Eiswein.

Eiswein und Riesling

Kanadas Weinbau erlebte seinen ersten Aufschwung zu Zeiten der Prohibition von 1916 bis 1927. Durch geschickte Lobbyarbeit von Winzern war der Wein vom Alkoholverbot ausgenommen. Noch immer gültig ist das so genannte *Liquor-Board*-System. Das sind staatliche Läden, die für den Verkauf alkoholischer Getränke zuständig sind. Aber es gibt Ausnahmen. Der Bundesstaat Alberta privatisierte in den 1990er-Jahren seinen Weinhandel, und British Columbia sowie Manitoba haben einige private Weinfachhandlungen zugelassen.

Bis in die 1970er-Jahre war der meistproduzierte und meistgetrunkene kanadische Wein süß, alkoholstark und aus der Labrusca-Rebsorte (amerikanische Wildrebe) gekeltert. Erst als 1947 die erste Lizenz für ein Weingut seit der Prohibition vergeben wurde, kam eine Qualitätsrevolution in Gang. Zahlreiche Boutique Winerys öffneten und setzten auf hochwertige, trockene Weine. Besonders der Riesling, der auf knapp 900 Hektar angebaut wird, muss sich auch auf Topniveau international hinter keinem anderen Wein verstecken.

Ontario

Auf der Niagara Peninsula wird aber nicht nur Eiswein erzeugt. Auf dem größten Teil der knapp 7000 Hektar Rebfläche entsteht trockener Tafel- und Schaumwein. Kernsorten sind Chardonnay, Riesling, Pinot Noir und Cabernet Franc. Besonders der Riesling, der auf knapp 900 Hektar angebaut wird, wurde in den letzten Jahren großer Respekt entgegengebracht. Eine kleine Weinbaunische findet sich auch am Nordufer des Eriesees und auf Pelee Island sowie in Prince Edward County am Ontario-See. Kleinere Anbaugebiete gibt es außerdem in Quebec und Nova Scotia. Allerdings werden dort vor allem Hybrid-Reben angebaut.

British Columbia

Das zweite große Weinanbaugebiet Kanadas befindet sich im Okanagan Valley in British Colombia. Auch dort wird Eiswein erzeugt, aber nur ein Viertel der Menge wie in Ontario. Angebaut werden im Westen des Landes vor allem Pinot Gris und Chardonnay sowie kleinere Mengen Gewürztraminer, Riesling und Sauvignon Blanc. Die roten Sorten verteilen sich auf Merlot, Pinot Noir, Cabernet Sauvignon, Cabernet Franc und Syrah. Die Vielfalt ist ein Ausdruck der unterschiedlichen Terroirs. Die Weinberge liegen verstreut zwischen Seen, Berggipfeln und Wüsten. Die Sommertemperaturen übersteigen an vielen Stellen 40 °C, im Winter geht es bis –20 °C hinunter.

Ähnlich wie das Columbia Valley im benachbarten Washington, liegt das Okanagan Valley im Regenschatten der Cascades. Ohne Bewässerung ist nirgendwo Weinbau möglich. Kleine Rebeninseln finden sich noch im Similkameen Valley um die Stadt Keremeos, im Fraser Valley um Vancouver, auf Vancouver Island und auf den vorgelagerten Gulf Islands.

Okanagan Valley im Winter: Schnee fällt regelmäßig und Frost tritt jedes Jahr auf – zur Freude der Eiswein-Winzer.

SÜDAMERIKA – viel Ernst, viel Fun

Nach Europa ist Südamerika der Kontinent mit der höchsten Weinproduktion der Welt. Verantwortlich für so viel Wein sind Argentinien und Chile. Der überwiegende Teil ihrer Weine wird exportiert – der größte Teil nach Nordamerika, ein kleiner Teil nach Europa.

Bodega in der argentinischen Provinz Salta: Wein aus 3000 Meter Höhe

Außer in Argentinien und Chile wachsen auch in anderen südamerikanischen Ländern Trauben: in Bolivien, Peru, Brasilien, Uruguay, sogar in Venezuela. Die Mengen an Wein, die dort erzeugt werden, sind meist gering. Aber die Einwohner sind stolz auf alles, was aus ihrem eigenen Land kommt. Obwohl der Genuss von Wein – von Chile und Argentinien abgesehen – nicht zur Kultur dieser Nationen gehört, wird die heimische Produktion weitgehend im Lande konsumiert. An vielen Stellen werden Trauben allerdings nur angebaut, um Branntwein aus ihnen zu erzeugen. Singani in Bolivien, Pisco in Peru und Chile sind die bekanntesten Schnäpse auf Traubenbasis. Und selbst da, wo Trauben vollständig vinifiziert werden, ist der Wein oft mehr Durstlöscher und Erfrischer als ein Genussmittel. Häufig wird er mit Kohlensäure versetzt, um ihn zum Schäumen zu bringen, manchmal versektet, gelegentlich aromatisiert und sehr oft gesüßt, um besser vermarktet zu werden. Er kommt unter Phantasienamen wie Let's Dance, Freeze oder Gato Blanco auf den Markt und füllt die Regale der Supermärkte von Lima über São Paulo bis Buenos Aires.

Weinreben gegen Gold und Silber

Südamerikas Weinbau hat europäische Wurzeln. Im Gegensatz zu Nordamerika gab und gibt es weder *vitis-vinifera-* noch *vitis-labrusco*-Reben. Diese mussten aus Europa importiert werden. Jesuiten- und Franziskaner-Missionare waren die ersten, die sie im 16. Jahrhundert in der Nähe ihrer Missionsstationen anbauten, um Messwein zu erzeugen. Dessen berauschende Wirkung blieb der einheimischen Bevölkerung nicht lange verborgen. Bald brachten die *conquistadores*, die spanischen Eroberer, auf ihren Schiffen Rebsetzlinge mit, die sie bei den Indios gegen Gold und Silber eintauschten. Bei diesen Reben handelte es sich vor allem um die farbschwachen Criolla und Cereza – Massenträger aus heutiger Sicht. Diese Sorten bestimmten drei Jahrhunderte lang den Weinbau in Südamerika. Erst im 19. Jahrhundert kamen die ersten europäischen Edelreben ins Land.

Chile und Argentinien

In Chile wurden 1851 die ersten Cabernet-Sauvignon-Reben von französischen Siedlern gepflanzt. 20 Jahre später begannen die Weinexporte in das reblausgeschädigte Europa. Erst die Prohibition bremste das Wachstum (1938). Der endgültige Niedergang der chilenischen Weinwirtschaft begann mit den Landreformen der christdemokratischen Regierung (1965) und später mit den Enteignungen durch die sozialistische Regierung von Salvador Allende (1970). 1982 brach der chilenische Weinmarkt zusammen. Nachdem die Rebfläche auf die Hälfte geschrumpft war, gab es drei Jahre später einen Neuanfang. Mit Hilfe von amerikanischen und französischen Investoren wurden Weinberge angelegt und moderne Kellertechnik installiert. Die Temperaturkontrolle eröffnete die Möglichkeit, auch in heißen Anbaugebieten frische, fruchtbetonte Rot- und Weißweine zu erzeugen. Heute ist Chile das am weitesten entwickelte Weinland Südamerikas.
Ähnlich verlief die Entwicklung in Argentinien. Nur waren es dort Italiener, die im Zuge der Auswanderungswellen des 19. und 20. Jahrhunderts ins Land kamen und systematisch Weinbau betrieben. Sie brachten die noch heute weit verbreiteten Sorten Bonarda und Barbera mit. Hyperinflation, Militärdiktatur, Korruption und ausufernde Bürokratie verhinderten jedoch, dass die Entwicklung ähnlich rasch voranging wie beim Nachbarn.

Peru und Bolivien

Die beiden Andenstaaten leben zwar stark von der Landwirtschaft. Aber Weinbau ist eine Randerscheinung. Boliviens

Argentiniens Leitsorte: Malbec

Rebbestand umfasst weniger als 5000 Hektar. Sie liegen weit verstreut in den Andentälern um Cochabamba, Potosí und ganz im Süden im Department Tarija. Die Rebpflanzungen reichen von 1600 bis 2850 Meter Höhe. Angebaut werden neben den traditionellen Destillationstrauben unter anderem Grenache, Shiraz, Cabernet, Chardonay, Malbec, Merlot, Pinot und Riesling.

Die Rebfläche Perus ist etwas größer und wächst weiter. Trotz größerer Nähe zum Äquator gibt es mehrere Nischen mit kühlem Klima: etwa bei Cañete (100 Kilometer südlich von Lima), wo ein Andental offen zum Pazifik und damit im Einflussbereich kalter Luftströmungen liegt. Der größte Teil befindet sich jedoch 300 Kilometer weiter südlich in einem Hochtal um die Stadt Ica. Hochwertige Sorten sind allerdings noch rar gesät. Nur wenige Weingüter bauen Cabernet Sauvignon, Syrah, Malbec und Sauvignon Blanc an. Viel häufiger findet man spanische Branntweinsorten wie Negramoll und Quebranta sowie – überraschenderweise – österreichischen Blaufränkisch und die italienische Pecorino-Traube.

Uruguay und Brasilien

Beide Länder liegen an der Ostküste Südamerikas, 2000 Kilometer von den Anden entfernt. In beiden Ländern ist das Klima subtropisch: warm und niederschlagsreich. Brasilien hat zehnmal so viel Rebfläche wie sein südlicher Nachbar. Uruguay hat sich dafür früher einen Ruf als solides Weinbauland gemacht. Es war dort ein Auswanderer aus dem französischen Baskenland, der vor 150 Jahren in großem Stil eine europäische Rebsorte pflanzte: die Tannat, die in Südwestfrankreich und im Pyrenäenvorland verbreitet ist. Der Mann hatte Glück: Die Sorte ergibt auch in Uruguay gute bis sehr gute Weine. Seitdem steht Uruguay für kräftige, tanninreiche Rotweine aus dieser Sorte. In Brasilien waren es dagegen italienische Auswanderer, die im 19. Jahrhundert mit dem Weinbau begannen. Da die meisten von ihnen aus der Gegend um Verona stammten, bauten sie Corvina, Molinara und andere Valpolicella-Sorten an. Heute spielen diese keine Rolle mehr. Weine aus Cabernet Sauvignon, Merlot, Chardonnay und anderen Erfolgsreben machen zwar Schlagzeilen, doch der größte Teil des brasilianischen Weins wird noch immer aus Hybridreben oder anderen minderwertigen Kreuzungen gewonnen.

Indios als Erntehelfer in Chile

CHILE – Konzentration der Aromen

In wenigen Anbauländern der Welt findet der Weinbau so gute Voraussetzungen wie in Chile. Das Klima ist gleichmäßig trocken und warm. Rebkrankheiten sind selten. Maßnahmen zum Pflanzenschutz sind deshalb nur in Ausnahmefällen notwendig.

Weinland Chile

Rebfläche: ca. 211 000 Hektar*
Produktion: 7 Mio. Hektoliter
Konsum pro Kopf/Jahr: 23 Liter
* davon ca. 100 000 für Tafeltrauben und Destillationstrauben

Die häufigsten Sorten

1. Cabernet Sauvignon 41 %
2. Chardonnay 13 %
3. Sauvignon Blanc 12 %
4. Merlot 10 %
5. Carmenère 9 %
6. Syrah 6 %
7. Alicante Bouschet 4 %
8. Pinot Noir 3 %
9. Cabernet Franc 1 %
10. Alexandermuskat 1 %

Das Weinrecht

Ein Weingesetz hat sich Chile erst 1985 gegeben. Es legt die Herkunftsgebiete fest und definiert die zur Qualitätsweinproduktion zugelassenen Sorten: insgesamt 23 (die País, eine der am häufigsten angebauten Reben, gehört nicht dazu). Die Weine tragen in Chile fast immer den Namen einer Rebsorte auf dem Etikett. Diese Rebsorte muss zu mindestens 85 Prozent im Wein enthalten sein. Das gilt auch für Herkunft und Jahrgang. Maximal 25 Prozent des Weins dürfen aus einem anderen Jahrgang beziehungsweise aus einem anderen Herkunftsgebiet stammen.
Die Chaptalisierung ist in Chile nicht erlaubt, wohl aber die Azidifikation. Eine Begrenzung der Traubenproduktion ist nicht vorgeschrieben. Der Höchstertrag für Qualitätswein liegt durchschnittlich bei 90 Doppelzentner pro Hektar.

Wein vom Fuße der Anden: herbstlicher Weinberg im chilenischen Colchagua Valley

Chile ist ein langgestrecktes Land. Von Norden nach Süden sind es 4200 Kilometer. Weinbau findet nur in einem kleinen Bereich statt: im Norden zwischen dem 30. und 50. Breitengrad der südlichen Hemisphäre (Limari, Choapa) sowie einer großen, warmen Zone zwischen dem 32. und 37. Breitengrad. Letztere beginnt nördlich der Hauptstadt Santiago und zieht sich 400 Kilometer weiter südlich bis zur Stadt Chillán. Dort wächst 90 Prozent des chilenischen Weins. Allerdings werden Trauben in Chile nicht nur für die Weinproduktion gebraucht. Ein großer Teil wird zum Traubenschnaps Pisco destilliert, das hochprozentige Nationalgetränk Chiles.

Noch viele unveredelte Reben

Chile hat sich spätestens seit 1990 zu einem der bedeutendsten Anbauländer der Welt entwickelt – in quantitativer wie in qualitativer Hinsicht. Rebland ist genügend vorhanden und die Kosten der Weinerzeugung sind relativ niedrig. Die Weinberge lassen sich fast überall mechanisch bearbeiten, die Lese wird mit Vollerntern durchgeführt. Die Lichtintensität ist hoch und die klimatischen Risiken sind gering. Bei Tagestemperaturen von 32 °C reifen die Trauben überall aus. Der vor der Küste verlaufende kalte Humboldtstrom sorgt dafür, dass die Temperaturen nicht zu hoch steigen, zumindest nachts fallen. All diese Faktoren zusammen führen zu einer starken Konzentration der Aromen, die typisch ist für chilenische Rotweine. Allerdings bedarf es der künstlichen Bewässerung, um die Reben unbeschadet durch die sommerlichen Trockenperioden zu bringen. In den meisten Fällen werden die Weinberge ein- oder zweimal in der Saison geflutet, sodass der Boden Feuchtigkeit speichern kann. Oder sie werden per Tröpfchenberegnung mit Wasser versorgt. Das Wasser kommt von den schmelzenden Andengletschern und wird über ein kompliziertes System von Kanälen direkt in die Weinberge geleitet. Eine chilenische Besonderheit ist der große Anteil noch unveredelter Reben. Bis heute ist die Reblaus nicht in den Andenstaat vorgedrungen – zumindest nicht als Schädling in Erscheinung getreten. Neue Reben werden jedoch vorsichtshalber auf reblausresistente Unterlagsreben gepfropft.

Hohes Niveau der Weinindustrie

In der Vergangenheit ist Chile vor allem als Produzent preiswerter Rebsortenweine in Erscheinung getreten. Nirgendwo auf der Welt kann Cabernet Sauvignon, die Leitsorte, so günstig und sicher in guter Standardqualität produziert werden wie in dem Andenstaat. So kommt es, dass viele europäische Weingüter in Chile Dependancen eröffnet haben oder Joint Ventures eingegangen sind: Torres aus Spanien, Mouton-Rothschild, Lafite-Rothschild und Larose-Trintaudon aus Bordeaux, Antinori aus Italien zum Beispiel.
Neben der Masse einfacher Rebsortenweine (oder Blends) tauchen auch immer mehr Premium- und Super-Premium-Weine auf, mit denen Chile zeigen will, dass es auch in der Spitze international mithalten kann. Auffällig ist dabei, dass die Entwicklung – anders als in Europa – von großen Weinkellereien ausgeht und nicht von kleinen Weingütern. Überhaupt ist die Weinindustrie in Chile stark vertreten. Die meisten Weingüter sind Kellereien, die ihre Trauben ganz oder zu einem großen Teil zukaufen. Aber auch jene Weingüter, die eigene Reben besitzen, produzieren selten unter einer Million Flaschen im Jahr. Größe ist in dem Land kein Nachteil: Das Niveau der chilenischen Weinindustrie ist hoch.

Klima und Böden

Die Böden sind mineralreich und trocken. Sie bestehen zum Großteil aus Andenschutt, der von den Flüssen zu Tal geschwemmt wurde. Die wenigen Niederschläge fallen meist im Winter, während es im Frühjahr und im Sommer trocken ist. Das Valle Central ist praktisch eine Trockensteppe, in der Weinbau nur durch künstliche Bewässerung möglich ist. Es liegt eingebettet zwischen den Anden und den Küstenkordilleren. Die Temperaturen sind gleichmäßig warm. Nur an wenigen Stellen, an denen sich die parallel zu den Anden verlaufenden Küstenkordilleren auftun, dringen kühle Winde vom Pazifik ins Landesinnere ein. Sie sorgen für moderat warme Tages- und kühle Nachttemperaturen. An einzelnen Stellen können deshalb sogar weiße Sorten angebaut werden, wobei das Rebsortenspektrum nicht groß ist. Es reicht von Chardonnay bis zu Sauvignon Blanc. Die letztere Sorte ergibt hocharomatische, erstere cremig-schlanke Weine. Übrigens: In mancher Altanlage mit Sauvignon-Blanc-Reben steht in Wirklichkeit die Sorte Sauvignonasse, die mit einem Sauvignon Blanc nichts zu tun hat: Sie ist mit dem italienischen Friulano identisch.

Chilenischer „Huaso“: Arbeiter zu Pferd

Frühnebel im Valle Central südlich von Santiago: große Temperatursprünge zwischen Tag und Nacht

Clos Apalta: herausragende Carmenère-Lage des Weinguts Lapostolle

Die roten Rebsorten

Der weitaus größte Teil der Rebflächen ist jedoch mit roten Trauben bestockt. Cabernet Sauvignon ist die mit Abstand wichtigste Rebsorte, die vor allem in den hochgelegenen und kühlen Lagen vollmundige, tanninbetonte Rotweine ergibt, deren Aroma an Schwarze Johannisbeeren, Eukalyptus und Zedernholz erinnert. Sie wird seit 1851 in Chile angebaut und ist heute die mit Abstand am häufigsten kultivierte Sorte des Landes. In Maipo und dem Süden der Hauptstadt Santiago finden sich einige der besten Weingüter und die wohl besten Cabernet Sauvignon-Lagen. Reinsortige Merlots erreichen nie die Feinheit und Üppigkeit der Cabernet Sauvignons.

Stark auf dem Vormarsch ist die Carmenère, die schon Mitte des 19. Jahrhunderts nach Chile kam und in dem warmen Klima wesentlich bessere Qualitäten liefert als in Bordeaux, wo sie nicht immer ausreifte und daher schon seit 1900 kontinuierlich an Boden verloren hat. Bis in die 1990er-Jahre hinein wurde Carmenère in Chile mit der Merlot verwechselt. Erst danach ist sie als eigenständige Sorte anerkannt worden. In ihren besten Qualitäten ergibt sie schwere, selten unter 14,5 Vol. % aufweisende, nach Leder und Beerenkonfitüre duftende Weine, die meist verschnitten, aber gelegentlich auch reinsortig gekeltert werden. Ebenfalls stark im Kommen ist die hitzeresistente Syrah, aus der einige der besten Rotweine des Landes gewonnen werden.

COQUIMBO

Limari und Choapa

Die beiden zum Pazifik hin offenen Täler liegen im heißen Norden des Landes. Hier werden körperreiche, schwere Weiß- und Rotweine aus nahezu allen in Chile angebauten Sorten erzeugt. Angesichts der hohen Temperaturen – Limari liegt am südlichen Ende der Atacama-Wüste – sind die Weine von erstaunlicher Frische.

ACONCAGUA

Valle de Aconcagua

Benannt nach dem mit 6962 Metern höchsten Berg der Anden (der allerdings auf argentinischem Gebiet liegt), ist das Valle de Aconcagua ein kleines, aber feines Weinanbaugebiet, aus dem einige der besten Rotweine Chiles kommen. Seine besondere Stellung verdankt Aconcagua dem Umstand, dass durch zwei Öffnungen der Küstenkordilleren kühle Luft vom Pazifik ins Landesinnere strömt und die Temperaturen abkühlt. Viña Errazuriz hat das Anbaugebiet bekannt gemacht.

Valle de Casablanca

Das traditionell beste Weißweinanbaugebiet Chiles liegt zwischen Santiago und der Hafenstadt Valparaiso. Der kalte Humboldtstrom sorgt dafür, dass die Temperaturen hier nicht zu hoch steigen. Chardonnay und Sauvignon Blanc sind die Hauptsorten. Dazu wird Pinot Noir und Cool-climate-Merlot produziert.

Valle de San Antonio-Leyda

Noch junges und gleichzeitig kühlstes Anbaugebiet des Landes, prädestiniert für Chardonnay, Sauvignon Blanc und Pinot Noir. Es liegt knapp 100 Kilometer südlich von Valparaiso in einer zum Ozean offenen Hügelzone, in die kühle Meeresluft eindringt.

VALLE CENTRAL

Valle de Maipo

Ältestes chilenisches Weinanbaugebiet, das sich wie ein Gürtel um den Süden der Hauptstadt Santiago legt und ein klassisches Cabernet-Sauvignon-Revier ist. Die Weine von dort sind reich an Frucht mit deutlichen Cassis- und Eukalyptusnoten und besitzen ein weiches, elegantes Tannin. Der höchste Teil des Anbaugebiets liegt bei Macul, einem südöstlichen Stadtteil von Santiago. Dort stehen die Reben teilweise in 1000 Meter Höhe auf extrem mineralischen Böden direkt am Fuße der Anden. Die Rebflächen ziehen sich dann von den südlichen Vororten Pirque und Puente Alto, die immer noch 650 Meter hoch liegen, weiter nach Alto Jahuel und Buin, wo die Böden durch alluvionale Ablagerungen des Rio Maipo stark sand- und kieselhaltig sind. Die größten zusammenhängenden Rebflächen findet man weiter südwestlich bei der Stadt Islas de Maipo auf durchschnittlich 550 Meter Höhe.

Rapel

Die Rebflächen dieses südlich an Maipo anschließenden Gebiets sind in den letzten Jahrzehnten stark gewachsen. Zwei Unterzonen werden grob unterschieden: Cachapoal um die Stadt Rancagua und Colchagua um San Fernando. Beide Bereiche haben in den letzten Jahrzehnten viele internationale Investoren angezogen. Neben Cabernet Sauvignon und Merlot tauchen vor allem in Colchagua verstärkt Carmenère und Syrah als Rebsorten auf.

Curicó

Das Valle de CuricÓ um die gleichnamige Stadt ist ein bekanntes Obstanbaugebiet in Chile. Kirschen, Kiwis, Pflaumen, Pfirsiche sind die typischen Früchte, die dort geerntet werden. Weinbau war früher selten, ist heute aber der Hauptsektor der Landwirtschaft. Die Temperaturen sind moderat, die Weine weniger breit als im Norden, dafür frischer und mit lebendiger Säure. Auch Sauvignon Blanc und Chardonnay werden dort angebaut.

Maule

Südlichster und kühlster Teil des Valle Central mit großen Rebflächen, von denen aber ein Drittel mit der alten Missionssorte País bestockt ist (die für die Pisco-Produktion verwendet wird). Cabernet Sauvignon, Merlot und Carmenère ergeben hier schlanke, elegante Weine, die nicht ganz die Fülle der Maipo-Weine erreichen.

REGION DEL SUR

Bío-Bío

Im Hinterland der Hafenstadt Concepción gelegene, reativ kühle und feuchte Zone um den 37. Breitengrad, in der nur ein kleiner Teil der Weine Qualitätsweinstatus hat (vor allem Chardonnay und Pinot Noir). Der größte Teil besteht aus País und Alexandermuskat zur Pisco-Produktion.

Aufsteiger Chile: viel Wein für wenig Geld

ARGENTINIEN – Anden-Malbec

Nach Umfang seiner Weinberge gehört Argentinien zu den Top 10 der Welt. Doch an Bedeutung liegt Argentinien noch weit zurück. Dabei hat sich in den letzten zwei Jahrzehnten viel getan. Argentinischer Wein bereichert heute die internationalen Märkte.

Mendoza: Weinbau vor schneebedeckten Andengipfeln

Weinland Argentinien

Rebfläche: 225 000 Hektar*
Produktion: 15 Mio. Hektoliter
Konsum pro Kopf/Jahr: 32 Liter

* inklusive hellroter Sorten, Tafeltrauben und Rosinenproduktion

Die häufigsten roten Sorten

1. Malbec 15 %
2. Bonarda 9 %
3. Cabernet Sauvignon 8 %
4. Syrah 6 %
5. Merlot 3 %

Die häufigsten weißen Sorten

1. Pedro Gimenez 6 %
2. Torontes 5 %
3. Chardonnay 3 %
4. Chenin Blanc 1 %
5. Sauvignon Blanc 1 %

Die häufigsten hellroten Sorten

1. Cereza 15 %
2. Criolla 9 %
3. Moscatel Rosa 4 %

Die Entwicklung zu einem Qualitätsweinerzeuger lief in Argentinien langsamer als in Chile. In den 1970er-Jahren war die Rebfläche fast doppelt so groß wie heute. Der Inlandskonsum lag bei 90 Liter pro Kopf, Export gab es nicht. In die Krise kam Argentinien erst, als der Inlandskonsum sank. Die ersten Pioniere der neuen Generation betraten in den 1980er-Jahren die Bühne. Sie legten neue Weinberge mit anderen Sorten an, bauten neue Keller und begannen vorsichtig zu exportieren. Bis dahin bedeckten hellrote Sorten wie Criolla und Cereza weit über die Hälfte der Rebflächen – alte Missionstrauben, die Jesuiten und Franziskaner im 16. Jahrhundert aus Europa mitgebracht hatten. Aus ihnen wurde *vino de mesa* erzeugt: simpler Tafelwein, der in Kartons, Schläuchen und Tetrapaks abgefüllt und für wenig Geld in Supermärkten verkauft wurde. Auch heute machen die hellroten Rebsorten noch ein Drittel der Rebfläche aus. Doch der größte Teil ist mit europäischen Qualitätsreben bestockt. Mit ihnen begann die neue Ära des argentinischen Weins.

Malbec – der neue Stolz

Argentinien produziert rund 70 Prozent Rotwein. Der größte Teil entfällt auf die Sorte Malbec. Sie kam um 1850 aus Frankreich und ergibt im warmen Klima des Andenvorlandes schwere, in der Spitze wuchtige Weine mit fruchtig-ledrigen Aromen, die mit den gleichsortigen Weinen aus Cahors in Südfrankreich wenig gemein haben. Malbec ist heute die rote Leitsorte Argentiniens und der Exportwein schlechthin. Ob er bessere Qualitäten bringt als Cabernet Sauvignon oder die mächtig aufstrebende Syrah, ist damit freilich nicht gesagt.

Weinbau am Fuße der Anden

Über 95 Prozent der Reben wachsen im Westen Argentiniens am Fuße der Anden. Die Böden bestehen aus erodiertem Andenschutt und sind reich an Mineralien. Das Klima ist durch hohe Tages- und kühle Nachttemperaturen gekennzeichnet. Nur 100 bis 400 Millimeter Niederschlag fallen im Jahr. Ohne künstliche Bewässerung ist in dem semi-

ariden Landstrich kein Weinbau möglich. Das Wasser kommt teils aus den nahen Anden und wird durch ein weitläufiges kapillares Bewässerungssystem in die Weinberge geleitet, teils aus tiefen Brunnen.
Die Kernanbaugebiete liegen in der Provinz Mendoza. Die Stadt, die 1861 von einem Erdbeben völlig zerstört, danach allmählich wieder aufgebaut wurde und deren öffentliches Leben sich unter dem grünen Dach von 50 000 Platanen abspielt, ist das Zentrum der argentinischen Weinindustrie. Von dort kommen rund 90 Prozent des argentinischen Weins. Die Stadt selbst liegt 800 Meter hoch, die umliegenden Weinberge ziehen sich bis auf 1500 Meter.

Mendoza

Das Hauptanbaugebiet der Malbec ist Provinzmetropole Mendoza mit ihren südlichen Vorstädten Godoy Cruz und Llujan de Cuyo. Dort residieren nicht nur einheimische Kellereien, sondern auch ausländische Investoren: Moët-Chandon, Deutz, Piper-Heidsieck, Cheval Blanc, Concha y Toro und Montes. Bis nach Ugarteche erstreckt sich eine geschlossene Rebfläche, mit Unterbechungen sogar noch 100 Kilometer weiter bis ins Valle de Uco. Ein besonderer Hot Spot ist das hoch in den Anden gelegene Tupungato. Von dort kommen die besten Pinot Noirs und Chardonnays des Landes. Auch im Osten von Mendoza (Maipu, San Martin, Santa Rosa) und im Nordosten stehen Zehntausende von Hektaren unter Reben – neben Malbec auch Cabernet Sauvignon, Merlot, Syrah, Bonarda und Tempranillo.

San Juan

Das zweite große Weinanbaugebiet liegt 200 Kilometer nördlich von Mendoza bei San Juan. Dort werden in bis zu 1200 Meter Höhe (neben roten Sorten) vermehrt Chardonnay, Sauvignon Blanc, Chenin Blanc und Bonarda angebaut. Bonarda wurde vor über 100 Jahren von italienischen Einwanderern eingeführt.

La Rioja, Catamarca, Salta

Die drei nördlichsten Weinanbaugebiete Argentiniens liegen zwischen 600 und 2000 Kilometer nördlich von Mendoza in hoch gelegenen Andentälern. Salta liegt auf 1200 Metern, Catamarca sogar 2100 Meter hoch. Salta ist das angestammte Anbaugebiet für die weiße Torrontés-Rebe, die leichte, aromatische Weine mit feiner Säure ergibt. Sie ist eine Kreuzung von Criolla x Alexandermuskat. Mit der gleichnamigen Traube aus dem spanischen Galicien ist sie nicht identisch.

Weinkeller in Argentinien: technisch hohes Niveau

Río Negro und Neuquén

Neue, noch wenig erschlossene Weinanbaugebiete im Süden Patagoniens, dem Zentrum des argentinischen Obstanbaus. In dem kühlen, feuchten Klima dort werden Pinot Noir, Semillon, Sauvignon Blanc, Chenin Blanc sowie ein wenig Riesling angebaut. Bekannt sind die Anbaugebiete insbesondere für ihren Cool-climate-Merlot.

BRASILIEN – überraschend gut

Brasilien verfügt über große Rebflächen, aber nur wenige Qualitätsreben.

Aus dem flächenmäßig größten südamerikanischen Land kommt nicht nur viel Kaffee, sondern auch viel Wein. Die Reben wachsen im Süden des Landes: in Rio Grande do Sul und in der Campanha direkt an der Grenze zu Uruguay. Zwar wird auch in den nördlichen Provinzen des Landes (etwa Bahia, Mato Großo, Paraná) Weinbau betrieben. Doch der Wein von dort ist nicht aus europäischen Edelreben erzeugt, sondern aus Hybridreben: Kreuzungen von *vitis labrusca* oder *vitis rupestris*-Reben, die meist aus den USA kommen, mit europäischen *vitis-vinifera*-Reben. Aus ihnen werden stark parfümierte Weine gewonnen (sie haben den sogenannten Fox-Ton), die für europäische Gaumen ungenießbar sind. Typische Hybridreben sind die rote Concord und die weiße Niagara. Auch Massenträger wie Couderc Noire und Jacquez sind in den Weinbergen des Landes viel häufiger vertreten als Cabernet Sauvignon & Co. Wegen des subtropischen Klimas und der damit verbundenen Gefahr von Pilzkrankheiten wurden in den letzten Jahren vermehrt pilzwiderstandsfähige Hybridreben („Piwis") gepflanzt. Die rote Isabella ist die in Brasilien am häufgsten angebaute Sorte.

Zentrum Serra Gaúcha

Das Hauptanbaugebiet im Süden ist die Provinz Serra Gaúcha mit dem Weinbauzentrum Bento Gonçalves: sanfte Hügel, sattes Grün, viel Wald, darin eingebettete Weinberge, meist von mächtigen Schirmpinien umstanden. Die Einheimischen sagen: Wir sind die Toskana Brasiliens, allerdings mit subtropischem Klima. Wer die Hügel zu Fuß erklimmt, der weiß, wovon die Brasilianer sprechen.
Angebaut werden in Serra Gaúcha viel Merlot und Cabernet Sauvignon. Aus diesen Sorten entstehen reiche, gehaltvolle Rotweine mit brillanter Frucht und schönen Texturen, die guten mediterranen Rotweinen in Europa nicht nachstehen. Der Aufwand, mit dem die Brasilianer in den Weinbergen arbeiten, ist hoch, die Technik, die sie im Keller einsetzen, anspruchsvoll. Das Know-how kommt meist aus Chile oder Argentinien. Eine Spezialität des Südens ist der Espumante, der flaschenvergorene Schaumwein. Nach Champagnervorbild wird er aus Chardonnay und Pinot Noir gewonnen und bleibt nicht selten zwei, drei oder gar fünf Jahre auf der Hefe, bevor er degorgiert wird.
Die Espumante und die Rotweine sind der Stolz Brasiliens. In den guten Restaurants von São Paulo, Brasilia und Rio de Janeiro stehen sie auf jeder Weinkarte. Die beiden (sowie die wenigen Weißweine, die es dort gibt) sind ein wachsendes Weinsegment. Ihr Anteil an der Weinproduktion des Landes ist jedoch verschwindend gering. Rund 70 Prozent allen brasilianischen Weins besteht aus einfachen, schlichten Konsumweinen, die aus Hybridreben gewonnen werden und für wenige Real in den Supermärkten angeboten werden.

Weinland Brasilien
Rebfläche: 90 000 Hektar
Produktion: 14,5 Mio. Hektoliter
Konsum pro Kopf/Jahr: 2,2 Liter

Die häufigsten Rebsorten
1. Isabella* 20 %
2. Bordô* 9 %
3. Niagara* 4 %
4. Concord* 4 %
5. Couderc Noir* 3 %
6. Jacquez* 2,5 %
7. Muscat Blanc 1 %
8. Cabernet Sauvignon 1 %
9. Merlot 0,7 %
10. Chardonnay 0,4 %

* Hybridrebe

URUGUAY – Tannat-Paradies

Wein aus Uruguay ist etwas für Liebhaber kräftiger Tannine. Rund ein Drittel aller hochwertigen Weine des viertgrößten Weinerzeugerlands in Südamerika sind aus Tannat gekeltert. Die Rebsorte ist wegen ihres Gerbstoffreichtums in ihrer Heimat Frankreich bei vielen Winzern in Ungnade gefallen. Unter der südamerikanischen Sonne ergibt sie hingegen weichere, charmantere Weine.

Hoher Inlandskonsum

Die Weine Uruguays sind in zwei Klassen eingeteilt. VC steht für Vino Común und ist die Kategorie für die einfacheren Weine. In dieser Kategorie befinden sich rund 90 Prozent der Weine des Landes: zum Beispiel schlichte Rosés aus der Traube Muscat de Hambourg, einer Kreuzung aus Alexandermuskat und Trollinger, die als einfachste aller Muskatellerreben gilt. Oder schlichteste Rotweine aus Sorten wie Isabella, die im Lande Frutilla heißt, weil das, was aus ihr gemacht wird, irgendwo zwischen Wein und Traubensaft liegt. Die VC-Weine werden meist in Tetrapaks oder Ballonflaschen abgefüllt und für wenig Geld in Supermärkten angeboten. Die Uruguayer sind große Weintrinker. Ihr Konsum ist, was die Menge angeht, deutlich höher als der der benachbarten Nationen.

Pascual Harriague und die Tannat

Etwas strenger sind die Vorschriften für die VCP-Weine *(vino de calidad preferente)*. Sie müssen aus europäischen Edelreben gekeltert und die Flaschen, in denen sie auf den Markt kommen, dürfen nicht größer als 0,75 Liter sein. Für Weine dieser Kategorie sind die Rebsorten Merlot, Cabernet Sauvignon und Tannat vorgesehen. Letztere ist mit Abstand die am häufigsten angebaute Sorte in Uruguay. Sie ergibt dunkle, robuste Weine mit viel Tannin, die immer ein bisschen adstringierend sind und lange im Holzfass ausgebaut werden müssen, um trinkbar zu sein, dann aber in der Spitze sehr gut sein können. Die Sorte hat eine für Uruguay vergleichsweise lange Tradition. Sie wurde 1870 von Pascual Harriague importiert. Er war einer der zahlreichen Einwanderer, die damals aus Italien und dem Baskenland nach Südamerika kamen. Harriague gründete das Weingut La Caballada und pflanzte auf rund 200 Hektar Tannat an – jene Sorte, die am Fuße der Pyrenäen, seiner französischen Heimat, die wichtigste Rotweinsorte war und noch heute in vielen Weinen von dort enthalten ist. Zwar hatten die Spanier davor bereits einige Rebstöcke ins Land gebracht. Doch der kommerzielle Weinbau kam in Uruguay erst mit Pascual Harriague in Gang. Ihm zu Ehren wird die Tannat noch heute im Lande „Harriague“ genannt.

Feucht-warmes Klima am Río de la Plata

Etwa 60 Prozent der Rebfläche befinden sich am Río del la Plata rund um die Hauptstadt Montevideo. Das Klima ist subtropisch, die Luftfeuchtigkeit hoch. Vom Meer weht eine ständige Brise, die die Hitze erträglich macht. Als Erziehungssystem bevorzugen die meisten Winzer das Lyra-System. Da hierbei die Laubwand v-förmig zweigeteilt wird, trocknen die Trauben nach den häufigen Niederschlägen leichter ab. Der Bearbeitungsaufwand ist allerdings hoch, da nur Handarbeit möglich ist.

Der Erfolg lässt die Rebfläche wachsen

Die übrigen Weinbaugebiete verteilen sich über das ganze Land. Die meisten liegen entlang des Río Uruguay und des Río de la Plata. In den letzten Jahren sind immer mehr neue Weinberge angelegt worden. Die interessantesten Weine kommen aus Cerro Chapeu an der Grenze zu Brasilien sowie aus El Carmen und Carpinteria in der Landesmitte. Dort sind die Temperaturunterschiede zwischen Tag und Nacht größer als an der Küste. Außerdem sind die Böden deutlich karger.

Weinland Uruguay
Rebfläche: 8000 Hektar
Produktion: 700 000 Hektoliter
Konsum pro Kopf/Jahr: 24 Liter

Die häufigsten Sorten
1. Tannat (rot) 23 %
2. Muscat d'Hambourg (rot) 19 %
3. Merlot (rot) 11 %
4. Cabernet Sauvignon (rot) 9 %
5. Cabernet Franc (rot) 4 %

Uruguay ist vor allem für seinen roten Tannat-Wein berühmt.

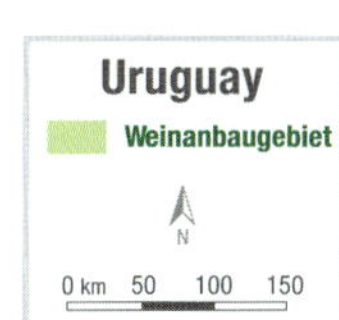

SÜDAFRIKA – ein Sommermärchen

Das Weinland Südafrika hat seit Ende der Apartheid einen imposanten Aufschwung genommen. Sowohl die Weiß- als auch die Rotweine besitzen heute auf allen Qualitätsstufen ein hohes Niveau. Langsam steigt auch die Zahl der Weine, die einen eigenständigen Charakter haben.

Auf der Rückseite des Tafelbergs bei Kapstadt liegt Südafrikas ältestes Weinanbaugebiet: Constantia.

Weinland Südafrika

Rebfläche: 130 000 Hektar
Produktion: 11 Mio. Hektoliter
Konsum pro Kopf/Jahr: 10 Liter

Die häufigsten weißen Sorten

1. Chenin Blanc 18 %
2. Colombard 11 %
3. Sauvignon Blanc 10 %
4. Chardonnay 9 %
5. Alexandermuskat 2 %

Die häufigsten roten Sorten:

1. Cabernet Sauvignon 12 %
2. Syrah 11 %
3. Merlot 7 %
4. Pinotage 6 %
5. Cinsault 2 %

Das Weinrecht

Die Bestimmungen sind an die europäischen Regeln angelehnt. Ein Rebsortenwein muss nur zu 85 Prozent aus der angegebenen Sorte bestehen. Hektarhöchsterträge existieren nicht.

Bereits 1973 wurden die Ursprungsgebiete (Wine of Origin) nach Regionen definiert, die ihrerseits in Distrikte unterteilt sind. Innerhalb der Distrikte gibt es Unterzonen, die *wards*. Sie stellen die kleinste weinbauliche Einheit dar. Ist ein Wein aus Traubensorten mehrerer Distrikte oder *wards* zusammengestellt, braucht nur die Herkunft angegeben werden, aus der der größte Teil kommt.

Im Jahre 1991 hob das südafrikanische Parlament alle rassendiskriminierenden Gesetze auf. 1994 fanden die ersten freien Wahlen statt. Das bis dahin wirtschaftlich und kulturell abgeschottete Land an der Südspitze Afrikas begann sich zu öffnen. Auch für die Weinwirtschaft Südafrikas hatte die Entwicklung tiefgreifende Folgen. Handels- und Investitionshemmnisse fielen. Die Machtfülle der Ko-Operatieve Wijnbouwers Vereniging van Zuid-Afrika (KWV), der Dachorganisation der südafrikanischen Genossenschaften, begann zu bröckeln. Die Entscheidungen über den Anbau und die Qualitätssicherung sowie die Vergabe von Exportzertifikaten wurden auf staatliche Stellen übertragen. Plötzlich flossen westliches Weinbau-Know-how und Kapital ins Land. Der Weinbau in der Kapregion blühte auf. 1997 wurden der KWV die letzten hoheitlichen Privilegien entzogen. Seitdem ist der größte südafrikanische Weinerzeuger ein rein privatwirtschaftliches Unternehmen.

Alte Rebsorten verschwinden

Die Rebfläche Südafrikas ist seit dem Umbruch nur geringfügig geschrumpft. Sie liegt bei knapp 130 000 Hektar – um ein Drittel größer als Deutschland. Doch hat sie sich aus dem heißen Norden in den Süden verlagert: in die kühlen Landstriche am Atlantik und am Indischen Ozean. Dadurch hat sich die Qualität des südafrikanischen Weins stark verbessert. Hinzu kommt, dass verstärkt hochwertige Sorten angebaut wurden wie Sauvignon Blanc, Chardonnay, Cabernet Sauvignon, Merlot, Shiraz und Pinotage. Diese „Big Six" bedecken heute rund 50 Prozent der Rebflächen des Landes. Die alten Massenträger wie Crouchen (in Südafrika White Riesling genannt), Ruby Cabernet, Cinsault, Alexandermuskat (Hanepot), Tinta Barocca, aus denen früher viele sherry- oder portweinähnliche Erzeugnisse produziert wurden, sind stark im Rückgang begriffen oder ganz verschwunden. Behauptet haben sich nur zwei der alten Sorten: Colombard und Chenin Blanc. Sie stellen bis heute die beiden häufigsten am Kap angebauten weißen Trauben dar. Die Weine, die aus ihnen gewonnen werden, sind allerdings wesentlich frischer, säurebetonter, sauberer als zu früheren Zeiten.

Chenin Blanc und Colombard

Die Chenin Blanc erlebt sogar eine regelrechte Renaissance. Mittlerweile sind in Südafrika mehr Rebflächen mit ihr bestockt als in ihrer französischen Heimat an der Loire. In der Regel werden aus ihr fruchtige, trockene Weißweine gekeltert. Doch viele Weingüter vinifizieren sie auch im Burgunder Stil: Vergärung und Lagerung im Barrique auf der Feinhefe, um auf diese Weise cremigere, langlebigere Weine zu bekommen. Halbtrockene und süße Stilistiken gibt es ebenfalls, sind aber seltener. Der Anbau der Colombard ist in Südafrika zurückgegangen, hat sich aber auf einem hohen Niveau stabilisiert. Die Sorte (oft auch ohne „d" am Ende geschrieben), die ebenfalls aus Frankreich stammt, dort aber vor allem zur Branntwein-Produktion benutzt wird (Armagnac), bringt im warmem Klima am Kap einfache, leichte Weine hervor. Sie sind nie spektakulär, eignen sich aber gut zum Verschnitt mit anderen Sorten oder zur Versektung.

Südafrikas Sauvignon Blanc

Die qualitativ bedeutendste weiße Sorte Südafrikas ist heute die Sauvignon Blanc. Sie wird in fast allen kühlen Landstrichen der Kapregion angebaut und ergibt hocharomatische, von grüner Paprika durchzogene Weine, die sich auch international großer Beliebtheit erfreuen. Um die Säure zu erhalten, werden die Trauben oft vor der eigentlichen Vollreife gelesen, was die grünen Noten noch verstärkt. Ehrgeizige Weingüter lassen sie aber auch gerne länger hängen, um reifere, mehr nach Stachelbeere und roter Grapefruit schmeckende Weine zu erhalten. Bisweilen werden auch beide Typologien miteinander verschnitten, um Weine mit Reifearomen und Säure zu bekommen.

Die roten Sorten

Bei den Rotweinen haben die Südafrikaner in den letzten zwei Jahrzehnten klar auf Cabernet Sauvignon gesetzt. Sie ist die mit Abstand am häufigsten angebaute rote Traube. Vor allem in den moderat warmen Landstrichen werden aus dieser Sorte komplexe Weine mit reifen Cassis- und Tabakaromen gewonnen, die teils reinsortig, teils als Cuvée abgefüllt werden. Als Cuvée-Partner bieten sich Merlot, Shiraz und neuerdings auch vermehrt Cabernet Franc an. Gelegentlich wird

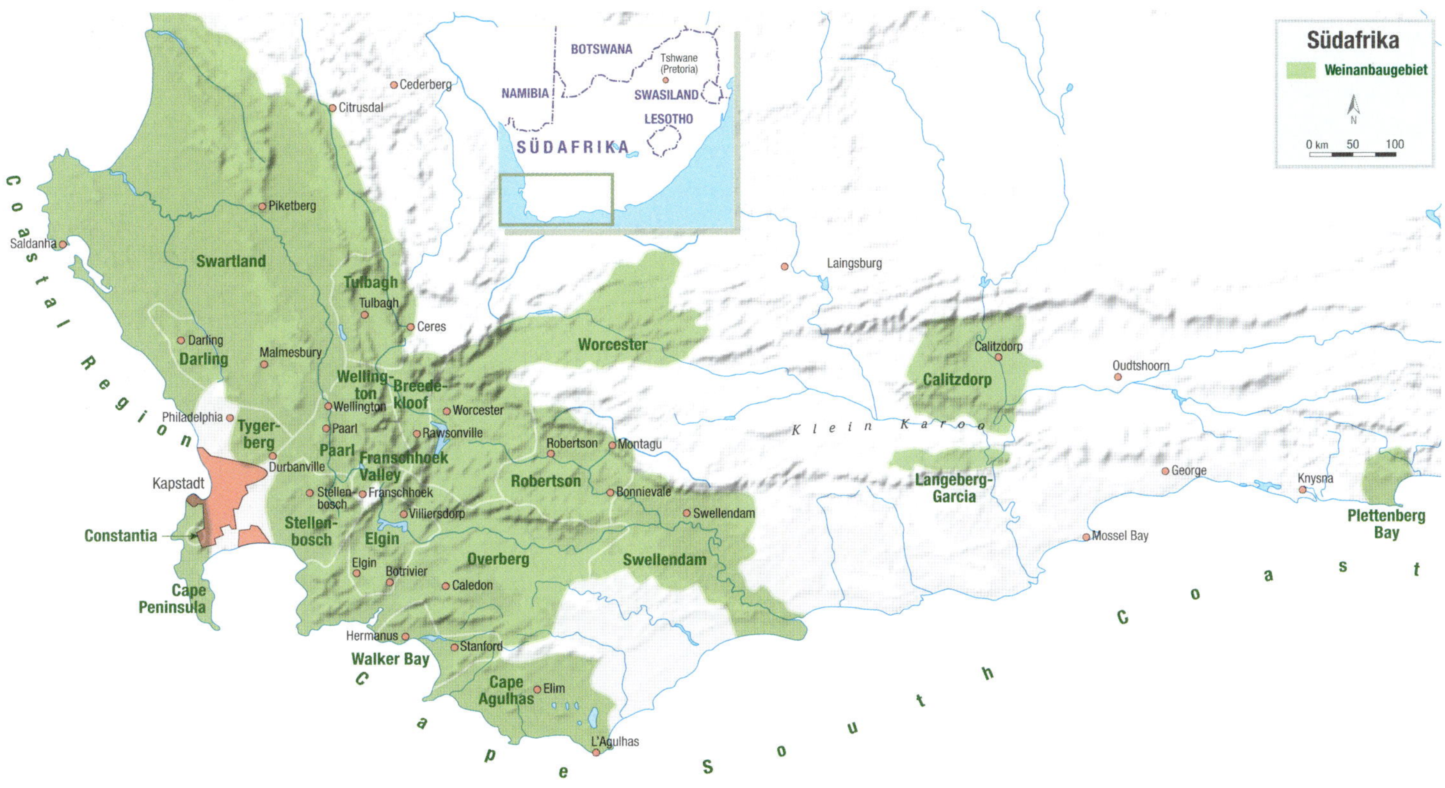

Reben um das Städtchen Paarl mit dem Simonsberg im Hintergrund: Er trennt Paarl von Stellenbosch, dem bekanntesten Weinanbaugebiet Südafrikas.

auch Pinotage mit einbezogen. Doch meist wird diese Sorte reinsortig gekeltert, um ihre Eigenheiten besser auszuspielen. Die Pinotage ist eine Kreuzung von Cinsault x Pinot Noir, 1924 an der Universität Stellenbosch entstanden. Da sie praktisch nur in Südafrika angebaut wird, wird sie oft als autochthon bezeichnet. Durch ihren beerigen, teilweise fleischigen Geschmack sowie die feinen Schokoladen- und Röstkaffee-Aromen sind Pinotage-Weine deutlich von anderen Rotweinen unterscheidbar.

Der Weinbau geht neue Wege

Der qualitative Aufschwung Südafrikas hat auch mit der stark verbesserten Weinbergsarbeit zu tun. Während früher auf den künstlich bewässerten Flächen am Oranje River (auch: Orange River) bis zu 30 000 Kilogramm Trauben pro Hektar geerntet wurden, liegt der durchschnittliche Ertrag heute bei weniger als der Hälfte, im Spitzenweinbau sogar nur bei 6000 bis 8000 Kilogramm. Die Rebstöcke selbst werden längst aus Europa importiert und sind, wenn sie ankommen, nicht nur frei von Krankheiten, sondern wurden von den Rebschulen auch auf qualitative Merkmale hin selektiert. Zu Zeiten, als der KWV noch das Regiment in Südafrika führte und eigene Rebschulen betrieb, wuchsen in den Weinbergen am Kap viele minderwertige, krankheitsanfällige Selektionen, die das Niveau des südafrikanischen Weins nach unten zogen.

Die Rolle der Kooperativen

Kooperativen repräsentieren heute noch immer einen großen Teil der südafrikanischen Traubenproduktion, aber nicht mehr des südafrikanischen Weins. Zwar füllen einige einen Teil ihres Weins unter eigenem Etikett ab. Doch die meisten verkaufen ihre Trauben oder ihren Jungwein an große Kellereien (Private Cellars). Insgesamt gibt es noch 48 dieser Producer Cellars, wie die Kooperativen in Südafrika heißen – Tendenz allerdings abnehmend. Stark gestiegen ist seit Ende der Apartheid dagegen die Zahl der privaten Weingüter. Sie liegt heute bei etwa 560. Die meisten befinden sich in den Händen von wohlhabenden Familien, die schon immer Reben besaßen, aber ihre Trauben verkauften und erst mit dem Boom des südafrikanischen Weins begannen, ihren eigenen Wein zu erzeugen. Auf der anderen Seite haben viele einheimische und internationale Investoren neue Weingüter in Südafrika gegründet. Durch ihr Kapital und ihre Marktbeziehungen wurde der Bekanntheitsgrad des südafrikanischen Weins in der Welt entscheidend verbessert. Zu den Private Cellars gehören auch Großkellereien wie Nederburg und KWV, die im Mehrheitsbesitz von Handelsunternehmen sind und neben preiswerten Alltagsweinen auch einige hochklassige Brands in ihrem Sortiment haben.

Wein und Tourismus

Südafrika ist ein wichtiges Urlaubziel. Bilderbuchlandschaften, endlose weiße Strände, ein mild-warmes Klima und eine stark europäisch geprägte Kultur – wie nur ganz wenige andere Weinländer profitiert die Kapregion vom Tourismus. Viele Weingüter um Stellenbosch, gerademal 50 Kilometer von Kapstadt entfernt, empfangen Gäste ohne Voranmeldung. Sie haben Restaurants, Shops, teilweise Weingärten, in denen die Besucher die Weine glasweise zu kleinen Snacks genießen können – vor einer großartigen Naturkulisse. Es gibt regelmäßige Kellerführungen und Verkostungskurse, sodass sich der Besuch der Weingüter auch für Nicht-Weinkenner lohnt. All das hat zur Popularität des südafrikanischen Weins beigetragen.

Gliederung der Weinanbaugebiete

Südafrika verfügt heute über 30 verschiedene Weinanbaugebiete *(wards)*. Der weitaus größte Teil liegt in der Coastal Region um Kapstadt mit Stellenbosch als Zentrum der Weinproduktion. Ein kleinerer Teil befindet sich weiter landeinwärts am Breede River. Relativ jung ist der Weinbau dagegen am weiter östlich gelegenen Cape South East um die Walker Bay, Cape Agulhas und Plettenberg Bay. Die restlichen Weinanbaugebiete am Oranje River und Olifants River im Norden wie in Klein-Karoo haben weder quantitativ noch qualitativ eine große Bedeutung. Traditionell wird in Südafrika Weißwein angebaut. Zur Zeit der Apartheid betrug sein Anteil noch mehr als 80 Prozent. Seitdem ist die Rotwein-Quote beständig gestiegen und hat sich bei 45 Prozent eingependelt. Aufgrund eines Überangebots an Rotwein auf den internationalen Märkten werden in den letzten Jahren jedoch wieder verstärkt weiße Reben gepflanzt. Südafrika exportiert nahezu 60 Prozent seiner Produktion.

COASTAL REGION

Stellenbosch

Die größte Dichte an Spitzenweingütern findet sich in Stellenbosch, knapp 50 Kilometer vor Kapstadt. In dem malerischen, von kapholländischen und englischen Traditionen geprägten Anbaugebiet entstehen kräftige, tanninreiche Rotweine aus Cabernet Sauvignon, Merlot und Pinotage. Auf den hoch gelegenen Hängen des Simonsbergs und des Helderbergs wachsen kräftige, fruchtbetonte Weißweine, vor allem Sauvignons, aber auch gute Chardonnays und Chenin Blancs. Viele Weingüter sind auch ohne Voranmeldung für Besucher offen, haben kleine Restaurants, veranstalten Weinproben und Kellerführungen. Stellenbosch ist eine touristische Destination geworden und hat an der weltweiten Popularität der südafrikanischen Weine einen großen Anteil.

Paarl

Nördlich von Kapstadt gelegenes, moderat warmes Anbaugebiet, das von den Giganten KWV und dem staatseigenen Gut Nederburg dominiert wird. Sie produzieren unzählige Weine aus allen Landesteilen, viele in einfacher Qualität, aber auch absolute Spitzenweine. Die privaten Weingüter stehen im Schatten der Genossenschaft. Einige von ihnen, deren Weinberge in kühleren Winkeln angelegt sind, produzieren exzellente Rotweine.

Franschhoek Valley

Nördlich von Stellenbosch gelegen, gehört dieses relativ warme, langgestreckte Tal zu den touristisch am stärksten frequentierten Anbaugebieten Südafrikas. Besiedelt wurde es im 17. Jahrhundert von französischen Hugenotten. Sie haben den Weinbau eingeführt. Kultiviert wird heute nahezu die gesamte Palette der südafrikanischen Rebsorten. Spezialität ist die Sémillon.

Constantia (mit Cape Peninsula)

1652 pflanzte der holländische Arzt Jan van Riebeeck die ersten Reben in der Tafelbucht bei Kapstadt. Dort befindet sich heute das älteste und berühmteste Anbaugebiet Südafrikas. Im 18. Jahrhundert war es für seinen Süßwein weltberühmt. Heute werden in dem kühlfeuchten Klima der False Bay saftige Sauvignons und Chardonnays erzeugt, die zu den besten des Landes gehören. Auch einige sehr gute Cabernet-Merlot-Cuvées kommen von dort. Auf der Suche nach kühlen Nischen sind inzwischen erste Rebpflanzungen auf der Westseite der Halbinsel in der Hout Bay entstanden.

Wellington und Tulbagh

Im Landesinneren gelegene, warme Anbaugebiete, wobei Wellington für kräftige Rotweine aus Cabernet Sauvignon und Shiraz bekannt ist (daneben auch viel Chenin Blanc), Tulbagh eher für leichte Weiß- und Schaumweine.

Swartland

Großes, von der Atlantikküste bis tief ins Landesinnere reichendes Gebiet, das traditionell für schwere, sehr reife Rotweine steht. In den letzten Jahren haben sich in dem heißen Landstrich innovative Winzer niedergelassen, die dort feine, nicht überladene Weine ohne künstliche Bewässerung erzeugen. Für die roten benutzen sie Cabernet Sauvignon, Syrah, Mourvèdre, Cinsault, für die weißen neben der traditionellen Chenin Blanc auch Sémillon, Palomino und viele Rhône-Sorten. Auch einige renommierte Weingüter aus Stellenbosch haben sich eine Dependance in Swartland eingerichtet, um dort frische Weiß- und saftige Rotweine im mediterranen Stil zu produzieren. Für diese Stilrichtung prädestiniert sind die meernahen Gegenden um Malmesbury, Ribeekberg, Darling, Philidelphia und Durbanville (die eigene *wards* darstellen, definierte geografische Unterzonen).

Darling und Tygerberg

Kühle und windige Gebiete nördlich von Kapstadt im Einflussbereich des Atlantischen Ozeans, aus denen gute, frische Sauvignon Blancs und Merlots kommen, speziell aus der Unterzone Durbanville.

BREEDE RIVER VALLEY

Robertson

Jahrzehntelang wurde in der heißen Zone um den Breede River fast ausschließlich Weißwein angebaut (Chardonnay, Sauvignon), seit einiger Zeit besinnen sich die Weingüter dort mehr auf Shiraz und Cabernet Sauvignon. In den benachbarten Zonen am Breede River Worcester und Breedekloof wird wenig Flaschenwein erzeugt. Der größte Teil des Weins wird zu Brandy destilliert.

CAPE SOUTH COAST

Elgin

Kleines, kühles Anbaugebiet an der Südküste, wo Atlantischer und Indischer Ozean aufeinandertreffen. Traditionell wird dort viel Obst angebaut, Weintrauben sind eine neuere Errungenschaft. Die Zahl der Weingüter ist gering, die frischen Weiß- und die eleganten Rotweine haben in den letzten Jahren jedoch viele Freunde gefunden.

Walker Bay

Renommiertes Weinanbaugebiet bei Hermanus, berühmt für Pinot Noir, Pinotage, Chardonnay und Sauvignon Blanc. Die Böden bestehen dort aus Schiefer und Sandstein, das Klima ist das kühlste in ganz Südafrika. Auch aus den östlichen Unterzonen Stanford Foothills, Hemelen-Aarde, Bot River kommen exzellente Gewächse der neuen Generation südafrikanischer Weine.

Cape Agulhas

Südlichster Zipfel Afrikas, dessen Name für ein weitläufiges Anbaugebiet längs der Südküste steht, in dem es nur wenige Weingüter gibt. Größere Bekanntheit hat lediglich die Unterzone Elim erlangt. Dort wird eine kleine Mengen Weißwein und Pinot Noir erzeugt.

Perfekte Cabernet-Sauvignon-Traube aus Paarl

AUSTRALIEN – Down Under ganz oben

Australien steuert zwar weniger als fünf Prozent zur Weltproduktion an Wein bei, macht jedoch regelmäßig Schlagzeilen. Grund dafür sind Rotweine, die Kultstatus genießen: etwa die von Penfolds, Henschke, Greenock Creek, Wild Duck Creek oder Torbreck.

Das subtropische Hunter Valley nördlich von Sydney: Anbaugebiet und Lifestyle-Destination zugleich

Australische Weine offenbaren ein etwas anderes Weinverständnis, als es in Europa herrscht. Sie sind in erster Linie *fruit driven*, also auf der fruchtigen Seite des Aromenspektrums angesiedelt. Feine Graphitnoten, wie sie die Hermitage-Weine von der Rhône zeigen, sucht man bei ihnen vergebens, obwohl die Rebsorte – Shiraz – die gleiche ist. Balsamische Noten, wie sie in Bordeaux-Weinen vorherrschen, findet man bei australischem Cabernet Sauvignon und Merlot auch eher selten. Statt geschmeidig sind die Weine konzentriert, aromenintensiv, alkoholreich, teilweise richtig schwer. Aber gerade diese Tugenden sind es, die viele Weintrinker an australischen Weinen so schätzen: die Opulenz, die blitzsaubere Frucht, das weiche Tannin, die moderate Säure. Ein Besser oder Schlechter gibt es nicht zwischen den Weinen von Down Under und Europa.

Weinland Australien

Rebfläche: 150 000 Hektar
Produktion: 12 Mio. Hektoliter
Konsum pro Kopf/Jahr: 28 Liter

Die häufigsten roten Sorten

1. Shiraz 29 %
2. Cabernet Sauvignon 17 %
3. Merlot 7 %
4. Pinot Noir 3 %
5. Grenache 1 %

Die häufigsten weißen Sorten

1. Chardonnay 19 %
2. Sauvignon Blanc 4 %
3. Sémillon 4 %
4. Riesling 3 %
5. Pinot Gris 2 %

Das australische Weinrecht

Die Weine müssen zu 85 Prozent aus dem auf dem Etikett angegebenen Anbaugebiet und von der dort angegebenen Rebsorte stammen. Tauchen mehrere Rebsorten auf dem Etikett auf, so ist der Wein zum größten Teil aus der erstgenannten erzeugt.
Erlaubt ist das Zusetzen von Säure, während die Chaptalisation verboten ist. Gesetzliche Mengenbegrenzungen bei der Traubenproduktion gibt es nicht. Im Qualitätsweinbau werden zwischen 60 und 90 Hektoliter pro Hektar geerntet.

Die Weinbereitung

Der technische Standard im Weinbau und der Kellertechnik ist in Australien hoch. Die Trauben werden meist mechanisch gelesen und beschnitten. Rotweine werden oft in Barriques ausgebaut (guter Cabernet Sauvignon in französischen, Shiraz durchweg in amerikanischen). Die besseren Weißweine machen eine malolaktische Gärung durch und reifen ebenfalls in kleinen Barriques.

Shiraz – die Wein-Ikone

Shiraz ist die am häufigsten angebaute rote Sorte in Australien. Ampelographisch ist sie mit der Syrah identisch, deren Hauptanbaugebiet die Rhône ist. Vor über 2000 Jahren kam sie vermutlich aus der persischen Stadt Shiraz dorthin. In den Ländern der südlichen Erdhalbkugel wird sie deshalb Shiraz genannt. Nach Australien kam sie 1832. Ein englischer Rebenexperte namens James Busby brachte sie zusammen mit 400 weiteren Rebsorten dorthin und legte nahe Sydney die ersten Weinberge an. Heute ist die Shiraz die bekannteste Rebsorte Australiens. Man findet sie in nahezu allen Anbaugebieten des Landes. Allerdings hat sie sich in den fast 200 Jahren, die sie dort wächst, an die neuen Klima- und Bodenverhältnisse angepasst. Ihre DNA ist nicht mehr deckungsgleich mit den europäischen Syrah-Selektionen. Das erklärt die Unterschiede zwischen den Shiraz- und Syrah-Weinen. Die Australier nennen die Shiraz mittlerweile eine einheimische Rebsorte.

Klima – wichtiger als der Boden

In Australien herrschen andere Voraussetzungen für den Weinbau als in Europa. Sonnenscheindauer und Lichtintensität sind in den meisten Weinanbaugebieten ausreichend, um die Trauben jedes Jahr gefahrlos ausreifen lassen zu können. Einzellagen im Sinne von Grands Crus gibt es praktisch nicht, sondern nur Klimazonen. Die größte Gefahr für den australischen Weinbau geht von der Trockenheit aus. Ohne künstliche Beregnung ist Weinbau in vielen Gebieten nicht möglich. In den letzten Jahrzehnten hat sich der Weinbau vom heißen Norden in den kühleren Süden verlagert. Die Weine aus den *cool climate areas* mit ihren frischen, fruchtigen Aromen ohne übertriebene Schwere haben maßgeblich zum internationalen Aufstieg des australischen Weins beigetragen. Die *cool climate areas* befinden sich in Westaustralien (Margaret River, Frankland, Mount Barker) sowie in Südaustralien (Adelaide Hills, Eden Valley, Coonawarra, McLaren Vale) und in Victoria (Geelong, Yarra Valley, Tasmanien, Alpine Valleys).

Australien erzeugt Rebsortenweine

Wein ist in Australien normalerweise nicht Ausdruck des bestimmten Bodens und Klimas, sondern Ausdruck der Rebsorte – anders als in Europa. Der größte Teil des australischen Weins stammt daher von Trauben verschiedener Anbaugebiete. Teilweise liegen diese 1000 Meilen voneinander entfernt, werden in Kühlcontainern herbeitransportiert und nach einer bestimmten Formel mit Weinen anderer Gebiete verschnitten. Multi-District-Blends heißen sie in der Fachsprache. Die meisten kommen als Rebsortenweine auf den Markt: als Chardonnay, Sémillon, Shiraz oder Cabernet Sauvignon mit weitgefassten Herkunftsangaben. Freilich gibt es auch viele Weine, die nur aus einer einzigen Anbauregion stammen: vor allem von kleinen und mittleren Gütern, deren Weine ganz oder größtenteils aus eigenen Trauben produziert werden.

Weg von den wuchtigen, hin zu den eleganten Weinen

Seit sich Australien von einer Biertrinker- zu einer Weintrinker-Nation entwickelt hat, hat sich auch der Stil der Weine verändert. Die wuchtigen Weine gibt es noch (etwa aus den warmen Teilen des Barossa Valley), aber sie sind nicht mehr repäsentativ für den australischen Rotwein. Die neuen Rotweine aus den kühlen Anbaugebieten gehen weniger in die Breite. Sie sind „vertikal“ strukturiert: weniger schwer, dafür aromatief – passend zur leichten panasiatischen *fusion cuisine*, die man heute in Großstädten wie Melbourne, Sydney und Perth vorfindet.

Die australischen Winemaker

Die Weinindustrie ist kapitalstark und profitorientiert, gleichzeitig aber hoch innovativ und äußerst qualitätsorientiert. Penfolds, Rosemount, Hardys, Mildara, Yalumba und die anderen Weinunternehmen achten streng darauf, dass Qualität und Preis im richtigen Verhältnis stehen. Die Basis aller großen Weinkellereien sind die Standardqualitäten, die in Stückzahlen von mehreren Millionen Flaschen und zu relativ moderaten Preisen auf den Markt kommen. Daneben werden in geringeren Mengen hochpreisige Premium-Qualitäten erzeugt. Da die Großkellereien keine oder nur geringe Rebbestände besitzen, muss der Winemaker die entsprechenden Trauben von Traubenfarmern einkaufen. Er ist also nicht nur Önologe, sondern auch Manager mit kaufmännischer Verantwortung. Bei der Weiterentwicklung der Weinbau- und Kellertechnik ist Australien weltweit führend. Marketing, Winemaking und Wissenschaft sind eng miteinander verzahnt.

Die Geschichte

Australien besitzt keine eigenen Rebsorten. 1788 pflanzte der britische Gouverneur in seinem Garten in Sydney erstmals Rebstöcke, die er aus Südafrika mitgebracht hatte. Drei Jahre später hingen an ihnen Trauben. Bald darauf blühte in Victoria, Neusüdwales und Westaustralien, wo sich viele Engländer angesiedelt hatten, der Weinbau. Die Franzosen kultivierten auf der Insel Tasmanien Wein. Mitte des 19. Jahrhunderts ließen sich viele deutsche Religionsflüchtlinge im südaustralischen Barossa Valley nieder und begannen dort, europäische Reben zu kultivieren. Syrah hieß bei ihnen Hermitage, Pinot Noir Red Burgundy, Weißwein Chablis oder Rhineriesling. Vor allem aber spezialisierten sich die Australier darauf, süße Likörweine zu erzeugen – beziehungsweise diese aufzuspriten und so „Australian Port" zu produzieren. Die langsame Rückkehr zu trockenen Tischweinen begann erst nach dem Zweiten Weltkrieg. Der steigende inländische Weinkonsum und vor allem die starke Nachfrage des Auslands führten zu einer stetigen Ausweitung der Rebflächen.

WESTAUSTRALIEN

Margaret River und Great Southern

Wein wird im Westen Australiens erst seit 1965 angebaut, und zwar ausschließlich im südlichen Teil dieses größten Bundesstaats. Die Reben reichen von Busselton im Süden der Hauptstadt Perth bis zum südlichen Indischen Ozean. Besonders stark gewachsen sind die Rebflächen um die Surfer-Paradiese Margaret River und Cowaramup. Wegen der kühlen Seewinde besitzen Shiraz und Cabernet Sauvignon hier trotz ihrer Fülle Eleganz und frische Frucht. Auch die Sauvignons, Sémillons und Chardonnays bestechen durch eine knackige Frucht und klassische Sortenaromen.
Noch jüngeren Datums ist der Weinbau im Hinterland der Städte Albany und Esperance. Frankland River, Denmark, Mount Barker, Porongurup, Manjimup und Pemberton heißen die kleinen Unterzonen, die zu dem Anbaugebiet Great Southern zusammengefasst werden. Das Klima dort ist relativ kühl, sodass neben den australischen Traditionsrebsorten auch Pinot Noir und Riesling angebaut werden. Nördlich von Perth liegt das warme Swan Valley, das in den letzten Jahren zunehmend zu einem Massenwein- und Tourismusgebiet geworden ist.

Heimat des Shiraz

Netze gegen traubenpickende Vögel

SÜDAUSTRALIEN

Barossa Valley

Bekanntestes südaustralisches Weinanbaugebiet mit langer Tradition, die bis ins 19. Jahrhundert zurückreicht. Das Herzstück des Gebiets bildet ein flaches Hochtal (200 bis 300 Meter Höhe). das vor allem für seine Shiraz-Weine bekannt ist. Die besten weisen über 15 Vol.% Alkohol auf, der wegen entsprechend hoher Extraktwerte jedoch nicht störend wirkt. Einige kommen von Reben, die 70, 100 oder sogar 150 Jahre alt sind und noch von den britischen und deutschen Einwanderern gepflanzt wurden.
Neben Shiraz werden Cabernet Sauvignon und Merlot sowie Grenache und Mourvèdre kultiviert. Letztere werden gern mit Shiraz verschnitten und ergeben einen Wein, der GSM genannt wird: die Anfangsbuchstaben der drei Sorten. Dazu kommen ein wenig Chardonnay und Viognier. Die nordöstliche Hügelzone, das Eden Valley (500 bis 600 Meter hoch), ist eines der besten Rieslinganbaugebiete Australiens. Auch Chardonnay und Pinot Noir werden dort kultiviert. Insgesamt beträgt die Rebfläche des Barossa Valley rund 7000 Hektar. Rund 60 Winerys haben sich im Tal niedergelassen, darunter auch einige der Großen der australischen Weinindustrie: Mildara Blass, Miranda, Orlando-Wyndham, Penfolds, Seppelt, Yalumba.

Clare Valley

Clare liegt nordwestlich von Adelaide und ist eine grüne Oase inmitten baumloser Outbacks. 1600 Hektar sind mit Reben bestockt, verteilt auf zwölf kleine Täler. Es ist ein Weißweinanbaugebiet. Aufgrund der kühlen Nächte, hervorgerufen durch antarktische Luftströmungen vom nahen Ozean, behalten die Trauben ihre Säure. Der Riesling bedeckt ein Drittel der Rebfläche. Er ergibt relativ körperreiche, von exotischen Fruchtnoten und Petroltönen geprägte Weine. In den wärmeren Tälern des Clare Valley wird schon seit vielen Jahrzehnten Rotwein angebaut, in den letzten Jahren sogar verstärkt. Die Hauptsorten sind Shiraz und Cabernet Sauvignon. Die Weine aus ihnen haben in der Regel nicht die krachende Fülle der Weine aus Barossa und dem McLaren Vale. Sie sind geschmeidiger mit frischerer Frucht.

Coonawarra und Padthaway

Australiens bestes Anbaugebiet für Cabernet Sauvignon liegt zwischen Adelaide und Melbourne: Coonawarra. Die Weine sind tiefdunkel in der Farbe, sehr konzentriert im Geschmack, mit frischen Cassis- und Minzenoten ausgestattet sowie von einem kräftigen Tanninrückgrat gestützt. Coonawarra liegt nur 70 Kilometer vom Indischen Ozean entfernt und somit im Einflussbereich kühler Luftströmungen. Die Ausdehnung des Anbaugebiets ist von einem 15 Kilometer langen und maximal sieben Kilometer breiten Streifen dunkelroter Erde begrenzt. Nur auf dieser Terra Rossa erhält der Cabernet Sauvignon seine besondere Prägung: expressiv fruchtig mit vielen Cassis- und Eukalyptusnoten. In den letzten Jahren ist auch viel Shiraz gepflanzt worden, der ebenfalls exzellente Qualitäten hervorbringt. Padthaway, rund 100 Kilometer weiter nördlich gelegen, ist vor allem als Chardonnay-Anbaugebiet bekannt geworden. Viele große Winerys decken sich dort mit Trauben ein. Inzwischen wachsen dort auf den Lehm- und Sandböden vor allem Shiraz und Cabernet Sauvignon.

McLaren Vale

Dieser Vorort von Adelaide hat dem wohl bedeutendsten Rotweinanbaugebiet Südaustraliens den Namen gegeben. Es zieht sich über Reynella, Willunga bis nach Aldings Beach und steht vor allem für Cabernet Sauvignon und Shiraz. Aus den beiden Sorten werden dramatisch volle, opulente Weine erzeugt, die eine ähnliche Struktur haben wie die aus dem Barossa Valley – nur etwas frischer sind sie. Das Anbaugebiet, zusammen mit seinen Randzonen (Kangaroo Island, Fleurieu Peninsula, Strathalbyn), auch Southern Vale genannt, hat zwar hohe Tagestemperaturen, liegt aber direkt am Golf von St. Vincent und kühlt immer wieder durch kühle Meerbrisen ab. Dadurch wird verhindert, dass die Trauben zu schnell reifen. Neben Cabernet Sauvignon und Shiraz liefern auch Grenache und Merlot gute Qualitäten.

Langhorne Creek

Die schnell wachsende Weinregion liegt 75 Kilometer südöstlich von Adelaide am Lake Alexandrina, einem zum Indischen Ozean hin offenen Haff. Die Reben wachsen auf flachen Kiesschotterböden. In dem mäßig warmen Klima werden nahezu alle international gefragten Rot- und Weißweintrauben angebaut. Es gibt nur wenige Winerys, aber zahlreiche Traubenfarmer, die ihren Wein an Kellereien in ganz Australien verkaufen.

Riverland

Das größte Weinanbaugebiet Australiens liegt am Murray River bei Renmano inmitten von Zitrus- und Steinobstplantagen. Dort stehen über 18 000 Hektar unter Reben. Das Klima ist subtropisch, die Böden dank Beregnung fruchtbar. Angebaut werden fast alle marktgängigen Sorten. Alle Großen der australischen Weinindustrie kaufen Trauben oder Wein in diesem Anbaugebiet für ihre Multi-District-Blends, Basisweine, teilweise auch für Premium-Qualitäten.

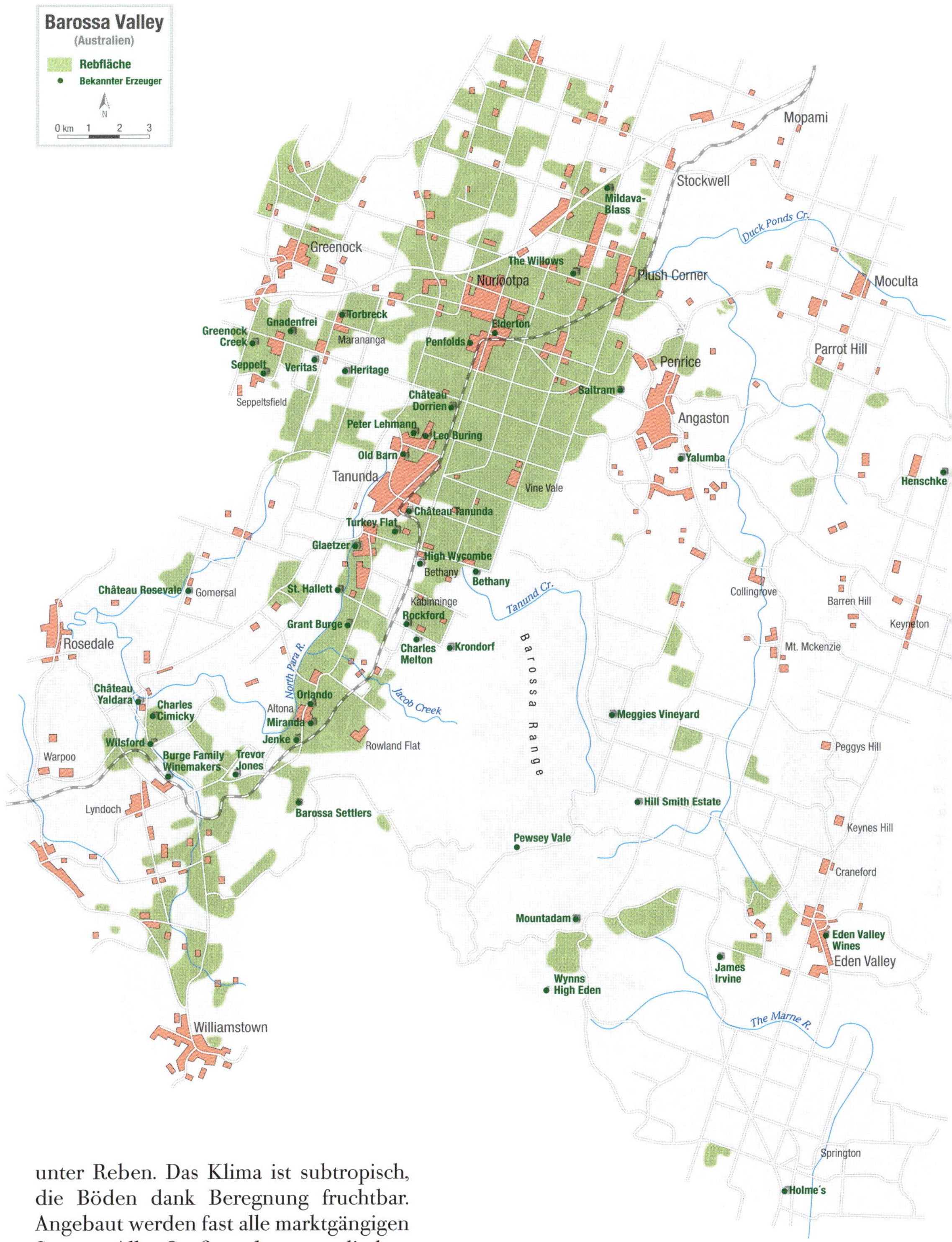

Adelaide Hills

Das relativ junge Anbaugebiet um die Stadt Adelaide befindet sich in den waldreichen, rund 400 Meter hohen Mount Lofty Ranges und ist durch ein kühles Klima gekennzeichnet. Die rund 40 Winerys der Region erzeugen geschmeidige, elegante Weine von großer Aromentiefe aus den Rebsorten Chardonnay, Sauvignon Blanc, Merlot, Pinot Noir, Pinot Gris und Viognier.

Cool-climate-Zonen gesucht

Auf der Suche nach Cool-climate-Zonen haben die Australier die Blue Mountains in New South Wales entdeckt.

NEW SOUTH WALES

Hunter Valley und Mudgee

Zwei warme Weinanbaugebiete in New South Wales, das eine (Mudgee) auf der westlichen Seite der Great Dividing Range gelegen, das andere an der östlichen. Der Unterschied: Hunter Valley hat ein subtropisches Klima, das für den Weinbau große Probleme mitbringt. Aus dem oberen Hunter Valley (bei Denman) kommen schwere Semillon und Chardonnay, aus dem unteren Teil (bei Chessnock) viel alkoholreicher Shiraz. Durch den Trend zu säurebetonteren Weinen hat Hunter seine Stellung als führendes Weinanbaugebiet Australiens verloren. Heute ist es, bedingt durch die Nähe zu Sydney (170 Kilometer), zu einem Naherholungsgebiet mit Golfplätzen, Pferdegattern und Luxushotels geworden. Ganz anders Mudgee: eine unspektakuläre, weitgehend flache Landschaft, deren Rebfläche dank großer Investitionen der Weinindustrie in den letzten 30 Jahren stark angestiegen ist. Die Möglichkeit, Reben bis in 600 Meter Höhe zu kultivieren, hat aber auch kleine Weingüter angezogen. Angebaut werden vor allem Cabernet Sauvignon, dazu Shiraz und ein wenig Merlot. Ein alter Chardonnay-Klon, der gefunden wurde, hat die Produktion dieses Weißweins wieder aufleben lassen.

Orange, Hilltops, Tumbarumba

Die drei mächtig aufstrebenden Weinanbaugebiete liegen in den *cool climate areas* von New South Wales. Dorthin verlagert sich der Weinbau dieses Bundes-

staates zunehmend. In Orange, am Fuße der Blue Mountains gelegen, ziehen sich die Weinberge von 600 bis in über 900 Meter Höhe hin. Die Temperaturunterschiede zwischen Tag und Nacht sind groß. Weine: elegante Shiraz und Cabernet Sauvignons, aus den hohen Lagen sehr gute Sauvignon Blancs und Chardonnays (die teilweise erst im Mai gelesen werden).
Weiter südlich gelegen und noch kleiner ist das Gebiet Hilltops um die Obstbaumetropole Young. Es gehört zu den ganz jungen Weinzonen des Landes und ist berühmt für seine ausgezeichneten Cabernet Sauvignons. Am südlichsten (und damit am kühlsten) Bereich liegt Tumbarumba. Dort wachsen die Reben bis auf eine Höhe von etwa 800 Metern nahe der Skiregion Snowy Mountains. Seit 1982 dort die ersten Reben gepflanzt wurden, gehören die Weine dieses Anbaugebiets zu den gesuchtesten Australiens. Chardonnay und Pinot Noir machen drei Viertel der Rebfläche aus.

Riverina

Größtes Weinanbaugebiet in New South Wales. Die Reben wachsen im feucht-heißen Binnenland zwischen dem Murrimbidgee und dem Lachlan River auf sandigem Schwemmland, das ganzjährig beregnet werden muss. Angebaut werden nahezu alle marktgängigen Sorten. Fast die gesamte Produktion wird an große Kellereien außerhalb der Zone verkauft.

VICTORIA

Yarra Valley

In den 1970er-Jahren galt das Yarra Valley nahe Melbourne wegen seines moderaten Klimas als Anziehungspunkt für Weinmacher, die Chardonnay und Pinot Noir im französischen Burgunderstil produzieren wollten. Noch heute kommen einige ausgezeichnete Weine dieser Sorten aus dem Tal. Inzwischen konzentriert sich das Interesse mehr auf Coolclimate-Shiraz und Cabernet Sauvignons-Gegenstücke zu den schweren, üppigen Roten aus Süd-Australien.

Bendigo, Heathcote, Goulburn Valley

Die drei Anbaugebiete besitzen relativ wenig Rebfläche und liegen knapp zwei Autostunden nördlich von Melbourne. Das Klima dort ist warm. Ohne Bewässerung ist Weinbau nicht möglich. In allen Dreien wird vor allem Shiraz angebaut. Er ist eher locker gewoben und hat selten die überschwängliche Fülle der südaustralischen Shiraz.

Grampians, Henty, Pyrenees

Nordwestlich von Melbourne gelegene Anbaugebiete, von denen Henty das kühlste ist und sich entsprechend auf Weißweine konzentriert (Chardonnay, Sauvignon Blanc, Semillon, Riesling). Die Pyrenees und die Täler zwischen den schroffen Bergspitzen der Grampians sind dagegen Rotwein-Gebiete. Hier dominieren Shiraz und Cabernet Sauvignon, die auf Grund des nicht übertrieben warmen Klimas eher schlank und beerentönig ausfallen. Weißweine (Pinot Gris, Viognier) machen nur einen kleinen Teil der Produktion aus.

Sunbury und Macedon Ranges

Das kleine Anbaugebiet Sunbury liegt in nordwestlicher Richtung kurz hinter den letzten Häusern von Melbourne. Traditionell werden dort Weißweine angebaut. In den letzten Jahren ging der Ehrgeiz der Winzer jedoch dahin, das kühle Klima auszunutzen, um – nach Côtie-Rôtie-Vorbild – schlanke Shiraz-Weine mit ein paar Anteilen Viognier zu erzeugen. Die hügeligen Macedon Ranges liegen 100 Kilometer weiter nördlich. Dort wachsen auf Granitböden ein sehr guter Cabernet Sauvignon und gute Merlots. Aber auch Shiraz wird angebaut. Die Weine sind von moderater Struktur, aber kräftiger Würze und weichem Tannin.

Geelong und Mornington Peninsula

Beide Weinanbaugebiete liegen an der Port Philipp Bay südlich von Melbourne und damit im Einflussbereich maritimen Klimas. Geelong ist eine Hafenstadt mit weißen Stränden. Im Hinterland findet man sandige Lehmböden mit vulkanischer Basaltunterlage. Von dort kommen teilweise sehr gute Weißweine (Chardonnay, Viognier, Riesling) und kräftige Pinot Noirs. Auch die Winzer der Mornington Peninsula haben sich auf Weißweine (Chardonnay, Viognier, Pinot Gris) und Pinot Noir spezialisiert. Die Weinberge fügen sich harmonisch in die gepflegte, von Villen, Parks und Weideland durchsetzte Landschaft ein.

TASMANIEN

Die Insel vor der australischen Südküste ist in den letzten 30 Jahren zu einem bedeutenden Anbaugebiet für Pinot Noir, Weißweine und Schaumweine geworden. Das Klima ist kühl. Die Niederschläge sind gut über die Vegetationsperiode verteilt. Die Rebfläche liegt bei etwa 1800 Hektar, Tendenz weiter steigend. Innerhalb Australiens steht Tasmanien für einen eigenen, von den Festlandweinen völlig verschiedenen Stil: den der leichteren Weine mit frischen Aromen und lebendiger Säure. Tasmanien hat vier Anbauzonen. Die größte ist der Tamar River um die Stadt Launceston im Norden. Rund 40 Prozent allen Weins kommt von dort. Es folgen Piper's River etwas weiter östlich sowie die Ostküste mit Bicheno und Freycinet. Dort befinden sich die größten Pinot-Noir-Rebbestände. Kühler ist es nur noch um die Hauptstadt Hobart mit der Derwent Bay und dem Coal River im Süden. Kleinere Pflanzungen gibt es sogar noch südlich von Hobart, teilweise direkt an der Antarktischen See im Huon Valley. Pinot Noir ist mittlerweile die am häufigsten angebaute Sorte, die extrem gute Weine ergibt. Sie macht knapp die Hälfte der Rebbestände aus. Auch Chardonnay, Sauvignon Blanc und Pinot Gris sind weit verbreitet. Sogar Riesling wird angebaut.

Moderne „Tassie"-Winery: Devil's Corner

NEUSEELAND – echt cool

Keine andere Weinnation hat in den letzten 20 Jahren eine derart stürmische Entwicklung erlebt wie Neuseeland. Seine Rebfläche hat sich mehr als verdoppelt, der Weinkonsum verdreifacht. Und die Qualität seiner Sauvignon Blancs und Pinot Noirs ist in der ganzen Welt anerkannt.

Weinland Neuseeland

Rebfläche: 35 000 Hektar
Produktion: 2,35 Mio Hektoliter
Konsum pro Kopf/Jahr: 15 Liter

Die häufigsten weißen Sorten

1. Sauvignon Blanc 50 %
2. Chardonnay 13 %
3. Pinot Gris 5 %
4. Riesling 3 %
5. Gewürztraminer 1 %

Die häufigsten roten Sorten

1. Pinot Noir 16 %
2. Merlot 4 %
3. Cabernet Sauvignon 2 %
4. Syrah 1 %
5. Cabernet Franc 0,5 %

Das Weinrecht

Die Bestimmungen Neuseelands ähneln denen Australiens. Es gibt keine Vorschriften zur Begrenzung der Traubenproduktion. Die durchschnittlichen Erträge für Qualitätswein liegen mit 90 Hektoliter pro Hektar relativ hoch – eine Folge der ausgiebigen Niederschläge auf den Inseln.

Die Neuseeländer haben erst spät gemerkt, welch gewaltiges Weinbau-Potenzial ihr Land besitzt. Die Böden sind an vielen Stellen steinig und gut drainiert. Oft handelt es sich um Schwemmlandböden aus Kiesel oder Sandsteingeröll, das im Laufe von Jahrtausenden von den Bergen hinab in die Täler getragen wurde. Das Klima ist maritim-kühl. Das heißt: Die Sommer sind nicht zu heiß und die Winter mild. Zumindest gilt das für die Südinsel, auf die sich der Weinbau in den letzten Jahren stark konzentriert hat. Dort ist die Nähe zur Antarktis deutlich spürbar.

Dem kühlen Klima entsprechend ist Neuseeland ein Weißwein-Land. Knapp 75 Prozent seiner Weine sind weiß. Die am häufigsten angebaute Sorte ist die Sauvignon Blanc. Sie ist das Markenzeichen Neuseelands und der wichtigste Exportwein. Die neuseeländischen Sauvignon Blancs sind allerdings von ganz anderer Stilistik als ihre europäischen Pendants, etwa die Sancerre und Pouilly Fumé von der Loire oder die entsprechenden Weine aus der Südsteiermark. Sie zeigen sowohl exotische Reifearomen (Papaya, Schwarze Johannisbeere) als auch grüne Aromen (wie Paprika), dazu eine hohe Säure und gleichzeitig relativ hohe Alkoholgehalte. Die besten Exemplare sind Weltklasse. Auch Chardonnay gelingt sehr gut in Neuseeland, allerdings eher im (wärmeren) Süden der Nordinsel.

Die zweite bedeutende Sorte ist die Pinot Noir. Sie hat die Cabernet Sauvignon ersetzt, die vor 20 Jahren die wichtigste rote Sorte war. Aus der Pinot Noir werden in Neuseeland heute teilweise hochklassige Weine gewonnen, die Frucht, Würze und Säure aufweisen, zugleich aber auch Struktur besitzen können. Der größte Teil der Pinot-Noir-Weinberge befindet sich auf der Südinsel. Sie ist eines der wenigen Anbaugebiete außerhalb des Burgunds, in dem diese Sorte Weine hervorbringt, die höchsten internationalen Standards entsprechen.

Weinkonsum und Weinbau

Der Weinkonsum der Neuseeländer ist in den letzten 20 Jahren kontinuierlich stark gestiegen. Dabei herrschte die Prohibition in kei-

Auf den Schwemmlandböden von Marlborough wächst einer der besten Sauvignon Blancs der Welt.

nem anderen westlichen Land der Welt so lange wie in Neuseeland. Jahrelang durften nur Hotels Wein verkaufen. Privatpersonen durften bis 1960 nicht mehr als zwölf Flaschen für den häuslichen Verbrauch kaufen. Erst seitdem dürfen Restaurants Wein anbieten, seit 1990 haben auch Supermärkte die Erlaubnis dafür. Ein gesetzliches Verbot, Wein mit Wasser zu verdünnen, wurde noch im Jahr 1980 für nötig befunden. Heutzutage ist der Weinkonsum im Lande frei von gesetzlichen Auflagen.

Die ersten Reben wurden bereits 1819 in Neuseeland gepflanzt. Doch richtig in Schwung kam der Weinbau erst 1970. Dazwischen lagen Reblausbefall, Prohibition und Depression. Die häufigste Rebsorte hieß bis zu dem Zeitpunkt Albany Surprise, eine amerikanische Hybrid-Rebe (in Deutschland als Isabella bekannt). Ab 1970 wurden die ersten *vitis-vinifera*-Reben gepflanzt, auf Anraten deutscher Weinexperten vor allem Müller-Thurgau. In den Folgejahren ergoss sich eine Flut leichter, süßer Weine über das Land. Die Müller-Thurgau behauptete ihre Spitzenstellung bis 1992. Erst dann wurde sie von der Chardonnay-Traube überflügelt. Heute ist fast zwei Drittel der Rebfläche mit Sauvignon Blanc bestockt.

Lake Wanaka in Central Otago: Pinot Noir vom Pol

Weinbaugebiet Nelson: Schafe als natürliche Rasenmäher

DIE SÜDINSEL

Auf der südlichen Insel liegt der größte Teil der Weinberge Neuseelands. Das Klima dort ist nicht mehr subtropisch warm wie auf der Nordinsel um die Hauptstadt Auckland. Es ist moderat warm und trocken, im Süden der Südinsel wegen der Nähe zur Antarktis sogar richtig kühl.

Marlborough

Das im Norden der Südinsel gelegene Tal um das Flüsschen Wairau um die Stadt Blenheim ist heute die wichtigste Wein-Appellation Neuseelands. Sie allein macht zwei Drittel der Rebfläche des Landes aus. Berühmt ist Marlborough vor allem für seine Sauvignon blancs. Die Sorte, die dort erst seit 1973 angebaut wird, ergibt äußerst pikante, aromatische Weine, die weltweit unverwechselbar sind. Das Gebiet gehört zu den sonnenreichsten Gegenden Neuseelands. Durch die Öffnung zum Meer hin (Cloudy Bay) kommen nachts kühle Luftströmungen ins Tal, die die Säure und den Zucker in den Trauben erhalten. Im Gegensatz zu vielen anderen Gebieten des Landes ist Marlborough aber auch sehr trocken. Der größte Teil der Reben wird daher bewässert. Neben Sauvignon Blanc werden in Marlborough auch Pinot Noir sowie ein wenig Pinot Gris, Chardonnay, Gewürztraminer, Riesling angebaut. Der Chardonnay von dort wird gern zu Schaumwein verarbeitet.

Nelson

Klein, aber fein – so könnte man das Anbaugebiet Nelson bezeichnen, benannt nach einem pittoresken Kleinstädtchen. Es liegt nur zwei Autostunden von Marlborough entfernt auf einer Talsohle, die von schneebedeckten Bergen eingerahmt wird. Das Klima ist etwas kühler, die Niederschläge höher. Die Anbaufläche beträgt gut 1000 Hektar. Ansonsten werden dieselben Sorten angebaut wie in Marlborough.

Canterbury

Das Anbaugebiet liegt südlich des 42. Breitengrads um die Stadt Christchurch. Es ist in drei Unterzonen aufgeteilt: nördlich von Christchurch das Wairapa Valley, südlich das flache Waitaki Valley und westlich von Christchurch die Banks Peninsula. Aus Canterbury kommen einige der besten Pinot Noirs des Landes. Die Sorte wird dort fast so häufig angebaut wie Sauvignon Blanc. Sehr stark vertreten sind auch Pinot Gris, Gewürztraminer und Riesling.

Central Otago

Das südlichste Weinanbaugebiet der Welt ist zugleich das kühlste Neuseelands. Es liegt um den 45. Breitengrad und ist das spektakulärste des Landes. Die Reben stehen verstreut auf schmalen Terrassen an den Berghängen und am Fuß schneebedeckter Bergipfel. Sauvi-

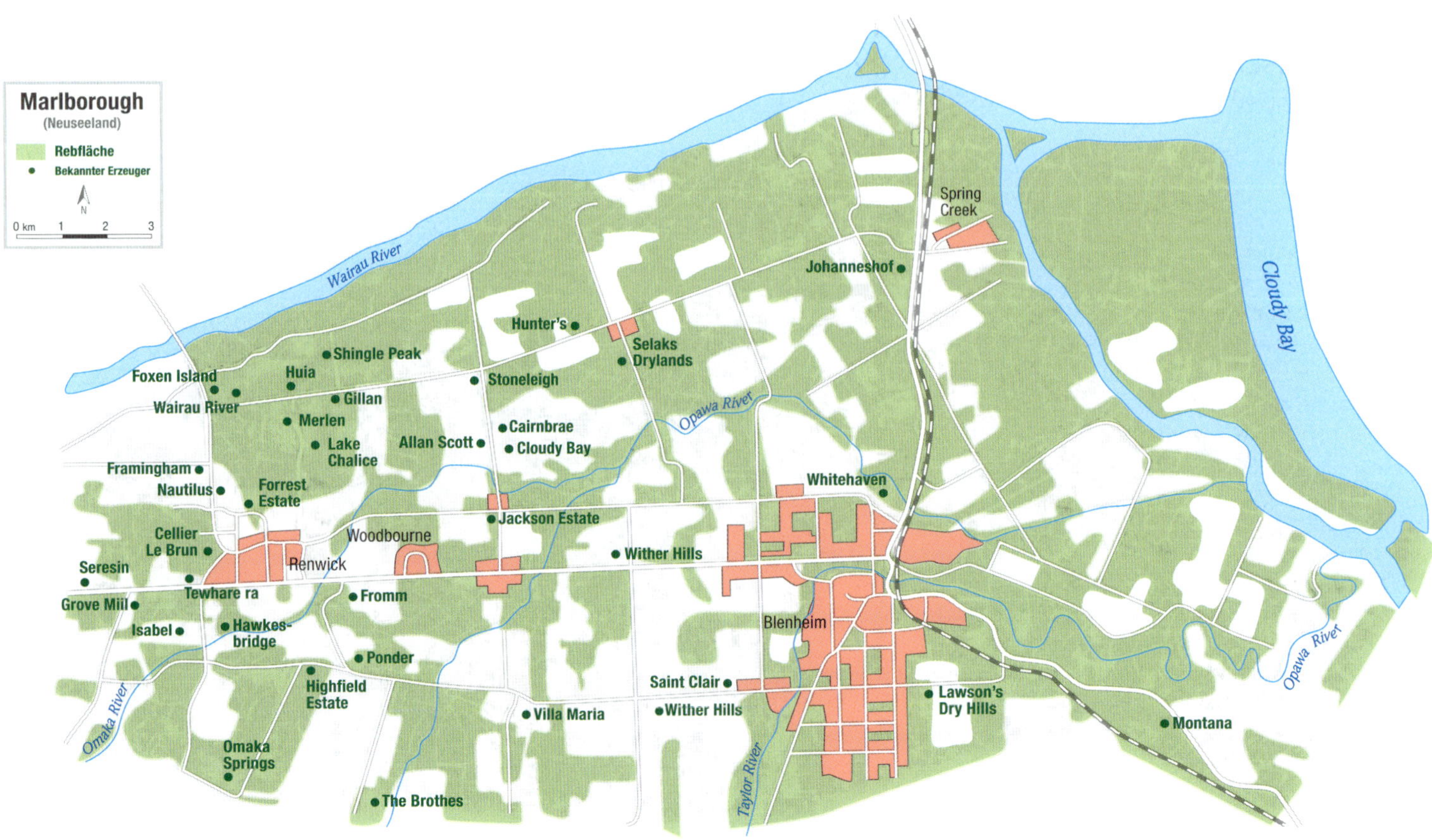

Morgennebel in Marlborough: Von der Cloudy Bay her strömt kalte Luft in Neuseelands größtes Anbaugebiet.

gnon Blanc und Chardonnay spielen hier nur eine Nebenrolle. Es dominiert die Pinot Noir. Aus ihr werden Weine erzeugt, die zu den besten der Welt außerhalb des Burgunds gehören. Die Stilistiken sind allerdings so verschieden wie die Böden.

DIE NORDINSEL

Auf der Nordinsel herrscht ein feuchtwarmes Klima – problematisch für den Weinbau. Er konzentriert sich deshalb auf den Süden.

Wairarapa

Die Rebfläche im äußersten Süden der Nordinsel nicht weit von der Hauptstadt Wellington ist zwar nur klein. Aber das Anbaugebiet beherbergt einige der berühmtesten Kellereien des Landes. Im Mittelpunkt steht Pinot Noir. Da das Klima zwar kühl, aber doch etwas wärmer ist als auf der Südinsel, sind auch die Pinot Noirs körperreicher und üppiger. Unterzonen in Wairarapa sind Gladstone, Martinborough, Masterton.

Hawke's Bay

Zweitgrößtes Weinanbaugebiet Neuseelands mit knapp 5000 Hektar Reben, gelegen um die Kleinstädte Napier und Hastings. Hawke's Bay ist das sonnenreichste Anbaugebiet der Insel, berühmt vor allem für seine Bordeaux-Blends aus Cabernet Sauvignon und Merlot. Aber auch Syrah spielt zunehmend eine Rolle. In kleinen Mengen werden Malbec, Tempranillo und Pinot Noir angebaut. Unter den Weißweinen liegt Chardonnay vorn, dicht gefolgt von Sauvignon Blanc. Der populäre Pinot Gris fehlt ebenfalls nicht.

Gisborne

Gisborne ist die Chardonnay-Hauptstadt Neuseelands. Aus dieser Sorte entstehen hocharomatische, nach Ananas und Melonen duftende Weine, die teils im Edelstahl, teils im Holzfass vergoren und ausgebaut werden. Fachleute streiten, ob sie die besten oder die charmantesten Chardonnays des Landes sind. Neben Chardonnay behauptet sich nur noch der Pinot Gris. Andere Sorten ergeben Nischenweine.

Auckland

Im 19. Jahrhundert waren es Kroaten, Libanesen und Engländer, die den Weinbau um die Stadt Auckland zur Blüte brachten. Heute sind es internationale Konzerne, die dort ihre Zentralkellereien oder ihren Sitz haben. Rebflächen sind jedoch rar und rückläufig. Zu anfällig sind die Reben in dem warmen, dampfig-feuchten Klima für Pilzkrankheiten. Henderson und Kumeu River westlich von Auckland, Matakana nördlich und Waiheke Island werden vor allem Syrah und Bordeaux-Blends erzeugt.

CHINA – Traubenwein statt Reiswein

Chateau Dynasty in Tianjin: Nachbildung eines französischen Schlosses aus dem Perigord

Die Chinesen trinken nicht nur vermehrt Wein, sie bauen auch immer mehr Wein an. Es gibt kein anderes Land auf der Welt, in dem der Weinbau in den vergangenen Jahren dermaßen zugenommen hat wie im Reich der Mitte. Allein zwischen 2000 und 2012 hat sich die Rebfläche auf mehr als 700 000 Hektar verdreifacht. Damit liegt China weltweit auf Platz zwei. Dagegen ist die Weinproduktion noch vergleichsweise gering, und wo chinesischer Wein qualitativ einzuordnen ist, ist unklar. Die großen chinesischen Markenweine Dynasty, Great Wall und Grand Dragon, die Ende der 1990er-Jahre das Licht der Welt erblickten, erreichen mittleres Niveau, sind aber aus westlicher Sicht unspektakulär. Zusammen machen sie mehr als ein Drittel der Weinproduktion Chinas aus. Mittlerweile gibt es aber über 600 flaschenabfüllende Weingüter. Das älteste, größte und prächtigste ist Château Changyu in Yantei: ein ganzes französisches Dorf wurde nachgebaut mit einem Bordeaux-Château in der Mitte. Vom einfachen Rosé über Charmeweine aus Cabernet Sauvignon bis zum Eiswein aus der nördlichen Mandschurei wird alles produziert, was die Gaumen chinesischer Weintrinker erfreuen könnte.

Riesiger Inlandsmarkt

Rund 90 Prozent der chinesischen Weinproduktion wird im eigenen Land konsumiert (wo Reiswein ungleich populärer ist). Ursprünglich ein Getränk für die Reichen des Landes, ist Wein inzwischen ein Lifestyle-Getränk für den aufstrebenden Mittelstand geworden. Vor allem die junge, urbane Bevölkerung hat den Wein für sich entdeckt, wobei leichte, süße Rotweine hoch im Kurs stehen, die gern auch als Mischgetränke mit Tonic oder Limonade getrunken werden. Das größte Rebenanbaugebiet Chinas ist die Bohai-Region in der Provinz Shandong. Dort herrscht ein feuchtwarmes Monsunklima mit hohen Niederschlägen, die allerdings meist im Sommer fallen.

Traditionell wird dort Rotwein erzeugt. Leitsorte ist die Cabernet Sauvignon. In den letzten Jahren hat jedoch die hitzeresistente Marselan stark an Boden gewonnen, eine Kreuzungsrebe aus Cabernet Sauvignon × Grenache Noir. 2016 waren bereits 200 Hektar mit dieser Sorte bestockt. Weitere Schwerpunkte der Weinproduktion finden sich um die Stadt Zangjiakou nordöstlich von Peking in der Provinz Hebei (dort hat die Great Wall Company ihren Sitz), in den Regionen Ningxias und Gansu weiter westlich im Landesinneren (wo viel Marselan angebaut wird) sowie um die uigurische Stadt Xinjiang.

Da die Reblaus in China bislang nicht aufgetreten ist, sind viele Rebstöcke wurzelecht. Das erklärte Ziel der chinesischen Regierung ist es, mit ausländischem Kapital Strukturen aufzubauen, um in absehbarer Zeit unter die Top 3 der großen Weinnationen zu gelangen.

Weinland China
Rebfläche: 830 000 Hektar
Produktion: 12 Mio. Hektoliter
Konsum pro Kopf/Jahr: 1,4 Liter

Die häufigsten Sorten
1. Cabernet Sauvignon (rot) 70 %
2. Merlot (rot) 11 %
3. Cabernet Gernischt* (rot) 4 %
4. Chardonnay (weiß) 2 %
5. Cabernet Franc (rot) 2 %

* Hinter dieser Sorte verbirgt sich die Carmenère.

JAPAN – viel Trauben, wenig Wein

Aus europäischer Sicht ist Japan vor allem als Absatzmarkt interessant, weniger als Weinbaunation. Zwar werden in 46 von 47 Präfekturen auf der Insel Trauben angebaut, aber nur ein Zehntel wird fürs Weinmachen verwendet. Zum einen bekommen die Landwirte für Tafeltrauben das Vier- bis Fünffache des Preises von Weintrauben. Zum anderen ist es wegen des vom Monsun geprägten, feucht-warmen Klimas äußerst schwierig, vollreife und gesunde Trauben zu ernten, wie sie für die Produktion von hochwertigem Wein unerlässlich sind. Wein aus Trauben ist zwar seit langem Teil der japanischen Kultur. Aber Reiswein (Sake) ist bis heute ungleich populärer.

Großkonzerne beherrschen den Markt

Nicht nur das Wetter verhindert in Japan ein Aufblühen des Weinbaus, auch die vorhandenen Strukturen sind dafür nur bedingt geeignet. Denn einige wenige Großkonzerne beherrschen den Markt. Ihre Trauben bekom men sie hauptsächlich von vielen kleinen Winzern, die im Schnitt 0,25 bis 0,5 Hektar bewirtschaften. Winzer, die ihren Beruf im Vollerwerb betreiben, gibt es so gut wie gar nicht. Viele der in Japan abgefüllten Weine bestehen zu einem Großteil aus Fassware, die aus allen Teilen der Welt stammt. Eigentlich sollte die Herkunft am Etikett erkennbar sein: Kokunai San bedeutet inländischer Wein, Yunyu San importierter Fasswein. Aber selbst einheimische Spitzenweine werden oft mit einem erheblichen Anteil an Weinen aus Osteuropa oder Südamerika verschnitten.

Wein am Fuße des Fudschijama

Wegen der durchweg gebirgigen Oberfläche Japans ist Weinbau nur an wenigen Stellen möglich. Das wichtigste und größte Anbaugebiet liegt nur 130 Kilometer von Tokio entfernt: im Becken um die Großstadt Kōfu in der Präfektur Yamanashi. Dort am Fuße des heiligen Bergs Fudschijama herrschen die höchsten Temperaturen des Landes. Auch die Monsunregen fallen dort besonders stark aus. 25 Weingüter haben ihren Sitz in Yamanashi, unter anderem Tomi No Oka, das Weingut von Suntory. Suntory ist das größte Weinunternehmen Japans. Zusammen liefern die Weingüter 40 Prozent des einheimischen Weins.

Ein zweites wichtiges Anbaugebiet ist Nagano, wo weniger Weingüter residieren, aber mehr Rebflächen anzutreffen sind. Die Temperaturen dort sind moderater, die Monsunregen weniger heftig. Kleinere Rebflächen finden sich bei Osaka und bei Yamagata im Nordosten sowie auf der kühlen Insel Hokkaido. Angebaut wird heute vor allem Rotwein, wobei neben europäischen Sorten (Merlot, Cabernet Sauvignon, Zweigelt) auch Hybridreben auf Basis der amerikanischen *vitis labrusca* (Black Queen) sowie asiatische Kreuzungsreben (Muscat Bailey A) in den Weingärten zu finden sind. Beim Weißwein nimmt Chardonnay die dominierende Stellung ein. Die einheimische Kōshū wird zwar in vielen Versen lobend beschrieben. Der Gunst der Winzer erfreut sie sich weniger. Müller-Thurgau und Riesling haben sich nicht durchsetzen können.

Weinland Japan

Rebfläche: 18 000 Hektar*
Produktion: 770 000 Hektoliter
Konsum pro Kopf/Jahr: 3 Liter

*größtenteils Tafeltrauben

Die 5 häufigsten Rebsorten

1. Merlot 4,5 %
2. Chardonnay 3 %
3. Black Queen* 2,6 %
4. Cabernet Sauvignon 2,6 %
5. Kerner 2 %

*Hybridrebe

Die Kōshū-Traube

Hellrot gefärbte *vitis-vinifera*-Sorte, aus der Weißweine erzeugt werden. Die **Kōshū** gilt als Japans Nationalsorte: Es wird vermutet, dass sie aus dem Kaukasus stammt und über die Seidenstraße nach Japan gekommen ist. Seit dem 12. Jahrhundert ist sie dort aktenkundig. Ihre Trauben sind hellrot, fast pink. Aus dem Most entstehen leichte, nach Zitrus und Pfirsich duftende Weißweine.

Reben in Yamanashi am Fuße des Fudschijama: Hier schlägt das Herz des japanischen Weins.

Glossar

adstringierend: die Zunge zusammenziehend Geschmackseindruck, der häufig bei jungen, gerbstoffhaltigen Rotweinen auftritt
Ampelographie: Rebsortenkunde
Annata: ital. Jahrgang. Junger Wein, der nach wenigen Monaten den Keller verlässt.
Apfelsäure: in jedem Wein anzutreffende, nicht flüchtige Säure, die für Frische sorgt und in Weißweinen meist sehr erwünscht ist. Wird in Rotweinen per malolaktischer Gärung abgebaut
anreichern: Hinzufügen von Zucker zum Most vor der Gärung, um einen höheren Alkoholgehalt des Weins zu bekommen. Erlaubt ist eine Anreicherungt um höchstens 2 Vol. %
AOC, Appellation d'Origine Contrôllée: höchste französische Qualitätsstufe für Wein. Seit Kurzem in AOP umbenannt: Appellation d'Origine Protégée
Appassimento: mehrwöchiges Antrocknen der Trauben vor dem Keltern auf Strohmatten o.ä. Typisch für Rotweine wie Amarone (Valpolicella) und Sfursat (Valtellina), aber auch für viele Süßweine
Assemblage: Zusammenfügen passender Weine aus unterschiedlichen Rebsorten/Lagen/Fässern zu einem gemeinsamen Wein
Ausbruch: Beerenauslese aus Rust am Neusiedlersee
Auslese: hohe deutsche Prädikatsstufe, reserviert für meist süße oder edelsüße Weine mit 90° bis 100° Oechsle, wird oft aber auch für entsprechend hochgradige, trockene Weine in Anspruch genommen
Barrique: kleines Holzfass mit 225 Litern Inhalt
Bâtonnage: das Aufrühren der Hefe im Fass mit einem Stock. Qualitätsfördernde Maßnahme bei Weißweinen, die im Holzfass vergoren werden. Entwickelt im Burgund
Biologischer Säureabbau: auch malolaktische Gärung genannt. Dabei wird Apfelsäure durch Bakterien in Milchsäure umgewandelt: bei Rotweinen unumgänglich, bei Weißweinen optional
Blanc de Blancs: nur aus weißen Trauben gekelterter Schaumwein
Blanc de Noirs: nur aus roten Trauben gekelterter Schaumwein (auch für Stillweine verwendet)
Botrytis cinerea: Edelfäulepilz, erwünscht für alle Beeren- und Trockenbeerenauslesen
brandig: alkoholisch schmeckend
Cave: frz. Keller, auch Kellerei
Chai: ebenerdiger Fasskeller in Bordeaux
Champagnermethode: Umschreibung für die Flaschengärung beim Champagner (Méthode champénoise). Für andere Schaumweine müssen nach EU-Recht die alternativen Bezeichnungen Méthode traditionelle oder Méthode classique verwendet werden.
chaptalisieren: anreichern
Clairet: in England übliche Bezeichnung für Bordeaux-Weine allgemein
Charmat-Methode: Methode zur Herstellung von Schaumweinen ohne Flaschengärung Dabei wird der Wein in großen Druckbehältern aus Edelstahl statt in der Flasche zweitvergoren
Clos: abgeschlossener, meist von einer Mauer eingefasster Weinberg
Crémant: flaschenvergorener Schaumwein aus Gebieten außerhalb der Champagne (z.B. Elsass, Loire, Burgund)
Cremig: Eigenschaft eines Weißweins, der lange auf der Hefe gelegen hat
Crianza: span. Bezeichnung für einen Wein mit zweijähriger Kellerreife
Cru: besonders gute Weinberglage
Cuvée: 1. hochwertiger Most aus der ersten Pressung von Champagnertrauben. 2. Assemblage verschiedener Weine zu einem gemeinsamen Wein
Cuvier: frz. Gärkeller
DAC: Abkürzung für Districtus Austriae Controllatus. Österreichische Herkunftsbezeichnung für Weine aus genau festgelegten Gebieten aus präzise vorgeschriebenen Rebsorten und Qualitätsmerkmalen
Dauben: gebogene Holzstücke, die die Wandung eines Fasses bilden
Degorgieren: Enthefung eines flaschenvergorenen Schaumweins
dekantieren: Umfüllen des Weins von der Flasche in eine Karaffe
Diabetikerwein: trockener Wein mit maximal vier Gramm Restzucker pro Liter
DO: Abkürzung für Denominación de Origen. Spanische Ursprungsbezeichnung
DOCa: Denominación de Origen Calificada. Steigerung der DO
DOC: ital. Denominazione di Origine Controllata: entspricht Qualitätswein bestimmter Anbaugebiet. Künftig DOP genannt (Denominazione di Origine Protetta)
DOCG: ital. Denominazione di Origine Controllata e Garantita: höchste ital. Qualitätswein-Kategorie.
Domaine: frz. Weingut.
durchgegoren: restzuckerfreier Wein.
edelsüß: Bezeichnung für Wein aus edelfaulen Trauben
eurotrocken: EU-Wein, dessen Restzuckergehalt maximal neun Gramm pro Liter beträgt bzw. sich nach der Formel „Säure plus zwei" errechnet (d.h. ein Wein mit sechs Gramm Säure darf noch bei acht Gramm Restzucker als trocken gelten)
Extrakt: siehe Trockenextrakt
Extraktsüße: als süß wahrgenommener Bestandteil eines (trockenen) Weins. Grund dafür ist der erhöhte Glyzeringehalt extraktreicher Weine.
Finesse: frz. Feinheit
fränkisch-trocken: Weine mit nicht mehr als vier Gramm Restzucker pro Liter. In Franken gängige Interpretation der trockenen Geschmacksrichtung
frizzante: ital. perlend. Eigenschaft von Perlweinen bis maximal 2,5 Atmosphären Kohlesäuredruck
Frühfrost: Frost Ende Oktober oder Anfang November. Häufig erwünscht, weil er die Möglichkeit zur Eisweinlese bietet
Fumé Blanc: Bezeichnung für einen im Holzfass vergorenen Sauvignon Blanc
füllkrank: aufgrund kürzlich erfolgter Abfüllung geschmacklich noch gestörter Wein
gemischter Satz: Weine, die aus mehreren Traubensorten zugleich vergoren werden
Gestaffelte Lese: Traubenernte in mehreren Lesedurchgängen
Gerbsäure: Tannin
Giropalette: Maschine zum mechanischem Rütteln von Schaumweinflaschen
Glyzerin: Gehört zur Gruppe der Alkohole und ist ein wichtiger Bestandteil des Extrakts
G'spritzter: in Österreich übliche Bezeichnung für einen mit Mineralwasser verdünnten Wein. Gut eignet sich dazu z.B. Grüner Veltliner
Grains Nobles: hochkarätige Beeren- oder Trockenbeerenauslese aus dem Elsass mit mindestens 110° Oechsle, darf nur aus den Sorten Riesling, Muscat, Gewürztraminer und Pinot Gris erzeugt werden
grün: Wein mit unreifer Säure oder unreifem Tannin
Großlage: in Deutschland gebräuchliche, irreführende Bezeichnung für ein weit gefasstes, sich über mehrere Gemeinden erstreckendes Rebeneinzugsgebiet. Die Bezeichnung hat mit „Lage" im ursprünglichen Sinn nichts zu tun.
halbtrocken: Weine mit 10 bis 18 Gramm Restzucker, auch feinherb genannt
hart: Rotwein mit abstringierendem, zu jungen Tannin
Heuriger: österr. 1. Weinlokal mit angeschlossenem Weingut, 2. Wein des jüngsten Jahrgangs
hochfarbig: ins Goldgelbe (Weißwein) bzw. Orange tendierende Farbe eines Rotweins. Typisch für gereifte, entwickelte Weine
Hogsheads: vor allem in Australien zu findendes Weinfass mit 300 Liter Inhalt

IGT: Indicazione Geografica Tipica (entspricht den früheren Landweinen)
integrierter Pflanzenschutz: konventioneller Pflanzenschutz mit ökologischen Elementen, abgestimmt auf die Schwere des Schadens, den Witterungsverlauf und auf Wechselwirkungen zwischen verschiedenen Schädlingen auf die Gesundheit der Rebpflanze
internationale Rebsorten: übliche Bezeichnung für Cabernet Sauvignon, Merlot, Pinot Noir, Sauvignon Blanc, Chardonnay
Klon: genetische Kopie eines Rebstocks. Durch Aufpfropfen eines Klons auf einen Wurzelstock lassen sich die Eigenschaften der Ursprungsrebe auf weitere Reben übertragen.
körperreich: schwerer, alkohol- und extraktreicher Wein
krautig: Bezeichnung für Rotweine mit unreifen, grünen Tanninen
kurz: ohne Nachklang im Mund
Landwein: gesetzliche Bezeichnung für Weine großer Herkunftsbereiche, an die geringere Anforderungen gestellt werden als an Qualitätsweine
lang: Wein mit lange nachklingendem Aroma
leicht: Wein mit niedrigem Alkoholgehalt und niedrigen Extraktwerten
Lese: Traubenernte
Likörwein: Süßwein mit mindestens 15 Vol. % Alkohol
maderisiert: **o**xidiert, überaltert, Kochtöne aufweisend
Malo: Kurzform für die malolaktische Gärung. Siehe biologischer Säureabbau
Méthode champénoise: Flaschengärverfahren beim Champagner
Millésime: frz. Jahrgang
mineralisch: Aroma bestimmter Weine, das an Feuerstein, Granit, Schiefer, nassem Kieselstein, Rauch erinnert. Ganz allgemein benutzt für Weine, die wenig Frucht aufweisen
Most: der unvergorene Saft ausgepresster Trauben
Mostklärung: Säuberung des Mostes vor der Vergärung
Nase: Bouquet
Nachgärung: unerwünschtes Weitergären des Weins auf der Flasche
negative Auslese: Auslesen fauler Trauben vor der Hauptlese
nervig: positive Eigenschaft eines zarten, säurebetonten Weins
Önologie: Wissenschaft von der Kellerwirtschaft
oxidativ: Eigenschaft überalterter, unfrischer Weine
oxidativer Ausbau: Reifung eines Weins unter Sauerstoffkontakt. Typisch für Sherrys (Amontillado, Oloroso), Madeiras, traditionelle Vin Santo und ähnliche Süßweine aus getrockneten Trauben
Passito: Süßwein aus getrockneten Trauben
Perlage: im Glas entweichende Kohlensäure bei Schaumweinen
pfeffrig: typische Geschmackseigenschaft des Grünen Veltliner
pH-Wert: Maßzahl für die Stärke aller Säuren im Wein; normal sind Werte zwischen 2,9 (sauer) und 3,7 (mild)
positive Auslese: selektives Herauslesen gesunder, reifer Trauben während der Ernte
Prä-Phylloxera: Weine von unveredelten Rebstöcken aus der Zeit vor Reblauskatastrophe
Prädikatswein: In Deutschland und Österreich gebräuchliche Bezeichnung für höherwertige Qualitätsweine entsprechend ihres Mostgewichts (Kabinett, Spätlese, Auslese, Beerenauslesen, Trockenbeerenauslese). In Österreich werden alle restsüßen Weine als Prädikatsweine bezeichnet, in Deutschland auch trockene Weine. Prädikatsweine dürfen grundsätzlich nicht angereichert werden.
Qualitätswein bestimmter Anbaugebiete: oberste Stufe der europäischen Weingesetzgebung (VQPRD), gültig nur für herkunftskontrollierte Weine, deren Produktionsstatuten genau festlegen, wie und unter welchen Bedingungen sie erzeugt sein müssen (Ertragsbegrenzung, Rebsortenvorschriften, Reifedauer u.ä.). In Deutschland und Österreich abgekürzt QbA
Quinta: port. Weingut
reduktiv: unter Sauerstoffabschluss vinifizierter und ausgebauter Wein
reinsortig: nur aus einer Traubensorte erzeugter Wein
reintönig: sauberer, für die Traubensorte typischer Duft und Geschmack ohne Nebentöne
Ried: Einzellage in Österreich
Ripasso: Im Valpolicella übliche Bezeichnung für Rotweine, die auf der Maische des Amarone nachvergoren wurden
Rotling: In Deutschland gebräuchliche Bezeichnung für einen Rosé-ähnlichen Wein
rütteln: Drehen und aufrecht stellen von Champagnerflaschen mit der Hand (frz. Remuage), während diese mit dem Hals in hölzernen Gestellen (Rüttelpulten) stecken. So sollen die in der Flasche angesammelten Hefereste in den Flaschenhals rutschen.
Salzig: unscharfe Bezeichnung für geschmacksintensive, würzig-mineralische Weine
Schaumwein: Sammelbezeichnung für Champagner, Crémant, Sekt, Cava, Spumante, Asti und andere Weine mit gelöster Kohlensäure
Sommelier: Weinkellner
Spätfrost: Frost im April oder Mai
spritzig: Wein mit Restkohlensäure
Stillwein: Wein ohne Kohlensäure. Gegensatz zu Schaumwein
sur lie: frz. auf der Hefe gelagert. Methode, um Weißweine geschmacksintensiver und frischer zu machen
Süßreserve: geschwefelter Traubenmost,zur Süßung durchgegorener Weine verwendet
Taille: frz., vor allem in der Champagne gebräuchlicher Ausdruck für den unter hohem Pressdruck ablaufenden, im Vergleich zum Vorlaufmost weniger hochwertigen Most (im Ggs. zur Cuvée). Man unterscheidet zwischen erster und zweiter Taille.
Terroir: frz., komplexes Zusammenspiel von Boden, Rebsorte, Klima und Mensch zur Erzeugung eigenständiger, weitgehend unverwechselbarer Weine mit klarer Identität
Traubensaft: Most. 1 Kilo Trauben ergibt normalerweise 0,7 Liter Most.
Trester: ausgepresste Traubenschalen samt der Kerne. Wird als Brennstoff, organischer Dünger oder als Grundstoff für Tresterschnaps (Grappa) weiterverwendet
Trockenextrakt: Inhaltsstoffe eines Weins abzüglich Wasser, Ethylalkohol, flüchtige Bestandteile und Restzucker
Umami: als Wohlgeschmack zu bezeichnende Eigenschaft eines Weins, ausgelöst durch Glutaminsäure und Asparaginsäure
Unterlagsrebe: Wurzelstock einer Rebe, auf den ein Reis aufgepfropft wurde
Ursprungsbezeichnung: Name für das (engere) Herkunftsgebiets eines Weins
Vendange Tardive: frz. Spätlese. Ausdruck für halbtrockene oder für edelsüße Weine
verschlossen: noch unentwickelter, junger Wein
verschneiden: Mischen von unterschiedlichen Weinpartien bzw. Rebsorten oder von Weinen aus unterschiedlichen Regionen zu einem neuen, kompletteren Wein
Vieilles vignes: frz. alte Reben
Vigna: ital. Weinberg
Vinifikation: Weinbereitung. Keltern der Trauben und Vergären des Mostes
Vintage: engl. Jahrgang
Vintage Port: Portwein aus einem (guten oder sehr guten) Jahrgang, der offiziell zum Vintage erklärt wurde
vollmundig: körperreicher Wein mit ansprechendem Alkoholgehalt
Vorlaufmost: jener hochwertige Teil des Mostes, der nach dem Entrappen bzw. Mahlen der Trauben ohne weiteres Pressen von der Kelter läuft
VQPRD: frz. Abkürzung für Vin de Qualité Produit dans les Régions Délimitées. Offizielle Bezeichnung für Qualitätsweine bestimmter Anbaugebiete in der EU. Künftig nur als Wein mit geschützter Ursprungsbezeichnung (g.U.) bezeichnet
Weinsäure: natürliche Fruchtsäure, die umso mehr im Wein zu finden ist, je reifer die Trauben sind
Weinstein: Kaliumsalz. Ausfällung der Weinsäure in Form von kleinen, weißen Kristallen in der Flasche. Beeinträchtigt den Geschmack nicht
Weißherbst: in Deutschland übliche Bezeichnung für Roséweine
wurzelecht: alte, unveredelte Reben
Zapfen: **i**n der Schweiz gebräuchlicher Ausdruck für den Korken

Register

A

AAP ... 37
Abruzzen ... 212
Acetaldehyd ... 55, 57, 129, 151, 154, 155
Acolon ... 238,
Aconcagua ... 294, 295
Adelaide Hills ... 307
Agiorgitiko ... 106, 267, 270
Aglianico ... 106, 198, 212
Airén ... 65, 116, 214, 221
Alba ... 202, 203
Albanien ... 264, 265
Albariño ... 34, 123, 219,
Alentejo ... 224
Alexander Valley ... 282
Alexandermuskat 65, 121, 257, 267, 268, 271, 274, 292, 295, 300, 301
Algarve ... 224
Alicante ... 221
Alicante Bouschet ... 106, 114, 214, 292
Aligoté ... 34, 61, 64, 117, 183, 256, 258, 266
Alkoholische Gärung ... 128-129
Aloxe-Corton ... 186
Alsace AOP ... 182
Anderson Valley ... 284
Angélus ... 195
Anjou ... 181
Anjou Villages ... 181
Anthocyane ... 42, 68, 69, 95, 132, 133, 135, 138
Apfelsäure ... 21, 89, 96-97, 136, 140, 147
Appellation d'Origine Contrôlée (AOC) ... 176, 179
Appellation d'Origine Protegée (AOP) ... 52, 176, 179,
Apulien ... 212
Aragonez ... 112, 222, 224
Aramon ... 106
Areni ... 106
Arbane ... 180
Argentinien ... 290, 291, 296-297
Armenien ... 272-273
Arneis ... 116
Aromen des Weins ... 16-17
Arroyo Grande ... 284
Assyrtiko ... 124, 268, 270, 271
Auckland ... 313
Aufbinden ... 88
Ausbau ... 150-151, 152, 153, 158, 159, 173
Auslese ... 226, 229
Ausone ... 195
Ausschenkhilfe ... 29
Australien ... 304-309
Autochthone Rebsorten ... 201, 222, 258
Aux Boudots ... 184
Aux Murgers ... 184
Auxerrois ... 61, 116, 166, 182, 196, 252
Auxey-Duresses ... 187
AVA (American Viticultural Areas) ... 53, 278
Azidifikation ... 52, 53, 97, 147, 292

B

Băbească Neagră ... 285
Bacchus ... 226, 231, 240, 241, 253
Baden ... 236
Badisch Rotgold ... 139, 236
Baga ... 106
Bairrada ... 224
Balaton ... 261
Banat ... 259
Barbaresco ... 47, 203
Barbera ... 198, 202, 203,
Bardolino ... 205
Barolo ... 46, 202-203
Barolo Riserva Monfortino ... 46
Barossa Valley ... 306
Barrique ... 149, 156, 157, 158, 159
Barsac ... 192
Basilikata ... 212
Bâtard-Montrachet ... 187
Beaujolais ... 182
Beaune ... 186, 186
Beere ... 68-69
Beerenauslese ... 52, 102, 226, 242, 246, 261
Bendigo ... 309
Bernsteinsäure ... 37, 97, 129,
Beschnitt ... 90-91
Bestockung ... 78-79
Bianca ... 260
Bienvenues-Bâtard-Montrachet ... 187
Bierzo ... 219
Bío-Bío ... 295
Biologischer Weinbau ... 92-93
Blanc de Noirs ... 68, 164
Blatina ... 265
Blauer Zweigelt ... 111
Blauer Portugieser ... 107
Blauer Wildbacher ... 107
Blaufränkisch 111, 238, 242, 243, 246, 249, 254, 255, 260, 262, 263
Bobal ... 107
Böckser ... 37
Boden ... 74-75
Bodenbearbeitung ... 82-83
Bogenerziehung ... 81
Bolgheri ... 208
Bollinger ... 165
Bonnezeaux ... 181
Bordeaux ... 176, 190-195
Bordeaux Supérieur ... 190
Bosnien-Herzegowina ... 265
Botrytis cinerea ... 90, 99, 102, 103
Bourboulenc ... 189, 196, 197
Bourgueil ... 181
Bramaterra ... 114, 203
Brasilien ... 291, 298
Breede River Valley ... 303
Brettanomyces ... 37
British Columbia ... 289
Bromphenol ... 36
Brunello di Montalcino ... 47, 210
BSA (biologischer Säureabbau) ... 136
Bulgarien ... 256-257
Burgund ... 176, 184-187
Butylenglykol ... 129

C

Cabernet Dorsa ... 238
Cabernet Franc ... 107, 238
Cabernet Sauvignon ... 44, 106, 294
Cahors ... 196
Calificada (DOCa) ... 214
Callet ... 107, 221
Canon-Fronsac ... 194
Canterbury ... 312
Cape Agulhas ... 303
Cape South Coast ... 303
Carema ... 203
Caricante ... 117
Carignan ... 109
Carl von Linné ... 60, 61
Carmenère ... 107
Carmignano ... 207
Carneros ... 282
Carnuntum ... 249
Castelão ... 65, 222, 224
Castiglion Côtes de Bordeaux ... 194
Castillo Ygay ... 46
Catamarca ... 297
Catarratto ... 65, 198
Catechine ... 69
Cava ... 34, 166, 167, 216, 220
Cayetana Blanca ... 65, 214
Central Coast ... 284
Central Otago ... 312
Central Valley ... 284
Cereza ... 65, 290, 296
Cérons ... 192
Chablis ... 183
Chambertin ... 186
Chambolle-Musigny ... 185
Chambrieren ... 35
Champagne ... 66, 74, 162-165, 176, 180
Champagnerhefe ... 130
Chaptalisierung ... 147, 292
Chardonnay ... 47, 116, 136, 149, 176, 180, 181, 182, 183, 184, 185, 186, 187, 198, 202, 204, 214, 220, 236, 242, 246, 249, 253, 254, 260, 278, 282, 283, 284
Chassagne-Montrachet ... 183, 187
Chasselas ... 123, 181, 182, 236, 250, 251
Château Cos d'Estournel ... 75
Château d'Yquem ... 44, 99,
Château de Vougeot ... 185
Château Grillet ... 119, 188

Château Haut-Brion 192
Château Lafite-Rothschild 45, 106, 188
Château Laville-Haut-Brion 192
Château Mouton-Rothschild 106,
Château Musar 45, 274, 275
Château Nozet 181
Châteauneuf-du-Pape 46, 188, 189
Château La Mission-Haut-Brion 192
Chateau Rayas 46
Châteaux Pape Clement 192
Chenin Blanc 117, 166, 181
Cheval Blanc 195
Chevalier-Montrachet 187
Chianti 206
Chianti Classico 206
Chile 290, 292–295
China 314
Chinon 181
Chips-Technologie 158
Choapa 292, 294
Cinsault 109, 176, 189, 300, 303
Clairette 117
Clairette Blanche 189
Clare Valley 306
Cloudy Bay 47
Clos de Bèze 186
Clos de la Maltroie 187
Clos de la Roche 186
Clos de Lambrays 185
Clos de Tart 185
Clos de Vougeot 184, 185
Clos des Mouches 187
Clos St-Denis 186
Clos St-Jacques 186
Coastal Region 303
Cloudy Bay 47, 312, 313
Codru 266
Colombard 274, 276, 300, 301
Condrieu 188
Constantia 44, 300, 303
Cool climate 71, 97, 124, 268, 283, 284, 295, 297, 305, 308, 309
Coonawarra 75, 305, 306
Coquimbo 294
Corbu 196
Cordon-Erziehung 81, 91
Cornas 188
Cortese 117, 203
Corton-Charlemagne 47, 186
Cortona 211
Corvina 108, 204
Corvinone 108, 204
Costers del Segre 217
Cot 107, 196, 181
Côte Chalonnaise 183
Côte d'Or 75, 184
Côte de Beaune 186, 187
Côte des Blancs 180
Côte Rôtie 47, 81, 107, 119, 188
Côte Rôtie „La Landonne“ 47
Côteaux Champénois 180
Coteaux du Layon 181
Côtes de Nuits 184
Côtes du Luberon 189
Côtes du Rhône 189
Côtes du Tricastin 189
Coulée de Serrant 181
Crémant 152, 166–167, 181, 182, 183
Crémant d'Alsace 166, 182
Crémant de Bourgogne 117, 166, 183
Crémant de Jura 167, 182
Crémant de Loire 117, 166, 181
Crémant de Luxembourg 252
Criolla 280, 290, 296
Criots-Bâtard-Montrachet 187
Crisana 259
Crljenak 61, 109, 113, 212
Crozes-Hermitage 107, 119, 188
Cryo-Mazeration 18
Cserszegi Füszeres 260
Curicó 295
Custozza 205

D

DAC 242, 245, 246, 248, 249
Dão 107, 113, 114, 115, 117, 224
Darling 303
Degorgieren 162
Dekanter 29
Dekantieren 30
Denominación de Origen (DO) 214
Deutschland 226–241
Dimyat 256, 257
Districtus Austriae Controllatus (DAC) 242
Dobrogea 259
Dolcetto 202
Dom Pérignon 45, 162, 165
Dornfelder 226, 230, 231, 241
Dosage 162, 163, 164
Douro 168, 169, 222–224
Drop-Stop 33
Drosophila suzuki 71
Dry Creek Valley 109, 283
Düngung 82–83

E

Edelfaule Trauben 99, 102–103, 155
Edelzwicker 182
Edna Valley 284
Eiche 158
Einschenken 32–33
Eiswein 37, 103, 226, 235, 242, 255, 288, 289
Elbling 61, 117, 229, 235, 241, 252
Elgin 303
Elsass 182
Emilia-Romagna 109, 115, 118, 198, 202
En Caillerets 187
En Remilly 187
Encruzado 117
England 253
English Fizz 253
English Sparkling Wine 253
Entrappen 128, 139, 140, 141
Entre-Deux-Mers 118, 119, 190
Entschleimen 145
Enzyme 134, 142, 145, 147
Esca 87
Essigsäure 129, 132, 141
Est! Est!! Est!!! 124, 212
Estremadura 224
Ethylalkohol 129
Etiketten 52–53
Eutypiose 87

F

Falerner 62, 118, 199
Farbe des Weins 18–19
Farbextraktion 132, 133
Fassbau 156–157
Federweißer 129
Feinoxidation 148, 150–151, 158
Fernao Pirez 222
Fetească Alba 65, 118, 258, 266
Fetească Neagră 108, 258, 266
Fetească Regală 65, 258
Fiano 118
Filtrieren 152–153
Fixin 186
Flaschengärung 130, 162, 163, 165, 166, 167
Flaschengrößen 37
Flaschenständer 28
Flaschenverschlüsse 40–41
Flavone 69
Florhefe 172, 173
Fogoneu 221
Franciacorta 166, 167, 204
Franken 240–241
Frankovka 254, 255
Frankovna Crna 262
Frankreich 176–197
Franschhoek Valley 303
Frappieren 34–35
Frascati 124, 212
Friaul 205
Friulano 118, 205
Frizzante 167, 205
Fronsac 194
Frost 71
Fructose 55, 102, 103, 130
Frühburgunder 108
Furmint 61, 121, 258, 259, 260, 261

G

Gaglioppo 108, 213
Gaillac 196
Gamay 111, 264, 265, 182, 183
Gambellara 121, 205
Ganzbogenerziehung 81

Ganztraubenpressung 140, 141
Garganega 121, 205
Garnacha 109, 113, 212, 213, 214, 217, 218, 220, 221
Gärtemperatur 135, 146, 149
Gärung 132–149
Gattinara 203
Gavi 203
Geelong 309
Geläger 130, 147
Gelber Muskateller 202, 261
Geschein 67, 85
Geschichte der Rebe 60–61
Geschichte des Weins 62–63
Gevrey-Chambertin 186
Gewürztraminer 125, 182, 204
Ghemme 203
Gigondas 189
Gisborne 313
Gläser 24–25
Glera 125, 167
Glucose 55, 102, 103
Glycerin 103, 129, 136
Glycolyse 147, 148
Gobelet-System 80, 81
Godello 123
Goulburn Valley 309
Graciano 109
Grampians 309
Grands Epénots 187
Grasevina 121, 258, 263
Grauburgunder 182, 204, 226
230, 236, 241,
Graves 190, 191, 192
Gravner, Josko 143
Great Southern 306
Grechetto 118
Greco Bianco 118
Grenache 46, 113, 188, 189, 197
Grenache Blanc 189, 197, 283
Griechenland 125, 199, 268–271
Grillo 119
Gros Manseng 119, 122, 196
Grüner Veltliner 120, 204, 242,
243, 244, 245, 246, 248, 254, 255
Gutedel 123, 236, 250, 251
Guyot-System 81, 91

H

Handlese 100, 101, 187, 205
Hárslevelü 260, 261
Haut Médoc 190, 192
Hawke's Bay 313
Heathcote 309
Hebel-Korkenzieher 27
Hefe 131, 136, 144, 149, 152, 153, 162, 163, 167, 173, 181, 186, 204,
220, 298
Hefetrub 130, 163
Henty 309
Hermitage 46, 107, 119, 188
Hessische Bergstraße 236
Hilltops 308
Histamin 137
Holzfass 148, 149, 150, 151, 156, 157
Hunter Valley 308

I

Ice Wine 288–289
IGT (Landwein) 198, 206, 207, 208
Indication Géographique Protégée (IGP) 176
Indolessigsäure 151
Iroulégy 196
Israel 274–275
Istrska Malvazia 262

J

Japan 315
Jumilla 113, 221
Jura 182
Jurançon 196

K

Kabinett 52, 226, 242
Kalabrien 213
Kalifornien 278–285
Kaltfermentation 132, 133
Kampanien 213
Kamptal 242, 245
Kanada 288–289
Kapselschneider 26
Karbonisierungsverfahren 167
Kavcina Crna 262
Kékfrankos 111, 260, 261
Kellnermesser 26
Kelterung des Weißweins 140–141
Kerner 226, 230, 236, 241
Kieselgur-Filtration 145
Kirschessigfliege 71
Knights Valley 282
Kō shū 315
Kohlendioxid 128, 129, 132, 134, 136, 162, 165
Kohlensäuremaischung 134, 182
Kontinentalklima 70–71
Korken 38–39
Korkenspange 27
Korkentferner 27
Korkenzange 26
Korkenzieher 26–27
Korkschmecker 31, 36
Kosovo 264
Kotsifali 268
Kouloura-System 271
Kremstal 242, 244, 245
Kroatien 263
Kühlmanschette 28
Kunststoffkühler 29

L

L'Enfant de Jésus 187
L'Ermita 46
L'Hermitage 46
La Mancha 221
La Rioja 297
Lagerung von Wein 42–43
Lagrein 109, 204
Lalande-de-Pomerol 194
Lambrusco 109
Langhorne Creek 307
Languedoc 139, 196
Laški Rizling 121, 262
Latium 212
Laubarbeit 88
Leithaberg 246
Lemberger 111, 135, 226, 238
Les Grèves 187
Les Ruchottes 187
Les Teurons 187
Lese 100–101
Lesezeitpunkt 98–99
Lessona 114, 203
Liatiko 268
Libanon 274–275
Libourne 191, 195
Limari 292
Limnio 107
Lirac 113, 139, 189
Listrac 192
Lodi 284
Loire 176, 180, 181
Louis Pasteur 131, 134
Loureiro 119
Lugana 205
Lussac-St. Emilion 194
Luxemburg 252
Lyra 81

M

Macabeo 119, 214, 217, 220
Macedon Ranges 309
Macération carbonique 134
Mâconnais 183
Madeira 170–171, 222, 224
Madiran 196
Magdeleine des Charentes 108
Maische 68, 128, 129, 132, 133, 134, 135, 138, 142, 143
Maischegärung 132–133
Makroklima 70–71
Malagousia 125, 268, 270
Malbec 107, 196, 291, 296, 297, 313
Mallorca 221
Malo 136, 142, 147, 149
Malolaktische Gärung 136, 137, 142, 149
Malvasia (Malvoisie) 120, 170
Malvasia Bianco 222
Malvasia di Candia 198
Malvazija 263

Manto Negro 110, 221
Maratheftico 267
Maremma 208
Maremma Toscana 208
Margaret River 306
Margaux 192
Marken 199, 212
Marlborough 311, 312
Marsanne 119, 188, 189, 196, 197
Maschinelle Lese 101
Maule 295
Mavro 267
Mavrodaphne 110
Mavrotragano 110
Mavrud 257
Mazedonien 264, 265
Mazuelo 109, 214, 218, 219, 267, 274, 275
McLaren Vale 307
Médoc 74, 106, 108, 190, 191, 192
Megastigmatrienon 69
Mehltau, echter 66, 83, 86, 87, 89, 93, 179
Mehltau, falscher 66, 83, 86, 87, 89, 93
Melon de Bourgogne siehe Muscadet
Mencía 113, 214, 219
Mendocino 283
Mendoza 297
Menge-Güte-Gesetz 84-85
Mentrida 221
Merlot 108, 176, 190, 191, 192, 194, 195, 196, 198, 258, 259, 260, 261, 262, 263, 266, 274, 276, 282, 283, 284, 288, 289, 306, 307, 310
Mesoklima 72-73
Methanol 129, 147
Méthode ancestrale 167
Méthode rurale 167
Methoxypyrazin 69
Meursault 187
Mikro-Oxigenase 150, 151, 158
Milchsäure 21, 37, 97, 129, 136, 140
Milchsäurebakterien 36, 37, 136, 137
Milchsäuregärung 136, 137
Misket Cherven 256
Mittelburgenland 246
Mittelrhein 233
Modrý Portugal 254
Moldau 259, 266
Moldawien 266
Monastrell 113, 214, 217, 220, 221
Mondeuse 110
Montagne St. Emilion 194
Montecucco 211
Montenegro 264-265
Montepulciano 115, 211
Monterey 284
Monthélie 187
Montrachet 187
Morellino 110
Morellino di Scansano 208
Morey-St-Denis 185
Morillon 242, 243, 249
Mornington Peninsula 309
Morphologie der Rebe 66-67
Moscatel Rosa 296
Moscato 121, 202
Moschofilero 139, 268, 270
Mosel 75, 234-235
Most 68, 94, 95, 101, 102, 103, 130, 131, 140, 141, 144, 145, 146, 147
Mostgewicht 94-95
Moulis 192
Mourvèdre 113, 196, 197
Mtsvane 120
Mudgee 308
Müller-Thurgau 120, 226, 230 231, 236, 241, 249, 250, 251, 252, 253, 254, 260, 261, 311
Muntenien (Große Walachei) 259
Muscadelle 121, 192
Muscadet 121, 176, 181
Muscat 121, 182
Muscat Blanc à Petit Grains 257
Muscat d'Alexandrie 121, 280
Muskat-Ottonel 258, 261
Muskateller 121, 202, 236, 242, 248, 249
Muskatni Silvanec 262

N

Nahe 230
Nantais 181
Napa Valley 278-282
Natural Wines 142-143
Navarra 216, 218
Nebbiolo 114, 202, 203
Nebbiolo d'Alba 114, 203
Negroamaro 110, 212
Nelson 312
Nerello Mascalese 111
Nero d'Avola 115, 198, 213
Nerol 69
Neuburger 246
Neuquén 297
Neuseeland 310-313
Neusiedler See 246
Neusiedlersee-Hügelland 246
New South Wales 308, 309
Niagara Peninsula 288, 289
Nobling 236
Nordamerika 276-289
North Coast 281-284
Nuits-St-Georges 184

O

Octenol 36
Oidium 83, 87, 89, 93, 179
Öko-Zertifizierungen 93
Olaszrizling 121, 260, 261
Oltenien (Kleine Walachei) 259
Ontario 288, 289
Opus One 45, 281
Orange 308
Orange Wines 142, 143
Oregon 286
Orvieto 211

P

Paarl 302, 303
Padthaway 306
Palomino 96, 121, 172, 214, 220, 303
Palomino Fino 65
Pamid 256
Parellada 121, 214, 217, 220
Paso Robles 109, 278, 284
Pasteur, Louis 131
Pauillac 191
Pavie 195
Pécharmant 196
Pedro Gimenez 295
Pedro Ximénez 103, 122, 173, 214
Penfolds Grange 45
Pergola 81, 85
Perlwein 167
Peronospora 83, 89, 93
Pessac-Léognan 192
Petit Manseng 122, 196
Petit Meslier 180
Petit Verdot 111
Petite Sirah 111
Pétrus 44, 195
Pfalz 230
Pflanzenschutz 89
pH-Wert 96, 97
Phenole 69
Physiologische Reife 95
Picardon 189
Picpoul 122
Picpoul Noir 111
Piemont 202-203
Pierce's Disease 71, 87
Pigeage 135
Pineau de Loire 181
Pinot Blanc 180, 182, 252, 263
Pinot Grigio 117, 198, 204, 205
Pinot Gris 117, 180, 182, 250, 252, 254, 261, 263, 286, 298
Pinot Meunier 68, 112, 164, 180
Pinot Noir 64, 106, 166, 180, 182, 184, 186, 187, 217, 220, 242, 246, 249, 250, 251, 253, 254, 256, 258, 282, 283, 284, 286, 288, 289, 297, 303, 310, 313
Pinotage 112
Pisseguin-St-Émilion 194
Plavac Mali 112, 263
Podravje 262
Polymerisation 150, 151
Polyphenole 69
Pomerol 191, 194, 195
Pommard 187
Portugal 222-223
Portugieser 226, 230, 233, 254, 259, 261
Portwein 168-169, 222, 223
Posavje 262
Pouilly Fumé 181

Pouilly-sur-Loire 181
Pouilly-Vinzelles 183
Poulsard 112
Prestige Cuvées 165
Primäraromen 16, 140, 146, 147, 150
Primitivo 112
Primorska 262
Priorato 217
Prokupac 264, 265
Prosecco 167, 205
Provence 139, 197
Prunelart 107
Puligny-Montrachet 187
Pumping over 134
Pyrenees 309

Q

Qualitätsweinen bestimmter Anbaugebiete (QbA) 52, 226
Quarts-de-Chaume 181
Qvevri 270, 271

R

Rapel 295
Rebe 66–67
Rebenerziehungssysteme 80–81
Rebkrankheiten 86–87
Reblaus 63, 179, 201
Rebreiser 63
Rebsorten 61, 65
Rebula 122, 262
Refošk 262, 263
Regent 83, 226, 241
Reichensteiner 253
Reife, physiologische 95
Reifephase 90–91
Reifeprozess 150–151
Reifestufen 98–99
Reinzuchthefen 130–131, 142
Remontage 134
Remuage 163
Rheingau 232–233
Rheinhessen 231
Rías Baixas 219
Ribera del Duero 220
Ribolla Gialla/Rebula 122
Riechen 20–21
Riesling 122, 226, 227, 228, 229, 230, 231, 232, 233, 234, 235, 238, 240, 241, 242, 243, 244, 245, 248, 249, 252, 255, 277, 287, 289
Riesling G-Max 46
Riesling Schloss Johannisberg 45
Riesling Smaragd „Kellerberg“, F. X. Pichler 45
Rimontaggio 134
Río Negro 297
Rioja 218–219
Rivaner 252
Riverina 309
Riverland 307
Rkatsiteli 122, 256, 265, 266, 272, 273
Robertson 303
Roditis 268, 270, 271
Roero 203
Romanée-Conti 44, 176, 185, 188
Rosé des Riceys 180
Roséweine 138–139, 197
Rosso Conero 212
Rosso Piceno 212
Rosso Toscana 207
Roter Veltliner 123
Rotgipfler 123, 242, 249
Rotidis 123
Rotling 139
Roussanne 119, 188, 189, 196, 197
Roussillon 196
Rueda 220
Rugiens 187
Rulandské modré 254
Rumänien 258–259
Russian River Valley 283
Rüttelverfahren 162, 163
Ryzlink rýnský 254
Ryzlink vlašský 254

S

Ştefan Vodă 266
Saale-Unstrut 241
Sachsen 241
Sagrantino 113
Saignée-Methode 138
Saint-Aubin 187
Saint Romain 187
Salta 290, 297
Samtrot 113
San Benito 284
San Joaquin Valley 284
San Juan 297
Sancerre 181
Sangiovese 115, 198, 210, 211, 212
Sant'Antimo 211
Santa Cruz Mountains 284
Santa Maria Valley 284
Santa Ynes Valley 284
Santenay 187
Saperavi 109, 266, 272, 273
Sardinien 213
Sassicaia 45, 208
Saumur Blanc 181
Saumur Champignyn 181
Saumur Mousseux 181
Saumur Rouge 181
Säure 96–97
Sauternes 191, 192, 193
Sauvignon Blanc 118, 147, 181, 242, 243, 248, 262, 263, 266, 274, 275, 293, 295, 301, 310, 311
Savagnin 123
Savatiano 124, 168
Savennières 181
Schaumweine 162–167
Schenkel-Korkenzieher 26
Scheurebe 147, 226, 231, 241, 246,
Schieler 139
Schilcher 139, 243, 249
Schillerwein 139
Schmecken 21
Schönen 152–153
Schwarzfäule 87
Schwarzfleckenkrankheit 66, 87
Scharzhofberger 47
Schwarzriesling 112, 226, 238
Schwefel 55, 63, 129, 130, 141, 154, 155
Schwefelung 141, 154–155
Schweiz 250–251
Screaming Eagle 47
Secco 167
Sedimentation 144, 145
Sekt 167
Sektkübel 29
Sekundäraromen 16
Sélection de Grains Nobles 182
Sémillon 119
Serbien 264
Serra Gaúcha 298
Seyval 253
Sherry 172–173
Shiraz 61, 107, 304, 305
Shiroka Melnishka 256
Silvaner 123, 226, 227, 228, 229, 230, 231, 236, 240, 241
Siria 222
Sizilien 213
Slowakei 255
Slowenien 262
Smederevka 265
Soave 205
Somontano 217
Sonoma Coast 283
Sonoma Valley 283
Spanien 214–221
Spätburgunder 226, 228, 230, 232, 233, 236, 238, 241
Spätlese 52, 99, 226, 229
Speisen und Wein 48–49
Spontanvergärung 131
St-Émilion 107, 191, 194, 195
St-Estèphe 191
St-George-St-Emilion 194
St-Joseph 188
St-Julien 192
St-Véran 183
St. Laurent 113, 226, 242, 246, 249, 254, 255
Stave-Technologie 158
Steiermark 242, 243, 248, 249
Stellenbosch 302, 303
Sturm 129
Stürmische Gärung 130
Südafrika 300–302
Südamerika 290–299
Südburgenland/Eisenberg 246
Südtirol 204

Sunbury 307
Suvereto 208
Svatovavrinecké 254
Swartland 303
Sylvaner 123, 182, 204, 250, 251
Syrah 61, 107, 188, 189, 196, 197, 198, 206, 208, 211, 213, 221, 249

T

T-Modell 26
Tankgärung 167
Tannat 113, 196, 299
Tannin 69, 95, 132, 134–135, 138 141, 148, 149, 151, 152, 158, 159
Tasmanien 309
Tavel 189
Teinturier 114
Tejo 224
Tempranillo 112, 217, 218, 219, 220, 221, 224, 238
Teroldego 114
Terrano 262
Tertiäraromen 16–17
The Durand 27
Thermenregion 242, 249
Tignanello 45
Tinta Barocca 114
Timorasso 124
Tinta Roriz 114
Tokaj 99, 261
Tokajer 255, 259, 261
Tokay 117, 182
Torgiano 211
Toro 221
Torrontés 72, 297
Toskana 206–209
Touraine 181
Touriga Franca 214
Touriga Nacional 113
Traisental 244
Traminer 61
Transsilvanien (Siebenbürgen) 259
Transvasierverfahren 167, 282
Traube 68–69
Traubenwickler 86, 87
Trebbiano 124
Trentino 204
Trentodoc 167
Trepat 220
Trester 128–129, 131, 134, 135
Tresterkuchen 134
Trichloranisol (TCA) 38, 39
Trincadeira 115, 222
Trinktemperatur 34–35
Trockenbeerenauslese 103, 226, 246, 261
Trollinger 115, 135, 238, 299
Trousseau 115
Tschechien 254
Tsitska 272
Tsolikouri 273
Tulbagh 303
Tumbarumba 308–309
Turbiana 124
Tursan 196
Tygerberg 303

U

Uhu-Ton 37
Uhudler 247
Umpumpen der Maische 134, 151
Ungarn 260–261
Untypischer Alterston (UTA) 37, 151, 155
Uruguay 299
USA 278–287
UTA (Untypischer Alterungston) 37, 151, 155
Utiel-Requena 221

V

Vacqueyras 189
Valdepeñas 221
Valle Central 295
Valle de Aconcagua 294–295
Valle de Casablanca 295
Valle de Maipo 295
Valle de San Antonio-Leyda 295
Valpolicella 204
Valtellina 205
Valul lui Traian 266
VDP 227, 228, 229
Vega Sicilia 44, 220
Vegetationsphase 88–89
Vegetationszyklus 86–87
Veltlínské zelené 254
Vendange Tardive 103, 182
Véraison 67
Verband Deutscher Prädikatsweingüter 228
Verdejo 124
Verdelho 125
Verdicchio 125, 212
Vergärung des Weißweins 146–147
Vergärung im Holzfass 148–149
Vergilbung, goldgelbe 87
Vermentino 125, 208, 213
Vernaccia di San Gimignano 207
Vernatsch/Schiava 115
Victoria 309
Vidal Blanc 289
Vin de Constance 44
Vin de France 176
Vin de Pays 176
Vin de Table 176
Vin Santo 207
Viñedo Chadwick 44
Vinho Verde 222
Vino de la Tierra (VdIT) 214
Vino de Mesa 214
Vino de Pago 214
Vino Nobile di Montepulciano 115, 211
Viognier 119, 188, 189, 208
Vitis labrusca 61
Vitis linné 61
Vitis vinifera 60, 61, 66, 83, 276
Vollreife 94
Volnay 187
Vorklärung 144–145
Vosne-Romanée 184
Vougeot 185
Vouvray Mousseux 181

W

Waadtland 250, 251
Wachau 242, 243, 244
Wagram 244
Wairarapa 313
Walker Bay 303
Wallis 251
Washington State 287
Weinbau, biologischer 92–93
Weinfehler 36–37
Weinhefen 130–131
Weinsäure 96–97
Weinviertel 248–249
Weinzubehör 28–29
Weißburgunder 226, 230, 231, 235, 241, 242, 246, 247, 248, 249
Weiße Heunisch 61
Wellington 303
Welschriesling 121, 242, 248, 249, 254, 255, 258, 259, 260, 262, 263
Weltrebengürtel 64–65
White Zinfandel 283
Wien 248
Winzersekt 167
Württemberg 238

X/Y

Xarel·lo 125, 214, 217, 220
Xinomavro 111, 268, 269
Xynisteri 267
Yecla 221

Z

Zierfandler 125, 242, 249
Zilavka 265
Zinfandel 61, 109, 130, 139, 280, 283, 284
Zuckerreife 94, 95
Zweigelt 111, 242, 243, 245, 246, 249, 260, 261
Zypern 267

Bildnachweis

Adobe Stock: Alex Bayev 137, 5ph 197, andrewhagen 113 Mitte rechts, barmalini 111 rechts, Guillermo 113 Mitte links, Ilshat 36, ivan canavera 90, Josef Zingg 250, k_samurkas 109 rechts, lens7 138, Luis 223, Lukas Gojda 162 oben, majonit 212, Nazaruk Nazar 54, Stanislav 56, Tkachenko Alexey 49, wjarek 115 Mitte rechts, wjarek 233 unten links, david 117 Mitte rechts; **akg-images**: Album/Prisma 63 oben, Israel Talby 275 unten links, Manuel Cohen 213 unten; **Alvaro Palacios S.L.**: 46 links oben; **Azienda Vitivinicola Conterno**: 46 rechts oben; **Bodega Catena Zapata**: 47 rechts Mitte; **Bodega Marquès de Murrieta**: 46 rechts Mitte; **Chateau Rayas SCEA**: 46 links unten; **Christian Schulz**: 18/19; **Cloudy Bay**: 47 links Mitte; **Comité interprofessionnel du vin de Champagne/www.phototheque.champagne.fr**: 166; **Coulourbox**: Manuele Mazzoni 87 unten rechts; **ddp images**: 110, eyemagic 183, Jack Clark 87 unten links, 107 links; **Devil's Corner**: 309; **dpa**: Fredrik Von Erichsen 144, Frommenwiler Peter 44, Hapo/OKAPIA 87 oben rechts, Jan Woitas 103 oben rechts, maxppp 87 Mitte oben, Minden Pictures 39, Patrick Seeger 95 oben, 103 unten, Udo Bernhart 143 oben; **E. Guigal S.A.S.**: 47 rechts 2. von oben; **Enno Kleinert**: 67, 74 links und rechts, 75 links und rechts; **F1online**: Aristidis Vafeiadakis 271 oben rechts, Body Age 255; **Fotolia**: Anton Chalakov 257 oben, avarand 123 Mitte rechts, asafaric 262, contrastwerkstatt 20, 21, Eléonore H 92, fotolesnik 130, frederic49 87 Mitte unten, Gang 82 oben, Jacques Palut 193 Mitte rechts, jojoo64 89 unten links, karel1963 311, lumberman71 125 Mitte links, MangAllyPop@ER 188, Matthias 238 oben, Mulden 271 oben links, nalidsa 119 rechts, ollirg 270, PANORAMO 196, Patrik Stedrak 312, PHB.cz 254, Robert Schneider 73, Serjio 266, ueuaphoto 115 links, vadim petrakov 256; **Gaja**: 47 links 2. von oben; **Gallo Family Vineyards**: 283; **Getty Images**: Abel Mitja Varela 5 Mitte, Australian Scenics 304, Claude Robidoux 288, 289, Claudius Thiriet 135 unten, David Santiago Garcia 96, DEA/M. SEEMULLER 60, Doug Pearson 232, Francesco Iacobelli 207, Georgia Glynn Smith 261, Ian Trower 234, Joe Schmelzer 285 oben, Jon Arnold Images 253 unten, Joshua McCullough 109 Mitte links, Juan Carlos Munoz 66, Judy Bellah 285 unten rechts, Michael Hartmann 180 unten rechts, Michelangelo Merisi da Caravaggio 62, Mint Images 126/127, Morsa Images 147, Neil Farrin 173 oben, Nick Ledger 152 oben, Peter Zelei Images 209 oben, SHOSEI/Aflo 315, Tim E. White 219 oben, Tim Graham/Kontributor 84 oben; **Huber Images**: Günter Gräfenhain 171 unten rechts, Kaos 115 links, Lukasseck Frank 204, Massimo Ripani 202, Olimpio Fantuz 180 oben, Reinhard Schmid 258 oben, Susanne Kremer 184 oben, 186; **imago**: Martin Bäuml 136; **iStockphoto**: aeduard 260, Anzel 272 oben, D_Zheleva 12 unten rechts, Elana_S 272 unten, Eloi_Omella 58/59, Esperanza33 22/23, flyparade 10 unten links, Hyrma 12 oben rechts, igorr1 14/15, johnrandallalves 280, KarenWibbs 283 unten, Kurt_Faris 10 unten rechts, Leonsbox 325, londe 300, malerapaso 10 oben, 11 unten links, Mark Swallow 13, mbongorus 11 oben, pavlinec 12 oben links, PeopleImages 2, Photoimagesnz 310, Ramsey 53 oben rechts, Shaiith 206, ThinkDeep 12 unten links, tiero 11 unten rechts, timnewman 286; **laif**: 4SEE/Leonel de Castro 169 unten rechts, Aurora 285 Mitte rechts, Bertrand Gardel 265 unten, Frank Heuer 263, Goisque/Le Figaro Magazine 314, hemis/Franck Guiziou 171 oben, Keystone Schweiz 251, Stanislas Fautre/ Le Figaro Magazine 290, 297; **J. F. Coche-Dury**: 47 rechts unten; **Jean-Louis Chave**: 46 links Mitte; **Lookphotos**: age fotostock 171 Mitte links, 179, 182, 190, 218, 243, 306, Arthur F. Selbach 219 unten, Brown Cannon 285 Mitte links, Ingolf Pompe 248 unten, Kay Maeritz 267, Rainer Mirau 8/9, 244, 248 oben, 249, SagaPhoto 119 links; **mauritius images**: Andreas Vitting 240, Christian Bäck 231, designpics 98 rechts, Foodanddrinkphotos 282, foodcollection 118, 122, 174/175, JIRI 152 unten, Hans-Peter Merten 163 Mitte, Jutta Ulmer 214, Karl Thomas 246, Roland T. Frank 233 rechts, Volker Preusser 247, Walter Bibikow 236, 258 unten; **mauritius images/age fotostock**: Brian Jannsen 279, David H. Wells 128, Luis Davilla 168, 192; **mauritius images/Alamy**: Adam Eastland 191 oben, Adrian Weston 189 oben, Alison Parks-Whitfield 87 links, Andy Buchanan 164, Andy Selinger 123 Mitte links, Anthony Dunn 107 rechts, Anton Petrus 274, Azoor Photo 268, Chris Mellor 121 links, Doug Houghton 171 unten links, Ernst Wrba 211, Gary Crabbe 285 unten links, Goddard on the Go 253 oben, Gregory Wrona 57 unten, Images by Itani 275 unten rechts, Ivoha 88, Jerónimo Alba 172, Julian Eales 165 unten, Marco Secchi 184 unten, Mark Eveleigh 215, Massimo Piacentino 213 oben, Odyssey-Images 209 unten rechts, Per Karlsson/BKWine.com 82 unten, 117 rechts, 151 oben, Perry van Munster 135 oben, Philippe Roy 44, Roberto Soncin Gerometta 278, Simon Woodcock 45, superclic 123 links, Zoonar GmbH 86 links; **mauritius/CuboImages**: Martin Zwick 100; **mauritius images/Danita Delimont**: Per Karlsson 299, Roland and Karen Muschenetz 106, William Perry 287; **mauritius/ès collection**: Isabelle Rozenbaum 154 oben; **mauritius images/Garden World Images**: John Martin 89 unten rechts; **Jan Russok**: 27 rechts, 39, 167; **mauritus/imageBROKER**: Andreas Vitting 241, Petr Svarc 209 unten links; Mauricio Abreu 225; **mauritius/Photononstop**: Stéphane Ouzounoff 195 rechts; **mauritius images/Pixtal**: 112, 109 Mitte rechts, 134 unten; **mauritius/robertharding**: Tim Graham 165 oben; **mauritius images/Travel Collection**: Bassler, Markus 308, Schmitz, Walter 275 oben; **ÖWM/WSNA**: 83, 121 Mitte rechts,191 unten; **Pixabay**: tegrafik 129 unten; **Privat**: 33 unten rechts, 43 unten links, 55, 101, 205 oben, 259, 283 oben; **Root Stock/Hendrik Holler** 146; **Rotkäppchen-Mumm Sektkellerei** 57; **RR Creative Service/Jan Russok**: 27 rechts, 38 links unten, 167; **Santos Wines**: 124; **Satellite Imagemap, Planetary Visions Limited**: 64; **Schloss Johannisberger Weingüterverwaltung**: 99 Freisteller oben; **Scope**: Frederic Hadengue 79 unten, Jacques Guillard 129 oben, 156 oben, 156 Mitte, 156 unten, 157 oben, Jean-Luc Barde 89 oben rechts, 132 Mitte, 157 Mitte, Michel Guillard 38, 132 rechts, 157 unten, Nick Servian 151 unten, Philip Gould 78; **Screaming Eagle**: 47 links unten; **Shotshop**: NaLha 173 unten; **Shutterstock**: alessandro guerriero 125 Mitte rechts, BearFotos 63 unten, bibiphoto 86 rechts, Boule 31, clearlens 229, CoolR 111 links, Elena Elisseeva 265 oben, FreeProd33 103 oben links, Guillermo Gonzales Seite 123 rechts, Kuba Puchajda 171 Mitte rechts, patrik-polasek 169 oben, paul prescott 264, Robert Harding Video 210, Romain Liger 71, sonsam 102 oben, Spirit-Prod33 177, Sylvie Lebchek 119 Mitte links, TFoxFoto 1117 Mitte links, Valery Shanin 252, ZemfiraS 169 unten links; **Spectre**: 132 links; **StockFood/Bumann, Gerhard**: 98 links, 227; **StockFood/Cephas Picture Library**: 84 unten, 99 rechts, 109 links, 116, 125 rechts, 150, 155, 163 unten, 180 unten links, 181, 199, 205 unten, 217, 220, 238 Mitte links, 269, 276, 291 unten, 292, 293, 294 oben, 294 unten, 298, 313; **StockFood/Eising Studio - Food Photo & Video**: 24/25, 26/27, 28/29, 32, 33 oben, 33 unten links, 35, 40, 69, 154 unten, 158 oben; **StockFood/Feig & Feig**: 1121 Mitte links; **StockFood/foto4food**: 30; **StockFood/Heinze, Winfried**: 42; **StockFood/Holler, Hendrik**: 111 Mitte links, 148/149, 166 unten, 235, 237, 239 unten links, 239 unten rechts, 296, 302, 303; **StockFood/Imagerie**: 94; **StockFood/Jalag**: Bassler, Markus 76/77, Boyny, Michael 238 Mitte rechts, Holz, Michael 226; **StockFood/Krieg, Roland**: 163 oben; **StockFood/Kusiewicz, Tracey**: 99 links; **StockFood/Lehmann, Herbert**: 107 Mitte rechts, 120, 142, 143 unten, 209 Mitte rechts; **StockFood/Lehmann, Joerg**: 187, 193 Mitte links; **StockFood/Miksch, Alison**: 50 oben; **StockFood/Morris, Steven**: 108, 114, 119 Mitte rechts; **StockFood/Naturbild**: 134 oben; **StockFood/Paluchowska, Magdalena**: 273; **StockFood/People Pictures**: 43 rechts; **StockFood/PhotoCuisine**: Ramen 113 links; **StockFood/robertharding**: 291 oben; **StockFood/Schinharl, Michael**: 113 rechts; **StockFood/Siffert, Hans-Peter**: 5 oben, 80, 107 Mitte links, 140, 160/161, 189 unten, 193 oben, 193 unten links, 193 unten rechts, 198, 201; **StockFood/Tschakert, Frank**: 295; **StockFood/Tuma, Clara**: 5 unten; **StockFood/Weber, Inge**: 86 Mitte, 104/105, 117 links; **StockFood/Zollner, Roland**: 111 Mitte rechts; **stocksy/Giorgio Magini**: 115 Mitte links, 209 Mitte links; **Tenuta Greppo**: 47 links oben; **Tölzer Kasladen**: 50/51 alle Freisteller; **Vario Images/Chromorange**: 68; **Veuve Cliquot Import GmbH**: 162 rechts; **Vivi D'Angelo**: 6, 226; **Weingut Egon Müller - Scharzhof**: 47 rechts oben; **Weingut Klaus Keller**: 46 rechts Mitte; **Wikipedia**: 61, 121 rechts, 125 links, 131 oben; **Your Photo Today/Karl Thomas**: 245; **ZS Verlag**: 89 oben links.

Umschlag: ÖWM/Oberleithner (Vorderseite); **StockFood/Weber, Inge** (Rückseite links); **iStockphoto**: igorr1 (Rückseite rechts oben); **Lookphotos**: robertharding (Rückseite rechts unten);

ZUM AUTOR

Jens Priewe hat sich als Autor von zahlreichen Büchern und Zeitschriftenartikeln über Wein einen Namen gemacht. Nach dem Studium der Wirtschafts- und Sozialgeschichte, Philosophie und Soziologie arbeitete Jens Priewe zunächst als Redakteur bei Wochenzeitungen, Umwelt- und Wirtschaftspublikationen in Hamburg, Zürich und München. 1987 erschien Jens Priewes erstes Weinbuch »Italiens große Weine«. Danach blieb Jens Priewe dem Thema Wein treu. Sein Einführungsbuch »Wein – die kleine Schule« wurde in 13 Sprachen übersetzt und erreichte eine internationale Auflage von über 650 000 Exemplaren. Die Gesamtauflage seiner Bücher liegt bei über einer Million Exemplaren. Seit 2010 betreibt Jens Priewe ein aktuelles Weinmagazin im Internet.

Weitere Bücher des Autors:

→ Grundkurs Wein

IMPRESSUM

Hinter jedem tollen Buch steckt ein starkes Team

Projektleitung Neuausgabe: *Sonja Forster*
Konzeption und Texte: *Jens Priewe*
Redaktion und Lektorat: *Gertrud Köhn, Edelgard Prinz-Korte*
Covergestaltung: *Katharina Fesl*
Grafische Gestaltung: *Independent Medien-Design München; Überarbeitung Neuausgabe: Katharina Fesl*
Satz: *Anton Walter*
Fotografie: *siehe Bildnachweis auf Seite 324*
Illustrationen: *Annik Ehmann und Anne Loetz, INFOGRAPHICS GROUP, Berlin*
Herstellung: *Frank Jansen*
Producing: *Jan Russok*
Druck & Bindung: *aprinta druck GmbH, Wemding*

1. Auflage 2024
© 2024 Edel Verlagsgruppe GmbH
Kaiserstraße 14 b
D-80801 München
ISBN: 978-3-96584-453-7

LIEBE LESERINNEN, LIEBE LESER,

wie schön, dass Sie ein Buch von ZS in den Händen halten. „Jetzt leben!" ist das Motto unseres Verlages. Es steht für Genuss und Inspiration, Unterstützung und Motivation. Ob Kulinarik oder Fitness, Gesundheit oder Lebenshilfe – seit über 30 Jahren bieten wir kompetente Ratgeber für (fast) alle Lebenslagen. Wir lieben Tradition genauso wie Innovation – sie treiben uns an. Unsere Autorinnen und Autoren sind Menschen, die zu ihrem Thema wirklich etwas zu sagen und zu schreiben haben. Unsere Produkte sind erzählerisch, appetitmachend und als gedruckte Bücher haptisch echte Erlebnisse. Für Sie mit ganz viel Liebe gemacht! Entdecken Sie mehr aus unserer wunderbaren Welt!

UNSER VERLAGSHAUS

Mit Standorten in Hamburg und München zählt die Edel Verlagsgruppe zu den größten unabhängigen Buchanbietern Deutschlands. Zur Gruppe gehören die Verlage Dr. Oetker Verlag, Edel Sports, KARIBU und ZS.

ZS - Ein Verlag der Edel Verlagsgruppe
www.zsverlag.de
www.facebook.com/zsverlag
www.instagram.com/zsverlag

FÜR DIE UMWELT

ZS unterstützt bei der Produktion dieses Buches das Projekt „Junge Riesen für die nächsten 100 Jahre" im Naturpark Nossentiner/Schwinzer Heide. Damit wird ein Anteil der unvermeidbaren CO_2-Emissionen im direkten Umfeld des Produktionsstandortes kompensiert.

PARTNER
Naturpark
Nossentiner / Schwinzer Heide
www.optimal-media.com/naturschutzprojekt-001